周启星　主编

资源循环科学与工程概论

ZIYUAN XUNHUAN KEXUE
YU GONGCHENG GAILUN

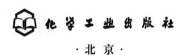

化学工业出版社

·北京·

本书全面地论述了资源循环科学与工程的基本概念与基础理论，系统地概述了资源循环利用的现状及其技术的进展，并将每个层次的基础理论与实际应用有机结合，反映了该学科领域发展的最新动态。主要内容有：资源循环科学与工程的学科定义以及相关的基础知识与基本概念；资源循环科学基本原理与工程技术基础；工业原材料与废旧部件产品、工矿业固体废物和水资源以及基于生物质的资源循环利用及其技术，能源循环利用与低碳技术；资源循环利用工程与实践；资源循环评价与管理等。

本书强调对资源循环科学与工程基本概念和基础理论的理解与把握，论据充分、内容丰富、材料翔实、深入浅出，是国内至今为止第一本资源循环科学与工程概论性著作，也是至今为止系统论述资源循环科学与工程的第一本教材和研究参考书。本书简明扼要，图文并茂，各章都有思考题和相应的参考文献，以方便读者使用和参考。

本书可供从事自然资源、能源、生态和环境保护领域以及工、矿、农、林、水和旅游等行业的科技工作者与管理人员使用和参考，也可供高等学校资源循环科学与工程、生态学、环境科学与工程、材料科学与工程、化工、安全科学与工程、循环经济和低碳技术等相关专业师生使用。

图书在版编目（CIP）数据

资源循环科学与工程概论/周启星主编. —北京：
化学工业出版社，2013.5（2022.2重印）
ISBN 978-7-122-16722-4

Ⅰ.①资…　Ⅱ.①周…　Ⅲ.①资源-资源循环利
用-技术　Ⅳ.①X37

中国版本图书馆 CIP 数据核字（2013）第 050862 号

责任编辑：刘兴春　　　　　　　　　　文字编辑：刘莉珺
责任校对：宋　玮　　　　　　　　　　装帧设计：韩　飞

出版发行：化学工业出版社（北京市东城区青年湖南街 13 号　邮政编码 100011）
印　　装：北京虎彩文化传播有限公司
787mm×1092mm　1/16　印张 28¼　字数 739 千字　2022 年 2 月北京第 1 版第 9 次印刷

购书咨询：010-64518888　　　　　　　售后服务：010-64518899
网　　址：http://www.cip.com.cn
凡购买本书，如有缺损质量问题，本社销售中心负责调换。

定　　价：85.00 元　　　　　　　　　　　　　　版权所有　违者必究

前言

为了缓解乃至解决资源危机给人类生产、生活及其生存环境带来的各种严峻挑战和压力，资源循环科学与工程作为一门新兴交叉学科应运而生。资源循环科学与工程是一门研究资源循环科学原理和资源循环利用工程技术的科学，它主要通过资源循环利用技术原理的探索并加以应用和工程实施，来克服和解决各种资源问题，涉及自然资源、材料、化工、生态、环保、社会、经济和管理等各个领域。由于它旨在追求资源损失最低、环境污染最少和生态破坏最小的目标，其重要性日益明显，并起到了其他学科不可替代的作用。

早在 2007 年 6 月，中国自然资源学会资源循环利用专业委员会成立并挂靠在南开大学，对我国资源循环利用的研究工作起到了推动、强化和领导的作用。为了全面应对资源危机，满足国家节能减排、低碳技术及循环经济等战略性新兴产业对高素质人才的迫切需求，教育部于 2010 年首次批准全国部分高校设立资源循环科学与工程新专业（专业代码：080218s），并于 2011 年开始招收本科生。为了适应新专业对教学和科研工作的需求，2011 年 8 月初，资源循环科学与工程新专业建设研讨会在南开大学举行。会上提出了该新专业新教材编写要服务于新专业建设需要、编写分工要发挥各家所长和着眼于人才培养等方面的重要建议；同时，本着开放和创新原则邀请业内专家参与到此项工作中来。会议还初步确定了《资源循环科学与工程概论》编写指导原则、编写分工及编写时间节点等事宜，形成了新教材编写思想共识。经过各位同仁一年半的努力，至今已顺利完成了本书的编写工作。

本书共分 10 章。第 1 章介绍了资源循环科学与工程有关的基础知识、基本概念、目前现状与发展趋势，阐述了资源循环科学与工程的学科定义、学科来源与其学科体系；第 2～3 章，较为系统地论述了资源循环科学的基本原理与工程技术基础；第 4～8 章，为资源循环利用及其技术各论，包括工业原材料和废旧部件产品循环利用及其技术、工业固体废物循环利用及其技术、能源循环利用与低碳技术、基于生物质的资源循环利用及其技术和水资源循环利用及其技术；第 9 章，介绍了资源循环利用的工程与实践；第 10 章，为资源循环的人文科学部分，涉及资源循环经济评价与管理。各章作者分别为：第 1 章，周启星、华涛、刘维涛；第 2 章，李凤祥、周启星；第 3 章，焦刚珍、秦松岩；第 4 章，戴铁军、崔素萍、席晓丽、王志宏；第 5 章，任京成；第 6 章，沈伯雄；第 7 章，刘莹、刘汝涛；第 8 章，周明华；第 9 章，钱庆荣、许兢；第 10 章，邵超峰、鞠美庭。

本书的出版，得到了教育部、科技部、国家自然科学基金委和环境保护部以及化学工业出版社等有关方面的大力支持，在此一并致谢。

限于时间和专业水平，书中难免存在疏漏和不足之处。我们殷切希望广大读者和有关专家对本书提出批评指正和进一步改进的建议，为促进我国资源循环科学与工程专业人才的培养和该学科的进一步发展，以及继续深入该领域的科学研究而共同努力。

编者
2013 年 1 月于天津

第三章 资源循环工程技术基础   74

第一章 绪 论

为了应对全球出现的资源危机，资源循环科学与工程作为一门新兴交叉学科应运而生，并得到迅速发展。资源循环科学与工程是一门研究资源循环科学原理和资源循环利用工程技术的科学。它基于生态学、自然资源、化学化工、地学、工程技术、经济与管理等诸多学科的科学原理与技术，围绕新材料、新能源、节能环保和生态文化等战略性新兴产业发展以及生态文明建设，其学科目标在于促使资源达到科学、有效循环利用以及促进低碳、清洁生产和可持续发展。

第一节 资源与资源危机

一、资源的概念及其分类

1. 资源的概念

（1）现代经济学对"资源"的理解 广义的资源是指人类生存、发展和享受所需要的一切物质的和非物质的要素，包括自然资源、人力资源、资本资源和信息资源等。其中，自然资源包括矿产资源、水资源、土地资源和生物资源等，甚至涉及废物资源（包括废弃物和废旧物资）；人力资源包括劳动力资源、管理资源和技术资源，主要表现为人的体力和智力的综合；资本资源包括非货币形式的有形资本资源（如厂房、设备和道路交通等）和货币资本资源；信息资源则是一种典型的无形资源形式。狭义的资源仅指自然资源，指一切能为人类提供生存、发展和享受的自然物质与自然条件及其相互作用而形成的自然环境和人工环境。

按照严格的经济学理论解释，自然资源是完全排除了任何的人类生产加工活动的资源，是一种天然的、自然的存在物。自然经济资源则是指自然资源经过人类的生产和加工后的资源性产品。广义的资源包括物质的和非物质的因素，自然资源只是其中的一种，且自然资源，按照理论上的严格区分，只是纯粹的未经人类劳动的天然物的存在。而在现实中，人们真正使用的自然资源，是不可能排除人类劳动因子的。只有经过人类的劳动之后，这种纯天然物才能演变成自然经济资源。而在实际上，两者的界限有时是很难划清的。自然资源是自然经济资源形成的前提基础，而自然资源只有经过了人类的劳动开发和加工，才能成为自然经济资源，成为能被人类使用的生产要素。

（2）《英国大百科全书》关于"资源"的定义 《英国大百科全书》对资源的定义是，人类可以利用的自然生成物及生成这些成分的源泉的环境功能，即自然生成的和环境生成的两部分。前者如土地、水、大气、岩石、矿物、生物及其群集的森林、草场、湿地、水域、矿床、陆地和海洋等，后者如太阳能、地球物理的环境功能（地热、化石燃料和非金属矿物生成作用等)、生态学的环境功能(植物的光合作用、生物的食物链和微生物的腐蚀分解作用等)和地球化学的循环功能(气象、海洋现象和水文地理现象等)。

2. 资源的分类

资源的分类方法很多。综合起来,资源的分类大致有两种方法。一是单一划分法。例如,按照资源的可更新性,可分为可更新资源和不可更新资源(图1-1)。其中,可更新资源是指在人类参与下可重新产生的资源,如农田,只要耕作得当,可使地力常新,不断为人类提供新的农产品;不可更新资源,也称耗竭性资源,是指那些储量和体积均可测算出来的资源,其质量也可通过化学成分的百分比来反映,如矿产资源。可更新资源还可进一步分为可循环利用的资源(如太阳能、空气、雨水、风能、水能和潮汐能等)和生物资源(包括各种植物、动物、微生物及其周围环境组成的各种生态系统)两类。当然,可更新资源和不可更新资源的区分是相对的,如石油、煤炭和天然气是不可更新资源,但它们却是古生物(古代动、植物)遗骸在地层中物理、化学和地质的长期作用变化的结果,这又说明二者之间可以相互转化,是物质不灭及能量守恒与转化定律的表现。又如,按照资源的不同属性,可分为自然资源和社会资源。其中,自然资源是指人类可以利用的自然生成的物质与能量;社会资源是指人类通过自身劳动,在开发利用自然资源过程中提供的物质与精神财富,它不仅包括人类劳动所提供的以物质形态而存在的劳动力资源和经济资源,还包括科学、技术、文化、信息和管理等非物质形态的资源。除了按照资源的可更新性和不同属性分类外,还可按资源的不同特性分为物质和能量两大类资源,按资源的不同功能分为能源和原材料两大类资源,从资源利用的可控性程度分为专有资源(如国家控制、管辖内的资源)和共享资源(如公海、太空和信息资源等),按产业分为工业资源、农业资源和能源等。二是综合划分法。例如,按综合地理要素分为矿产资源(岩石圈)、土地资源(土壤圈)、水利资源(水圈)、生物资源(生物圈)和气候资源(大气圈)五大类资源;按综合资源特征分类,这些特征有可更新性(renewability)、耗竭性(exhaustibility)、可变性(multability)、重复利用性(resuability)和多用性(multiusabilty)。

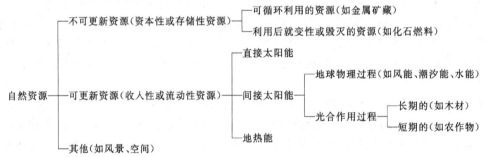

图 1-1 按可更新性划分资源

西方资源经济学对自然资源进行的分类,多数是按照资源的循环利用状况和对国民经济各行业的贡献来划分的,如著名的资源经济学家 Tietenberg 的分类具有很大的实际应用价值。其主要类型有(图1-2):一是耗竭的(depletable)但不可循环的(nonrecyclable)资源,主要指石油、煤炭、天然气和铀矿等能源资源;二是可循环的(recyclable)资源,主要指矿产、纸和玻璃等资源;三是可补给(replenishable)但耗竭的(depletable)资源,如水资源和空气资源;四是可再生的(reproducible)资源,主要指农业自然资源,包括土地资源和渔业资源;五是可储藏的(storable)和可更新的(renewable)资源,如森林资源和作物资源。

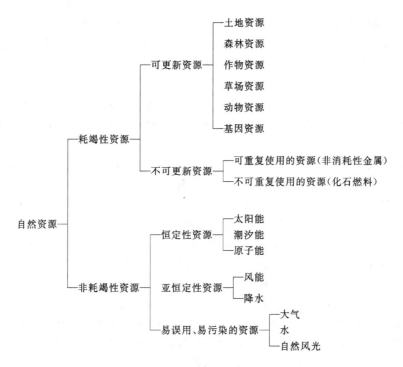

图 1-2 按耗竭性划分资源

3. 几种重要的资源类型比较

（1）经济学资源与生物学资源 在经济学中，资源的定义是一种商品、服务，或其他用于生产商品和提供服务、满足人类的需求和欲望的资产。经济学本身已被定义为人类研究如何管理社会稀缺资源的一门学科。鉴于对满足人类需求的商品和服务的生产的影响，经济学侧重于资源的供给和需求。古典经济学承认三类资源：土地资源、劳动力资源和资本资源。土地资源包括了所有的自然资源并被视为原始资料的来源和生产地；劳动力或人力资源包括人在创造产品过程中付出的劳动和努力，并以工资作为回报；资本资源包括人造的商品或用于生产其他商品和服务的生产手段（如机械、建筑和其他基础设施），付以利息作为回报。

在生物学和生态学中，资源的定义是生物体正常生长、维护和繁殖所需的物质或存在物以及条件。物质资源，如食物、水或筑巢地点，生物体可消费利用，并因此而使得其他生物体无法利用。对动物来讲，食品、水和放养场所为关键资源；对植物来讲，阳光、营养、水和生长环境为关键资源。

经济学观点和生物学观点之间存在 3 个基本的区别：①经济学对资源的定义是以人为中心，生物学对资源的定义是以自然（生物或生态）为中心；②经济学观点注重人类需求，而生物学观点关注基本的生物需要；③经济系统基于商品服务、货币交换和市场，而生物系统基于生长、维护和繁殖等自然过程。

（2）再生资源与非再生资源 与可更新资源与不可更新资源相对应，再生资源是指在正常情况下可通过自然过程再生的资源，如生物资源以及水能、风能和潮汐能等；相反，非再生资源是指地壳中有固定储量的可得资源，由于它们不能在人类历史尺度上由自然过程再生，或由于它们再生的速度远远慢于被开采利用的速度，它们是可能耗竭的，如矿产、石油和天然气资源。

（3）人力资源与资本资源　人类通过组织人员和提供劳动也被认为是一种资源，称为人力资源。人力资源可以定义为用于生产产品或提供服务的技术、精力、才华、能力以及知识等。在一个项目管理的实例中，人力资源是指项目雇员，他们负责执行项目大纲制订等工作内容。

在经济学中，资本指的是在生产产品和提供服务过程中用到的已经生产出来的耐用商品。作为资源，资本货物可能会、也可能不会明显消耗，尽管它们可能在生产过程中发生贬值。

（4）有形资源与无形资源　有形资源如设备、车间和工具等是实际的物理存在，无形资源比如企业形象、品牌、专利和其他知识产权，则存在于抽象意义中。一般来讲，经济资源的价值是由供需关系决定的。对于资源研究来说，一些人认为这是一个狭隘的视角，因为有很多无形资源，不能用金钱来衡量的。森林和山脉等自然资源有审美价值。为了人类的子孙后代，保护和保存森林和山脉资源是我们的道义责任，这就赋予了资源道德价值。

（5）恒定性资源与易误用及污染的资源　恒定性资源是指按人类的时间尺度来看是无穷无尽，也不会因人类利用而耗竭的资源，如降水、潮汐、风能、波浪、地热、原子能和太阳能等。这类资源数量丰富、性质稳定、无污染，是目前备受关注、很有开发前途的自然资源。然而，由于人类的过度开发和不良活动，造成了环境污染和生态破坏，对这类自然资源的可持续利用也形成了不同程度的威胁，如大气污染影响太阳能的直接利用效率，气候变化也导致地热、风能和潮汐能的开发利用受到不利影响。

易误用及污染的资源是指那些易于受到污染的环境及其相关资源，包括大气、水能、江河湖海中的水资源以及广义的自然风光，它和上述的恒定性资源一样，均属于非耗竭性资源。

（6）风景资源与旅游资源　风景资源是指能够引起人们进行审美与游览活动，可以作为开发利用的自然资源的总称，又称景源、景观资源和风景名胜资源等，可进一步分为自然风景名胜资源和人文风景名胜资源两大类。其中，自然风景名胜资源包括地文景观（山岳形胜、岩溶景观、海滨沙滩、风沙地貌、特殊的地质现象和地貌类型等）、水域风光（湖泊、河流、泉水、瀑布、溪涧、冰川和滨海等）、生物景观（森林、草原、珍稀树种、奇花异草和珍禽异兽等）和气候与天象景观（适宜于避暑避寒疗养治病的气候及特殊的天象景观，如泰山日出、庐山云瀑、黄山云海以及虽可遇不可求但出现频率较多的峨嵋佛光、沙漠海市蜃楼和极地极光等）；人文风景名胜资源包括历史文物古迹（历史遗迹、建筑遗址和石窟石刻等）、民族文化及其载体（可视、可感、可参与的特殊民俗礼仪、习俗风情、节日庆典、民族艺术和工艺等）、宗教文化资源（参观游览型的宗教建筑艺术，如坛、庙、寺、观和带有人格神色彩的大型塑像，以及赋予其中的装饰、雕塑、壁画、楹联和碑刻等；以及这些宗教建筑和艺术本身营造的宗教活动场所，如各种宗教的神职人员布道求法等）、城乡风貌（具有视觉形象的历史文化名城、独具特色的现代都市风光，具有清新质朴的田园风光和古镇村落等）、现代人造设施（富有特色、具有规模、某种特殊意义和影响力的大型工程及文化设施）、有影响的国际性体育和文化事件以及饮食购物（包括各种富有特色的地方风味美食、特产名品、特色市场与著名店铺等）。

自然界和人类社会凡能对旅游者产生吸引力，已经为旅游业开发利用，并已产生经济效益、社会效益和环境效益的各种事物和因素，均称为旅游资源。旅游资源是发展旅游事业的基本物质条件，在范畴上属于社会资源之列。而风景资源一般属于自然资源的范畴，这是旅游资源与风景资源的最大区别。它与风景资源的其他不同之处还在于，旅游资源的本质属性是吸引功能、旅游资源的作用对象为旅游者以及旅游资源的旅游价值。

二、资源的特点与属性

1. 自然资源的基本特征

（1）稀缺性 自然资源的最基本特征在于它的稀缺性，这一特性是由世界迅速增长的人口数量及其对生活水平提高的要求所决定的。

迄今为止，人类人口的增长都表现出一种指数趋势（J型曲线增长方式）。也就是说，人口的数量越来越多，而且增长的速度越来越快。世界人口目前已经达到70亿以上，而且还在以每年2%的速度增长。资料显示，到2050年世界人口将增至近100亿。考虑到人类的世代延续是无限的，而人类某些自然资源（比如化石燃料）是使用过后就不能再生的，我们用一个简单的数学公式就能够说明资源的稀缺性。假设地球上不可更新资源的总量为R，人类繁衍的世代数为m，那么每一代人可消耗的资源数量为R/m，m趋于无穷大，这必然有：

$$\lim R/m = 0 \quad （当 m \to \infty） \tag{1-1}$$

也就是说，供我们每代人使用的资源数量趋近于零。

世界人口增长迅速，任何"资源"都是相对于"需求"而言的。一般来说，人类的需求实质上是无限的，而自然资源是有限的。相对于人类无限的需求，有限的自然资源也就出现了"稀缺"。稀缺是资源的最本质属性，自然资源相对于人类的需要在数量上的不足，这是人类社会与自然资源关系的核心问题。

（2）整体性与系统性 在地球上，自然资源是一个系统，各种自然资源要素之间是相互联系、相互制约的，构成一个整体或系统，各洲、各国家和各地区之间的自然资源也是相互影响的。自然资源的整体性主要是通过人与资源系统的相互联系表现出来。

（3）地域性以及分布的不平衡性 自然资源在地球上不同地域的分布差异很大，但具有一定的规律。这就是说，自然资源在各地区的分布和自然资源的开发利用条件均具有地域性，主要是指一个国家或区域的资源禀赋是"先天给定"的资源要素，是"与生俱来的"。有些国家或区域资源丰富，有些国家或区域资源匮乏。自然资源总是相对集中于某些区域之中，其数量、质量和特性存在地区差异。正是由于资源在空间分布上极不均衡，使其在各国家、各地区的稀缺程度呈现出极大的差异。以石油、天然气资源来讲，中东地区是世界上储量和输出量最多的地区之一。

（4）功能多样性与限制性 地球上各种自然资源均具有多种功能和用途，同时也存在一定的限制性，也就是具有经济学上的互补性和替代性。

地球上自然资源的限制性，还体现在现实资源是有限的，尽管人类的开发利用以及转化是无限的。

（5）变动性 自然资源的概念、自然资源利用的广度和深度，都在历史进程中不断演变和发展。自然资源系统、人类—资源生态系统也在不断的运动和变化，体现了资源的增值性与报酬的递减性。

（6）社会性 自然资源是文化的函数，因而具有社会性，并因自然资源中所附加的人类劳动而表现出社会性。自然资源上所附加的人类劳动是人类世世代代利用自然、改造自然的结晶，是自然资源中的社会因素。

2. 社会资源的特点

（1）不均衡性 社会资源的不均衡性是由4个因素形成的：①自然资源分布的不平衡性；②经济、社会和政治发展的不平衡性；③管理体制和经营方式的差异性；④社会制度对人才、智力和科技发展的影响以及作用的不同。

（2）**继承性** 社会资源的继承性特点，使得社会资源不断积累、扩充和发展。知识经济时代就是人类社会知识积累到一定阶段和一定程度的产物，就是积累到"知识爆炸"，使社会与经济发展以知识为基础，这种积累使人类经济时代发生了一种质变，即从传统的经济时代（包括农业经济、工业经济，农业经济到工业经济有局部质变）飞跃到知识经济时代，这是信息革命、知识共享必然的结果。

社会资源的继承性主要通过以下 3 条途径实现：①人力资源通过人类的遗传密码继承、延续和发展；②通过载带信息的载体长期保存并继承下来，人类社会通过书籍、音像、磁带和教育手段等继承人类的精神财富；③劳动创造了人本身，人又把生产劳动中学会的知识、技能物化在劳动上的结果，即物质财富上而继承下来。社会资源的继承性，使人类社会的每一代人在开始社会生活的时候，都不是从零开始，而是从前人创造的基础上迈步的。

在社会经济活动中，人类一方面把前人创造的财富继承下来，另一方面又创造了新的财富。也正是因为这样，科技知识不断发展，一代胜过一代，并向生产要素中渗透，使劳动者素质不断提高，生产工具不断更新，科研设备得到改进，并提高经营管理水平。社会财富的积累，反过来又加速了科技的发展。

（3）**主导性** 社会资源的主导性主要表现在以下两个方面：一方面社会资源决定资源的利用和发展的方向；另一方面是把社会资源变为社会财富的过程中，它表现并贯彻了社会资源的主体即人的愿望、意志和目的。

（4）**流动性** 社会资源的流动性主要表现在：①劳动力可以从甲地迁到乙地；②技术可以传播到各地；③资料可以交换，学术可以交流，商品可以贸易。

利用社会资源的流动性，不发达国家可以通过相应的政策和手段，把他国的技术、人才和资金引进到自己的国家。我国改革开放、开发特区的理论依据也含有这方面的内容。

（5）**社会性** 人类本身的生存、劳动和发展都是在一定的社会形态、社会交往和社会活动中实现的。劳动力资源、技术资源、经济资源和信息资源等社会资源无一例外。社会资源的社会性主要表现在：①不同的社会生产方式产生不同种类、不同数量和不同质量的社会资源；②社会资源是可超越国界、超越种族关系的，谁都可以掌握和利用它创造社会财富。

3. 资源的基本属性

(1) 物质资源的自然属性

① 资源在物质结构上具有多元性。资源物理实体表现为物质形态。尽管它们以各种不同形态存在于生物圈、岩石圈、土壤圈、水圈和大气圈，但就其物质本质来讲，都是由碳、氮、氢、氧、硫和磷等元素之间，或与其他金属（如钠、镁、铜、锌、铁、钼和镍等）、非金属元素（如氟、氯和碘等）的相互作用和组合而成。人类社会同资源，或者说，同自然物质要素进行物质和能量的交换循环，实质上就是合理有效地利用资源的物质元素，或由其多种物质元素相互作用和组合所构成的特殊使用价值功能。这样，资源在物质结构上的多元素多成分性，就决定了资源使用价值的多功能性。

② 物质资源在物理性质上具有共同性。不同类别的物质资源虽然都是由不同的物质元素、分子以不同的组合形式构成，但从其物理性质上讲，都是有某些等同的基本属性。主要表现为：a. 分别具有物理实体的物质引力，这一性质决定了资源物理实体具有相应的吸引力；b. 具有物质所具有和永恒的惯性，这表现为资源物理实体反抗外界对其静止状态或运动状态的任何改变，从而保持其静止状态或运动状态的惯性，惯性量度的大小反映着资源物

理实体质量的大小；c. 具有气体、液体和固体三种物质形态，不同物质形态的资源所具有的性质和功能不同，但都能在一定条件下引起相互转化；d. 表现为一定质量的资源物理实体的物质与能量是不灭的、等价的，而且能够相互转化。研究资源物质的共同基本属性，是研究开发利用资源物质和能量功能价值的共同理论基础。

③ 物质资源在赋存形式上具有共生和伴生性以及混合生的特性。自然资源，特别是矿物资源，是漫长岁月中地质作用下的产物。由于地质作用的成因，在自然界中单一矿物或单一成分的矿物是极少的，绝大多数矿物都是两种或多种矿物元素的共生和伴生的地质综合体。其中，矿物的共生是指由于成因上的共同性，在同一成矿阶段中规律地出现不同种类矿物的现象；矿物的伴生是指不同成因或不同成矿阶段的矿物，仅在空间上共同存在的现象。而混合生是指两种或者多种物质自然混合在一起而形成一体的自然现象。例如，土壤和水通常是混存结合在一起的资源综合物质体，土壤不结合水，就没有生机功能；又如，天然水体中往往含有许多矿物质，没有这些矿物质，天然水体或许也会失去生机功能。然而，由于资源具有共生、伴生以及混合生的特点，使得资源循环利用的难度和成本加大了。可见，正确认识资源的共生和伴生以及混合生的特性，无论在实践上还是在理论上都有着重要意义。

④ 物质资源在相互联系上具有渗透结合性。各种自然资源既相互独立，又相互依存或者渗透结合在一起，构成相互制约平衡的自然物质资源体系和自然生态系统。在这个物质资源体系和生态系统中，土地是其自然物质基础，是各种自然资源的物质载体；农作物生长发育的耕地，草原中的草地，森林中的林地，水和矿物资源赖以储存的水域地和矿藏地，包括湖泊、水库、矿山、煤田、油田和气田，以及海洋中的海底地、大陆架和滩涂等，都是承载各种自然资源的土地资源的主要构成部分。水、土资源必须良好配置结合，并分布在温、湿度适宜的气候资源中，才能形成良好的生机功能而适宜农作物和其他生物资源的生长发育。水储存在地表上和地下，与土地资源密不可分，并受气候的影响和制约。天上水、地表水、地下水和海洋水构成水的大循环系统，调节气候，滋润土壤，维系生物生长发育。水还构成人和生物的机体成分，是水生生物的栖息生存空间，是地球生命的源泉。由于各种自然资源存在着这种综合整体性，因而人们对任何自然资源的不合理开发利用，都会给该自然资源物质及其相关的自然资源和自然生态系统带来不良影响，甚至引起严重后果。自然资源与其转化物原材料、能源和废物（包括废弃物和废旧物资）也是相互联系、相互制约和相互影响的。资源、能源的利用率高，转化成的有用物质资料就越多，废物的产生和排放量就越少。废弃物和废旧物资回收再生利用越好，资源的物质功能和能量功能就发挥得越充分，资源、能源的综合利用率就越高，浪费就越少，就可以节省原生自然资源的消耗量。

⑤ 资源在实际用途上具有多功能性。由于资源具有上述各种基本特征，因而对各有关资源都可以根据其物质构成、性质、特点、赋存形式、相互关系、生机功能及其物质能量关系等特征，从不同角度，以不同方式进行科学合理的开发利用，充分发挥其多种物质功能和能量功能用途，以满足社会经济生活多方面的需要。同时，各种资源的物质和能量功能，都可在一定条件下转换新的功能用途。对资源的合理开发利用，实质上就是全面充分合理利用资源的多种物资和能量功能，减少其物质和能量功能价值的浪费和流失，促使其更多地转化成生产成品和动力，从而实现资源的高效循环利用，以供社会多种消费需要。

⑥ 资源在生存机能上具有可更新性。这主要是指具有生命机能的生物资源，可通过人们的科学合理的培育和保护，促使其在原有基础上再生增殖，扩大资源来源的规模、速度和数量；无生命机能的水土资源，在使用后可通过人们的整治、改良、复垦和保护等措施，提高其生存机能，为社会生产和生活提供更加良好的可循环利用的水土资源条件。但对这些可

更新资源，如果对其利用超过其可更新能力，破坏其生存循环规律，就会使其逐步退化成无更新能力的资源，甚至引起枯竭。因此，在开发利用可更新资源时，必须遵循自然生态规律，在保护自然生态平衡和更新能力的条件下，采取科学合理的保护性开发利用措施。

⑦ 资源在储存量上的有限性。地球的面积和体积及其物质构成元素是有限的，这决定了赋存在地球上的资源储存量是有限的。赋存在地球上的不可更新的矿物资源，是由于地质的物理作用，经过若干地质年代演变而形成，人类开发一点就少一点，在短时间内不可能再生。即使是可更新的生物资源，也因受地球表面土壤面积及其生存机能的有限性及生物资源自然生命运动和自然生态条件的制约，其更新的规模、速度和数量也是有限的。如果开发超过了其自然保护和更新的极限能力，便会引起资源衰退和枯竭。

（2）物质资源的社会属性

① 物质资源界定的相对性。从资源的社会属性上讲，它是人类社会经济技术发展过程中的产物。要使自然界中的自然物质因素能够成为资源而成为劳动对象和劳动资料，进入社会物质生产过程，从而转化成为社会成品，要受一定时间、空间内科学技术、经济条件和社会生产力发展水平的制约。对特定的自然物质因素，能否将其作为资源进行开发利用，要看其在技术上是否可行，在经济上是否合理，其内涵界定并非一成不变。如某些自然资源在过去、在彼地不能被开发利用，但随着科学技术的不断进步，生产技术手段的不断改进，到现在、在此地则已被开发成为重要的资源，并被利用转化成为重要的社会产品。如长期埋藏在地下的铀元素，今天已被开发成为发展核工业的核燃料。有人提出，如果能够进一步提高现有开发利用全国铜矿资源的科技水平，那开采铜矿的世界品位将由现在的 0.4% 降低到 0.2%，则全世界的铜矿储量将可增加 25 倍，这就可以扩大铜矿资源规模而多采若干年。从战略总体上讲，地球上的一切自然物质因素，都是可以开发利用的资源或者待开发利用的潜在资源，是人类社会赖以生存发展的总资源。但从具体资源的开发利用战术上讲，在一定的时间、空间范围内和一定的经济技术条件及社会生产力发展水平下，要将某些自然物质因素确定为资源进行有效的开发利用，还要受诸多主客观条件的制约，还有个相对发展的过程。从这个意义讲，资源应是个相对的概念。可以预见，在当代高新技术飞跃发展和社会生产力水平迅速提高的推动下，一些新的更加重要的资源将会被探索开发出来，以适应当今世界社会经济高速发展和人类生活水平不断提高的需要。

② 资源供需的矛盾性。由于自然资源含有存量的有限性，决定了通过开发利用资源可提供社会生产和生活所需物质资料的有限性。在当代，一方面由于人口的迅速增长，社会经济的高速发展，高新科技成果的大量获取，社会生产力和人民生活消费水平的大幅提高，促使人类社会对资源提供给其所需物质资料需求量的日益剧增，从而强化了对资源开发利用的规模、强度、深度和广度，导致了某些资源的日益退化、减少甚至枯竭。另一方面，对资源的不合理开发利用，导致大量有用的宝贵资源未被充分合理利用而转化成为废弃物和废旧物资，造成资源的巨大浪费和流失，遂使资源的供需矛盾尖锐突出。这种资源含有存量和供给量的有限性，与人们对资源的消耗量和需求量的无限性，它们两者所形成的资源供需矛盾，集中表现为当今世界范围内的资源短缺与危机。例如，我国经济建设对铁、铜和石油等矿物资源的需求量日益增大，供需矛盾十分突出。正是由于资源的这种供需矛盾，促使人们必须加强高新科技开发，广辟资源的新来源、新品种和新功能，并十分注意节约、保护和合理利用资源，从而促进社会经济的进一步发展。

③ 资源的市场交换品属性。在人们开发利用自然和改造自然的过程中，资源，尤其是自然资源，是一种可以在市场经济条件下进行有偿配置转让的物质产品，亦即是一种可以用特殊方式进行交换的商品。因此，资源也具有一般商品所具有的使用价值和价值的双重属

性。也就是说，资源是一种有用的物质体，是可以用来提供人类社会所需的物质资料。资源的这种有用性，集中表现为资源的使用价值，即资源所具有的物质功能和能量功能的效用。这是资源的自然本质的反映。资源在人们开发利用之前，具有潜在使用价值；当人们对其开发利用时，就具有了现实使用价值。由于各种资源的自然属性（包括物理的、化学的和生物的）不同，其功能也不同。一种资源的性能特征是多方面的，其功能也是多样的。探讨资源性质的多方面性和功能的多样性，人们可以根据生产和生活中的不同需要，合理开发利用资源，充分发挥资源的多种功能和用途。对资源多方面效能的出现和发挥，是人类社会在开发利用资源的长期实践中，不断积累的结果。使用价值构成资源财富的物质内容，成为其进行有偿配置转让交换的物质基础。自然资源具有价值属性，体现在其价值存在的前提是由资源对于人类生产与生活的效用性和稀缺性决定的；其价值实现的内涵与方式是由人们在开发利用资源过程中一般人类劳动的凝结所决定的。由于资源是物质财富的实际载体，资源的价值也呈现出潜在的价值和现实价值的基本特征。潜在价值是与资源的潜在使用价值相对应而存在的。现实价值是与资源开发利用中凝结了一般人类劳动，进入生产、流通和消费，通过市场交换来实现的。资源的价格是价值的货币表现，受资源供求关系的影响，价格总是围绕其价值上下波动。正确认识资源的价值属性，无论从实践上还是从理论上都有着极其重要的意义。

三、资源问题与危机

1. 资源问题

资源问题主要是指由于人口增长和经济发展，对资源的过量开采、不合理开发利用和过度使用而产生的影响资源质量的一系列问题。与人口问题、环境问题一样，资源问题说到底也是发展问题。人类社会发展到今天，人口剧增、资源短缺、环境恶化以及生态危机等一系列的世界性问题，已经直接威胁到人类和其子孙后代的生存。具体的资源问题有：资源的过量开采，资源的过度流失与浪费，资源的不断耗竭等。

从资源问题产生的根源来说，它是由人对资源的认识不当、对人与资源之间的关系协调不当而造成的，并使不同时期、不同国家、不同社会与经济条件下的资源问题表现出不同的性质和特点。从资源问题的实质来看，它是由人对资源认识的局限性、对处理人与资源关系的局限性而产生的资源制度局限性所造成的人与资源关系的失衡、失调或恶化，是通过资源与资源关系失衡、人与资源关系失衡而表现出来的人与人之间关系的失衡，即制度失衡。

2. 资源危机

资源危机是指当资源耗竭和破坏作用累积到一定程度时，受损资源系统的部分或整体功能已难以维持人类经济生活的正常需要，甚至可能直接威胁到人类生存与发展的状态，它包括能源危机、矿产危机、水危机、粮食危机和生态危机以及人力资源危机等。因此，可以说，资源危机是指矿物、淡水、耕地、森林、野生动植物等自然资源在世界和人口不断增长和生活水平日益提高的情况下逐渐显现出日益紧缺的趋势。

随着世界人口的逐渐膨胀和生活水平的不断提高，不可避免地导致对自然资源压力的不断增大。一系列资源危机相继出现，如能源危机集中体现在石油资源的短缺和全球使用的不均衡，矿产危机集中体现在金属资源特别是稀有金属的短缺和全球使用的不均衡，水危机集中体现在淡水资源的短缺和分布的不均衡，耕地危机和粮食危机是一个问题的两个方面，物种危机、森林危机、木材危机都体现了生态危机、环境危机的各个侧面，人力资源危机则反映了世界人口增长过快和劳动力资源的短缺。总之，这些危机归根到底都是资源危机，资源危机正在全面地迫近人类。

（1）能源危机 能源危机是最突出的资源危机，由来已久。能源是市场国际化程度最高的战略性资源，是经济发展的动力来源。能源危机是指因为能源供应短缺或是价格上涨而影响经济。这通常涉及石油、电力或其他自然资源的短缺。能源危机通常会造成经济衰退。从消费者的观点，汽车或其他交通工具所使用的石油产品价格的上涨降低了消费者的信心和增加了他们的开销。人口增长和经济发展及能源浪费现象，导致能源供求关系的长期紧张。历史上曾出现多次的能源危机。例如，1973 年的能源危机，其原因在于阿拉伯这些石油输出国，因不满西方国家支持以色列而采取石油禁运而导致；1979 年的能源危机，系伊朗革命爆发所导致；1990 年由于波斯湾战争导致了石油价格的暴涨；在美国加利福尼亚州，电力管制政策的失败，加上供给小于需求，导致了加利福尼亚州电力危机；在英国，由于油税居高不下，加上原油价格的上扬，导致了大规模的石油抗议活动。可见，能源危机由来已久，并将长期存在。在这种能源危机中，多数发展中国家更受制于以美国为首的少数发达国家，尽管少数发展中国家属于石油资源富集国家并建立了以欧佩克为代表的能源组织，但能源危机对于发展中国家的影响更甚于发达国家。

（2）水危机 这是一个很奇怪的问题。我们明明知道，每年降雨很多，尤其在南方地区更多，可是水还是不够用。地球上的水资源总量其实没有减少，并且在不断循环。而且，地球上的水资源总量，是人类需要的水量的 35000 倍。可是，水资源依然短缺。其主要原因在于：全球淡水资源极其有限，其中可利用的淡水资源更为有限，仅相当于全球总水量的不足1%；而且，水资源又存在时空分布不均匀的问题，洪涝和旱灾频繁；加上水源污染日益严重，减少了可利用水资源量，水质型缺水日益严重。当今世界，严重缺水的国家和地区越来越多。据统计，全世界有 100 多个国家存在着不同程度的缺水，世界上有 28 个国家被列为缺水国或严重缺水国。在非洲、亚洲等地区，也不断发生水恐慌和水危机。可以预料，再过30 年，缺水国将达 40～60 个，缺水人口将增加 8 倍多，达 28 亿～33 亿之多。基于此，国际上预言水危机将是今后最大的资源危机，也将是最具破坏力的资源危机。

（3）粮食危机 与水危机相关，加之厄尔尼诺和拉尼娜等气候异常现象，以及土地荒漠化等原因，粮食危机已成为人类最易感受到的资源危机之一。在过去十年的大部分时间里，全球粮食消费量一直高于产量。至今，世界粮食储备量越来越少，国际市场粮食贸易量也呈下降之势。然而，人口在不断增长，耕地数量和质量在不断下降。导致世界粮食危机的主要原因在于：①世界石油价格不断上涨，突破历史水平，极大提高了农业生产的成本，造成农业生产所必需的肥料和柴油价格的上扬以及运输成本的大幅增长；②不利气候因素造成主要粮食生产国减产，出口量大幅下降，例如，作为世界粮食主要出口国的澳大利亚连续数年遭受干旱气候，小麦出口锐减（仅 2007 年的出口量就减少 400 万吨），乌克兰小麦同年出口也减少 300 万吨，孟加拉国遭受台风袭击造成大米减产 300 万吨；③由于世界石油价格的居高不下，美国、欧盟和巴西等国将大量原本出口的玉米、油菜籽和棕榈油转用于生产生物燃料，在很大程度上改变了这些传统农业出口大国的农业生产格局并降低了出口，例如，美国20%的玉米已被用于生物燃料生产，欧盟 65%的油菜籽、东盟 35%的棕榈油被用于生物燃料生产，这些政策的变化不仅造成了食物供给的减少，更引起了市场对于稳定供给的担忧和恐慌，进一步加剧了粮食价格上涨预期；④美联储的不断降息，房地产市场低迷等都释放了大量的投资资本进入大宗商品期货市场，由于市场预期国际农产品价格将维持高位，近年来，已有 400 多亿美元进入国际农产品期货市场投机炒作，国际小麦的出口价格增长了130%、大米价格增长 98%、燕麦价格上扬 38%，世界大量的粮食储备被掌握在实力雄厚的国际基金炒家手中；⑤由于粮食价格在短时间内持续上涨，导致一些传统的粮食纯进口国，如印度尼西亚和菲律宾等国加速粮食进口，以确保国内粮食供给，与此同时，一些出口国采取的出口限制措施也进一步加剧了供给短缺和市场恐慌；⑥长期以来，发达国家的巨额农业补贴严重扭曲了贸易，人为压低了国际农产品价格，致使发展中国家的中小粮食生产者和农民不得不放弃农业生产，转而生产其他经济作物，致使许多中小发展中国家的粮食自给能力严重不足，大量依赖进口来维持国内粮食供应，同时，多年来，自由贸易比较优势理论的传播也钝化了许多发展中国家发展自身农业生产的愿望，天真地认为世界粮食供应永远是充足的，可以完全依赖便宜的进口来替代国内生产，这也是许多国家对粮食危机的爆发和持续准备不足的潜在原因。据预测，到 2030 年粮食需求将会提高 30%～40%，全球新一轮粮食危机的到来似乎已无法避免。

（4）矿产危机　主要表现为近年来世界上铁、铝、铜和锡等重要金属矿产的消费量大幅增长，出现矿产资源的消耗量增长速度大于储量增长速度的情况。据报道，铁矿床遍及世界各地，空间上主要分布在东欧-前苏联、亚太和南美地区。2000 年底全球剩余探明铁矿储量（含铁量）723.5 亿吨，其中东欧-前苏联地区和亚太地区，分别占世界铁矿储量的 45.6% 和 31.2%。南美、北美和西欧分别占世界的 8%、5.8% 和 6.5%，中东地区和非洲地区匮乏。铝土矿矿床及其储量分布就更不均衡了。南美、非洲和亚太地区是铝土矿的集中分布区。在全球 246.9 亿吨的铝土矿储量中，上述三个地区分别占 36%、34% 和 25.5%，占世界总量的 95.5%，其他地区铝土矿资源量较少。全球铜矿床分布较普遍，但主要集中在南美和北美的东环太平洋成矿带上。在全球剩余的 3.39 亿吨铜储量中，南美占 37.5%、北美占 23.3%、亚太和东欧-前苏联分别占 15.6% 和 11.5%。其他地区资源储量有限。当前，我国有色金属工业发展面临着矿产资源严重不足的严峻挑战。由于十多年来资源的高强度消耗和地质勘查实际投入大幅下降，可供开发建设的资源十分短缺，多数矿山因资源危机而陷入困境，在低产低效中徘徊，破产关闭加速，造成有色金属矿产品供给日趋紧张，相当部分矿工的生活状态恶化，矿业城镇的社会稳定问题也十分突出。因此，解决有色金属资源危机已刻不容缓。

（5）生态危机　生态危机是指人类盲目的过度活动导致地球生态系统结构和功能不利于人类生存和发展的状态，它包括生态系统结构和功能受到损害而不能恢复、生命维持系统的瓦解两个方面，具体涉及物种危机、栖息地危机、森林危机、木材危机以及野生动植物资源危机。当今世界，由于环境污染、生态破坏，生物多样性不断减少，导致野生动植物资源短缺，带来物种危机；随着森林资源的大规模丧失，土壤侵蚀、水土流失以及草原退化、土地沙漠化也跟着发生。生态危机一旦形成，在较长时期内难以恢复。因此，当它还处在潜伏状态时就应该提醒人们警觉起来。例如，20 世纪 30 年代美国西部由于滥垦滥牧，植被遭到破坏，导致三次"黑色风暴"的发生；1934 年 5 月 9～11 日的"黑色风暴"以每小时 100 多公里的速度，从美国西海岸一直刮到东海岸，带走 3 亿多吨表土，毁坏数千万亩农田；20 世纪 50 年代苏联盲目开荒，也先后出现过几次"黑色风暴"，使 3 亿亩农田受害；非洲撒哈拉大沙漠在 1968～1974 年期间，每年向南延伸 50 多公里，使萨赫勒地区生态平衡遭到严重破坏，直接威胁当地人民的生活和发展。

（6）人力资源危机　属于管理失控状态下的危机，主要有 3 种类型：企业文化危机、人力资源过剩危机和人力资源短缺危机。一般来说，企业文化危机是目前企业最常见的一种人力资源危机，表现为员工缺乏对企业社会存在价值与理由的认知或认同，企业作为一个责任共同体、命运共同体和利益共同体，却没有共同的意愿，没有心灵的契约，各自为政，凡事先从个人或小团体出发，把个人利益、局部利益看得高于整体利益，凡事先替自己打算，先自己后他人，企业内没有公正、公平可言等。人力资源过剩危机是因人力资源存量或配置超过企业经营战略发展需要，而产生的危机。通常在三种情况下发生：一是企业并购活动中，重复机构撤并时，会造成人员富余；二是企业效益不佳，需撤销分支机构或缩减业务规模时，而产生人员富余；三是目标过高的战略失败后，高目标的人力资源配置造成大量冗员。人力资源短缺危机，主要有两种表现形式：一是人力资源数量结构性短缺，即各职类职种的核心人才缺乏；二是人力资源素质水平满足不了战略的要求。人力资源短缺危机将导致企业经营战略，或迟迟不能展开，而贻误先机；或因缺乏人才，实施不到位而失败；或因人员素质水平不够，而使战略目标无法按期完成。最终导致企业在激烈的市场竞争中处于劣势，而陷入经营管理的困境。

第二节 资源循环利用

一、资源循环利用与废物资源化

1. 资源循环利用

资源循环利用是指根据资源的成分、特性和赋存形式，对自然资源综合开发、能源原材料充分加工利用和废物回收再生利用，通过各环节的反复回用，发挥资源的多种功能，使其转化为社会所需物品的生产经营行为。自然资源的短缺和市场需求是资源循环利用的根本引导力量，资源循环利用的根本推动力是科技进步。每当新技术出现，总会开拓出新的资源领域及新的使用方式，推动资源综合利用不断向广度和深度发展（图1-3）。

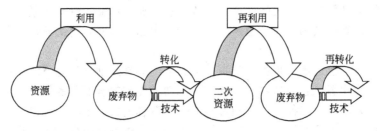

图1-3 资源循环利用的概念模式

资源循环利用的重要性在于它直面废物减量的挑战，维持舒适的生活质量，支持生产性经济。资源循环利用独特的地方在于它为一些组织和个体带来了可能原本无法获得的资源和利益。再生利用，是资源循环利用的一个重要方式，除极个别情况，再生利用比回收更有效地实现了上述目标，主要表现在以下9个方面：①再生利用使得物资从废物流分离出来；②再生利用有助于源头减量；③再生利用保留了当初用于制造该产品时的物化能（一个物品的物化能是指归因于导致该物品现状的全部能源）；④再生利用降低了对燃料、森林和水等宝贵资源的压力，并有助于保护野生动植物的栖息地；⑤再生利用比回收或重新生产新产品产生更少的空气和水污染；⑥再生利用产生更少的有害废物；⑦再生利用在购买和处置环节上更节省成本；⑧再生利用为大小企业创造新的商业和就业机会；⑨再生利用可以创造品质优良经济实惠的货源。

资源循环利用是实现循环经济和生态经济的最重要的手段之一，可以通过"3R"原则（包括减量化原则、再利用原则和再循环原则）提高资源的利用效率。其中，减量化原则属于输入端方法，旨在减少进入生产和消费过程的资源量，从源头节约资源的使用和减少污染物的排放；再利用原则属于过程性方法，可以提高资源产品和服务的利用效率，要求资源产品和包装容器以初始形式多次使用，减少环境污染；再循环原则属于输出端方法，要求资源产品完成使用功能后重新变成再生资源循环利用。

资源循环利用在经济活动中具体体现为产业、区域和社会 3 个重要层面，分别通过运用"3R"原则实现 3 个层面的资源闭环流动。从产业层面看，资源循环利用是在产业层面上的小循环。根据生态效率和资源产业链的理念，推行清洁生产，减少产品和服务中资源和能源的使用量，实现污染物排放的最小量化。它要求企业做到：①减少产品和服务的资源使用量；②减少产品和服务的能源消耗；③减少废弃物质的排放；④加强资源的循环利用能力；⑤最大限度可持续地利用可再生资源；⑥提高资源产品的耐用性；⑦提高资源产品与服务的强度。

在区域层面上，资源循环利用是中循环。按照工业生态学的原理，通过企业间的物质集成、能量集成和信息集成，形成企业间的工业代谢和共生关系，建立工业生态园区，这是一种追求以更高的资源利用和能量转化效率、更少废物排放甚至零排放为目标的资源利用空间分布形式。

在社会层面上，资源循环利用是大循环。通过废旧物资的再生利用，实现资源消费过程中和消费过程后资源和能量的全面循环。

2. 废物资源化

废物资源化通常是指对退出生产环节或消费领域的废弃物质，通过技术、经济手段与管理措施，在实现无害化处置和减少污染物排放的同时，回收大量有价物质和能源。提高废物综合利用率，具有公益性和经济性双重特性。从废物中收回物质和能源，以前一种产品的废物作后一种产品的原料，再以后一种产品的废物生产第三种产品，如此循环和回收利用既可使废物的排出量大大减少，还能使有限的资源得到充分的利用，满足良性的可持续发展要求。

废物资源化可分为两种：一种是原级资源化，即将消费者遗弃的废物资源化后形成与原来相同的产品，例如将废纸生产出再生纸；另一种是次级资源化，即废物变成与原来不同类型的产品。

在广义上，对废弃的土地进行修复，使废弃地或者污染土地成为可耕地或者可利用的土地，也是废物资源化的一种重要形式。目前，污染土地修复已经成为一个重要的热点领域。大致来说，污染土地修复主要的方法包括物理修复、化学修复、生物修复和生态修复。其中，物理修复是指通过各种物理过程将污染物从土壤中去除或分离的技术，热处理技术是应用于工业企业场地土壤污染的主要物理修复技术，包括热脱附技术、微波加热技术和蒸气浸提技术，已广泛应用于苯系物、多环芳烃和多氯联苯等污染土壤的修复；相对于物理修复，污染土壤的化学修复技术发展较早，主要有土壤固化-稳定化技术、化学淋洗技术、氧化-还原技术、光催化降解技术和电动力学修复等；污染土壤生物修复技术主要包括植物修复、微生物修复、生物联合修复等技术，在进入 21 世纪后得到了快速发展，成为绿色环境修复技术之一；协同两种或以上修复方法，形成联合修复技术，例如，微生物/动物-植物联合修复技术，化学/物化-生物联合修复技术，物理-化学联合修复技术，以及生态修复技术，不仅可以提高单一污染土壤的修复速率与效率，而且可以克服单项修复技术的局限性，实现对多种污染物的复合、混合污染土壤的修复，已成为污染土壤修复技术中的重要研究内容。

加强废物资源化科技创新，是深入实施节能减排，加快发展循环经济、绿色产业、低碳技术的要求，对生态文明建设和可持续发展具有重要意义。

二、资源循环利用现状与趋势

1. 城市固体废物循环利用现状与趋势

（1）城市生活垃圾的资源循环利用　城市生活垃圾主要包括生活垃圾、餐厨垃圾和果蔬垃圾等，潜含着大量生物质，可以被有效地转化成多种能源形式。随着我国市政公用行业改革的不断深化，大量社会资金通过产业化、市场化的途径进入垃圾处理行业，有效地促进了我国垃圾无害化处理设施的建设。垃圾焚烧发电技术对垃圾进行焚烧处理，减容、减量及无害化均得到很高，焚烧过程产生的热量用来发电可以实现垃圾的能源化，是一种较好的垃圾处理方法。因此，作为一种技术含量高、投入高的垃圾处理方式，垃圾焚烧发电技术已广泛采用市场化的方式进行投融资、建设和运营。近年来，城市生活垃圾制备燃气技术已成为第二代生物质能源发展的重点，在欧洲得到快速推广。德国已建有55个城市生活垃圾处理与生物质燃气利用工程，不仅满足工程自身能源供给，而且正逐步形成对交通车辆和居民小区燃气利用的供给能力。

餐饮垃圾是指餐饮业、企事业单位和学校食堂以及食品加工生产单位产生的食物残渣和废料等。随着生活水平的提高，餐饮垃圾的产生量愈来愈大。上海市每天产出餐饮垃圾1300t，北京市达到1600t，哈尔滨市日产量达到500余吨。由于餐饮垃圾以淀粉类、食物纤维类和动物脂肪类等有机物质为主要成分，具有含水率高、油脂和盐分含量高、易腐发酵发臭等特点，其资源化利用受到很大挑战。研究表明，堆肥技术适合于易腐有机质含量较高的垃圾处理，对垃圾中的部分组分进行资源利用，且处理相同质量的垃圾投资比单纯的焚烧处理大大降低。堆肥技术在欧美国家起步较早，目前已经达到工业化应用的水平。我国生活垃圾中的易腐有机质（主要是厨余垃圾）含量较高，采用堆肥技术可以达到比较好的处理效果。但堆肥技术必须首先对新鲜的垃圾进行分类后再将易腐有机组分进行发酵，才能有效地防止重金属的渗入，保证有机肥产品达到国家标准，真正实现无害化和资源化。堆肥技术不能处理不可腐烂的有机物和无机物，减容、减量及无害化程度低。

2010年，我国城市生活垃圾年产量近1.6亿吨，垃圾处理以焚烧、卫生填埋等技术为主，分别占垃圾处理总量的3%和60%左右。随着我国清洁能源战略的实施，城市生活垃圾制备燃气技术开发与工程示范得到了高度重视，但在混合垃圾分选技术、生活垃圾湿式和干法厌氧消化技术、沼气提纯和高值利用技术等方面仍缺乏系统研究，标准化和系列化的成套装备主要依赖进口，亟须研制符合我国实际情况的标准化、系列化和智能化的城市生活垃圾处理与能源化装备及安全控制系统。

（2）城镇污水处理厂污泥及工业污泥的资源循环利用　随着城镇污水处理事业的发展，污泥的产量随之不断攀升，污泥的处理处置成为废弃资源循环利用的一个重要方面。目前，国际上处理污泥的方法主要有：海洋投弃、填埋、堆肥化、焚烧、干燥、垃圾焚烧发电厂与市政垃圾混烧处理等。欧美国家污泥厌氧消化制生物质燃气技术及成套设备已相当成熟，并大规模应用。

我国当前城市生活污水年排放量已达232亿吨。2010年，我国城镇污水处理厂污泥产量约3000万吨。由于城镇污水处理厂污泥及工业污泥中含有大量的有机质及氮、磷、钾等营养成分，以及重金属、病原微生物等有毒有害物质。如何对城市生活污水处理后产生的污泥进行资源利用，成为资源循环利用领域需要高度重视的问题。目前，我国主要处理方式为堆肥、干化焚烧和生产建材等。例如，海口市白沙门污水处理厂每天处理城市生活污水22

万吨，每年生成约 4 万吨污泥，进行填埋处理时每吨污泥运输、填埋需 80 元。2002 年底，海南农丰宝肥料有限公司以每吨 15 元的价格包购了污水处理厂的全部污泥，利用微生物处理的方法，将污泥加工成有机肥和复合肥进行销售。

近年来，我国开展了一些污泥厌氧发酵生产生物质燃气、水泥窑和电厂协同处置污泥等技术研发与工程示范，急需突破污泥低成本干化预处理、多产业协同处理、二次污染控制等技术与设备，强化技术集成，建立完整的污泥处置与能源化技术创新链。

(3) 废旧金属的资源循环利用 目前，废旧金属低能耗清洁工艺已在发达国家普遍应用。"十一五"期间，我国在消费领域累积的废旧金属资源超过 2 亿吨，但废旧金属再生利用技术研究仅处于起步阶段，在消化、吸收国外引进先进技术的基础上，再生铜低能耗精炼除杂、再生铝反射炉低烧损熔炼、再生铅低温连续熔炼等技术和装备实现了产业化。随着再生金属所占比例在我国有色金属消费结构中的大幅提升，迫切需要突破废旧金属低能耗清洁生产技术与配套装备，开发高品质再生金属产品及二次污染控制技术，提高废旧金属再生利用品质与利用效率。

2. 工业固体废物循环利用现状与趋势

(1) 煤矸石的资源循环利用 煤矸石是煤炭开采、洗选过程中的废弃物，是多种矿岩组成的混合物，属沉积岩。目前，我国的煤矸石总堆积量已超过 25 亿吨，而且正以每年约 1.3 亿吨的速度增加。

概括起来，煤矸石循环利用的方式主要有：①煤矸石制砖。以煤矸石作烧砖内燃料制砖生产工艺与用煤作内燃料基本相同，仅需增加煤矸石粉碎工序。黑龙江省双鸭山东方工业公司是资源综合利用专业性公司，从事煤矸石砖生产，年产煤矸石、页岩烧结多孔装饰砖 3000 万块，年产烧结薄型装饰砖 80 万平方米。②煤矸石发电和造气。黑龙江省鸡西滴道矸石电厂是我国第一座也是容量最大的煤矸石电厂，先后安装了三台我国自己研制的 130t/h 流化床锅炉和两台 2.5 万千瓦汽轮发电机组，每年燃烧煤矸石约 60 万吨，发电 2.2 亿千瓦时。建成于 20 世纪末期的山东新汶协庄煤矿矸石热电厂效益尤为突出，发电量保持 1.6 亿千瓦时以上，年消耗煤矸石 30 万吨，实行热电联供，年节约原煤 4 万吨，少支付电费 1.2 亿元以上，节省煤矸石堆放占地 25 亩，安置待业和下岗人员 733 人，既节约了资源，又收到了良好的社会、经济和环境效益。③煤矸石生产轻骨料。有两种烧制方法：成球法与非成球法。适宜烧制轻骨料的煤矸石主要是碳质页岩和选矿厂排出的洗矸，矸石的含碳量不要过大，以低于 13% 为宜。④煤矸石作原燃料生产水泥。煤矸石和黏土的化学成分相近并能释放一定的热量，用其代替黏土和部分燃料生产普通水泥能提高熟料质量。根据卞孝东 (2007) 资料显示，河南义马煤业集团公司水泥厂利用煤矸石代替黏土生产水泥，水泥中煤矸石含量可达 30%，煤矸石的掺入可使吨熟料（非标准煤）煤耗由 475kg 降至 378kg，每年可节煤 11640t。⑤煤矸石制取聚合物氯化铝。目前，以煤矸石为原料用酸溶法制取聚合氯化铝技术已成熟，生产过程中酸溶产生的残渣可用作水泥配料，或制成水玻璃和白炭黑等产品。本工艺实现了资源的合理利用，避免了资源浪费，减轻了环境污染，降低了生产成本，具有可观的经济效益和巨大的社会效益。

(2) 废旧高分子材料资源循环利用 废旧高分子材料一般指废弃的塑料、橡胶、合成纤维和纺织品等废旧物品。对这些废旧物品的处理处置以及循环利用，是一个具有较大挑战的课题。2010 年，我国废橡胶、废塑料、废纤维等废旧高分子材料年产量达 3000 多万吨，预计到 2015 年我国废旧高分子材料产量将超过 4000 万吨，对废旧高分子材料高值利用技术提出了迫切的需求。

开发清洁高效的梯级利用技术和高附加值产品，实现废旧高分子材料全生命周期利用是国内外废物资源化技术的研究热点。"十二五"期间，加快废旧橡胶超细胶粉制备与改性利用、废旧塑料制备高端材料、废旧纺织品分离与综合利用等技术和装备的研发及产业化，将是提高我国废旧高分子材料处理水平的重要保障。

目前，我国废橡胶粉碎改性、废塑料回收利用等技术研发取得了一定进展。在广东、山东和河北等地形成了一批废旧高分子材料回收加工集聚区，利用废旧轮胎生产的精细胶粉已推广应用到北京奥运会、上海世博会、天津滨海新区等标志性工程建设，巨型工程机械轮胎翻新技术在上海港、新加坡港等 20 余个港口推广应用。资料显示，我国废旧轮胎资源循环利用大致有以下 5 种途径：①原形改造废旧轮胎。将废旧轮胎改造为港口码头及船舶的护舷、防波护堤坝、公路交通墙屏和游乐游具等，该方法消耗的废旧轮胎量并不大，只能作为一种辅助途径。②热解废轮胎。高温裂解废轮胎提取具有高热值的燃气、富含芳烃的油、炭黑及钢铁等，该方法技术复杂、成本高，易造成二次污染，目前没有在国内推广。③翻新旧轮胎。可以延长轮胎使用寿命、促进旧轮胎减量化，减少环境污染。④再生橡胶。再生胶生产存在着利润低、劳动强度大、生产流程长、能源消耗大、环境污染严重等缺点，由于历史原因，再生胶生产是我国废轮胎回收利用的主要途径。⑤生产硫化橡胶粉。胶粉生产没有二次污染，废轮胎利用率 100%，可以延伸成高附加值且能够循环使用的新型产品，是集环保与资源再生利用为一体的循环利用方式。随着科学技术的发展，硫化胶粉的生产、应用和推广已被越来越多的使用厂家所接受，并取得了可喜的经济效益。

目前，我国废旧轮胎资源循环利用产业在发展过程中存在以下 4 个方面的问题。①旧轮胎翻新率低。原因有三，一是国产轮胎的质量普遍低下，有翻新价值的旧轮胎的数量有限；二是意识不到位，轮胎使用不当，胎面严重磨损无法再实施翻新；三是缺乏翻前拣选和翻后检验的手段和标准，加之整个社会对轮胎翻新的价值认识不足，使得翻新轮胎的市场难以拓展。②废轮胎利用渠道面不广。以胶粉生产为例，由于受政策、税收、国家标准、废轮胎原料来源的制约，国内的胶粉企业不能扩大运行，甚至处于停产、半停产状态；胶粉改性沥青应用由于缺乏地方和国家标准，难以在国内推广。③无畅通的废旧轮胎回收体系。我国现有的废旧轮胎回收体系不规范，以个体为主的回收网络已无法适应现有废旧轮胎利用的需求。④在管理、立法和政策支持方面比较滞后。目前我国还没有形成鼓励废旧轮胎资源再生和循环利用的制度体系、法律体系、政策体系和社会机制，管理、政策和立法的滞后已严重阻碍了废旧轮胎回收利用产业的发展。

废旧轮胎的循环利用产业潜力巨大，具有很高的经济效益和环保效益，市场前景美好，需要通过政府和社会从多方面的支持，以促进废旧轮胎资源循环利用产业的健康发展，这对于可持续发展的实现具有十分重要的意义。

（3）粉煤灰的资源循环利用　粉煤灰，一般是指从煤燃烧后的烟气中收捕下来的细灰。粉煤灰是燃煤电厂排出的主要固体废物。分析表明，我国火电厂粉煤灰的主要氧化物组成为 SiO_2、Al_2O_3、FeO、Fe_2O_3、CaO 和 TiO_2 等。

粉煤灰是我国当前排量较大的工业废渣之一。由于我国燃烧用煤含灰分较高，所以排出的粉煤灰量很大。以哈尔滨市为例，2003 年哈尔滨市产生粉煤灰为 142.3 万吨，综合利用量 71.15 万余吨，综合利用率为 50%，主要用于水泥、混凝土加工、筑路筑坝时按照规定比例掺用和用作土地回填。2003 年哈尔滨市粉煤灰储存量为 71.15 万吨，历年累计粉煤灰储存量为 800 万吨。粉煤灰的产生主要集中在火电厂和大型工矿企业的动力锅炉上。大量的粉煤灰如不加以处理，会产生扬尘，污染大气，对人体健康危害很大，排入河道水系会造成河流淤塞，污染水质。国内外对其环境效应的研究表明，灰中潜在毒性物质会对土壤、地下水造成污染。在改土方面，也具有潜在不利效应：可溶盐、硼及其他潜在毒性元素含量过高，可导致元素不均衡以及土壤的板结和硬化。因此，粉煤灰的处理和利用问题已经成为我国环境保护与再生资源开发利用领域的一个重要课题。

当前，对粉煤灰的处理处置方法有：土地填埋，储灰池存储，以及循环利用。资料显示，粉煤灰的循环利用方式主要有：①代替黏土制作水泥。粉煤灰可作为道路和土建的回填物料，利用固土技术，在粉煤灰中加入固土剂成型养护后有一定的强度，其承载力、变形等都比较好。②制作墙体材料，用于建筑工程。③充当筑路材料。作为主要材料或辅助材料，作造路基层和底基层，路堤、路面修复及回填料、灌浆料等。粉煤灰综合利用，其效益非常明显，每利用 1 万吨粉煤灰，可为火力发电厂节约征地 $200m^2$，减少灰场投资运行费 2 万～8 万元，节约运灰费 2 万～5 万元。

（4）工业生物质资源循环利用　工业生物质资源是指工业生产过程中产生的废弃生物质，主要来源于食品加工、酿造和纺织等行业。据统计，我国目前工业生物质废弃物占整个工业固体废物的 11%，综合利用率不到 10%。

对这类生物转化率比较低的生物质资源，热化学方法，如热解技术，是有效的转化和利用方法。美国、巴西、印度等国家对甘蔗渣进行燃烧发电处置，并开展了蔗渣气化热电联产与联合循环等先进技术的研发。我国在工业生物质燃气利用方面总体上仍处于起步阶段，其利用方式过去主要以生产饲料和肥料为主。近年来，我国对工业生物质废弃物提取高蛋白、热解燃气利用等技术开发给予了支持，特别是在酿造和中医药生物质废弃物集中式燃气利用技术研发与工程示范方面加大了支持力度，养殖园区生物质废弃物生产燃气技术已经规模化和推广应用。"十二五"期间，加快集中式工业生物质废弃物燃气利用技术开发，发展标准化、系列化和成套化装备，已成为提高工业生物质废弃物综合利用率、发展生物质能源的重点任务。

随着我国经济的快速发展，资源短缺、能源紧张和环境污染之间的矛盾日益突出，工业生物质废弃物利用已成为缓解资源短缺与减少污染物排放的重要途径，也是实施节能减排的重要措施。

3. 农业固体废物循环利用现状与趋势

（1）秸秆资源循环利用　秸秆作为资源，其循环利用的方式主要有以下几种。①秸秆气化和焚烧发电。利用生物质气化技术，把秸秆变成清洁能源，即把麦秆、稻草、稻壳、油菜秆、甘蔗渣以及木屑等生物质废弃物转换为可燃气体，这些气体经过除焦净化后，再送到气体内燃机进行发电，从而实现秸秆气化和发电。②秸秆"麦套稻"和种菇循环模式。超高茬麦田套稻技术的广泛应用，解决了困扰农村的四大难题，即通过综合利用，让稻麦共生，当小麦成熟收割之后，麦秆与水稻共存，并腐烂变成水稻肥料，从而实现了秸秆全量自然还田，有效消除了秸秆焚烧症结；免耕覆盖，解决了水土流失的难题。采用土地免耕加上秸秆覆盖，避免了植被和表层土壤的稳定结构破坏，遏制了土表水分的蒸发，较好实现了水土保持；秸秆培肥，解决了地力下降的难题，把每亩 400 多千克秸秆自然腐解为肥料，增加了土壤有机质，有利于作物增产；节本增效，解决了农民增收难题，与传统常规育秧插稻相比，节省人力资源和机械化作业成本。利用秸秆种植菌种，使得秸秆经过食用菌分解之后，又成为含有丰富氮、磷、钾的优质肥料，返回到田里增加肥力。江苏金坛市 2002 年利用秸秆种植双孢菇面积达 1000 多平方米，消耗水稻秸秆 2 万余吨，年产金针菇 120 万袋、平菇 400余吨，产值达到 3000 万元，净增效益 900 多万元；还可将生产过后的菌糠作为优质菌体蛋白饲料喂养畜禽，形成了"秸秆-蘑菇-饲料-粪便-回田"的循环经济生态模式。③秸秆的其他利用技术。稻麦秸秆编制草帘、草绳，发展草苫大棚蔬菜，玉米秸秆编制工艺品等，不但使稻秆麦秸变废为宝，也成为农闲时的副业。利用秸秆作原料生产轻质板材的中小型企业，每年可消化一个中等乡镇产出的所有稻麦秸。

（2）畜禽粪便的再利用　规模化畜禽养殖场和农村成千上万的散养畜禽的粪便如处置不当，对农村生态环境将构成严重的污染。消除农村畜禽粪便污染，同时达到综合利用的目的，可在畜禽粪便中掺入 50％的秸秆发酵，利用生物菌种进行连续发酵，进行高温灭菌、生物干燥和除臭处理后制成的有机生物肥料，氮、磷、钾和总养分丰富，有机物质含量达到 70％左右，对蔬菜、果树、花卉和棉花等农作物具有显著的增产、改善品质、提早成熟、抗逆性等作用。

4. 危险废物循环利用现状与趋势

（1）废润滑油的循环利用　润滑油在使用的过程中，由于高温及空气的氧化作用，会逐步老化变质再加上呼吸作用及其他原因而进入油中的水分、从环境中侵入的杂质，使其颜色逐步加深、酸值上升、产生沉淀物、漆膜直至变质。变质达到一定的程度之后，必须更换。有关资料显示，我国目前每年消耗各类润滑油近 300 万吨，产生废润滑油约 130 万吨。

废润滑油再生工艺通用工艺流程为：预处理-蒸馏-精制-调和，其中最主要的为蒸馏，它涉及粗真空蒸馏（常指减压蒸馏，真空度大于 10000Pa）、低真空蒸馏（100～10000Pa）、中真空蒸馏（1～100Pa）和高真空蒸馏（真空度小于 1Pa）。我国废油再生始于 20 世纪 30 年代，70 年代进入鼎盛时期。废润滑油再生工艺流程，我国过去分为再生及简易再生两类。再生工艺主要用于专业的再生厂。简易再生工艺主要用于使用单位自行再生，生产自用的再生润滑油。简易再生的润滑油往往不是全部指标都符合新油指标，但却可以使用，常采取与新油混合使用或补充添加剂后使用的方法。

废润滑油再生工艺本身更要注意环境污染问题。有些再生单元过程基本上没有环境污染，例如第三类再生工艺中的蒸馏、加氢。发展新的无污染的再生工艺，推广绿色的废油循环利用技术，最成功的是采取高真空低温度下的薄膜蒸发，将基础油馏分蒸出来而不发生任何裂化，然后再经过加氢精制，成为质量良好的再生基础油，既提高了废润滑油的附加值，也有效地避免了在治废、利废过程中对环境所产生的二次污染。

（2）电子废物的循环利用　电子废物是指被废弃不再使用的电气或电子设备，主要包括电冰箱、空调、洗衣机、电视机等家用电器和计算机等通信电子产品等的淘汰品。国家环保部在《关于加强废弃电子电气设备环境管理的公告》中指出，电子废物是指依靠电流或电磁场来实现正常工作的设备，以及生产、转换、测量这些电流和电磁场的；其设计使用的电压为交流电不超过 1000V 或直流电不超过 1500V 的废弃电子电气设备。

电子废物是困扰全球的大问题。特别是发达国家，由于电子产品更新换代速度快，电子废物的产生速度也更快。据统计，德国每年要产生电子垃圾 180 万吨，法国是 150 万吨，整个欧洲约 600 万吨。而美国更惊人，仅淘汰的电脑很快将达到 3 亿～6 亿台。我国已进入电子电器产品的快速更新与淘汰期，2010 年废旧电子电器产品年产量已达 300 万吨，预计到 2015 年废旧电子电器产量将超过 600 万吨。今后电子废物带来的压力会非常突出。电子垃圾不仅量大而且危害严重。特别是电视、电脑、手机、音响等产品，有大量有毒有害物质。比如，电视机的显像管含有易爆性废物，阴极射线管、印刷电路板上的焊锡和塑料外壳等都是有毒物质。而电脑更厉害，制造一台电脑需要 700 多种化学原料，其中 50％以上对人体有害。目前，我国电子废物还处于无序回收状态，原始落后的拆解处理造成的资源浪费、环境污染情况十分严重，同时也给使用旧家电的消费者带来了安全隐患。

　　我国的电子废物回收与处理一般由环卫部门负责。但受到技术和资金等限制因素的影响，大部分电子废物在经过简单的拆解，环卫部门除回收少量有价值的金属和塑料外壳之外，一般采用填埋或焚烧等最终处理方式。在浙江和广东等地，近年来已形成了庞大的电子废物回收处理与再利用网络，然而这种经济利益驱动下产生的回收处理网络也衍生了一系列的环境问题和社会问题，如电子废物走私问题、电子废物处理过程中产生的环境污染问题、劳动者身心健康问题等。国家发改委已经会同有关部门着手研究建立我国电子废物回收处理体系，发布了《废旧家电及电子产品回收处理管理条例》征求意见稿，回收处理电子废物将推行生产者责任制，以资源循环利用和环境保护为目的，建立多元化的废旧家电回收体系和集中处理体系，实行分散回收，集中处理；回收处理企业实行市场化运作。废旧电子电器智能分选与清洁提取技术已在欧美国家和日本的再生资源企业中大规模应用。相对而言，我国废旧电子电器产品拆解利用技术与装备研究刚刚起步，迫切需要突破大型废旧家电低成本破碎与高效分选一体化装备、小型废旧电子产品贵重金属清洁分离与提取技术、非金属材料高值化利用技术及二次污染控制技术等关键技术与装备，支撑废旧电子电器拆解产业升级。

5. 有毒有害固体废物无害化资源化的新进展

　　(1) 等离子体与辐射技术在资源循环利用中的应用　　所谓等离子体就是离子化呈电中性的气体，是物质固、液和气三种存在状态之外的第四种形态，又称为第四态。它由大量的正负带电粒子和电中性的粒子组成，粒子的能量一般为几个到几十个电子伏特，大于聚合材料的结合能，因此可以将固体废物中的分子彻底分解，再重新组合，这时有害物质被分解，重金属被分离开来，其余部分被熔融后固化成玻璃体。等离子体具有高效率、低能耗、安全、无二次污染的特点，为有毒有害固体废物的减量化、无害化、资源化处理开拓了一个新途径。近几年来，等离子体技术除在信息、材料、化工、医学、军工和航天等领域得到了大量应用外，还被不断地应用在能源和资源循环工程中。目前，在固体废物无害化、资源化方面，等离子体技术正逐渐取代传统的焚烧法应用于城市固体废物及生物武器、化学武器、化学毒品等特种固体废物的处理。但目前应用最多的仍然是利用热等离子体降解高危险性固体污染物，如核电站废料、含剧毒可溶性物质的废渣、化工废料、医疗垃圾和垃圾焚烧场有毒废渣等。

　　辐射技术是指利用原子辐射和原子核辐射对物体进行加工的技术。辐射技术已成为继机械加工、热加工和化学加工等主要加工技术之后诞生的又一门新技术。由于利用射线加工方式简单，功能多样，这使得它具有很多优点：节省能源、场地和材料；生产过程可以控制，安全可靠，产品质量高；对环境无污染；低成本，高效益。辐射技术作为一项高科技高效益的新技术，具有节省能源、产品不含杂质、无公害、反应易控制、适合大规模生产等特点，因而有很大的发展潜力。就国内外研究现状来看，辐射技术在污泥、橡胶等固体废物处理上应用较多，在其他类型固体废物处理方面还有待进一步研究。辐射技术能处理各种污染物，只要调节辐射剂量就行。辐射处理时不需另加化学品，不会引起新的污染。有些污染物最终分解为二氧化碳和水，不留污染痕迹。而且，辐射对杀菌特别有效，这也是其他方法不具备的。辐射还可以与其他方法结合达到最佳效果。辐射在聚合物处理过程中起着非常重要的作用，许多发达国家已将辐射技术应用于城市固体废物资源化上。

　　(2) 熔融与超临界水技术在资源循环利用中的应用　　熔融技术是一种在钢铁工业领域内拥有多年实践经验的十分成熟的技术，现已被应用于有毒有害固体废物处理的无害化、资源化过程。熔融技术处理固体废物主要有以下优势：①能够解决重金属污染问题、控制二噁英的产生，而且它对垃圾等固体废物具有潜在的再生资源化能力；②能够达到固体废物处理的根本目标，即更加彻底的无害化和减量化。实践证明，熔融技术是目前为止最适合城市固体废物处理的先进技术，因此必将成为 21 世纪城市垃圾处理新兴技术而得以研究与应用。但为了更有效地利用熔融技术处理城市垃圾，还有必要对相关问题进行认真研究，以明确熔渣及灰烬中重金属对环境的影响、飞灰中二噁英排放对环境的影响，以及如何妥善处理熔渣和飞灰等问题。

超临界水（supercritical water，SCW）作为一种新的化学反应介质，在常态下即具有有机溶剂的性能，使得有机物在其中的反应成为均相反应，根本上解决了传质阻力问题，从而在短时间（1 min）内就能将有机物质和还原性无机物质分解为无害小分子物质如水、二氧化碳和氮气等，分解率在 99％以上。而且，无机盐类在超临界水中溶解度很低，使得物料中的无机盐类易于分离，为反应过程一体化的实现提供了有利条件。SCW 这些优异特性现已被逐渐应用在含难降解有机污染物的废物分解、氧化和回收方面。与焚烧、填埋等传统废物处理方法相比，SCW 具有无二次污染、效率高和适用范围广等优点。随着 SCW 技术研究的深入、高温、高压条件下耐腐蚀新材料的开发，以及工艺系统的优化设计，SCW 技术的优势会更加明显，所需的运行费用将会大大降低，大规模工业化也必将实现。

（3）探地雷达在填埋场渗漏检测中的应用　探地雷达技术是一种新兴的地球物理方法，具有分辨率高、快速、操作简单等特点，广泛应用于交通、地质、水利等领域，也在溶洞、采空区探测、滑坡调查等研究工作中发挥了积极作用。

在垃圾填埋场运营过程中，垃圾填埋体由于各种物理、化学和生物作用不断产生渗滤液。这些渗滤液一旦流出填埋场，将给周围土壤和地下水造成污染。以前建成的简易垃圾填埋场，由于没有任何有效防渗措施，因此渗滤液污染问题十分严重。尽管现代卫生填埋场采用封闭式管理，在底部和侧面均铺设了防渗垫层系统，有效阻止了渗滤液进入土壤和地下水，但并不能保证完全没有渗漏，即使是使用防渗效果很好的高密度聚乙烯（high density polyethylene，HDPE）土工膜作为垫层，渗漏也是不可避免的。

对于占地面积数十公顷的垃圾堆而言，当发生渗滤液向地下渗漏而污染了地下水后，常常需要了解其渗漏的准确方位和渗漏规模，以便有针对性地采取治理措施。因此，对这些城市垃圾填埋场的渗漏进行检测已迫在眉睫。目前，国内外常用的垃圾填埋场渗漏检测方法主要有地下水监测法、扩散管法、电容传感法、追踪剂法、电化学感应电缆法和电学法等，但这些方法均不能很好地满足既能确定是否存在渗漏、又能测定漏洞的位置和大小或污染范围的要求。在发生渗滤时，由于渗滤液和黏土或岩石的介电常数明显不同，因此可以利用探地雷达技术进行填埋场渗漏检测。如果测线布置合理，探地雷达方法不仅可以确定是否存在渗漏，而且可以测出渗漏的位置和污染区域的大小，以便及时采取补救措施。

（4）生物制氢——固体废物资源化的新趋势　借助产氢微生物菌群的厌氧发酵作业，利用固体废物生物制氢，具有许多方面的优势：一方面可以减少固体废物的排放量，减轻固体废物给环境造成的压力，起到治理环境的作用；另一方面，使固体废物中的有用物质转化为能源及对环境有益的二次产物，具有明显的经济效益、环境效益和社会效益。再者，与好氧过程相比，厌氧发酵过程不需要氧气，降低了动力消耗，因而将大大降低运行成本。因此，厌氧发酵是实现有机废物减量化、无害化和资源化的最有效的途径之一。可以相信，随着科学技术的进一步发展，将会有更有效的生物制氢处理工艺被发明并应用于实践，从而真正实现由"废物"变"财富"的梦想。

三、资源循环利用对策及发展前景

未来资源循环利用应当围绕资源节约型和环境友好型社会建设，以创新发展为主线，以实现废物资源化综合效益为目标，统筹技术开发、设备研制、应用示范、基地建设、人才培养和市场培育等关键环节，协调和指导全国相关领域科技力量集中攻关，建立废物资源化协同创新体系，完善废物资源化技术创新链，推动废物利用的全过程，提高废物资源化利用效率，为大力发展循环经济、加快转变经济发展方式提供有效科技支撑。

目前，一些发达国家和少数发展中国家已在三个层面上将生产和消费这两个最重要的环节有机地联系起来：一是企业内部的清洁生产和资源循环利用，减少产品和服务中物料和能源的消耗量，实现污染物产生量的最小化；二是在工业区及区域层面发展生态工业，建设生态工业园区，把上游生产过程的副产品或废物用作下游生产过程的原料，形成企业间或产业间工业代谢和共生关系的生态工业网络；三是区域或整个社会的废物回收和再利用体系，在社会层面推进绿色消费，建立废弃物及废旧资源的回收、处理、处置和再生产业体系，注重第一、二、三产业间物质的循环和能量的梯级利用，解决废弃物和废旧资源在全社会的循环利用问题，最终建立循环型社会。

资源循环利用对发展循环经济、建立循环型社会有重要的意义。没有资源循环利用产业的发展，就不可能建立真正意义上的循环经济和循环型社会。在传统的线性经济发展模式中，社会经济运行体系主要由生产系统和消费系统构成。自然资源通过生产系统转变为产品，产品又通过消费系统转变为废物，废物最终被抛弃进入环境中，造成对自然环境的污染和破坏。这种线性经济运行模式导致的最终结果必然是自然资源的枯竭和环境的污染，是一种不可持续的发展模式。要促进资源循环利用产业发展，使其作为我国新的经济增长点，要以系统化的指导思想推动其发展，对整个系统进行全面的分析设计，明确废物回收、拆解利用和无害化处置全过程的各个环节，以及相关方面各自应做的工作、承担的责任和义务，使各部门各尽其能、各负其责，使该产业形成一个完整的体系。还应借鉴与吸取国外的许多经验、教训。如欧盟提出的"延伸生产责任制度"，通过立法等约束手段，强调生产者的责任，要求他们承担处理费用，刺激他们改变生产工艺，改进产品设计，采取清洁生产的模式，大力开发环境低负荷的产品。当今条件下，技术和环保已成为关系企业发展兴衰的生命线。

反过来，也需要用循环经济理念促进资源循环利用产业的发展。首先，加强宣传引导，大力宣传循环经济，讲述循环经济的内容，提高全民发展循环经济的意识和节约资源、废物资源化回收利用、保护环境的观念，使循环经济理念深入人心。其次是完善政策法规，制定循环经济的法律法规，建立完备的废物资源化法规体系，用法律形式约束全社会履行发展循环经济和建设循环型社会的义务，将资源循环利用工作纳入法制化轨道，做到发展循环经济和促进资源循环利用有法可依，特别是制定鼓励废物资源化的经济优惠政策，明晰政府部门推进固体废物资源化产业发展的管理职能和职责。第三是建立废物资源分类收集、运输和处置的产业化与社会化服务体系，完善相关基础设施建设，如建立废物再生利用行业的生态工业园，跨系统联合，推动再生资源产业的实质性进展。第四是规范市场，构建废物资源化运行体系，培育再生资源集散交易市场，把分散回收集中到规范的市场中来，完善市场化投融资、建设、运营和服务体系，做好再生资源产业发展的市场体系建设，如建立全国工业固体废物信息网络，形成企业、区域和社会层面的信息互动和资源利用的市场关系，对当地暂时不具备综合开发利用能力的固体废物，与其他省市实行废物交换，把循环经济的生产链条延伸到全国乃至世界各地，扩大循环经济覆盖的范围和领域，不仅能提高再生资源与再生能源的利用效率，还可增加经济效益和社会效益，为资源调控和优化配置提供更多的选择。最后，只有这样，我国的可持续发展能力才会不断增强，生态环境才会得到改善，资源利用效率才能显著提高，从而促进人与自然的完美和谐，推动全国走上生产发展、生活富裕和生态良好的文明发展道路。

第三节 人类活动与资源循环利用

一、采矿活动与资源循环利用

矿产资源是指经过地质成矿作用，使埋藏于地下或出露于地表并具有开发利用价值的矿物或有用元素的含量，达到具有工业利用价值的集合体。矿产资源是人类生活与生产资料的主要来源，是人类生存和社会发展的重要物质基础。随着全球经济迅猛发展和人民生活水平的不断提高，矿产资源的消耗不断增大，资源紧张已露端倪，即使其储量很大，依然会出现资源枯竭的问题，这是当前全世界所关注的问题之一。矿业是国民经济的支柱产业，采矿活动与资源循环利用有着密不可分的联系。在我国，矿产资源不足，开采方式简单、贫矿多等都致使我国矿产的利用效率低。这就迫使我们要把采矿活动和资源循环利用紧密结合起来。

矿产资源在开发和利用过程中，如果不与资源循环利用结合起来，就会导致开采过程占用大量土地并破坏植被和生物，运输过程破坏基础设施并因包装不善引起污染物遗漏，选矿后的尾矿造成土地的直接污染，而矿产的冶炼过程也会给当地环境造成污染。此外，废石中所含镉、砷和铅等有害元素随时有可能对地表水源产生破坏，引发严重的水污染事件。因此，在矿产资源开发利用过程中，除了要通过技术攻关提高矿石中主要元素的回收率外，还要考虑伴生、共生元素的综合回收，矿山废水治理与循环利用等措施，尽量减少尾矿的产出量。从源头做起，对资源进行综合利用和循环再生，以减少废物的产生量，这是既有效又经济的方法。

矿产资源作为一种耗竭性的自然资源，是一种重要的生产要素。在经济发展过程中，它是作为生产资料被投入到经济发展过程中的，它不是产品而是一种生产资料，不涉及"产品再利用"的问题。所以，矿产资源循环利用主要以循环经济的减量化和资源化原则为指导，在经济活动过程中尽量减少资源的消耗和废物的产生，不断提高资源的利用效率，并把废物极大限度地变为资源再次利用，达到变废为宝、化害为利的目的。可以认为，矿产资源循环利用是指进入消费领域（包括生产和生活）的矿产资源的减量化利用，以及以矿产资源为原料的金属制品、含金属制品和（或）非金属制品废物的回收再利用。矿产资源循环利用作为一种重要的资源配置方式，不仅能有效缓解资源供需矛盾，还能降低环境负荷、保护生态系统，促进国民经济与社会的可持续发展。

尾矿是指在当时选矿条件下不宜再分选和回收利用的矿山固体废料，通常排入河沟或抛置于矿山附近筑有堤坝的山谷中或尾矿库里。资料显示，我国目前尾矿综合利用率仅为7％左右，大量的尾矿只能长期堆放在尾矿库，因而要占据大量的农用、林用、牧用甚至村镇建设土地，而且对环境造成日益严重的污染和生态破坏，甚至酿成人畜伤亡等安全事故，尤其在那些资源枯竭的老矿区，留下的尾矿坝如一块块疮疤，隐患重重。据相关资料估算，我国各地积存上百亿吨尾矿，其中金属矿山尾矿储存超过100亿吨，每年仍以4亿吨数量增长。在数量如此巨大的所谓废物中仍然含有大量有用物质和潜在资源。

随着矿产资源的大量开发和利用，资源日益贫乏。矿业固体废物作为二次能源的循环利用，已日益受到世界各国的重视。如日本采用焙烧法从废物中回收汞，干湿法回收镍，立式炉法回收铅，合金还原法回收铬，蒸发干固热解法回收氧化物等技术，极大地提高了废物的利用率。由于应用了再资源化新技术，工业发达国家再生金属产量有所提高。如在有色金属生产中，法国再生金属总量占总产量的30％以上，美国占25％～30％。自20世纪80年代末到 90 年代以来，我国一些矿山企业从提高经济效益考虑，陆续开展了尾矿的回收、再选和循环利用（图 1-4），主要包括以下几个方面。①尾矿再选和有价元素的综合回收。开展尾矿再选是提高资源利用率的重要措施，也有利于减少尾矿的排放。例如，采用弱磁-强磁-浮选工艺使包头钢铁厂成功地实现了铁、稀土等的综合回收；采用浮选-磁选、磁选-浮选、磁选-重选-浮选等工艺可从硅卡岩铁矿回收共生的铜、硫、钴。对某地低品位钒钛磁铁矿石采用优先浮选-磁选-重选联合工艺，在回收主元素 Fe、Ti 的同时，还综合回收

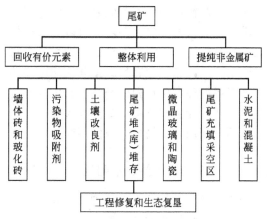

图 1-4　尾矿循环利用工程示意
（修改自常前发，2009）

了 V、Co、S 和 P 等伴生组分，可获得含 V_2O_5 0.76%、Fe 66.75%、S 0.019%、P 0.008% 的优质铁精矿。②把研制生产墙体材料作为尾矿利用的主要方面。利用细粒尾矿再选，获得铁精矿和中矿后，排出的最终尾矿用于烧制尾矿砖，尾矿砖呈铁红色，无开裂变形等现象，其抗压强度达到 5188～6187MPa；同时利用尾矿和黏土混合制成的砖，抗压强度达 6187～7185MPa，均超过了普通黏土砖的指标。③生产建筑材料。利用尾矿中含铁量高的特点，以尾矿代替通常水泥配方中使用的铁粉。尾矿中若硅、钾、钠含量高，可将其用作生产玻璃的主要原料。近年来，开始用铁矿尾矿研制生产建筑玻璃和建筑陶瓷。铬渣主要矿物组成为硅酸二钙、铁铝酸钙和方镁石（三者含量达 70%），与水泥熟料矿物组成相似，这为铬渣用于水泥生产提供了依据。④生产耐火材料。以攀钢含钛高炉渣作为主要原料，采用碳热还原氮化法合成出（Ca，Mg）α'-Sialon-AN-TN 复合材料，可作为新一代的耐火材料和高温结构陶瓷材料；同时，由于 TiN 具有良好的导电性，该材料又可能成为一种新的功能材料。⑤用于污水中的重金属离子去除。利用吸附法处理重金属废水是十分有效的方法，工业上常用的吸附剂有活性炭、树脂吸附剂，但是成本高不易推广，开发便宜高效的吸附剂是吸附法的发展方向。与现有的其他吸附剂相比，尾矿具有粒度细、数量大、成本低的特点，用锰矿尾矿处理重金属废水可以起到变废为宝的作用。⑥尾矿用作土壤改良剂及磁化复合肥。绝大多数尾矿肥料属于微量元素肥料，一般从无污染组分、富含有利于植物生长、促进土壤营养组分转化吸收和质量优化的微量元素的尾矿获得，部分属于复合矿物肥料或土壤改良剂，通常从含钙、镁、锰和磷等组分较高的尾矿获得的铬渣中含 MgO 27%～30%、SiO_2 4%～30%，蛇纹石的化学式为 $3MgO \cdot 2SiO_2 \cdot 2H_2O$，工业上用的蛇纹石一般含 MgO 30%～38%、SiO_2 35%～40%，由于铬渣与蛇纹石的成分相似，因此适当调整配料比例，可用铬渣代替蛇纹石作熔剂生产钙镁磷肥。⑦尾矿充填矿山采空区。矿山采空区的回填是直接利用尾矿最行之有效的途径之一。有些矿山由于种种原因，无处设置尾矿库，而利用尾矿回填采空区意义非常重大。⑧尾矿库复垦和矿山废弃地生态恢复。对矿业开发形成的尾矿库、排土场、渣场、露天采矿坑等损毁压占的土地，采用综合整治措施，经过工程修复、生态复垦和环境监测与管理等三个阶段，使其变成农田、林地、草场、鱼塘，恢复土地的使用价值和环境生态。国外许多国家虽然人少地多，但对土地的复垦和生态修复却十分重视，如德国、日本、英国、加拿大和澳大利亚等国家的矿山土地复垦率已达 80% 以上。我国这方面的工作虽然起步较晚，但是近年来发展较为迅速，特别是国务院《土地复垦规定》的颁布，大大促进了土地复垦工作的进展。

　　矿产资源循环利用的目的是解决资源短缺和环境压力问题，这涉及经济发展的外部性问题。因此，必须走政府、企业、科研与市场相结合的道路。政府的环境保护政策、资源节约政策仍然是当前矿业发展循环经济的主导推动力。政府和立法机构必须发挥更大作用，尤其是要制定一系列相互配套的政策与法律法规体系，尽快制定《矿产资源循环利用条例》，确立矿产资源循环利用在国民经济发展中的地位；建立关于强制性节约资源的技术政策，强制淘汰落后技术和生产方法，支持和鼓励矿山企业研究与开发循环利用技术体系；制定关于矿产资源循环利用基金的建立与使用政策，完善矿产资源循环利用的投融资体制。

二、工业生产与资源循环利用

　　随着人类科学技术水平的进步，人类的工业文明达到了前所未有的高度。工业生产在为人类社会带来无尽的财富和产品的同时，也带来了大量的工业废物和由此而形成的环境污染。工业废物是来自制造过程，不能在产业内部被直接使用，而被弃置或排放到环境中，它们可能是某个工艺过程或某一个产业的废物，但它们对于其他产业可能就有价值。关于废物有一个很好的定义，就是说废物是放错位置的资源。从理论上说，工业废物这种资源有几个显著特点：它是最廉价的原料，它具有高度普遍性，其来源永不枯竭，与生产过程共存；它具有明显的中介性，即它可能是连接不同生产过程的媒介。

　　工业废物主要包括工业废气、工业废水和工业固体废物 3 种形态，即我们通常所说的工业"三废"。由于工业生产产生各种各样的废物，工业生产就必须与资源循环利用紧密结合。工业废物的有效合理循环利用，一直是世界各国共同关心的问题，并都在努力寻求新方法、新工艺。目前，应用较为广泛的方法见表 1-1。由表 1-1 可见，世界各国对于工业废物资源化的技术水平并不高，其处理方法也较为消极，基本都限于单种废物的回收利用。

表 1-1　常用的工业废物资源化方法[①]

工业废物种类	工业废物资源化方法
废钢铁	回炉、重熔，按需要铸造使用，或去锈后直接他用
废有色金属	重熔，按需要铸造使用
废橡胶	脱硫，制造再生胶；粉碎，作为橡胶业或建材业的填充剂
废塑料	造粒，制造再生品；制造各种建筑材料；热解回收燃料油或单体
废纸	制浆，制造再生纸；制造人造合成木材
废玻璃	重熔，代替部分玻璃原料使用；制造建筑材料
废化纤	开松，制造再生品
冶金渣	制造微晶玻璃；制造人造石材；代替部分石料作混凝土骨料；填埋
尾矿	制造墙体材料；制造人造花岗岩；代替部分砂石作建筑材料；回填；水泥原料
燃料灰渣	制造墙体材料；提取有用物质；分选出玻璃微珠；作废水吸附过滤剂
铸造废砂	再生，代替铸造新砂使用；作铸造背砂回用；铺路；垃圾填埋场填料
化工渣	制造各种化工副产品；焚烧，回收热量；提取；垃圾填埋场填料

　　① 据孙可伟（2000），有修改。

　　我国的工业废物利用率仅为世界平均水平的 1/3～1/2 左右，每年平均有 300 多万吨废钢铁、600 多万吨废纸、200 多万吨碎玻璃、70 多万吨废塑料、30 多万吨废化纤、30 多万吨废橡胶、20 多万吨废杂有色金属等均未被合理回收。在工业废渣中，每年还有 4000 多万吨粉煤灰未得到利用；各金属矿山积存的尾矿已多达 40 亿吨，每年还在以约 4 亿吨的数量继续排放；冶金行业以金属产量的1~4倍排放废渣；机械铸造行业以铸件产量的1~2倍排放废砂。这些废物如不进行回收再利用，每年至少可造成经济损失400亿~450亿元。表1-2为2006~2010年全国工业"三废"产生及排放情况，表1-3为2001~2010年全国工业固体废物产生及处理情况。

表1-2 2006~2010年全国工业"三废"产生及排放情况[①]

指　标	单位	2006年	2007年	2008年	2009年	2010年
废水排放总量	亿吨	536.8	556.8	571.7	589.7	617.3
工业废水排放总量	亿吨	240.2	246.6	241.7	234.5	237.5
工业二氧化硫排放总量	万吨	2234.8	2140	1991.3	1865.9	1864.4
工业烟尘排放总量	万吨	864.5	771.1	670.7	604.4	603.2
工业粉尘排放总量	万吨	808.4	698.7	584.9	523.6	448.7
工业固体废物产生量	亿吨	15.2	17.6	19.0	20.4	24.1
工业固体废物排放量	万吨	1302.1	1196.7	781.8	710.5	498.2

① 资料来源：中华人民共和国环境保护部全国环境统计公报（2006~2010年），各项统计数据未包括中国香港和澳门特别行政区以及台湾省。

表1-3 2001~2010年全国工业固体废物产生及处理情况[①]　　　　　　　　单位：万吨

年度	产生量	排放量	综合利用量	储存量	处置量
2001	88746	2894	47290	30183	14491
2002	94509	2635	50061	30040	16618
2003	100428	1941	56040	27667	17751
2004	120030	1762	67796	26012	26635
2005	134449	1655	76993	27876	31259
2006	151541	1302	92601	22398	42883
2007	175632	1197	110311	24119	41350
2008	190127	782	123482	21883	48291
2009	203943	710	138186	20929	47488
2010	240944	498	161772	23918	57264

① 资料来源：中华人民共和国环境保护部全国环境统计公报（2001~2010年），各项统计数据未包括中国香港和澳门特别行政区以及台湾省，"综合利用量"和"处置量"指标中含有综合利用和处置往年储存量。

随着科学技术飞跃发展，现代工业生产中最大的商机来自于对传统工业废物的有效利用。也就是说，越来越多的废物被回收、循环和再利用，不但创造了很好的经济效益，还带来了良好的生态环境效益。工业废物资源化的重大战略意义和深远现实意义如下。①工业废物资源化可以缓解资源相对短缺的局面。②工业废物资源化是防治污染、保护环境的重要途径。从总体上看，我国生态环境恶化的趋势初步得到遏制，部分地区有所改善，但某些地区还在恶化，一些地区的环境形势依然严峻，通过工业废物资源化，可以有效地防治工业污染，促进可持续发展。③废物资源化是增强企业综合竞争力的重要措施。大力开展废物资源化，将成为企业降低成本、提高综合竞争力的内在要求和必由之路。在当代社会，工业企业在生产过程中，会产生大量的废物和污染物，如何充分利用这些"废物"是能否达到资源循环利用的标准。工业企业应按照"减量化、再利用、资源化"的原则，打造企业内部循环链条，实施以清洁生产为核心的资源循环利用模式，提高资源利用效率。通过减少废料和污染物的产生与排放，促进工业产品的生产、消费过程与环境相容，降低整个工业活动对人类和环境的风险，以保持国民经济的可持续发展。

我国工业废物资源化研究已有一定基础。一是中央提出切实转变经济增长方式、实施可持续发展战略和"资源开发与节约并重，把节约放在首位"的方针，这些重大方针政策的贯彻实施，推动了清洁生产、资源循环利用的开展。二是国家对资源循环利用给予减免税收的优惠政策，有力地促进废物资源化的实施，并取得了较大进展。三是大力推行清洁生产，加强工业污染预防。清洁生产的实质是节约、降耗、减污、增效，既有环境效益又有经济效益，是污染防治的最佳模式。《清洁生产促进法》的正式施行将使我国步入依法实施清洁生产的新阶段。四是加快推进再生资源回收利用，包括废旧家用电器和电子垃圾的回收利用，尽量减少废物的产生，同时通过综合利用，使废物最大限度资源化。五是有关部门在一些省市进行循环经济试点。六是研究发展循环经济的基本思路和对策措施等。所有这些都为我国发展循环经济、推进废物资源化奠定了良好的基础。

表 1-4 和表 1-5 为 2006～2010 年全国工业"三废"处理及资源综合利用情况以及工业污染治理项目及投资情况。由表 1-4 和表 1-5 可见，我国在治理"工业三废"方面的投入逐年加大，2010 年我国工业"三废"资源综合利用产品产值达 1778.5 亿元，比 2006 年增长751.7 亿元，增长率达 73.21%。2010 年环境污染治理投资总额为 6654.2 亿元，是 2006 年环境污染治理投资总额的 2.59 倍，2010 年环境污染治理投资总额占国内生产总值比重为1.67%，比 2006 年环境污染治理投资总额占国内生产总值比重提高了 0.44%。

表 1-4　2006～2010 年全国工业"三废"资源综合利用情况[①]

指　标	单位	2006 年	2007 年	2008 年	2009 年	2010 年
工业废水排放达标率	%	92.1	91.7	92.4	94.2	95.3
工业燃料燃烧 SO_2 排放达标率	%	82.3	87.4	89.3	91.7	93.1
工业生产工艺 SO_2 排放达标率	%	81.0	81.8	86.5	89.0	89.9
工业固体废物综合利用量	万吨	92601	110311	123482	138186	161772
工业固体废物综合利用率	%	59.6	62.1	64.3	67.0	66.7
"三废"综合利用产品产值	亿元	1026.8	1351.3	1621.4	1608.2	1778.5

① 资料来源：中华人民共和国环境保护部全国环境统计公报（2006～2010 年），各项统计数据未包括中国香港和澳门特别行政区以及台湾省。

表 1-5　2006～2010 年全国工业污染治理项目及投资情况[①]

项　目	单位	2006 年	2007 年	2008 年	2009 年	2010 年
污染治理项目投资总额	亿元	2567.8	3387.6	4490.3	4525.2	6654.2
环境污染治理投资占当年 GDP	%	1.23	1.36	1.49	1.35	1.67
工业污染治理项目投资额	亿元	485.7	552.4	542.6	442.5	397
当年施工污染治理项目数	个	13101	13664	12434	9122	6597
污染治理项目当年完成投资额	亿元	483.9	552.4	542.6	442.5	397
治理废水	亿元	151.1	196.1	194.6	149.5	130.1
治理废气	亿元	231.3	275.3	265.7	232.5	188.8
治理固体废物	亿元	18.2	18.3	19.7	21.9	14.3

① 资料来源：中华人民共和国环境保护部全国环境统计公报（2006～2010 年），各项统计数据未包括中国香港和澳门特别行政区以及台湾省。

我国工业废物资源化工作已取得了一些成就和进步，但仍存在以下几个方面的不足。①全民资源意识、节约意识和环保意识仍然不够强。总体上看，人们对工业废物资源化综合利用的重要性和迫切性还缺乏足够的认识，重外延，轻内涵，在发展思路上还没有转到通过挖潜改造等提高企业经济效益的轨道上来。②促进废物资源化的法规政策不完善。缺乏促进企业节能的激励政策，资源综合利用的优惠政策在某些地区难以落实。③部分能源产品价格扭曲。企业缺乏竞争压力，能源节约与资源综合利用的内在动力不足。④技术落后、装备落后。尚未形成促进废物资源化的技术支撑体系，总体水平比发达国家落后20年。⑤资金投入不足。绝大多数工业废物资源化企业融资困难，各级政府对工业废物资源化的支持力度也相对不够。⑥缺乏系统的理论指导。可见，要解决上述诸多问题，就要以循环经济理念为理论指导，改变传统的非均衡的经济模式，发展生态工业；实施清洁生产，促使工业废物资源化，达到资源的循环永续利用，从而保障我国经济的持续、健康、平稳运行，实现经济、生态的可持续发展。

三、农业活动与生物资源循环利用

农业是一个自然再生产和经济再生产相结合的特殊物质生产部门，自然环境和自然资源是农业生产的客观物质基础。在农业生产过程中，也会产生大量废弃物。也就是说，农业废弃物是指在整个农业生产过程中被丢弃的有机类物质，主要包括农林生产过程中产生的植物类残余废弃物、牧渔业生产过程中产生的动物类残余废弃物、农业加工过程中产生的加工类残余废弃物和农村生活垃圾等。根据废弃物的形态，又可将其分为固体废物、液体废物和气态废物。

现代农业以大量化肥代替原有农家有机肥的使用，以人工饲料代替农业废弃物饲料的使用，加之现代农业集约化和规模化的发展，打破了传统农业中废弃物的循环利用环节，结果造成了农业废弃物的大量积累，进而产生了较为严重的环境生态问题和资源浪费问题。我国近年来的农业生产与发展模式，导致了农业废弃物的大量产生，致使我国农业活动中产生的农业废弃物居世界首位。据陈智远等（2010）研究表明，我国每年产生农业畜禽粪便26亿吨，农作物秸秆7亿吨，蔬菜废弃物1.0亿吨，乡镇生活垃圾和人畜粪便25亿吨，肉类加工厂和农作物加工厂废弃物1.5亿吨，林业废弃物（不包括薪炭柴）0.5亿吨，其他类有机废弃物约0.5亿吨，折合7亿吨的标准煤。

农业废弃物是一类具有巨大潜力的资源库。从资源经济学上讲，它是一种特殊形态的农业资源，如何充分有效地利用将其加工转化不仅对合理利用农业生产和生活资源、减少环境污染、改善农村生态环境具有十分重要的影响，而且对能源日益枯竭的今天具有重大意义。因此，农业废弃物资源的合理利用和循环再生已日益成为当前世界大多数国家共同面临的问题。国内外实践表明，农业废弃物的资源化利用和无害化处理，是控制农业环境污染、改善农村环境、发展循环经济、实现农业可持续发展的有效途径。

据孙振钧和孙永明（2006）、彭靖（2009）的有关资料显示，我国产生的农业废弃物按目前的沼气技术水平能转化成沼气3111.5亿立方米，户均达$1275.2m^3$，可解决农村能源短缺。以农作物秸秆为例，将目前的6.5亿吨秸秆转化为电能，按1kg秸秆产生电1千瓦时计算，就具有产生6.5亿千瓦时电能的潜力；作为肥料可提供氮大约2264.4万吨、磷459.1万吨、钾2715.7万吨；作为饲料，仅玉米秸秆就能提供1.9亿～2.2亿吨。然而，我国目前农业废弃物的利用率却很低乃至没有利用。因此，农业废弃物一方面成为最大的搁置资源之一，另一方面又成为巨大的污染源。

近年来，国内外农业废弃物的资源化利用技术和相关研究得到了较大的发展，农业废弃物的资源化利用技术日益多样性。目前，对于植物纤维废弃物的资源化利用而言，主要采用废物还田、加工饲料、固化、炭化、气化、制复合材料、制造化学品等技术；畜禽粪便的资源化利用则主要采用肥料化技术、饲料化技术和燃料化技术等。从总体上来看，当前国内外农业废弃物的资源化逐步向能源化、肥料化、饲料化、材料化、基质化和生态化等几个方面发展。

农业废弃物肥料化利用是一种非常传统的利用方式，分为直接利用和间接利用。直接利用是一种最直接最省事的方法，在土壤中通过微生物作用，缓慢分解，释放出其中的矿物质养分，供作物吸收利用，分解成的有机质、腐殖质为土壤中微生物及其他生物提供食物，从而在一定程度上能够改善土壤物理结构、培育地力、增进土壤肥力、提高农作物产量，但自然分解速度较慢，尤其是秸秆类废弃物腐熟慢，发酵过程中有可能损害作物根部。间接利用是指废弃物通过堆沤腐解（堆肥）、烧灰、过腹、菇渣、沼渣或生产有机生物复合肥等方式还田。随着农业技术水平的提高，利用催腐剂、速腐剂、酵素菌等经机械翻抛，高温堆腐、生物发酵等过程，能够将其高值转化为优质的有机肥，具有流水线生产作业、周期短、产量高、无环境污染、肥效高、宜运输等优点。

农业废弃物的饲料化包括植物纤维性废弃物的饲料化和动物性废弃物的饲料化。植物纤维性废弃物主要指农作物秸秆类物质，其中含有纤维类物质和少量的蛋白质，经过适当的技术处理，便可作为饲料应用。主要的技术有通过微生物处理转化，将秸秆、木屑等植物废弃物加工变为微生物蛋白产品的技术；通过发酵对青绿秸秆处理的青贮饲料化技术；通过对秸秆氨化处理，改善原料适口性和营养价值的氨化技术。动物性废弃物的饲料化主要指畜禽粪便和加工下脚料的饲料化。禽粪便中含有许多未被利用的营养物质，如干燥鸡粪含粗蛋白 $23.0\%\sim31.3\%$，粗脂肪 $8\%\sim10\%$，还有各种必需的氨基酸和大量维生素，用于喂猪、养鱼，效果良好。由于动物性废弃物的直接饲料化存在较多的安全卫生问题，因此，必须进行一定的无害化处理方可使用。

由于生物质能是仅次于煤炭、石油、天然气的第 4 大能源，在世界能源消费总量中占 14%，而农业废弃物作为生物质的一个部分，在利用其能量方面，可采用如下途径。①农业废弃物制沼气。据研究表明，农作物秸秆、蔬菜瓜果的废弃物和畜禽粪便都是制沼气最好的原料。②农业废弃物气化。利用生物质热能气化原理，由气化反应器将可燃烧物质经过干燥热解气化和还原等过程，变成可燃气体，最终输送到各个用户。农业废弃物经气化可产生高效、清洁、方便的可燃气，为农村供气、供热、供电。③农业废弃物液化。将能量密度较低的废弃物转化成密度高、品位高的液体燃料是合理利用生物质能的有效途径，也是 21 世纪最有发展潜力的技术之一。由生物质制成的液体燃料叫生物燃料。生物燃料主要包括生物酒精、生物甲醇、生物柴油和生物油。④农业废弃物固化。将秸秆、稻壳、锯末、木屑等有机废弃物，用机械加压、加热等原理，将原来松散、无定形、低发热量的生物质原料压制成具有一定形状、密度较高（$1.1\sim1.4t/m^3$）的固体成型燃料（热值 $14\sim20MJ/kg$），其功效相当于中质煤，但没有煤所固有的含硫量大、灰分高、污染环境等缺点。从成型工艺上可分为常温压缩成型、热压成型和炭化成型 3 类。

利用农业废弃物中的高蛋白质资源和纤维性材料生产多种生物质材料和生产资料是农业废弃物资源化利用的又一重要领域，有着广阔的前景。例如，利用农业废弃物中的高纤维性植物废弃物生产纸板、人造纤维板、轻质建材板等材料；通过固化、炭化技术制成活性炭材料；利用稻壳作为生产白炭黑、碳化硅陶瓷、氮化硅陶瓷的原料；利用秸秆、稻壳经炭化后生产钢铁冶金行业金属液面的新型保温材料；利用甘蔗渣、玉米渣等制取膳食纤维产品；利用棉秆皮、棉铃壳等含有酚式羟基化学成分制成吸收重金属的聚合阳离子交换树脂等。

  农业废弃物经适当处理可作为农业生产的基质原料，可用来栽培食用菌和花卉，养殖高蛋白蝇蛆、蚯蚓和沙蚕等。玉米秸、稻草、油菜秸和麦秸等农作物秸秆，稻壳、花生壳、油菜籽壳和麦壳等农产品的副产物，木材的锯末、树皮，甘蔗渣、蘑菇渣和酒渣等二次利用的废弃有机物，鸡粪、牛粪、马粪和猪粪等养殖废弃物，都可以为基质原料。

  根据生态学的食物链原理，将农业废弃物作为产业链中的一个重要环节，进而实现物质的多重循环和多次转化利用，提高资源利用率及整体效益。以"秸秆-食用菌-猪-沼气-肥田"模式为例，其能量利用率可达50％以上，有机质和营养元素的利用率可达95％。但若秸秆只经过牲畜过腹还田，则其能量利用率仅为20％，氮、磷和钾等营养元素的利用率仅为60％。目前，我国这方面的生态农业利用模式很多，如猪-沼-果模式、猪-沼-牧模式和猪-沼-鱼模式等，重要的是要进行大面积的推广应用。

  我国实现废弃物资源化的优势在于我国具有优良的利用废弃物的传统，农业废弃物的循环再生利用技术有着悠久的历史，即使在现代化的今天，在各地还在广泛的应用。而且，源于我国堆肥和沼气技术及其应用有着广泛的技术基础和社会基础。随着科技进步和人们观念的更新，未来的50年我国在废弃物处理技术方面将会有所突破，生物处理和生态利用技术的结合将进一步提高物质、能量转换效率，提高产品经济和商品价值，降低生产成本；生物质能源在可再生能源结构中所占比例将增大，新技术、新工艺有大的进步；国内外已成熟的现代高新技术将为实现农业废弃物处理大规模、现代化生产提供技术支撑；形成比较完善的生产体系和服务体系，为保护生态环境和国民经济可持续发展做出贡献。

  农业废弃物资源化和能源化的总体发展战略思路是按资源循环利用理论，以人为本，由废弃物的生态循环开始，逐级发展到循环农业、循环社会和循环经济，形成生产-生活-生态-生命（人）"四生"一体化的农业、农村和农民协调发展的社会主义新农村发展模式。图1-5描述了农业废弃物资源化的三环循环发展理论框架与发展总体战略。

  农业废弃物的安全处理处置与资源化，不仅关系到资源的再利用和环境安全，而且与农业的可持续发展和农村小康社会的建设紧密相关。这里说的"三环"循环总体发展战略思路包括：第一个"环"是从农业本身发展的层面，按照生态循环原理，以农业废弃物的循环

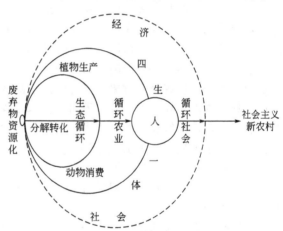

图1-5 农业废弃物资源化的三环循环
发展理论框架（据孙永明等，2005）

利用为切入点连接种植和养殖业，构建循环农业的发展模式；第二个"环"是依据循环经济的原理，构建生产-生活-生态-生命（人）一体化协调发展的农业发展模式；第三个"环"为在上述两个循环的基础上，形成具有社会主义新农村特征的小康社会。

四、水利工程对水资源循环利用的作用

  水是人类生命之源。作为自然环境重要的组成部分，水资源已经成为经济发展和社会进步的生命线，是可持续发展的物质基础。水资源紧缺、水环境污染和水资源浪费三者共存，

是水资源供需矛盾形成的主要原因，严重制约着社会与经济的快速发展。水资源能否被可持续开发利用，为流域内工农业生产与发展、生态环境保护、人民生活提供充足的用水，使其获得最大的社会、经济和生态环境效益是摆在我们面前迫切需要解决的重要问题。水资源优化配置正是解决水资源稀缺、供需平衡和水生态与环境保护的主要方式。水资源优化配置的过程是人类对水资源进行重新分配的过程，也是人类对自然进行干预的过程。在这一过程中并没有增加供水量，也没有减少需水量，但它却使总体效益最大化。因此，水资源优化配置可以促进水资源有效合理的利用、促进环境-资源-经济-社会的协调发展、促进工程水利向资源水利、生态水利的转变。从20世纪到现在，全世界修建了大量拦水蓄水工程和引水调水工程以控制地表径流，解决水资源供给在季节上分布不均的问题，对于较大范围的区域性缺水，许多国家通过区域之间水资源的调配，解决水资源的短缺问题。

水利工程是对自然界的地表水和地下水进行控制、治理、调配、保护和开发利用，以达到除害兴利的目的而修建的工程，也称为"水工程"。它具有以下4个特点：①具有很强的系统性和综合性，由于这个特点决定了规划水利工程必须从全局出发；②对环境有巨大影响，水利工程对周边的社会环境和自然环境都造成很大的影响，前者会影响相应的经济发展，后者会对气候、资源等产生影响；③水利工程建设工作条件复杂，这种复杂性决定了建设工程实施前，必须有多个预案及其相应的顶层设计；④水利工程规模大，工期长，耗资巨大。

国外对水利工程的早期研究，始于20世纪20～30年代，当时以水库大坝工程研究为主，50年代后研究范围进一步扩大。70年代以来，研究内容已涉及蓄水河流、跨流域调水、农田灌溉、水土保持、地下水的大规模开采等水资源开发利用活动。在分析人类活动对地表水、土壤水和地下水的数量、质量及其时空变化规律，以及对水环境、生物多样性等影响的基础上，国外在理论、方法和实用技术等方面取得了较大进展。我国对大坝生态环境问题的关注始自20世纪70年代，1979年《中华人民共和国环境保护法（试行）》颁布，国内正式开始对重大水利工程生态环境问题的关注。

水利工程按目的或服务对象可分为：防止洪水灾害的防洪工程；防止旱、涝、渍灾为农业生产服务的农田水利工程，或称灌溉和排水工程；将水能转化为电能的水力发电工程；改善和创建航运条件的航道和港口工程；为工业和生活用水服务，并处理和排除污水和雨水的城镇供水和排水工程；防止水土流失和水质污染，维护生态平衡的水土保持工程和环境水利工程；保护和增进渔业生产的渔业水利工程；围海造田，满足工农业生产或交通运输需要的海涂围垦工程等。一项水利工程同时为防洪、灌溉、发电和航运等多种目标服务的，称为综合利用水利工程。

当今社会与经济快速发展，生产、生活用水量急剧增加，城市集中供水量骤增，生活废水、工业污水迅速增长等因素对水资源带来了巨大的压力。利用水利工程可以实现水的资源化。我们建设的水库、污水处理厂等都是先把类似性质的水资源汇集再进行利用。对于城市污水、雨水等不宜直接使用的水资源，我们可以使它们通过城市污水和雨水管网进入污水处理厂，处理完成后就可以再次使用。对于湖泊和河流，我们可以建设水库，既可以提供饮用水也可以用来发电。

水利工程对水资源循环和利用产生巨大的作用（图1-6），水利工程的建设可以实现水资源的循环利用。当前世界多数国家出现人口增长过快、可利用水资源不足、城镇供水紧张、能源短缺和生态环境恶化等重大问题，都与水有密切联系。水灾防治、水资源的充分开发利用成为当代社会与经济发展的重大课题。水利工程的发展趋势主要是：①防治水灾的工程措施与非工程措施进一步结合，非工程措施越来越占重要地位；②水资源的开发利用进一步向综合性、多目标发展；③水利工程的作用，不仅要满足日益增长的人民生活和工农业生产发展的需要，而且要更多地为保护和改善环境服务；④大区域、大范围的水资源调配工程，如跨流域引水工程，将进一步发展；⑤由于新的勘探技术、新的分析计算和监测试验手段以及新材料、新工艺的发展，复杂地基和高水头水工建筑物将随之得到发展，当地材料将得到更广泛的应用，水工建筑物的造价将会进一步降低；⑥水资源和水利工程的统一管理、统一调度将逐步加强。研究防止水患、开发水利资源的方法及选择和建设各项工程设施的原理与技术，有待进一步加强。

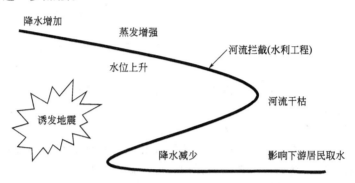

图 1-6 水利工程对水资源循环及利用的可能影响

第四节 资源循环科学与工程

一、学科定义与相关概念

1. 学科定义

所谓资源循环是指人类在利用自然资源的过程中所产生的残余物或废弃物（一般称为废弃资源），可以而且应该作为资源加以利用。如此不断循环，以最大限度地减少自然资源的损失和对环境的污染和生态破坏。资源循环学，就是研究如何利用这些"废弃资源"建立循环系统的科学。

资源循环利用是指根据资源的成分、特性和赋存形式对自然资源综合开发、能源原材料充分加工利用和废物回收再生利用，通过各环节的反复回用，发挥资源的多种功能，使其转化为社会所需物品的生产经营行为。资源循环利用产业主要包含两类：一是资源综合利用，主要包括产业废物的综合利用；二是再生资源的利用，主要包括再制造和再生资源的充分回收利用。前一类综合利用工作在我国已开展多年，利用量和利用水平在不断提高，但面临的任务仍然艰巨，需要进一步研究，而第二类，伴随消费升级而来的问题更是亟待解决。

顾名思义，资源循环科学与工程是一门研究资源循环科学原理和资源循环利用工程技术的科学，分为资源循环科学和资源循环工程两部分。其中，资源循环科学主要探索自然资源利用过程中资源损失最低、环境污染最少、生态破坏最小的科学原理，寻求人类生产、生活活动过程中资源综合利用和再生循环的有效途径以及资源可持续利用方法的科学，它提供了单一与综合相结合、定性与定量相结合、宏观与微观相结合、室内模拟与现场观测相结合以及跨学科的方法和手段来研究资源循环及其利用问题。由于大多数资源循环及其利用问题涉及人类活动，因此经济、法律和社会科学的知识往往也可用于资源循环科学研究。同样，资源循环工程主要研究资源循环利用技术以及加以应用和工程实施的学科，旨在提高资源综合利用的效率和再生资源的回收率。概括地讲，资源循环科学与工程是为了满足节能减排、清洁生产、低碳经济及循环经济等战略性新兴产业的需求，利用环境科学、生态学、资源科学、经济学和管理学等诸多学科的科学方法与技术手段，使资源达到循环利用、清洁生产和可持续发展的一门新兴交叉学科。资源循环科学与工程专业是理工结合，以工为主的新兴交叉学科，并涉及人文、经济、社会、管理和法律等多个学科，具有广泛的应用领域和发展前途。

2. 相关概念

在资源循环科学与工程学科中，主要涉及的概念还包括可持续发展、低碳技术和循环经济、清洁生产等。

可持续发展是指既满足现代人的需求，又不对后代人满足其自身需求的能力构成危害的发展。换句话说，就是指经济、社会、资源和环境保护协调发展，它们是一个密不可分的系统，既要达到发展经济的目的，又要保护好人类赖以生存的大气、淡水、海洋、土地和森林等自然资源和自然环境，使子孙后代能够永续发展和安居乐业。可持续发展的核心是发展，但要求在严格控制人口、提高人口素质和保护环境、资源永续利用的前提下进行经济和社会的发展。

所谓低碳技术，是指与最大限度减少煤炭和石油等高碳能源消耗以及减少温室气体排放的各种技术相关的技术途径或手段。涉及电力、交通、建筑、冶金、化工和石化等部门以及在可再生能源及新能源、煤的清洁高效利用、油气资源和煤层气的勘探开发、二氧化碳捕获与埋存等领域开发的有效控制温室气体排放的新技术与新方法。与低碳技术相对应，低碳经济则是指在可持续发展理念指导下，通过技术创新、制度创新、产业转型、新能源开发等多种手段，尽可能地减少石油、煤炭和天然气等高碳能源的消耗，减少温室气体的排放，达到经济与社会发展与生态环境保护双赢的一种经济发展形态。低碳经济的特征是以减少温室气体排放为目标，构筑低能耗、低污染为基础的经济发展体系，包括低碳能源系统、低碳技术和低碳产业体系。

广义的循环经济，是指围绕资源高效利用和环境友好所进行的社会生产和再生产活动。主要包括资源节约和综合利用、废旧物资回收、环境保护等产业形态，技术方法有清洁生产、物质流分析、环境管理等，目的是以尽可能少的资源环境代价获得最大的经济效益和社会效益，实现人类社会的和谐发展。广义的循环经济覆盖所有为提高资源利用效率、降低系统物质流量进行的社会生产和再生产活动，实施主体涉及每个公民、每个家庭、每个街道、每个企业、每个地区乃至整个中华民族。所谓狭义的循环经济，是指通过废物的再利用、再循环等社会生产和再生产活动来发展经济，相当于"垃圾经济"、"废物经济"范畴。一般说来，经济总与一定的产业相对应。国内大多数人认为的，首先使用循环经济术语的德国，实际上是从物质循环和废物管理角度提出的；日本提出循环型社会，与之相对应的是"静脉产业"。所谓"静脉产业"，是指围绕废物资源化形成的产业，是相对于"动脉产业"而言的，"动脉产业"是指开发利用自然资源形成的产业。

低碳经济和循环经济同样都是起源于发达国家的经济发展埋念和模式，双方既有联系又有区别。在最终目标上，都是要实现人与自然和谐的可持续发展。但循环经济追求的是经济发展与资源能源节约和环境友好三位一体的三赢模式，而低碳经济是聚焦于经济发展与气候变化的双赢上。在实现的途径上，二者都强调通过提高效率和减少排放。但低碳经济强调的是通过改善能源结构、提高能源的效率，减少温室气体的排放。而循环经济强调的是提高所有的资源能源的利用效率，减少所有废物的排放。从循环经济在世界各国的实践来看，循环经济与低碳经济根本的不同是所对应的经济发展阶段不同。换言之，循环经济是适应工业化和城市化全过程的经济发展模式，而低碳经济是新世纪新阶段应对气候变化而催生的经济发展模式。因此也可以这样认为，低碳经济是循环经济理念在能源领域的延伸，循环经济是发展低碳经济的基础，循环经济发展的结果必然走向低碳经济。对于处于工业化、城市化过程中的发展中国家来说，循环经济是不可逾越的经济发展阶段。

循环经济和低碳经济在终极目标上是高度吻合的，但二者的关注点和重点发展领域有一定的区别，在应对气候变化的问题上，发展中国家应该坚持"共同但有区别的责任"的原则，与发达国家一道实现"长期合作行动的共同愿望"，在讨论长期减缓气候变化目标的同时要立足当前，把低碳经济作为战略取向，坚定不移地走具有本国特色的循环经济发展之路，为低碳社会目标的实现打下坚实的基础。

清洁生产是指将综合预防的环境保护策略持续应用于生产过程和产品中，以期减少对人类和环境的风险。清洁生产在不同的发展阶段或者不同的国家有不同的叫法，例如"废物减量化"、"无废工艺"、"污染预防"等。但其基本内涵是一致的，即对产品和产品的生产过程、产品及服务采取预防污染的策略来减少污染物的产生。清洁生产从本质上来说，就是对生产过程与产品采取整体预防的环境策略，减少或者消除它们对人类及环境的可能危害，同时充分满足人类需要，使社会效益和经济效益最大化的一种生产模式。

二、学科来源与其体系

1. 学科来源

化学是研究物质的组成、结构和性质以及变化规律的科学，其中的物质是资源构成的基础，与资源循环关系密切。因此，化学或许是资源循环科学与工程学科的最基本来源。特别是材料化学、资源化学、绿色化学和环境化学，涉及到金属材料、无机非金属材料和高分子材料等循环利用的化学化工问题与污染控制问题，是资源循环科学与工程研究的重要内容。

地质大循环与生物小循环是地学中的重要概念，也是资源循环科学与工程的科学基础。在这种意义上，资源循环科学与工程与地学紧密相连。土地科学、农艺地理学、矿藏学、地质学、地球化学、水资源学、矿产学和生物质资源学以及全球变化等地学分支学科，均对资源循环科学与工程学科的形成与发展起到了重要的支撑作用。

生态学原理在资源循环科学与工程领域得到了多方面的应用。因此，生态学无疑是该学科形成和发展最为重要的基础学科之一。为了满足节能减排、低碳经济及循环经济等战略性新兴产业的需求以及相关技术发展的需要，资源循环科学与工程作为一门新兴的交叉学科应运而生。可见，工程技术和经济学在资源循环科学与工程学科的形成与发展中也是至关重要的。

资源循环科学与工程基于生态学、化学、地学以及资源科学、工程技术、经济学与管理学等诸多学科的科学原理与技术，围绕新材料、新能源、节能环保和生态文化等战略性新兴产业发展，是资源达到循环利用的目标和低碳、清洁生产和可持续发展之目的的关键。因此，资源循环科学与工程的学科基础和主要来源（图1-7）具体包括以下内容。

① 生态学　主要是生态学原理应用的扩展，包括环境生态学、污染生态学和毒理生态学等基础知识，还涉及生态技术的运用与实践。

② 地学以及资源科学　主要包括土地科学、污染土壤修复、水资源学、地质矿产学、地球化学和生物质资源学以及全球变化等分支学科。

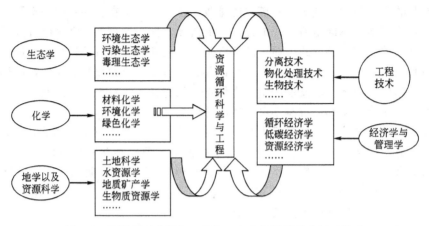

图 1-7　资源循环科学与工程的 5 大支柱学科及其相互关系

③ 工程技术　主要包括工程制图、工程力学基础、材料科学与工程、绿色化工、资源再生工程和资源循环利用技术等。

④ 化学　特别是材料化学、环境化学和绿色化学等分支学科。

⑤ 经济学与管理学　主要包括低碳经济学、循环经济学、资源经济学、资源管理学以及资源审计学等。

此外，环境科学与工程的发展，特别是环境监测、大气污染控制工程、水污染控制工程、固体废物处理与处置、物理性污染控制等分支学科和研究方向，也对资源循环科学与工程的形成与发展起到了带动作用。

2. 学科体系

资源循环科学与工程形成的多学科基础，决定了该学科具有庞大的体系。首先，资源循环科学与工程可以分成 2 个二级学科，即资源循环科学和资源循环工程（图 1-8）。其中，资源循环科学涉及资源循环、资源循环利用的科学基础，包括资源循环的数理基础与化学原理、资源循环的地学基础、资源循环生态学、资源循环利用经济学、资源循环评价与管理等，都属于资源循环科学的范畴和进一步的分支，是资源综合利用原理、资源再生原理和再生资源利用原理的具体体现；资源循环工程则进一步可分为资源循环工程技术基础、资源循环利用及其技术和资源循环利用产业学等 3 部分，其中资源循环利用及其技术包括工业原材料循环利用及其技术、工业固体废物循环利用及其技术、能源循环利用与低碳技术、生物质

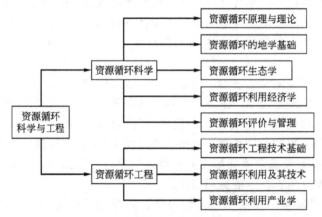

图 1-8　资源循环科学与工程的学科体系

循环利用技术、水资源循环利用及其技术、电子废物循环利用及其技术、农业资源循环利用及其技术和矿产资源循环利用及其技术等。

一般地，资源循环工程技术基础主要包括分离技术、物理单元技术、物化处理技术、生物技术和生态技术等。而工业原材料循环利用及其技术又进一步涉及金属材料循环利用及其技术、无机非金属材料循环利用及其技术和高分子材料循环利用及其技术等，主要包括废旧产品再制造技术、贵金属材料循环利用技术、无机非金属材料循环利用及其技术、玻璃材料循环利用及其技术、陶瓷材料循环利用及其技术、废轮胎循环利用及其技术以及废塑料循环利用及其技术等。工业固体废物循环利用及其技术，主要包括采矿废渣循环利用及其技术、钢铁冶金废物循环利用及其技术、化工废物循环利用及其技术、燃料废渣循环利用及其技术、医药废物循环利用及其技术和废旧电子产品循环利用及其技术等。能源循环利用与低碳技术主要包括节能减排与能源循环利用，热能循环与二次能源回收利用，农村能源循环利用模式与技术，生物质能循环利用和低碳技术等。基于生物质的资源循环利用及其技术，主要包括农产品与农业废弃物循环利用及其技术、林产物与林业废弃物循环利用及其技术、海产物与渔业废弃物循环利用及其技术、生活垃圾有机组分循环利用及其技术和医院有机废弃物循环利用及其技术等。水资源循环利用及其技术，主要包括污水循环利用及其技术、雨水循环利用及其技术、地下水循环利用及其技术、海水和苦咸水的利用及其技术和水资源可持续利用等。

三、研究方法与手段

资源循环科学与工程作为生态学、地学以及资源科学、化学、工程技术、经济学和管理学等诸多学科的新兴交叉学科，基于减量化与多重利用原理、产业循环的资源利用原理和资源循环利用经济学原理以及热力学原理和生态学原理等理论基础，它提供了单一与综合相结合、定性与定量相结合、宏观与微观相结合、室内模拟与现场观测相结合以及跨学科的方法和手段来研究、解决资源循环利用诸多问题。概括起来，这些相对独立的方法主要有：①野外调查与系统分析方法；②室内模拟与微宇宙方法；③现场观测与田间试验方法；④以数量分析为特征的分析方法（实证分析法、边际分析法、均衡分析法、静态分析法、比较静态分析法、动态分析法、长期与短期分析法和个量与总量分析法等）；⑤微观机理剖析方法；⑥数理统计方法；⑦资源能流方法；⑧资源价值流方法；⑨宏观与外推方法。

四、研究现状与历史回顾

随着自然环境承载力下降与经济总量不断扩大的矛盾日益突出，经济持续快速发展，城乡基础设施建设、社会需求和外贸出口迅速增长等都需要大量的资源作为支撑。目前，我国每年消耗的矿产资源总量已达 60 亿吨，对重要矿产资源的过度开采已导致我国在石油、铁矿石等资源领域对外依存度超过 50%，使产业发展越来越受制于国际市场。利用再生资源与原生资源相比，由于省去了矿山开采、烧结和冶炼等能耗大、污染重的生产环节，节能减排效果非常显著。因此，要改变过度消耗自然资源的状况，就要充分重视对于再生资源的回收与再利用问题。

从 20 世纪 60~70 年代开始，国外学者对传统工业经济的资源利用方式、存在的弊端、应对方式以及生态经济都做了大量研究。例如，1974 年，美国学者巴里·康芒纳（Barry Commoner，1974）在其著作《封闭的循环——自然、人类和技术（The Closing Circle—Nature, Man and Technology）》中指出：一切工业化国家都必须认识到，他们的经济应遵循在生态上是完善的路线，要用生态学的思想来指导经济和政治事务。

苏伦·埃尔克曼（Suren Erkman，1999）在其著作《工业生态学》中从部门分割、增量发展、成本越来越高、产生恶性经济循环、科技惰性、可能有损于发展中国家、它不提供全面的看法七个方面对工业废物的末端治理进行了批判，并指出人们需要改革末端治污以及其他许多预防污染的方式。尽管这些思考和建议中并不直接提及循环经济或资源的循环利用，但已经包含了资源循环利用的思想。Robert Rasmussen（1997）在研究中提出循环工业经济基本模式的基本原理。Anderson（1987）提出了 5Rs（Repair，Reconditioning，Reuse，Recycling 和 Remanufacture）战略，并分析 5Rs 能够通过节约资源成本和生产成本，实现提高生产流程的效率，缓解环境管制压力，降低经济成本的目标。这是国外对资源利用方式相对直接的研究。

陈德敏（2004）认为，循环经济的核心内涵是资源循环利用，并对资源循环利用的内涵进行了界定，并构建了反映经济社会发展与资源利用支撑关系之间的资源循环利用环流模型，揭示了科技进步及资源替代在经济与社会实现可持续发展进程中的关键性作用，阐明了资源循环利用是缓解资源短缺与环境压力的重要途径；进一步对不可再生资源的最优利用路径模型进行分析，建立了可持续发展前提约束下的价格状态描述模型，初步探讨了市场经济条件下资源价格变化的规律及其变化趋势。

郑志国在其文章《基于资本循环的资源循环利用分析——马克思的循环经济思想初探》（2006）阐述了马克思的循环经济思想，分析了基于资本循环的资源循环利用；在《循环利用资源的六种方法——以马克思的分析为基点》（2007）中以马克思的分析为基点，阐述了资源循环利用的 6 种办法，从资本循环的视角分析研究了资源循环利用。

资源循环利用的概念起源于 20 世纪 60 年代，在 90 年代随着资源危机、生态环境问题的加剧，逐渐为世界各国所认同。在发达国家更是很快用以实践，资源循环利用产业迅速发展，一大批工业园区拔地而起。90 年代后期我国正式引入"资源循环利用"概念，近年来在循环经济的理论研究方面取得了一系列的成就。但在实践领域，我国的资源循环经济还处于起步阶段。在全面建设小康社会的背景下，到 2020 年经济总量将在 2000 年的基础上翻两番，而物质资源的供给显然不足以支撑快速的经济增长，资源危机和生态危机将严重阻碍经济发展。因此，必须实现经济增长方式的根本转变，由传统"三高"的粗放型增长转变为以资源循环经济理念为指导的集约型增长。

目前，美国的资源再生产业规模已达 5000 亿美元，超过汽车行业，成为美国最大、就业人数最多的支柱产业。2008 年，我国资源循环利用产业产值超过 8000 亿元。然而，发展中也面临诸多问题：①规模化利用程度不高；②再生利用技术水平低；③关键技术急需突破。其中，技术水平的局限是关键。因此，2010 年国家教育部批准设立资源循环科学与工程专业，以便更大程度上培养具备废水资源化、固体废物资源化、生物质能源、资源再生和资源保护等方面的综合知识与技能，能在政府部门、企事业单位从事资源循环利用规划与设计、再生资源研发、低碳技术、循环经济、生态管理等方面工作的高级复合型技术人才。目前，我国已有南开大学、北京工业大学、山东大学、东北大学、华东理工大学、长春工业大学、福建师范大学、山东理工大学、湖南师范大学、西安建筑科技大学和齐齐哈尔大学等高校陆续开设了资源循环科学与工程专业。

五、未来发展趋势与战略目标

关于资源循环科学与工程这一学科的未来发展趋势与战略目标，我们认为应该包括技术和管理两个层面。从技术方面来看，未来应加强技术创新，积极研发无害化、资源化特别是资源循环利用高新技术，将有发展前景的资源循环利用技术迅速转化为生产力；通过技术创新，全面推行清洁生产、绿色生产，从源头上减少固体废物的产生，促进资源节约型发展。从管理方面来看，应积极推进固体废物资源化综合利用的信息化建设；强化无害化资源化生态处理系统的综合评价等，提升资源循环利用的科学管理水平。

1. 创新资源循环利用技术

目前我国有毒有害固体废物无害化、资源化的科技水平、加工设备、生产工艺等都比较落后。因此，广大科研单位要努力研发并创新适合我国国情的资源循环利用高新技术，加快资源化技术转化为现实生产力的步伐，推进固体废物资源化的产业进程；改善与优化无害化、资源化工艺与设备，在最大限度地回收利用固体废物中的资源与能源的同时，应尽可能地降低此过程中的能耗，避免二次污染的产生。同时政府应加大这方面的投入，积极引进国外的先进技术，使我国的资源循环利用技术提高到一个新水平。

2. 推进资源循环利用的信息化建设

将固体废物的信息发布、查询、申报、交换等管理信息纳入计算机网络管理流程，利用数据库技术和计算机网络技术，建立固体废物资源化综合利用技术的信息资源库，并建立相应的网络化信息交流平台；利用国际互联网实现各企业对固体废物的提供、处置、贮存、综合利用等资源共享的服务。推动固体废物的交换，在更广泛的空间内，使固体废物的资源得到最大化的利用。

3. 强化无害化资源化生态处理系统的综合评价

固体废物的无害化、资源化是一个包括废弃物分类、收集、运输、中转、最终处置的多层次、多目标、多体系的复杂动态系统。为了提升无害化、资源化的水平，实现固体废物的进一步减量化，需要强化对固体废物无害化、资源化的各个环节进行综合评价。这方面虽然已有相关的研究报道，但由于系统的复杂性，以往针对单一体系的层次分析法、模糊评价法、加权平均法等简易评价模型显然不能满足固体废物生态处理系统的生态健康综合评价的要求。为此，在今后的工作中，还需研究人员继续在评价体系的构建、评价指标的度量、综合评价模型的建立等关键技术方面实现突破。并借助物元分析方法和多目标分析技术，将可拓学和模糊数学理论相结合，以实现对复杂系统的综合评价。

六、前景与展望

由于人们对废物的危害性、废物的资源化认识程度不高，致使大量的废物随意抛弃、堆积、填埋，综合回收利用率较低。随着废物在自然环境中的数量越来越多，大量有毒有害物质渗透到自然环境中，已经或正在对生态环境造成极大的破坏。据有关资料反映，我国每年产生的固体废物可利用而没有被利用的资源价值250多亿元。发达国家再生资源综合利用率达到了50%~80%，而我国只有30%，并且固体废物无害化处置与发达国家相比相差甚远。其主要原因多种。一是环境因素。全社会对固体废物的处置与综合利用的重要性、紧迫性认识不足，还没有形成人人自觉保护环境，积极支持无害化、资源化工作的风气。二是技术因素。固体废物的无害化、资源化技术要求高，而我国目前的科技水平、加工设备、生产工艺等都比较落后，因投入少，科技开发能力弱，制约着固体废物无害化、资源化的发展。三是政策因素。国家制定的关于固体废物的法律仅有一部——《中华人民共和国固体废物污染环境防治法》，且没有相关的实施细则和法律解释，缺乏实际操作性。固体废物资源化综合利用相关的法律、法规还没有出台。固体废物综合利用缺乏强有力的、长期的激励机制和制约机制。

随着社会与经济的发展，人们资源观念的更新，废物的无害化、资源化也将受到人们越来越多的关注。为了继续推进本学科的发展，全面提升资源循环利用水平，我们认为在今后一段时间内，应着力做好以下几个方面的工作：①加快资源循环利用的法制建设，尽快完善废物污染防治的法律、法规和标准，使该项工作尽早纳入法制管理轨道；②建立与社会主义市场经济相适应的资源循环利用管理体系，以废物申报登记为突破口，与总量控制相结合，综合运用各项环境管理制度和措施，广泛开展一般工业固体废物的综合利用，实现固体废物最大程度的无害化与资源化，对于区域性危险废物的利用、处理、处置，实施企业化经营、社会化服务；③运用经济手段，按照污染者负担的原则，合理征收工业固体废物排污费；④推行清洁生产，大力调整产业结构，促进结构优化，大力发展低能耗的第三产业和高新技术产业，并用高新技术嫁接传统产业，提高产品的附加值，固体废物尽可能消灭在生产过程中；⑤提高废物综合利用层次，开发适合于我国国情的资源循环利用技术和装备，推进资源循环利用产业化。

◉ 思考题

1. 试述资源和资源循环两者之间的区别与联系。
2. 废物和废弃物有什么不同？为什么说废物是放错位置的资源？
3. 试述经济学资源与生物学资源的区别与联系。
4. 自然资源的基本特征是什么？它与社会资源有什么不同？
5. 社会资源的特点是什么？
6. 物质资源的自然属性体现在哪几个方面？
7. 什么是资源问题？什么是资源危机？它们之间有什么区别？
8. 为什么说能源危机是最突出的资源危机？试举例说明。
9. 为什么说水资源危机是一个很奇怪的问题？
10. 有什么证据说明粮食危机与厄尔尼诺和拉尼娜等气候异常现象有关？
11. 资源循环利用的科学定义是什么？它与资源循环有什么不同？
12. 你认为资源循环利用有哪些有效的对策和好的措施？
13. 废物资源化的实质是什么？它分为哪两种类型？
14. 为什么说对废弃的土地进行修复也是废物资源化的一种重要形式？
15. 为什么说电子废物是困扰全球的大问题？
16. 矿产资源为什么要与循环利用紧密结合起来？它的实质是什么？
17. 试述矿产资源、矿藏资源和矿物资源三者的区别与联系。
18. 尾矿循环利用工程具体包括哪些方面？
19. 当前国内外农业废弃物的资源化利用方向涉及哪几个方面？
20. 试述水利工程对水资源循环及利用的可能影响。
21. 资源循环科学与工程的学科定义是什么。
22. 试述资源循环科学与工程的 5 大支柱学科及其相互关系。

◉ 参考文献

[1] 蔡霞. 铁尾矿用作建筑材料的进展. 金属矿山，2000，(10)：45-48.

[2]　曹瑞钰. 环境经济学与循环经济. 北京：化学工业出版社，2006.

[3]　常前发. 我国矿山尾矿循环利用和减排的新进展. 金属矿山，2009，增刊：66-76.

[4]　陈德敏. 循环经济的核心内涵是资源循环利用——兼论循环经济概念的科学运用. 中国人口·资源与环境，2004，14（2）：12-15.

[5]　陈智远，石东伟，王恩学，等. 农业废弃物资源化利用技术的应用进展. 中国人口·资源与环境，2010，20（12）：112-116.

[6]　耿春梅，李婉茹，王修川. 用循环经济理念促进工业固体废物资源化. 环境科学动态，2005，（3）：6-8.

[7]　何振立，周启星，谢正苗. 污染及有益元素的土壤化学平衡. 北京：中国环境科学出版社，1998.

[8]　胡明秀. 农业废弃物资源化综合利用途径探讨. 安徽农业科学，2004，32（4）：757-759，767.

[9]　胡起生，朱曾汉，高又成. 关于湖北省铜、铁矿山尾矿资源的利用问题. 资源环境与工程，2007，21（1）：1-3，42.

[10]　科技部. 废物资源化科技工程"十二五"专项规划. 2012.4.

[11]　姜涛，薛向欣. 含钛高炉渣合成（Ca，Mg）α'-Sialon-AN-TN 粉末. 中国有色金属学报，2004，14（12）：2009-2015.

[12]　姜治云. 我国废旧轮胎资源循环应用的状况及其开展前景. 中国轮胎资源综合应用，2005，6（6）：6-8.

[13]　金涌，魏飞. 循环经济与生态工业工程. 西安交通大学学报（社会科学版），2003，23（4）：7-16.

[14]　金永铎. 国内外矿产资源综合利用现状及发展方向. 矿产综合利用，1996，（2）：35-39.

[15]　李尚振. 我国废旧轮胎资源循环利用的现状、对策及发展前景. 学术理论与探索，2009，（3）.

[16]　李如林. 树立科学发展观促进行业健康发展. 全国废轮胎胶粉应用技术研讨会会议论文，2005.

[17]　李岩，张勇，张隐西. 废橡胶的国内外利用研究现状. 合成橡胶工业，2003，26（1）.

[18]　卢颖，孙胜义. 我国矿山尾矿生产现状及综合治理利用. 矿业工程，2011，（增刊）：203-205.

[19]　马华麟. 我国铁矿石选矿综合利用的实验研究成就与前景展望. 安徽地质，1998，8（8）：87-89.

[20]　彭靖. 对我国农业废弃物资源化利用的思考. 生态环境学报，2009，18（2）：794-798.

[21]　任金菊. 低品位钒钛磁铁矿综合回收选矿工艺研究. 矿产保护与利用，2005，（1）：25-28.

[22]　沈镭. 资源的循环特征与循环经济政策. 资源科学，2005，27（1）：32-38.

[23]　史忠良，肖四如. 资源经济学. 北京：北京出版社，1993.

[24]　苏迅. 矿产资源循环利用的制度障碍和政策体系设计. 中国矿业，2006，15（1）：6-7，18.

[25]　孙可伟. 基于循环经济的工业废弃物资源化模式研究. 中国资源综合利用，2000，（1）：10-14.

[26]　孙铁珩，周启星，李培军主编. 污染生态学. 北京：科学出版社，2001.

[27]　孙振钧，袁振宏，张夫道. 农业废弃物资源化与农村生物质资源战略研究报告. 国家中长期科学和技术发展规划战略研究，2004.

[28]　孙振钧，孙永明. 我国农业废弃物资源化与农村生物质能源利用的现状与发展. 中国农业科技导报，2006，8（1）：6-13.

[29]　孙永明，李国学，张夫道，等. 中国农业废弃物资源化现状与发展战略. 农业工程学报，2005，21（8）：169-173.

[30]　田玉红，毛文洁. 锰矿尾矿去除水中 Cu^{2+} 的试验. 广西工学院学报，2001，3（9）：50-52.

[31]　王缓，邸云萍，徐利华. 黑色金属矿业固体废弃物综合利用与进展. 矿产保护与利用，2006，（3）：42-45.

[32]　魏建新. 关于武钢矿山尾矿资源利用的分析与对策. 矿产保护与利用，2001，（5）：50-53.

[33]　魏彤宇，马建立，王金梅. 日本的资源循环型环保产业体系建设及其启示. 环境卫生工程，2011，19（4）：58-60.

[34]　张杰. 矿产资源的立体开发与综合利用. 国外金属矿山，2001，（4）：55-58.

[35]　张文秀. 资源经济学. 成都：四川大学出版社，2001.

[36]　张渊，李俊锋，索崇慧. 矿山尾矿综合利用及其环境治理的意义. 农业与技术，2000，20（4）：

56-57.

[37]　郑志国. 基于资本循环的资源循环利用分析——马克思的循环经济思想初探. 当代经济研究，2006，(10)：7-11.

[38]　郑志国. 循环利用资源的六种方法——以马克思的分析为基点. 岭南学刊，2007，(5)：82-86.

[39]　周启星著. 复合污染生态学. 北京：中国环境科学出版社，1995.

[40]　周启星，黄国宏著. 环境生物地球化学及全球环境变化. 北京：科学出版社，2001.

[41]　周启星，宋玉芳著. 污染土壤修复原理与方法. 北京：科学出版社，2004.

[42]　周启星，魏树和，曾文炉，张凯松. 资源循环利用学科发展报告. 见：2008—2009 资源科学学科发展报告（中国科协学科发展研究系列报告）. 北京：中国科学技术出版社，2009.

[43]　朱爽，华涛，周启星，范亚维，吴琼. 基于生态安全的 DAT-IAT 城市污水处理工艺改进研究. 环境工程学报，2009，3（9）：23-28.

[44]　朱玉丽，王丽萍，徐嘉怿. 基于循环经济的再生资源及其产业发展. 中国资源综合利用，2007，125（1）：10-13.

[45]　邹成俊，赖长浩. 固体废物资源化产业发展路径探索. 中国环保产业，2005，11.

[46]　Amponsah N Y, Lacarrière B, Jamali-Zghal N, Le Corre O. Impact of building material recycle or reuse on selected emergy ratios. Resources, Conservation and Recycling, 2012, 67 (1)：9-17.

[47]　Bhatnagar A, Mika Sillanpää M. Utilization of agro-industrial and municipal waste materials as potential adsorbents for water treatment - A review. Chemical Engineering Journal, 2010, 157 (2-3)：277-296.

[48]　Brown M T, Buranakarn V. Energy indices and ratios for sustainable material cycles and recycle options. Resources, Conservation and Recycling, 2003, 38 (1)：1-22.

[49]　Catlin J R, Wang Y. Recycling gone bad：When the option to recycle increases resource consumption. Journal of Consumer Psychology, 2013, 23 (1)：122-127.

[50]　Gross R, Leach M, Bauen A. Progress in renewable energy. Environment International, 2003, 29 (1)：105-122.

[51]　Li W, Nanaboina V, Zhou Q X, Korshin G V. Effects of Fenton treatment on the properties of effluent organic matter and their relationships with the degradation of pharmaceuticals and personal care products. Water Research, 2012, 46 (2)：403-412.

[52]　Marafi M, Stanislaus A. Studies on recycling and utilization of spent catalysts：Preparation of active hydrodemetallization catalyst compositions from spent residue hydroprocessing catalysts. Applied Catalysis B：Environmental, 2007, 71 (3-4)：199-206.

[53]　Packey D J. Multiproduct mine output and the case of mining waste utilization. Resources Policy, 2012, 37 (1)：104-108.

[54]　Savelieva I L. Assessment of natural resources in economic geography. Geography and Natural Resources, 2009, 30 (4)：318-323.

[55]　Steininger K W, Voraberger H. Exploiting the medium term biomass energy potentials in Austria. Environmental and Resource Economics, 2003, 24 (4)：359-377.

[56]　Tsai W-T. An analysis of used lubricant recycling, energy utilization and its environmental benefit in Taiwan. Energy, 2011, 36 (7)：4333-4339.

[57]　van Heek K H, Strobel B O, Wanzl W. Coal utilization processes and their application to waste recycling and biomass conversion. Fuel, 1994, 73 (7)：1135-1143.

[58]　van Hees P A W, Elgh-Dalgren K, Engwall M, von Kronhelm T. Recycling of remediated soil in Sweden：An environmental advantage? Resources, Conservation and Recycling, 2008, 52 (12)：1349-1361.

[59]　Wutz M J. Plastic material recycling as part of scrap vehicle utilization—Possibilities and problems. Conservation & Recycling, 1987, 10 (2-3)：177-184.

[60]　Yokoyama S Y, Ogi T, Nalampoon A. Biomass energy potential in Thailand. Biomass and Bioenergy, 2000, 18 (5)：405-410.

第二章 资源循环科学基本原理

资源循环利用体现了科学性、战略性和前瞻性，它是一门科学，蕴涵着许多科学的基本原理。资源循环利用给资源的科学、高效利用带来了希望和前景，只有实施资源的科学、合理利用和循环利用，才能发挥资源的最大作用。认识和应用资源循环科学的基本原理是实现资源循环利用和人类社会可持续发展的前提。

第一节 资源循环科学的理论基础

一、资源循环科学的生态学基础

1. 生态学基本概念与生态学的建立

生态学（ecology）概念最早是由德国生物学家 Ernst Haeckel（中译名：恩斯特·海克尔）于 1866 年提出来的，他对这个概念的定义是：生态学是研究生物有机体与其周围环境（包括非生物环境和生物环境）相互关系的科学。英文"ecology"，是由希腊语词汇 Οικοθ（居住在同一家庭中的人）和 Λογοθ（学科）组成的，意思是"研究居住在同一自然环境中的动物的学科"。之后，许多学者对生态学都有其自己的认识。英国生态学家 Charles Elton（查尔斯·埃尔顿）认为，生态学是研究生物（包括动物和植物）怎样生活和它们为什么按照自己的生活方式生活的科学。美国生态学家 Odum（奥德姆）（1953）则认为，生态学是研究生态系统的结构与功能的科学；1997 年，他在《生态学》一书中指出生态学是综合研究有机体、物理环境与人类社会的科学。我国生态学家马世骏（1981）认为，生态学是研究生命系统之间相互作用及其机理的科学。总之，生态学已经发展为"研究生物与其环境之间的相互关系的科学"。环境包括生物环境和非生物环境，生物环境是指生物物种之间和物种内部各个体之间的关系，非生物环境包括土壤、岩石、水、沉积物、空气、温度和湿度等自然环境要素，也是资源的物质基础和基本组成。

1935 年，英国植物生态学家 Arthur G. Tansley 提出了生态系统（ecosystem）的重要概念。Odum（奥德姆）在《生态学基础》一书中指出生态系统的 3 个基本成分：群落、能量流动和物质循环。能量可以储存，但不能重复利用；而包括生命必需营养（如碳、氮和磷）和水在内的物质是可以反复循环利用的。营养循环效率及输入、输出量随不同类型的生态系统变化很大（图 2-1）。美国生态学家 R. L. Lindeman 在对 Mondota 湖生态系统详细考察的基础上，提出了生态金字塔能量转换的"十分之一定律"。由此，生态学成为一门具有自己的研究对象、任务和方法的比较完整和独立的学科。

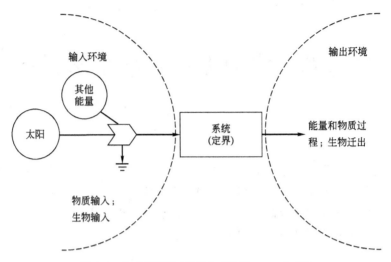

图 2-1　生态系统物质模型（据 Patten，1978）

2. 生态学学科的发展

与其他学科类似，生态学的形成和发展也经历了一个渐进过程。

生态学在人类文明的早期就已经开始孕育，人类为了生存对主要食物来源的动植物的生活习性以及周围环境的各种自然现象进行观察，实际上人们从远古时代起，就已在不知不觉中开展生态学工作。公元前 1200 年，我国《尔雅》一书中就有关于草、木方面的总结，记载了 176 种木本植物和 50 多种草本植物的形态与生态环境。公元前 100 年前后，我国农历已确立 24 节气，它反映了作物、昆虫等生物现象与气候之间的关系。这一时期还出现了记述鸟类生态的《禽经》，记述了相关动物行为。在欧洲，Aristotle（公元前 384—322 年）按栖息地把动物分为陆栖、水栖等两大类，还按食性分为肉食、草食、杂食及特殊食性四类；而其学生、古希腊著名学者 Theo-phrastus（公元前 370—285 年）在其著作中曾经根据植物与环境的关系来区分不同树木类型，并注意到动物色泽变化是对环境的适应。这时仍没有生态学这一概念。

随着人类社会经济的发展，生态学作为一门科学在 17～19 世纪开始形成。著名化学家波义耳（R. Boyle）在 1670 年发表的低气压对动物效应的试验，标志着动物生理生态学的开端；1735 年法国昆虫学家 Reaumur 发现，就一个物种而言，发育期间的气温总和对任一物候期都是一个常数，被认为是研究积温与昆虫发育生理的先驱；1855 年 Al. de Candolle 将积温引入植物生态学，为现代积温理论打下了基础；1792 年德国植物学家 C. L. Willdenow 在《草学基础》一书中详细讨论了气候、水分与高山深谷对植物分布的影响，他的学生 A. Humboldt 发扬了老师的思想，于 1807 年用法文出版《植物地理学知识》一书，提出"植物群落"、"外貌"等概念，并指出"等温线"对植物分布的意义；1798 年马尔萨斯《人口论》的发表，促进了达尔文"生存竞争"及"物种形成"理论的形成，并促进了"人口统计学"及"种群生态学"的发展。进入 19 世纪之后，生态学得到快速发展并日趋成熟。1859 年达尔文的《物种起源》发表，促进了生物与环境关系的研究，不少生物学家开展了环境诱导生态变异的实验生态学工作；1866 年 Haeckel 提出 ecology 一词，并首次提出了生物学定义；丹麦植物学家 E. War-ming 于 1895 年发表了他的划时代著作《以植物生态地理为基础的植物分布学》，1909 年经作者本人改写，用英文出版，改名《植物生态学》（Ecology of Plants）；1898 年波恩大学教授 A. F. W. Schimper 出版《以生理为基础的植物地理学》，这两本书全面总结了 19 世纪末之前生态学的研究成就，被公认为生态学的经典著作，标志着生态学作为一门生物学的分支科学的诞生。20 世纪前 50 年，动物种群生态学和植物生态学取得较大发展，美国两位著名的人物 Clements 和 Shelford 曾经合写了一本《生物生态学》（Bio-ecology），外表上动植物生态学是统一的，但实际上还是独立的，所以有的学者称这阶段为动植物生态学并行发展的阶段，直到生态系统概念的提出才发生根本性的变化。

20 世纪 50 年代以来，人类的经济和科学技术获得了空前发展，也带来了环境、人口、资源和能源等危及到人类生存的全球性问题。人们发现解决这些问题都要从生态学角度，考虑与其他学科相互渗透交叉，综合社会生活内容，才能取得效果。生态学成为受到高度重视的一门科学。

3. 生态学原理

（1）环境　环境是指某一特定生物体或生物群体以外的空间，以及直接或间接影响该生物体或生物群体生存的一切要素的总和。环境总是针对某一特定主体或中心而言的，是一个相对的概念，离开了这个主体或中心也就无所谓环境，因此环境只具有相对的意义。在生物科学中，环境是指生物的栖息地，以及直接或间接影响生物生存和发展的各种因素。在环境科学中，人类是主体，环境是指围绕着人群的空间以及其中可以直接或间接影响人类生活和发展的各种因素的总体。环境是一个复杂的，有时、空、量、序变化的动态系统和开放系统。系统内外存在着物质和能量的转化。系统外部的各种物质和能量，通过外部作用，进入系统内部，这个过程称为输入；系统内部也对外部发生一定作用，通过系统内部作用，一些物质和能量排放到系统外部，这个过程称为输出。在一定的时空尺度内，若系统的输入等于输出，就出现平衡，叫做环境平衡或生态平衡。

（2）生态因子　生态因子（ecological factors）是指环境中对生物生长、发育、生殖、行为和分布有直接或间接影响的环境因素，例如，温度、湿度、食物、氧气、二氧化碳和其他相关生物等。生态因子中，生物生存所不可缺少的环境条件，有时又称为生物的生存条件。所有生态因子构成生物的生态环境（ecological environment）。在任何一种生物的生存环境中都存在着很多生态因子，这些生态因子在其性质、特性和强度方各不相同，它们彼此之间相互制约，相互结合，构成了多种多样的生存环境，为各类极不相同的生物生存进化创造了不计其数的生境类型。生态因子的数量虽然很多，但可依其性质归纳为五类：气候因子、土壤因子、地形因子、生物因子和人为因子。

环境因子对生物的影响，通常有三方面，即选择性（preference）、耐受性（tolerance）和抗性（resistance）。其中最重要的是耐受性范围，因为它决定该种生物能否在当地存活下来。生物的耐受性原理，是 Shelford 于 1913 年首先提出的，他认为："任何一个生态因子在数量或质量上不足或过多，当这种不足或过多接近或达到某种生物的耐受上下限时，就会使该生物衰退或不能生存下去。"该定律把最低量因子和最高量因子相提并论，把任何接近或超过耐性下限或耐性上限的因子都称作限制因子。Liebing 研究植物生理时，发现作物的产量并非经常受到大量需要的营养物质（如 CO_2、水）的限制，因为这些物质在自然环境中非常丰富，而却受到一些微量元素（如硼）的限制，因为它们的需要量虽然极少，但土壤中往往非常稀少。他提出："植物生长取决于处在最少量状况下的营养物的量"。或者说，当植物所需的营养物质降低到该植物的最小需要量以下时，该营养物就会影响该植物的生长。这个论点被称为利比希最小因子定律。而每种生物对环境因子适应范围的大小即生态幅，一个物种对某一生态因子的适应范围较宽，而对另一因子的适应范围很窄，在这种情况下，生态幅常常为后一生态因子所限制。

（3）种群 种群（population）是在同一时期内占有一定空间的同种生物个体的集合。该定义表示种群是由同种个体组成的，占有一定的领域，是同种个体通过种内关系组成的一个统一体或系统。种群是由一定数量的同种个体所组成，但这种组成并不是简单的相加，种群作为更高一级的生命系统具有新质的产生。种群的主要特征表现在空间分布、数量和遗传方面。

（4）群落 生物群落（community）是指在特定时间、空间和生境下，具有一定生物种类组成、外貌结构（包括形态结构和营养结构），各种生物之间、生物和生境之间彼此相互影响、相互作用，并具有特定功能的生物集合体。也可以说，一个生态系统中具有生命的部分，即生物群落，它包括植物、动物、微生物等各个物种的种群。其特征包括物种组成、相互作用、群落环境、一定的外貌结构、动态特征、分布范围和群落边界。

（5）生态系统 生态系统（ecosystem）是指在一定空间范围内，由生物及其所生存的环境所构成的、包含能量流动与物质循环过程，具有相互作用、相互依存的动态复合体系。在这个复合体系中，生物与环境、生物与生物之间，通过能量流动和物质循环以及信息传递而相互影响、依存与制约，实现了动态的平衡，任何一种构成元素的变化，都会影响生态系统的稳定，甚至危及其存在。

① 生态系统组成与功能 生态系统的组成可以概括为非生物因子和生物因子两部分，细化为非生物环境、生产者、消费者和分解者四种基本成分。非生物因子是生物生活的场所、物质和能量的源泉，也是物质交换的地方。包括气候、无机物质、有机物质等。生态系统中的各种成分之间的联系是通过营养来实现的，即通过食物链而把生物与非生物、生产者和消费者连成一个整体。而能量流动、物质循环和信息传递成为生态系统的三个基本功能。

② 生态系统物质循环与平衡 生产者主要是利用太阳能将简单的无机物合成有机物的绿色植物，也包括光能细菌和化能细菌，它们属于生物中的自养生物，植物与光合细菌利用太阳能进行光合作用合成有机物，化能合成细菌利用某些物质氧化还原反应释放的能量合成有机物，生产者是生态系统的根基，它们将无机环境中的能量同化，同化量就是输入生态系统的总能量，维系着整个生态系统的稳定，也是

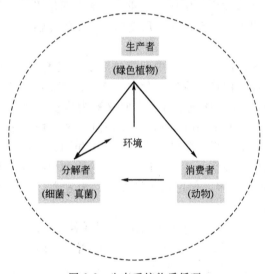

图 2-2 生态系统物质循环

为各种生物栖息、繁殖的场所。生产者完成有机物的合成过程（图 2-2）。

消费者指依靠摄取其他生物为生的异养生物，消费者主要指动物，包括动物和部分微生物，它们自己不能利用太阳能来生产食物，只能依靠生产者，通过捕食和寄生关系在生态系统中传递能量。其中，以生产者为食的消费者被称为初级消费者，以初级消费者为食的被称为次级消费者，也叫二级消费者，其后还有三级消费者与四级消费者，同一种消费者在一个复杂的生态系统中可能充当多个级别，杂食性动物尤为如此，它们可能既吃植物（充当初级消费者）又吃各种食草动物（充当次级消费者），有的生物所充当的消费者级别还会随季节而变化。消费者完成有机物的转化过程。

分解者也属于异养生物，以各种细菌和真菌为主，也包含腐生动物，是小型消费者。它们的功能是将生态系统中的复杂有机质（动植物尸体、粪便等）分解成简单的无机物，归还到环境中去，被生产者重新利用的物质，它们自己也得到食物和能量，完成物质的循环，所以分解者也称作还原者。因此分解者、生产者与无机环境就可以构成一个简单的生态系统。消费者在生态系统中起加快能量流动和物质循环的作用。生态系统中，生物是核心，绿色植物又是核心中的核心，它们利用和存储了太阳能，将无机物转为有机物供消费者使用，它们为消费者提供了生长繁殖和栖息的场所。分解者作用极其重要，通过它们的分解作用，使物质归还给环境，供生产者重复利用。分解者完成有机物的分解过程。

4. 资源循环科学的生态学基础

地球上产生的复杂生命系统大体可以分为三个大类，即植物、动物、微生物。植物通过光合作用，把地壳中简单的化合物转化成纤维素、淀粉、蛋白质和油类，供给动物作食物，而动物排泄物又可被微生物代谢利用，转化为简单化合物，重新成为植物生长的养分。这样物质就可以在植物（生产者）—动物（消费者）—微生物（分解者）之间循环往复地被利用，这些化学元素作为原料和废物的角色、不断变换，体现资源循环的基本过程和实质。

生态系统的生物部分与非生物部分相互依存，如果没有非生物环境，生物就没有生存空间，生物作为一个耗散系统必须与外界进行能量、物质和信息交换，才能生存下去。非生物环境包括太阳能、其他能源、土壤、温度、降水、空气（CO_2、O_2、N_2、H_2O 等）及土壤中的无机盐、腐殖质等。生物部分包括：生产者即陆生植物、藻类、光合细菌、化能细菌等；而消费者涵盖有草食动物如昆虫、啮齿类、食草哺乳类（牛、马、羊）等，称初级消费者，而肉食动物和杂食动物称为高级消费者；分解者都属于异养生物，如细菌、真菌、放线菌、土壤原生动物和一些小型无脊椎动物，这些异养生物把复杂有机物质逐步分解为简单无机物，回归到环境中去。

更应强调的是，驱动这一物质循环的推动力仅靠单位面积上能量密度很低的太阳光，之所以地球生态系统如此繁茂，生生不息地持续发展，没有遇到过资源与能源的匮乏问题，其中最重要的是物质循环利用原则。上述的物质循环利用原则也具有在工程控制科学上所称的反馈过程，如初级消费者的增加（如牛、羊），便会对生产者（如草场）产生负反馈，而对高级消费者（如狼、虎、豹等）产生正反馈，并最终受制于负反馈，使自然生态系统能自我调节并维持系统稳定。回顾人类在地球上的进化历程：在原始经济形式下，人类的繁殖是以采集和狩猎为主。当人群的繁衍使一个地区的自然生态条件加速破坏，自然生态系统的自维持、自组织功能受到强烈冲击，原始经济无法支撑时，就发生了人类社会经济与自然生态第一次严重冲突，人类这时适时地转入农耕经济。历史发展到 3 百多年前，手工业发展为工业社会，工业社会追求高效率、高利率，技术推动矿业的发展，至今形成工业经济的线型生产模式。一端大量利用化石和原生矿物能源，加工成商品，供社会消费，同时又大量废弃消费后的垃圾，造成多种环境污染，这样长期发展下去，必然是环境污染和自然生态退化，使人类社会难于持续发展，再一次形成了严重的生存危机。所以，社会经济单向发展模式必须要发生转变，应追求自然界原本存在的物质循环利用原则，以保障人类社会的持续繁荣。

二、资源循环科学的化学化工基础

1. 化学学科及化工的发展

化学是一门研究物质的性质、组成、结构和变化以及物质间相互作用关系的科学。"化学"一词，若单从字面解释就是"变化的科学"之意。化学如同物理，均为自然科学的基础科学。很多人称化学为"中心科学"（central science），是因为化学为这些学科的核心，如材料化学、纳米科技、物理化学、生物化学、资源化学和环境化学。化学研究的对象涉及物质之间的相互关系，或物质和能量之间的关联。传统的化学常常都是关于两种物质的接触与变化，即"化学反应"，或者是一种物质变成另一种物质的过程及其机理。发生这些变化有时会需要使用电磁波，而其中电磁波则负责激发化学作用。不过，有时化学也不一定要涉及物质之间的反应。光谱学研究物质与光之间的关系，而这些关系并不涉及化学反应。

20 世纪 70 年代以来，由于工农业生产和经济与社会发展的需求，推动了化学学科的发展。与此同时，促进了化工的发展。所谓"化工"，实际是化学工业、化学工艺和化学工程的总称。研究化学工业生产过程中的共同规律，用以指导化工装置的放大、设计和生产操作的学科，称为化学工程（Chemical Engineering），其内容包括流体流动、传热、传质、化工热力学、反应工程、过程系统工程、化工技术经济等。化学工程是适应化学加工工艺的需要而产生的工程性学科。它是以化学、物理、数学为基础，结合其他学科和技术，研究化工生产过程中的共同规律；分析综合工业过程有关的问题和关键，解决有关生产流程的组合，设备结构设计和放大，过程操作的控制和优化等问题，获取人类需要的各种物质和产品，并维持良好的生态环境。18 世纪以前，化工生产均为作坊式的手工生产，像早期的制陶、酿造和冶炼等。到了 18 世纪，物理学和化学已建立了系统的理论基础，与长期积累的经验相结合，促进了化学工业的产生和发展。到 20 世纪 50 年代初期形成了大规模生产塑料、合成橡胶和合成纤维的工业，人类进入了合成材料的时代。化工与生物技术相结合，形成了具有宽广发展前景的生物化工产业，新材料的开发与生产成为推动科技进步、培植经济新增长点的又一个重要基础。复合结构材料、信息材料、纳米材料和高温超导材料等，使不断创新的化工技术在新材料的制造中发挥了关键作用。

化学学科的发展还促进了自然资源的日趋合理的使用，以及资源科学和资源化学的发展。这一发展过程主要以资源高效利用和循环利用为特征。①资源高效利用。以不可更新的矿产资源皂石为例，皂石属变质岩，由早期沉积岩和硅镁酸盐经过复杂地质变化生成，一般云母含量在 35％以上，亚氯酸盐和石英等含量在 25％以上。皂石可用于建筑和装饰品等，用途广泛。全球每年皂石在开发利用过程中只有 40％被有效利用，浪费资源的同时也产生了环境污染问题。为了解决这一问题，巴西学者 Rodrigues 和 Lima 开发了磁选纯化和盐酸浮选过滤技术，对皂石进行深度开发并成功用于造纸、杀虫剂、塑料和涂料等行业生产，皂石甚至可 100％被完全利用。②资源循环利用。以电子废弃物中的阻燃剂为例，其在燃烧加热过程中成为二噁英的来源，而且常常含有大量重金属，这些物质已对生物和生态系统造成了巨大危害。但是，电子废弃物往往含有可回收的金属、玻璃和塑料等，包括很有价值的稀贵金属。由于电子废弃物的环境和价值因素，推动了其资源循环利用技术的进步，即从以机械法处理和分离为主，转到以转化分离、热解、催化分化和熔融等化学方法和相应生物方法相结合的处理技术，来实现金属、塑料和玻璃等的原料再生利用。可见，化学学科的进步在日益推动资源合理利用的同时，有关资源循环利用的经济活动、行业政策策略、服务和环境效益等方面的系统研究随之日益增多，由于这些研究通常是包括化学学科在内的交叉研究，从而无疑推动了资源科学和资源化学的发展。

2. 与资源循环相关的化学化工原理

（1）绿色化学　理想的化学反应要具备下列特点：操作简便，安全，高收率和高选择性，节能，使用可再生和可循环利用的试剂与原料。化学反应难以同时满足所有的目标，但可以在期望的特性中寻求平衡与优化，环境友好和资源循环利用成为绿色化学期望的化学反应主要特性。绿色化学被定义为旨在减少或消除有毒有害物质使用与生成的化工生产过程设计策略与方法，它可以分为定性和定量两部分。绿色化学的基本原则是从源头消除污染，重新设计化学合成工艺及产品制造方法，根除污染来源。美国的 Anastas 和 Waner 曾提出绿色化学的原则，强调原料尽可能进入产品中，可再生原料使用，体现了环境友好而资源循环利用诉求。绿色化学概念的核心是化学反应及过程要以"原子经济性"为基本原则，即在获取新物质的化学反应中充分利用参与反应的每个原料原子，尽可能实现零排放。要充分利用资源，不产生污染，采用无毒无害的溶剂、助剂和催化剂，生产有利于环境保护、社区安全和人身健康的环境友好产品。

（2）绿色化工　绿色化工是在绿色化学概念的基础上开发的、从源头上阻止环境污染的化工技术。传统化工对"三废"的处理一般为末端处理，绿色化工与传统化工最主要的区别是从源头上阻止环境污染，即设计和开发在各个环节上采用洁净和无污染的反应途径和生产工艺。绿色化工主要是将绿色化学所研究的基本原理应用于工程实践，绿色化工的目标是经济效益和环境效益协调发展，可以概括为"三高"、"三低"、"两少"，即高转化率、高选择性和高能源利用率，低毒无毒原料、低毒无毒反应介质（溶剂）和低毒无毒产品，少产生废物、少产生副产物。

（3）资源替代　利用可再生资源或可更新资源逐步替代传统资源，推进资源循环利用。可再生资源是指动植物及其代谢产物，可更新资源如太阳能、风能等，对它们的综合利用，替代以石油、煤炭和天然气为代表传统化石燃料，意义十分重要。例如，开发对太阳能的高效利用，主要包括光电直接转化；利用催化剂、太阳能实现水分解制氢；利用生物质（特别是植物）发酵制乙醇或甲烷；利用与化工有关的新型技术，加强核能利用的研究等。与此同时，提高现有能源的利用效率，减少释放能量过程中对环境的污染，实现资源循环利用也是十分重要的。例如，注意燃烧中的脱硫和硫的回收，着重解决大气中硫化物的污染；解决燃烧不完全所释放的 CO 和 NO_x 的治理问题；注意解决水的污染和水资源的复用问题等。

3. 资源循环科学的化学化工基础

（1）使用无毒无害原料及可再生资源　一个化学反应类型或合成途径的特性在很大程度上是由初始原料的选择决定的。一旦初始原料选定，许多后续方案就相应确定。因此，初始原料的选择是绿色化学与化工应考虑的重要因素。寻找替代的、对环境无害的原料，尤其是可再生资源是绿色化学与化工的重要研究方向之一，也是资源循环科学的主要任务之一。

（2）原子经济性反应和高选择反应　原子经济性是从原子水平分析化学反应，目的在于设计化学合成反应时使原料中的原子更多地或全部地转化为最终希望的产品，实现化工过程废物的"零排放"。如果原子经济性差，则意味反应过程将排放出大量废物。

（3）采用无毒无害催化剂　催化剂是能改变化学反应的速度而其自身在反应前后不被消耗的物质。大多数反应需要在催化剂的作用下才能获得具有经济价值的反应速率和选择性。然而，许多催化剂，特别是无机酸、无机碱、金属卤化物、金属羰基化合物等，本身具有毒性和腐蚀性，甚至有致癌作用。因此，在原子经济性和可持续发展的基础上研究合成化学，需要使用无毒无害催化剂，实现绿色合成和绿色催化。

（4）采用无毒无害溶剂　挥发性有机溶剂在传统化工生产中经常使用，然而，挥发性有机溶剂是一类有害的环境污染物。挥发性有机溶剂在带给我们丰富多彩的物质享受和生活便利的同时，也为我们带来了环境的污染和健康的危害。因此，开发挥发性有机溶剂的替代溶剂，减少资源消耗和环境污染，也是绿色化学与化工的一个重要内容。

（5）生产环境无害的绿色化学产品 "绿色"被认为是自然、生命、健康、舒适和活力的象征。绿色化学产品应该具有两个特征：一是产品本身必须不会引起环境污染、健康问题，不产生资源的任意浪费，包括不会对生态系统造成损害；二是使用产品后，应该容易实现再循环或易于在环境中降解为无害物质。

三、资源循环科学的地学基础

1. 与资源循环科学相关的地学发展

地学，或地球科学，是自然科学的六大分支之一，广义的地学理论囊括了地表地球科学（地理学、土壤学和水利学等）、固体地球科学（地质学、地球物理、地球化学等）、大气科学和海洋科学。地学研究对象上可达小行星、近地行星和陨石，人类周边各种圈层（大气圈、水圈、生物圈和生态圈等），下则涉及地球内部各圈层及其相互作用。

地球系统指的是地球的大气圈、陆地、水圈、岩石圈和生物圈的相互作用、相互影响的物理、化学、生物与人类过程的集合。地球系统科学的研究是将全球大气圈、水圈、岩石圈和生物圈作为相互作用的大系统，研究圈层与圈层之间的物理、化学、生物过程，其时间尺度自数年、数十年、百年至数百年，并主张将社会、经济、政治等人类活动包括在内。地球系统科学包含自然科学与社会科学的内容。

2. 地质大循环与生物小循环

（1）地质循环与生物循环概念 地质循环与生物循环是地球表面物质运动的两种基本形式，它们都有自己特定的过程和内容。根据它们各自涉及范围的相对大小，习惯上把地质循环称为地质大循环，把生物循环称为生物小循环（图2-3），地质大循环是指上地幔以上的整个岩石圈中物质的循环，循环过程是以物质的理化特性发生明显变化为标志，以各种岩石为其相对稳定阶段的基本形态，并用以充当循环的环节。其基本过程是：地球内部的岩浆通过冷却凝结作用形成岩浆岩，出露于地表的岩浆岩遭受侵蚀风化形成风化物，风化物经过搬运、堆积和固结成岩作用形成沉积岩，已生成的沉积岩和部分岩浆岩在重力和热力作用下发生变质而形成变质岩，深层变质岩在热力作用下重熔再生，又形成新的岩浆，这种岩浆—岩石—岩浆的循环过程称为地质大循环。生物小循环是指地表环境内部狭义生物圈（生态系统）中的物质循环，循环过程以生命体的生理特性发生明显变化为主要标志，以各种动植物体为循环相对稳定阶段的基本形态和基本环节，以食物链的形式进行着。其基本过程是：绿色植物（生产者有机体）从环境中获取无机物质和养分并将其合成有机物储存在体内，各种动物（消费者有机体）直接或间接以植物为食从中获取维持生命活动所需的物质和能量，各种微生物（分解者有机体）在摄取动植物残体的物质和能量的同时，将动植物残体分解为无机化合物归还给了环境，这种环境—生产者—消费者—分解者—环境的物质循环过程为生物小循环。从图2-3中可以看出，地球表面物质的存在形式是不断变化的，各种特定的物质形态只是物质处于循环过程中某一相对稳定阶段的表象，例如，各种岩石、生物体（包括我们人体）都只是暂时相对稳定的形态。这说明运动是物质存在的基本形式，千姿百态的物质形态都是由相同的物质组成的，即世界是同一于物质的。

（2）地质循环与生物循环的特点 地质大循环和生物小循环既是密切联系的统一体，各自又有自己鲜明的特点。首先，生物小循环是生命形式的循环，遵循生命科学定律，地质大循环是非生命形式的循环，遵循地球科学定律。

有机体的生命过程需要三四十种化学元素，这些元素根据生命需要可以分为三类，即能

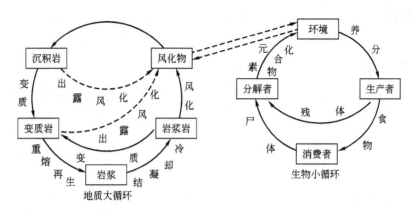

图 2-3 地质大循环与生物小循环示意图（据侯耀喜等，1987）

量元素（如 C、H、O、N）、大量元素（如 C、N、P、K、S 和 Na 等）和微量元素（如 Cu、Zn、B、Mn、Mo、Fe 和 Al 等），它们统称为生命元素，即在生命活动过程中是缺一不可的。这些元素的循环从环境开始，依次通过食物链的各个营养级后又返回环境中。在自然状况下，这种元素循环处于平衡状态，即在循环和各个营养级之间元素的输出量与输入量相等。但生物小循环并不是封闭式的循环，地表环境内外有许多途径可以将外界的营养物质输入生态系统，从而参加生物小循环。生物循环还与能量流动相互依存、相互制约。当能量流通过食物链从一个营养级向另一个营养级运动时，营养物质也按同样的方式运动，所不同的是，能量在流动过程中逐渐消耗了，而营养物质在循环过程中不断变换着表现形式，在不同程度上进行着再循环，并能返回到它们原来的化学形态。然而，生物小循环是一个整体的概念，就具体的物质形态而言，在循环过程中有些营养物质长时间轮回于短期的循环之中，有些营养物质则暂时储存在有机体内，还有一些则牢固地沉积下来或变成岩石，从而脱离生物小循环。所有的营养物质都只能以水为媒介被送入生态系统。因此，营养循环与水循环是分不开的。水循环还把不同区域的循环联系在一起，构成了全球性的生物循环体系。组成地壳的化学元素有九十余种，根据它们的含量大小可分为大量元素和稀有元素，它们都参与地质大循环。地质大循环与其他物质循环一样，绝不是封闭的循环和简单的重复，它们与循环系统外界（地壳上、下圈层）之间也存在着复杂的物质和能量的交换和转化。在这个系统之内，岩石从一种形态变为另一种形态，不是无缘无故的产生和消失，也不只是简单的数量增减或场所的改变，而是在一定地质环境条件下，由它们本身矛盾的变化和发展所带来的质的变化和飞跃。构成现今地壳的岩石矿物不是原始地壳形成时原封不动地被保留下来的，而是在地球演化的漫长历史过程中，通过不断的吐故纳新，即包括各种破坏和建造作用，从简单到复杂，从低级到高级有阶段地发展变化而来的，而且将继续不断地演化下去。同样，由于物质与能量是不可分割的，地质大循环也体现了其能量的转化和交换。

其次，生物小循环周期短、速度快，仅局限于地表；地质大循环周期长、速度慢，涉及地壳以上的四个圈层。生物小循环是以生命为载体，生命的诞生、发育、成熟、死亡是生物循环的重要阶段。从诞生到死亡（或被摄食）的过程标志着一个循环环节的彻底完成；摄食或吸收营养物质是生物循环得以维持的重要机制，而这个过程最长也不过百余年，所以说生物循环周期短、速度快。地球上的生物主要集中分布在地上 100m 到水下 200m 的区域内，这个区域称为生物分布最集中的核心地区，也是生物小循环进行得最彻底、最剧烈的地带。与此相反，地质大循环每完成一个环节所需的时间至少为几百万年（这是一个由量变到质变的过程），有的甚至长达数十亿年，因此，地质大循环周期长，许多环节速度极其缓慢，无法进行直接测量。当然，地质大循环也包含有突变事件，如火山、地震等。地质大循环是整个地壳以上物质的循环，涉及岩石圈、水圈、天气圈和生物圈，其具体过程十分复杂。

3. 地球化学循环与生物地球化学循环

（1）地球化学循环与生物地球化学循环的内涵　地球的组成元素不是静止不变的，而是处于一定理化和地质特征的周期性变化过程中，通常称之为地球化学循环。在这一过程中，化学元素完成迁移、转化、富集和再生；化合物实现合成、分解、变化和再生；有机物、生物分子和生命产生。也称为无机化学循环、有机化学循环和生物化学循环。地球化学循环实现了地球化学平衡，促进有机物质产生，奠定了生命产生的基础，地球化学循环同时为生命存在和演进提供了物质基础，生命的产生，使地球上组成元素进入生物地球化学循环进程。

以生物为主要成分的生态系统的物质循环是指各种有机物质经过分解者分解生成可被生产者利用的物质形式，归还到环境中再被重复利用过程。包括生态系统层次的生物小循环或营养物质循环，即生态系统间或生态系统内部营养层级间的物质流；也包括生物圈层次的生物地球化学循环，即营养物质在大气圈、水圈、岩石圈，以及生态系统间的循环流动。全球性污染促使人们在 20 世纪 60～70 年代就开始生物地球化学循环的研究。Butcher 等强调全球生物地球化学循环是研究元素的各种化合物在水圈、大气圈、岩石圈、土壤圈、生物圈和生态圈各储存库之间的迁移和转化。除了各种物理、化学和生物过程研究外，还包括其源、汇、通量、储存库及模型模拟研究。多层次时空布局、多生态类型和气候变化反馈等成为生物地球化学循环研究重点。

（2）重要物质循环概念　物质在能量流动驱动下实现循环，在生态系统中，物质实现可逆循环。人类社会生活所需要的资源正是取自处于一定平衡状态下的物质循环，人类对资源的开发利用要在保护资源循环的前提下科学地进行。人们在索取资源的同时，认识到保护物质循环的重要意义，开展了相应研究。某一物质在生物或非生物环境暂时滞留（被固定或储存）的数量，称为库（pool）。包括储存库（reservoir pool）容积大，活动慢，一般为非生物成分，如岩石、沉积物等；交换库（exchanging pool）容，量小、活跃，一般为生物成分，如植物库、动物库等。单位时间、单位面积（体积）内物质流动的数量，称为流通率（flow rate），单位为 $kg/(m^2 \cdot t)$。流通率与库中营养物质量的比值为周转率。周转率的倒数为周转时间。

4. 水资源循环

《中国大百科全书》（大气科学、海洋科学、水文科学卷）定义水资源："是地球表层可供人类利用的水，包括水量（质量）、水域和水能资源。对人类最有实用意义的水量资源，是陆地上每年可更新的降水量、江河径流量或浅层地下水的淡水量。"《中国资源科学百科全书》将水资源定义为："可供人类直接利用，能不断更新的天然淡水。主要指陆地上的地表水和地下水。"水资源具有三个基本特性：有效性、可控性和再生性。有效性是指对人类生存和发展具有效用的水可以看作是水资源；可控性是指人类通过一定工程措施可以开发利用的那部分水；再生性是指水资源在流域水循环过程中的形成和转化，其作为可再生性资源的充分必要条件是保持流域水循环过程的相对稳定。因此，水资源是指在当前和可预期的技术经济条件下，能为人类所利用的地表、地下淡水水体的动态水量。

（1）自然界水循环　水是生命的基础元素。水既是一切生命有机体的重要组成成分，又是生物体内各种过程的介质，还是生物体内许多生物化学反应的底物。水是生物圈中最丰富的物质，水以固、液、气三态存在。环境水分对生物的生命活动也有着重要的生态作用。

地球的海洋、冰川、湖泊、河流、土壤和大气中含有大量的水。海洋中的液态咸水约占总量的97%。陆地、大气和海洋的水，形成了一个水循环系统。水在生物圈的循环，可以看作是从水域开始，再回到水域而终止。水域中，水受到太阳辐射作用而蒸发进入大气中，水汽随气压变化而流动，并聚集为云、雨、雪、雾等形态，其中一部分降至地表。到达地表的水，一部分直接形成地表径流进入江河，汇入海洋；一部分渗入土壤内部，其中少部分可为植物吸收利用，大部分通过地下径流进入海洋。植物吸收的水分中，大部分用于蒸腾，只有很小一部分通过光合作用形成同化产物，并进入生态系统，然后经过生物呼吸与排泄返回环境。

水通过各个储存库的循环周期的长短因储存库的大小不同而有显著差异。冰川水的周转期为8600年；地下水的周转期为5000年；江河水只有11.4d；植物体内水分的周转期最短，夏天为2～3d。植物体含水量虽小，但流经植物体的水分数量却是巨大的。例如，水稻在生长盛期，每天每公顷大约吸收70t水，其中大约5%用于维持原生质的功能和光合作用，95%以水蒸气和水珠的形式，从叶片的气孔中排出。H.L.Penman估计，参与光合作用的水要比参与蒸腾作用的水少得多。如生产20t鲜重的植物物质，在生长期间要从土壤中吸收2000t的水，20t鲜重中有5t干物质，其余15t为可蒸发水分。5t干物质中有结合水3t，仅相当于自土壤中吸收水分的0.15%。

生物圈中水的循环平衡是靠世界范围的蒸发与降水来调节的。由于地球表面的差异和距太阳远近的不同，水的分布不仅存在着地域上的差异，还存在着季节上的差异。一个区域的水分平衡受降水量、径流量、蒸发量和植被截留量以及自然蓄水的影响。降水量、蒸发量的大小又受地形、太阳辐射和大气环流的影响。地面的蒸发和植物的蒸腾与农作制度有关。土地裸露不仅使土壤蒸发量增大，并由于缺少植被的截留，使地面径流量增大。因此，保护森林和草地植被，在调节水分平衡上起着重要作用。丰茂的森林可截留夏季降水量的20%～30%，草地可截留降水量的5%～13%。树冠的强大蒸腾作用，可使林区比无林区、少林区降水量增多30%左右。在坡地，森林可减轻水对土壤的侵蚀作用；林地内，地表径流量比无林地少10%左右。

生态系统中的水循环包括截取、渗透、蒸发、蒸腾和地表径流。植物在水循环中起着重要作用，植物通过根吸收土壤中的水分。与其他物质不同的是，进入植物体的水分只有1%～3%参与植物体的建造并进入食物链，其余97%～98%通过叶面蒸腾返回大气中，参与水分的再循环。例如，生长茂盛的水稻，每天每公顷大约吸收70t水，这些被吸收的水分仅有5%用于维持原生质的功能和光合作用，其余大部分成为水蒸气从气孔排出。不同的植被类型，蒸腾作用是不同的，而以森林植被的蒸腾最大，它在水的生物地球化学循环中的作用最为重要。

(2) 水资源的开发利用　地球基本被水所覆盖，但可供人类开发利用的水资源却存在有限性、地域性及季节性。人类社会经济发展需要大量水资源，而水资源开发利用过程产生大量废水，污染了水体，进而减少了可供利用的水资源。以我国为例，2010年我国供水总量6.0×10^{11}t，占水资源总量30.9×10^{11}t的19.4%，而2011年这一比例变化为26.3%，主要是由于水资源总量的减少造成的。2010年同期工业废水和生活污水排放总量近0.6×10^{11}t，部分河流污染加重。一方面水体污染问题导致水体失去使用价值，另一方面社会经济发展强化了对水资源过度开发，导致地下水漏斗、地表河流长时间断流、干涸等现象出现，水循环受到影响。随着气候和污染因素对水资源影响加剧，可利用水资源总量呈下降趋势；而社会经济发展对水资源需求并没有减弱。

5. 碳循环及石油、天然气和煤炭资源形成

碳是一切生物体中最基本的成分，有机体干重的45％以上是碳。

据估计，全球碳储存量约为26×10^{15} t，但绝大部分以碳酸盐的形式禁锢在岩石圈中，其次是储存在化石燃料中。生物可直接利用的碳是水圈和大气圈中以二氧化碳形式存在的碳，二氧化碳或存在于大气中或溶解于水中，所有生命的碳源均是二氧化碳。碳的主要循环形式（图2-4）是从大气的二氧化碳蓄库开始，经过生产者的光合作用，把碳固定，生成糖类，然后经过消费者和分解者，在呼吸和残体腐败分解后，再回到大气蓄库中。碳被固定后始终与能流密切结合在一起，生态系统的生产力的高低也是以单位面积中碳来衡量。

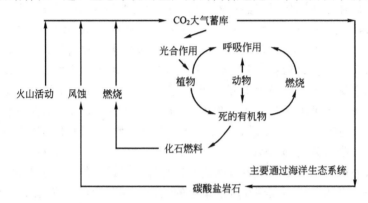

图2-4　生态系统碳循环（据李博等，1999）

植物通过光合作用，将大气中的二氧化碳固定在有机物中，包括合成多糖、脂肪和蛋白质，而储存于植物体内。食草动物吃了以后经消化合成，通过一个一个营养级，再消化再合成。在这个过程中，一部分碳又通过呼吸作用回到大气中；另一部分成为动物体的组分，动物排泄物和动植物残体中的碳，则由微生物分解为二氧化碳，再回到大气中。而大量植物或动物死亡后，构成其身体的有机物不断分解的同时，也被沉积物掩埋，在一定压力和温度等地质条件下，经过复杂理化过程，有机物慢慢转化成石油、天然气和煤炭，碳被固定在地下，形成资源。含碳资源被人类开发利用后，以二氧化碳形式再进入大气。

除了大气，碳的另一个储存库是海洋，它的含碳量是大气的50倍，更重要的是海洋对于调节大气中的含碳量起着重要的作用。在水体中，同样由水生植物将大气中扩散到水上层的二氧化碳固定转化为糖类，通过食物链经消化合成，再消化再合成，各种水生动植物呼吸作用又释放二氧化碳到大气中。动植物残体埋入水底，其中的碳都暂时离开循环。但是经过地质年代，又可以石灰岩或珊瑚礁的形式再露于地表；岩石圈中的碳也可以借助于岩石的风化和溶解、火山爆发等重返大气圈。有部分则转化为化石燃料，燃烧过程使大气中的二氧化碳含量增加。

自然生态系统中，植物通过光合作用从大气中摄取碳的速率与通过呼吸和分解作用而把碳释放到大气中的速率大体相同。由于植物光合作用和生物呼吸作用受到很多地理因素和其他因素的影响，所以大气中的二氧化碳含量有着明显的日变化和季节变化。例如，夜晚由于生物的呼吸作用，可使地面附近二氧化碳的含量上升，而白天由于植物在光合作用中大量吸收二氧化碳，可使大气中二氧化碳含量降到平均水平以下；夏季植物的光合作用强烈，因此，从大气中所摄取的二氧化碳超过了在呼吸和分解过程中所释放的二氧化碳，冬季正好相反，其浓度差可达0.002％。

在生态系统中，碳循环的速度是很快的，最快的在几分钟或几小时就能够返回大气，一

般会在几周或几个月返回大气。一般来说，大气中二氧化碳的浓度基本上是恒定的。但是，近百年来，由于人类活动对碳循环的影响，一方面森林大量砍伐，同时在工业发展中大量化石燃料的燃烧，使得大气中二氧化碳的含量呈上升趋势。由于二氧化碳对来自太阳的短波辐射有高度的透过性，而对地球反射出来的长波辐射有高度的吸收性，这就有可能导致大气层低处的对流层变暖，而高处的平流层变冷，这一现象称为温室效应。由温室效应而导致地球气温逐渐上升，引起未来的全球性气候改变，促使南北极冰雪融化，使海平面上升，将会淹没许多沿海城市和广大陆地。虽然二氧化碳对地球气温影响问题还有很多不明之处，有待人们进一步研究，但大气中二氧化碳浓度不断增大，对地球上生物具有不可忽视的影响这一点，是不容置疑的。

6. 氮循环

氮是蛋白质的基本成分，因此，它是一切生命结构的原料。

虽然大气化学成分中氮的含量非常丰富，有78%为氮，然而氮是一种惰性体，植物不能够直接利用。因此，大气中的氮对生态系统来讲，不是决定性库。必须通过固氮作用将游离氮与氧结合成为硝酸盐或亚硝酸盐，或与氢结合成氨，才能为大部分生物所利用，参与蛋白质的合成。因此，氮被固定后，才能进入生态系统，参与循环。

氮固定作用：固氮的途径有三种。一是通过闪电、宇宙射线、陨石和火山爆发活动的高能固氮，其结果是形成氨或硝酸盐，随着降雨到达地球表面。据估计，通过高能固定的氮大约$8.9kg/(hm^2 \cdot a)$。二是工业固氮，这种固氮形式的能力已越来越大。20世纪80年代初全世界工业固氮能力已为$0.3 \times 10^8 t$，到20世纪末，可达$1 \times 10^8 t$。第三条途径，也是最重要的途径，即生物固氮，大约为$100 \sim 200 kg/(hm^2 \cdot a)$，大约占地球固氮的90%。能够进行固氮的生物主要是固氮菌，与豆科植物共生的根瘤菌和蓝藻等自养和异养微生物。在潮湿的热带雨林中生长在树叶和附着在植物体上的藻类和细菌也能固定相当数量的氮，其中一部分固定的氮为植物本身所利用。

植物从土壤中吸收无机态的氮，主要是硝酸盐，用作合成蛋白质的原料。这样，环境中的氮进入了生态系统。植物中的氮一部分为草食动物所取食，合成动物蛋白质。在动物代谢过程中，一部分蛋白质分解为含氮的排泄物（尿酸、尿素），再经过细菌的作用，分解释放出氮。动植物死亡后经微生物等分解者的分解作用，使有机态氮转化为无机态氮，形成硝酸盐。硝酸盐可再为植物所利用，继续参与循环，也可被反硝化细菌作用，形成氮气，返回大气库中。

含氮有机物的转化和分解过程主要包括有氨化作用、硝化作用和反硝化作用。氨化作用是指由氨化细菌和真菌的作用将有机氮（氨基酸和核酸）分解成为氨化合物，氨溶于水即成为NH_4^+，可为植物所直接利用的过程。硝化作用是指在通气情况良好的土壤中，氨化合物被亚硝酸盐细菌和硝酸盐细菌氧化为亚硝酸盐和硝酸盐，供植物吸收利用。土壤中还有一部分硝酸盐变为腐殖质的成分，或被雨水冲洗掉，然后经径流到达湖泊和河流，最后到达海洋，为水生生物所利用。海洋中还有相当数量的氨沉积于深海而暂时离开循环。反硝化作用，也称脱氮作用，反硝化细菌将亚硝酸盐转变成大气氮，回到大气库中。因此，在自然生态系统中，一方面通过各种固氮作用使氮素进入物质循环，而通过反硝化作用、淋溶沉积等作用使氮素不断重返大气，从而使氮的循环处于一种平衡状态。

7. 生物资源及其循环利用

(1) 生物资源的概念 1992年，联合国环境发展大会《生物多样性公约》(convention

on biological diversity）对生物资源进行了阐述：“生物资源指对人类具有实际或潜在用途或价值的遗传资源，生物体或其部分、生物群体或生态系统中任何其他生物组成部分。”包括生物圈中全部生物个体与群体，也包括决定个体性状的基因组分和作为生态系统组成的群体部分，是对人类具有现实或潜在价值的基因、物种和生态系统的总称。

（2）生物资源的循环利用　生物资源由生物的繁衍而产生，具有区别于其他资源的特性，生物资源属于自然资源范畴内的一种可更新资源，在天然或人工的维护下可以更新、繁衍和增殖；反之，在环境条件恶化和人为破坏下也可以解体和衰亡，有时这一过程具有不可逆的特点。生物资源的可更新性、有限性、周期性和地域性，使其具有为人类循环利用的可行性，现代农业、医学、制药行业发展都离不开生物资源的开发利用；但不合理的开发利用也会导致生物资源的不可逆解体，甚至物种灭绝。

生物资源的循环利用需要科学的规划和管理。科学经营管理，保证生物资源更新，尊重自然规律；建立法律和法规，促进产业发展；建立保护规划，保持生态平衡；强化科研和宣教，开展合作。

第二节　减量化与多重利用原理

一、理论基础

不同于传统经济，循环经济理论近年来受到高度关注，这一交叉学科，融入了许多专业和技术的新发展，已经开始运用于社会经济生活各个领域。循环经济核心内涵是资源循环利用，循环经济运用体现“3R”原则，即减量化原则（Reduce）、再利用原则（Reuse）、再循环原则（Recycle）。基于“3R”原则，近年来演化出更多循环经济原则与理论。总体上，减量化原则是基础，通过再利用减少资源消耗，再循环也是为了减少原生材料消耗。

减量化主要体现在 3 方面。①减量化原则要求资源消耗减量。减少资源消耗可以直接保护资源。通过技术革新进步使单位 GDP 资源消耗下降，如我国单位地区生产总值能耗和单位地区工业增加值能耗都呈现下降趋势，就可以直接体现资源减量原则促进资源使用效率提高的意义。②减量化原则要求废物排放减量。废物减排可以直接收到环境效益、保护资源。如我国工业废水和生活污水化学需氧量和氨氮排放，2010 年比 2003 年分别减排了 7.1% 和 9.3%，这在经济快速增长时期，对于水资源与环境保护具有重要意义。③减量化原则要求废物资源化多重利用。一些行业或者不同工序产生的废物，可以通过创新，将废物进行资源化处理，创造新的价值。以我国工业固体废物处理情况为例（图 2-5），随着经济发展我国工业固体废物逐年递增，但通过技术进步，工业固体废物排放量逐年减少的同时，固体废物综合利用量逐年增加，并创造新的经济效益，实现了废物资源化，拓展了资源循环利用的路径。资源减量与废物资源化多重利用，是以资源节约和环境友好为前提，以科技进步为动力，达到资源使用效率提高的目的，尤其要综合运用管理、教育和科研等办法，使资源利用主体在此过程中认识到法规、生产实践和处置成本间的联系，主动实现资源循环利用并从中获益。

二、“3R”原则

循环经济的本质是生态经济，它要求运用生态学规律而不是机械论规律来指导人类社会

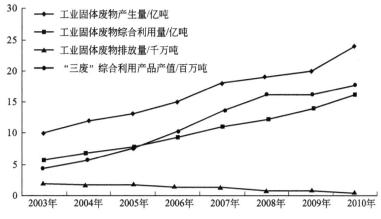

图 2-5 我国工业固体废物综合利用情况（基于国家统计数据库）

的经济活动。循环经济要求以"3R"原则为经济活动的行为准则。

（1）减量化原则（reduce） 要求用较少的原料和能源投入来达到既定的生产目的或消费目的，进而到从经济活动的源头就注意节约资源和减少污染。减量化有几种不同的表现。在生产中，减量化原则常常表现为要求产品小型化和轻型化。此外，减量化原则要求产品的包装应该追求简单朴实而不是豪华浪费，从而达到减少废物排放的目的。在产品全部生命周期内都要减量化，包括物质输入、生产消费和物质输出端，用较少的资源实现产品目的，减少排放。可在消耗减量、产品小型化、包装简便化、排放减量化、消费理性化等方面实现发挥指导作用。

（2）再使用原则（reuse） 要求制造产品和包装容器能够以初始的形式被反复使用。再使用原则要求对生产余料、废料等再利用或延长使用时间和服务时间。这要求制造商应该尽量延长产品的使用期，而不是非常快地更新换代。因此可在延长产品的生命周期、节约型的消费方式、能量和产品功能的梯级利用、多重利用等方面实现产品使用价值的延续和延缓废物产生。

（3）再循环原则（recycle） 要求生产出来的物品在完成其使用功能后能重新变成可以利用的资源，也就是把经济活动的废弃物进行资源化再生，再进入产品生命周期输入端，以实现资源循环利用。按照循环经济的思想，再循环有两种情况，一种是原级再循环，即废品被循环用来产生同种类型的新产品，例如报纸再生报纸、易拉罐再生易拉罐等；另一种是次级再循环，即将废物资源转化成其他产品的原料。原级再循环在减少原材料消耗方面达到的效率要比次级再循环高得多，是循环经济追求的理想境界。

通过"3R"原则的实施实现资源利用最大化，也就是使可更新和不可更新资源开发利用无限接近 100% 再循环，通过工艺和产品设计使资源保持永续利用的潜力（见图 2-6）。

三、实施清洁生产

1. 清洁生产的定义

1996 年联合国环境规划署（UNEP）在总结清洁生产多年来的推行经验基础上给出了清洁生产的定义：清洁生产是指将综合性的预防性战略持续地应用于生产过程、产品和服务中，以提高效率和降低对人类安全和环境的风险。对生产过程来说，清洁生产是指节约能源和原材料，淘汰有害的原材料，减少和降低所有废物的数量和毒性；对产品来说，清洁生产

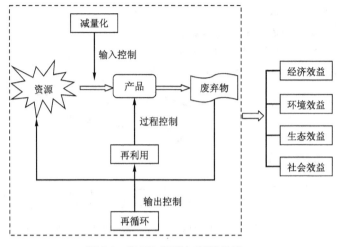

图 2-6 "3R"原则与资源利用

是指降低产品全生命周期（包括原材料开采到寿命终结的处置）对环境的有害影响；对服务来说，清洁生产是指将预防战略结合到环境设计和其所提供的服务中。"清洁生产"（Cleaner Production）这一术语虽然直到 1989 年才由联合国环境规划署（UNEP）首次提出，但体现这一思想的概念最早可追溯到 1976 年。当年，欧共体在巴黎举行了"无废工艺和无废生产国际研讨会"，会上提出"消除造成污染的根源"的思想。1989 年，当时的 UNEP 巴黎产业与环境办公室提出了清洁生产概念，之后清洁生产逐步成为预防工业污染的环境战略。UNEP 的定义将清洁生产上升为一种战略，该战略的作用对象为能源、原料、工艺、产品以及服务，其特点为：将"清洁"理念贯彻于产品的始端和终端整个系统，坚持系统的持续性、综合性、预防性。我国在《21 世纪议程》中对清洁生产定义如下：清洁生产是指既可满足人们的需要，又可合理地使用自然资源和能量并保护环境的使用生产方法和措施，其实质是一种物料和能耗最少的人类生产活动的规划和管理，将废物减量化、资源化和无害化，或消灭于生产过程之中。

2. 清洁生产内容

清洁生产是指通过具体的手段、措施达到工业全过程污染预防，它包括清洁能源、清洁原料、清洁工艺、清洁产品和清洁服务等内容，是一项复杂的系统工程。

（1）清洁能源　能源是国民经济可持续发展的物质基础，是不断提高人民生活水平的重要保障。但对传统能源的消耗所产生的一系列严重后果是有目共睹的，诸如温室效应、臭氧层破坏环境问题已对人类的生存和发展构成严重威胁。因此，研究与开发清洁能源就成了人类面临的共同任务，也是推行清洁生产的主要内容之一。所谓清洁能源是指对环境无污染或污染较少的能源。清洁能源有狭义与广义之分。狭义的清洁能源是指可再生的能源，如水能、太阳能、风能、地热能、海洋能等。广义的清洁能源，除上述能源外，还包括用清洁能源技术加工处理过的非再生能源，如洁净煤、天然气、核能、硅能等。由于新型的清洁能源对环境无污染，具有取之不尽、用之不竭的可再生性，因此在近年来得到了广泛开发与应用。在实施清洁生产过程中倡导清洁能源，主要包括新能源的开发、可再生能源的利用、现有能源的清洁利用等领域。

（2）清洁原料　在生产工艺中尽量少用或不用有毒有害或稀缺原料。原料的使用将直接影响产品的组成和废物的成分，因此从源头入手，选用清洁的原料，采用无毒、无害的化工原料或用生物废弃物替代有剧毒的、严重污染环境的原料，避免向工艺系统内引入不必要的有害物质，同时尽量避免使用稀缺原料。

（3）清洁工艺 采用少废、无废和高效设备，尽量减少生产过程中的各种危险性因素，如高温、高压、低温、低压、易燃、易爆、强噪声、强振动等，采用可靠和简单的生产操作和控制方法，对物料进行内部循环利用；完善生产管理，不断提高科学管理水平。

（4）清洁产品 产品设计应考虑节约原材料和能源，少用昂贵和稀缺的原料；产品在使用过程中以及使用后不含危害人体健康和破坏生态环境的因素；产品的包装合理，产品使用后易于回收、重复使用和再生；使用寿命和使用周期合理。

（5）清洁服务 一般说来，产品的服务过程也就是其消费过程，服务过程中所使用的有形实体和所消耗的资源和能源也会产生各种废气、废水、废渣、噪声等污染，因此应大力提倡清洁服务理念。可以说清洁服务是清洁生产的延续，是清洁生产走出生产过程渗透到消费领域的创举，是从传统的服务体系中提升出的全新服务理念，该理念坚持以"清洁提供、清洁回收"为原则，对生产出的产品提供终身全方位的清洁服务，包括产品的售后服务、产品的安全回收，在此期间不仅要考虑服务的流程、质量、成本以及生命周期等因素，还要充分考虑服务对资源、环境和人类健康的影响，尽可能使服务对环境的总体影响以及对自然资源的消耗降到最低限度。

3. 清洁生产特点

（1）战略性 清洁生产是污染预防战略，是实现可持续发展的环境战略。作为战略，它有理论基础、技术内涵、实施工具、实施目标和行动计划。

（2）预防性 传统的末端治理与生产过程相脱节，即"先污染、后治理"，清洁生产从源头抓起，实行生产全过程控制，尽最大可能减少乃至消除污染物的产生，其实质是预防污染。

（3）统一性 传统的末端治理投入多、治理难度大、运行成本高，经济效益与环境效益不能有机结合。清洁生产最大限度地利用资源，将污染物消除在生产过程之中，不仅环境状况从根本上得到改善，而且能源、原材料和生产成本降低，经济效益提高，竞争力增强，能够实现经济效益与环境效益相统一。

（4）持续性 清洁生产是个相对的概念，是一个持续不断的过程，没有终极目标。随着技术和管理水平的不断创新，清洁生产应当有更高的目标。

4. 清洁生产技术

清洁生产技术是一个相对的概念，所谓清洁生产技术是对原有末端治理技术相比较而言。清洁生产技术涉及生产的全过程控制，从原材料选材到产品加工过程及产品出厂使用，都要尽最大可能地杜绝或减少污染物的排放量，减轻对环境的污染，实现污染源的有效控制。清洁生产技术的发展趋势就是将创新活动逐渐由生产过程的末端转移到生产过程的前端并最终转移到产品设计的前端，从而实现真正意义上的清洁生产。生命周期评价、工业生态学以及生态设计等领域的进展为清洁生产技术提供了直接理论基础和工具支持。

四、实例分析

1. 富盛化工硝基氯苯氨解系列产品清洁生产和废水资源化利用示范工程

项目建成投产以来，根据实际运行情况分析，基本达到了含高浓度难降解有机物废水处理和污染物资源化利用的目的。年可处理高浓度氨氮、难降解有机污染物废水 6 万吨，年削减氨氮约 1680t、苯胺类污染物 48t、硝基苯类等大气污染物排放量 6t，可使企业达到长期稳定达标排放。该项目从根本上解决了企业发展中带来的环保问题，对改善区域环境质量起到十分重要的作用，而且有助于钱塘江整个流域污染物排放总量的控制，对保护钱塘江的水质具有重大的意义。

通过采用该项清洁生产工艺，年回收氯化铵混合氮肥 4000t，吨产品价格按 650 元计，年收入为 260 万元；预计吨产品节约液氨消耗约 270kg，年节约约 3240t，节约费用 648 万元；其他费用节约年预计约 20 万元，通过实施清洁生产，年获得效益合计 928 万元。

2. 美国 New Dimension 电镀工厂清洁生产工艺

美国 New Dimension 电镀工厂主要开展金属电镀业务，主要污染物是大量的铬和少量的镍、铜、氯。其生产工艺是在镀铬工艺中设置了一个静态清洗槽和三级逆流清洗。静态清洗槽洗去镀铬工件表面残留的绝大部分的铬酸，清洗水返回镀铬槽补充不断减少的镀液。逆流清洗中的一级清洗液浓缩后排入预处理厂，经过化学处理，沉淀、过滤、干燥后回收铬。处理后的水达标排放，但化学品消耗量大，处理费用高。处理系统工艺见图 2-7。

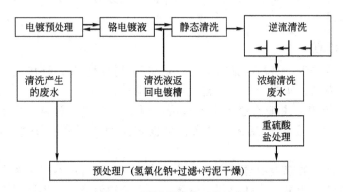

图 2-7　原处理系统工艺流程

为减少铬酸的流失和污泥的产生，减少化学品的消耗，降低生产成本，该厂对处理系统进行了如下改进（图 2-8）：在静态清洗槽内增加喷淋清洗槽，控制清洗水量和清洗效果，喷淋水返回清洗槽；三级逆流清洗槽中的一级清洗改为静态清洗，另外 2 个改为连续清洗槽，清洗水进入预处理厂；增加蒸发器将清洗水物料分离，水和原料用于循环回收利用；增加净化器，去除污染物对电镀过程干扰。改进工作使用水量降低 16.7%，污染物排放量降低 85.7%，同时减少了原料的使用量，降低了生产成本。

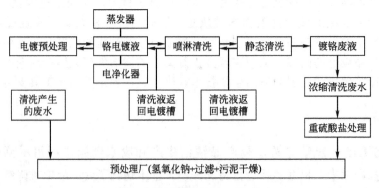

图 2-8　新处理系统工艺流程

3. 新西兰清洁生产总结

新西兰有着相对的地理位置隔绝和丰富的生态财富。由于没有哺乳动物等天敌,那里的很多鸟类甚至不会飞翔,生态系统独一无二。从殖民时期开始,由于人类和哺乳动物出现,新西兰生物多样性遭到快速和毁灭性的冲击。农业是新西兰经济基石,占 GDP 的 17%,使用了近半新西兰土地。由于土壤肥力开发殆尽,以不可更新资源为原料的化肥开始大量使用。尽管相对于老牌西方发达国家,新西兰生态遗产相对丰富良好,没有重工业,人口密度较低,以"清洁绿色"著称,但在经济全球化形势下,生物多样性下降和可持续发展是其最关键的问题。20 世纪 80 年代,清洁生产思想引入新西兰,标志经济可持续发展与环境保护引起人们重视,中央和地方政府制定了相应的策略。

(1) 废物管理策略　政府于 2000 年制定了废物管理策略,确定了废弃物范畴,分析资源使用和经济增长的关系,促进资源使用效率提高,该策略包括法律、价格、环境标准、信息和资源使用五部分。

(2) 能源策略　2001 年新西兰颁布了能源策略,与废物管理策略一样制定了能源管控目标,即到 2012 年能源开发效率提高 20%,可更新能源所占份额在 2000 年基础上提高 22%,进入终端用户。强制和强制措施并行,强制措施包括:销售商在可更新能源方面的义务;节能标准;建筑设计标准;建筑最低性能标准。成立能源保护局,贯彻实施能源策略。

(3)《京都议定书》义务　2002 年,新西兰签署《京都议定书》,承诺减排温室气体,并成立气候变化办公室,负责政策和法规贯彻执行,以完成议定书重承诺的义务:采用化石燃料气体排放系统;启用可在国际市场交易的碳排放信用,减少温室气体排放;通过温室气体排放减量协商,组织企业生产转移到非议定书签约国;加强培训和审核。

(4) 可持续发展产业　2002 年,新西兰成立了可持续发展产业协会,促进和发展可持续发展,促进行业思考、规划和实施持续开展,提供资源信息、可持续工具和服务,推进行业创新。

(5) 基金资助和科研　公共利益科学基金对与可持续发展进行了重点支持,包括可持续生产系统、生态恢复、全球环境和地球过程变化、资源可持续利用与环境、可持续人居建筑等。

新西兰制定了清洁生产策略体系,希望将国家引向可持续发展之路,这也是目前最可取的可持续路线。

第三节　基于产业循环的资源利用原理

一、理论基础

1. 热力学原理

生态系统能量的流动和物质循环是生态学原理的核心内容,它们是生态系统演化的推动力。通常生态系统保持一定平衡状态,有外界因素影响能量的流动和物质循环时,将会导致系统动态平衡的失调。人类开发利用自然资源的过程,就是人为地改变了系统中能量和物质的流动规律,进而干预了生态系统的演化,人类的这一作用包括正反两方面的功能。

(1) 自然资源开发与系统的熵变　熵是描述复杂系统状态混乱程度的物理量,是对系统无序程度的一种描述。熵的概念起源于经典热力学,是指系统热量转变为功的能力。根据热力学第二定律，任何不可逆过程都是沿着单向进行的。在这单向进行过程中，不可能把热从低温物体传到高温物体而不产生其他影响。Clausius 于 1865 年提出了一个状态函数来描述这一不可逆过程的单向性，这个状态函数称为熵，用 S 表示：

$$\Delta S = \Delta Q / T \tag{2-1}$$

对于一个微过程的熵变为：

$$\Delta S \geqslant dQ / T \tag{2-2}$$

这一表述称为熵的增加原理。不等式(2-2)中熵变大于热温商，表示过程不可逆，两者相等表示过程可逆。

而对于远离平衡态的开放系统，系统的熵变 dS 是由系统与外界的熵交换 deS 和系统内的熵产生 diS 两部分组成的：

$$dS = deS + diS \tag{2-3}$$

式中，deS 代表系统与外界交换物质和能量引起的熵变，其值可正、可负或为零；diS 代表系统内部各种不可逆过程所产生的熵变，其具有非负性。

温差推动系统中能量转化，随着热能的转换，冷热两端间的冷热差异逐渐减少，直至当熵达到最大时，差异消失，系统达到完全均衡的混乱状态，变成随机的无序的极限。因此，熵是混乱程度的测度，熵越大系统越无序，意味着系统结构和运动的无序性；反之，熵越小系统越有序，意味着具有确定、整齐的结构和有规则的运动状态。

自然资源生态过程中，参与者既有非生命因子的成分，也有生命因子的成分，还有人类社会经济活动的干预。在资源系统的动态变化中，存在熵增负熵增特点。

(2) 耗散结构　耗散结构是一个远离平衡态的、非线性的、开放系统中所产生的一种稳定自组结构，通过不断地与外界交换物质和能量，在系统内部某个控制参数的变化达到一定阈值时，通过涨落，系统可能发生突变即非平衡相变，由原来的无序状态转变为一种在时间、空间或功能上的有序状态，这一过程称为自组，耗散结构理论也称为系统自组织理论，组织过程中会有一些随机的涨落，涨落促成并维持了耗散结构，使系统表现出自我调节的能力，小涨落变化加剧，有序状态消失，在新的水平上形成新的稳定结构。这种在远离平衡的非线性区形成的新的稳定的宏观有序结构，由于需要不断与外界交换物质或能量才能维持。以生态系统为例，其并不是封闭系统的而是开放的，能量与物质在生态系统演化过程中不断与外界交换，形成的负熵流，使系统的总熵不断减少，这样开放系统就能够远离均衡态而产生相对有序稳定的结构，生态系统是一种耗散结构。自然资源开发利用过程正是自然资源的消耗和废物排放。

(3) 自然资源与熵　太阳能不断进入地球系统产生负熵，形成有序状态的自然资源，而人类对自然资源的开发利用形成熵增，改变地球物质与能量的结构和有序状态。自然资源的开发利用在一定意义上就是负熵消耗的过程，自然资源消耗也是它的负熵消耗，但相应得益的系统是负熵的储存。这种负熵并没有全部转移到受益系统中，部分转化为无用功，部分负熵补偿留下的废物所造成的环境损失。对于可更新资源的利用，若其负熵的耗散超过了来自太阳能的负熵的补充，将使资源走向无序和退化。不可更新能源的利用，负熵将最终耗散，不仅其本身被消耗，而且会向环境释放熵，导致可更新资源的退化。而资源这种负熵载体"过度消费"，就要打破系统有序状态，失去原有的平衡，产生环境问题。

2. 基于产业循环的资源循环生态学原理

(1) 地壳资源开采过程中生态负效应　从资源的勘探、开采到加工、运输等一系列活动中都伴随着对生态的影响。追踪资源流动过程，如进口—物质投入—物质产出—出口各环节；也有追踪产品的生命周期进行评价，如原材料开采—产品加工—产品销售—产品消费—废弃物处理分析，应根据具体研究目标和数据基础等确定适宜的方法，以评价流动过程的环境效应。

地壳资源的开采可分为地下开采和露天开采两种方式，无论哪种方式都会对地表产生程度不同的干扰破坏。矿井开采引起的地面沉陷、露天开采形成的露天采空区以及固体废物堆积，改变了地表的高低起伏，破坏了原有的地下水流动体系，导致地表集水或趋于干旱，进而引起地表土壤和生物系统功能的失调和演化的逆转。此外，采矿过程对人体健康的危害也不容忽视，它可以直接危害矿工和生活在矿区及其附近的人们。

（2）地壳资源加工处理和利用过程中的生态负效应　地壳资源在加工处理过程中产生的"三废"是造成全球生态环境系统熵增加的主体。加工处理过程中排放的废水是造成水源恶化的主要因素之一，突出表现在炼油、洗煤工业，重金属的采掘加工，海洋矿产资源的开采所造成的污染。地壳资源在加工处理中所排放的工业废气是造成全球变暖的主体。

（3）资源加工处理和利用过程中的能量和物质流　生物圈的基本结构单位是各种不同类型的生态系统。生态系统是一个开放系统，生态系统内部各部分之间，不断进行着物质和能量的交换，并在一定条件下，维持着相对的平衡、能量流动和物质循环紧密联系形成一个整体，成为生态系统的动力，是生态系统基本功能。

① 能量流。陆地生态系统能量的输入除了接受并转化太阳辐射能外，还有人工辅助的能量输入。在目前的科学技术水平下，这两大能量输入中，太阳辐射能的投入是人们难以控制的，它受控于纬度、地形、海拔高度、天气状况等因素。人工辅助的能量输入量是可以根据当地的社会、经济、技术条件人为控制的，用以弥补高输出条件下自然能的不足，提高系统能量转化效率。陆地生态系统能量的输出主要是以物质形式的第一性生产和第二性生产产品输出。

在能量流分析时，能量输入与输出结构分析一般要分析工业能输入和有机能输入占输入能量的比重；在输入的人工辅助能中要分析化肥、农机动力等所占比重，从而对投能的结构有所了解。分析输出部分中经济产品和副产品占的比重，各类农产品（如种植、养、水产等）占的比重，评价整个系统或不同子系统自给能力的强弱、系统的开放程度等。

能量输入输出强度及能量转化效率分析对单位面积或单位体积的能量投入与产出的能流密度进行比较分析，把握系统的能量流动状况。同时，对系统中能量转化的效率进行评价，如：a. 系统能量转化效率＝总产出能/总投入能；b. 人工辅助能效率＝总产出能/人工辅助能投入；c. 无机能效率＝总产出能/无机能投入量。

对所研究系统的能流状况进行综合分析和评价，并可与其他系统进行比较，判断该系统的能流问题并找出调控途径，也可运用系统论和最优化方法做进一步预测分析。

② 物质循环。物质循环是整个生态系统产品输出的关键。一个能量流畅通、构成合理的陆地生态系统只有通过良好的物质流才能达到良性循环的效果。在一般情况下，陆地生态系统中的物质循环的基本途径可概括为：物质经由土壤—植物—牲畜库—土壤这样的循环途径。实际上许多循环是多环的，某一组分中的元素在循环中可通过不同途径进入另一组分。除了一个环节与相邻环节之间的物质转移外，还有物质对系统外的有意识和无意识的输出，以及系统外向系统内的输入等。系统内物质的动态变化，可通过物质进出系统量的大小加以估算。当通过系统边界的输入与输出量相等时，该系统处于稳定状态；当某种养分的输出量大于（或小于）输入量时，说明这个系统中该种营养元素处于减少（或积累）状态。

二、绿色设计

1. 绿色设计概念

20 世纪 60 年代末，美国设计理论家维克多·巴巴纳克（Victor Papanek）提出设计师面临的人类需求的最紧迫的问题，强调设计师的社会及伦理价值，认为设计的最大作用是一种适当的社会变革过程中的元素；70 年代能源危机爆发，他的"有限资源论"才得到人们普遍的认可。绿色设计引起了越来越多的人的关注和认同。

绿色设计的核心：绿色设计不同于传统的设计，它以环境资源为核心，即在产品整个生命周期内，着重考虑产品环境属性（可拆卸性，可回收性，可维护性，可重复利用性等），并将其作为设计目标，在满足环境目标要求的同时，保证产品应有的功能、寿命、质量等的设计方法。绿色设计是一种综合了面向对象技术、并行工程、生命周期设计等多种理论的发展中的设计方法，包含了产品从概念形成到生产制造、使用乃至废弃后的回收、再利用等各个阶段，涉及产品的整个生命周期，是从"摇篮到再现"的过程。

绿色设计的特点：依据环境效益和生态环境指标与产品的功能、性能、质量及成本要求来设计产品，设计人员在产品构思及设计阶段就考虑降低能耗、资源重复利用和保护环境，其产品可拆卸、易回收，不产生毒副作用和产生废物最少，满足可持续发展。

2. 绿色设计的原则

绿色产品设计是在不牺牲产品功能、质量和成本的前提下，全面考虑产品开发、制造等对环境的影响，从而使得产品在整个生命周期中对环境的负面影响最小，资源利用率最高。绿色产品设计人员需要研究如何把产品设计与环境保护融合在一起，从产品材料、选择、产品结构及产品功能的设计上，遵守一定的原则，最终获得绿色产品。

产品材料选择的原则如下。

（1）减量化　在产品设计中减小体积、精简结构；在生产中降低消耗；在流通中降低成本；在消耗中减少污染；产品趋向小型化、简洁化和便利化。

（2）可降解　国外已经开始采用废弃后在光合作用或生化作用下能自然分解的塑料制作包装材料；我国一些科研机构也成功研制出可控光塑料复合添加剂，用其生产出一种新的塑料薄膜能自然降解，从而起到净化环境的作用。

（3）无害化　材料要无毒无害，低能耗，低成本，易于加工，无污染或污染小。

（4）种类少　处理废物的成本、材料成本减少，性能改善。

（5）自然素材的有效利用　就地取材，成本低廉，符合绿色包装要求。

产品结构设计的原则，即绿色产品结构应具有下面的特点：①易于拆卸、易于分离；②产品部件结构集约化，模块化；③可重复使用的零部件易于识别分类；④减少零件的多样化，也就是说，减少零件化，同时也减少了拆卸工具数。

产品功能的原则，即绿色产品的功能应符合下列要求：①再循环，即把废弃物再次变成资源加以充分利用，减少废弃物最终处理量；②可再利用，即在生产和消费过程中尽可能多次或以多种方式使用资源和物品，避免其过早地成为废弃物；③环境亲和性，即绿色设计必须从开始就要想到终结，并且遵循一定的系统化设计程序。

3. 绿色设计的方法

（1）面向包装的绿色设计（design for packaging，DFP）　是指采用对环境和人体无污染，可回收重用或可再生的材料来设计产品包装。其内容为以下几个方面：①选择绿色材料；②确定各个阶段的目标；③以 ISO 14000 环境管理体系标准包装产品。

（2）面向拆卸结构的绿色设计（design for disassembling，DFD）　是指从产品或部件上有规律地拆下可用的零部件的过程，同时保证不因拆卸过程而造成该零部件的损伤。其内容包括：①产品拆卸设计方法的研究；②拆卸评价指标体系的建立；③拆卸结构模块的划分及其结构设计，回收系统的工艺、方法与制度的研究；④零部件及材料分类编码及识别系统的建立。

（3）面向回收利用的绿色设计（design for recycling，DFR）　是指在进行产品设计时，充分考虑产品零部件及材料的回收可能性、回收价值大小、回收处理方法、回收处理结构工艺性等与可回收有关的一系列问题，以达到零部件及材料资源和能源的充分有效利用，并在回收过程中对环境污染为最小的一种设计方法。产品回收设计的内容有：①可回收材料及其标志；②可回收工艺及方法；③回收的经济性；④回收产品结构工艺性。

三、生态工业系统建设的总体策略与生态工业园区

1. 生态工业系统建设的总体策略

生态工业是解决工业污染的根本途径，但要真正实现生态工业，还需要从社会、技术、经济、法律、信息和组织等方面解决目前存在的许多困难和障碍，采用多方面的综合策略或措施。

（1）建立全民生态意识，建立生态工业的组织和制度　Diwekar 和 Shastri 认为只追求低成本的传统生产工艺设计应该逐步被绿色工艺设计、绿色能源和生态工业取代，以实现可持续发展。绿色工艺设计、绿色能源思想不仅要求在联合工艺和环境控制技术以及早期原料选择方面考虑，而且在绿色生态理念指导下实现绿色能源、绿色加工和绿色管理（图 2-9）。

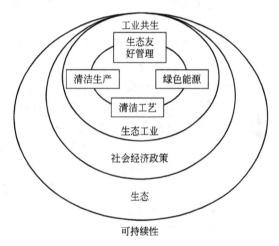

图 2-9　生态工业与可持续发展
（据 Diwekar 和 Yogendra，2010）

建立和发展生态工业，首先要广泛开展全民可持续发展观教育，使政府、企业和社会各界尽快了解生态工业的建设对实现可持续发展战略和增强企业竞争力的重要性。同时还必须加快生态工业的组织和制度的建立，促进工业企业的积极参与，因为在生态工业的实践活动中，企业参与是不可缺少的。生态工业技术与一般工业技术不同，一般工业技术在一个企业、一个工艺流程或环节就可以采用，独立承担成本，享有利益；生态技术有时必须依靠几个企业或整个工业共同实施，可能跨越几个企业，构成一个企业集团或生态工业区（园），共同分摊成本，共享利益。然而，我国尚未对使用原始原料和废物原料的产品有区别地做出价格规定。在工业生态链网中，废物资源交换价格如何确定，企业间如何共享基础设施和公用工程，企业间合作所带来的经济效益如何分配，企业利用废物进行生产所增加的成本如何补偿，以及如何评价生态、环境资源的经济价值等等，这些问题都还需要进一步探讨和研究。

（2）建立工业生态链　传统工业体系中各企业的生产过程相对独立，这是污染严重和

资源过度消耗的重要原因之一。生态工业经济按照自然生态系统的模式，强调实现体系中物质的闭路循环，其中一个重要的方式是建立工业体系中不同工业流程和不同行业之间的横向共生。通过不同企业或工艺流程间的横向耦合及资源共享，为废物找到下游的"分解者"，建立工业生态系统的"食物链"和"食物网"，达到变污染负效益为资源正效益的目的。鉴于此，在工业的生产过程中，要不断完善工业加工网络，组装多元复合型、开放式的工业生态经济系统；将工业生产的废弃物根据物质循环利用和长链利用原则，以高新技术为依托，开展资源的综合利用，多层次精深加工，延伸产业链，变低档次的初级产品为高精尖的终端产品，提高资源的利用率，获取更高的经济效益；形成结构优化合理、功能齐全高效、系统生态平衡、资源永续利用和多部门多行业共生的生态工业加工网络。

（3）建立生态工业技术支撑体系　建立和发展生态工业，主要依赖于人类对自然资源和废弃物的认识和利用方面的科技进步。许多工业生态链和闭路循环系统的建立，都需要经济合理的生态技术予以支撑。

这些技术主要包括如下几个方面。

① 采用绿色原材料、绿色工艺，实现污染零排放。首先要从源头消除污染源，采用绿色原材料、绿色工艺，生产绿色产品。所谓零排放，是指有利用价值的废物都被利用起来了，因而向环境中排放的废弃物极少甚至为零。污染零排放要求企业的物质全部做到物尽其用，几乎不需要资源回收环节，或者企业建立一个内部的资源回收环节，使资源得以循环利用。然而，无论未来的技术多么发达，资源的综合利用率也难以达到100%。

② 物质闭路循环。物质的闭路循环体现了生态工业体系自然循环的理念，应该在产品的设计过程给予考虑。但是，从经济合理的角度看，物质的闭路循环是有限度的。一方面，过高的闭路循环会显著增加企业的生产成本，降低企业产品的市场竞争力；另一方面，与自然生态系统的闭路循环相反，生态工业系统的闭路循环会降低产品的质量。实际上，这就是工业闭路循环的物质性能呈螺旋形递减的规律。因此，要求寻找高新技术，使物质成分和性能在多次循环利用过程中保持稳定状态。

③ 废物资源利用。生态工业要求把一些企业产生的副产品作为另一些企业的生产原料或资源加以重新利用，而不是把它作为"废物"排入环境。这种回收利用过程是一种工业生态链行为。相对污染零排放和闭路循环利用而言，资源重新利用在技术上比较容易解决。当然，废物资源化的前提是要保证一定的供应量和可行的分离再生技术，这样才能被其他企业所使用。另外，废物的利用要具有经济性，即废物资源交易、运输、提纯过程的成本要小于新鲜原料的供应价格。

④ 降低消耗性污染。消耗性污染是指产品在使用消耗过程中产生的污染。有些产品随着其使用寿命终结，其污染也就终止。也有些产品的污染则在产品（如废电池等，一粒纽扣电池完全崩解，可以污染一个人一生的用水量）使用完开始或继续存在。基于消耗性污染的严重性和普遍性，生态工业对付它们的主要策略就是预防。防止消耗性污染主要有三种手段：一是改变产品的生产原料，从源头直接降低污染的潜在机会；二是只要在技术方法上可行或回收利用；三是直接用无害化合物替代有害物质材料，对某些危害或风险极大的污染物质禁止使用。

⑤ 产品与服务的非物质化。生态工业体系中非物质化的概念是指通过小型化、轻型化、多功能化、智能化，使用循环原材料和部件以及提高产品寿命，在相同或者甚至更少的物质。

2. 生态工业园区

生态工业园的发展是受到"生物群落"现象的启发。自然界植物的分布不是零乱无章的，而是遵守一定规律而集合成群落，形成互利共生，健康发展。在产业中也可以有计划协调，建设工业生物群落（industrial biologic community），进而演化为生态工业园区（eco-industrial park）。

（1）生态工业园区规划内涵　生态工业园区的内涵和要达到目标可以归纳为以下6个方面：①物流分析。重要化学元素工业代谢分析、互利共生关系、物流的重复利用率、循环利用率分析。②能流分析。梯级利用和优化热网络、可再生能源利用。③污染物流生成、转化和消纳分析。④产业价值流分析、产业链延伸和产业链柔性分析。⑤资金投入有效性方案比较、资金流分析优化配置。⑥现有园区的局限性、新链接技术的研究开发以及生态产业园区的提升方向。

（2）生态工业园区基本模式　按照生态工业园区建设基础和建立条件划分为如下基本模式：①全新规划型。从无到有进行总体规划和建设，以绿色制造技术进行成员选择，以产业链延伸、提高效益和保护环境为原则，进行全程监控。②综合改造型。已有多种类型产业，如化工、冶金、炼油、生化和电子等，需要进行综合组织，达到资源、能源最佳优化配置和环境源头保护。③虚拟型。通过数模数据库的信息流交换建立，多方位，长短期结合的综合利用，实施跨地区的合作。

（3）生态工业园区构建方法

① 物质集成。物质集成是生态工业系统的核心部分，通过产品体系规划、元素集成以及数学优化方法构建原料、产品、副产物及废物的工业生态链，实现物质的最优循环和利用。也可以应用多层面生命周期评价方法进行产品结构的优化。

② 能量集成。生态工业的能量集成就是要实现系统内能量的有效利用，不仅要包括每个生产过程内能量的有效利用，这通常是由蒸汽动力系统、热回收热交换网络等组成；而且，也包括各过程之间的能量交换，即一个生产过程多余的热量作为另一过程的热源而加以利用。提高能源利用率、降低能耗不仅节约能源，也意味着对环境污染的减少。对于能量系统的有效利用已有了较成熟的理论和技术，如过程系统的热力学分析，由 Linnhoff 提出并已经发展得比较成熟的夹点技术、Grossmann 等学者在换热网络优化综合问题的求解中所采用的 MILP 和 MINLP 等数学规划方法。在生态工业系统的能量集成中应用这些技术，可以取得系统最大的能量利用率。

③ 水系统集成。综合国内外工业废水治理的经验教训，对工业废水污染防治必须采取综合性的措施，包括宏观性对策、技术性对策和管理性对策三大类。

④ 信息集成。生态工业园区作为一个复杂的区域产业共同体，要求政府部门、园区管委会、园区现有企业、投资者、园区规划人员和园区居民等所有参与者的密切合作。信息在这些园区的参与者之间流动，园区管委会处于信息网络的中心地位，负有信息组织、集成与处理、调配的责任。因此，开发服务于园区管委会的生态工业园区管理信息系统，实现计算机化管理，是提高园区信息管理水平的关键。

四、资源循环利用模型分析

资源可以分为可更新资源（水、土地、动物、森林、草原等）、不可更新资源（石油、天然气、金属矿产和其他非金属矿产等）、恒定性资源（太阳能、风能、潮汐能、空气等）。陈德敏在《资源循环利用论》中指出：由于不可再生资源的可耗竭性，以及人类社会生产中所存在的对资源的热力学耗散，单纯地从不可再生资源而言，其不可能实现真正意义上的可持续利用；并通过模型方法重点分析不可更新资源可持续利用条件。而单纯考察不可再生资源与人类生产之间的关系也可以发现，其循环解（周期解）是不存在的。

$$\frac{dS}{dt} = -H(S) \tag{2-4}$$

式中，S 指不可再生资源的总量；$H(S)$ 指人类社会生产中单位时间内产生的资源耗费；负号则表示这种耗费将导致不可再生资源总量的减少。由方程(2-4) 可以看到，在这种情形下，虽然 $H(S)$ 可能随时间的变化有所波动，但是 S 的总体趋势是处于一个不断下降的情形中，若假定 $H(S)$ 是一个常数，则 S 对于时间 t 是一条斜率小于 0 的直线（图 2-10）。

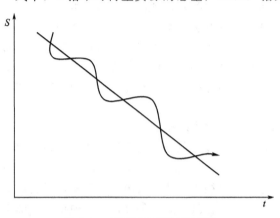

图 2-10 不可再生资源的耗竭

显然，这不是我们所希望出现的资源趋势，因为这种趋势不仅意味着人类不可再生资源的迅速耗竭，也意味着人类将面临巨大的生存危机与环境危机。因为为了获得足够的资源，人类必须越来越大规模地勘探和开采资源，这在生态与环境问题已经十分突出的今天，其结果无疑是灾难性的。因此，看待资源的循环利用必须从不可再生资源与可再生资源两个角度同时入手，并考察两种资源之间的替代性（或互补性）以获取在保证生态平衡与资源供给可持续前提下的人类社会发展的可持续性。

为了研究的单纯性，我们假定：人类社会对不可再生资源的利用除了资源耗费之外，其他资源都被回收循环利用；不可再生资源的总量已经全部进入人类社会生产的视野中（这一假设对于今天绝大多数矿产资源而言是基本恰当的）。

$$\frac{dS}{dt} = G(S,M) - H(S,L) \tag{2-5}$$

当式(2-7) 作修正后，可以得到式(2-5)，式(2-5) 中的 $G(S,M)$ 表示单位时间的可再生资源对不可再生资源的替代量，它是 (S,M) 的函数，其中 S 指不可再生资源总量，M 指可能资源总量，L 指人类劳动总量。在静态情形（经济增长率为零）下，$G=H$ 即可保证资源的可持续利用，在经济增长的动态情形下，$G>H$ 才能保证资源的可持续供给〔在此假定 G 是 (S,M) 的函数，而不考虑人类劳动的影响是恰当的，因为它可以通过价格替代分析而被计算进来，不必作为一个独立变量，见图 2-11〕。

$$H(S,L) = W(S,L) - R(S,L) \tag{2-6}$$

$W(S,L)$ 是指人类社会在单位时间内产生的不可再生资源的废弃物总量（包括所有生产、生活中产生的，尚未被回收利用的废弃物的总体），它是 S 和 L 的函数。$R(S,L)$ 则是指单位时间内人类社会对不可再生资源废弃物的回收利用总量，它也是 (S,L) 的函数。陈敏德通过 Schaefer 函数和 Cobb-Douglas 有效函数推导出推导出：

$$W(S,L) = \alpha\beta SL \tag{2-7}$$

$$R(S,L) = \eta\alpha\beta SL \tag{2-8}$$

式中，α 是正常数；η 是不可再生资源回收利用率，$\beta \in (0,1)$。

$$H(S,L) = \alpha\beta SL(1-\eta) \tag{2-9}$$

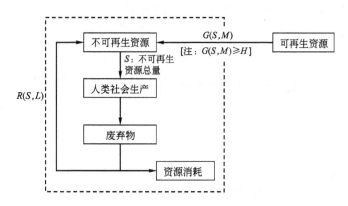

图 2-11　不可再生资源利用的可持续条件（据陈德敏等，2006）

将式(2-9) 代入式(2-5) 得：

$$\frac{\mathrm{d}S}{\mathrm{d}t}=G(S,M)-\alpha\beta SL(1-\eta) \tag{2-10}$$

为了简明地描述，在此不妨先假定 $G(S，M，L)$ 为一个待定函数，这并不影响我们在分析了不可再生资源与可再生资源之间关系后的结论。下面来得出社会劳动的函数。由 Ricardo-Mathus 模型：

$$\frac{\mathrm{d}L}{\mathrm{d}t}=L(b-d+\phi\alpha\beta S) \tag{2-11}$$

式中，b 为人口出生率；d 为人口死亡率；ϕ 为资源的再生环境指数，是一个正常数。

将式(2-10)、式(2-11) 两式结合起来有：

$$①\begin{cases}\dfrac{\mathrm{d}S}{\mathrm{d}t}=G(S,M,L)-\alpha\beta SL(1-\eta)\\[2mm]\dfrac{\mathrm{d}L}{\mathrm{d}t}=L(b-d+\phi\alpha\beta S)\end{cases} \tag{2-12}$$

说明：在 Ricardo-Mathus 模型中，式(2-12) 中的 $\phi\alpha\beta S$ 是针对可再生资源而言的，其意义在于通过对可能资源使用量的考察来评估人类的生存环境及其对人口数量变化的影响，在此处，式(2-12) 中的 $\phi\alpha\beta S$ 则是针对不可再生资源而言的，因为不可再生资源的使用同样会对人类生存环境及人口数量变化产生影响，两者的影响方式没有本质区别，所以在此使用 $\phi\alpha\beta S$ 项来评估不可再生资源使用对人口数量的影响是恰当的。

分析：我们对方程组①作静态考察，即当经济增长为零，资源需求增长为零时的情形，这时有：

$$\begin{aligned}\dfrac{\mathrm{d}S}{\mathrm{d}t}=0\\[2mm]\dfrac{\mathrm{d}L}{\mathrm{d}t}=0\end{aligned}\Rightarrow②\begin{cases}G(S,M,L)=\alpha\beta SL(1-\eta)\\[2mm]d-b=\phi\alpha\beta S\end{cases} \tag{2-13}$$

方程组②说明，在静态条件下，人类社会在不可再生资源领域的可持续发展要求：可再生资源对不可再生资源的替代量等于不可再生资源的热力学耗散；不可再生资源的环境人口再生量，加上人口的净出生量等于人口的净死亡数。

这两个方面的可持续发展条件说明维持资源供给稳定和人口稳定是人类可持续发展的两

大基本前提。同时，通过技术进步提高不可再生资源回收利用率，可以有效降低不可再生资源的替代压力，这也正是循环经济提倡资源循环利用的意义所在。

第四节　资源循环利用经济学原理

一、树立正确的资源观

资源是人类生存与发展的物质基础。对资源这一概念的认识，人们从不同的角度，对其做出了不同的解释。联合国环境规划署关于资源的定义是：一定时间地点条件下，能够产生经济价值以提高人类当前和将来福利的自然环境因素和其他要素。从广义上理解，资源概念泛指一切资源，即一切可以开发为人类社会生产和生活所需的各种物质的、社会的、经济的要素，包括各种物质资源（各种自然资源及其转化物料）、人力资源（劳动力、智力等人才资源）、经济资源、信息资源和科技文化资源等。这些资源都是人类社会经济生活发展所必不可少的基本生产要素和生活要素。从狭义上理解，资源概念仅指物质资源，即一切能够直接可开发为人类社会所需要的用其作为生产资料和生活资料来源的、各种天然的和经过人工加工合成的自然物质要素，以及人们在自然资源使用过程中对产生的剩余物和弃置物通过加工重新使其恢复使用价值的物质资料。在资源循环利用中涉及的资源概念指物质资源的循环利用。

物质资源是人类社会赖以生存和发展的基础，是人类生产和生活的源泉，调节人和自然界物质和能量的交换循环，维系着自然生态系统的平衡。因而物质资源在相当程度上决定着人口的分布转移、社会生产力的布局调整和产业结构的组合变化，制约着经济与社会的进步。随着我国经济的迅速增长，各类自然资源面临着巨大消耗和生态环境保护的双重约束，这就要求我们对资源树立新的认识和观念，采用新技术和新方法进行资源的有效开发与循环利用。

资源特征是资源本身特有的、区别于其他事物的征象（标志）。正确认识资源特征是进行资源评价、开发利用和科学管理的前提。实际工作中，对资源特征的分析主要侧重于资源质量、数量、结构、潜力和效益五个方面，特别是强调资源的整体优势与劣势、资源的组合与配套，以及优势资源的开发潜力和制约因素，为资源评价、开发利用与保护整治提供一定的依据。尽管资源种类复杂多样，各有其独自特点，但各种资源也存在一些共同特征，主要是自然特征和社会特征。前者表现为整体性、层次性、地区性、多宜性等特点，规定了资源的使用价值和资源开发利用技术；后者体现为有限性、稀缺性、增值性等特点，规定资源开发利用中需要投入的资金量、劳动量以及资源的价值。

二、资源循环利用：循环经济的核心内涵

资源循环利用是循环经济的核心内涵。循环经济的中心含义是"循环"，但它不是指经济的循环，而是指经济赖以存在的物质基础——资源在国民经济再生产体系中各个环节的不断循环利用（包括消费与使用）。它强调资源在利用过程中的循环，其目的是既实现环境友好，又保护经济的良性循环与发展。"3R"原则是循环经济的核心概念，指导循环经济的具体实施。"3R"原则的核心和重点应该是再循环原则，即资源的循环利用。首先，减量化原则，以节约的方式，直接减少自然耗费和向自然界的废弃物排放，在循环经济发展的初期，

短期内很容易取得成效，可利用的空间较大。但随着循环经济的深入和成熟，这种通过节约减少资源消耗和废弃物排放的方式可继续拓展的空间变得极其有限，很难取得进一步的成果。此外，经济增长必然伴随产品生产的扩大，而由此引致的资源需求必将增大。相对这种需求，减量化节约的资源量是相当小的，因此，最终仍然表现为资源使用量在增加和废弃物排放增加。其次，再使用原则提倡制造产品和包装容器以初始的形式被反复使用。虽然这种反复使用可以在一定程度上减少产品需求而减少资源耗费，但由于产品的使用寿命始终是有限，因此这种方式的节约也是有限的。而且产品在报废后仍然以废弃物的形式被排放到系统外。最后，再循环原则，要求生产出来的物品在完成其使用功能后能重新变成可以利用的资源，而不是不可恢复的垃圾。再循环，将废弃物资源化，直接增加了资源在社会经济系统中的循环寿命，减少对外界的废弃物排放。同时，也可以利用废弃物资源化技术，将过去排放到自然界的废弃物回收利用，让这些"废弃物"以资源的形式再次进入社会经济系统。这样，可以减少自然界中的废弃物量，减少自然生态系统的压力。

三、循环经济与可持续利用

1. 循环经济

广义的循环经济，是指围绕资源高效利用和环境友好所进行的社会生产和再生产活动。循环经济主要包括资源节约和综合利用、废旧物资回收、环境保护等产业形态，技术方法有清洁生产、物质流分析、环境管理等，目的是以尽可能少的资源环境代价获得最大的经济效益和社会效益，实现人类社会的和谐发展。广义的循环经济覆盖所有提高资源利用效率、降低系统物质流量进行的社会生产和再生产活动，实施主体涉及每个公民、每个家庭、每个企业、每个地区乃至整个中华民族。

所谓狭义的循环经济，是指通过废物的再利用、再循环等社会生产和再生产活动来发展经济，相当于"垃圾经济"、"废物经济"范畴。一般说来，经济总与一定的产业相对应。国内大多数人认为的、首先使用循环经济术语的德国，实际上是从物质循环和废物管理角度提出的；日本提出循环型社会，与之相对应的是"静脉产业"。所谓"静脉产业"，是指围绕废物资源化形成的产业，是相对于"动脉产业"而言的，"动脉产业"是指开发利用自然资源形成的产业。

循环经济是一种发展，就是用发展的办法解决资源约束和环境污染的矛盾。例如，通过煤矸石发电、粉煤灰生产建材等，不仅消减了废物的产生和排放，又产生经济效益，形成新的经济增长点。是一种新型的发展，从重视发展的数量向发展的质量和效益转变，重视生产方式和消费模式的根本转变，从线性式的发展向资源—产品—再生资源的循环方式发展转变，从粗放型的增长转变为集约型的增长，从依赖自然资源开发利用的增长转变为依赖自然资源和再生资源的增长。是一种多赢的发展，在提高资源利用效率的同时，重视经济发展和环境保护的有机统一，重视人与自然的和谐，兼顾发展效率与公平的有机统一、兼顾优先富裕与共同发展的有机统一。

2. 可持续利用

可持续发展是指既满足现代人的需求，又不对后代人满足其自身需求的能力构成危害的发展。换句话说，就是指经济、社会、资源和环境保护协调发展，它们是一个密不可分的系统，既要达到发展经济的目的，又要保护好人类赖以生存的大气、淡水、海洋、土地和森林等自然资源和环境，使子孙后代能够永续发展和安居乐业。可持续发展的核心是发展，但要求在严格控制人口、提高人口素质和保护环境、资源永续利用的前提下进行经济和社会的发展。

（1）自然资源可持续利用的内涵　自然资源可持续利用是指在人类与自然资源协调发展的过程中，自然资源在时间和空间上合理配置，使人类对自然资源的开发利用的质量和数量不被降低而有所提高，从而满足人类社会发展需要的能力。它强调人与自然的协调性、代内与代际间不同人、不同区域之间在自然资源分配上的公平性，以及自然资源动态发展能力等。它是自然资源作为基本生产要素在质和量上对社会进步、经济发展和环境保护的支持或保证能力。它是由资源、经济、社会、环境和智力所构成的反映自然资源可持续利用状态、水平、趋势和能力的复杂系统。

自然资源可持续利用是一个发展的概念，而非仅仅限于增长的内涵。它既要反映自然资源禀赋、结构方面的总量特征，更要反映其可持续利用的水平和能力。自然资源可持续利用是一个代际的概念。从时间维度上看，涉及代际间不同人所需自然资源的状态与结构；从空间维度上看，涉及不同区域从开发利用到保护全过程自然资源的发展水平和趋势，是强调代际与区际自然资源公平分配的概念。自然资源可持续发展是一个协调的概念。这种协调是时间过程和空间分布的耦合，是发展数量和发展质量的综合，是当代与后代对自然资源的共建共享。可见，它是一个涉及数量维、质量维和时空维，强调发展、代际公平和协调的系统概念。

（2）自然资源可持续利用的内容　自然资源可持续利用在具体含义上包括资源利用的可持续、环境的可持续、经济的可持续和人口与社会的可持续。

① 资源利用的可持续。自然资源利用的可持续要求当代人尽可能谨慎地对待自然资源的耗用，以便在被"后续资源"所替代前，人类能持续地使用这种资源；资源利用的可持续要求资源在开发过程中尽可能减少浪费，提高资源回收率，尽可能减少对其他资源的连带破坏和浪费；资源利用的可持续还要求资源及其产品在利用过程中充分节约，提高使用效率，通过技术进步，充分挖掘既定的自然资源中的"附加值"。

② 环境生态的可持续。可持续发展要求发展与有限的自然承载能力协调，因此它是有限制的，正是这种有限制的发展，保证和保护了生态的可持续性，才能实现可持续的发展，也就是说，没有生态的可持续，就没有可持续发展。生态可持续性是可持续性发展的前提，同时，通过可持续发展能够实现生态的可持续发展。

③ 经济发展的可持续。可持续发展鼓励经济增长，而不是以保护环境为由取消经济增长。当然经济增长不仅指数量的增长，而且指质量的增长，如改变高投入、高消耗、高污染为特征的粗放的经济增长，实现以提高效益、节约资源、减少废物为特征的集约的经济增长。一方面，可持续的经济增长增强了国力，提高了人民生活水平和质量；另一方面，它为可持续发展提供了必要的能力和财力，否则，可持续发展只能停留在口号上。

④ 人口与社会的可持续。持续性的人口应考虑到环境资源承受力，持续性的社会方面强调满足人的基本需求和较高层次的社会文化需求。社会可持续概念具有平等的含义，包括代际平等和代内平等。代际平等指为后代保护自然资源基础，保护他们从资源利用中获得收益的权利和机会。代内平等是指资源利用和资源开采活动的收益和代价在国际、国家内部、区域之间和社会集团之间的公平分配。

（3）自然资源可持续利用的基本原则

① 自然资源的代际公平原则。在自然资源的利用过程中要保证自然资源的可利用存量基本保持不变，以便使后代能够获得与我们当代人同样的利用自然资源的机会。为了遵循这一原则，如果一种自然资源量在减少，持续必须进行经济补偿，使自然资源的价格体现这种

资源补偿费，反映出资源的稀缺性。如果一种自然资源枯竭，必然要求出现一种替代资源。总之，不论自然资源的利用结构如何变化和调整，都应该保持自然资源总的可利用存量基本不变，以保证后代在自然资源福利水平不至于降低。

② 生态环境不变性原则。在自然资源的利用过程中，不能超出自然资源和生态环境的承载能力，要保证生态环境的质量不降低。如果对生态环境造成了破坏，在经济上必须对环境进行补偿，使自然资源的产品价格体现环境成本。根据自然环境的外部成本，提高产品价格，抑制这种产品的需求，从而减缓对自然环境的损害，保护环境质量，以保证后代的生态环境水平不至于降低。

③ 成本有效原则。在自然资源的利用过程中，不仅要考虑代际公平原则和生态环境不变性原则，也需要考虑效率原则。在实际实践中，成本有效原则得到具体的应用。成本效益分析在自然资源可持续利用中得到了应用。

④ 因地制宜的原则。由于地域分异规律的作用和影响，各个地区地理位置、范围大小、资源形成过程、开发利用历史等在空间上均存在不平衡性，使得每个资源的种类、数量、质量等都有明显的地域性。因此，在开发过程中，一要发挥当地的资源优势和拳头产品；二要关注当地的生态环境与资源开发的协调关系；三要鼓励开源节流。

3. 资源循环利用与经济发展方式转变

不同于传统经济，循环经济以自然生态系统物质循环流动为特征，充分利用科技成果，使上一环节所形成的废弃物成为下一环节的原料，从而形成循环的产业生态链，达到污染的低排放甚至零排放，实现人与自然、经济、资源协调发展，最终目标是实现可持续发展。①循环经济是闭环式经济，而传统经济则是开环式经济。它要求把经济活动组织成为"自然资源—产品和用品—废弃物—再生资源"的循环流程的闭环式经济，所有的原料和能源都在这个不断进行的经济循环中得到合理利用，从而把经济活动对自然环境的影响控制在尽可能低的程度。而传统工业社会则是一种由"自然资源—产品和用品—废弃物排放"线形流程组成的开环式经济，这样资源被大量耗竭，环境被严重破坏。②循环经济的"资源"不仅指自然资源，还包括再生资源。它主张在生产和消费活动的源头控制废弃物的产生，并进行积极的回收和再利用，提高了资源的利用率，在环境方面表现为低污染排放甚至零排放。它充分体现了自然资源与环境的价值，促进整个社会减缓对资源与环境财产的损耗，确立了新型的资源供应渠道。

粗放型的经济增长方式所导致的较低的资源利用水平，已经成为企业降低生产成本、提高经济效益和竞争力的重要障碍。大力发展循环经济，提高资源的利用效率，增强国际竞争力，走集约化道路，已经成为我们面临的一项重要而紧迫的任务。

（1）由资源消耗型向生态循环型转变 粗放型增长方式是以高投入、高消耗、低产出、低效率为特征的，追求的是发展速度即量的增加，其结果是盲目建设、重复生产、设备闲置、质量粗劣、效益低下。这种经济增长方式完全是传统的计划经济所遗留下来的产物。而集约型经济增长方式，它是一种依靠生产要素的效率提高即内涵增值来实现经济的增长的。科技含量高、经济效益好、资源消耗低、环境污染少、人力资源优势得到充分发挥的新型工业化道路则是这种增长方式的综合体现。它是建立社会主义市场经济体制的客观要求。

（2）循环经济体现了集约型经济增长方式 循环经济是针对持续的经济增长对资源和环境造成的压力，提出的一种新经济发展模式，它通过技术和经济两个层面来保障经济与社会的和谐发展，彻底转变经济增长方式，实现集约型增长。在技术层面上，循环经济通过生产技术与资源节约技术、环境保护技术体系的融合，强调首先减少单位产出资源的消耗，节约使用资源；通过清洁生产，减少生产过程中污染排放甚至零排放；通过废弃物综合回收利用和再生利用，实现物质资源的循环使用；通过垃圾无化处理，实现生态环境的永久平衡；最终目标是实现经济和社会可持续发展。在经济层面上，循环经济是一种新的制度安排和经济运行方式。它把自然资源和生态环境看成稀缺的社会大众共有的自然福利资本，因而要求将生态环境纳入到经济循环过程之中参与定价和分配。

● 思考题

1. 什么是生态系统？生态系统中的基本物质循环是什么？你是如何理解资源循环的生态学基础的？
2. 何谓绿色化学、绿色化工？为什么要进行资源替代？你是如何理解资源循环的化学化工基础的？
3. 资源循环的地学基础体现在哪几个方面？
4. 阐述地质循环与生物循环基本过程，地质循环与生物循环有什么特点？
5. 简述自然界中氮和碳的循环，它们与资源循环有什么联系和区别？
6. 如何从生命科学的角度理解资源循环？
7. 合理利用生物资源的主要途径和措施有哪些？
8. 资源特性有哪些？为什么要提倡循环经济？
9. 简述循环经济"3R"原则。
10. 清洁生产的内容有哪些？清洁生产有何特点？
11. 能否从热力学角度分析自然资源的形成和人类对其开发利用的影响？会得出怎样的结论？你对资源的开发利用有何建议？
12. 是否可以在生态系统的物质循环中获得需要的资源而又不破生态系统？为什么？
13. 绿色设计和传统设计的区别是什么？绿色设计的主要方法有哪些？
14. 回答生态工业系统建设策略，建设生态工业园的意义有哪些？
15. 阐述正确的资源观，分析循环经济和资源循环利用的关系。
16. 资源循环利用的途径是什么？你有哪些新建议？

● 参考文献

[1] [美] 艾伦（Allen, D. T.），[美] 肖恩纳德（Shonnard, D. R.）著. 绿色工程：环境友好的化工过程设计. 李雄，等译. 北京：化学工业出版社，2006.
[2] 鲍健强，黄海风. 循环经济概论. 北京：科学出版社，2009.
[3] 陈德敏. 资源循环利用论. 北京：新华出版社，2006.11.
[4] 戴备军. 循环经济实用案例. 北京：中国环境科学出版社，2006.
[5] 戴猷元. 化工概论. 北京：化学工业出版社，2006.
[6] 戈峰. 现代生态学. 北京：科学出版社，2008.
[7] 海热提. 循环经济济与生态工业. 北京：中国环境科学出版社，2009.
[8] 何耀喜，黄大振，黄晚意，滕治宇. 浅论地质大循环与生物小循环. 咸宁师专学报，1990，(10)：76-79.
[9] 洪鹄. 美国清洁生产案例：使用多孔净化器回收铬酸. 涂料涂装与电镀，2004，(2) 46-47.
[10] 金涌，J S Arons. 资源·能源·环境·社会——循环经济科学工程原理. 北京：化学工业出版社，2009.
[11] 刘维平. 资源循环利用. 北京：化学工业出版社，2009.
[12] 李博，杨持，林鹏. 生态学. 北京：高等教育出版社，2000.

[13]　李洪远，文科军，鞠美庭. 生态学基础. 北京：化学工业出版社，2005.

[14]　刘维平. 资源循环利用. 北京：化学工业出版社，2009.

[15]　马世骏. 生态规律在环境管理中的作用. 环境科学学报，1981，1（1）：95-100.

[16]　彭补拙，濮励杰，黄贤金，等. 资源学导论. 南京：东南大学出版社，2007.12.

[17]　孙云丽，段晨龙，左蔚然，俞和胜，刘昆仑. 电子废弃物的资源循环研究. 中国资源综合利用，2007，（25）：35-38.

[18]　涂光炽. 地学思想史. 长沙：湖南教育出版社，2007.

[19]　余谋昌. "人类-生物地球化学循环" 概念. 自然辩证法研究，2004，（20）：12-15.

[20]　张丽萍. 自然资源学基本原理. 北京：科学出版社，2009.

[21]　周启星，罗义. 污染生态化学. 北京：科学出版社，2011.

[22]　庄亚辉. 全球生物地球化学循环研究的进展. 地学前缘，1997，（4）：163-168.

[23]　Dayna Simpson. Knowledge resources as a mediator of the relationship between recycling pressures and environmental performance. Journal of Cleaner Production，2012，22：32-41.

[24]　Gian Andrea Blengini, Elena Garbarino, Slavko Solar, Deborah J. Shields, Tamás Hámor, Raffaele Vinai, Zacharias Agioutantis. Life Cycle Assessment guidelines for the sustainable production and recycling of aggregates：the Sustainable Aggregates Resource Management Project (SARMa). Journal of Cleaner Production，2012，27：177-181.

[25]　Greg Brown, Lesley Stone. Cleaner production in New Zealand：taking stock. Journal of Cleaner Production，2007，15：716-728.

[26]　Hongpin Mo, ZongguoWen, Jining Chen. China's recyclable resources recycling system and policy：A case study in Suzhou. Resources，Conservation and Recycling，2009，53：409-419.

[27]　John E Tilton. The future of recycling. Resources Policy，1999，25：197-204.

[28]　Karen Pittel, Jean-Pierre Amigues, Thomas Kuhn. Recycling under a material balance constraint. Resource and Energy Economics，2010，32：379-394.

[29]　L Reijnders. A normative strategy for sustainable resource choice and recycling. Resources，Conservation and Recycling，2000，28：121-133.

[30]　M L M Rodrigues, R M F Lima. Cleaner production of soapstone in the Ouro Preto region of Brazil：A case study. Journal of Cleaner Production，2012，32：149-156.

[31]　Mikkel Thrane, Eskild Holm Nielsen, Per Christensen. Cleaner production in Danish fish processing — experiences, status and possible future strategies. Journal of Cleaner Production，2009，17：380-390.

[32]　O Ignatenko, A van Schaik, M A Reuter. Exergy as a tool for evaluation of the resource efficiency of recycling systems. Minerals Engineering，2007，20：862-874.

[33]　Samuel S Butcher, Robert J Charlson, Gordon H Orians, Gordon V Wolfe. Global biogeochemical cycles. London：Academic Press Limited，1992.

[34]　Urmila M Diwekar, Yogendra N Shastri. Green process design, green energy, and sustainability：A systems analysis perspective. Computers and Chemical Engineering，2010，34：1348-1355.

第三章 资源循环工程技术基础

资源循环利用本身就是一种资源有效利用的方法、手段或途径，甚至工程措施，蕴含着许多先进的技术。同样，要实现科学的和高效的资源循环利用，必须依赖其技术的进步和创新，而且其技术越为先进，资源循环利用就越为有效。

第一节 资源循环工程技术应用与发展

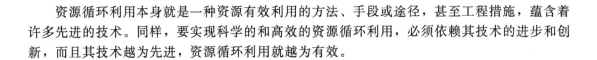

一、固体废物资源化形式

固体废物再资源化的途径很多固体废物具有两重性，它虽占用大量土地，污染环境，但本身又含有多种有用物质，是一种资源。20 世纪 70 年代以前，世界各国对固体废物的认识还只是停留在处理和防止污染上。20 世纪 70 年代以后，由于能源和资源短缺，以及对环境问题认识的逐步加深，人们已由消极的处理转向再资源化。资源化就是采取工程技术或管理等措施，从固体废物中提取有利用价值的物资和能源。

"十一五"期间，我国工业固体废物综合利用量从 2005 年 7.7 亿吨增加到 2010 年的 15.2 亿吨，综合利用率由 55.8% 提升至 69%，这很大程度上取决于我国资源循环利用工程技术的进步。尽管我国资源综合利用产业未来发展前景看好，但必须清醒看到未来在大宗工业固体废物资源化利用、工业废气和废水、典型生物质废物资源化利用以及再生资源回收利用等领域仍面临一系列挑战，仍需不断创新资源循环利用技术。

1. 金属提取技术

金属作为稀有不可再生资源，对其回收提取技术近年来发展很快。常见的有如下几种。

(1) 电解退银新工艺 电解退银设备以石墨板为阴极，不锈钢滚筒为阳极，滚筒上有许多细孔。柠檬酸钠和亚硫酸钠为电解液，镀银件从滚筒首端进入，从滚筒尾端送出。镀件表层上的银浸入电解液，镀件基体完全无损可返回从新电镀应用。利用此方法可制取银回收率可达 97%～98%，银粉纯度 99.9%。

(2) 废银-锌电池的回收应用 废银-锌电池含银 52.55%、含锌 42.7%。锌为负极，氧化银为正极涂在铜网骨架上。采用稀硫酸分别浸取锌和铜，银粉间接熔锭。稀硫酸浸铜时添加氧化剂，含锌液经浓缩结晶消耗硫酸锌，含铜液浓缩结晶消耗硫酸铜。锌回收率＞98%，银回收率 98%，银锭纯度＞99%。

(3) 从废胶片中回收银 利用稀硫酸溶液洗脱彩片上含银乳剂层，氯盐加热沉淀卤化银，氯化焙烧或有机溶剂洗涤除有机物，碱性介质用糖类固体悬浮恢复得纯银。利用此方法可制取银纯度 99.9%，直收率 98%。也有采用硫代硫酸钠溶液溶解废胶片上的卤化银，溶解过程中掺加抑制剂阻止胶片上明胶的溶解，溶解液经电解后回收银，片基回收应用。该方法银浸出率达 99％以上，回收率 98％，银纯度 99.9％。

（4）电子废弃物中贵重金属回收工艺　贵金属一般指金（Au）、银（Ag）、铂（Pt）、锇（Os）、铱（Tr）、钌（Ru）、铑（Rh）和钯（Pd）共 8 种金属，它们价格昂贵、资源稀少。由于贵金属及其合金具有优良的导电性、柔韧性和高强度性，被广泛应用于电视机、计算机和手机等常用电器中的组装电路板、电容器及其他电子组件上。电子废弃物中贵金属回收的工艺流程如图 3-1 所示。

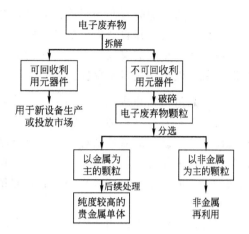

图 3-1　电子废弃物中贵金属回收的工艺流程

电子废弃物中贵金属回收之前首先要对其进行前处理。前处理主要是运用机械方法对电子废弃物进行拆解、破碎和分选的过程。分选的过程又包括干法分选和湿法分选两部分。

电子废弃物处理工艺主要是利用物理方法回收贵重金属。德国某公司采用破碎、重选、磁选、涡流分离的方法使废电路板中 90％的铁（Fe）、铝（Al）及贵重金属得以回收。美国某公司开发的三段回收技术，电子废弃物经过简单的预处理，破碎回收铁磁性物质后，进入三段反应器，在回收贵金属的同时还处理利用了有机物，该工艺已经实现工业化。

我国某公司引进德国成套设备和技术，建立了从电子废弃物中提取贵金属的生产线。其处理工艺为：拆卸后的电子废弃物经过粉碎、研磨、重力分选几道工序，废旧电脑、电缆便被分解成铜粒、玻璃纤维粉末、塑料粉末。这些粉末进一步通过重力摇床分选后，铜（Cu）、锡（Sn）、钯（Pd）等金属便可分离出来。

2. 建筑材料生产及其技术

水泥的生产需要消耗大量的黏土资源和能源。在水泥生产中，大量有效地利用工业废渣，是减轻环境污染、节约黏土资源和能源的有效途径。利用工业废渣生产建筑材料具有广阔的前景。用工业废渣生产建筑材料，一般不会产生污染问题，因而是消除污染，使大量工业废渣资源化的主要方法之一。

在硅酸盐水泥熟料的生产过程中，生料中掺入适量的工业废渣（煤矸石、磷渣、锰渣、磷石膏、铁粉）取代黏土进行配料烧成水泥熟料。同时，在水泥粉磨过程中掺入 10％左右的工业废渣液态渣作水泥混合材生产普通硅酸盐水泥，使整个普通硅酸盐水泥生产中工业废渣的总掺量达到 50％以上，从而使工业废渣得到再利用，减轻了环境污染，节约了黏土资源和能源。

用煤矸石 15％、磷渣 10％、锰渣 4％、磷石膏 2％代替黏土和石灰石、铁粉配料。试样在 1350℃煅烧后，加 13％液态渣、2％磷石膏共同粉磨后得到普通硅酸盐水泥，其物理性能达到国家标准。利用该方法生产硅酸盐水泥，工业废渣的掺量达 50％以上，为大量工业废渣的资源化、节约黏土资源、保护生态环境，开辟了一条有效途径。

3. 农肥生产及其技术

城市生活垃圾、粪便和农业有机废物等可经过堆肥处理制成有机肥料。工业废渣在农业上的利用主要有两种方式，即直接用于农田和制成化学肥料。但必须引起注意的是，在使用工业废渣作为农肥时，必须严格检验是否有毒，有毒物质必须先分离出去。

堆肥技术是依靠自然界广泛分布的细菌、放线菌、真菌等微生物，人为地促进可生物降解的有机物向稳定的腐殖质生化转化的微生物学过程叫做堆肥化。堆肥化的产物称为堆肥。堆肥过程可以简单用以下反应方程式表达：

$$新鲜的有机废物 + O_2 \xrightarrow{\text{微生物代谢作用}} 稳定的有机残渣 + CO_2 + H_2O + 能量$$

堆肥工艺有许多种类型，根据堆肥过程中对氧气需求的不同，可将其分为好氧堆肥和厌氧堆肥。与传统的厌氧堆肥相比，好氧堆肥具有发酵周期短，占地面积小等优点。因此各国较为普遍地采用好氧堆肥技术。但随着"垃圾能源学"的产生，厌氧堆肥得到快速发展。与此同时，国内的学者综述厌氧和好氧堆肥技术，对先好氧后厌氧发酵技术进行研究并取得了很好的效果。

堆肥工艺过程可分为前处理、一次发酵、中间处理、二次发酵、后处理、脱臭及贮存等工序。其工艺流程如图 3-2 所示。

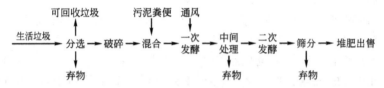

图 3-2　堆肥主要工艺流程

堆肥过程需要关注和控制的主要工艺参数有含水率、通风量、温度、碳氮比、pH 值、腐熟度等。研究表明，当堆料的有机物质含量不超过 50％时，堆肥含水率在 45％～50％为宜；如果有机物质含量达到 60％时，则堆肥的最佳含水率应提高到 60％。通风的作用除了向堆肥中的好氧微生物供氧以外，还可以起到带走水蒸气从而干化物料的作用。国外对堆肥过程通风量的控制逐渐倾向于温度反馈控制。温度是影响微生物生长的重要因素。一般认为最适宜的堆肥温度应在 55～60℃，不宜超过 60℃。否则，会对微生物生长活动产生抑制作用。就微生物对营养的需要而言，C/N 比值是一个重要因素。一般认为初始 C/N 比值在 (25～35)：1 较为适宜。pH 值最佳范围一般认为控制在 7.5～8.5 范围内可获得最大堆肥速率。

腐熟度是检验堆肥综合成熟的一种标准，其含义是：①通过微生物作用，堆肥的产品要达到稳定化、无害化亦即是不对环境产生不良影响；②堆肥产品的使用不影响作物的生长和土壤耕作能力。国内外许多研究人员对腐熟度进行过各种研究探讨，提出了许多关于腐熟度的参数及指标。有研究表明，耗氧速率是一个合理可行，易于工程上应用的堆肥腐熟度指标。当堆肥达到腐熟时，其每分钟耗氧量为 0.02％～0.1％（体积分数）。

生活垃圾堆肥处理后，可以达到无害化的要求，并可以将有机物重返大自然，进行资源再利用。因此不管是从保护环境的角度还是经济的角度，堆肥都具有更广阔的发展前景。

4. 能源回收及其技术

固体废物资源化是节约能源的主要渠道。那些热值很高工业固体废物，具有潜在的能量，可以充分利用。日本科技人员从含油量为 2％的下水道污泥中回收油。德国拜尔公司每年焚烧 2.5 万吨工业固体废物产生蒸汽，利用有机垃圾、植物秸秆、人畜粪便中的碳化物、蛋白质、脂肪等，经过发酵可生成可燃性的沼气，其原料广泛、工艺简单，是从固体废物中回收生物能源、保护环境的重要途径。

二、工业固体废物资源化技术

1. 概述

城市废弃物中，工业废弃物的产生可谓是一把锋利的双刃剑，利用好可带来巨大的经济利益，处理不当则对人体健康甚至整个生态系统造成危害。固体废物包括危险废物、冶炼废渣、粉煤灰、炉渣、煤矸石、尾矿、放射性废物、其他废物。以典型能源工业城市平顶山为例，来说明粉煤灰和煤矸石的资源化利用。煤炭是平顶山市的支柱产业，也是优势产业，是平顶山市经济社会发展的基础。随着全社会快速发展，对能源需求的不断加大，在强力开采煤炭资源、大力兴建火电项目的同时，也伴生着工业固体废物排放量的逐年增加。平煤集团在 50 年的开发和建设中，形成了大小矸石山 34 座，年排放煤矸石 300 多万吨，累计煤矸石堆存总量达 5774 万吨，占地 2250 亩。平顶山目前拥有火力发电厂 15 座，总装机容量 196.5 万千瓦，年排放粉煤灰 200 多万吨，历年来累计堆存 6000 多万吨。如此数量巨大的粉煤灰、煤矸石等工业固体废物，一方面给平顶山造成了大量土地资源的占用，环境的污染，但另一方面作为可二次利用的资源，又为平顶山在寻求新的经济增长点、延长生产链条、煤炭企业转型等方面创造了得天独厚的有利条件。经过多年探索与实践，平顶山市工业固体废物综合利用途径已从单纯的筑路、回填、砖瓦掺灰转向水泥、冶金、化工、农业和高新技术领域拓展。目前平顶山市掺量大、技术成熟、经济效益显著的煤矸石、粉煤灰综合利用主要有：石灰、粉煤灰二灰稳定路面基层技术；粉煤灰在路面混凝土中的应用技术；利用粉煤灰、漂珠生产轻质耐火材料；粉煤灰在水泥中的利用技术；利用煤矸石、粉煤灰生产烧结砖和轻质砌块项目；粉煤灰硅铝铁合金冶炼技术；粉煤灰生产轻质炉盖技术；粉煤灰磁化肥技术等。这些技术和项目从根本上节约了资源，降低了物耗，减少了污染，使平顶山市工业固体废物综合利用形成了一定的生产规模，同时也给企业带来了明显的经济效益，实现了工业固体废物的资源化。

2. 粉煤灰综合利用技术

目前，我国粉煤灰的大宗利用途径是生产建筑材料、筑路和回填。粉煤灰建筑材料的性能与传统的建筑材料相比有许多优点。如粉煤灰加气混凝土，其干容重只有 $500kg/m^3$，不到黏土砖的 1/3；热导率为 $0.11\sim0.13W/(m\cdot K)$，约为黏土砖的 1/5，具有质轻、绝热、耐火等优良性能。硅酸盐砌块强度达到 $100\sim150$ 号，热导率为普通混凝土的 1/2，且砌筑效率高。粉煤灰烧结砖比普通黏土砖轻 $15\%\sim20\%$，热导率只有黏土砖的 70%。粉煤灰陶粒性能优于天然轻骨料，用其配制的混凝土不仅容重小，而且具有保温、隔热、抗冲击等优良性能，在高层建筑、大跨度构件和耐热混凝土中得到应用。粉煤灰硅酸盐水泥干缩性小，水化热低，抗裂性、和易性与可泵性好，特别适用于大坝工程及泵送混凝土施工。粉煤灰含有一定的残留炭，用其烧制建筑材料可节约大量能量。当粉煤灰热值为 $500\times4.19kJ/kg$，掺用量为 40% 时，可节约烧砖用煤 50%。生产粉煤灰砌块的能耗仅为同体积黏土砖的 60% 左右。利用粉煤灰生产建筑材料、筑路和回填可以节约大量黏土。对粉煤灰烧结砖，粉煤灰掺加量一般为 $30\%\sim50\%$，最高到 70%，相应节约用土 $30\%\sim70\%$。粉煤灰用于筑路和回填是投资少、见效快的一种直接且大量利用粉煤灰的途径。此种道路寿命长，维护少，可节约维护费用 $30\%\sim80\%$。

3. 工业固体废物的土地资源化技术

（1）粉煤灰与有机固体废物配施改良土壤　单一废弃物用于土壤改良的历史比较悠久并

且已经取得大量的成果。废弃物的理化特性为作物生长提供了物质基础和能量来源，是良好的肥料和土壤改良剂。但是在应用过程中人们发现单一废弃物由于存在营养元素及理化性质不平衡等因素，容易造成如重金属污染等负面影响。粉煤灰与若干有机固体废物配施具有良好的土壤改良效果。

① 粉煤灰改良土壤技术　粉煤灰具有多孔状结构，其粒径在 $0.5\sim300\mu m$ 之间，类似轻壤土的颗粒组成，密度 $21\sim24g/cm^3$，容重 $0.5\sim10g/cm^3$，具有非常大的比表面积 $2000\sim4000cm^2/g$。由于粉煤灰含有一定的碱金属如钾、钠、钙、镁，所以呈碱性反应。干排灰 pH 值通常达 11.0 以上，但大多数湿排灰为 $7.7\sim8.7$。粉煤灰所含的铁、锌、铜、钼、硼是植物生长发育所必需的微量营养元素，这些元素的含量差异很大，但均比土壤的含量高，粉煤灰施入土壤能为作物提供一定量的微量元素。因此粉煤灰农用，对改善土壤物理化学性质、提高土壤肥力和净化能力具有积极作用。但粉煤灰中也常含有较高的水溶性盐和硼，对植物生长产生不利的影响。

粉煤灰施入土壤后明显改善土壤结构，降低容重，增加孔隙率，提高地温，缩小膨胀率，特别是对黏质土壤的物理性质有很好的改善作用。此外它还能保温保墒、与促进养分转化，使水、肥、气、热趋于协调，为作物生长创造良好的生长环境。粉煤灰含有多种植物所需的营养成分。粉煤灰富含磷和硼，施加粉煤灰后可以提高土壤中有效磷和硼的含量，由于硼是油料作物的良好肥源，生长在粉煤灰改良的土壤上，花生、大豆的产量及品质均有明显提高。粉煤灰呈碱性，但试验表明，亩施 4 万公斤以下的粉煤灰对微碱性土壤的酸碱度并不产生影响。不过也有研究表明可以利用其强碱性以及含有大量的具有强烈吸附能力的炭粒，能起到杀死病原菌和对金属离子产生沉淀吸附作用。

② 污泥改良土壤技术　城市污泥含有丰富的植物营养成分及较高含量的有机质，可以作为土壤肥料或土壤改良剂施用于农林地。施用适量污泥（$15\sim150t/hm^2$）后，可明显地增加土壤有机质的含量，有效地改善土壤结构性质、水力学性质及其化学性质，由此带来的容重降低，孔隙度、团聚体稳定度以及持水量和导水性的增加，对农业生产可起积极的作用。对于有机质含量很低，特别不利于植物生长的土壤施用城市污泥更有重要意义，这类土壤可以通过一次大量施用（$50\sim100t/hm^2$）污泥而改善其理化性质。与对粉煤灰的认识一样，关于污泥对土壤微生物的影响仍存在分歧。单一污泥反复用于土壤容易引起土壤重金属富集，从而对土壤微生物活性产生负面影响，并且降低微生物种群的数量和多种酶的活性。反过来，少量污泥对微生物种群和酶活性则具有正面影响。

由于污泥含有丰富的营养元素之外，还含有某些有毒有害物质和虫卵等，因此污泥用于农业需解决三个主要的问题，即污泥中重金属能否造成土壤及作物的二次污染；污泥中病原体能否对环境造成影响；氮磷等物质浓度过高能否对地下水造成污染。

③ 粉煤灰、有机固体废物复合改良土壤技术　粉煤灰和有机固体废物可为作物提供部分营养物质和能量，但是由于单一废弃物的营养元素常不平衡或物理性质不够理想，单独用于土壤中容易造成某些负面影响。

粉煤灰与污泥、猪粪、锯末等有机固体废物配施于土壤，不但可以协调改良土壤的物理性质，均衡改善土壤的营养状况，利用碱性粉煤灰对污泥等有机固体废物的钝化作用，还可以有效地减轻或缓解污泥中的重金属如 Hg、Zn、Cu、Ni、Cd 在土壤和植物器官中的累积，大量降低污泥中的有机污染物和病原菌如大肠菌的含量。

（2）固体废物配施改良沙漠土　用粉煤灰和城市污泥作荒漠土壤的树肥，对荒漠土壤的饱和含水量和持水性能均有所提高。利用两种废弃物改良荒漠土地，用"废"治"退"，可形成生产与生态的良性循环，具有一定的生态效益、社会效益和经济效益。

根据相关研究，发现粉煤灰、城市污泥和荒漠土壤按照 3：2：5 的质量比混合后，施加了粉煤灰和城市污泥后荒漠土壤的蓄水能力大大提高，提高幅度达 79.46%。土壤持水性能是土壤重要的物理性状。土壤水以水汽状态经土面扩散到大气中而消失的过程称为土面蒸发，它是自然界水循环的重要一环，也是造成土壤水分损失、导致干旱的一个主要因素，直接影响着土壤的持水性能。研究表明，按照上述配比调节后的沙漠土壤其持水时长可以延长 200%。

在自然条件下蒸发，配施粉煤灰和城市污泥均能提高荒漠土壤的持水性能，基于以下几方面原因。第一，添加的城市污泥中含有大量的有机质，提高了土壤的持水性能。这与国内外学者关于施用污泥和污泥堆肥能显著提高土壤含水量和持水性能的大田试验结果相符，其机理与施用污泥能够改良土壤物理性质，降低土壤容重，增加土壤团粒结构和孔隙率有关。Marshall 和 Holmes 等 1988 年的研究中就提出在半干旱地区土壤中添加城市污泥不仅能提高土壤的持水性能，还能提高表面水分的渗透性，雨水能快速渗透到深层土壤，这能更好地减少水分蒸发，有利于提高植物的抗旱能力。第二，污泥和粉煤灰配施，改善了土壤的孔隙结构。土壤孔隙大小的分配比例是影响持水性能的重要因素。污泥是一种质地较细的沉淀物，单独施入土壤后，有效孔隙数量并不多，因而土壤的通透性很差。粉煤灰属于砂质，通气大孔隙较多，黏粒含量较低。二者配施后，能够取长补短，改善土壤的孔隙状况，促进土粒团聚。王殿武等的研究结果也表明污泥和粉煤灰配施后，随污泥用量增加，土壤容重增大，总孔隙度减小，孔隙组成中 $50\mu m$ 以上和 $50\sim10\mu m$ 孔隙含量减少，小于 $10\mu m$ 的孔隙却成增大趋势；而随粉煤灰用量增大，$50\mu m$ 孔隙含量和总孔隙含量呈增加趋势，而使土壤密实度减小。苏德纯等的研究结果也表明适量和适当比例的粉煤灰和钝化污泥能使土壤的饱和含水量和饱和导水率提高。

4. 工业固体废物的工业资源化技术

（1）皮革固体废物的资源化　制革工业是以动物皮为原料的以高投入、低产出为特征的传统工业。据报道，在传统的制革工业中，1t 盐湿皮仅能制造出约 200kg 的成品革，却要产生 600kg 以上的固体废物。这些固体废物中，除少量的毛发、肉渣等非胶原蛋白外，大部分是原皮修边角料、片灰皮渣、削匀皮屑等不含铬胶原和蓝皮削匀、修边时所产生的含铬胶原废弃物。

在皮革废物中，蛋白质的含量在 30% 以上，而其中胶原蛋白占蛋白质量的 90% 以上。胶原是构成动物机体的重要功能物质，它具有其他合成高分子材料无法比拟的生物相容性和生物可降解性。因此，作为一种天然的生物资源，胶原已在食品、医药、化妆品、饲料、肥料等工业中得到广泛的应用，日益显示出其重要性和经济地位。

从皮革工业废弃物中提取胶原蛋白的主要方法有碱法、酸法、酶法、氧化法和碱-酶结合法等。

① 碱处理法　碱处理法是利用游离的羟基（—OH）与铬的配位能力远大于胶原羧基（—COOH）与铬的配位能力这一性质而对铬革屑进行脱鞣的。碱处理法常用的处理剂有石灰、氢氧化钠、碳酸钠、氧化镁等。用石灰处理铬革屑提取胶原蛋白是研究得最早、也最有实际应用价值的一种方法。碱处理法操作简便，脱铬率与酸法相比也较高，但采用该法只能得到分子量较小的胶原产物，应用价值并不太高。

② 酶处理法　酶处理法也是研究较早的一种方法，包括一步酶法和两步酶法。一步酶法主要用 MgO 预处理革屑后，再用碱性蛋白酶提取胶原的水解产物。一步酶法改进而来的用两步酶法先用胃蛋白酶提取，再用碱性蛋白酶提取，从而得到两种不同的胶原水解产物。

酶处理法具有速度快、条件温和、对蛋白质的成分破坏较小等优点，但水解所得到的胶原分子量较小，而且需要预先脱铬。

③ 氧化法　氧化法是用 H_2O_2 等氧化剂对铬革屑进行处理，将革屑中的 Cr^{3+} 氧化成 Cr^{6+}，使铬革屑脱鞣，再经过漂洗、过滤，将胶原和铬分离。用氧化法脱铬，速度快，对胶原的结构破坏程度小，获得的胶原产物分子量较大，脱铬效果好，但在处理过程中会产生有毒的 Cr^{6+}，在工业生产中应该加强环境保护和六价铬的回收利用。

④ 酸处理法　采用浓的酸溶液处理铬革屑，高浓度的氢离子（H^+）可封闭胶原的羧基，从而削弱胶原羧基与铬配合物的结合。当利用草酸、柠檬酸等与铬配位能力很强的有机酸处理时，其酸根离子可直接进入铬配合物内界与铬发生配位作用，将胶原羧基取代出来，从而起到更好的脱铬作用。酸处理法的提取率远高于碱法与酶法，但是胶原分子降解过大，所得产品的分子量较小。另外，Cr^{3+} 在酸性条件下处于溶解状态，很难与胶原蛋白彻底分开。

由于以上几种方法各有其优缺点，因此目前在提取胶原蛋白时，常把几种结合起来使用。例如：酸-碱交替处理法，这种方法提取得到的胶原产物的稳定性和质量都要比碱处理法高。

（2）废轮胎的资源化　废旧轮胎的主要处理方法包括热利用、翻新和掩埋等。表 3-1 列出了部分国家对报废轮胎所采取的处理方法。我国对报废轮胎的处理主要是制成再生胶，辅以翻修使用。翻胎是旧轮胎循环利用的主要方式，其优点是充分利用旧轮胎胎体的剩余功能，合理利用资源。

废轮胎的资源化处理方法大致可分为如下几大类：整体再用，制造再生胶，生产胶粉等方法。

表 3-1　世界一些国家和地区的废旧轮胎数量及处理方法

年份	国家和地区	当年轮胎报废量/万吨	处理方法所占比例/%						
			热利用	胶粉	再生胶	翻修	出口	掩埋	其他
1990	欧盟	197.5	30	0	0	20	0	50	0
1992	美国	280	23	6	4	0	3	63	1
1992	日本	84	43	0	12	9	25	8	3
1992	英国	45	9	6	0	18	0	67	0
1993	德国	55	38	14	1	18	18	2	9

① 整体再用　轮胎翻修是指旧轮胎经局部修补、加工、重新贴覆胎面胶之后，进行硫化，恢复其使用价值的一种工艺流程。轮胎在使用过程中最普遍的破坏方式是胎面的严重破损。轮胎翻新引起了世界各国的普遍重视。在德国，轿车翻新胎的比例为 12%，卡车翻新胎的比例为 48%，翻新胎的总产量为每年 1 万吨。

废轮胎也可直接用于码头作为船舶的缓冲器，用于构筑人工礁或防波堤，或用作公路的防护栏或水土保护栏，用于建筑消声隔板等。废轮胎在用污水和油泥堆肥过程中还可当作桶装容器，废轮胎经分解剪切后可制成地板席、鞋底、垫圈等。废轮胎还可以被切削制成填充地面的底层或表层的物料。美国俄亥俄州的某公司将废轮胎研磨压制成同铅笔橡皮擦大小的小块后出售，商品名为轮胎地板块，主要用于运动场、跑马场或其他设施的石子或木头条的替代品。

② 制造再生胶　再生胶是指废旧橡胶经过粉碎、加热、机械处理等物理化学过程，使其弹性状态变成具有塑性和黏性的，能够再硫化的橡胶。再生胶具有塑性好，收缩性小，流

动性、耐老化性和耐热性好等诸多优点。由于再生胶的优点很多，所以一直以来，生产再生胶是利用废旧橡胶的主要方向。

生产再生胶的关键步骤为硫化胶的再生。硫化胶的再生习惯上称为"脱硫"的，是一个与硫化相反的过程。硫化胶再生机理的实质为：硫化胶在热、氧、机械力和化学再生剂的综合作用下发生降解反应，破坏硫化胶的立体网状结构，从而使废旧橡胶的可塑性有一定的恢复，达到再生目的。再生过程中硫化胶结构的变化为：交联键（S—S、S—C—S）和分子键（C—C）都部分断裂，再生胶处在生胶和硫化胶之间的结构状态。其结构的变化可用以下假定反应式说明：

$$(C_5H_8)_6S(C_5H_8)_6 \longrightarrow (C_5H_8)_3S(C_5H_8)_3 + (C_5H_8)_3 + (C_5H_8)_3 \longrightarrow$$
$$(C_5H_8)_3S(C_5H_8)_3 + (C_5H_8)_6$$

这说明硫化胶经过再生，分解为含有硫黄的橡胶的部分和不含硫黄的橡胶分子部分。其中前者 $(C_5H_8)_3S(C_5H_8)_3$ 占 51.65%，后者 $(C_5H_8)_6$ 占 48.35%，这一组成已被实验证明。

目前，废旧橡胶经脱硫生产再生胶的工艺方法主要有化学和物理方法两大类，我国目前生产再生胶的方法主要以化学法中的高温高压动态脱硫为主，该法能耗仍较大、时间长、生产效率低，污染较重。而物理脱硫和生物脱硫由于其对环境污染小，可持续性较高因而具有很好的应用前景。

主要的物理脱硫方法有微波脱硫、超声波脱硫、远红外脱硫和电子束脱硫法。生物脱硫一般采用生物再生技术。生物再生是由矿质化学营养细菌悬浮于水中的培养液来降解废橡胶的表面层，然后再向纵深延伸，使硫与橡胶分离。

（3）废塑料的资源化　废塑料资源化技术主要包括物质再生和能量再生两大类。各类方法详见图 3-3。物质再生包括物理再生和化学再生。物理再生不改变塑料的组分，主要通过熔融和挤压注塑生成塑料再生制品，但再生产品的质量往往低于原有产品；化学再生则是在热、化学药剂和催化剂的作用下分解生成化学原料或燃料，或通过溶解、改性等方法分别生成再生粒子和化工原料。

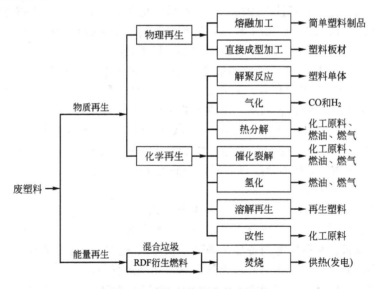

图 3-3　废塑料资源化技术汇总

废塑料回收利用的关键就是对其回收并再生，主要是熔融再生。熔融再生技术分为简单再生和复合再生处理。简单再生针对塑料生产过程中的边角碎料而言。这些废塑料品种单一，较少被污染，一般经简单处理可直接加工成粒料或片料。复合再生针对从流通、消费领域回收的废塑料，经过分选、预处理、熔炼、造粒（有的不经过造粒，直接成型）、成型等工序再生。

（4）从陶瓷废料中提取贵重金属 多层陶瓷电容器（MLCC）一般为 20~30 层，由钛酸钡、钛酸铅及铅、钛、镁、铋等金属氧化物及银、钯内电极浆料和端电极组成，一般金属含量小于 8%。在生产多层陶瓷片电容器过程中产生的不合格产品常作为废料扔掉，造成资源浪费，MLCC 里面少量的银、钯等金属是用途广阔而又稀缺的材料，从各种贵金属废料中回收贵金属制成高品位的再生资源日益受到人们的关注。它不但能处理掉废料，还将会有可观的经济效益。

一种是用液-液萃取法进行回收废品中的钯，先把陶瓷电容器废料用硝酸溶解，外部的银易分离回收，然后用萃取法回收钯，与钯比较，钛酸钡有较大的亲水性，使用正丁醇等有机相，从钯、钛酸钡混合细料中分离钯时钯进入油相，而钛酸钡留在水相，从而达到分离回收的目的。例如：在 pH 值在 1~2 范围内可取得较高回收率，添加十二烷基醋酸铵作捕收剂能促进萃取钯，对钯品位 3.55% 的陶瓷废料，在溶液 pH 值为 1.0 和捕收剂浓度为 200mg/L 条件下，用正丁醇进行萃取，萃取产品的产率约为 10%，钯回收率 96.8%，产品的钯品位 34.4%，其富集比为 10。

另一种方法是硝酸溶解-碳酸钠还原法，把废料用硝酸溶解，浸出银和钯的硝酸盐，然后再用碳酸钠等还原熔炼银盐得到金属银，然后再用丁基黄药（钯的选择性沉淀剂）从浸出渣洗水沉淀钯。如：将 MLCC 废料磨细至 200 目，用 4mol/L 的 HNO_3 溶液，在液固比为 3、温度 80℃ 条件下浸出 2h，银浸出率可达 91%，钯浸出率 98%。用盐酸从浸出液沉淀银，经碳酸钠熔炼，银回收率 88%。用丁基黄药和铁粉分别从洗水和浸出液中沉淀和置换钯，所得粗钯和钯黑用传统方法精炼，得到大于 99.95% 海绵钯，钯回收率 95%。

（5）工业固体废物作为合成微晶玻璃原料 微晶玻璃是由玻璃的控制晶化制得的多晶固体。微晶玻璃作为一种新型微晶材料，以其优异的耐高温、耐腐蚀、高强度、高硬度、高绝缘性、低介电损耗、化学稳定性在国防、航空航天、电子、生物医学、建材等领域获得了广泛的应用。近年来，研究人员开始了利用矿渣等废弃物制备微晶玻璃的研究，并取得了很好的成果。工业固体废物制作的微晶玻璃技术主要有以下几种。

① 制取铬渣微晶玻璃 铬渣是在铬盐生产中排放的一种有毒的固体废渣，其中可溶性 Cr^{6+} 是致癌物质，能在人体内积蓄。对皮肤和黏膜具有剧烈的腐蚀性，长期接触会出现全身中毒症状。因此对铬渣的回收利用，特别是把 Cr^{6+} 转化为无毒的 Cr^{3+} 很重要。Cr_2O_3 可作为微晶玻璃的有效晶核剂，如果在高温还原气氛中把 Cr^{6+} 全部转变为 Cr_2O_3，进而作为微晶玻璃的成核中心，这样可以使 Cr^{6+} 的浓度降到最低，从而实现铬渣无毒化。利用这种方法制得的微晶玻璃铬渣质量分数不超过 50% 时，微晶玻璃中残留 Cr^{6+} 含量为 0~0.5mg/L，低于 0.5mg/L 的国家排放标准。

② 制取磷渣微晶玻璃技术 磷渣是一种高钙硅渣，主要化学成分为 CaO 和 SiO_2，均为微晶玻璃基础玻璃所需的主化学成分，可以替代或部分替代方解石、石灰石及硅砂用作基础玻璃的主要化学原料。利用磷渣制备微晶玻璃不仅可以减少磷渣对环境的污染，降低生产成本，而且可得到性能优于或与花岗岩和天然大理石相当的材料。

利用黄磷炉渣，磷渣加入量达到 55% 时，可制造出性能较好的微晶玻璃。研究表明，此时基础玻璃熔融温度在 1400℃ 左右，晶化温度在 900℃ 左右。利用高钙黄磷渣还可以制成高机械强度和高化学稳定性的微晶玻璃。当以 Cr_2O_3 作为晶核剂，Cr_2O_3 的含量大于 3% 时晶化效果最好。

③ 制取钛渣微晶玻璃技术　高炉钛渣是一个复杂的多组元体系，其颜色呈灰棕色，TiO_2 含量较高，其主要成分见表 3-2。根据钛渣的成分特点，它可以直接作为生产矿渣微晶玻璃的原料。其中 TiO_2 是性能优良的晶核剂和助熔剂，但是 TiO_2 易出现表面析晶，需加入少量的其他的晶核剂。例如：加入 ZrO_2、P_2O_5 分别与 TiO_2 组成的复合晶核剂可有效地促进钛渣微晶玻璃整体晶化，可制出主晶相为透辉石 $CaMg(SiO_3)_2$ 和榍石 $CaTiSiO_5$，具有较好力学性能和化学稳定性的钛渣微晶玻璃。P_2O_5 和 TiO_2 复合晶核剂的成核机理根据研究分析，应是 P_2O_5 与硅氧四面体的液相分离促进了以 $[SiO_4]$ 为主的液滴相和以 $[PO_4]$ 为主的液滴相的形成，在随后的晶化过程中分别诱导 $CaMg(SiO_3)_2$ 和 CaP_2O_5 析晶。

表 3-2　含钛高炉渣的化学组成　　　　　　　　单位：%（质量分数）

CaO	SiO$_2$	Al$_2$O$_3$	MgO	TiO$_2$	FeO	MnO	V$_2$O$_5$	K$_2$O	Na$_2$O	S
26.5	24.4	13.3	8.5	23.8	3.6	0.5	0.3	0.4	0.4	0.2

④ 制取复合矿渣微晶玻璃技术　不同矿渣的成分亦不相同，如果按一定比例将几种矿渣搭配使用制备微晶玻璃，这样既能节省资源、有利环保，又能对微晶玻璃的性能做有价值的研究。以高炉渣、粉煤灰、铬渣以及石英粉为原料，可以制得主晶相为透辉石的微晶玻璃。以赤泥、煤矸石、粉煤灰等为主要原料已研制出纯黑色微晶玻璃板材。对锑炉渣微晶玻璃进行研究表明：该微晶玻璃吃渣量高、强度高、耐磨损耐腐蚀，可广泛应用于建筑、化工、机械等行业。

（6）工业固体废物在陶瓷工业中的应用　在陶瓷行业中应用的工业固体废物主要有各种工业尾矿、废渣、废料，如煤矸石、粉煤灰、赤泥、金矿尾砂、冶金矿渣、化工废渣、玻璃废料、陶瓷废料、耐火材料废料等。工业固体废物在陶瓷工业中可以用于制砖，陶瓷颜料，工业固体废物也可用于制备合成硅基陶瓷原料。

① 制砖技术　以赤泥、粉煤灰等工业固体废料为原料，生产的高质量艺术型清水砖墙体材料可替代传统的黏土砖。此砖不但节能、利废，还具有质轻、保温、隔声等优点。

由于原料是工业废料，其成分波动大，故应添加少量的天然矿物添加剂来调节制砖的工艺性能，并需对废渣进行适当的陈腐、均化等处理。利用赤泥、粉煤灰等工业废料可制备出高性能的清水砖，其气孔率达 40%～50%，抗折强度可达 50～80MPa；烧成温度范围在 1110～1140℃之间，在烧成温度范围内，样品的性能和结构均可达标。其制备工艺流程为：

　　赤泥、页岩等原料——→配料——→球磨——→造粒——→陈腐——→成形——→装饰——→烧成

用石墨尾矿、煤矸石、粉煤灰、垃圾焚烧灰等工业固体废料也可制造出环保生态砖。其制品性能达到国际标准，且固体废料的加入量达 70% 以上。工艺如下：

　　黏土、长石等原料细磨——→加入固体废料——→混合——→造粒——→压制成形——→干燥——→烧成

② 制陶瓷颜料技术　利用一些工业废料和选矿尾渣配制陶瓷颜料，做了如下研究：将含有 2%、4.2%、6.6% 的锰矿石浮选尾矿作为着色剂配合料制成的砖坯在 1020℃ 下于氧化气氛中烧成，可分别获得具有均匀色泽的淡咖啡色、深咖啡色和黑色砖。

国外以红色黏土为原料，以低品位锰矿为着色剂，以陶瓷生产的陶瓷片废料磨成的细粉作瘠性料，研制成了红色墙砖。黄铁矿渣可作为生产深红色和樱红色砖的着色剂。黄铁矿渣是生产硫酸和亚硫酸纸浆的粉末状废料，其成分和颗粒度均匀，在烧成过程中，黄铁矿渣可起到助熔、改善烧结、提高制品强度和耐寒性的作用。工业实验表明，生产樱红色和深红色砖时铁矿渣的引入量为 6%～7%（体积比）；生产深红色砖也可以用铁矿的选矿尾渣，其引

入量一般为 5%～25%（体积比），这种砖应在氧化气氛中烧成。另外，还可以用炼铁高炉灰、红色矿渣（铝土矿生产氧化铝的废料）等来生产红色砖。

③ 制备合成硅基陶瓷原料技术 煤矸石、尾矿等废弃物由于硅含量（SiO_2）较高，可以用来作为生产硅基陶瓷的硅源。根据煤矸石中 SiO_2 与 C 天然紧密结合的特点，分别以煤矸石、石英砂与弱黏煤、无烟煤作原料，用 Acheson 工艺合成了 SiC。

（7）工业固体废物用作胶凝材料 大多数工业固体废物的物相组成较为稳定，化学成分与建材原料相近甚至具有更高的品位，有些工业固体废物具有潜在的胶凝活性，能够作为胶凝材料和辅助胶凝材料使用，并能改善原胶凝材料的一些性质。如混凝土中加入矿渣微粉或粉煤灰后可以起到改善工作性，降低水化热，提高耐久性的作用。根据工业固体废物的化学组成、矿物特征以及胶凝固结特征，将工业固体废物分为六类。

① 石灰类 主要成分是 CaO 或 $Ca(OH)_2$ 的工业固体废物，石灰类工业固体废物中最典型的是电石渣。石灰类工业废渣可以和硅铝质工业废渣中的活性 SiO_2、活性 Al_2O_3 发生火山灰反应，是火山灰反应的碱性激发剂。

② 石膏类 主要成分为 $CaSO_4 \cdot 2H_2O$、$CaSO_4 \cdot \frac{1}{2}H_2O$ 和 $CaSO_4$ 的工业固体废物。其最典型的为磷石膏、氟石膏、黄石膏盐、盐田石膏以及固硫石膏等。石膏类工业固体废物可以激发火山灰反应，是良好的"硫酸盐型激发剂"，和钙铝成分反应能引起固相体积增加，产生一定的膨胀性，合理利用石膏可以起到增加体系的密实程度和补偿收缩作用。

③ 火山灰类 化学成分的特点是含有较多的无定形（介稳态）的 SiO_2 和 Al_2O_3，不含或只含少量的 CaO。这类工业固体废物自身不能产生胶凝作用，但其中活性 SiO_2 和 Al_2O_3 可以和 $Ca(OH)_2$ 等碱和碱金属盐反应，产生一定的水硬性。火山灰类工业固体废物排放量大，利用率低，典型的有粉煤灰、煤矸石、沸腾炉渣、液态渣和煤渣和硅灰。

④ 潜在水硬性类 这类工业固体废物的化学组成特点是除含有 SiO_2 和 Al_2O_3 外，尚含有一定量的 CaO（一般低于熟料中的 CaO 含量），单独存在时只能缓慢发生水硬反应，但在激发剂（如石灰、熟料、碱类、石膏等）的激发作用下，可呈现较强的水硬性。典型的有高炉矿渣、黄磷渣、锰铁矿渣、化铁矿渣、铬铁渣和热电增钙液态渣以及赤泥。

⑤ 水硬性类 这类工业固体废物的特点是具有较高的 CaO 含量，一般含有 C_3S、C_2S、C_3A 等矿物，能单独水化形成一定的水硬性，具有类似水泥熟料的性质，C_3S 型和 C_2S 型钢渣是典型的水硬性工业固体废物。

⑥ 惰性和有害类 有些废渣溶解度小，处于比较稳定的结晶形态，没有或只有很低的胶凝活性，如一些尾矿和回收粉尘，在胶凝体系中只能起到填充作用，还有一些含有有害成分如黏土云母以及有机物和影响水泥水化的物质，不能大量直接用于胶凝材料但可以作为生产水泥的燃原材料使用。

三、医疗废弃物循环利用技术

1. 概述

医疗废物，是指医疗卫生机构在医疗、预防、保健以及其他相关活动中产生的具有直接或者间接感染性、毒性以及其他危害性的废物。医疗废物作为一类特殊危险废物，在处理处置过程中，首先要保证的是能杀灭病原菌，以防止其传播危害人群。

2. 高压蒸汽灭菌技术

医疗废物的消毒方式目前主要是采用高压蒸汽灭菌法。但是如果采用高压灭菌对将医疗废物进行消毒，医院就必须购置较大的专用高压釜，而且在进行高压蒸汽消毒过程中还会产生挥发性有毒化学物质。也可以采用化学药剂消毒灭菌的方法，这常用于传染性液体废物的消毒，用于大量的固体废物还有一定的难度。除此之外，医疗废物灭菌处理方法还有微波灭菌、干热处理、电浆喷枪、放射线处理、电热去活化、玻璃膏固化等方法，但是在国内尚无人采用，在国外也属于不成熟技术，难以施行。

利用高温高压蒸汽消灭细菌的最常使用的一种方法，其原理是在压力下蒸汽穿透到物体内部，将微生物的蛋白质凝固变性而杀灭。蒸汽在高温高压下具有穿透力强的优点，在103kPa、121℃条件下维持20min，能杀灭一切微生物。高温灭菌法是一种简便、可靠、经济、快速和容易被公众接受的灭菌方法。其原理是在压力下蒸汽穿透到物体内部，将微生物的蛋白质凝固变性而杀灭。压力蒸汽灭菌器的形式有立式压力蒸汽灭菌器和卧式压力灭菌器等。大部分医疗单位使用的是卧式压力灭菌器，这种灭菌器的容积比较大，有单门式的和双门式的，前者污染物进锅和灭菌后的物品取出经同一道门；后者的污染物是从后门放入，灭菌后的物品从前门取出，可防止交叉污染。

3. 微波灭菌技术

微波是一种高频电磁波，消毒时使用的频率通常为915MHz和2450MHz。物体在微波作用下吸收其能量产生电磁共振效应并可加剧分子运动，微波能迅速转化为热能，使物体升温，微波加热可以穿透物体，使其内部和外部同时均匀升温，因此比一般加热方法节省能耗，速度快，效率高。微波杀菌的原理一是热效应，一是综合效应。含水量高的物品最容易吸收微波，温升快，消毒效果好。丁兰英等报道用微波照射不同物品上污染的蜡状芽孢、杆菌芽孢，获得较好消毒效果。其微波频率分别为915MHz和2450MHz，输出功率3kW。消毒结果如表3-3所列。

表3-3　微波消毒灭菌试验结果

物　　品	照射频率/MHz	输出功率/kW	灭菌时间/min
敷料包	2450	3.0	3
手术器械包	2450	3.0	5
手术巾包	2450	3.0	20
毛毯	2450	3.0	6
搪瓷碗	915	10.0	3
琼脂培养基	2450	2.6	7
试管与吸管	2450	2.6	15
污染器皿	915	10.0	3

4. 化学消毒技术

化学消毒是对受传染病患者污染的物品最常使用的消毒方法。常使用的消毒剂有含氯消毒剂、洗涤消毒剂、甲醛和环氧乙烷等消毒剂。此法较早用于医疗器械的消毒，也用于对房间消毒和对液体废物（如尿液、血液）的消毒。经化学消毒法处理后的废物可以同高温灭菌法和电磁波灭菌法一样，进行同样的后处理。即要么填埋，要么送往能量回收处理厂。

5. 等离子体技术

此法是处理医疗废物的一项创新技术，它消毒杀菌的原理是利用等离子体电弧窑产生的10000℃高温杀死医疗废物中的所有微生物、摧毁残留的细胞毒性药物、药品和有毒的化学药剂，并使之难以辨认。理论上，任何化合物在电弧窑中都可转化为玻璃体状的物质，经这种方法处理后的医疗废物可以直接填埋，不会对环境造成危害，目前仅有深圳应用等离子体技术处理医疗垃圾。

6. 焚烧技术

医疗垃圾，大多带有传染性，采用焚烧的方法处理医疗垃圾，是最彻底和比较简便的方法。因此，焚烧是医疗废物处理最常用的方式，它具有减容减量、杀菌灭菌、稳定等多项功能。在世界各国，普遍采用焚烧作为医疗废物的处理方式。我国目前生产的医用垃圾焚烧炉，就其炉型看，有再燃式、转动料盘式、热解逆燃式等。焚烧采用的助燃剂多为轻柴油或煤油、煤气或天然气，以煤为助燃剂的焚烧炉数量很少。

目前医院大多采用自用的小型间歇式固定床焚烧炉，而且由于各种原因缺少烟气净化装置。医院临床废物在焚烧过程中产生的尾气中将会含有烟尘、酸性气体、重金属物质和有毒有机物等。烟尘主要是燃烧不完或不燃物质造成的颗粒物质，这些颗粒物质主要是来自废物中的无机物质、有机物挥发或氧化形成的金属氧化物和金属盐、附着在无机颗粒上的未燃尽有机物等；酸性气体主要包括氯化氢、二氧化硫、氮氧化物等，其中未经处理的烟气中氯化氢浓度可以高达数百甚至数千 ppm，污染环境并腐蚀设备。医院临床废物中的 PVC 塑料等是废气中 HCl 的主要来源。而烟气中的二氧化硫和氮氧化物浓度则较低；烟气中的重金属主要来自废弃的手术刀、锡箔纸、塑料等，在焚烧过程中，金属或形成蒸气（如汞、镉）、或形成金属氧化物，附着在隔离物质上，使得重金属"浓缩"。根据研究，焚烧温度高，这种"吸附浓缩"作用将减少，因为颗粒物质活性增加；而有毒微量有机物质来自焚烧的不完全或在烟气中的再合成。

间歇式焚烧炉在启动和熄火时将会发生不完全燃烧，以至炉内出现氧量降低，产生燃烧不完全的气态碳氢化合物。这些物质与废物中的氯元素结合，就有可能产生二噁英等有毒物质。

7. 卫生填埋技术

这是医疗固体废物的最终处置方法。通常由城镇设置集中的卫生填埋场填埋。填埋场设有防水层防止垃圾渗滤液污染地下水，渗滤液和废气有专设的处理设施。经过前五种医疗废物处理法处理后的医疗固体废物或残余物送到卫生填埋场进行最终处置。

从各种医疗废物处理法的比较可以看出：在当今国际上应用的诸多医疗废物处理法中，只有高温焚烧处理法具备对医疗废物适应范围广、处理后的医疗废物难以辨认、消毒杀菌彻底、使废物中的有机物转化成无机物、减容减量效果显著、有关的标准规范齐全、技术成熟等多方面优点。焚烧所产生的污染物经过先进的去除污染设备，可以控制在国家标准范围内，是首推的可供选择的医疗废物处理方法。我国大型医疗固体废物集中处理场正处于起步阶段，国家在"十五"发展计划中，明确提出了在 2005 年以前，单独建立 100 所城市医疗垃圾集中处理中心的要求。国家规定，对医疗垃圾必须进行无害化焚烧处理，不容许与生活垃圾混合处置。

四、城市固体废物（MSW）循环利用技术

1. 概述

在废弃物中，居民生活垃圾占很大比例，据有关报道，中国城镇居民每年人均产生垃圾约 450kg，全国城市垃圾的年产生量为 1.5 亿吨，并以平均年增长率 8.8% 的速度增加。以北京固体生活废物为例来说明，北京是一座拥有上千万人口的特大城市，随着城市化的发

展，人口的增多，以及城市居民生活水平的不断提高，固体废物的产量也急剧上升，据资料显示从 1985～1990 年，北京市固体废物清运量从 4477 万吨增至 6767 万吨，年均递增 8.5％。北京生活固体废物的处理主要采取四种方法：填埋法、堆肥法、焚烧法、高温分解法。

2. 填埋技术

填埋法是选择合理的堆放场地，经过防水渗漏、复土等措施而进行垃圾处理的一种方式，这种方法较传统的方法也是世界上较为广泛的方法。其优点是投资少、处理费用低、处理量大、操作简便。其缺点是占地面积大，而且随着人类生活垃圾的不断增多，其占地面积也会随之而不断增多，地处偏僻，运距较远，选址困难，固体废物中的有害物质渗漏可能会对地下水造成污染，并会造成二次污染。

填埋是我国目前大多数城市解决生活垃圾出路的最主要方法，2003 年底全国共有 457 座生活垃圾填埋场，近85％的城市生活垃圾采用填埋处理。根据工程措施是否齐全、环保标准能否满足来判断，可分为简易填埋场、受控填埋场和卫生填埋场三个等级。

（1）简易填埋场（Ⅳ级填埋场）　这是我国传统沿用的填埋方式，其特征是：基本上没有什么工程措施，或仅有部分工程措施，也谈不上执行什么环保标准。目前我国约有50％的城市生活垃圾填埋场属于Ⅳ级填埋场。Ⅳ级填埋场为衰减型填埋场，它不可避免地会对周围的环境造成严重污染。

（2）受控填埋场（Ⅲ级填埋场）　Ⅲ级填埋场目前在我国约占30％，其特征是：虽有部分工程措施，但不齐全；或者是虽有比较齐全的工程措施，但不能满足环保标准或技术规范。目前的主要问题集中在场底防渗、渗滤液处理、日常覆盖等不达标。Ⅲ级填埋场为半封闭型填埋场，也会对周围的环境造成一定的影响。对现有的Ⅲ、Ⅳ级填埋场，各地应尽快列入隔离、封场、搬迁或改造计划。

（3）卫生填埋场（Ⅰ、Ⅱ级填埋场）　这是近年来我国不少城市开始采用的生活垃圾填埋技术，其特征是：既有比较完善的环保措施，又能满足或大部分满足环保标准，Ⅰ、Ⅱ级填埋场为封闭型或生态型填埋场。其中Ⅱ级填埋场（基本无害化）目前在我国约占15％，Ⅰ级填埋场（无害化）目前在我国约占5％，深圳下坪、广州兴丰、上海老港四期生活垃圾卫生填埋场是其代表。

3. 垃圾焚烧技术

利用高温将垃圾中的有机物彻底氧化分解，在燃烧过程中将碳及氢元素转化为二氧化碳及水，高温下杀死病毒和细菌，有效地减量和减重的一种方式，燃烧后的残渣量只有原垃圾量的 5％～20％，适合于可燃物含量较高的生活垃圾。焚烧法是世界各个发达国家普遍采用的垃圾处理技术。目前等离子焚烧法和两段式气化焚烧法在国内也渐渐地普及。垃圾焚烧法占地少、污染小、热能可以利用，但投资和运营成本高，焚烧产生的气体（如二噁英）和灰烬可能会造成二次污染。目前在我国城市垃圾处理中焚化法占比仅为 5％。堆肥法就是将固体废弃放在特定的条件下，经过自然或菌种作用，发酵升温降解有机物，实现无害化，经筛分处理后产生有机肥或深加工为有机复合肥的处理方法。

我国生活垃圾焚烧技术的研究和应用起步于 20 世纪 80 年代中期，2003 年底全国共有各类生活垃圾焚烧厂 47 座，随着我国东南部沿海地区和部分大中城市的经济发展和生活垃圾低位热值的提高，不少城市已将建设生活垃圾焚烧厂提到了办事日程，正在积极组织实施，目前处于快速发展阶段。可分为简易焚烧炉、国产化焚烧设施和综合型焚烧设施三类。

（1）简易焚烧炉　简易焚烧炉工程规模较小，主要是利用原有的煤窑或砖窑等改造而成，工艺简单、价格低廉，往往缺乏基本的供风和烟气处理系统，工作条件差，生活垃圾无法得以充分燃烧、污染物也不能达标排放。简易焚烧炉目前在我国还有一定的市场，主要在一些中小城镇应用，由于不能满足环保标准和燃烧条件，各地应该逐步予以取纳。

（2）国产化焚烧设施　国产化焚烧设施按炉型可分为国产化炉排炉和国产化流化床两大类，从市场占有率看，目前两种炉型在我国基本上是平分秋色。采用国产化炉排炉的垃圾焚烧厂目前共有 16 座，其代表项目有温州东庄垃圾发电厂、温州永强垃圾发电厂、深圳龙岗平湖垃圾发电厂、重庆同兴垃圾发电厂等。采用国产化流化床的垃圾焚烧厂目前共有 14 座，其代表项目有杭州锦江垃圾发电厂，无锡益多垃圾发电厂、河南许昌垃圾发电厂、浙江嘉兴垃圾发电厂等。

（3）综合型焚烧设施　综合型焚烧技术设备，是指把引进技术设备与国产技术设备有机结合起来的垃圾焚烧系统。这类技术的特征是：关键技术和设备从国外引进，工程规模较大，生产及配套设施比较完整，建设及运行成本较高。目前，深圳环卫综合处理厂、上海江桥垃圾焚烧厂、上海浦东御桥垃圾焚烧厂、宁波枫林垃圾发电厂、天津双港垃圾焚烧发电厂等 10 座综合型生活垃圾焚烧厂已建成运行。另外，广州李坑垃圾焚烧发电厂、北京高安屯垃圾焚烧厂、苏州苏能垃圾发电厂、福州红庙岭垃圾发电厂、厦门后坑垃圾焚烧厂、大连垃圾焚烧发电厂、中山蒂峰山垃圾焚烧发电厂、上海闵行垃圾焚烧厂等 18 座综合型生活垃圾焚烧厂正在建设中。

4. 堆肥技术

堆肥法分为好氧堆肥法和厌氧堆肥法。目前堆肥处理的主要对象是城市生活垃圾和污水处理厂污泥、人畜粪便、农业废弃物、食品加工业废弃物等。但有机物的分解难完全，无量化难彻底，堆肥时间长，占地面积大，且有机肥的肥力较差。在国内垃圾处理总量中，堆肥占到 10%～20%，这几年来其比例有明显下降。城市生活垃圾堆肥处理在我国具有悠久历史，但由于各种原因目前的堆肥处理率并不高，2003 年底全国共有城市生活垃圾堆肥厂 70 座，堆肥处理率近 10%。可分为简易堆肥、好氧高温堆肥和厌氧消化三类。

（1）简易堆肥　简易堆肥的特征是：工程规模较小，机械化程度低，主要采用静态发酵工艺，环保措施不齐全，投资及运行费用均较低。简易高温堆肥技术一般在中小型中城市应用较多。

（2）好氧高温堆肥　好氧高温堆肥的特征是：工程规模相对较大，机械化程度较高，一般采用动态或半动态好氧发酵工艺，有较齐全的环保措施，投资及运行费用均高于简易堆肥技术。20 世纪 80 年代初期到 90 年代中期，曾在我国的北京、上海、天津、武汉、杭州、无锡、常州等城市建有数十个好氧高温堆肥厂。但由于堆肥质量不好、产品销路不畅等原因，绝大多数现已关闭。进入 21 世纪后，随着堆肥技术的发展，好氧高温堆肥方法又在我国的部分城市重新得到应用。

（3）厌氧消化技术　厌氧消化的特征是：工程规模普遍较大，机械化程度相当高，一般采用湿式或干式厌氧发酵工艺，发酵周期可缩短至 15～20 天，沼气收集后可用于发电等，生活垃圾资源化利用率较高，投资及运行费用高于好氧高温堆肥，占地面积小于好氧高温堆肥。厌氧消化技术在欧洲有较多应用实例，目前我国部分城市正在筹建生活垃圾厌氧消化处理项目。

5. 高温分解技术

高温分解是在无氧或缺氧条件下，使可燃性固体废物在高温下分解，最终成为可燃气体、油、固定碳的化学分解过程。热解方法适用于城市固体废物、污泥、工业废物如塑料、橡胶等。热解产生的可燃气、油等可以回收利用，其能源回收性好，环境污染小，减少焚毁造成的二次污染和需要填埋处置的废物量。

这四种处理方法各有利弊，是现在城市居民固体生活废弃物的普遍处理方式。目前出现的微生物处理法，其发展前景广。微生物处理法就是利用微生物的自身的新陈代谢对固体废物进行分解作用使其无害化。养殖蚯蚓是微生物处理垃圾的一种方法。一条蚯蚓每天吞食的垃圾量相当于其体重的 2～3 倍，经蚯蚓吞食处理后的排泄物是优质无味、无害、高效的多功能生物肥料，可用于花卉栽培及果蔬生产。此外，经过蟑螂分解后的有机物垃圾不仅仅没有腐败发臭的污染物生成，而且还是优质的有机肥料。微生物发酵技术，利用微生物的持续快速繁殖，生产高蛋白食品及饲料。微生物处理方法投资少，简便易行，处理彻底，不形成二次污染，事实上重建一个物质的再循环过程，既可消除环境污染，又可变废为宝。城市生活垃圾"冷处理"的设计思想及技术是根据各种垃圾处理的有利和不利方面，根据现在国内外已有的各种技术的优缺点，根据垃圾的成分及其特点，综合设计了一套全新的垃圾处理技术方案，使其在处理垃圾的过程中，既可全量处理垃圾，又可资源再生；既有垃圾处理中的生产效益，又可体现出确实的社会效益和环境效益。

五、建筑废弃物循环利用技术

建筑垃圾资源化是指采取管理和技术从建筑垃圾中回收有用的物质和能源。它包括以下三方面的内容。

① 物质回收。物质回收是指从建筑垃圾中回收二次物质不经过加工直接使用，例如，从建筑垃圾中回收废塑料、废金属、废竹木、废纸板、废玻璃等。

② 物质转换。物质转换是指利用建筑垃圾制取新形态的物质。例如，利用混凝土块生产再生混凝土骨料；利用房屋面沥青作沥青道路的铺筑材料；利用建筑垃圾中的纤维质制作板材；利用废转瓦制作混凝土块；利用页岩渣制作水泥；利用废石膏制作石膏胶黏剂等。

③ 能量转换。能量转换是指从建筑垃圾处理过程中回收能量。例如，通过建筑垃圾中废塑料、废纸板和废竹木的焚烧处理回收热量。

1. 废砖作粗骨料生产耐热混凝土技术

刘亚萍曾尝试用破碎的废红砖作粗骨料，配制耐热混凝土。所采用的原材料如下：525R 普通砖酸盐水泥，产地为大同云岗；粗砂，$M_x=3.2$；粗骨料，砸碎红砖，筛选 $D=5\sim25mm$ 粒径使用，吸水率 20.95%；GRH 高效减水剂，北京中建科研院生产。用废红砖作粗骨料配制的耐热混凝土有如下特点：

$$f_{蒸养}/f_{蒸养,烧}<1;f_{cu,28}/f_{cu,28,烧}<1$$

用碎红砖作粗骨料制成的混凝土，经高温灼烧后表面不产生龟裂。

2. 废砖瓦其他资源化途径

(1) 免烧砌筑水泥原料　使用 50%～60% 的废砖粉利用硅酸盐熟料激发，只需经粉磨工艺，免烧，可成功制得符合 GB/T 3183 标准的 175 号、275 号砌筑水泥，90d 龄期抗折强度与抗压强度比 28d 的提高 5% 左右。

(2) 作水泥混合材　在普通水泥中加入 5% 废砖粉作混合材，28d 抗折强度与抗压强度均高于不加时，但 3d、7d 抗压强度略低，不影响凝结时间与水泥安定性。

(3) 再生烧砖瓦　使用 60%～70% 的废砖粉，利用石灰、石膏激发，免烧、免蒸，可成功制得 28d 强度符合 GB 5101—85 烧结普通砖标准要求的 100 号及 150 号砖，可用于承重结构。应当指出，普通烧结砖在出窑后的使用期强度不会再有提高，而这种免烧再生砖 90d 比 28d 可提高强度 60% 左右。

3. 混凝土再生骨料技术

用废弃混凝土块制造再生骨料的过程和天然碎石骨料的制作过程相似，都是把不同的破碎设备、筛分设备、传送设备合理组合在一起的生产工艺过程。实际的废弃混凝土块中，不可避免存在着钢筋、木块、塑料碎片、玻璃、建筑石膏等各种杂质，为确保再生混凝土的品质，必须采取一定的措施将这些杂质除去，如用手工法除去大块钢筋、木块等杂质，用电磁分离法除去铁质杂质，用重力分离法除去小块木块、塑料等轻质杂质。

(1) 废旧建筑混凝土作粗骨料拌制再生混凝土　粗骨料的吸水率的影响因素有内部缺陷、表面粗糙程度和粒径。再生粗骨料的吸水率随粒径的增大先减小后增大。再生粗骨料的表观密度和饱和吸水率与原生混凝土强度有关，原生混凝土强度愈高，水泥浆体孔隙愈少，再生粗骨料的表观密度愈大，饱和吸水率愈低。再生粗骨料能在短时间内吸水饱和，10min 达到饱和程度的 85% 左右，30min 达到饱和程度的 95% 以上。

再生粗骨料的自然级配可以满足空隙率较小的要求；当不满足时要考虑调整级配。再生粗骨料的压碎指标不单与骨料强度有关，还与骨料级配有关。为再生粗骨料不同级配的气干饱和水压碎指标。原生混凝土强度不同时，再生粗骨料压碎指标明显不同；原生混凝土强度愈高，再生粗骨料压碎指标愈低。与一般天然骨料（碎石或卵石）相比，废混凝土骨料（WCA）的表观密度较小、表面粗糙、孔隙大、比表面积大、吸水率大、用浆量多；与普通混凝土相比，WCA 混凝土拌合物密度小、和易性低，其密度和坍落度减小值随着 WCA 混凝土拌合物中 WCA 掺量增加而增大。再生混凝土表观密度降低有利于其在实际工程中的应用，因为混凝土表观密度降低对降低建筑物自重、提高构件跨度有利。同时 WCA 骨料表面粗糙，增大了拌合物在拌合与浇注时的摩擦阻力，使 WCA 混凝土拌合物的饱水性与黏聚性增强。

(2) 废旧建筑混凝土作细骨料拌制再生混凝土　与再生粗骨料相同，由于再生细骨料中水泥砂浆含量较高，其密度低于天然骨料，其含水率明显高于天然骨料，其吸水率要远远大于天然骨料。与再生粗骨料相比，其密度稍低，其含水率稍高，其吸水率则明显增大。如当原生混凝土等级强度为 C50 时，再生细骨料的吸水率达到 12.3%。

同再生粗骨料相比，再生细骨料对再生混凝土抗压强度和弹性模量的影响较大。王武祥和刘立等人研究表明：当原生混凝土强度等级为 C40 且再生细骨料取代量由 30% 提高到 50% 时，再生混凝土的 28d 抗压强度则由 42.9MPa 降为 34.3MPa，浆幅达 20%；而对同一等级强度的原生混凝土，当再生粗骨料取代量由 30% 提高到 50% 时，再生混凝土的 28d 抗压强度则仅由 46.7MPa 降为 46.6MPa，几乎无变化。

六、农业固体废物循环利用技术

1. 概述

农业固体废物，即在农业生产、畜禽饲养、农副产品加工以及农村居民生活活动中排出的废物，如植物秸秆、人和家畜的粪便等。农业废弃物的元素组成除 C、O、H 三元素的含量高达 60% 以上外，还含有丰富的 N、P、K、Ca、Mg、S 等多种元素。农业固体废物中成分可分为两大类：一类是天然高分子聚合物及混合物，如纤维素、淀粉、蛋白质、天然橡胶、果胶和木质素等，另一类是天然小分子化合物，如生物碱、氨基酸、单糖、脂肪、脂肪酸、激素、黄酮素、酮类和各种碳氢化合物。尽管天然小分子化合物在植物体内含量甚微，但大多具有生理活性，因而具有重要的经济价值。

2. 禽畜粪便的资源化技术

畜禽类粪便和栏圈垫物等含有丰富的有机质及较高的 N、P、K 和微量元素，是很好的制肥原料。有机质在积肥，施肥过程中经微生物分解及重新合成腐殖质贮存在土壤中。腐殖质对于改良土壤，培肥地力的作用是多方面的：一方面腐殖质能调节土壤的水分、温度、空气及肥效，适时满足作物生长发育的需求；另一方面还能调节土壤的酸碱度，形成土壤团颗粒结构，延长和增进肥效，促进水分迅速进入植物体内。除此之外，腐殖质还有催芽，促进根系发育和保温等作用，但畜禽粪便有臭味，难以作为一种商品肥料出售，因此，需要采取发酵除臭，化学除臭及物理化学除臭法。

畜禽粪便处理利用最大问题是畜禽粪便含水量高、恶臭，加之处理过程中容易发生 $NH_3\text{-}N$ 的大量挥发损失，畜禽粪便中含有的病原微生物与杂草种子等，均会对环境构成威胁。因此，无害化、资源化和综合利用畜禽粪便是畜禽粪处理的基本方向。

（1）自然青贮发酵法　鸡粪青贮发酵法制作饲料，即用干鸡粪（因干鸡粪比湿的或半湿的鸡粪好）、青草、豆饼（蛋白质来源）、米糠（促进发酵），按比例装入缸中，盖好缸盖，压上石头，进行乳酸发酵，经 3～5 周后可变成调制良好的发酵饲料，适口性好，消化吸收率都很高，适于喂育成鸡，育肥猪和繁殖母猪。

按照同样方法，用牛粪 30%，鸡粪 25%，麸皮 5%～10%，豆饼 5%～10%，青饲料 15%～20% 及营养盐混合进行青贮发酵也可得到优质饲料。

（2）加曲发酵法　襄樊市生物化学研究所，从鸡场霉变鸡粪中分离筛选出一株适宜发酵鸡粪的 P2 菌株，初步鉴定为米曲霉，经测定不产黄曲霉毒素 B1。该所用此菌株制曲，每克干曲含孢子 55 亿～60 亿，曲呈黄色，发酵力强。用这种曲发酵鸡粪，其产品气味纯正，无异臭味，粗蛋白含量达 29% 以上，还原糖增加 3.5% 以上，游离氨基酸总和增加 3.5 倍。饲养试验证明，用 30% 的此种发酵鸡粪育肥猪，猪生长快，抗病力强，肉料比为 1∶3.34，与全喂配合饲料猪的肉料比 1∶3.4 差异不显著（$P>0.05$）。利用这种发酵法，将新鲜鸡粪 70%，麸皮 10%～15%，米糠 15%，曲粉 5%，充分拌匀，入窖（池缸）密封发酵 48～72h，可得到优质猪饲料。

（3）微生物发酵生产有机肥料　畜禽粪便可以利用高效微生物发酵制取有机肥料，用于无公害及有机食品生产。发酵之前需调节粪便中的碳氮比，控制适当的水分、温度氧气，酸碱度进行发酵。常用发酵技术根据菌种不同分为厌氧和好氧堆肥两种方法。

① 厌氧堆肥法。在不通气的条件下，将有机废弃物（包括城市垃圾、人畜粪便、植物秸秆、污水处理厂的剩余污泥等）进行厌氧发酵，制成有机肥料，使固体废物无害化的过程。堆肥方式与好氧堆肥法相同，但堆内不设通气系统，堆温低，腐熟及无害化所需时间较长。然而，厌氧堆肥法简便、省工，在不急需用肥或劳力紧张的情况下可以采用。一般厌氧堆肥要求封堆后一个月左右翻堆一次，以利于微生物活动使堆料腐熟。

② 好氧堆肥法。现代化堆肥工艺大都采用好氧堆肥系统。发酵时以畜禽粪便为主，辅以有机废物（如食用菌废料）。好氧堆肥法是在有氧的条件下，通过好氧微生物的作用使有机废弃物达到稳定化、转变为有利于作物吸收生长的有机物的方法。

（4）能源化技术

① 制作沼气。畜禽粪便中含有大量的能量，可通过厌氧发酵产生沼气。厌氧发酵技术

是利用厌氧或兼性微生物以粪料中的原糖和氨基酸为养料生长繁殖，进行沼气发酵，沼气发酵过程中最重要的指标是产气温度（35℃左右）和沼液 pH 值（6.8～7.4）。

发酵产物综合利用在生态农业中，可作为生产活动的原料、肥料、饲料、添加剂和能源等。沼渣脱水干燥后可生产生态有机复合肥；沼液不但可用作饲料添加剂浸种、追肥，而且可以制成杀虫剂。产生沼气是综合利用畜禽粪便、防治环境污染和开发新能源的有效措施，但此法的缺点是沼气产生易受温度、季节、环境和原材料影响。制作沼气多适用于温度较高的地区，而在较寒冷的北方，冬天要采取辅助升温措施以增加产气量。

② 焚烧产热。从燃烧特性看，畜禽粪便中碳、氢含量丰富，具有很好的燃烧特性，其作为能源的价值非常可观。干粪直接燃烧产热仅适合于草原地区牛、马粪便的处理，而对于集约化养殖场，由于粪便含水量高，干燥困难，转化为燃料需要耗费大量能量，目前在国内推广有一定难度。

3. 水产养殖固体废物的资源化技术

随着科学技术的进步，社会经济进入了高速发展时期，其中水产养殖业的发展更为迅速。在水产养殖业中固体废物的减量化与资源化越来越变得不可忽视。水产养殖中主要的固体废物有剩余饵料、养殖对象的排泄物等。因此，固体废物的产生负荷取决于养殖方式和投饵量。

（1）水产养殖固体废物水解发酵产酸技术　有实验显示，养殖固体废物在水解发酵时产生挥发性脂肪酸，且时间和温度对固体废物的水解发酵均有较大影响，当第 6 天时产酸效果最佳，出现最大值 2609.18mg/L，从试验的第 7 天开始 VFA 开始逐渐下降，至试验的第 18天降至 1899.72mg/L，VFA 的产量只占 SCOD 含量的很小一部分。在小于 35℃范围内，水解发酵产生 VFA 的含量随着温度的升高而增加，最大 VFA 的产量在 35℃的条件下获得，为 2609.18mg/L。当温度达到 45℃，水解发酵产生的 VFA 最大值 989.69mg/L，不同温度下的平均水解率（发酵产物中的 SCOD 与 TCOD 的比值）随着温度的升高而上升。所以可以利用固体废物水解发酵产生的挥发性脂肪酸运用到其他行业中，或者降低其对环境污染的程度。

（2）利用菌-藻体系净化水产养殖废水　随着高产、高密度养殖的迅速扩大，养殖水体常因池中残饵、水生生物排泄物及尸体等的腐烂、分解，引起水质恶化，使水中营养元素 N、P 等发生非正常变化并产生有害物质。细菌和藻类是水生态体系中调节水质的重要微生物，它们能够有效控制养殖水体中 NH_4^+-N、NO_3^--N 等无机营养盐含量，改善水质，且具有无毒副作用、不污染环境的特点，符合健康养殖的要求。藻类通过吸收氮、磷等无机营养盐而合成有机物，并能够向周围释放氧气；细菌能够分解利用藻类所分泌的有机物以及死亡的藻细胞，其分解产物被藻类吸收利用。因此可以利用细菌和藻类之间的共生作用构建菌-藻净化体系，寻找有效的菌以调节达到调节水质。

（3）利用养殖固体废物作碳源养殖废水水解反硝化净化工艺　有实验显示，养殖废水（水解种污泥与养殖固体废物体积比为 1∶1、水温 20℃）经过 10h 水解，水解液 DO 质量浓度降至 0.2mg/L，NH_4^+-N、NO_3^--N，总有机物（TCOD）和总固体（TS）的去除率分别为 62.8%、43.5%、24.0%和 13.6%。当水解种污泥与养殖固体废物体积比为（1∶1.5）～（1∶2.5）时，养殖废水在 20℃条件下水解 6h，水解液中挥发性脂肪酸（VFA）最大浓度和溶解性有机物/总有机物（SCOD/TCOD）分别增加 32.0%～49.3%和 3.5%～9.1%。利用厌氧活性污泥对养殖废水的水解液（体积比为 1∶4，水温 20℃）进行反硝化净化，NO_3^--N 和 TCOD 的 3h 去除率分别达 99.6%和 88.3%，而养殖废水直接反硝化 10h，

NO_3^--N 和 TCOD 的去除速率分别为 36.5％和 75.9％。这表明，在海水循环养殖系统中，利用养殖固体废物作碳源、养殖废水水解反硝化工艺能有效脱氧和补充有机碳源，养殖废水反硝化净化效果显著。

第二节　资源循环过程分离技术

一、概述

有机化合物数量极大，结构复杂多样，性质千差万别，它们在被发现或合成的过程中，在其性能研究及分析工作中，在应用时都离不开分离和纯化步骤。无论是石油化工、制药、精细化工、生物化工、食品工业和其他有关行业，还是有机合成，生物化学及生物工程、分析化学、医药和环境保护等科研领域都需要有高效、快速和经济的分离纯化技术。分离技术是资源化循环过程中的重要环节，通过适当分离，可以使各种可资源性混合物进行提纯、单组分化，进而为后续选择资源化技术或直接用作原材料创造条件。选择合适的分离技术能够对复杂混合物中的资源性物质进行提纯，以便后续处理能够顺利高效完成。

有机化合物结构复杂多样（如碳链骨架、官能团、分子量及空间结构不同构成了性质十分复杂的有机家族），性质千差万别（如从熔点、沸点、折射率、密度、酸碱性、分子量、溶解度和吸附性能等方面考查，有些物质在某些性质上接近，在其他性质上差别大，而另一些物质也许正好相反），决定了分离技术的多种多样。只有选择某些合适的方法，利用分离对象组分间有性质差异的条件实现分离，以适应实际需要，如蒸馏法利用沸点差异；重结晶法利用溶解度差异；色谱法利用光吸附性能差异；膜分离法利用分子粒径大小不同。

分离、纯化技术的类型，按分离原理不同分为以下几种类型：①按蒸气压不同（沸点不同）实现分离的技术有蒸发、蒸馏、分馏，蒸馏又分为普通蒸馏，减压蒸馏和水蒸气蒸馏；②按在两相中溶解度不同或分配比不同实现分离的技术有经典萃取、双水相萃取、逆流分配、超临界萃取；③依靠物质从过饱和溶液中结晶析出的性质实现分离的技术有结晶、重结晶、多步结晶、沉淀法；④靠有一定大小孔径的膜来实现不同大小分子分离的技术有透析、超滤；⑤因分子大小不同及带电情况不同在电场中实现分离的技术有电泳、等电聚焦、毛细管电泳法；⑥利用物质在两相中各种亲和能力的不同实现分离的技术有色谱法。色谱法分类：按色谱流动相的不同，分为气相色谱和液相色谱；按色谱固定相容器形状的不同，可分为柱色谱、薄层色谱和纸色谱；按固定相对溶质保留机理的不同，又可分为正相、反相、离子交换、排阻、疏水相互作用和亲和色谱。

选择分离技术主要遵循以下几点：了解目标成分的性质；选择和确定定性、定量的方法；确定分离的方法并进行试验；方法评估；工业生产。分离纯化方案的设计是分离纯化工作的前提，也是决定分离工作成败的关键。在选择分离工艺时，主要应考虑以下几方面因素。①分离对象。分离对象是分离方法作用主体，只有对分离对象有明确的了解才能选择合适的分离方法。在了解分离对象时需关注以下几方面：了解待处理对象（植物材料、动物材料及反应液等）的物质组成、各种物质的主要理化性质、尽可能了解目标物（被分离物质）的化学结构及其理化性质，可靠的检测目标物方法。②分离目的。分离目的是分离操作的最终目标，没有明确的分离目标很难保证分离工艺选择的准确、合理。③分离量。由于不同分离方法分离量不尽相同，选择与需要分离量符合的分离方法可以保证分离精度及效率。④实验条件。了解和熟练掌握各种分离技术，明确各方法的应用范围和优缺点，满足分离要求基础上选择成本更廉价方法。

二、分子蒸馏分离技术

分子蒸馏分离技术是一种在高真空度条件下进行非平衡分离操作的连续蒸馏过程，它是以液相中逸出的气相分子依靠气体扩散为主题的分离过程。该技术主要应用于液体组分的分离、提纯和浓缩。分子蒸馏过程四步骤：物料分子从液相主体向蒸发表面扩散、物料分子在液层上自由蒸发、分子从蒸发表面向冷凝面飞射、轻分子在冷凝面上冷凝。

分子蒸馏技术与传统精馏的区别：①分子蒸馏的蒸发面与冷凝面距离很小，整个系统可在很高的真空度条件下工作，而传统蒸馏蒸气分子要经过很长的距离才可冷凝为液体，整个过程的真空度远低于分子蒸馏；②普通减压精馏是蒸发与冷凝的可逆过程，液相和气相间可形成相平衡状态，而分子蒸馏过程是不可逆过程；③普通蒸馏的分离能力只与分离系统各组分间的相对挥发度有关，而分子蒸馏还与各组分的分子量有关；④普通蒸馏有鼓泡、沸腾现象，而分子蒸馏是液膜表面的自由蒸发过程，无鼓泡、沸腾现象。

分子蒸馏需要具备的条件：①蒸发与冷凝面之间应保证较高的温度差；②蒸发面与冷凝面应保持较短的距离；③分子蒸馏分离系统中用保持较高的真空度；④蒸发面上的液体膜应尽可能薄；⑤分子蒸馏装置应有必要的设备系统。

图 3-4 为分子蒸馏实验装置。

分子蒸馏技术作为一种与国际同步的高新分离技术，具有其他分离技术无法比拟的优点。

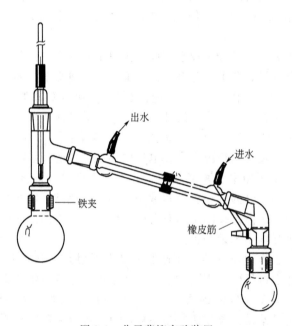

图 3-4　分子蒸馏实验装置

① 操作温度低（远低于沸点）、真空度高（空载≤1Pa）、受热时间短（以秒计）、分离效率高等，特别适宜于高沸点、热敏性、易氧化物质的分离；②可有效地脱除低分子物质（脱臭）、重分子物质（脱色）及脱除混合物中杂质；③其分离过程为物理分离过程，可很好

地保护被分离物质不被污染，特别是可保持天然提取物的原来品质；④分离程度高，高于传统蒸馏及普通的薄膜蒸发器。

分子蒸馏系统包括：①物料输入和输出系统；②蒸发系统；③冷凝系统；④真空系统；⑤控制系统。常见分子蒸发器：静止式、降膜式、刮膜式、离心式。常见分子蒸发器通用蒸馏过程4步骤：物料在加热表面上形成液膜，液体在液膜表面上自由蒸发，逸出分子向冷凝面运动，蒸发分子在冷凝面上冷凝。影响分子运动平均自由程的因素有：①温度；②压力；③分子有效直径。

蒸馏工艺操作过程中注意事项：①蒸馏过程中，蒸馏装置永远不能完全密封，总有一处通大气；②被蒸馏液中含有的固体，应先滤去；③蒸馏前要了解被蒸馏物的性质，一是了解其组成沸点，二是了解有无在蒸馏中会发生爆炸的物质存在（如过氧化氢、高氯酸、肼等物质达到一定浓度后自身或在有机物存在下发生爆炸），若有，应先除去或控制其浓度不要接近危险点，并且要在有安全保护装置的条件下进行蒸馏；④若馏出液需绝对干燥，在接液管的支管上可接一个干燥塔，以防止大气中水分侵入；若馏出液毒性大或气味难闻，可在接液管支管上接一个吸收瓶吸收，或者在某些情况下接一根管子引入水槽下水管，用水流带走逸出的气体。

分子蒸馏的缺点：①生产能力不大；②若混合物内各组分的分子平均自由程相近时，则可能分离不开；③生产成本高、生产技术难度大。

三、萃取分离与逆流分配技术

萃取分离技术主要是利用物质在互不相溶的两相中溶解度或分配系数的不同达到提取、分离及纯化的。即萃取是通过溶质在两相的溶解竞争而实现的。

萃取操作一般作用对象为固体或液体物质中成分萃取，萃取主要操作方法有人工手摇法、机械振荡法、机械搅拌法、超声搅拌法和连续萃取法。适合采用萃取操作进行分离提纯的物质应符合以下条件：①混合液中各组分的沸点接近，或各组分的相对挥发度接近于1，采用精馏操作所需的理论塔板数很多，或回流比很大，设备费和操作费用大，不经济，可采用萃取；如苯（沸点353.25K）-环己烷（沸点为354.15K），加入萃取剂糠醛即可分离。②混合液中欲回收的组分是热敏性物质，受热分解、聚合或发生其他反应。在生化和制药工业中广泛应用，如从发酵液中提取青霉素，咖啡咽的提取都应用萃取。③稀溶液，溶质在混合液中浓度很

图 3-5　单级萃取流程

低且为难挥发组分，采用精馏将大量稀释剂气化，热能消耗很大，从稀醋酸水溶液中制备无水醋酸。④混合液中组分蒸馏时形成恒沸物，采用普通的精馏方法，得不到所需的纯度。⑤其他，如多种金属物质的分离（稀有元素的提取，铜-铁，铀-钒、铌-钽），核工业材料的制取，废水治理等广泛地采用萃取。

萃取的基本流程主要有单级萃取（图3-5）、多级错流萃取（图3-6）和多级逆流萃取（图3-7）三种类型。萃取操作的主体萃取剂（表3-4）的选择对萃取效果起到重要影响，一定程度上，萃取剂的选择是否合适对萃取操作能否成功起到关键作用。选取

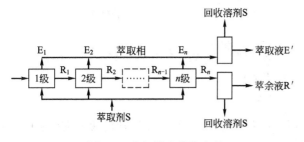

图 3-6　多级错流萃取流程

萃取剂时，应遵循以下几个原则：①选择的萃取剂对溶质 A 有较大的溶解能力，而与稀释剂 B 的互溶度较小；②选择的萃取剂应使萃取相和萃余相之间有一定的密度差，易于分层；③萃取剂具有化学稳定性、热稳定性，对设备腐蚀性较小；④萃取剂应无毒，不易燃烧，便于操作，输运及贮存来源充分，价格低廉；⑤要求萃取剂易于回收，且回收操作费用低。

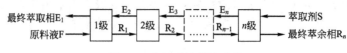

图 3-7　多级逆流萃取流程

表 3-4　常用萃取剂

名称	密度/(g/mL)	名称	密度/(g/mL)
石油醚	0.63～0.65	己烷	0.69
乙醚	0.71	甲苯	0.87
苯	0.88	水	1.00
饱和 NaCl 溶液	1.20	二氯甲烷	1.34
氯仿	1.5	四氯化碳	1.59

四、沉淀与结晶分离技术

沉淀与结晶法是一种常用的分离技术，二者本质上都属于新相析出的过程，主要是物理变化。二者区别在于沉淀为初分离过程，而结晶一般为分离的后续步骤，属于成品化过程。

1. 沉淀法

沉淀法主要包括中性盐沉淀法、有机溶剂沉淀法、非离子型聚合物沉淀法、聚电解质沉淀法和金属离子沉淀法。

（1）中性盐沉淀法　中性盐沉淀法又称盐析法，在发酵液中加入中性盐能破坏蛋白质或酶的胶体性质，消除微粒上的电荷，促使蛋白质或酶沉淀，一般应用于蛋白质分离和酶制剂工业的发酵液提取。其基本原理见图 3-8。

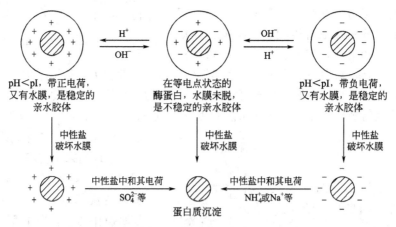

图 3-8　沉淀过程机理

蛋白质或酶的沉淀是由于盐类的加入使其溶解度变化所致，在浓盐溶液中蛋白质的溶解度（s）和溶液离子强度（$r/2$）呈下列关系：

$$\lg s = \beta - K(r/2) \tag{3-1}$$

式中，β 为假定离子强度等于零时溶解度 s 的对数；K 为盐析常数；$r/2$ 为离子强度，溶液离子强度：

$$\frac{r}{2} = \sum \frac{c_i Z_i^2}{2} \tag{3-2}$$

式中，c_i 为溶液中各种离子的物质的量浓度；Z_i 为各种离子所带的电荷数。因此，用盐析法分离蛋白质时可以有两种步骤：①在一定的 pH 值及温度条件，改变盐的浓度（即离子强度）达到沉淀的目的，称为"K"分级盐析法；②在一定离子强度下，改变溶液的 pH 值及温度，达到沉淀的目的，称为"b"分级盐析法。

一般粗提蛋白质时常用第一种方法，进一步分离、纯化时常应用第二种法。

（2）有机溶剂沉淀法　有机溶剂沉淀法利用有机溶剂可能破坏蛋白质或酶的某种键如氢键，使其空间结构发生某种程度的变形，致使一些原来包在内部的疏水基团暴露于表面并与有机溶剂的疏水基团结合形成疏水层，从而使蛋白质或酶沉淀，当蛋白质或酶的空间结构发生变形超过一定程度就会导致完全的变性。

有机溶剂沉淀法的优点主要在于某些蛋白质沉淀的浓度范围相当广，所得产品的纯度较高，从沉淀的蛋白质或酶中除去有机溶剂是很方便的，而且有机溶剂本身可部分地作为它们的杀菌剂，因而使有机溶剂法有可能用于大规模的蛋白质分级过程中。其局限性在于需要耗用大量的溶剂，溶剂的来源，储存都比较困难或麻烦，并且提炼操作需在低温下进行，使用上有一定的局限性，收率也比盐析法低。

影响有机溶剂沉淀效果的因素如下。①有机溶剂的种类。丙酮为最佳，乙醇次之，甲醇更次，乙醇是最常用的沉淀剂，在沉淀过程中乙醇与水混合时放出大量的稀释热，使溶液的温度显著升高。一般温度越低沉淀越完全，所以沉淀过程必须注意冷却降温。使沉淀在较低的温度下进行。②稳定剂的加入。在沉淀过程中，加入一些对酶有保护作用的盐类，对减少酶活的损失，提高收率十分有利，并且还可以使沉淀物凝聚而易于过滤。

（3）非离子型聚合物沉淀法　非离子型聚合物沉淀法沉淀作用的机理主要是基于分子体积的不相容性，即 PEG 分子从溶剂中空间排斥蛋白质，优先水合作用的程度取决于所用 PEG 的分子大小和浓度，对蛋白质的排斥作用导致蛋白质浓度增加，水合作用降低，相互作用增强，进而产生沉淀。

在该沉淀法中常用非离子型聚合物主要有聚乙二醇（PEG）、聚乙烯吡咯烷酮（PVP）和葡聚糖等高聚物，最常用的是 PEG4000 和 PEG6000。非离子型聚合物沉淀蛋白质的计算公式与盐析法相似：

$$\lg s = \beta - K_c \tag{3-3}$$

该沉淀法的优点主要包括：①室温下即可完成；②沉淀物形成颗粒大，易收集；③运用该沉淀法沉淀蛋白质稳定性得到提高。该方法不足之处在于 PEG 从蛋白质中去除困难，需要用超滤、液液萃取等方法。

（4）其他沉淀方法　主要有聚电解质沉淀法和金属离子沉淀法。

聚电解质是指含有重复离子化基团的水溶性聚合物，如聚丙烯酸、聚乙烯亚胺、羧甲基纤维素和离子型多糖等。聚电解质沉淀法基本原理根据聚电解质分子量大小不同而不同。高分子量聚电解质主要基于聚合物架桥机理形成沉淀，而低分子量聚电解质基于电荷中和作用机理形成沉淀。

金属离子沉淀法主要基于某些金属离子能与蛋白质分子中的特殊部位起反应，造成等电点的转移，从而降低蛋白质的溶解度。金属离子与蛋白质分子反应主要有三种类型：①能与蛋白质中的羧基、氨基和含氮杂环的化合物结合的金属离子，如 Mn^{2+}、Fe^{2+}、Co^{2+}、Cu^{2+}、Zn^{2+} 和 Cd^{2+}；②能与蛋白质中羧基结合的金属离子，如 Ca^{2+}、Ba^{2+}、Mg^{2+} 和 Pb^{2+}；③能与巯基结合的金属离子，如 Ag^+、Hg^{2+} 和 Pb^{2+}。

上述诸金属离子中用得较多的是 Zn^{2+}、Ca^{2+}、Mg^{2+} 及 Ba^{2+} 的硫酸盐。Mn^{2+} 对沉淀核酸特别有效，金属离子与蛋白质、核酸、有机酸和多肽等结合后常形成不溶性基质，它们有些是不可逆反应，特别是巯基。使用时还应注意金属离子加入后引起的 pH 值变化不应与蛋白质的等电点相差过大。

2. 结晶法

溶液结晶过程是溶质质点从不规则排列状态到规则排列形成晶格的过程，只有过饱和度形成时发生结晶，而过饱和度是其推动力。将一个被溶解物放入一个溶剂中，由于分子的热运动，必然发生两个过程：①固体的溶解，即被溶解物质（溶质）分子扩散进入液体内部；②物质的沉积，即溶质分子由液体中扩散到固体表面进行沉积，一定时间后，这两种分子扩散过程达到动态平衡。我们将能够与固相处于平衡的溶液称为该固体的饱和溶液。

结晶是从均一的溶液中析出固相晶体的过程，常包括以下三个步骤。

（1）过饱和溶液的形成　结晶的首要条件是过饱和，制备过饱和溶液的方法一般有 4 种。

① 化学反应结晶。调节 pH 值或加入反应剂，使生成新的物质，其浓度超过它的溶解度。例如在红霉素醋酸丁酯提取液中加入硫氰酸盐溶液并调节溶液的 pH 值为 5 左右，生成红霉素硫氰酸盐析出。

② 将部分溶媒蒸发。例如真空浓缩赤霉素的醋酸乙酯萃取液，除去醋酸乙酯后，即成结晶析出。

③ 将热饱和溶液冷却。例如冷却已有少量结晶析出的红霉素丙酮浓缩液至 4h，放置 4h，红霉素结晶就能大量析出。

④ 盐析结晶。在溶液中，添加另一种物质使原溶质的溶解度降低，形成过饱和溶液而析出结晶。加入的物质可以是能与原溶媒互溶的另一种溶媒或另一种溶质。例如利用卡那霉素易溶于水而不溶于乙醇的性质、在卡那霉素脱色液中加入 95% 乙醇，加入量为脱色液的 60%～80%，搅拌 6h，卡那霉素硫酸盐即成结晶析出。

（2）晶体的生成　在溶液中分子的能量或速度具有统计分布的性质，在过饱和溶液中也是如此。当能量在某一瞬间，某一区域由于布朗运动暂时达到较高值时会析出微小颗粒即结晶的中心称为晶核，晶核不断生成并继续成长为晶体。一般地说，自动成核的机会较少，常需借外来因素促进生成晶核，如机械振动、搅拌等。

（3）晶体的成长　晶核一经形成，立即开始长成晶体，与此同时，新的晶核还在不断生成。所得晶体的大小，决定于晶核生成速度和晶体成长速度的对比关系。如果晶体生长速度大大超过晶核生成速度，过饱和度主要用来使晶体成长，则可得到粗大而有规则的晶体，反之，过饱和度主要用来生成新的晶核，则所得晶体颗粒参差不齐，晶体细小，甚至呈无定形。有机化合物的晶体生长是依靠了构成单位之间相互作用力来实现的，在离子晶体中，构成单位靠静电引力结合在一起，在分子晶体中，靠氢键结合在一起，如果分子带偶极矩，那么它也靠静电力结合。

若要获得比较粗大和均匀的晶体，一般温度不宜太低，搅拌不宜太快，并要控制好晶核生成速度大大小于晶体成长速度，最好在较低的饱和度下即将溶液控制在介稳区内结晶，那么在较长的时间里可以只有一定量的晶核生成，而使原有的晶核不断成长为晶体。加入晶种，能控制晶体的形状、大小和均匀度，但首要的晶种自身应有一定的形状、大小和比较均匀，不仅如此，加入晶种还可使晶核的生成提前，也就是说所需的过饱和度可以比不加晶种时低很多。所以，在工业生产中如遇结晶液浓度太低而结晶发生困难时，可适当加入些晶种，能使结晶顺利进行。

五、色谱分离技术

1. 概述

在色谱分析中，当流动相携带样品通过色谱的固定相时，样品分子与固定相分子之间发生相互作用，使样品分子在流动相和固定相之间进行分配。与固定相分子作用越大的组分向前移动速度越慢，与固定相分子作用越小的组分向前移动速度越快，经过一定的距离后，由于反复多次的分配，使原本性质（沸点、极性等）差异很小的组分之间可得到很好的分离。

色谱法是包括一大类操作方式不同，但分离原理相同的一门技术，不论采用何种方法或设备，其色谱过程有着如下共同点：①任何色谱过程，都必须有两相物质存在，一为固定相，一为流动相；②物质的分离还必须借助于流动相相对于固定相移动；③被分离的物质称为溶质，由于各种溶质组分与两相物质有着不同作用力，从而造成各组分产生差速运动而达到分离目的。

色谱法按移动相不同可以分为气象色谱、液相色谱及超临界流体色谱三大类；按分离床几何形状可以分为柱色谱和开床式色谱；按分离原理不同可以分为吸附色谱、分配色谱、离子交换色谱、凝胶色谱、亲和色谱。

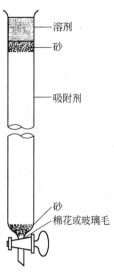

图 3-9　吸附色谱柱

下面主要以常用于分离的吸附柱色谱技术进行介绍。柱色谱是将吸附剂填充到一根玻璃管或金属管中进行的色谱技术，见图 3-9。这种方法可以用来分离大多数有机化合物，尤其适合于复杂的天然产物的分离。适用于分离和精制较大量的样品。

根据待分离组分的结构和性质选择合适的吸附剂和洗脱剂是分离成败的关键。其中，对吸附剂的要求是：①对样品组分和洗脱剂都不会发生任何化学反应，在洗脱剂中也不会溶解；②对待分离组分能够进行可逆的吸附，同时具有足够的吸附力，使组分在固定相与流动相之间能最快地达到平衡；③颗粒形状均匀，大小适当，以保证洗脱剂能够以一定的流速（一般为 1.5mL/min）通过色谱柱；④材料易得，价格便宜而且是无色的，以便于观察。目前，常用吸附剂的种类有氧化铝、硅胶、聚酰胺、硅酸镁、滑石粉、氧化钙（镁）、淀粉、纤维素、蔗糖和活性炭等。

2. 吸附剂的活度及其调节

吸附剂的活性一般分为五级，分别用Ⅰ、Ⅱ、Ⅲ、Ⅳ和Ⅴ表示。数字越大，表示活性越小，一般常用Ⅱ～Ⅲ。吸附剂的活性取决于它们含水量的多少，活性最强的吸附剂含有最少的水。向吸附剂中添加一定的水，可以降低其活性。反之，如果用加热处理的方法除去吸附剂中的部分水，则可以增加其活性，后者称为吸附剂的活化。各种不同活度吸附剂的含水量见表 3-5。

表 3-5 各种不同活度吸附剂的含水量 单位：%

活度	氧化铝	硅胶	硅酸镁
Ⅰ	0	0	0
Ⅱ	3	5	7
Ⅲ	6	15	15
Ⅳ	10	25	25
Ⅴ	15	36	35

3. 色谱柱的选择

色谱柱是吸附剂附着主体，有玻璃柱和不锈钢柱两种，一般不使用有机玻璃柱，实验室常用玻璃柱；径长比一般为 (1∶10)～(1∶20)，特例 (1∶40)；内壁光滑均匀，上下粗细一样，管壁无裂缝，活塞密封良好；根据吸附剂用量（体积）确定柱子的大小，一般吸附剂应填充到柱子体积的 3/4～4/5 左右。

六、膜分离技术

膜分离是在 20 世纪初出现，20 世纪 60 年代后迅速崛起的一门分离新技术。膜分离技术由于兼有分离、浓缩、纯化和精制的功能，又有高效、节能、环保、分子级过滤且过滤过程简单、易于控制等特征，因此，目前已广泛应用于食品、医药、生物、环保、化工等领域，产生了巨大的经济效益和社会效益，已成为当今分离科学中最重要的手段之一。膜分离技术是指在分子水平上不同粒径分子的混合物在通过半透膜时，实现选择性分离的技术，半透膜又称分离膜或滤膜，膜壁布满小孔，根据孔径大小可以分为微滤膜（MF）、超滤膜（UF）、纳滤膜（NF）、反渗透膜（RO）等，膜分离都采用错流过滤方式。

膜分离技术是用天然或人工合成的高分子薄膜，以外界能量和化学位差为推动力，对双组分或多组分的溶质和溶剂进行分离分级提纯和富集的方法。

七、新分离技术

分离技术与设备发展迅速，新理论的出现、新技术和新材料的采用大大推进了分离纯化技术的发展。如：①计算机和电子技术的广泛使用使自动化程度大大提高；②酶制剂的使用为手性化合物的分离开辟了新途径；③色谱技术和仪器的进步大大推动了分离技术的进步；④膜技术的应用提高了分离处理量而且降低了成本。

需要看到，每种分离方法均有适应性及局限性，每种分离方法、分离材料、分离工艺都是依据不同的分离对象、分离目的而确定的，当分离对象与目的改变时，分离技术也要重新选择。

第三节 资源循环工程物理处理技术

一、概述

根据不同的需要，可以采用筛选、重选、风选、磁选、电选、浮选、光电分选等不同手段。通过磁选和电选可以分离出金属和玻璃，通过光电分选可以将不同的塑料分离出来。由于采取的垃圾资源化技术不同，选择的垃圾预处理的手段也要根据实际情况的需要来确定，只有这样才能因地制宜，取得好的经济效益。

国外一些发达国家在生活垃圾分选领域做了许多工作，且成套化的产品也早已投入市场（如德国和日本），但那些设备也不能照搬到我国来。这是因为这些国家生活垃圾的源头分类工作已十分细致，需要分选的生活垃圾组分比较简单，而且这些国家生活垃圾的含水率很低，这就消除了垃圾分选的一个重要的不利因素，能够获得较高的分选效率。而我国生活垃圾并没有实现源头分类，需要分选的垃圾组分极为复杂且含水率高，如果照搬这些国家的成套设备，则分选效率往往较低。

目前的处理工艺主要有以下三种。第一种方式为直接进行人工初选，然后进行筛选和人工分选。这是一种比较低级的处理方式，主要用于国内垃圾处理厂比较简陋的工艺方式。第二种方式为先对袋装垃圾进行破袋，再进行筛分和人工分选。该方式主要是参照欧、美等发达国家的设备进行垃圾处理。国外生活垃圾是分类袋装收集，而我国生活垃圾是混合袋装收集，因此国外的生活垃圾处理方式并不适合我国的国情。第三种方式为在对袋装垃圾进行破袋的同时，对垃圾中的大块物料进行选择性破碎和分选，再进行筛分和人工分选。

就生活垃圾分选技术来说，仅从垃圾预处理的角度把垃圾分选设备分为破碎、分选和传送等3部分，并没有把它纳入一整套新型的垃圾处理装置的总体设计中。同时，适用于城市垃圾的以粒度、密度差等颗粒物理性质差别为基础的分选方法还有待于进一步完善。

二、破袋技术

由于袋装垃圾所用的垃圾袋大小不一，有的大袋套小袋，有的袋子很结实，袋内垃圾成分十分复杂，增大了破袋难度，因而破袋已成为垃圾预处理的一大关键。从近几年国内新建的垃圾处理厂及近期的一些科技文献资料来看，国内对垃圾破袋工艺技术的研究及专用设备开发起步较晚，破袋手段落后，主要是通过人工破袋和机械式破袋，工作环境差，劳动强度高，破袋率低。

1. 辊筒式破袋技术

当袋装垃圾通过料斗落入差速回转运动的两辊之间时，由于辊筒内固定轴的轴线与辊筒轴线之间有一偏移量，且两辊筒以不等速绕各自轴线相向回转，因而在两辊上均匀排布的伸缩式锯齿形破碎刀逐渐由筒内向外伸出戳入垃圾袋内，随着辊筒继续转动，两辊上的破碎刀伸出到最大位置，将大块有机物如瓜果、蔬菜等戳破和挤碎。随后破碎刀开始向辊筒内退缩，加之两辊存在转速差，两辊筒内的破碎刀在退缩时将垃圾袋撕破，充分破袋。

在破碎刀的低速冲击、剪切和撕扯作用下，袋内垃圾有机物料被破碎成适合于后序分选的粒度，脆性无机物如陶瓷、砖石及玻璃等被破碎成块。其后，随着辊筒的继续回转，破碎刀逐渐缩回到筒内，从而自动解脱缠绕破碎刀上的破鞋、烂布条、包装带等强韧性缠绕物，破碎后的垃圾落在下方输送带上被运走。若垃圾中有混凝土块、石块、废钢铁件等大块硬物料进入破袋机内时，安全弹簧退让装置或摩擦离合器将发挥作用而使其顺利通过以确保设备安全正常运行。缺点是选择性破碎效果较差。

2. 筛分破袋机

筛分破袋机，就是在垃圾进入滚筒筛分机时先破袋后筛分，其结构是在筛板上焊钢筋棍制成的尖刀，它的缺点是划破的塑料袋易缠绕在刀头上且破袋率低，运转过程中必须及时清理且清理困难，影响正常生产。以已申请专利的开放式垃圾破袋分选机为例进行介绍，该设备由出料板、机架、滚筒、轴承、侧板、进料槽以及传动机构等组成。滚筒表面有能对垃圾起到拨送、撕扯作用的破袋器；滚筒经轴承安装在机架上并与传动机构相连，传动机构上有设备意外卡住时的机械保护机构，相邻滚筒之间的净间距大于或等于垃圾的分选尺寸；侧板固定在机架上，进料槽和出料板分别连接在机架的进出料端。

原生垃圾从前端喂入，被垃圾覆盖和与垃圾有效接触的滚筒在转动过程中将垃圾向相邻的下一个滚筒拨送，这一过程连续向后复制，延续到所有滚筒。在这个过程中，同时实现大小垃圾袋的破袋和多级筛分，大块垃圾沿着滚筒上面被送到出料口经出料板进入下一道工序，小尺寸的垃圾从滚筒之间的空隙进入下面的收集设备。破袋有两种形式：一种是滚筒上的刀刃拨动袋装垃圾时，袋装垃圾在自重、其他垃圾的挤压、碰撞作用和挡板的阻碍作用下，被刀刃划破包装袋；另一种是当袋装垃圾处于两根滚筒之间时，垃圾袋被具有不同线速度方向的破袋器撕裂。破袋的同时有一定破碎作用。

3. 破碎筛分一体机

破袋破碎机主要由机架、辊筒、破袋刀、传动装置、过载保护装置、防缠绕装置等组成。结构特点是在机架上安装两个相向转动的辊筒装置，每一辊筒装置中含有一固定轴，其轴线与辊筒轴线偏移一定距离，固定轴上套装有若干组转动套，破袋刀一端通过连杆连接于固定轴的转动套上，另一端在辊筒上的径向孔内放置。其中一辊筒装置两端与轴承、端盖、滑块、弹簧、螺杆以及连接杆等组成一体，通过滑块可沿导轨滑动；滑块与机架之间用弹簧顶紧，并通过螺杆来调节顶紧力的大小。另一辊筒的传动采用锥面摩擦离合器传动装置。设备工作时，两个辊筒以不等速绕各自轴线相向转动，通过调节辊筒转速，使两辊筒速差实现最佳匹配，达到较好破袋效果，同时也满足了物料处理量的要求。

4. 锯片式破袋机

锯片式破袋机是在一主轴上安装数十片像轮锯那样的锯片，在旋转过程中破袋，其缺点是易缠绕，锯片易被垃圾中的建筑垃圾或金属毁坏。

5. 多螺旋式破袋机

多螺旋式破袋机是将混装垃圾倾入由数个直径较小的平行螺旋组成的破袋机中，各条螺旋在差数下运转扯开包装袋，其缺点是易缠绕，开袋率低。

6. 滚筒式破袋机

滚筒式破袋机是在直径约1.2m的钢管滚筒内安装勾刀，利用勾刀勾开垃圾袋，靠垃圾自重撕开垃圾袋。其缺点是绞刀易损和由随机性强带来的开袋率低。

三、气流分选技术

气流分选工艺简单，作为一种传统的分选方式，在国外主要用于城市垃圾的分选，将城市垃圾中以可燃性物料为主的轻组分和以无机物为主的重组分分离，以便分别回收利用和处置。按气流吹入分选设备内的方向不同，气流分选设备可分为两种类型：水平气流风选机（又称为卧式风力分选机）和上升气流风选机（又称为立式风力分选机）。研究表明，要使物料在分选机内达到较好的分选效果，就要使气流在分选筒内产生湍流和剪切力，从而把物料团块进行分散，有利于各物料的分选。

根据风机与旋流器安装的位置不同，立式风力分选机可分有三种不同的结构形式，但工作原理基本一样：经破碎后的城市生活垃圾从中部给料，垃圾在上升气流的作用下，垃圾中各组分按密度进行分离，重质组分从底部出料，轻质组分从顶部排出，通过旋风分离器进行气固分离，从而达到分选目的。卧式分选机从侧面送风，垃圾经破碎和筛分使其粒度均匀后，定量给入分选设备内。垃圾在下降过程中，被送入的气流吹散，各种组分按不同运动轨迹分别落入重质组分、中重组分和轻质组分的收集槽内，从而达到分选目的。

此外，为了取得更好的分选效果，可对立式风选机进行改造，将其他分选手段与气流分选在一个设备中，如振动式气流分选机和回转式气流分选机。前者兼有振动和气流分选的作用，让所给的垃圾沿着一个斜面振动，较轻的物料集中于表面层由气流带走，实现分选；后者兼有滚筒筛的筛分作用和气流分选的双重作用，当滚筒筛旋转时，较轻的垃圾颗粒悬浮在气流中而被带到集料槽，较重和较小的颗粒则通过滚筒筛壁上的筛孔落入集料槽，较重的大颗粒则在滚筒筛的下端排出。

四、滚筒筛技术

滚筒筛是被广泛使用的垃圾分选设备，利用作回转运动的筒形筛体将垃圾按粒度进行分级的设备，其筛面一般为编织网或打孔薄板，工作时筒形筛体倾斜安装。进入滚筒筛内的垃圾随筛体的转动做螺旋状的翻动，粒度小于筛孔的垃圾被筛下，大于筛孔的垃圾则在筛体底端排出。

尽管滚筒筛的使用已很普遍，但国内对其研究很少，设计时多通过经验确定其参数。同济大学盛金良从几何参数、运动参数和动力参数几方面对垃圾滚筒筛的参数设计进行了研究。其认为，垃圾在滚筒筛内的运动可以分解为沿筛体轴线方向的运动和垂直于筛体轴线平面内的平面运动。沿筛体轴线方向的直线运动是由于筛体的倾斜安装而产生的，其速度即为垃圾通过筛体的速度。垃圾在垂直于筛体轴线平面内的运动与筛体的转速密切相关。当筒体总以较低于临界速度转动时，垃圾被带至一定高度后做抛物线下落运动，这种运动有利用于筛分的进行。一般滚筒筛的转动速度为临界速度的 $30\%\sim60\%$，该数值比垃圾物料获得最大落差所需的转速要略低一些。

钱涌根等认为滚筒筛的倾斜角会影响垃圾物料在筛筒体内的滞留。在城市生活垃圾处理系统中，滚筒筛安装倾斜角通过在 $2°\sim5°$ 范围内选择；有时考虑到最佳的生产力，也可以超出这个范围。同济大学李兵认为最佳安装角度为 $3.2°\sim7.8°$ 范围内。

五、振动筛技术

振动筛在城市生活垃圾分选中的应用也非常广泛。垃圾物料在筛面上发生离析，密度大而粒度小的垃圾颗粒将穿过密度小而粒度大的垃圾颗粒的空隙，进入下层达到筛面，进而通过筛孔达到分选的目的。许多学者研究结果表明，振动筛的倾角一般控制在 $8°\sim40°$ 之间，这是因为倾角太小垃圾物料移动速度缓慢，单位时间内出料较少，难以满足处理量的要求；倾角太大时垃圾物料在筛面上移动过快，垃圾物料还未充分透筛即排出筛体以外，难以达到分选效果的要求。振动筛由于筛面强烈振动，消除了堵塞筛孔的现象，有利于湿物料的筛分，这一点非常符合生活垃圾含水率较高的特点。有时为了在一次筛分过程中满足不同筛分要求，可将振动筛设计成多级筛分系统，即一台滚筒筛有多个筛面，每个筛面的孔径不一样，由上至下递减以满足不同分选要求。

振动筛可分为惯性振动筛和共振筛两种。前者是通过不平衡体的旋转产生的离心惯性力，使筛体产生振动从而达到分选的目的；后者是利用连杆上装有弹簧的曲柄连杆机构驱动，使筛子在共振状态下达到筛分要求。

六、磁选技术

固体废物的磁力分选是借助磁选设备产生的磁场使铁磁性物质组分分离的一种方法，在固体废物的处理系统中，磁选主要用于回收或富集黑色金属，或在某些工艺中用于物料中铁质物质的去除。从破碎的固体废物中回收金属碎片最常用的方法是：破碎后和分选前，或在破碎和分选后进行铁金属的磁选回收。在一些大型设备中，高架磁选装置用于回收破碎前的铁金属，废物在焚烧炉里焚烧时采用磁选方法选出废物中的铁金属。在垃圾填埋处理场也已使用磁选回收装置，通过磁选使废物中的铁金属分离出来，以便在废物处理工艺中减少对分选机械和其他设备的破坏与磨损，达到产品的纯化程度，得到良好的回收效果。

固体废物根据其磁性分为强磁性、中磁性、弱磁性和非磁性组分。这些磁性不同的组分通过磁场时，磁性较强的颗粒（常为黑色金属）就被吸附到产生磁场的磁选设备上，而磁性弱和非磁性的颗粒就被输送设备带走，或受自身重力或离心力的作用而掉落到预定的区域内，从而完成磁选过程。磁选技术发展悠久，磁选设备较为完善。目前，在废物处理系统中最常用的磁选设备为悬挂式磁选机和辊筒式磁选机。悬挂式磁选机有利于吸除输送带表层的铁金属，辊筒式磁选机则有利于吸除贴近皮带底部的铁金属。因此，在实际应用中，往往将它们串联在一起，以提高铁金属的回收效率。

第四节　资源循环工程物化处理技术

一、概述

与生化处理法相比，物化处理法占地面积少，出水水质好且比较稳定，对废水水量、水温和浓度变化适应性强，可去除有害的重金属离子，除磷、脱氮、脱色效果好，管理操作易于自动检测和自动控制等。物化处理技术在工业污水治理方面应用广泛，尤其是混凝法、气浮分离法的应用最为广泛。采用物化技术进行预处理或后续处理可创造有利于生化处理的条件并提高出水的水质水平。通常，工业废水的 COD 浓度较高、生化性较差、生物毒性较强，物化技术预处理能提高废水的可生化性、消除其毒性；而多数经生化处理后不能达标的处理出水，进一步的物化后续处理即能实现排放要求；物化处理必要时也可作为主体处理工序应用。

二、混凝技术

混凝处理法为目前国内外普遍采用的一种水质处理方法，广泛用于制药废水预处理及后续处理过程中。它是通过向废水中投加混凝剂，使其中的胶体微粒等发生凝聚和絮凝（合称混凝）而相互聚结形成较大颗粒或絮凝体，进而从水中分离出来以净化废水的方法。混凝处理可去除废水中的细分散固体颗粒、乳状油及胶体物质等。

在制药废水处理中使用的混凝剂包括硫酸亚铁、三氯化铁、硫酸铝（AS）、聚合硫酸铁（PFS）、聚合硅酸铁（PSF）、聚合硅酸硫酸铁（PFSS）、聚合氯化铝（聚铝，PAC）、聚合氯化铁（PFC）、聚合硫酸铁铝（PAFS）、聚合硫酸氯化铁铝（PAFCS）、聚丙烯酰胺（PAM）等。近年来，混凝剂的发展方向是由低分子向聚合高分子发展，由功能单一型向复合型发展。

混凝处理法一般先投加聚合硫酸铁（PFS）、聚合硫酸氯化铁铝（PAFCS）等无机絮凝剂，再加入少量的聚丙烯酰胺（PAM）等有机高分子絮凝剂，具体投加量按实际情况以达到经济实用的效果为佳。郑怀礼对中药制药废水的处理研究表明每种絮凝剂都存在其最佳投药量，PFS 与 PAC 为 $80\sim100mg/L$，PFSS 为 $1.0mg/L$，PFS 较 PAC 有更好的絮凝效果；有机阳离子高分子絮凝剂可增强 PFS 与 PAC 的絮凝效果，而对 PFSS 影响不明显。

影响混凝效果的因素有水温、pH 值、浊度及硬度等。例如，聚合氯化硫酸铝和聚合氯化硫酸铁铝处理 COD_{Cr} 为 $1000\sim4000mg/L$ 的制药废水，其最佳工艺条件：pH 值 $6.0\sim7.5$、搅拌速度 $160r/min$、搅拌时间 $15min$、一次处理混凝剂投加量 $300mg/L$、沉降时间 $150min$，COD_{Cr} 去除率在 80% 以上；若分二次投药处理效果更佳。

三、絮凝技术

废水中的各污染物质在混合以后，由于胶体污染颗粒表面反应自由能的降低，会在废水处理体系中自行从分散状态变为聚集状态，产生自凝效应。适当调节废水的值会促成这一作用，对使用染料品种比较单一的印染废水，在间断投加少量混凝剂的情况下，也可促进自凝作用。

处于分散状态的废水中的污染颗粒，当进入一种粒状材料空隙间的同号静电场以后，由于静电场对胶粒的吸引和对胶粒漫散层电荷的压缩，产生强制电中和作用，进而由于表面能的释放而聚沉，于是被粒状材料所构成的滤床所截留。由于静电处理是利用电场对胶粒的聚沉作用，没有电子得失，故电耗甚微，可以忽略不计。

氧化絮凝是一项废水处理新技术，尤其适于高浓度、难生物降解有机废水的预处理，或经生化处理后不达标时的深度处理。该方法通过电解催化氧化或 H_2O 与铁盐等催化氧化反应机制，产生具有极强氧化性的羟基自由基(-OH)，借助-OH 具有"攻击"有机物分子内高电子云密度部位的特点，使微生物难降解的大部分有机物迅速变为易分解的小分子有机物。甚至往往会被-OH 彻底矿化为 CO_2 和 H_2O。进一步通过投加絮凝剂，将形成的絮状有机物分离去除。氧化絮凝法对改善废水的可生化性效果显著，对 COD 等有机物的去除率一般可达 $20\%\sim40\%$。

四、吸附技术

吸附处理法是利用吸附剂（多孔性固体）吸附去除或吸附并回收废水中的某种或多种污染物，从而使废水得到净化的方法。

（1）吸附法的分类　按机理有物理吸附、化学吸附和交换吸附之分。按接触、分离的方式可分为：①静态间歇吸附法，即将吸附剂投入反应池的废水中，使吸附剂和废水充分接触，经过一定时间达到吸附平衡后，利用沉淀法再借助过滤将其与废水分离；②动态连续吸附法，即当废水连续通过吸附剂填料时，吸附去除其中的污染物。

（2）操作流程　吸附法单元操作分三步：①使废水和固体吸附剂接触，废水中的污染物被吸附剂吸附；②将吸附有污染物的吸附剂与废水分离；③吸附剂进行再生或更新。

（3）常用的吸附剂　有活性炭、活性煤、腐殖酸类、大孔吸附树脂等。炉渣、焦炭、硅藻土、褐煤、泥煤、黏土等虽为廉价吸附剂，但它们的吸收容量小，效率低。

① 活性炭吸附剂。实践证明，颗粒活性炭对各种染料的吸附去除能力顺序为碱性酸性直接硫化染料。活性炭对分子量在左右的染料分子脱色效果最为理想，对分子量小的染料吸

附也较好，而对疏水性染料脱色效果较差。

② 矿物吸附剂。主要包括：a. 将高岭土、大理石粉末、熔岩粉末按比例混合，煅烧得到的脱色剂可以较好地去除废水中的染料成分和色度；b. 水铝英石的胶态土可用于印染废水；c. 活性白土对苯系偶氮分散染料有很好的脱色效应；d. 斜发沸石用酸、碱处理后再活化可有效地去除废水中的染料成分，脱色率在 99.7% 以上；e. 麦饭石对染料的吸附效率高，具有良好的脱色率和去除率，我国麦饭石资源丰富，开辟此技术前景广阔；f. 利用凹凸棒石粉作吸附剂去除印染废水色度；g. 利用镁型吸附 $MgO-Al_2O_3$、黏土活性 MgO-黏土处理印染废水；h. 利用活化硅藻土（Al_2O_3 和 Fe_2O_3 为主）进行印染废水深度脱色；i. SiO_2 吸附去除碱性染料是一种经济、高效的处理工艺；j. 天然蒙脱土处理含酸性阳离子染料废水，脱色率可达以上，去除率高达 96.9%。

③ 煤及煤渣吸附剂。实验证明，具有最好脱色效果的是粒径林的煤粉，活化煤作为印染废水的深度处理效果是最明显的，去除率基本稳定在 $COD_{Cr} > 80\%$，色度 $> 70\%$。活化煤处理印染废水具有投资低、占地少、操作简便、便于管理、处理效果稳定等优点。

④ 天然废料吸附剂。木炭、稻壳、玉米棒、甘蔗渣、泥炭、锯屑等都是天然的吸附剂。

⑤ 离子交换树脂吸附剂。近年来，针对水溶性离子型染料废水脱色困难这一问题，进行了利用磺化煤和改性纤维素离子交换树脂进行脱色的研究。此外，国外利用特殊纤维和特别加工制成的聚酰胺纤维，活性炭纤维的脱色技术也有很多的研究。

五、气浮技术

气浮法也称浮选法，是在废水中通入大量微细气泡，使其黏附废水中的污染物，造成因黏合体密度小于水、上浮到水面而实现固-液或液-液分离的废水净化过程。气浮法包括布气气浮（IAF）、溶气气浮（DAF）、电解气浮、生物及化学气浮等多种形式，是用于处理含油废水的一种非常有效的方法。气浮分离的速度决定于颗粒和液体密度的大小，气浮处理工业废水，具有投资省、占地少、分离速度快、处理效果好等优点。

气浮法通常作为对含油废水二级生物处理之前的预处理，以保证生物处理进水水质的相对稳定；或者作为二级生物处理后的深度处理，确保排放出水水质符合标准的要求。由于分离效率高，并兼有向水中充氧曝气的作用，特别适用于处理低温、低浊、高藻、高色和受有机物污染的原水。工程应用及研究均表明，除分离污水中密度接近于水的微细悬浮颗粒状态的无机及有机悬浮物外，气浮法对于水中溶解性有机物也有一定的去除效果，还可以有效地用于活性污泥的浓缩。

在庆大霉素、土霉素、麦迪霉素等制药废水处理中，常采用化学气浮法。如庆大霉素废水经化学气浮处理后，COD 去除率可达 50% 以上，固体悬浮物去除率可达 70% 以上。

六、氨吹脱技术

高浓度氨氮（NH_3-N）废水由于微生物受到 NH_3-N 的抑制作用，采用传统生化工艺处理效率低，同时氨氮废水多数含盐量大，很难进行生化处理，因而此类废水的去氨脱氮成为生物处理前预处理需要解决的关键问题。

废水中的氨氮主要以铵盐和游离氨两种形态存在。吹脱法即是在一定条件下，将铵盐较充分地转化成游离氨，并采用空气迅速将其吹脱去除。如乙胺碘呋酮废水处理的赶氨脱氮法；又如，低温催化氧化-吹脱技术是在高效复合催化剂催化作用下，将废水中的铵盐最大限度地转化为游离氨，同时减小废水中氨和其他混合气体中氨的分压，加快游离氨释出的解吸过程和传递速率，再配合专用设备进行低风压吹脱，使游离氨能够快速与废水分离。

七、电解技术

废水电解处理法是应用电解的基本原理，使废水中有害物质通过电解转化成为无害物质以实现净化的方法。废水电解处理包括电极表面电化学作用、间接氧化和间接还原、电浮选和电絮凝等过程，分别以不同的作用去除废水中的污染物。

电解法主要优点：使用低压直流电源，不必大量耗费化学药剂；在常温常压下操作，管理简便；如废水中污染物浓度发生变化，可以通过调整电压和电流的方法，保证出水水质稳定；处理装置占地面积不大。但在处理大量废水时电耗和电极金属消耗量较大，分离的沉淀物不易处理利用，主要用于含铬废水和含氰废水的处理。该法处理废水高效、易操作，同时又有很好的脱色效果。李颖采用电解法预处理核黄素上清液，COD、SS 和色度的去除率分别达到 71%、83% 和 67%。

八、离子交换技术

废水离子交换处理法是借助于离子交换剂中的交换离子同废水中的离子进行交换而去除废水中有害离子的方法。

作用机理如下所述。

①被处理溶液中的某离子迁移到附着在离子交换剂颗粒表面的液膜中；②该离子通过液膜扩散（简称膜扩散）进入颗粒中，并在颗粒的孔道中扩散而到达离子交换剂的交换基团的部位上（简称颗粒内扩散）；③该离子同离子交换剂上的离子进行交换；④被交换下来的离子沿相反途径转移到被处理的溶液中。离子交换反应是瞬间完成的，而交换过程的速度主要取决于历时最长的膜扩散或颗粒内扩散。

离子交换依当量关系进行，交换剂具有选择性，反应可逆。可应用于各种废水处理并去除或回收相关污染物质，具有广阔的前景。

九、离子对萃取脱色技术

（1）作用机理　在酸性条件下，长链胺，如伯胺与含有磺酸基团的有机大分子反应形成疏水的离子对蓄积在有机相中，如过量的胺相中，从而与水相分离。相分离可借助于惰性非极性溶剂，优先的是碳氢化合物。合适的胺包括伯胺、仲胺以及叔胺、季铵等芳香族胺。

（2）操作方法　萃取法操作时，先将废水调节到合适的值，然后混以胺和非极性惰性溶剂，再予以振荡。

（3）有机相的回收　如果有机相中含有活性染料，惰性溶剂可以通过蒸馏加以回收，而且如果调节得当，胺还可以回用，在这种情况下，蒸馏残渣必须按照特殊废品法规加以处理，而有机相则可以选择通过直接焚烧处理掉。对含有水溶液的胺与溶剂的混合物则进行再提取。对有金属络合染料存在的情况下，用水溶液处理胺、溶剂和染料的混合物是非常巧妙的解决方法，这样染料进入到水相中，并以溶液的形式重新在染色工厂得到应用，胺与溶剂的混合物在返回到脱色循环中去。

十、膜分离技术

膜的种类繁多，按分离机理进行分类有反应膜、离子交换膜、渗透膜等；按膜的性质分类有天然膜（生物膜）和合成膜（有机膜和无机膜）；按膜的结构形式分类有平板型、管型、螺旋型及中空纤维型等。膜分离技术具有两个功能：过滤分离和浓缩，它是纯物理过程。

膜分离技术在各种水处理中的应用越来越广泛，它能处理高浓度、生化性差或传统方法难以处理的工业废水，而 COD 的高低对其处理效果无太大的影响。膜生物反应器（Membrane Bio-Reactor，MBR）即为膜分离技术与生化处理有机结合的新型废水处理工艺。通过膜分离技术大大强化了生物反应器的功能，具有容积负荷高、剩余污泥量少、抗冲击能力强、出水质量好、占地面积小以及优良的消毒性能等优点。与传统的生化处理方法相比，是最具应用前途的废水处理新技术之一。

进入 20 世纪 90 年代中后期，MBR 进入了实际运用阶段，在制药废水处理中的应用研究也逐渐深入。Livinggston 等利用专性细菌降解特定有机物的能力，首次采用了萃取膜生物反应器处理含 3,4-二氯苯胺的工业废水，水力停留时间（HRT）为 2h，其去除率达到 99%。白晓慧等采用厌氧-膜生物反应器工艺处理 COD 为 25000rag/L 的医药中间体酰氯废水，对 COD 的去除率保持在 90% 以上。朱安娜等采用纳滤膜对洁霉素废水进行分离实验发现，降低了废水中洁霉素对微生物的抑制作用，且可回收洁霉素。

膜分离技术的主要优点为设备简单、操作方便、无相变及化学变化、处理效率高和节约能源，但还存在膜组件价格高与膜污染等问题。若能利用天然物质或生物物质制备各种新型膜，则既经济又能消除二次污染。可以预见，21 世纪的膜工业和膜法水处理技术将会实现突飞猛进的发展。

第五节　资源循环工程生物技术

一、概述

生物质是指通过光合作用而形成的各种有机体，包括所有的动植物和微生物。而所谓生物质能（biomass energy），就是太阳能以化学能形式储存在生物质中的能量形式，即以生物质为载体的能量。它直接或间接地来源于绿色植物的光合作用，可转化为常规的固态、液态和气态燃料，取之不尽、用之不竭，是一种可再生能源，同时也是一种可再生的碳源。生物质能的原始能量来源于太阳，所以从广义上讲，生物质能是太阳能的一种表现形式。目前，很多国家都在积极研究和开发利用生物质能。生物质能蕴藏在植物、动物和微生物等可以生长的有机物中，它是由太阳能转化而来的。

生物质能一直是人类赖以生存的重要能源，它是仅次于煤炭、石油和天然气而居于世界能源消费总量第四位的能源，在整个能源系统中占有重要地位。目前人类对生物质能的利用，包括直接用作燃料的有农作物的秸秆、薪柴等；间接作为燃料的有农林废弃物、动物粪便、垃圾及藻类等，它们通过微生物作用生成沼气，或采用热解法制造液体和气体燃料，也可制造生物炭。生物质能是世界上最为广泛的可再生能源，现代生物质能的利用是通过生物质的厌氧发酵制取甲烷，用热解法生成燃料气、生物油和生物炭，用生物质制造乙醇和甲醇燃料，以及利用生物工程技术培育能源植物，发展能源农场。

传统生物质包括：①家庭使用的薪柴和木炭；②稻草，也包括稻壳；③其他的植物性废弃物；④动物的粪便。世界上生物质资源数量庞大，形式繁多，其中包括薪柴，农林作物，尤其是为了生产能源而种植的能源作物，农业和林业残剩物，食品加工和林产品加工的下脚料，城市固体废物，生活污水和水生植物等（中国生物质资源主要是农业废弃物及农林产品加工业废弃物、薪柴、人畜粪便、城镇生活垃圾等四个方面）。现代生物能是指那些可以大规模用于代替常规能源亦即矿物类固体、液体和气体燃料的各种生物能。巴西、瑞典、美国的生物能计划便是这类生物能的例子。现代生物质包括：①木质废弃物（工业性的）；②甘蔗渣（工业性的）；③城市废物；④生物燃料（包括沼气和能源型作物）。

生物质能的基本特点如下。①可再生性生物质属可再生资源，生物质能由于通过植物的光合作用可以再生，与风能、太阳能等同属可再生能源，资源丰富，可保证能源的永续利用。②低污染性生物质的硫含量、氮含量低、燃烧过程中生成的 SO_x、NO_x 较少；生物质作为燃料时，由于它在生长时需要的二氧化碳相当于它排放的二氧化碳的量，因而对大气的二氧化碳净排放量近似于零，可有效地减轻温室效应。③广泛分布性。缺乏煤炭的地域，可充分利用生物质能。④生物质燃料总量十分丰富。生物质能是世界第四大能源，仅次于煤炭、石油和天然气。生物质能源的年生产量远远超过全世界总能源需求量，相当于目前世界总能耗的 10 倍。

依据来源的不同，可以将适合于能源利用的生物质分为林业资源、农业资源、生活污水和工业有机废水、城市固体废物和畜禽粪便等五大类。

① 林业资源。林业生物质资源是指森林生长和林业生产过程提供的生物质能源，包括薪炭林、在森林抚育和间伐作业中的零散木材、残留的树枝、树叶和木屑等。

② 农业资源。农业生物质能资源是指农业作物（包括能源作物）；农业生产过程中的废弃物，如农作物收获时残留在农田内的农作物秸秆（玉米秸、高粱秸、麦秸、稻草、豆秸和棉秆等）。

③ 生活污水和工业有机废水。生活污水主要由城镇居民生活、商业和服务业的各种排水组成，如冷却水、洗浴排水、盥洗排水、洗衣排水、厨房排水、粪便污水等。工业有机废水主要是酒精、酿酒、制糖、食品、制药、造纸及屠宰等行业生产过程中排出的废水等，其中都富含有机物。

④ 城市固体废物。城市固体废物主要是由城镇居民生活垃圾，商业、服务业垃圾和少量建筑业垃圾等固体废物构成。

⑤ 畜禽粪便。畜禽粪便是畜禽排泄物的总称，它是其他形态生物质（主要是粮食、农作物秸秆和牧草等）的转化形式，包括畜禽排出的粪便、尿及其与垫草的混合物。

⑥ 沼气。沼气就是由生物质能转换的一种可燃气体。

二、生物质利用技术

生物质发电技术集环保与可再生能源利用于一体，可有效解决秸秆焚烧造成的大气污染，减少温室气体排放，所以研究生物质能源发电技术有重要的意义。根据《可再生能源中长期发展规划》确定的发展目标，我国到 2020 年生物质发电装机达到 3000 万千瓦。其中生物质发电技术主要包括直接燃烧发电技术、混合燃烧发电技术和气化发电技术。

1. 直接燃烧发电技术

直接燃烧通常是在蒸气循环作用下将生物质能转化为热能和电能，生物质在锅炉中燃烧，释放出热量，产生高温、高压的水蒸气（饱和蒸气），在蒸气过热器吸热后成为过热蒸气，进入汽轮机膨胀做功，以高速度喷向涡轮叶片，驱动发电机发电。做功后的乏气在向冷却水释放出热量后凝结为水，经给水泵重新进入锅炉，完成一个循环。

2006 年 12 月 1 日，国能生物发电有限公司投资建设的我国第一个投产的国家级生物质发电示范项目——山东单县生物发电工程 $1 \times 30MW$ 机组正式投产。该项目设计年发电能力 1.6 亿千瓦时，2007 年实际发电量 2.29 亿千瓦时，达到了世界先进水平，创造了我国生物质发电的奇迹。截至目前，国能生物发电公司投入运营和在建的生物质发电项目近 40 个，总装机容量 100 万千瓦，为社会提供绿色电力累计约 92 亿千瓦时，累计消耗剩余物近 1000 万吨，为农民增收累计约 32 亿元，累计减排二氧化碳 690 万吨。生物质发电产业的巨大社会效益已逐渐显现。

2. 混合燃烧发电技术

混合燃烧发电是在燃煤电厂，将生物质与矿物燃料联合燃烧。它不仅为生物质和矿物燃料的优化混合提供了机会，同时许多现存设备不需太大的改动，使整个投资费用低。这项技术十分简单，并且可以迅速减少二氧化碳的排放量。生物质与煤炭的混合燃烧具有很大的潜力。

虽然生物质混合燃烧发电技术有很好的经济性，但是由于在管理中缺乏有效的操作办法和监管手段，没有具体的补贴或保护政策，所以目前在我国应用还很少。

3. 气化发电技术

生物质气化发电技术的基本原理是把生物质转化为可燃沼气，再利用沼气推动燃气轮机进行发电。沼气化发电技术是生物质能利用中一种独特方式，它具有技术灵活性好，洁净性好、经济性好等特点。因此，气化发电是生物质能最有效最洁净的利用方法之一。

三、沼气发电技术

沼气燃烧发电是随着沼气综合利用的不断发展而出现的一项沼气利用技术，它将沼气用于发动机上，并装有综合发电装置，以产生电能和热能，是有效利用沼气的一种重要方式。沼气发电工程本身是提供清洁能源，解决环境问题的工程，它的运行不仅解决沼气工程中的一些主要环境问题，而且由于其产生大量电能和热能，又使沼气的综合利用有了广泛的应用前景。沼气发电原料来源非常广泛，包括污水处理厂污泥、生活垃圾、农作物秸秆、人畜粪便等。在农村搞沼气发电和供热是大力发展农村经济、促进可再生资源利用和农村能源建设，切实改善农村生态环境，增加农民收入，提高农民生活水平。厌氧型垃圾填埋场敷设沼气收集管后，对沼气收集发电在美国应用很广泛，技术已经相当成熟。由于有机质厌氧发酵产生的甲烷气体温室效应是同等条件下二氧化碳气体的 23 倍，甲烷气体进行有效收集、净化后燃烧发电生成二氧化碳，在利用生物能的同时，还可以降低垃圾填埋过程中温室效应的影响。与此相似，其他生物质原料，进行生物发酵收集沼气均可以对其生物能进行资源化，同时降低温室效应。

沼气发电在发达国家已受到广泛重视和积极推广，如美国的能源农场、德国的可再生能源促进法的颁布、日本的阳光工程、荷兰的绿色能源等。沼气工程发电并网在西欧（德国、丹麦、奥地利、芬兰、法国、瑞典等）一些国家的能源总量的比例为 10% 左右。美国在沼气发电领域有许多成熟的技术和工程，处于世界领先水平。截止到 2007 年，有 61 个填埋场使用内燃机发电，加上使用汽轮机发电的装机，总容量已达 34 万千瓦；欧洲用于沼气发电的内燃机，较大的单机容量在 $400 \sim 2000 kW$，填埋沼气的发电效率约 $1.68 \sim 2kW \cdot h/m^3$。近几年随着德国可再生能源政策的不断加强，德国沼气发电技术发展迅速，其中沼气发电设备也随之加速发展。德国沼气工程以发电为主要目的，全德国 2000 个沼气工程中用于沼气发电的占 98%。德国还开发了小型沼气燃气发电技术，大大提高了沼气的应用水平，沼气发电站数量成倍增加。目前，日本和德国等一些发达国家还开展了沼气燃料电池及发电装置的研究。

沼气发电最早始于 20 世纪 70 年代初期。当时，国外为了合理、高效地利用在治理有机废弃污染物中产生的沼气，普遍使用往复式沼气发电机组进行沼气发电。使用的沼气发电机大都是属于火花点火式气体燃料发动机，并对发动机产生的排气余热和冷却水余热加以充分利用，可使发电工程的综合热效率高达 80% 以上。通常每 100 万吨的家庭或工业废物就足以产生充足的甲烷作为燃料供一台 1MW 的发电机运转 10~40 年。在我国 20 世纪 70 年代沼气发电开始受到国家的重视，成为一个重要的课题被提出来。到 80 年代中期我国已有上海内燃机研究所、广州能源所、四川省农机院、南充地区农机所、武进柴油机厂、泰安电机厂等十几家科研院所、厂家对此进行了研究和试验。在我国，沼气机、沼气发电机组已形成系列化产品。目前国内从 8kW 到 5000kW 各级容量的沼气发电机组均已先后鉴定和投产，主要产品有全部使用沼气的单燃料发动机及部分使用沼气的双燃料沼气-柴油发动机。

1. 沼气发电系统

构成沼气发电系统的主要设备有沼气发动机、发电机和热回收装置。沼气经脱硫器由贮气罐供给燃气发动机，从而驱动与沼气内燃机相连接的发电机而产生电力。沼气发动机排出的冷却水和废气中的热量通过热回收装置进行回收后，作为沼气发生器的加温热源。

近十几年由于农村家庭责任制、大中型的工厂化畜牧场的建立及环境保护等原因，我国的沼气机、沼气发电机组已向两极方向发展。农村主要向 3~10kW 沼气机和沼气发电机组方向发展，而酒厂、糖厂、畜牧场、污水处理厂的大中型环保能源工程，主要向单机容量为50~200kW 的沼气发电机组方向发展。国外，绝大多数小型沼气发电机均有原汽油机改装而成，其功率大都下降，一般下降 15%~20%，而柴油机改装成小功率的沼气机很少，原因在于其控制系统均采用电子调速系统来控制混合器，增加了成本。在国内，大多数小功率沼气机的改装都以柴油机为主，功率相对下降 10%~15%，主要原因为沼气中含甲烷量少，发动机工作容积不变，不能增加混合气热值所致，热效率在 33%~36% 之间。

2. 沼气燃烧发电发动机

在我国，有全部使用沼气的单燃料沼气发动机及部分使用沼气的双燃料沼气-柴油发动机。单燃料发动机又称为全烧式发动机，在沼气产量大的场合可连续稳定地运行，适合在大、中型沼气工程中使用，可以使用天然气发动机，亦可由柴油机改装而成。单燃料沼气发动机的基本工作原理为：沼气与空气在混合器内形成可燃混合气，被吸入汽缸后，当火塞压缩接近上止点时，由火花塞点燃进行燃烧做功。单燃料沼气发动机一般存在燃烧速度慢、后燃严重、排气温度高与热负荷大等问题，为了加快混合气的燃烧速率，可以通过提高压缩比，加强混合气的气流扰动，提高点火能量等措施来实现。

沼气-柴油双燃料发动机是对柴油机的进气混合系统和双燃料调节系统进行改装得到。其工作原理是：沼气与空气在混合器中形成可燃混合气，被吸入汽缸后，当活塞压缩接近上止点时，向燃烧室内喷入少量引燃柴油，柴油燃烧后点燃缸内混合气进行燃烧做功。双燃料发动机在正常运行情况下，其引燃柴油量在 8%~20%（单位时间内引燃油耗量与改装前该发动机在额定工况下柴油耗量的比值）之间。双燃料发动机的特点是在燃气不足甚至没有的情况下增加进行燃烧的柴油量，甚至完全烧柴油，以保证发动机正常运行。因此，使用起来比较灵活，适用于产气量较少的场合（如农村地区的小沼气工程中）。表 3-6 为两种发动机的性能比较。

表 3-6　两种典型沼气燃烧发电发动机

项目	单燃料式发动机	双燃料式发动机
点火方式	电点火方式	压缩式点火方式
原理	将"空气沼气"的混合物在汽缸内压缩,用火花塞使其燃烧,通过火塞的往复运动得到动力	将"空气燃烧气体"的混合物在汽缸内压缩,用点火燃料使其燃烧,通过火塞的往复运动得到动力
优点	(1)不需要辅助燃料油及其供给设备 (2)燃料为一个系统,在控制方面比可烧两种燃料的发动机简单 (3)发动机价格较低	(1)用液体燃料或气体燃料都可工作 (2)对沼气的产量和甲烷浓度的变化能够适应 (3)如由用气体燃料转为用柴油燃料,在停止工作时,发动机内不残留未燃烧的气体,因为耐腐蚀性好
缺点	工作受到供给的沼气的数量和质量的影响	(1)用气体燃料工作时也需要液体辅助燃料 (2)需要液体燃料供给设备 (3)控制机构稍复杂 (4)较单燃料式发动机稍高

沼气发动机的输出功率决定着整个发电系统的能源利用效率。沼气发动机的性能除了结构设计因素外,它在某种程度上取决于沼气的特征。发动机的输出功率对于自然吸气式沼气发动机来说,与所燃用的沼气空气混合气的低热值有关。目前大部分沼气发动机都是用柴油机改制的,在发动机的各项性能指标不变的前提下,通过下式可确定改装后的沼气发动机的输出功率。

$$P_1 = P \frac{H_{ZKL}}{1 + H_{TKL}} \tag{3-4}$$

式中,P_1 为改装后沼气发动机的功率,kW;P 为原柴油机的功率,kW;H_{ZKL} 为沼气-空气混合气的低热值,MJ/m^3;H_{TKL} 为沼气-空气混合气的低热值,MJ/m^3。

有资料显示,发动机其他参数不变,尽管沼气的低热值比天然气要低很多,但是如果两者混合气的低热值相差不大,则改装后的沼气发动机的输出功率与原柴油机相比,相差不大。沼气消耗率因惰性气体不参加燃烧反应而且要吸收一部分热量作为废气排出而增大,现在国内外普遍认为柴油机改装沼气发动机,其热效率下降约 15%,燃气消耗率比较高。

3. 尾气及余热回收

发动机排放的有害物主要为 CO、NO_x、碳氢化合物以及少量的 SO_x 和颗粒排放物。根据高温 NO_x 的反应机理,产生 NO_x 的要素是温度、氧浓度和反应时间,在足够的氧浓度下,温度越高、反应时间越长,生成的 NO_x 就越多。由于沼气发动机的燃烧速度慢,燃烧温度较低,NO_x 比柴油机低很多;沼气中含有大量的 CO_2（20%～50%）,且本身含有一定量的 CO 组成成分,燃烧时氧气浓度相对柴油机低,因而 CO 和碳氢化合物的排放相对高;沼气是一种生物类气体燃料,颗粒显然比柴油机排放少;至于 SO_x,排量虽然很少,但是排入大气中,会形成酸雨,危害极大。因此,为减少沼气发动机有害排放物生成,必须对沼气进行净化处理,尤其是脱硫处理;还可适当提高压缩比以减少有害物质的排放。实际压缩比与发动机支配气相位、速度和负荷大小有关,因而是个变量,提高实际压缩比,提高终了压缩温度和压力,有利于提高混合气的燃烧效率,缩短燃烧时间,降低沼气消耗率,使混合气充分快速的燃烧,减少有害排放物的生成。且沼气中甲烷含量高,具有很好的抗爆性能,所以压缩比可大幅度提高;采用高能点火系统可有效增加火焰传播速度,缩短滞燃期,避免后燃严重、排温增高的恶果,使污染降低;为了减少污染,还可对气体排放物进行后处理。

为了提高沼气发电系统对沼气的利用率，应对沼气发电过程中废气和发动机冷却系统中产生的余热加以充分利用。目前，发动机废气的余热利用有 3 种：①发动机废气的余热→通过废热锅炉产生蒸汽→加热消化器；②发动机废气的余热→通过换热器产生热水→加热消化器；③发动机废气的余热→通过废气吸收式冷热水热水器→用于空调系统。

发动机冷却水中余热利用为：发动机冷却水中余热→通过换热器产生热水以加热消化器沼气发电系统能积极、有效地利用沼气，可以将沼气中约 30％ 的能量变为电力，40％ 的能量变为热能。沼气发动机在完全满足人们对环保严格要求的同时，利用四冲程、高压点火、涡轮增压、中冷器、稀释燃烧等技术，通过沼气在汽缸内燃烧做功，将沼气的化学能转换成机械能。与此同时，利用热回收技术可将燃气内燃机中润滑油、中冷器、缸套水和尾气排放中的热量充分回收利用而组成热动机组。一般从发动机热回收系统中吸收的热量以 90℃ 的热水形式供给热交换中心使用。内燃机正常回水温度为 70℃。在污水处理厂中可利用这一热量给消化池进行加热。燃气内燃机机械效率通常达 40％，热效率可达 50％，总效率高达 90％。通常在 O_2 为 5％ 的情况下燃烧后排放的 $NO_x \leq 500mg/m^3$，完全满足环保的要求。因此，通过沼气发动机利用沼气是一种非常理想的途径。

四、生物质气化技术

从化学的角度上看，生物质的组成是碳氢化合物，它与常规的矿物能源如石油、煤等是同类（煤和石油都是生物质经过长期转换而来的）。生物质是植物通过光合作用生成的有机物，包括农林废弃物（如秸秆、稻草、树枝等）、薪柴、食品制糖工业的作物残渣、城市有机垃圾、能源作物、动物排泄物等，它的特性和利用方式与矿物燃料有很大的相似性，可以充分利用已经发展起来的常规能源技术开发利用生物质能，这也是开发利用生物质能的优势之一。我国生物质能极为丰富，仅秸秆等农林生物质废弃物资源量年约 $7 \times 10^8 t$，相当于 $3.1 \times 10^8 t$ 标煤，但相当多的生物质被废弃和焚烧。我国于 2006 年实施《中华人民共和国可再生能源法》，将生物质能等可再生能源的科学技术研究和产业化发展列为国家科技发展与高技术产业发展的优先领域。

1. 生物质气化原理

生物质气化是在不完全燃烧条件下，利用空气中的氧气或含氧物质作气化剂，将生物质转化为含 CO、H_2、CH_4 等可燃气体的过程。目前气化技术是生物质热化学转化技术中最具实用性的一种，将低品位的固态生物质转化为高品位的可燃气体，可用于驱动内燃机、热气机发电，农用灌溉设备，用于炊事、采暖和作物烘干等。由于生物质原料由纤维素、半纤维素、木质素等组成，含氧量和挥发分都很高，活性较强，更有利于气化，根据气化介质和气化炉的不同，燃气热值也会发生变化。当采用空气作为气化剂进行气化时，燃气热值将在 $4 \sim 18 MJ/m^3$ 的范围内变化。气化反应过程同时包括固体燃料的干燥、热分解反应、氧化反应和还原反应。

2. 生物质气化工艺

生物质气化根据所处的气化环境可分为空气气化、富氧气化、水蒸气气化和热解气化。

空气气化技术直接以空气为气化剂，气化效率较高，是目前应用最广，也是所有气化技术中最简单、最经济的一种。由于大量氮气的存在，稀释了燃气中可燃气体的含量，氮气占到总体积的 50％～55％，燃气热值较低，通常为 $5 \sim 6 MJ/m^3$，可直接用于供气、工业锅炉等。

富氧气化使用富氧气体作气化剂,在与空气气化相同的当量比下,反应温度提高,反应速率加快,可得到焦油含量低的中热值燃气,发热值一般在 $10\sim18MJ/m^3$,与城市煤气相当,但相应会增加制氧设备,电耗和成本都很高,在一定场合下,具有显著的效益,使生产的总成本降低。吴创之等使用循环流化床富氧气化木粉得到最佳气化条件:氧气含量(90+5)%,气化当量比约 0.15。富氧气化可用于大型整体气化联合循环(IGCC)系统、固体垃圾发电等。

水蒸气气化是指在高温下水蒸气同生物质发生反应,涉及水蒸气和碳的还原反应,CO与水蒸气的变换反应等甲烷化反应以及生物质在气化炉内的热分解反应。燃气质量好,H_2 含量高(30%~60%),热值在 $10\sim16MJ/m^3$,由于系统需要蒸汽发生器和过热设备,一般需要外供热源,系统独立性差,技术较复杂。现研究主要在流化床反应器内进行。Gil 等在常压泡状流化床反应器内研究了空气、水蒸气和水蒸气-氧气三种不同的气化剂对气化产物的影响,发现以水蒸气为气化介质时,氢气的百分含量最高。

热解气化不使用气化介质,又称为干馏气化,产生固定碳、液体(焦油)与可燃气,热值在 $10\sim13MJ/m^3$。

3. 生物质气化反应设备

生物质气化按照气化器中可燃气相对物料流动速度和方向不同,分为固定床气化和流化床气化两种。固定床气化炉中,物料发生气化反应是在相对静止的床层中进行,其结构紧凑,易于操作并具有较高的热效率。

(1)固定床气化炉 固定床是一种传统气化反应炉,其运行温度 1000℃左右。固定床气化炉分为逆流式、并流式。逆流式气化炉是指气化原料与气化介质床中流动方向相反,而并流式气化炉是指气化原料与气化介质床中流动方向相同。这两种气化炉气化介质流动方向不同又分别称为上吸式、下吸式气化炉。下面对上吸式和下吸式固定床生物质气化炉运行工艺做简单介绍。

固定床气化炉具有一个容纳原料的炉膛和承托反应料层的炉栅。上吸式固定床气化炉[图 3-10(a)]中,生物质原料从气化炉上部加料装置送入炉内,整个料层由炉膛下部炉栅支撑。下吸式气化炉[图 3-10(b)]中,生物质物料自炉顶投入炉内,气化剂由进料口和进风口进入炉内。

上吸式固定床气化炉物料自炉顶投入炉内,气化剂由炉底进入炉内参与气化反应,反应

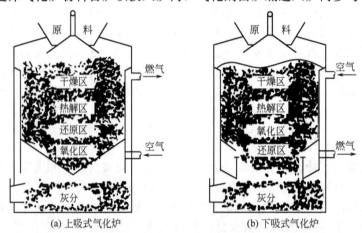

(a)上吸式气化炉　　　　　(b)下吸式气化炉

图 3-10　固定床气化炉

产生的燃气自下而上流动，由燃气出口排出。其特点是：气化过程中，燃气在经过热分解层和干燥层时，可以有效地进行热量的多向传递，既用于物料的热分解和干燥，又降低了自身的温度，大大提高了整体热效率。同时，热分解层、干燥层对燃气具有一定过滤作用，使其灰分很低。但是其构造使得进料不方便，小炉型需间歇进料，大炉型需安装专用加料装置。整体而言，该炉型结构简单，适于不同形状尺寸的原料，但生成气中焦油含量高，容易造成输气系统堵塞，使输气管道、阀门等工作不正常，加速其老化，因此需要复杂的燃气净化处理，给燃气的利用（如供气、发电设施）带来问题，大规模的应用比较困难。

下吸式气化炉炉内的物料自上而下分为干燥区、热分解区、氧化区、还原区。原料由上部加入后，依靠重力下落，经过干燥区后水分蒸发，进入温度较高的热分解区生成炭、裂解气、焦油等，继续下落经过氧化还原区将焦炭和焦油等转化为 CO、CO_2、CH_4 和 H_2 等气体，炉内运行温度在 $400 \sim 1200 ℃$ 左右，燃气从反应层下部吸出，灰渣从底部排出。下吸式气化炉工作稳定，气化产生的焦油在通过下部高温区一部分可被裂解为永久性小分子气体，使气体热值提高并降低了出炉燃气中焦油含量。气化剂从炉底下部送风口进入炉内，由炉栅缝隙均匀分布并渗入料层底部区域灰渣层，气化剂和灰渣进行热交换，气化剂被预热，灰渣被冷却。气化剂随后上升至燃烧层，燃烧层，气化剂和原料中炭发生氧化反应，放出大量热量，可使炉内温度达到 $1000℃$，这一部分热量可维持气化炉内气化反应所需热量。气流接着上升到还原层，将燃烧层生成 CO_2 还原成 CO；气化剂中水蒸气被分解，生成 H_2 和 CO。这些气体与气化剂中未反应部分一起继续上升，加热上部原料层，使原料层发生热解，脱除挥发分，生成焦炭落入还原层。生成气体继续上升，将刚入炉原料预热、干燥后，进入气化炉上部，经气化炉气体出口引出。其特点是：结构简单，工作稳定性好，可随时进料，气体下移过程中所含的焦油大部被裂解。但出炉燃气灰分较高（需除尘），燃气温度较高。整体而言，该炉型可以对大块原料不经预处理直接使用，焦油含量少，构造简单。该技术被认为是较好的气化技术，市场化程度高，有大量的炉型在运转或建造。对于小型化应用（热功率 $\leqslant 1.5MW$）很有吸引力，在发达和不发达经济地区均有较多的应用例子。

（2）流化床气化炉　流化床气化炉在吹入的气化剂作用下，物料颗粒、砂子、气化介质充分接触，受热均匀，在炉内呈"沸腾"状态，气化反应速度快，产气率高。与固定床相比，流化床没有炉栅，一个简单的流化床由燃烧室、布风板组成，气化剂通过布风板进入流化床反应器中。按气化器结构和气化过程，可将流化床分为鼓泡流化床和循环流化床，如图3-11所示。鼓泡流化床气化炉是最简单的流化床，气流速度较慢，比较适合颗粒较大的生物质原料，一般需增加热载体。而循环流化床气化炉在气体出口设有旋风分离器或袋式分离器，流化速度较高，适用于较小的生物质颗粒，通常情况下不需加流化床热载体，运行简单，有良好的混合特性和较高的气固反应速率。一般流化床气化炉反应温度控制在 $700 \sim 900℃$。

流化床燃烧是一种先进燃烧技术，应用于生物质燃烧上已获得了成功，但用于生物质气化仍是一个新课题。

生物质气化过程中，流化床首先外加热达到运行温度，床料吸收并贮存热量。鼓入气化炉适量空气经布风板均匀分布后将床料流化，床料湍流流动和混合使整个床保持一个恒定温度。当合适粒度生物质燃料经供料装置加入到流化床中时，与高温床料迅速混合，布风板以上一定空间内激烈翻滚，常压条件下迅速完成干燥、热解、燃烧及气化反应过程，使之等温条件下实现了能量转化，生产出需要的燃气。控制运行参数可使流化床床温保持结渣温度以

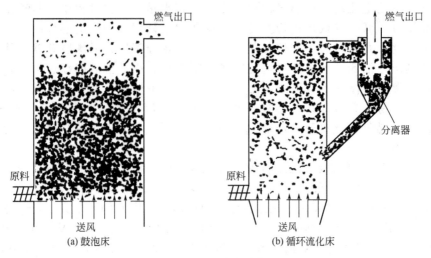

图 3-11 流化床结构

下，床层保持均匀流化就可使床层保持等温，这样可避免局部燃烧高温。流化床气化炉良好混合特性和较高气固反应速率使其非常适合于大型工业供气系统。流化床反应炉是生物质气化转化一种较佳选择，特别是灰熔点较低生物质。

（3）两种气化炉比较　固定床气化炉与流化床气化炉有着各自优缺点和一定适用范围。下面从以下五个方面对流化床和固定床气化炉性能进行比较。

① 技术性能。从目前情况来看，固定床和流化床气化炉设计运行时间，一般都小于 5000h。前者结构简单，坚固耐用；后者结构较复杂，安装后不易移动，但占较小，容量一般较固定床容量大。启动时，固定床加热比较缓慢，需较长时间达到反应温度；流化床加热迅速，可频繁起停。运行过程中，固定床床内温度不均匀，固体床内停留时间过长，而气体停留时间较短，压力降较低；流化床床温均匀，气固接触混合良好，气固停留时间都较短，床内压力降较高。固定床运行负荷可设计负荷 20%～110% 之间变动，而流化床受气流速度必须满足流化条件所限，只能设计负荷 50%～120% 之间变化。

② 使用原料。流化床对原料要求较固定床低。固定床必须使用特定种类，形状、尺寸尽可能一致的原料；流化床使用原料种类、进料形状、颗粒尺寸可不一致。前者颗粒尺寸较大，后者颗粒尺寸较小。固定床气化主要产物是低热值煤气，含有少量焦油、油脂、苯、氨等物质，需分离、净化处理。流化床产生气体中焦油和氨含量较低，气体成分、热值稳定，出炉燃气中固体颗粒较固定床多，出炉燃气温度和床温基本一致。

③ 能量利用和转换。固定床中床内温度不均匀，导致热交换效果较流化床差，但固体床中停留时间长，故碳转换效率高，一般达 90%～99%。流化床出炉燃气中固体颗粒较多，造成不完全燃烧损失，碳转换效率一般 90% 左右。两者都具有较高热效率。

④ 环境效益。固定床燃气飞灰含量低，而流化床燃气飞灰含量高。其原因是固定床中温度可高于灰熔点，使灰熔化成液态，从炉底排出；而流化床中温度低于灰熔点，飞灰被出气带出一部分。流化床对环境影响比固定床大，必须对燃气进行除尘净化处理。

⑤ 经济性。设计制造方面，流化床结构较固定床复杂，故投资高。运用方面，固定床对原料要求较高，流化床对原料要求不高，故固定床运行投资高于流化床；固定床气化炉内温度分布较宽，这可能产生床内局部高温而使灰熔聚，比容量低、启动时间长以及大型化较

困难；流化床具有气化强度大、综合经济性好特点。综合考虑设计和运行过程，流化床对固定床具有更大经济性，应该成为我国今后生物质气化研究的主要方向。

第六节　资源循环生态工程技术应用与发展

一、概述

随着我国经济的高速发展和工业化进程的不断深入，日益严重的环境污染和资源能源危机已对人类的生存和社会的发展构成威胁。生态工业和循环经济成为综合解决资源、环境和经济发展的一条有效途径。

生态工业是从区域范围应用生态学和系统工程原理仿照自然界生态过程物质循环的方式对企业生产的原料、产品和废物进行统筹考虑，通过企业间的物质循环、能量利用和信息共享，使得现代工业实现可持续发展。生态工业追求的是系统内各生产过程从原料、中间产物、废物到产品的物质循环，达到资源、能源、投资的最优利用。生态工业倡导园内企业进行产品的耦合共生，大大提高资源利用率，同时通过副产物和废弃物的循环利用，既降低了园区的环境负荷，又减少了企业废物处理成本和部分原料成本，提高了企业的经济效益，改变了环境污染和经济发展的矛盾，达到资源、环境和经济发展的多赢。循环经济是在一个更广的社会经济层面，包括生产领域、消费领域及其支持保障体系，应用"3R"原则（减量化、再利用、资源化）实现社会、经济、生态环境的协调发展。循环经济可以在企业层次、城市层次和区域层次开展，生态工业是其核心环节。

二、太阳能利用技术

太阳能一般指太阳光的辐射能量。在太阳内部进行的由"氢"聚变成"氦"的原子核反应，不停地释放出巨大的能量，并不断向宇宙空间辐射能量，这种能量就是太阳能。太阳每秒钟照射到地球上的能量就相当于燃烧 500 万吨煤释放的热量。平均在大气外每平方米面积每分钟接受的能量大约 1367W。广义上的太阳能是地球上许多能量的来源，如风能、化学能、水的势能等。狭义的太阳能则限于太阳辐射能的光热、光电和光化学的直接转换。

就目前来说，人类直接利用太阳能还处于初级阶段，主要有太阳能集热、太阳能热水系统、太阳能暖房、太阳能发电等方式。

1. 太阳能与建筑一体化技术

太阳能热水器装置通常包括太阳能集热器、储水箱、管道及抽水泵其他部件。另外，在冬天需要热交换器和膨胀槽以及发电装置以备电厂不能供电之需。按采光方式可分为聚光型和聚光型集热器两种。另外还有一种真空集热器。

太阳能与建筑一体化（图 3-12）是未来太阳能利用发展值得探索的方向。该方法可以实现太阳能利用最大化，省去家家户户独自安装操作，易于进行统一维护，调试。实现太阳能与建筑物的有机结合，其要点为：储水箱与集热器分离；集热器建材化；强制循环集热；管路系统与建筑给排水结合。

分体式热水器和太阳能锅炉的集热器与储水箱都是分离的，集热器成为一个单独的建材构件，不仅提供热量，还可替代部分传统建筑材料，进一步降低建筑成本。要实现太阳能与

图 3-12　太阳能与建筑一体化

建筑一体化，除集热器建材化外，还必须在建筑物设计时将太阳能热水系统的各个部件都作为建筑物构件，在立面、结构、给排水设计中通盘考虑，使太阳能供热系统在整体上成为该建筑物不可或缺的一部分。预先将太阳能装置（包括集热器、热水箱、管道和附件等）的布置考虑到建筑设计中去。

2. 太阳能热水系统

早期最广泛的太阳能应用即用于将水加热，现今全世界已有数百万太阳能热水装置。太阳能热水系统主要元件包括收集器、储存装置及循环管路三部分。此外，可能还有辅助的能源装置（如电热器等）以供应无日照时使用。

太阳能热水器集热技术上的发展可分为三个阶段：闷晒式、平板式和真空管式。

（1）闷晒式太阳能热水器　是一个由镀锌薄铁板或铝合金薄板制作的表面涂以黑色涂层的储水箱，利用黑色物体吸热效果较好的原理进行工作。这种太阳能热水器的特点是：在阳光照射强度较大时吸收热量，而当阳光照射强度减弱时又向外界散发热量。

（2）平板式太阳能热水器　对太阳辐射热能的吸收是靠一块集热平板完成的，集热平板由对热量传递较快的铝合金薄板或紫铜薄板制作，这大大提高了太阳能热水器的集热效率。其运行原理是集热平板将所吸收的热能传递给平板下的水，集热平板底部和上部各有一个管道接口和位于比集热平板稍高的带有保温层的储水箱相连，利用冷、热水密度不同的原理进行自然循环，将集热平板所吸收的热能传递到储热水箱中储存供人们需要时使用。由于存在热发射和热对流，在冬季环境温度低于零度时还可能将集热平板冻坏，所以仍不能在冬季环境温度很低时使用。因此，平板式太阳能热水器没有大范围地进入普通百姓的生活。利用管集热，促使管内水温高于水箱水温，因热水比冷水密度小，形成对流，最终使水箱中的温度达到使用所需的温度。

（3）真空管式太阳能热水器　随着人们对太阳能热利用领域研究的深入，人们开始利用真空中热量不易散失的原理研制新一代太阳能集热部件——玻璃真空集热管［图 3-13（a）］。将玻璃罩管和集热面之间的空气抽出后利用玻璃的热塑性进行收口，使玻璃罩管和集热面之间形成真空，起隔绝热传导的作用，玻璃良好的透光性又保证了集热面能最大限度地吸收太阳辐射的热能。这类集热管又分玻璃真空热管式集热管和全玻璃真空集热管两大类若干个品种。

太阳能热水器对太阳能使用有其局限性，主要体现在：①使用范围有限，仅适合于顶层

(a) 真管式太阳能热水器

(b) 太阳能电池

图 3-13　真管式太阳能热水器和太阳能电池

住户；②屋面利用形式有限，仅适合于不上人的平屋面；③使用效果有限，仅适用于阳光充足的地区和时段。

3. 太阳能电池技术

太阳能电池技术是指直接将太阳能转变成电能，并将电能存储在电容器中，以备需要时使用。目前，太阳电池主要有单晶硅、多晶硅、非晶态硅三种。单晶硅太阳电池变换效率最高，已达 20% 以上，但价格也最贵。非晶态硅太阳电池变换效率最低，但价格最便宜。

特殊用途和实验室中用的太阳电池效率要高得多，如美国波音公司开发的由砷化镓半导体同锑化镓半导体重叠而成的太阳电池 [图 3-13(b)]，光电变换效率可达 36%，可媲美燃煤发电的效率。但由于它太贵，目前只能限于在卫星上使用。

4. 太阳能技术特点

太阳能技术的优点如下。

① 普遍。太阳光普照大地，没有地域的限制无论陆地或海洋，无论高山或岛屿，都处处皆有，可直接开发和利用，且无须开采和运输。

② 无害。开发利用太阳能不会污染环境，它是最清洁的能源之一，在环境污染越来越严重的今天，这一点是极其宝贵的。

③ 巨大。每年到达地球表面上的太阳辐射能约相当于 130 万亿吨标煤，其总量属现今世界上可以开发的最大能源。

④ 长久。根据目前太阳产生的核能速率估算，氢的储量足够维持上百亿年，而地球的寿命也约为几十亿年，从这个意义上讲，可以说太阳的能量是用之不竭的。

太阳能技术的缺点如下。

① 分散性。到达地球表面的太阳辐射的总量尽管很大，但是能流密度很低。在垂直于太阳光方向 $1m^2$ 面积上接收到的太阳能平均有 1000W 左右；若按全年日夜平均，则只有 200W 左右。而在冬季大致只有一半，阴天一般只有 1/5 左右，这样的能流密度是很低的。因此，在利用太阳能时，想要得到一定的转换功率，往往需要面积相当大的一套收集和转换设备，造价较高。

② 不稳定性。由于受到昼夜、季节、地理纬度和海拔高度等自然条件的限制以及晴、阴、云、雨等随机因素的影响，所以，到达某一地面的太阳辐照度既是间断的，又是极不稳定的，这给太阳能的大规模应用增加了难度。

③ 效率低和成本高。目前太阳能利用的发展水平，因为效率偏低，成本较高，总地来

说，经济性还不能与常规能源相竞争。

太阳能利用中的经济问题如下。第一，世界上越来越多的国家认识到一个能够持续发展的社会应该是一个既能满足社会需要，而又不危及后代人前途的社会。因此，尽可能多地用洁净能源代替高含碳量的矿物能源，是能源建设应该遵循的原则。随着能源形式的变化，常规能源的储量日益下降，其价格必然上涨，而控制环境污染也必须增大投资。第二，我国是世界上最大的煤炭生产国和消费国，煤炭约占商品能源消费结构的 76％，已成为我国大气污染的主要来源。大力开发新能源和可再生能源的利用技术将成为减少环境污染的重要措施。能源问题是世界性的，向新能源过渡的时期迟早要到来。从长远看，太阳能利用技术和装置的大量应用，也必然可以制约矿物能源价格的上涨。

三、风能利用技术

风能即地球表面大量空气流动所产生的动能。由于地面各处受太阳辐照后气温变化不同和空气中水蒸气的含量不同，因而引起各地气压的差异，在水平方向高压空气向低压地区流动，即形成风。风能资源决定于风能密度和可利用的风能年累积小时数。风能密度是单位迎风面积可获得的风的功率，与风速的三次方和空气密度成正比关系。据估算，全世界的风能总量约 1300 亿千瓦，中国的风能总量约 16 亿千瓦。风能资源受地形的影响较大，世界风能资源多集中在沿海和开阔大陆的收缩地带，如美国的加利福尼亚州沿岸和北欧一些国家，中国的东南沿海、内蒙古、新疆和甘肃一带风能资源也很丰富。中国东南沿海及附近岛屿的风能密度可达 $300W/m^2$ 以上，$3\sim20m/s$ 风速年累计超过 6000h。内陆风能资源最好的区域，沿内蒙古至新疆一带，风能密度也在 $200\sim300W/m^2$，$20m/s$ 以上风速年累计 $5000\sim6000h$。这些地区适于发展风力发电和风力提水。新疆达坂城风力发电站 1992 年已装机 5500kW，是中国最大的风力电站。在自然界中，风是一种可再生、无污染而且储量巨大的能源。随着全球气候变暖和能源危机，各国都在加紧对风力的开发和利用，尽量减少二氧化碳等温室气体的排放，保护我们赖以生存的地球。风能利用存在一些限制及弊端：①风速不稳定，产生的能量大小不稳定；②风能利用受地理位置限制严重；③风能的转换效率低；④风能是新型能源，相应的使用设备也不是很成熟。

风能的利用主要是以风能作动力和风力发电两种形式，其中又以风力发电为主，以风能作动力，就是利用风来直接带动各种机械装置，如带动水泵提水等。这种风力发动机的优点是：投资少、工效高、经济耐用。目前，世界上约有一百多万台风力提水机在运转。澳大利亚的许多牧场，都设有这种风力提水机。在很多风力资源丰富的国家，科学家们还利用风力发动机铡草、磨面和加工饲料等。利用风力发电，以丹麦应用最早，而且使用较普遍。丹麦虽只有 500 多万人口，却是世界风能发电大国和发电风轮生产大国，世界 10 大风轮生产厂家有 5 家在丹麦，世界 60％以上的风轮制造厂都在使用丹麦的技术，是名副其实的"风车大国"。截止到 2006 年底，世界风力发电总量居前 3 位的分别是德国、西班牙和美国，三国的风力发电总量占全球风力发电总量的 60％。我国风力资源丰富，可开发利用的风能储量为 10 亿千瓦。对风能的利用，特别是对我国沿海岛屿，交通不便的边远山区，地广人稀的草原牧场，以及远离电网的农村、边疆，作为解决生产和生活能源的一种可靠途径，具有十分重要的意义。

1. 风力发电的原理

利用风力带动风车叶片旋转，再透过增速机将旋转的速度提升，来促使发电机发电。依据目前的风车技术，大约是每秒 3m 的微风速度（微风的程度），便可以开始发电。风力发电正在世界上形成一股热潮，因为风力发电没有燃料问题，也不会产生辐射或空气污染。风力发电在芬兰、丹麦等国家很流行；我国也在西部地区大力提倡。小型风力发电系统效率很高，但它不是只由一个发电机头组成的，而是一个有一定科技含量的小系统：风力发电机＋充电器＋数字逆变器。风力发电机由机头、转体、尾翼、叶片组成。每一部分都很重要，各部分功能为：叶片用来接受风力并通过机头转为电能；尾翼使叶片始终对着来风的方向从而获得最大的风能；转体能使机头灵活地转动以实现尾翼调整方向的功能；机头的转子是永磁体，定子绕组切割磁力线产生电能。

2. 风力发电技术

风能作为一种清洁的可再生能源，越来越受到世界各国的重视。其蕴含量巨大，全球的风能约为 $2.74 \times 10^9\,MW$，其中可利用的风能为 $2 \times 10^7\,MW$，比地球上可开发利用的水能总量还要大 10 倍。风很早就被人们利用——主要是通过风车来抽水、磨面等，而现在，人们感兴趣的是如何利用风来发电。

利用风力发电的尝试，早在 20 世纪初就已经开始了。20 世纪 30 年代，丹麦、瑞典、苏联和美国应用航空工业的旋翼技术，成功地研制了一些小型风力发电装置。这种小型风力发电机，在多风的海岛和偏僻的乡村广泛使用，它所获得的电力成本比小型内燃机的发电成本低得多。不过，当时的发电量较低，大都在 5kW 以下。

把风的动能转变成机械动能，再把机械能转化为电力动能，这就是风力发电。风力发电的原理是，利用风力带动风车叶片旋转，再透过增速机将旋转的速度提升，来促使发电机发电。风力发电所需要的装置，称作风力发电机组［见图 3-14(a)］。这种风力发电机组，大体上可分风轮（包括尾舵）、发电机和支架三部分［如图 3-14(b)］。大型风力发电站基本上没有尾舵，一般只有小型（包括家用型）才会拥有尾舵。风轮是把风的动能转变为机械能的重要部件，它由两只（或更多只）螺旋桨形的叶轮组成。当风吹向桨叶时，桨叶上产生气动力驱动风轮转动。桨叶的材料要求强度高、质量小，目前多用玻璃钢或其他复合材料（如碳纤维）来制造。现在还有一些垂直风轮，S 形旋转叶片等，其作用也与常规螺旋桨型叶片相同。由于风轮的转速比较低，而且风力的大小和方向经常变化着，这又使转速不稳定；所以，在带动发电机之前，还必须附加一个把转速提高到发电机额定转速的齿轮变速箱，再加

(a) 实物图

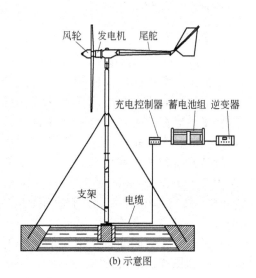

(b) 示意图

图 3-14　风力发电机实物及示意

一个调速机构使转速保持稳定，然后再连接到发电机上。为保持风轮始终对准风向以获得最大的功率，还需在风轮的后面装一个类似风向标的尾舵。铁塔是支承风轮、尾舵和发电机的构架。它一般修建得比较高，为的是获得较大的和较均匀的风力，又要有足够的强度。铁塔高度视地面障碍物对风速影响的情况，以及风轮的直径大小而定，一般在 6～20m 范围内。发电机的作用是把由风轮得到的恒定转速，通过升速传递给发电机构均匀运转，因而把机械能转变为电能。

3. 发电对风力的要求

一般说来，三级风就有利用的价值。但从经济合理的角度出发，风速大于每秒 4m 才适宜于发电。据测定，一台 55kW 的风力发电机组，当风速为每秒 9.5m 时，机组的输出功率为 55kW；当风速每秒 8m 时，功率为 38kW；风速每秒 6m 时，只有 16kW；而风速每秒 5m 时，仅为 9.5kW。可见风力愈大，经济效益也愈大。在我国，现在已有不少成功的中、小型风力发电装置在运转。我国的风力资源极为丰富，绝大多数地区的平均风速都在每秒 3m 以上，特别是东北、西北、西南高原和沿海岛屿，平均风速更大；有的地方，一年三分之一以上的时间都是大风天。在这些地区，发展风力发电是很有前途的。

因风量不稳定，故其输出的是 13～25V 变化的交流电，需经充电器整流，再对蓄电瓶充电，使风力发电机产生的电能变成化学能。然后用有保护电路的逆变电源，把电瓶里的化学能转变成交流 220V 市电，才能保证稳定使用。通常人们认为，风力发电的功率完全由风力发电机的功率决定，总想选购大一点的风力发电机，而这是不正确的。目前的风力发电机只是给电瓶充电，而由电瓶把电能储存起来，人们最终使用电功率的大小与电瓶大小有更密切的关系。功率的大小更主要取决于风量的大小，而不仅是机头功率的大小。在内地，小的风力发电机会比大的更合适。因为它更容易被小风量带动而发电，持续不断的小风，会比一时狂风更能供给较大的能量。当无风时人们还可以正常使用风力带来的电能，也就是说一台 200W 风力发电机也可以通过大电瓶与逆变器的配合使用，获得 500W 甚至 1000W 乃至更大的功率输出。

四、海洋能利用技术

1. 概述

海洋能（ocean energy）是海水运动过程中产生的可再生能，主要包括温差能、潮汐能、波浪能、潮流能、海流能、盐差能等。潮汐能和潮流能源自月球、太阳和其他星球引力，其他海洋能均源自太阳辐射。海水温差能是一种热能。低纬度的海面水温较高，与深层水形成温度差，可产生热交换。其能量与温差的大小和热交换水量成正比。潮汐能、潮流能、海流能、波浪能都是机械能。潮汐的能量与潮差大小和潮量成正比。波浪的能量与波高的平方和波动水域面积成正比。地球表面积约为 $5.1 \times 10^8 \text{km}^2$，其中陆地表面积为 $1.49 \times 10^8 \text{km}^2$ 占 29%；海洋面积达 $3.61 \times 10^8 \text{km}^2$，以海平面计，全部陆地的平均海拔约为 840m，而海洋的平均深度却为 380m，整个海水的容积多达 $1.37 \times 10^9 \text{km}^3$。一望无际的大海，不仅为人类提供航运、水源和丰富的矿藏，而且还蕴藏着巨大的能量，它将太阳能以及派生的风能等以热能、机械能等形式蓄在海水里，不像在陆地和空中那样容易散失。

海洋能有如下 4 个显著特点。①海洋能在海洋总水体中的蕴藏量巨大，而单位体积、单位面积、单位长度所拥有的能量较小。这就是说，要想得到大能量，就得从大量的海水中获得。②海洋能具有可再生性。海洋能来源于太阳辐射能与天体间的万有引力，只要太阳、月球等天体与地球共存，这种能源就会再生，就会取之不尽，用之不竭。③海洋能有较稳定与不稳定能源之分。较稳定的为温度差能、盐度差能和海流能。不稳定能源分为变化有规律与变化无规律两种。④海洋能属于清洁能源，也就是海洋能一旦开发后，其对环境污染影响很小。

2. 潮汐能技术

潮汐能是月球和太阳等天体的引力使海洋水位发生潮汐变化而产生的能量。潮汐能利用的主要方式是发电。20世纪60年代中期，法国的一座潮汐电站（拦河坝）验证了这个设想的可行性。目前世界上最大的潮汐电站是法国的朗斯潮汐电站，朗斯潮汐电站至今为布列塔尼半岛（法国西北部地区）提供着90％的电力。我国的江夏潮汐实验电站为国内最大电站。

潮汐发电的工作原理与常规水力发电的原理类似，它是利用潮水的涨落产生的水位差所具有的势能来发电。差别在于海水与河水不同，蓄积的海水落差不大，但流量较大，并且呈间歇性，从而潮汐发电的水轮机的结构是适合低水头、大流量的特点。

由于潮水的流动方向是不断改变的，因此就使得潮汐发电出现不同的形式，即单库单向型、单库双向型和双库单向型三种。潮汐电站由七个基本部分组成：潮汐水库；堤坝；闸门和泄水道建筑；发电机组和厂房；输电、交通和控制设施；航道、鱼道等。潮汐发电的关键技术主要包括低水头、大流量、变工况水轮机组设计制造；电站的运行控制；电站与海洋环境的相互作用，包括电站对环境的影响和海洋环境对电站的影响，特别是泥沙冲淤问题；电站的系统优化，协调发电量、间断发电以及设备造价和可靠性等之间的关系、电站设备在海水中的防腐等。

潮汐电站的理论功率可用公式（3-5）表示：

$$P = \rho V g A / T = \rho g F A^2 / T \tag{3-5}$$

式中，ρ 为海水密度；V 为水库平均有效库容积；g 为重力加速度；F 为水库平均有效库容面积；A 为平均潮差；T 为单潮周期。而其他如潮汐电站坝高、坝基稳定性及水闸规模等的分析计算都和潮汐变化过程，尤其是潮汐特征值密切相关。

3. 波浪能技术

波浪能是指海洋表面波浪所具有的动能和势能，是一种在风的作用下产生的，并以位能和动能的形式由短周期波储存的机械能。风作用于海面，其压力以及对水面的摩擦力使海面出现凸凹不平，在引力和惯性作用下，形成波浪运动。波浪发电是波浪能利用的主要方式，此外，波浪能还可以用于抽水、供热、海水淡化以及制氢等。

世界上最丰富的波浪能资源出现在南北纬30°～60°（西风带）的大洋东面，年平均能流密度可以达到20～100kW/m。中国海位于大洋西侧，包围在由北到南的一系列岛链内，故中国的波浪能是由季风造成的，比西风带的波浪能在能流密度上小了一个量级，只有2～7kW/m。

目前研究的波能利用技术大都源于以下几种基本原理：利用物体在波浪作用下的升沉和摇摆运动，将波浪能转换为机械能；利用波浪的爬升将波浪能转换成水的势能等。绝大多数波浪能转换系统由三级能量转换机构组成。其中一级能量转换机构（波能俘获装置）将波浪能转换成某个载体的机械能；二级能量转换机构将一级能量转换所得到的能量转换成旋转机械（如水力透平、空气透平、液压马达、齿轮增速机构等）的机械能；三级能量转换通过发电机将旋转机械的机械能转换成电能。有些采用某种特殊发电机的波浪能转换系统，可以实现波能俘获装置对发电机的直接驱动，这些系统没有二级转换环节。

根据一级转换系统的转换原理，可以将目前世界上的波能利用技术大致划分为振荡水柱、摆式、筏式、收缩波道、点吸收（振荡浮子）、鸭式等技术。下面对应用最广泛的振荡水柱波能利用技术进行介绍。

振荡水柱（Oscillation Water Column，OWC）波能装置利用空气作为转换的介质。图 3-15（a）为振荡水柱波能转换系统的示意。其一级能量转换机构为气室，其下部开口在水下与海水连通，上部也开口（喷嘴），与大气连通；在波浪力的作用下，气室下部的水柱在气室内做上下振荡，压缩气室的空气往复通过喷嘴，将波浪能转换成空气的压能和动能。二级能量转换机构为空气透平，安装在气室的喷嘴上，空气的压能和动能可驱动空气透平转动，再通过转轴驱动发电机发电。振荡水柱波能装置的优点是转动机构不与海水接触，防腐性能好，安全可靠，维护方便；其缺点是二级能量转换效率较低。

近年国外建成的振荡水柱式波能装置有英国的 LIMPET［固定式 500kW，如图 3-15（b）所示］、葡萄牙 400kW 固定式电站、澳大利亚 500kW 离岸固定式装置［如图 3-15（c）所示］，正在研究的有英国的漂浮式装置 SPERBUOY。

(a) 振荡水柱波能装置示意图　　　(b) 英国 LIMPET 电站　　　(c) 澳大利亚振荡水柱装置

图 3-15　振荡水柱波能利用装置

4. 海洋温差能技术

海洋温差发电系利用海水的浅层与深层的温差及其温、冷不同热源，经过热交换器及涡轮机来发电。现有海洋温差发电系统中，热能的来源即是海洋表面的温海水，发电的方法基本上有两种：一种是利用温海水，将封闭的循环系统中的低沸点工作流体蒸发；另一种则是温海水本身在真空室内沸腾。两种方法均产生蒸气，由蒸气再去推动涡轮机，即可发电。发电后的蒸气，可用温度很低的冷海水冷却，将之变回流体，构成一个循环。冷海水一般要从海平面以下 $600\sim1000m$ 的深部抽取。一般温海水与冷海水的温差在 20℃ 以上，即可产生净电力。

海洋温差发电系统主要包括封闭式系统、开放式系统和组合式系统三种类型。

（1）封闭式系统　封闭式系统系利用低沸点的工作流体作为工质。其主要组件包括蒸发器、冷凝器、涡轮机、工作流体泵以及温海水泵与冷海水泵［见图 3-16（a）］。因为工作流体系在封闭系统中循环，故称为封闭式循环系统。当温海水泵将温海水抽起，并将其热源传导给蒸发器内的工作流体，而使其蒸发。蒸发后的工作流体在涡轮机内绝热膨胀，并推动涡轮机的叶片而达到发电的目的。发电后的工作流体被导入冷凝器，并将其热量传给抽自深层的冷海水，因而冷却并且再恢复成液体，然后经循环泵打至蒸发器，形成一个循环。工作流体可以反复循环使用，其种类有氨、丁烷、氟氯烷等密度大、蒸气压力高的气体冷冻剂。目前以氨及氟氯烷 22 为最有可能的工作流体。封闭式循环系统之能源转换效率在 $3.3\%\sim$

3.5%。若扣除泵的能源消耗，则净效率在 2.1%~2.3%。

（2）开放式系统　开放式循环系统并不利用工作流体作为工质，而直接使用温海水，见图 3-16(b)。首先将温海水导入真空状态的蒸发器，使其部分蒸发，其蒸气压力约为 3kPa（25℃），相当于 0.03atm（1atm＝101325Pa）而已。水蒸气在低压涡轮机内进行绝热膨胀，做完功之后引入冷凝器，由冷海水冷却成液体。冷凝的方法有两种：一种是水蒸气直接混入冷海水中，称为直接接触冷凝；另外一种是使用表面冷凝器，水蒸气不直接与冷海水接触。后者即是附带制备淡水的方法。虽然开放式系统的能源转换效率高于封闭式系统，但因低压涡轮机的效率不确定，以及水蒸气之密度与压力均较低，故发电装置容量较小，不太适合大容量发电。

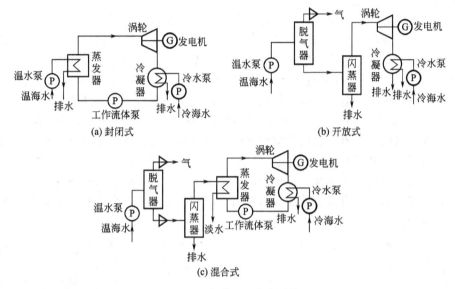

图 3-16　海洋温差发电系统

（3）混合式系统　混合式循环系统与封闭式循环系统有些类似，唯一不同的是蒸发器部分。混合式系统的温海水系先经过一个闪蒸蒸发器（flash evaporator，一种使流体急速压缩，然后急速解压而产生沸腾蒸发的设备），使其中一部分温海水转变为水蒸气；随即将蒸气导入第二个蒸发器（一种蒸发器与冷凝器的组合设备）[见图 3-16(c)]。水蒸气在此被冷却，并释放潜能；此潜能再将低沸点的工作流体蒸发。工作流体于此循环而构成一个封闭式系统。设计混合式发电系统的目的，在于避免温海水对热交换器所产生的生物附着。该系统在第二个蒸发器中还可以有淡水副产品的产出。同时，开放式发电系统的低容量缺点亦可获得改善。

5. 盐差能技术

盐差能是海水和淡水之间或两种含盐浓度不同的海水之间的化学电位差能，是海洋能中能量密度最大的一种可再生能源。据估算，我国沿海盐差能资源蕴藏量约为 3.9×10^{15} kJ，理论功率约为 1.25×10^{8} kW。

目前海水盐差能发电技术主要有渗透压法、蒸汽压法和反电渗析电池法三种。渗透压法是利用半透膜将海水与淡水分开，淡水会通过半透膜向海水一侧渗透产生水位差，从而驱动水轮机发电。蒸汽压法是利用相同温度下淡水比海水蒸发快而形成饱和蒸汽压力差，来驱动蒸汽机发电。反电渗析电池法是利用阴、阳离子交换膜选择性地透过 Cl^-、Na^+，在两电极板形成电势差，并在外部产生电流。试验证明，从平均功率密度和能量回收率角度比较，渗透压法和蒸汽压法更适合盐湖的盐差能利用，而反电渗析电池法对江湖入海口的盐差能利用更合适。

6. 海流能技术

海流能是指海水流动的动能，主要是指海底水道和海峡中较为稳定的流动以及由于潮汐导致的有规律的海水流动所产生的能量，是另一种以动能形态出现的海洋能。海流能的利用方式主要是发电，其原理和风力发电相似。海流能的能量与海流流速的平方和流量成正比。

一般来说，最大流速在 2m/s 以上的海流均有实际开发利用的价值。全世界海流能的理论估计值为 0.5～1TW 量级。

海流能的利用方式主要是发电，其原理和风力发电相似，几乎任何一个风力发电装置都可以改造成海流能发电装置。海流能发电技术比陆地上的河流发电优越得多，既不受洪水的威胁，又不受枯水季节的影响。水量和流速常年不变，是一种非常可靠的能源。由于海水的密度约为空气的 1000 倍，且发电装置必须放置于水下，故海流能发电存在着一系列的关键技术问题，如安装维护、电力输送、防腐、海洋环境中的载荷与安全性能等。

海流能发电机（图 3-17）分为轴流式和垂直式两种。一般由叶片、变速箱、发电机和海底电缆 4 部分组成。海流能发电装置涉及的关键技术主要包括叶片设计、功率控制、传动系统、自动对流、叶片可调距系统、密封与防腐蚀、电力传输、安装支撑和机组布局等技术。另外。海流能发电还涉及海洋环境影响、系统的维护和安全等重要问题。目前，国内的一些大学和研究所正在进行海流能发电机项目的研究。但大多研究成果距工程应用还有一段距离。

(a) 装置图　　　　　　　　　(b) 效果图一　　　　　　　　　(c) 效果图二

图 3-17　海流发电机实验装置图及效果图

7. 海洋能利用与前景展望

人们对海洋能的开发利用程度至今仍十分低。尽管这些海洋能资源之间存在着各种差异，但是也有着一些相同的特征。每种海洋能资源都具有相当大的能量通量：潮汐能和盐度梯度能大约为 2TW；波浪能也在此量级上；而海洋热能至少要比此大两个数量级。但是这些能量分散在广阔的地理区域，因此实际上它们的能流密度相当低，而且这些资源中的大部分均蕴藏在远离用电中心区的海域。因此只能有一小部分海洋能资源能够得以开发利用。全球海洋能的可再生量很大。根据联合国教科文组织 1981 年出版物的估计数字，五种海洋能理论上可再生的总量为 766 亿千瓦。其中温差能为 400 亿千瓦，盐差能为 300 亿千瓦，潮汐和波浪能各为 30 亿千瓦，海流能为 6 亿千瓦。但如上所述是难以实现把上述全部能量取出。海洋能的强度较常规能源为低。海洋能作为自然能源是随时变化着的。但海洋是个庞大的蓄能库，将太阳能以及派生的风能等以热能、机械能等形式蓄在海水里，不像在陆地和空中那样容易散失。海水温差、盐度差和海流都是较稳定的，24h不间断，昼夜波动小，只稍有季节性的变化。潮汐、潮流则做恒定的周期性变化，对大潮、小潮、涨潮、落潮、潮位、潮速、方向都可以准确预测。海浪是海洋中最不稳定的，有季节性、周期性，而且相邻周期也是变化的。但海浪是风浪和涌浪的总和，而涌浪源自辽阔海域持续时日的风能，不像当地太阳和风那样容易骤起骤止和受局部气象的影响。

● 思考题

1. 固体废物的资源属性应怎么理解？该属性为资源化技术的发展提供了什么条件？
2. 贵重金属在废旧电子废弃物中提炼方法一般采用什么流程？
3. 堆肥工艺过程主要分哪几个步骤？主要原材料有哪些？
4. 粉煤灰在改良土壤方面有哪些作用？这是基于粉煤灰的哪些属性？
5. 皮革废弃物中提取出的胶原蛋白物质有哪些用途？
6. 哪些工业固体废物可以用来制作特种玻璃？
7. 工业固体废物可以用作凝胶材料的主要有哪几类？
8. 城市生活垃圾主要有哪些处理方法？目前应用最广的是哪种处理方法？原因是什么？
9. 生活垃圾焚烧技术为什么没能在世界上大范围推广，主要原因是什么？
10. 堆肥技术和好氧填埋技术在处理生活垃圾时有哪些相同点和不同点？
11. 资源循环过程中常用的分离方法有哪些？
12. 物理分离方法主要适用于哪些固体废物？原因是什么？
13. 生活垃圾破碎技术主要有哪几种？破碎效果如何？
14. 富含有机质的固体废物在生化处理工艺中所产生物气当前主要用途是什么？原因是什么？
15. 太阳能的利用有哪些优势和弊端？对环境条件有哪些要求？
16. 潮汐能和波浪能有什么区别？各自有哪些资源化技术？
17. 海洋温差技术是基于什么原理发展起来的？前景如何？

● 参考文献

[1]　白晓慧，陈英旭. 一体式膜物反应器处理医药化工废水的试验 [J]. 环境污染与防治，2000，22（6）：19-21.
[2]　曹广民，李英年，鲍新奎. 高寒地区寒冻雏形土的持水特性 [J]. 土壤，1998，1：27-30，46.
[3]　曹建新，付成兵，张煜. 利用黄磷炉渣制造微晶玻璃的实验研究 [J]. 贵州工业大学学报（自然科学版），2003，32（1）：33-36.
[4]　常玉海. 城市污泥对土壤物理化学性质的影响 [J]. 农业环境与发展，1995，45（3）：25-27.
[5]　陈同斌，高定，李新波. 城市污泥堆肥对栽培基质保水能力和有效养分的影响 [J]. 生态学报，2002，22（6）：802-807.
[6]　陈家瓅，高振杰. 对我国建筑垃圾资源化利用现状的思考 [J]. 中国资源综合利用，2012，30（6）：47-48.
[7]　陈世和. 城市生活垃圾堆肥处理的微生物特性研究 [J]. 上海环境科学，1989，8（8）：17-21.
[8]　陈世和. 城市垃圾堆肥原理与工艺 [M]. 上海：复旦大学出版社，1999.
[9]　陈世和. 城市生活垃圾快速高温堆肥二次发酵工艺 [J]. 上海环境科学，1987，6（1）：16-19.
[10]　陈世和. 中国大陆城市生活垃圾堆肥技术概况 [J]. 环境科学，1993，15（1）：53-56.
[11]　陈世和. 城市生活垃圾堆肥动态工艺（DANO）的研究 [J]. 上海环境科学，1992，11（5）：13-15.

[12] 陈世和. DANO 动态好氧堆肥处理技术 [J]. 上海环境科学, 1991, 10 (12): 10-13.

[13] 陈庆邦, 聂晓军, 刘鸿. 从废金钯电子镀件中回收金和钯 [J]. 稀有金属, 2000, 24 (1): 74-77.

[14] 陈武勇, 秦涛, 等. 氧化镁和碱性蛋白酶两步法处理废铬革屑 [J]. 中国皮革, 2001, 30 (15): 1-5.

[15] 陈秀金, 曹健, 等. 胶原蛋白和明胶在食品中的应用 [J]. 郑州工程学院学报, 2002, 23 (1): 66-69.

[16] 陈平, 王瑞生. 绿色环保型渗水砖的研制 [J]. 中国陶瓷工业, 2003 (2): 13-18.

[17] 程金树, 汤李缨, 王全, 等. 钢渣微晶玻璃的研究 [J]. 武汉工业大学学报, 1995, 17 (4): 12-13.

[18] 陈涛, 熊先哲. 污泥的农林处置与利用 [J]. 环境保护科学, 2000, 99 (26): 32-35.

[19] 陈惠君, 董大奎, 陈云芳, 等. 钢渣玻璃及微晶玻璃的研究 [J]. 玻璃与搪瓷, 1988, 16 (2): 12-17.

[20] 邓斌. 利用固体废料植被陶瓷环保生态砖的探索 [J]. 郴州师范高等专科学校学报, 2003 (2): 54-56.

[21] 杜军, 谭洪新, 罗国芝, 黄丰骏. 时间和温度对水产养殖固体废弃物水解发酵产酸的影响. 广东农业科学, 2012, 8: 33-35.

[22] 杜敏, 南庆贤. 猪皮胶原蛋白的制备及在食品中的应用 [J]. 食品科学, 1994, (7): 36-40.

[23] 段晨龙, 王汝峰, 何亚群, 等. 电子废弃物的特点 [J]. 江苏环境科技, 2003, 16 (3): 31-32.

[24] 丁忠浩, 翁达. 固体和气体废弃物再生与利用 [M]. 北京: 国防工业出版社, 2006.

[25] 范恩荣. 利用工业废料生产彩色墙砖 [J]. 今日科技, 1996 (4): 11-12.

[26] 樊国栋, 强西怀. 含铬废革屑的综合开发与利用 [J]. 中国皮革, 1998, 27 (10): 25-27.

[27] 冯昭华. 中药提取废水的治理工程 [J]. 环境工程, 2005, 23 (5): 29-31.

[28] 冯小平, 李立华, 余曼丽. 粉煤灰微晶玻璃饰面板材的研究 [J]. 粉煤灰, 1998, (6): 52-57.

[29] 高世理. 如何利用制革下脚料—介绍几种产品及生产方法 [J]. 北京皮革, 1994, (3): 1-6.

[30] 高占国, 华珞, 郑海金, 等. 粉煤灰的理化性质及其资源化的现状与展望 [J]. 首都师范大学学报 (自然科学版), 2003, 24 (1): 70-77.

[31] 韩广, 阎昱希. 防治电子垃圾污染的立法初探 [J]. 江苏环境科技, 2007, 20 (1): 72-74.

[32] 韩复兴, 路静贤, 李小雷. 多种工业矿渣微晶玻璃的研制 [J]. 佛山陶瓷, 2005, 15 (4): 8-10.

[33] 韩复兴. 陶瓷厂废料生产多孔陶瓷的研究 [J]. 陶瓷研究, 2002 (1): 24-27.

[34] 何恩广, 王晓刚, 等. 用硅质煤矸石合成 SiC 的研究 [J]. 硅酸盐学报, 2001, 29 (1): 72-79.

[35] 胡天觉, 曾光明, 袁兴中. 从家用电器废物中回收贵金属 [J]. 中国资源综合利用, 2001 (7): 12-15.

[36] 胡晓东. 制药废水处理技术及工程实例 [M]. 北京: 化学工业出版社, 2008.

[37] 华南工学院水泥教研组. 第六届水泥化学论文集第二卷水泥水化与硬化 [C]. 北京: 中国建筑工业出版社, 1982.

[38] 柯钢. 智能材料结构在建筑工程中的应用 [M]. 建筑技术开发, 2005 (3): 41-43.

[39] 何益波, 李立清. 回收利用废旧手机积极应对电子污染 [J]. 江苏环境科技, 2006, 19 (1): 60-61.

[40] 何亚群, 段晨龙, 王海峰. 电子废弃物资源化处理 [M]. 北京: 化学工业出版社, 2006.

[41] 侯志琳. 用粉煤灰土种植树木的研究 [J]. 粉煤灰综合利用, 2001, 6: 15-17.

[42] 蒋挺大, 张春萍. 胶原蛋白 [M]. 北京: 化学工业出版社, 2001.

[43] 寇柏权. 用制革厂下脚料胶原制造肠衣的研究 [J]. 皮革科技, 1989, (10): 38-39.

[44] 梁忠友. 赤泥微晶玻璃的研究 [J]. 玻璃与搪瓷, 1997, 25 (6): 43, 50-52.

[45] 梁忠友, 李燕青. 复合矿渣玻璃陶瓷的研制 [J]. 现代技术陶瓷, 1998, 19 (3): 13-16.

[46] 李艳霞, 等. 有机固体废弃物堆肥的腐熟度参数及指标 [J]. 环境科学, 1999, 20 (2): 98-103.

[47] 梁勇. 利用固体废弃物改良沙漠土的研究——以宁夏地区为例 [硕士论文]. 中国地质大学 (北京), 2004. 6.

[48] 李金惠, 温雪峰. 电子废物处理技术 [M]. 北京: 中国环境科学出版社, 2006.

［49］　李定龙，杨瑞洪. 电子废弃物回收利用探讨［J］. 环境科学与管理，2005，30（5）：1-2.

［50］　李慧君，殷宪强，谷胜意. 污泥及污泥堆肥对改善土壤物理性质的探讨. 陕西农业科学，2004（1）：29-31.

［51］　李国学，张福锁. 固体废物堆肥化与有机复混肥生产［M］. 北京：化学工业出版社，2000.

［52］　李祯，李胜荣，申俊峰. 粉煤灰和城市污泥配施对荒漠土壤持水性能影响的研究［J］. 地球与环境，2005，33（2）：74-77.

［53］　卢升高. 粉煤灰资源农业利用的现状与展望［J］. 国外农业环保，1989，3：1-3.

［54］　刘志峰，胡迪，张雷. 电子信息产品废弃物污染防治关键技术［J］. 标准与技术追踪，2007，（1/2）：14-17.

［55］　李巧萍. 吸附-混凝·高级化学氧化法处理安乃近废水的研究［J］，水处理技术，2003，29（6）：348-351.

［56］　李向东，冯启言，于洪峰. 气浮—水解—好氧工艺处理制药废水［J］，环境工程，2005，23（3）：17-18.

［57］　李彬，隋智通. 铁尾矿和钛渣为主要原料的微晶玻璃的研究［J］. 中国玻璃，1997，（2）：22-25.

［58］　李宝贵，单保庆，孙克刚. 粉煤灰农业利用研究进展［J］. 磷肥与复肥，2000，15（6）：59-60.

［59］　李广慧，许虹，邵伟. 粉煤灰改良栗钙土物理性质的试验研究［J］. 水土保持学报，2002，16（6）：113-116.

［60］　李广慧. 粉煤灰改良栗钙土植树研究［D］. 北京：中国地质大学，2001，5.

［61］　李秀辰，张国琛，聂丹丹，牟晨晓. 水产养殖固体废弃物减量化与资源化利用，水产科学，2007，05：33-36.

［62］　李秀辰，李俐俐，张国琛，牟晨晓，母刚. 养殖固体废弃物作碳源的海水养殖废水反硝化净化效果，农业工程学报，2010. 4，4（26）：55-59.

［63］　李伟，赵镇南，王迅，刘奕晴. 海洋温差能发电技术的现状与前景［J］. 海洋工程，2004（2）：10-13.

［64］　李颖. 电解-CASS 工艺处理制药废水工艺研究与设计［J］. 环境工程，2003，21（1）：33-34.

［65］　李兵. 生活垃圾深度分选及设备优化组合技术研究［D］. 上海：同济大学，2006.

［66］　李秋红. 城市生活垃圾的预处理［J］. 中国资源综合利用，2005，1：18-20.

［67］　廖银章. 城市有机垃圾发酵工艺研究［J］. 太阳能学报，1993，14（4）：337-343.

［68］　罗宇煊，等. 有害废物堆肥技术及堆肥生态系统研究进展［J］. 上海环境科学，1999，18（10）：478-480.

［69］　刘军，宋守志. 利用金属尾矿制取微晶玻璃的研究进展［J］. 有色金属，1999，51（4）：38-42.

［70］　刘军，宋守志. 金属尾矿微晶玻璃研究的进展与问题［J］. 沈阳建筑工程学院学报，1999，15（3）：234-238.

［71］　刘冰. 从废弃电子印刷线路板中提取金的研究［D］. 上海：东华大学，2006.

［72］　刘恩斌，董水丽. 黄土高原主要土壤持水性能及抗旱性的评价［J］. 水土保持通报，1997，17（7）：20-26.

［73］　刘崇熙，汪在芹，李玲. 硬化水泥浆化学物理性质［M］. 广州：华南理工大学出版社，2003.

［74］　刘振刚. 预处理—厌氧-好氧—气浮过滤处理制药废水［J］. 中国给水排水，2004，20（1）：81-82.

［75］　马文鑫，陈卫中，任建军. 制药废水预处理技术探索［J］. 环境污染与防治，2001，23（2）：87-89.

［76］　马成泽. 有机质含量对土壤几项物理性质的影响［J］. 土壤通报，1994，25（2）：65-67.

［77］　麦克·米伦. 微晶玻璃［M］. 王仞千，译. 北京：中国建筑工业出版社，1988.1.

［78］　孟睿. 固定化菌藻体系净化水产养殖废水的研究［D］. 北京：北京化工大学，2009.

［79］　马春辉，舒予斌. 胶原蛋白膜的制作工艺及其强度性质的影响［J］. 中国皮革，2001，30（9）：34-36.

［80］　马春辉，舒予斌. 可食性胶原包装膜的研究进展［J］. 中国皮革，2001，30（5）：8-10.

［81］　穆畅道，林炜. 皮革固体废弃物的高值转化［J］. 化学通报，2002，（1）：29-35.

[82] 马瑛. 堆肥化生化修复技术处理有毒有害固体废弃物的模拟研究 [J]. 环境科学, 1997, 18 (4): 65-68.

[83] 穆畅道, 林炜. 皮革固体废弃物资源化 (I) 皮胶原的提取及在食品工业中的应用 [J]. 中国皮革, 2001, (30): 37-40.

[84] 缪纪生, 李秀英, 程荣邀. 中国古代的胶凝材料初探 [J]. 硅酸盐学报, 1981, 9 (2): 234-240.

[85] 聂永丰. 三废处理工程技术手册—固体废物卷, 北京: 化学工业出版社, 2001.

[86] 牛冬杰, 马俊伟, 赵由才. 电子废弃物的处理处置与资源化 [M]. 北京: 冶金工业出版社, 2007.

[87] 潘志娟. 铬革屑的资源化处理技术 [J]. 皮革科学与工程, 2002, 11 (3): 7-11.

[88] 潘碌亭, 屠晓青, 罗华飞. 活性炭/H_2O_2 催化氧化-絮凝法预处理化有机废水 [J]. 化工环保, 2008, 28 (1): 50-52.

[89] 秦耀东. 土壤物理学 [M]. 北京: 高等教育出版社, 2003.

[90] 钱涌根. 间歇式动态好氧堆肥处理技术 [J]. 环境卫生工程, 1998, 6 (2): 43-46.

[91] 乔显亮, 骆永明, 吴胜春. 污泥的土地利用及其环境影响 [J]. 土壤, 2000, 2: 79-85.

[92] 任强, 李启甲. 绿色硅酸盐材料与清洁生产 [M]. 北京: 化学工业出版社, 2004.

[93] 邵泽恩, 解守岭, 李士英. 削匀革屑脱铬制造宠物饲料 [J]. 中国皮革, 2001, 30 (19): 15-17.

[94] 宋宝增. 城市生活垃圾发酵制肥 [J]. 四川环境, 1999, 18 (4): 12-16.

[95] 苏德纯, 张锁福, 黄焕忠. 粉煤灰钝化污泥人工土壤上高麦草生长发育及营养状况研究 [J]. 应用与环境生物学报, 1997, 3 (3): 230-235.

[96] 苏德纯, 张锁福. 粉煤灰钝化污泥对土壤理化性质及玉米重金属累积的影响 [J]. 中国环境科学, 1997, 17 (4): 321-325.

[97] 施庆燕. 世博园生活垃圾组分预测及预处理技术研究 [D]. 上海: 同济大学, 2007.

[98] 孙克刚, 杨占平, 郭井水, 王明堂. 粉煤灰及其复肥对土壤物理性质和重金属淀积的影响 [J]. 粉煤灰综合应用, 2000, 2: 22-23.

[99] 孙丰梅, 刘安军. 胶原蛋白与肉品品质 [J]. 食品工业科技, 2002, (4): 76-78.

[100] 孙向阳. 国内外城市垃圾处理概况 [J]. 海岸工程, 1999, 18 (4): 92-95.

[101] 孙明湖主编. 环境保护设备选用手册—固体废物处理、噪声控制及节能设备, 北京: 化学工业出版社, 2002.

[102] 沈威. 水泥工艺学 [M]. 北京: 中国建筑工业出版社, 1986.

[103] 沙爱民, 张登良. 稳定土火山灰作用的热力学原理与研究 [J]. 岩土工程学报, 1995, 17 (3): 39-43.

[104] 沈卫国. 工业固体废弃物路面基层材料 ISW2RBM 的研究 [D]. 武汉: 武汉理工大学, 2005.

[105] 申俊峰, 李胜荣, 孙岱生. 用若干固体废弃物改良土壤的可行性研究 [J]. 地质地球化学, 2001, 29 (2): 86-90.

[106] 申俊峰, 李胜荣, 孙岱生. 固体废弃物修复荒漠化土壤的研究——以包头地区为例 [J]. 土壤通报, 2004, 35 (3): 267-270.

[107] 申俊峰, 李胜荣, 李海明. 粉煤灰与污水沉淀物复合土壤添加剂中磷的有效化实验研究 [J]. 地球与环境, 2004, 32 (1): 86-89.

[108] 申俊峰, 李胜荣, 孙岱生, 潘彦昭. 固体废弃物修复荒漠化土壤的研究 [J]. 土壤通报, 2004, 35 (3): 267-270.

[109] 申俊峰. 粉煤灰、水库淤积物和污水沉淀物改良砂质贫瘠土壤植树种草的研究——以内蒙古包头试验区为例 [D]. 北京: 中国地质大学, 2002.

[110] 孙锦宜. 含氮废水处理技术与应用 [M]. 北京: 化学工业出版社, 2003.

[111] 唐黎标. 日本海洋能发电 [J]. 太阳能, 2005, (3): 22-25.

[112] 唐黎标. 日本利用海洋温差发电 [J]. 节能, 2005, 24 (1): 45-48.

[113] 唐绍裘, 梁忠军. 锑炉渣玻璃陶瓷的研究 [J]. 硅酸盐通报, 1994, (2): 18-24.

[114] 王春华. 海洋温差发电技术 [J]. 能源工程, 2005, (3): 87-91.

[115] 王祺，汪东，陈建秋. 海洋温差能发电的一种新设想 [J]. 节能与环保，2003，(5).

[116] 王迅，谷琳，李赫. 海水温差能发电系统两种循环方式的比较研究 [J]. 海洋技术，2006，(2).

[117] 王晓刚，陈维等. 煤矸石与烟煤合成 β-SiC 研究 [J]. 煤炭学报，1998，23 (3)：327-330.

[118] 王殿武，刘国新. 污泥和粉煤灰配施对土壤物理性状和汞累积的影响 [J]. 河北农业大学学报，1994，17 (增刊)：269-274.

[119] 王罗春，赵由才. 建筑垃圾处理与资源化. 北京：化学工业出版社，2004.

[120] 王长文，时东霞. 磷渣微晶玻璃的研究 [J]. 玻璃，1992，(6)：72-76.

[121] 魏源送. 堆肥技术及进展 [J]. 环境科学进展，1999，7 (3)：11-12.

[122] 魏金秀，汪永辉，李登新. 国内外电子废弃物现状及其资源化技术 [J]. 东华大学学报（自然科学版），2005，31 (3)：133-138.

[123] 王碧，林炜. 皮革废弃物资源回收——胶原蛋白的利用基础、现状及前景 [J]. 皮革化工，2001，18 (3)：10-14.

[124] 王鸿儒，卫向林. 从铬革屑中提取胶原产物的方法 [J]. 皮革化工，2001，18 (3)：6-9.

[125] 吴敦虎，李鹏，王曙光. 混凝法处理制药废水的研究 [J]. 水处理技术，2000，26 (1)：53-55.

[126] 吴建锋，王东斌. 利用工业废渣制备艺术型清水砖的研究 [J]. 武汉理工大学学报，2005，27 (5)：46-49.

[127] 王殿武，刘国新. 污泥和粉煤灰配施对土壤物理性质和汞积累的影响. 河北农业大学学报，1994，17 (增刊)：269-274.

[128] 王兆锋，冯永军，张蕾娜. 粉煤灰农业利用对作物影响的研究进展 [J]. 山东农业大学学报（自然科学版），2003，34 (1)：152-156.

[129] 吴清仁，吴善淦. 生态建材与环保 [J]. 北京：化学工业出版社，2004.

[130] 吴家华，刘宝山，董云中，等. 粉煤灰改土效应研究 [J]. 土壤学报，1995，32 (3)：334-340.

[131] 武军，李辉. 废电路板中钯、银的回收 [J]. 有色矿冶，1999 (3)：48-49.

[132] 武荣成，栾和林，姚文. 环酯类贵金属萃取剂的研究 [J]. 有色金属，1999，51 (2)：47-51.

[133] 温志良，温琰茂，吴小锋. 城市生活垃圾综合处理研究 [J]. 环境保护科学，2000，26 (3)：14-16.

[134] 肖利平，李胜群，周建勇. 微电解厌氧水解酸化 SBR 串联工艺处理制药废水试验研究 [J]. 工业水处理，2000，20 (11)：25-27.

[135] 闻邦椿，刘凤翘，刘杰. 振动筛振动给料机振动输送机的设计与调试 [M]. 北京：化学工业出版社，1989.

[136] 肖兴成，江伟辉，王永兰，等. 钛渣微晶玻璃晶化工艺的研究 [J]. 玻璃与搪瓷，1999，27 (2)：7-11.

[137] 徐子伟. 热喷胶原蛋白饲料的开发工艺、生物效价及饲用效果研究 [J]. 粮食与饲料工业，1996，(5)：18-21.

[138] 肖汉宁，时海霞，陈钢军. 利用铬渣制备微晶玻璃的研究 [J]. 湖南大学学报（自然科学版），2005，(4)：82-87.

[139] 薛向欣，张淑会. 工业固体废弃物作为合成 Si 基陶瓷原料的开发与利用 [J]. 硅酸盐通报，2005，(2)：72-75.

[140] 肖汉宁，邓春明，彭文琴. 工艺条件对钢铁废渣玻璃陶瓷显微结构的影响 [J]. 湖南大学学报，2001，28 (1)：32-36.

[141] 徐红. 污泥堆肥的通风及控制技术 [J]. 环境科学进展，1999，7 (4)：121-126.

[142] 熊英，郑存江，柏全金. 生物制剂浸金性能研究 [J]. 黄金，1998，19 (1)：36-38.

[143] 杨志勇，何争光，顾俊杰. 气浮-SBB 滤池工艺处理制药废水 [J]. 环境污染与防治. 2008，30 (7)：104-105.

[144] 杨家宽，肖波，王秀萍. 利用工业废渣制备微晶玻璃进展 [J]. 玻璃与搪瓷，2002，30 (6)：47-48.

[145] 颜东亮，吴伯麟. 陶瓷辊棒制造高档高耐磨研磨介质研究 [J]. 非金属矿，2004，(6)：14-15.

[146] 尹奇德. 陶瓷工业污染综合预防 [J]. 陶瓷科学与艺术，2004，(6)：24-28.

[147] 严彩霞，董健苗. 粉煤灰农业方面的利用 [J]. 粉煤灰综合利用，2001，5：41-44.

[148] 杨先海，褚金奎，吕传毅. 基于垃圾预处理的城市生活垃圾资源化技术研究. 节能与环保，2002，9：36-37.

[149] 严彩霞，董健苗. 粉煤灰农业方面的利用 [J]. 粉煤灰综合利用，2001，5：41-44.

[150] 杨家宽，肖波，王秀萍. 利用工业废渣制备微晶玻璃进展 [J]. 玻璃与搪瓷，2002，30 (6)：47-48.

[151] 颜东亮，吴伯麟. 陶瓷辊棒制造高档高耐磨研磨介质研究 [J]. 非金属矿，2004，(6)：14-15.

[152] 尹奇德. 陶瓷工业污染综合预防 [J]. 陶瓷科学与艺术，2004，(6)：24-28.

[153] 张永强，陈闽子，李晓博. 从废旧电子元件中提取钯工艺的研究 [J]. 稀有金属，2000，24 (4)：314-316.

[154] 张学洪，王敦球，解庆林. 城市污水污泥与垃圾和粉煤灰堆肥在水稻施肥上的应用 [J]. 重庆建筑大学学报，2001，23 (1)：49-52.

[155] 张浩，潘介昌，唐光大，庄雪影，高华业. 广东天井山森林群落植物多样性与土壤持水性研究 [J]. 广东林业科技，2002，18 (1)：25-30.

[156] 张鼎华，翟明善，贾黎明，林平. 沙地土壤种植杨树-刺槐混交林后持水特性变化的研究 [J]. 应用生态学报，2002，13 (8)：971-974.

[157] 张俊艳. 电子废弃物提金技术研究及其效益分析探讨 [D]. 上海：东华大学，2006.

[158] 张伟刚，吴丰顺，吴懿平. 国外电子废弃物的回收利用技术 [J]. 非铁金属的回收与利用，2006，(8)：32-34.

[159] 张铭让，林炜. 绿色化学与皮革工业的可持续发展，绿色化学——第一届国际绿色化学高级研讨会 [C]. 中国科技大学，1998，12：138-220.

[160] 张培新，林荣毅，阎加强. 赤泥微晶玻璃的研究 [J]. 有色金属，2000，52 (4)：77-79.

[161] 郑怀礼，絮凝法处理中药制药废水的试验研究 [J]. 工业水处理，2002，28 (6)：339-342.

[162] 赵庆良，蔡萌萌. 刘志刚. 气浮-活性污泥工艺处理制药废水 [J]. 中国给水排水，2006，22 (1)：77-79.

[163] 赵艳锋，王树岩. 高浓度制药废水处理实例 [J]. 水处理技术，2008，34 (3)：84-87.

[164] 周启星，宋玉芳. 污染土壤修复原理与方法 [M]. 北京：科学出版社，2004.

[165] 张所明. 城市生活垃圾堆肥发酵的腐熟度研究 [J]. 上海环境科学，1988，7 (10)：9-12.

[166] 邹惟前. 利用固体废物生产新型建筑材料 [M]. 北京：化学工业出版社，2004.

[167] 朱安娜，吴卓，荆一凤. 纳滤膜分离洁霉素生产废水的试验研究 [J]. 膜科学与技术，2000，20 (4)：47-51.

[168] A G Chmielewski, T S Urbanski, W Migdal. Separation technologies for metals recovery from industrial wastes [J]. Hydrometallurgy, 1997, 45 (3)：333-344.

[169] Alain Huc. Collagen biomaterials characteristics and application [J]. J Am Leather Chem Assoc, 1985, 80 (7)：195-212.

[170] Arnold W Chumann, Malcolm E Sumner. Chemical Evaluation of nutrient supply from fly ash-biosolids mixtures [J]. Soil Sci. Soc. Am. [J], 2000, 64：419-426.

[171] Arnold W Chumann, Malcolm E Sumner. Formulation of environmentally sound waste mixtures for land application [J]. Water, Air, and Soil pollution, 2004, 152：175-217.

[172] Barbara Lothenbach, Frank Winnefeld. Thermodynamic Modeling of the Hydration of Portland Cement [J]. Cement and Concrete Research, 2006, (36)：209-226.

[173] Baily A J, Paul R G, et al. Collagen：a not so simple protein [J]. J. Soc. Leather Tech Chem, 1998, (82)：104-110.

[174] Bennett D G, Read D, Atkins M, et al. A Thermodynamic Model for Blended Cements：Ⅱ. Cement

Hydrated Phases: Thermodynamic Values and Modeling Studies [J]. J. Nucl. Mater, 1992, 190: 315-325.

[175] Cabeza L F, et al. Isolation of protein products from chromium - containing leather waste using two consecutive product: pilot plant studies [J]. J Soc Leather Tech Chem, 1999, (83): 14-19.

[176] Cabeza L F, et al. The effect of surfactant on isolation of protein products from chromium - containing solid tannery waste. Influence on the process and on the chemical, physical and functional properties of the resultant gelatin [J]. J Am Leather Chem Assoc, 1999, (94): 190-198.

[177] C Emmerling, C Liebner, M Haubold-Rosar, J Kataur, D Schroder. Impact of application of organic waste materials on microbial and enzyme activities of mine soils in the Lusatian coal mining region. Plant and Soil, 2000, 220: 129-138.

[178] C S Poon, M Boost. The stabilization of sewage sludge by pulverized fuel ash and related materials [J]. Environment International, 1996, 22 (6): 705-710.

[179] D C Su, J W C Wong. Chemical speciation and phytoavailability of Zn, Cu, Ni, and Cd in soil amended with fly ash-stabilized sewage sludge [J]. Environment International, 2003, 29: 895-900.

[180] D C Su, J W C Wong. The growth of corn seedlings in alkaline coal fly ash stabilized sewage sludge [J]. Water, Air, and Soil Pollution, 2002, 133: 1-13.

[181] D C Su, J W C Wong. The growth of Agropyron Elongatum in an artifical soil mix from coal fly ash and sewage sludge [J]. Bioresource Technology, 1997, 59: 57-62.

[182] D Chaudhurl, S Tripathy, H Veeresh, M A Powell, B R Hart. Relationship of chemical fractions of heavy metals with microbial and enzyme activities in sludge and ash-amended acid lateritic soil from India [J]. Environmental Geology, 2003, 45 (1): 115-123.

[183] D Chaudhuri, S Tripathy, H Veeresh, M A Powell, B R Hart. Mobility and bioavailability of selected heavy metals in coal ash- and sewage sludge-amended acid soil [J]. Environmental Geology, 2003, 44: 419-432.

[184] Deguire E J, Risbud S H. Crystallization and properties of glasses from Illinois coal fly ash [J]. J Mater Sci, 1984, (19): 1760-1766.

[185] Everett J W, Peirce J J. The Development of Pulsed Flow Air Classification and Theory for Municipal Solid Waste Processing. Resoruces, Conservation and Recycling, 1990, 2 (3): 24-29.

[186] Farouk M M, et al. Effect of edible collagen film overwrap on exudation and lipid oxidation in beef round steak [J]. Journal of Food Science, 1990, 55 (6): 1 510-1 512.

[187] Georg Dirk. Pulverised fuel ash products solve the sewage sludge problems of the wastewater industry [J]. Waste Management, 1996, 16 (1-3): 51-57.

[188] Ghodrati M, Simb JT, Vasilas B L. Enhancing the benefits of fly ash as a soil amendment by pre-leaching [J]. Soil Science, 1995, 159: 244-252.

[189] Gloe K, Muehl P, Knothe M. Recovery of Precious Metals from Electronic Scrap, in Particular from Waste Products of the Thick-layer Technique [J]. Hydrometallurgy, 1990, (25): 99-110.

[190] Gerald L W, Walter R S. H arvesting Ocean energy [M]. France: The Unesco Press, 1981.

[191] H Veeresh, S Tripathy, D Chaudhuri, B R Hart, M A Powell. Competitive adsorption behavior of selected heavy metals in three soil types of India amended with fly ash and sewage sludge [J]. Environmental Geology, 2003, 44: 363-370.

[192] H Veeresh, S Tripathy, D Chaudhuri, B C Ghosh, B R Hart, M A Powell. Changes in physical and chemical properies of three soil types in India as a result of amendment with fly ash and sewage sludge [J]. Environmental Geology, 2003, 43: 513-520.

[193] Huiting Shent, R J Pugh, E Forssberg. A review of plastic waste recycling and the flotation of plastics [J]. Resources, Conversation and Recycling, 1999, 25 (2): 85-109.

[194] I G Mason, A Oberender, A K Brooking. Source separation and potential re-use of resource residuals

at a university campus [J]. Resources, Conservation and Recycling, 2004, 40 (2): 155-172.

[195] Inbar Y, Chen Y, Hadar Y, Hitink H A J. New Approaches to Compost Maturity, Biocycle, 1990 (12): 64-69.

[196] Jia Z Q, He F, Liu Z Z. Synthesis of poly-aluminiuam chloride with a membrane reactor: operating parameter effects an reaction pathways [J]. Indus & Eng. Chem. Res, 2004. 43 (1): 12-17.

[197] J R Pichtel, J M Hayes. Influence of fly ash on soil microbial activity and populations [J]. J. Environ. Qual, 1990, 19: 593-597.

[198] J W C Wong, D C Su. Reutilization of coal fly-ash and sewage sludge as an artificial soil-mix: effects of pre-incubation on soil physico-chemical properties [J]. Bioresource Technology, 1997, 59: 97-102.

[199] Junfeng Shen, Hong Xu. Mineralogy and Geochemistry: Resources, Environment and Life [M]. Beijing: Geological Publishing House, 2004: 87-99.

[200] JoséIgnacio Querejeta, Antonio Roldán, Juan Albaladejo, Victor Castillo. Soil physical properties and moisture content affected by site preparation in the afforestation of a semiarid rangeland [J]. Soil Sci. Soc. Am. J., 2000, 64: 2087-2096.

[201] Jaime Cot, et al. Processing of collagenic residues: isolation of gelation by the action of peroxochromates [J] 1J Am Leather Chem Assoc, 1999, (94): 115-128.

[202] Kumaraguru S, Sastry T P, et al. Hydrolysis of tannery fleshing using pancreatic enzymes: A biotechnological tool for solid waste management [J]. J Am Leather Chemi Assoc, 1998, 93 (2): 32-39.

[203] Kiver C, Surobiton. Proceedings of the Technical Programme -INTERNEPCON [J]. International Electronic Packaging and Production Conferences, 1978: 15-20.

[204] K M Lai, D Y Ye, J W C Wong. Enzyme activities in a sandy soil amended with sewage sludge and coal fly ash [J]. Water, Air, and Soil pollution, 1999, 113: 261-272.

[205] Kudyba-Jansen A A, Hintzen H T, Metselaar R. Ca-α/β-Sialon synthesized from fly ash-preparation, characterization and properties [J]. Materials Research Bulletin, 2001, 36 (7-8): 1215-1230.

[206] Langmaier, et al. Products of enzymatic decomposition of chrome - tanned leather waste [J]. J Soc Leather Tech Chem, 1999, (83): 187-195.

[207] Lau A K, Bruce M P, Chace R J. Evaluation the Performance of Biofilters for Composting Odor Control, J Environ. Sci. Health, 1996, A31 (9): 2247-2273.

[208] M Fang, J W C Wong, K K Ma, M H Wong. Co-composting of sewage sludge and coal fly ash: nutrient transformations [J]. Bioresourece Technology, 1999, 67: 19-24.

[209] M Hwlena Lopes, P Abelha, N Lapa, J S Oliveira, I Cabrita, I Gulyurtlu. The behaviour of ashes and heavy metals during the co-combustion of sewage sludges in a fluidized bed [J]. Waste Management, 2003, 23: 859-870.

[210] M Vincini, F Carini, S Silva. Use of alkaline fly ash as an amendment for swine manure [J]. Bioresource Technology, 1994, 49: 213-222.

[211] Meullenet J F, et al. Textural properties of chicken Fankfurters with added collagen fibers [J]. Journal of Food Science, 1994, 59 (4): 729-733.

[212] Miller A T. Current and future uses of limed hide collagen in the food industry [J]. J Am Leather Chem Assoc, 1996, (91): 183-189.

[213] Mirakbaral I. Development of crystallized fly ash and Its potenial app lication [J]. Trans Indian Cera Soc, 1985, 44 (1): 23-25.

[214] Masumi Mit suno, Kazue Tazaki, W S Fyfe, Michael A Powell, Brian Hart, Sun Daisheng, Li Shengrong. Influence of coal ash on microorganisms and applicability of coal ash to remediate desertificated soil - in the case of desertificated land in Inner Mongolia of China [J]. Clay Science, 2001, 11: 503-515.

[215] Martens D A, Frankenberger W T Jr. Modification of infilt ration rates in an organic - amended irri-

gated soil [J]. Agron J, 1992, 84 (4): 707-717.

[216] Marshall T J, Homes J W. Soil physics [M]. Cambridge, U K: Cambridge Univ. Press.

[217] Navas A, Bermudez F, Machin J. Influence of sewage sludge application on physical and chemical properties of Gypsisols [J]. Geoderma, 1998, 87 (1/ 2): 123-135.

[218] Neilt Monney. Ocean Energy Resources [M]. The American Society of Mechanical Engineers, 1977.

[219] Pinamonti F. Compost mulch effect s on soil fertility, nut ritional status and performance of grapevine [J]. Nut rient Cycling in Agroecosystems, 1998, 51 (3): 239-248.

[220] Post J W. Eva luation o f pressure retarded osm os is and reverse electro-dialysis [J]. Journal of Membrane Science, 2007, 288: 218-230.

[221] Ronald J. van Eijk. Hydration of Cement Mixtures Containing Contaminants [M]. The Netherlands: Printpartners Ipskamp BV, Enschede, 2003.

[222] Sum, Elaine Y L. Recovery of Metals from Electronic Scrap [J]. J O M, 1991, 43 (4): 53-61.

[223] Stockman. Practical considerations of the production scale hydrolysis of blue shavings [J]. J Am Leather Chem Assoc, 1996, (91): 190-192.

[224] Taylor H F W. Cement Chemistry [M]. London and New York: Academic Press, 1990.

[225] Tayor M M, et al. Extraction of value added byproducts from the treatment of chromium containing collagenous leather industry waste [J]. J Soc Leather Tech Chem, 1997, (81): 5-13.

[226] Taylor M M, et al. Effect of de - ionization on physical properties of gelable protein products recovered from solid tannery waste [J]. J Am Leather Chem Assoc, 1995, (90): 365-374.

[227] Hironshi Kubota and Kiyokiko Nakasaki, Biocycle, 1991 (6): 66-68.

[228] Tracy Punshon, Domy C. Adriano, John T. Weber. Restoration of drastically eroded land using coal fly ash and poultry biosolid. The Science of the total Environment, 2002, 296: 209-225.

[229] Whitmore R, et al. Digestibility and safety of limed hide collagen in rat feeding experiments [J]. Journal of Food Science, 1975, (40): 101-104.

[230] W Borken, A Muhs, F Beese. Application of compost in spruce forests: effects on soil respiration, basal respiration and microbial biomass. Forest Ecology and Management, 2002, 159: 49-58.

[231] Wong J W C. The production of artificial soil mix from coal fly ash and sewage sludge [J]. Environmental Technology. 1995, 16: 741-751.

[232] Zablo Dsi Z. Physical and chemical changes in sewage sludge-amended soil and factors affecting the extract ability of selected macroelements [J]. Folia Universitatis Agriculturae Stetinensis, 1998, 69: 91-104.

第四章 工业原材料和部品
循环利用技术

工业原材料经使用报废后，在固体废物中占有很大的比重。若不加以利用，不仅对环境造成严重的影响，而且浪费大量的资源。通常，工业原材料经使用报废后，可作为二次资源循环利用和资源化使用，它们可谓是"放错位置的资源"。本章针对金属材料、贵金属材料、无机非金属材料、废轮胎和废塑料等废品及废弃物，介绍相关循环利用技术，重点掌握相关工业原材料循环利用技术的基本概念、内涵和工艺特点。

第一节 废旧部件产品再制造技术

一、概述

再制造技术，是在维修技术和表面工程的基础上发展起来的新兴学科。再制造产业是以产品全寿命周期理论为指导，以废旧产品回收再利用为目标，以绿色环保、优质节材、高效节能为准则，以先进生产技术为手段，进行废旧产品的修复、改造等一系列技术措施的总称。再制造技术是对废旧产品的高技术的修复，使零部件尺寸、形位、表面品质等性能恢复到全新零部件的品质，甚至超过全新零部件，通过装配后形成全新产品，不仅减小了产品或设备对环境的污染，也降低了生产投入的费用。

再制造技术与传统制造技术的重要区别如表4-1所列。主要包括在新产品上重新使用经过再制造的旧部件，以及在产品的长期使用过程中对部件的性能、可靠性和寿命等通过再制造加以恢复和提高，从而使产品或设备在对环境污染最小，资源利用率最高，投入费用最小的情况下重新达到最佳的性能要求。

表 4-1 再制造与传统制造及回收的对比分析

名称	相同点	不同点
再制造 传统制造	以工业化的生产方式来制造满足用户需求的产品	以退役产品为毛坯，大部分被拒用的产品为废品 以原材料为毛坯，被拒用的产品为废品
再制造 回收	以实现资源重复利用为目的	充分利用退役产品留存的功能 部分利用退役产品留存的功能

图 4-1 所示为产品的全寿命周期过程简图。从图中可以看出，再制造与维修、回收有严格的区别。以往的产品从设计、制造、使用、维修至退役报废。报废后，一部分是将可再生的材料进行回收，一部分是将不可回收的材料进行环保处理。再制造过程不但能提高产品的使用寿命，而且可以影响产品的设计，最终达到产品的全寿命周期费用最小，保证产品创造最大的效益。此外，再制造虽然与传统的回收利用有类似的环保目标，但传统的回收利用，

只是重新利用它的材料，往往消耗大量能源并污染环境，而且产生的是低级材料。传统制造技术在产品的性能、结构、材料、成形和加工工艺方面考虑较多，而从全寿命周期的观点看，还应重点考虑产品的可靠性、维修性、保障性、安全性和可测试性，以及考虑产品损坏后如何迅速"再生"，恢复其应有性能。再制造的引入，可重点解决上述问题。可见，再制造是对产品的第二次投资，更是使产品升值的重要举措。

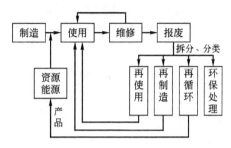

图 4-1　产品全寿命周期

表 4-2 所列是再制造与维修的区别。再制造和维修的不同方式在于，维修是在产品的使用阶段为了保持其良好技术状况及正常的运行而采取的技术措施，常具有随机性、原位性、应急性。维修的对象为有故障的产品，多以换件为主，辅以单个或小批量的零部件的修复。其设备和技术一般相对落后，而且形不成批量生产。维修后的产品多数在质量性能上难以达到新品水平。

表 4-2　再制造与维修的区别

名称	维修	再制造
在全寿命周期中的位置	运行阶段	报废阶段
生产方式	随机性、原位性、应急性	专业化、批量化、规范化
拆解程度	针对失效部位拆解	进行全面拆解、清洗、检测
采用技术	以换件为主，采用传统技术较多	追求采用高新技术，零件具有互换性
性能升级改造	较少	注重
质量标准	局部恢复性能	全面恢复或提升性能，质量等同或高于新产品

而再制造是将大量相似的废旧产品回收拆卸后，按零部件的类别进行收集和检测，将有再制造价值的废旧产品作为再制造毛坯，利用信息技术、微纳米技术和生物技术对其进行批量化修复、性能升级，所获得的产品在技术性能上能达到甚至超过新品，成本只是新品的50%，节能60%，节材70%。此外，再制造是规模化的生产模式，它有利于实现自动化和产品的在线质量监控，有利于降低成本获得最大经济效益。维修是有限度的，多次的大修理，会导致产品整体性能逐步劣化。但是通过再制造可以使产品性能恢复到和新产品类似程度，延长其生命周期。

二、再制造工艺

再制造工艺是运用再制造技术对废旧产品进行加工，生产规定性能的再制造产品的过程。再制造工艺流程如图 4-2 所示，包括拆解、清洗、检测、加工、零件测试、装配、整机磨合试验、喷漆包装等步骤。

（1）入库检查　对部件进行初步筛选清洗，然后检查了解其基本状况，如部件的外观、型号、制造时间等，最后对部件加以标识使其容易辨认，将这些数据输入数据库，为后续工作做准备。

（2）拆解　系统地从装配体上拆除其组成零部件，要求不对目标零部件造成损害。拆解分为破坏性拆卸和非破坏性拆卸两种。破坏性拆卸后的零部件不能重新装配成原来的产品；非破坏性拆卸是指拆卸过程中产品的零部件都没有受到损坏，这样拆卸后的零部件能够重新装配成一个产品。拆解就是要使可回收零件和材料重用所需的工作量大大减少；产品结构模块化、统一化，使产品有较大的预测能力；拆下的零部件易于手工或自动处理；回收材料及

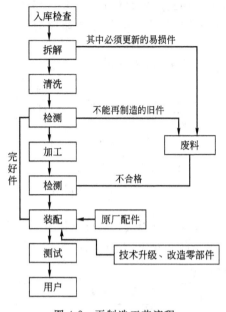

图 4-2　再制造工艺流程

残余废弃物易于分类和后处理。拆解完毕后将低值或必须更换的易损件报废，将可再制造的零件留下。

（3）清洗　对零部件表面清洗是再制造过程中的重要工序，不仅是检测零件表面尺寸精度、几何形状、粗糙度、表面性能、磨蚀磨损及黏着情况等的前提，而且是零件进行再制造的基础。清洗工序的基本要求：①彻底清除工件表面的油污、涂料；②彻底清除工件内部的机油垢和水垢；③在清洗过程中保证工件不因高温而产生变形或金相组织的改变；④保证工件不因化学物质而被腐蚀；⑤保证清洗工序的残渣、废液不对环境产生污染。对于不同清洗对象，由于其清洗要求、批量、零件形态、污染程度和污染物黏附情况等各异，因此要选择合适的清洗工艺方法和工艺条件。

（4）检测　所有零件都需经过评估以确定损坏范围，根据检查结果给出详细的翻新方案和需要更换零件的一览表，同时根据零部件类型对零部件进行分类。这些信息可以用来决定恰当的翻新策略和翻新产品所需的成本。不能再制造的零件就作为原料回炉。

（5）再制造　它是再制造流程中核心的一环。这个阶段涉及到表面处理、机械加工。从经济的角度考虑，要依据产品的型号、工作量和数量来选择零部件的再制造过程。

（6）检测　再制造后仍需对零件进行一轮检测，对检测合格的零件附上再制造零件的标签被放入仓库，不合格的零件作为原料回炉。

（7）装配、测试　当所有零件在仓库中备齐后，在车间或生产线对再制造部件或产品进行装配，经过装配和测试，完成全部装配并通过最终测试后，产品或部件附上再制造标记，最后产品送入成品库等待销售或附上保修条例后发送到用户手中。整个装配、测试和质量控制方式完全按新产品的技术要求进行，其过程与新品制造类似。

三、再制造技术

按照生产工艺过程，再制造技术通常可分为图 4-3 所示的几种类型。

值得注意的是，废旧产品再制造过程中应用到的工艺和具体技术很多，每种技术各有优点，也各有应用的局限性，需视产品失效的具体情况合理选用。

1. 拆装工艺技术

再制造拆装工艺技术是对废旧产品的拆解和再制造产品装配工艺过程中所用到的全部工艺技术与方法的统称。再制造拆装包括拆解与装配两个步骤。

（1）再制造拆解工艺技术　按拆解方法可分为破坏性拆解、部分破坏性拆解和非破坏性拆解。再制造拆解的基本要求是采用非破坏性拆解，以便最大化回收废旧产品附加值。

按拆解程度可分为完全拆解、部分拆解和目标拆解。传统废旧产品再制造需要完全拆解，但对于功能落后的旧产品采取再制造升级时也可以采取部分拆解或目标拆解。

再制造拆解工艺方法可分为击卸法、拉卸法、压卸法、温差法及破坏法。

① 击卸法。击卸法是利用锤子或其他重物在敲击或撞击零件时产生的冲击能量把零件拆解分离，是最常用的一种拆解方法。具有使用工具简单、操作灵活方便、不需特殊工具与设备、适用范围广等优点，但击卸法常会造成零件损伤或破坏。

② 拉卸法。拉卸法是使用专用顶拔器把零件拆解下来的一种静力拆解方法。它具有拆解件不受冲击力、拆解较安全、零件不易损坏等优点，但需要制作专用拉具。该方法适用于拆解精度要求较高、不许敲击或无法敲击的零件。

③ 压卸法。压卸法是利用手压机、油压机进行的一种静力拆卸方法，适用于拆卸形状简单的过盈配合件。

④ 温差法。温差法是利用材料热胀冷缩的性能，加热包容件，使配合件在温差条件下失去过盈量，实现拆解，常用于拆卸

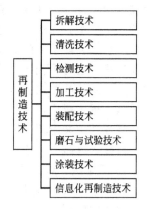

图 4-3　再制造技术分类

尺寸较大的零件和热装的零件。例如液压压力机或千斤顶等设备中尺寸较大、配合过盈量较大、精度较高的配合件或无法用击卸、顶压等方法拆解时，可用温差法拆解。

⑤ 破坏法。在拆解焊接、铆接等固定连接件时，或轴与套已互相咬死，或为保存核心价值件而必须破坏低价值件时，可采用车、锯、錾、钻、割等方法进行破坏性拆解。这种拆解往往需要注意保证核心价值件或主体部位不受损坏，而对其附件则可采用破坏方法拆离。

（2）再制造装配　再制造装配是按再制造产品规定的技术要求和精度，将再制造拆解和加工后性能合格的零件、可直接利用的零件以及其他报废后更换的新零件安装成组件、部件或再制造产品，并达到再制造产品所规定的精度和使用性能的整个工艺过程。

生产实际表明，即使零件自身精度较高，若装配工艺方法不合理，也达不到应有的装配精度。具体装配工艺如下。

① 互换法。互换法是采用控制再制造零件和购置零件的误差来保证装配精度的装配方法。按互换程度不同，可分为完全互换法与部分互换法。完全互换法指再制造产品在装配过程中每个待装配零件不需挑选、修配和调整，直接抽取装配后就能达到装配精度要求。此类装配工作较为简单，生产率高，有利于组织生产协作和流水作业，对装配操作工人的技术要求较低。部分互换法是指将各相关需要装配的再制造零件、新制备或购买的零件公差适当放大，使装配件经济和容易制造，又能保证装配后的绝大多数再制造产品达到装配要求。部分互换法是以概率论为基础的，可以将再制造装配中可能出现的废品控制在一个极小的比例之内。

② 选配法。选配法是当再制造产品的装配精度要求极高，零件公差限制很严时，将再制造中零件的加工公差放大到经济可行的程度，然后在批量再制造产品装配中选配合适的零件进行装配，以保证再制造装配精度。根据选配方式不同，又可分为直接选配法、分组装配法和复合选配法。

直接选配法是指废旧零件按经济精度再制造加工，凭工人经验直接从待装的再制造零件中，选配合适的零件进行装配。这种方法简单，装配质量与装配工时在很大程度上取决于工人的技术水平，一般用于装配精度要求相对不高，装配节奏要求不严的小批量生产的装配中。复合选配法是上述两种方法的复合。先将零件测量分组，装配时再在各对应组内凭工人的经验直接选择装配。这种装配方法的特点是配合公差可以不等，其装配质量高，速度较快，能满足一定生产节拍的要求。

③ 修配法。修配法是指预先选定某个零件为修配对象，并预留修配量，在装配过程中，根据实测结果，用锉、刮、研等方法，修去多余的金属，使装配精度达到要求。修配法能利

用较低的零件加工精度来获得很高的装配精度，但修配工作量大，且多为手工劳动，要求较高的操作技术。此法主要适用于小批量的再制造生产类型。实际再制造生产中，利用修配法原理来达到装配精度的具体方法有按件修配法、就地加工修配法、合并加工修配法等。按件修配法是指进行再制造装配时，对于预定的修配零件，采用去除金属材料的办法改变其尺寸，以达到装配要求的方法。就地加工修配法主要用于机床再制造业中，指在机床装配初步完成后，运用机床自身具有的加工手段，对该机床上预定的修配对象进行自我加工，以达到某一项或几项装配精度要求。合并加工修配法是将两个或多个零件装配在一起后，进行合并加工修配，以减少累积误差，减少修配工作量。

④ 调整法。调整法是指用一个可调整的零件，装配时或者调整它在机器中的位置，或者增加一个定尺寸零件，以达到装配精度的方法。用来起调整作用的零件，都起到补偿装配累积误差的作用，称为补偿件。常用的调整法有两种：第一种是可动调整法，即采用移动调整件位置来保证装配精度，调整过程中不需拆卸调整件，比较方便；第二种是固定调整法，即选定某一零件为调整件，根据装配要求来确定该调整件的尺寸，以达到装配精度。

2. 清洗工艺技术

再制造清洗是借助于清洗设备将清洗液作用于废旧零部件表面，采用机械、物理、化学或电化学方法，去除废旧零部件表面附着的油脂、锈蚀、泥垢、水垢、积炭等污物，并使废旧件表面达到所要求清洁度的过程。废旧产品拆解后的零件根据形状、材料、类别、损坏情况等分类后应采用相应的方法进行清洗。

(1) 废旧毛坯的清洗　拆解后对废旧零部件的清洗，主要包括清除油污、锈蚀、水垢、积炭、涂料等。

① 清除油污。凡是和各种油料接触的零件在解体后都要进行清除油污的工作，即除油，主要用化学方法和电化学方法。有机溶剂、碱性溶液和化学清洗液是常用的清洗液。清洗方式有人工方式和机械方式，包括擦洗、煮洗、喷洗、振动清洗、超声清洗等。

② 清除水垢。机械产品的冷却系统经过长期使用硬水或含杂质较多的水后，在冷却器及管道内壁上会沉积一层黄白色的水垢，主要成分是碳酸盐、硫酸盐，部分还含有二氧化硅等，在再制造过程中必须给予清除。水垢的清除方法一般采用化学去除法，包括磷酸盐清除法、碱溶液清除法、酸洗清除法等。对于铝合金零件表面的水垢，可用5%的硝酸溶液，或10%～15%的醋酸溶液清除。

③ 清除锈蚀。去锈的主要方法有机械法、化学酸洗法和电化学酸蚀法等。机械法除锈主要是利用机械摩擦、切削等作用清除零件表面锈层，常用的方法有刷、磨、抛光、喷砂等；化学酸洗法主要是利用酸对金属表面锈蚀产物的溶解以及化学反应中生成的氢对锈层产生的机械作用并使其脱落；电化学酸蚀法主要是利用零件在电解液中通以直流电后产生的化学反应而达到除锈的目的，包括将被除锈的零件作为阳极或者阴极两种方式。

④ 清除积炭。目前，清除积炭常使用机械法、化学法和电解法等。机械法用金属丝刷与刮刀去除积炭，方法简单，但效率较低，不易清除干净，并易损伤表面；用压缩空气喷射磨料清除积炭能够明显提高效率。化学法是将零件浸入苛性钠、碳酸钠等清洗液中，温度80～95℃，使附在零件表面上的油脂溶解或乳化、积炭变软，再用毛刷刷去积炭并清洗干净。电化学法是将碱溶液作为电解液，工件接于阴极，使其在化学反应和氢气的共同剥离作用力下去除积炭，其去除效率高，但要掌握好工艺规范。

(2) 再制造清洗技术

① 热能清洗技术。热能对各种清洗方法都有较好的促进作用。如提高溶剂温度有利于

增强溶剂对污垢的溶解作用；较高的水温有利于去除吸附在清洗对象表面的碱和表面活性剂；加温能使清洗对象的物理性质发生变化；当清洗对象和附着的污垢热膨胀率存在差别时，加热能使污垢与清洗对象间的吸附力降低而使污垢易于解离去除；加热还能使污垢受热分解等。

② 压力清洗技术。喷射清洗技术通过喷嘴把加压的清洗液喷射出来冲击清洗物表面的清洗方法叫喷射清洗。洗液与清洗对象表面成一定角度流动时，污垢被解离的效果最好，这是喷射清洗中常用的方法。

用喷射的液体射流进行清洗时，根据射流压力的大小分为低压、中压和高压三种。低压和中压射流清洗是借助清洗液的洗涤与水流冲刷的双重去污作用。而高压射流清洗是以水力冲击的清洗作用为主，清洗液所起溶解去污的作用很小，所以都用净水作清洗液，不污染环境、不腐蚀清洗物体基质，高效节能。

③ 摩擦与研磨清洗技术。磨料喷砂清洗技术是用气体喷砂和液体喷砂方法对零件或产品表面进行清洗的方法，是清洗领域内广泛应用的方法之一。磨料喷砂清洗常应用于清除金属表面的锈层、氧化皮、干燥污物、型砂和涂料等污垢。

研磨清洗技术是用机械作用力去除表面污垢的方法。常用研磨粉、砂轮、砂纸以及其他工具对含污垢的清洗对象表面进行研磨、抛光等。研磨清洗的作用力比摩擦清洗作用力大得多，有明显区别。操作方法主要有手工研磨和机械研磨。

④ 超声波清洗技术。在超声环境中，清除毛坯表面油脂的过程称为超声清洗，实际上是在有机溶剂除油或酸洗过程中引入超声波，加强和加速清洗的过程。超声波清洗装置由超声波发生器和清洗箱两部分组成。电磁振荡器产生的单频率简谐电信号通过超声波发生器转化为同频超声波，通过媒液传递到清洗对象。超声波清洗工艺参数主要为工作频率、功率、清洗液温度和清洗时间。

⑤ 电解清洗技术。电解清洗是利用电解作用将金属表面污垢去除的清洗方法。根据去除污垢种类的不同，可分为电解脱脂和电解研磨去锈。

电解脱脂是用电解方法把金属表面沾的各类油脂污垢加以去除。电解脱脂分为阴极脱脂和阳极脱脂，常使用氢氧化钠、碳酸钠等碱性水溶液作为电解液，以增强去污作用。

电解研磨去锈是在电解质溶液中通入电流，通过研磨使得浸渍在电解液中的金属表面上微小突起部位优先研除，获得新鲜表面被电解腐蚀，继而再被研除、电解腐蚀，最后得到平滑光泽的金属表面，该方法适用于对多种金属单质和合金材料制造的工件去锈。

⑥ 化学清洗技术。化学清洗是采用一种或几种化学药剂清除设备内侧或外侧表面污垢的方法。它是借助清洗剂对物体表面污染物或覆盖层进行化学转化、溶解、剥离以达到清洗的目的。化学清洗的关键是清洗液，包括溶剂、表面活性剂和化学清洗剂。溶剂包括水、有机溶剂和混合溶剂。水是清洗过程中使用最广泛、用量最大的溶剂或介质。化学清洗剂是指化学清洗中所使用的化学药剂，常用的有酸、碱、氧化剂、金属离子螯合剂、杀生剂等。

3. 检测工艺技术

废旧零件的损伤，不管是外观形状还是内在质量，都要经过仔细的检测，并根据检测结果，进行再制造性综合评价，决定该零件在技术上和经济上进行再制造的可行性。通常，再制造检测分为毛坯检测和废旧零件检测。

（1）再制造毛坯检测 用于再制造的废旧零件要根据经验和要求进行全面的质量检测，同时根据具体要求，各有侧重。毛坯检测主要包括：几何精度、表面质量、理化性能、潜在缺陷、材料性质、磨损程度及表层材料与基体的结合强度检测。

（2）废旧零件检测　按检测目标内容的不同可以分为对废旧零件几何量的检测、力学性能的检测以及零件缺陷的检测等。废旧零件检测技术主要包括：典型零件几何量检测技术、零件力学性能检测技术和零件缺陷检测技术等。

4. 加工方法

再制造加工是对废旧失效零部件进行几何尺寸和力学性能加工恢复或升级的过程。再制造加工主要有两种方法，即机械加工方法和表面工程技术方法。大多数失效的金属零部件可采用再制造加工工艺使性能恢复。而且通过先进的表面工程技术，还可以使恢复后的零件性能达到甚至超过新的零件。

（1）失效零件再制造加工的条件　并非所有拆解后失效的废旧零件都适于再制造加工恢复。一般来说，失效零件可再制造要满足下述条件。

① 再制造加工成本要明显低于新件制造成本。再制造加工主要针对附加值比较高的核心零件进行，对低成本的易耗件一般直接进行换件。但当针对某类废旧产品再制造且无法获得某个备件时，则针对该备件的再制造则通常不把成本问题放在首位，而是通过对该零件的再制造加工来保证整体产品再制造的完成。

② 再制造件要能达到原件的配合精度、表面粗糙度、硬度、强度、刚度等技术条件。

③ 再制造后零件的寿命至少能维持再制造产品使用的一个最小寿命周期，再制造产品性能不低于新产品的要求。

④ 失效零件本身成分符合环保要求，不含有环境保护法规中禁止使用的有毒有害物质。

（2）再制造加工方法分类与选择　废旧产品失效零部件常用的再制造加工方法如图 4-4 所示。

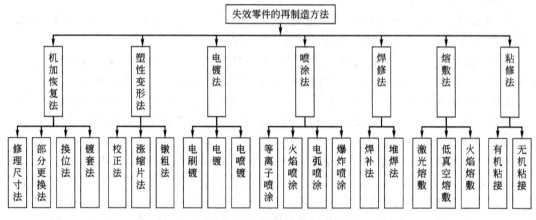

图 4-4　失效零件的再制造方法

再制造加工工艺选择的基本原则是工艺的合理性。所谓合理是指在经济允许、技术具备、环保符合的情况下，所选工艺要尽可能满足对失效零件的尺寸及性能要求，达到质量不低于新品的目标。主要考虑以下因素：①再制造加工工艺对零件材质的适应性；②各种恢复用覆层工艺可修补的厚度；③各种恢复用覆层与基体结合强度；④恢复层的耐磨性；⑤恢复层对零件疲劳强度的影响；⑥再制造加工技术的环保性。

（3）失效零件的机械加工恢复法　零件再制造恢复中，机械加工恢复法是最重要、最基本的方法。目前，在国内外再制造厂生产中得到了广泛的应用。多数失效零件需要经过机械加工来消除缺陷，最终达到配合精度和表面粗糙度等质量要求。它不但可以作为一种独立的工艺手段获得再制造修理尺寸，直接恢复零件尺寸和形状精度，而且也是其他再制造加工方法操作前的工艺准备和最后加工不可缺少的工序。

再制造恢复旧件的机械加工与新制件加工相比较，有其不同的特点。新产品的生产过程一般是先根据设计选用规定的材料，然后用铸造、锻造或焊接等方法将材料制作成零件的毛坯，再经金属切削加工制成符合尺寸精度要求的零件，最后将零件装配成为产品。而再制造过程中的机械加工所面对的对象是废旧或经过表面工程处理的零件，通过机械加工来修复它的尺寸及性能。其加工对象是失效的定型零件，一般加工余量小，原有基准多已破坏，给装配定位带来困难。另外待加工表面性能已定，一般不能用工序来调整，只能以加工方法来适应它。

① 再制造修理尺寸法。在失效件的再制造恢复中，再制造后达到原设计的尺寸和其他技术要求，称为标准尺寸再制造恢复法。一般采用表面工程技术可以实现标准尺寸再制造恢复。

再制造时不考虑原来的设计尺寸，采用切削加工或其他加工方法恢复其形状精度、位置精度、表面粗糙度和其他技术条件，从而获得一个新尺寸，称为再制造的修理尺寸。而与此相配合的零件，则按再制造的修理尺寸配制新件或修复，该方法称为再制造修理尺寸恢复法，其实质是恢复零件配合尺寸链的方法。

确定再制造修理尺寸，即去除表面层厚度时，首先应考虑零件结构上的可能性和再制造加工后零件的强度、刚度是否满足需要。如轴颈尺寸减小量一般不得超过原设计尺寸的10%；轴上键槽可扩大一级。为了得到有限的互换性，可将零件再制造修理尺寸标准化，如内燃机汽缸套的再制造修理尺寸，可规定几个标准尺寸，以适应尺寸分级的活塞备件；又如曲轴轴颈的修理尺寸可分为16级。

② 钳工再制造恢复法。钳工再制造恢复也是失效零件机械加工恢复过程中最主要、最基本、最广泛应用的工艺方法。它既可以作为一种独立的手段直接恢复零件，也可以是其他再制造方法，如焊、镀、涂等工艺的准备或最后加工时必不可少的工序。钳工再制造恢复主要有铰孔、研磨、刮研等方法。

③ 镶加零件法。对于互相配合的零件磨损后，在结构和强度允许的条件下，用增加一个零件来补偿由于磨损和修复去掉的部分，以恢复原配合精度，这种方法称为镶加零件法。

④ 局部更换法。有些零件在使用过程中，各部位可能出现不均匀的磨损，某个部位磨损严重，而其余部位完好或磨损轻微。在这种情况下，如果零件结构允许，可把损坏的部分除去，重新制作一个新的部分，并使新换上的部分与原有零件的基本部分连接成为整体，从而恢复零件的工作能力，这种再制造恢复方法称局部更换法。

⑤ 换位法。有些零件在使用时产生单边磨损，或磨损有明显的方向性，而对称的另一边磨损较小。如果结构允许，在不具备彻底对零件进行修复的条件下，可以利用零件未磨损的一边，将它换一个方向安装即可继续使用，这种方法称为换位法。

⑥ 塑性变形法。塑性变形法是利用外力的作用使金属产生塑性变形，恢复零件的几何形状，或使零件非工作部分的金属向磨损部分移动，以补偿磨损掉的金属，恢复零件工作表面原来的尺寸精度和形状精度。根据金属材料可塑性的不同，分为常温下进行的冷压加工和热态下进行的热压加工。常用的方法有镦粗法、扩张法、缩小法、压延法和校正法。

5. 电刷镀技术

电刷镀技术是用镀刷（又称镀笔）取代电镀阳极，使镀刷与装备零件表面保持接触并做相对运动的条件下完成电镀过程，从而获得镀层的表面涂层技术。电刷镀技术采用直流电源设备，电源的正极接镀笔作为刷镀时的阳极，电源的负极接工件，作为刷镀时的阴极。镀笔通常采用高纯细石墨块作阳极材料，石墨块外面包裹上棉花和耐磨的涤棉套。刷镀时使浸满镀液的镀笔以一定的相对运动速度在工件表面上移动，并保持适当的压力。在镀笔与工件接触的那些部位，镀液中的金属离子在电场力的作用下扩散到工件表面，并在工件表面获得电子被还原成金属原子，这些金属原子沉积结晶就形成了镀层，随着刷镀时间的增长镀层不断增厚。

（1）工艺过程　电刷镀的一般工艺过程如表4-3所列，其中每道工序间都需要用清水冲洗干净上道工序的残留镀液。在实际刷镀过程中，可根据镀件的材料、表面热处理状况、工件尺寸及镀层厚度、工件技术要求及工况条件等因素，正确选择极性、电压（或电流）、相对运动速度等工艺参数和镀液，科学地进行镀层设计，合理安排工艺顺序，可在电刷镀一般工艺过程的基础上，增加或减少相应的工序。影响镀层质量的工艺参数较多，但主要有电压、相对运动速度及温度等参数。

表 4-3　电刷镀一般工艺过程

序号	名称	内容、目的	备注
1	表面准备	去除油污，修磨表面，保护非镀表面	
2	电净	电化学去油	极性正接
3	强活化	电解刻蚀表面，除锈，除疲劳层	极性反接
4	弱活化	电解刻蚀表面，取出碳钢表面炭黑	极性反接
5	镀底层	镀好底层，提高界面结合强度	极性正接
6	镀尺寸层	快速恢复工作尺寸	极性正接
7	镀工作层	达到尺寸精度，满足表面性能要求	极性正接
8	镀后处理	吹干，烘干，涂油，低温回火，打磨，抛光等	根据需要选择

（2）技术特点　电刷镀有设备轻便、工艺灵活、沉积速度快、镀层种类多、结合强度高、适用范围广等优点，是表面磨损失效机械零件再制造修复和强化的有效手段，其特点主要有三个方面。

① 设备特点。电刷镀设备多为可移动式，体积小、质量轻，便于现场使用；不需要镀槽和挂具，占用场地小；一套设备可以完成多种镀层的刷镀；设备的用电量、用水量比槽镀少得多，环境性比电镀好。

② 镀液特点。电刷镀溶液中金属离子含量高，不燃、不爆、无毒性、腐蚀性小，因而能保证手工操作的安全，也便于运输和储存。

③ 工艺特点。电刷镀要求镀笔与工件保持一定的相对运动速度，散热条件好，不易使工件过热；而且镀层的形成是一个断续结晶过程，镀笔的移动限制了晶粒的长大和排列，因而镀层中存在大量的超细晶粒和高密度的位错，这是镀层强化的重要原因；镀液能随镀笔及时供送到工件表面，大大缩短了金属离子扩散过程，不易产生金属离子贫乏现象。

（3）应用范围　在废旧产品中，因机械设备零部件磨损造成零件失效的数量非常多，针对磨损量较小的零件表面，可以通过电刷镀技术来恢复其尺寸精度和几何精度。主要应用范围：①恢复磨损零件的尺寸精度与几何精度；②填补零件表面的划伤沟槽、压坑；③恢复超差产品；④强化零件表面；⑤减小零件表面的摩擦因数；⑥提高零件表面的防腐性；⑦装饰零件表面。

6. 热喷涂技术

热喷涂是将熔融状态的喷涂材料，通过高速气流使其雾化，并喷射在零件表面上形成喷涂层，是重要的表面加工技术之一。根据热源来分，热喷涂有四种方法：火焰喷涂、电弧喷涂、等离子喷涂和特种喷涂。火焰喷涂是以气体火焰为热源的热喷涂，又可按火焰喷射速度分为火焰喷涂、气体爆燃式喷涂及超音速火焰喷涂三种；电弧喷涂是以电弧为热源的热喷涂；等离子喷涂是以等离子弧为热源的热喷涂。

机械零件大多是用金属材料制造而成，在使用中由于配合零件表面的相互作用会引起磨损，或因大气的影响造成腐蚀，造成大量机械设备的报废。采用热喷涂技术对零件因磨损或腐蚀而失效的零件表面进行喷涂，用以恢复零件的尺寸精度和几何精度。由于热喷涂涂层材料的优异性能，用其再制造修复后的零件使用寿命往往可以超过新品零件的使用寿命，从而提高再制造产品的质量。表 4-4 列出了热喷涂技术的工艺特点。

表 4-4　热喷涂技术工艺特点

项目	火焰喷涂法	电弧喷涂法	等离子喷涂法	气体爆燃式喷涂法
冲击速度/(m/s)	150	200	400	1500
温度/℃	3000	5000	12000	4000
涂层孔隙率/%	10～15	10～15	1～10	1～2
涂层结合强度/MPa	5～10	10～20	30～70	80～100
优点	设备简单，工艺灵活	成本低，污染小，基材温度低，效率高	孔隙率低，结合性好，用途多，基材温度低，污染小	孔隙率非常低，结合性极佳，基材温度低
限制	孔隙率高，结合性差，要对工件预热	用于导电喷涂材料，孔隙率较高	成本较高	成本高，效率低

电弧喷涂与等离子喷涂技术是再制造中应用最为广泛的两种喷涂技术。

（1）电弧喷涂技术　电弧喷涂是以电弧为热源，将熔化的金属丝用高速气流雾化，并高速喷射到工件表面形成涂层的一种工艺。喷涂时，两根丝状喷涂材料经送丝机构均匀、连续地送进喷枪的两个导电嘴内，导电嘴分别接喷涂电源的正、负极，并保证两根丝材端部接触前的绝缘性。当两根丝材端部接触时，由于短路产生电弧，高压空气将电弧熔化的金属雾化成微熔滴，并将微熔滴加速喷射到工件表面，经冷却、沉积过程形成涂层。此项技术可选用不同的金属丝而赋予工件表面优异的耐磨、防腐、防滑、耐高温等性能，在再制造领域中获得了广泛的应用。电弧喷涂设备由电源、喷枪、送丝机构、冷却装置、油水分离器、储气罐和空气压缩机等组成。

（2）等离子喷涂技术　等离子喷涂是以等离子弧为热源，以喷涂粉末材料为主的热喷涂方法。等离子喷枪产生等离子射流。喷枪的电极（阴极）和喷嘴（阳极），分别接整流电源的负极和正极，根据喷涂工艺的需要，向喷枪供给工作气体 N_2 或 Ar，也可以再通入 5％～10％的 H_2。这些混合气体进入弧柱区后，将发生电离，成为等离子体。由于阴极与前枪体有一段距离，故在电源的空载电压加到喷枪上以后，并不能立即产生电弧，还需在前枪体与后枪体之间并联一个高频电源。高频电源接通使阴极端部与喷嘴之间产生火花放电，于是电弧便被引燃。电弧引燃后，切断高频电路。引燃后的电弧在喷嘴孔道中受到一种压缩效应，被加热到很高的温度，体积剧烈膨胀，从喷嘴喷出时，射流速度很高，冲力很大。此时，往前枪体的送粉管中输送粉状材料，粉末在等离子焰流中被很快加热到熔融状态，并高速喷打在工件基体的表面上。当熔滴高速撞击基体表面时，发生强烈塑性变形，在表面铺展开来，迅速冷却，并黏附在基材表面，这些被撞击成的扁平颗粒堆垛起来，互相衔接，在工件表面就形成了一定厚度的等离子喷涂层。

此外，纳米复合电刷镀技术和激光再制造技术是新兴再制造技术，对于修复废旧产品核心件，并提高零件使用性能具有重要作用，在再制造中得到越来越多的应用。

第二节　贵金属材料循环利用技术

一、概述

贵金属主要指金、银和铂族金属（钌、铑、钯、锇、铱、铂）等 8 种金属元素。这些金属之所以誉为贵金属是由于它们的物理、化学性质极其稳定，色泽瑰丽，在人类生活中常被用作贵重首饰和货币；在现在高科技中，它们因性质优良而广为应用；然而因资源少而散，故显得格外珍贵。

贵金属稀少昂贵，其二次资源的回收价值高于一般金属，故金属二次资源的回收与矿产资源的开发置于同等重要的位置。贵金属二次资源的主要特点：品种繁多，规格庞杂；流通多路，来源多样；多持原状，价值犹存。因此贵金属回收具有重要的意义：①贵金属资源匮乏，矿产资源属于不可再生资源，特别是金、银工业储量较少；②二次资源中贵金属含量大大高于原矿含量，且回收成本低；③人类生产了大量的贵金属，大部分已进入工业和人们的生活领域，回收市场大。

针对贵金属种类繁多，其处理技术和工艺差异很大，需要根据贵金属原料的种类、形态、数量和含量等因素，综合考虑，反复试验后确定具体的工艺技术。

二、金的回收

1. 从含金废液中回收金

含金废液主要是由各种含金的洗液和镀金液组成，包括镀金的废电镀液、含金王水腐蚀液和碘腐蚀液等。根据含金废液的化学组成，含金废液可分为氰化废液、王水废液及各种含金洗水，一般采用电解法和置换法进行回收。

（1）电解法　一般采用开槽和密闭的电解设备。其原理是在含金废液中插入两个电极，通电之后，在阳极附近产生电离反应，使金离解并移向阴极。当金在阴极上沉积到一定的厚度时，再刷洗下来，经熔炼铸锭即得粗金。开槽电解，是指废电镀液在敞开式电解槽中，放入不锈钢电极，液温 70~90℃，通入直流电进行电解，槽电压约 5~6V。当阴极析出金积累到一定数量后，取出阴极，洗涤后铸成金锭。闭槽电解是采用封闭系统的电解槽进行电解作业，当电镀液含金达到规定浓度以下后，停止电解。然后出槽，洗净铸锭。在我国，用于从含氰贵液中回收金的碳纤维电积提金槽，在 1992 年就已获得专利，碳纤维阴极还可用于从金精炼废盐酸溶液中回收金。

（2）置换法　应用于含金废液的置换法有铁置换法、铝置换法、锌置换法和铅置换法等，其中最早在提金工业中应用的是锌置换法，锌置换法是从氰化液中回收金的主要方法。锌置换法的原理是将金属锌加入到经净化、脱氧后的氰化浸出液中，通过置换反应，溶液中的锌被置换成金属状态而被沉淀，锌则溶解在碱性氰化液中。反应式如下：

$$2KAu(CN)_2 + Zn \rightleftharpoons K_2Zn(CN)_4 + 2Au \tag{4-1}$$

本法适用于处理含金废电镀液和冲洗水。含金废电镀液需用盐酸酸化（在处理过程中要防止 HCN 逸散中毒），且 pH 值应保持在 1~2 之间。酸化后的镀金废液用蒸馏水稀释 5 倍，用锌丝进行置换，待反应终止，将金粉收集起来，用蒸馏水冲洗至中性，再用浓硫酸处理，然后用热水（80～90℃）反复冲洗至中性，烘干、熔炼、铸锭得粗金。

我国广东东莞某电镀厂采用锌置换法从电镀废水或退镀液中回收金，这种废液含金 0.1～25g/L。研究表明控制合适的条件，可获得高的回收率。对于氰化钠含量高的电镀废液，在用锌粉置换时，加入 5g/L 的次磷酸钠，可获得高的金置换率。美国西方电子公司提出的用锌置换法从废液中回收金的流程，锌加入量为溶液中金质量的两倍，以保证金的完全沉淀，并防止已沉出的金重新被氰化物溶解，见图 4-5。

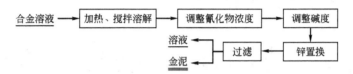

图 4-5　锌置换法从废液中回收金流程

2. 从电子废料中回收金

电子废料主要包括废旧的印刷板，各种含金的电子配件和元件，目前主要是手机、电脑等各种电子产品的主板，主要采用湿法浸出-溶剂萃取进行回收。

溶剂萃取体系一般分为：螯合物萃取体系、缔合物萃取体系、无机共价化合物萃取体系等，金的萃取剂很多，包括醇类、硫醚类、醚类、酯类、石油亚砜和酮类等。其中酮类萃取剂主要有甲基异丁酮（MIBK）和二异丁基酮（DIBK），它们不但萃取率高、分配比大、载荷量大，而且选择性好，特别是对铂、钯等贵金属元素几乎没有萃取，因此被广泛应用于金的萃取。

氰化物是工业常用的浸金试剂，氰化物对金、银具有极强的络合能力，用氰化钠水溶液从半导体、印刷线路板、二极管中回收金，当废料含金 27g/L 时，可获得纯度为 99.5% 的金，回收率为 99.5%。湖南某金矿采用浮选-矿尾氰化联合流程回收老尾矿，金的总回收率 74% 以上。该法工艺成熟，提取率高，但氰化物剧毒、污染环境。

目前，正积极寻找理想的无毒试剂以取代之，硫脲是较理想的提金试剂，Backor E. 研究了用硫脲从含金量在 10～100g/t 的含金废料中回收金的工艺，含金料液用阳离子交换树脂提纯金，可回收 98%～99% 的金。贾宝琼用硫脲处理印刷电路板边角废料，得到含金料液，用 P507 萃取回收金，P507 能共萃金、铁，可通过选择合适的反萃剂将金、铁分离而得到纯度较高的金，后采用石油亚砜为萃取剂能有效分离硫脲液中的金、铁，金的萃取率为 9.554%，铁的萃取率为 1.67%，分离系数为 1266.9。另有从碱性介质中硫脲溶金的报道：用碱性硫脲溶液从含 Au 0.04%、Fe 59.44%、Co 1.83%、Ni 26.73% 的废镀金元件中溶解回收金，并与酸性介质进行了比较，结果表明，该法具有较好的选择性，基体表面光滑，可重新利用。

比较各种电子废料的处理方法可知，王水溶金是一种经济、有效的方法，但对环境污染较大；选择性溶解法对技术的要求较高，对不同的处理对象应采取不同的浸出试剂；氰化法因氰化物剧毒，污染环境，浸出速度慢而逐渐被淘汰；硫脲溶解速度快，选择性好，毒性小，缺点是成本较高。精炼的方法有 Na_2SO_3 还原法、金属置换法、溶剂萃取法等。Na_2SO_3 还原法由一系列的沉淀-溶解工序组成，分离步骤长，选择性差，单元操作，返料、固液分离多，导致了金属直收率低，生产周期长，成本高；金属置换法则速度快、效率高、工艺设备简单，但置换剂会污染贵金属；溶剂萃取法提金的速度快、选择性好、能连续操作，是非常好的提金工艺。

3. 从含金合金中回收金

含金合金的种类繁多，应用于各种工业部门，凡使用过和制造过这些合金材料和元件的部门，都有这些合金的废旧材料。

对于含金合金来说，主要工艺：先用稀王水煮沸使金完全溶解，蒸发浓缩至不冒二氧化氮气体，浓缩至原体积的 1/5 左右，再稀释至金的质量浓度为 $100\sim150g/L$，静置，过滤。用二氧化硫还原回收滤液中的金，用氢氧化钠溶液吸收剩余的二氧化硫，水洗金粉，烘干，熔炼，铸锭得到粗金。其工艺流程见图 4-6。

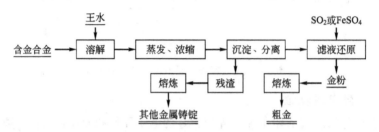

图 4-6　含金合金回收工艺流程

对于硅质合金，由于硅的存在而妨碍金的回收，因此可用氢氟酸与硝酸混合液（HF 与 HNO_3 体积比为 6：1）浸出，用水稀释混合酸（酸与水体积比为 1：3），浸出时硅溶解，金从硅片上脱落。然后用 1：1 盐酸煮沸 3h，以除去金片上的杂质，水洗金片（金粉），烘干，铸锭得到粗金，见图 4-7。

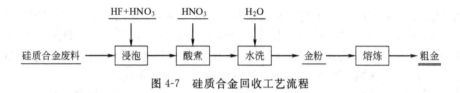

图 4-7　硅质合金回收工艺流程

4. 从镀金废料中回收金

镀金废料中金的回收方法，可采用火法熔退法和化学退镀法进行回收。

（1）火法熔退法　该法是将电解铅熔化并略升温（铅熔点为 327℃），然后将被处理的废料置于铅内，使金渗入铅中，而后取出退金后的废料，将铅铸成贵铅板，再用灰吹法或电解法从贵铅中进一步回收金。

（2）化学退镀法　配制退镀液，取 NaCN 75g、间硝基苯磺酸钠 75g，溶于 1L 水中，待完全溶解后再使用。其操作方法为：将退镀液装入耐酸盆内（或烧瓶中）升温至 90℃，将镀金废料放入退镀液中 $1\sim2min$ 后取出，很快金就被退镀而进入溶液中。若因退镀量过多或退镀液中金饱和而镀金层退不掉时，应重新配制退镀液。将退过金的废料，用蒸馏水冲洗三次，留下冲洗水作以后冲洗之用，而废料可回收其他金属。再往每升退镀液中加 5L 洗涤蒸馏水稀释退镀液，并充分搅拌均匀，用盐酸调节 pH＝1～2 之间，但要在通风橱内进行，以防止 HCN 气体中毒。而后用锌丝置换退镀液中的金，致使溶液中无黄色为止，再用虹吸法将清水吸出。金粉用水洗涤两三次后用硫酸煮沸，以除去其他杂质，用水清洗金粉，烘干，熔炼铸锭得粗金。同样，用化学退镀法的含金溶液，也可来用电解法从中回收金。

三、银的回收

1. 从废定影液中回收银

废定影液中，银常以 $Ag(S_2O_3)_2^{3-}$、$Ag_2(S_2O_3)_3^{4-}$、$Ag_3(S_2O_3)_4^{5-}$ 存在，含银浓度达 $0.5\sim9g/L$。从废定影液中回收银的方法很多，最有代表性的方法是沉淀法。该法采用向废定影液中加入硫化钠的方法，使银离子生成硫化银沉淀与溶液分离：

$$Ag_2(S_2O_3)_3^{4-} + S^{2-} \longrightarrow Ag_2S\downarrow + 3S_2O_3^{2-} \tag{4-2}$$

从硫化银黑色沉淀中回收银主要有焙烧熔炼法和铁屑置换法。

（1）焙烧熔炼法　在反射炉中，将硫化银于 $700\sim800℃$ 时进行氧化焙烧，使硫氧化成二氧化硫进入炉气，银则生成氧化银。提高炉温至 $1000℃$ 以上时，氧化银分解生成液体金属银：

$$2Ag_2S + 3O_2 \longrightarrow 2Ag_2O + 2SO_2\uparrow \tag{4-3}$$

$$2Ag_2O \longrightarrow 4Ag + O_2\uparrow \tag{4-4}$$

但是，此法对原料不足的工厂不太适用。

（2）铁屑置换法　在盐酸溶液中，常温下用铁屑按下式反应将银置换出来：

$$Ag_2S + Fe \longrightarrow 2Ag + FeS \tag{4-5}$$

硫化沉淀法简单易行，银回收完全，适于小规模应用，但提银的液残留有过量硫化钠，定影液不能再生。

2. 从感光胶片、相纸中回收银

含银废胶片类包括感光胶片的废品、报废的电影片、医院 X 光片、照相复制等废底片等。从这些含银废胶片上再生回收银的工艺很多，主要有焚烧法、化学法。焚烧法会造成大气污染，不提倡采用，而化学法是许多方法的总称，它涉及的基本工艺环节不仅有利于提高废胶片中银的回收率，还适用于其他多种含银二次资源，如含银废电解液也可以通过相应的电解方法回收银等。

我国研制的废胶片 Ag 回收蛋白酶洗脱化学法的工艺流程如图 4-8 所示。工艺流程主要包括洗脱、沉降、浸出和电解四道工序。其中：①洗脱是指将废胶片上的乳剂层用蛋白酶洗脱下来，然后过滤分离。②沉降是指洗脱液用浓硫酸调整酸度沉淀出银泥，废片基先用碱水浸洗，再用洗水洗涤，然后送回片基车间作片基原料用。将洗涤片基的碱水和沉淀银泥分离出的酸性水进行中和处理后，再用氧化铝沉淀，使之达到排放标准。③浸出是指过滤分离出的银泥采用硫代硫酸钠溶液将其中的卤化银浸出，再将浸出的泥浆加热至 $90℃$，然后冷却至室温进行过滤分离。④电解是指将含银的硫代硫酸钠溶液注入强化循环电解液的密闭式电解提银机中进行电解。在阴极上析出的银可剥落下来，熔炼成锭。尾液可以返回浸出工段。

3. 从废旧电池中回收银

锌银纽扣电池含有多种的重金属如汞、银、锌、锰等，从中回收银具有节约资源及环境保护的双重意义。

银在纽扣电池中主要是以氧化银的形式存在，不同型号的电池含银量也不同。具体的回收步骤如图 4-9 所示。首先称量整个纽扣电池的质量，然后进行解体分选，准确称量正极的质量后置于烧杯中，用 10mL 5mol/L 的硝酸慢慢加热溶解，加水煮沸除去含氮的氧化物后进行过滤，然后往滤液中逐渐加入 10％的 NaCl 溶液并不断搅拌，得到 AgCl 沉淀。取出

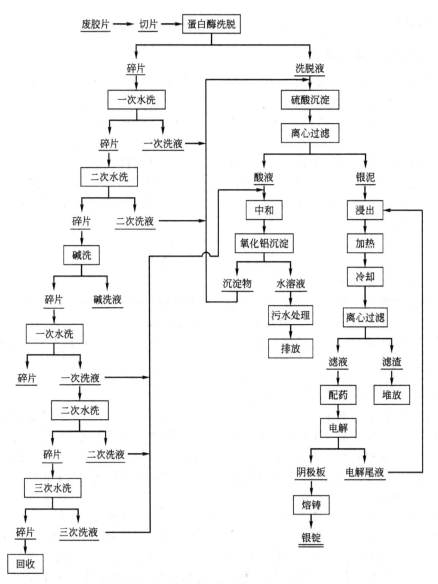

图 4-8 废胶片回收白银工艺流程

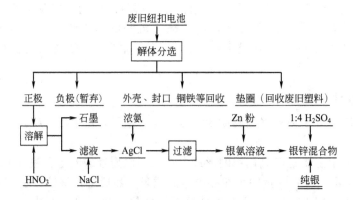

图 4-9 废旧纽扣电池中银的回收工艺流程

AgCl 沉淀，加入适量的浓氨水溶解，随后过滤，得到银氨溶液。在银氨溶液中缓慢加入锌粉并不断搅拌后过滤，得到银锌混合粉末，往粉末中加入适量 1∶4 硫酸，电炉微热除去多余锌粉，即可得到纯银粉。将纯银粉用蒸馏水洗涤 3～4 次于 105℃烘干，即可得到干燥纯银粉。用该流程得到 Ag 的回收率依据电池型号的不同能达到 88%～98%。

四、铂的回收

1. 从含铂废催化剂中回收铂

在石油工业中常常使用氧化铝、氧化硅、石墨等为载体的铂催化剂，由于催化剂被可燃性气体等有机物所污染而失去作用，这使得催化剂失效。从失效的催化剂中再生回收铂的工艺很多，常用的方法有王水溶解法、硫酸溶解法、熔炼合金法等。图 4-10 为王水法从 Pt-Al_2O_3 废催化剂中回收铂的工艺流程。

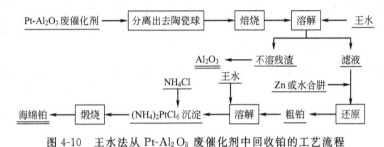

图 4-10　王水法从 Pt-Al_2O_3 废催化剂中回收铂的工艺流程

2. 从含铂废合金中回收铂

铂合金因其具有良好的催化性，极强的耐腐蚀性及耐高温性等广泛应用于催化网、镀层等领域。目前主要的铂废合金有 Pt-Rh 合金废料、镀铂-涂铂的废料、铂-铱合金废料等。不同的含铂废合金回收铂的方法有所差异，但大体流程都一样。图 4-11 为铂-铱合金废料回收铂的工艺流程。

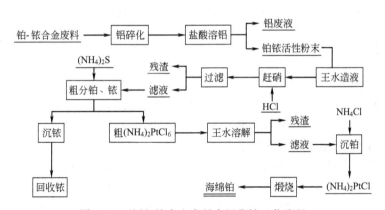

图 4-11　从铂-钛合金废料中回收铂工艺流程

3. 从含铂废液中回收铂

含铂废液种类繁多，目前主要的含铂废料回收铂来源有含铂废镀液、银金电解废液两种。从废液中回收铂的工艺很多，可以视溶液的性质及含铂的多少加以选择。一般常用方法有还原法、萃取法、离子交换法以及活性炭吸附法等。最常用的有 Zn 置换法。

含铂废镀液（含少量 Au、Pt）其中一种回收方法为：调整溶液 pH＝3，加入锌粉（或锌块），进行置换 Au、Pt 等，再过滤将残渣用王水溶解，用 $FeSO_4$ 还原金，再在溶液中加入 NH_4Cl 沉淀铂，进而回收铂。

含金电解废液中回收铂的原理为在金的电解精炼过程中，由于铂电位比金负，所以铂从阳极溶液进入电解液中，生成氯铂酸。当电解液使用到一定周期后，铂的浓度逐渐上升，当铂的含量超过 50～60g/L 时，便有可能在阴极上和金一起析出的危险。因此电解液必须进行处理，回收其中的铂，由于电解液中含金高达 250～300g/L，所以在提取铂之前，必须先还原脱金。电解液中，金以 $HAuCl_4$ 的形态存在，铂则以 H_2PtCl_6 形态存在，金的还原方法很多，如用 SO_2、$FeSO_4$ 还原方法等。

金粉经洗涤数次后，烘干与金电解残极，二次银电解阳极泥（又称二次黑金粉）共熔重新铸阳极，供金电解使用；滤液和洗液合并处理，用于提取铂。

4. 从含铂的耐火砖中回收铂

在玻璃纤维厂使用的熔融炉在熔炼玻璃原料是由铂合金做成的铂金坩埚及其漏板在熔炼高温下，一部分铂合金被熔化，渗入炉壁的耐火砖缝隙中，当熔炼炉报废或检修时，这种含有铂的耐火砖应很好地收集起来，将所含铂加以回收。

石灰石烧结法是将含铂的耐火砖与石灰石粉混合装入钵体，在烧结窑中煅烧到 $(1300\pm20)℃$，保温 16h，耐火砖中的 SiO_2 和 Al_2O_3 可反应转化成可溶于酸的硅酸二钙和三铝酸五钙。然后用 HCl 将它溶解，使其与铂分离，从而实现铂的回收。其工艺流程如图 4-12 所示。

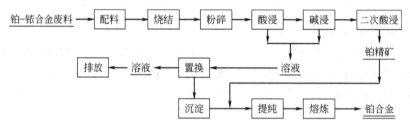

图 4-12 石灰石烧结法从废耐火砖中回收铂工艺流程

五、钯的回收

1. 从含钯催化剂中回收钯

含钯催化剂的种类很多，大多应用于石油化工中的催化加氢和催化氧化等反应过程中，如制备乙醛、吡啶衍生物、乙酸乙烯酯及多种化工产品的反应过程。汽车排气净化常以氧化铝载铂-钯或铂-铑-钯为催化剂，硝酸生产氨氧化反应常用含钯的铂网催化剂，松香加氢及歧化用钯/炭催化剂。由于种类众多，只介绍三种最常用催化剂中钯的回收。

（1）失效 Pd/C 催化剂中钯的回收　Pd/C 催化剂被广泛用于化学和医药工业中，从废 Pd/C 催化剂中回收钯的关键是溶解废 Pd/C 催化剂中的钯和提纯回收钯。针对钯的回收方法有王水回收法、氧化焙烧-盐酸浸出-氨络合分离法、烧碱浸出法和焚化炉系统法。在图 4-13 所示回收体系中，所介绍的是一种工艺简单、效果好、成本低、易操作的王水回收法，其过程采用灼烧法去除催化剂有机载体，然后用王水溶解，再采用氨化-酸析-还原分别得到 Pb 或 $PbCl_2$。

（2）Pd-Cu 催化剂回收　Pd-Cu 主要为乙烯氧化制乙醛中使用的氯化钯和氯化铜催化

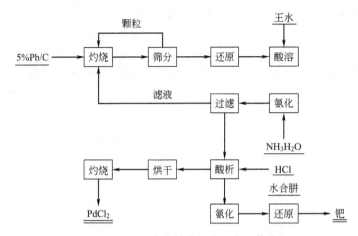

图 4-13　Pd/C 催化剂中钯的回收工艺流程

剂。在其回收过程中，首先把废钯、铜催化剂用 HCl 溶解后，利用钯和铜在盐酸中溶解度的不同而还原析出钯，与铜分离，然后用王水溶解残渣，再经过氨络合沉淀-还原得到纯钯。其具体回收工艺流程如图 4-14 所示。

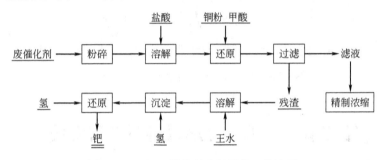

图 4-14　Pd-Cu 催化剂中钯回收工艺流程

（3）从 Pb-Al$_2$O$_3$ 催化剂中回收钯　　Pb-Al$_2$O$_3$ 催化剂应用比较广泛，其主要的回收方法有焙烧浸出法、离子交换法、电解法、湿法 Fe 置换法、盐酸/硝酸浸出法、高温焙烧法等。下面主要介绍王水溶解法：首先分选出陶瓷碎块，再灼烧含钯的废催化剂，除去有机物质，用王水溶解，使钯等金属转入溶液，再用 NH$_4$Cl 沉淀或水合肼还原，获得粗钯，再精炼得到纯钯。其工艺流程如图 4-15 所示。

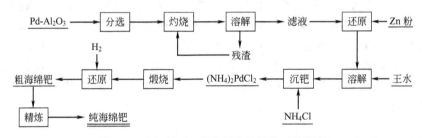

图 4-15　Pb-Al$_2$O$_3$ 催化剂中钯回收工艺流程

2. 从贵金属合金废料中回收钯

贵金属合金废料中钯的回收主要分离回收以 Pd、Ag、Au、Ni 等贵金属混合以及与其他常见的非贵金属元素组成的合金废料中的钯。其关键问题是实现钯同其他主题元素的分离（包括其他贵金属和非贵金属），首先制得粗钯，再进一步从粗钯中除去杂质元素。分离提纯钯较为方便可行的是氧化-还原分离提纯法，其工艺流程如图 4-16 所示。

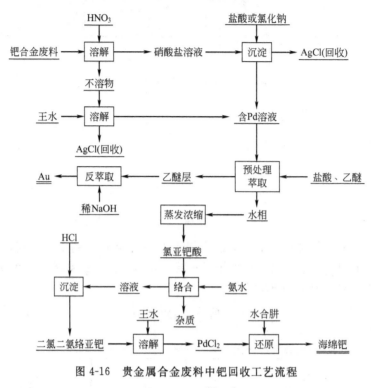

图 4-16 贵金属合金废料中钯回收工艺流程

第三节 无机非金属材料循环利用技术

一、概述

无机非金属材料（inorganic nonmetallic materials）是以某些元素的氧化物、碳化物、氮化物、卤素化合物、硼化物以及硅酸盐、铝酸盐、磷酸盐、硼酸盐等物质组成的材料，品种和名目极其繁多，用途广泛。通常把它们分为普通的（传统的）和先进的（新型的）无机非金属材料两大类。传统的无机非金属材料是工业和基本建设所必需的基础材料，主要包括水泥及其水泥基材料、玻璃材料和陶瓷材料，统称为硅酸盐材料。其形成过程的基本原理是以能量分布组织物质转换，天然矿物在能量作用下转化为特定组成的物质，转换过程消耗天然矿物资源和化石能源。这些材料服役完成后，以区别于原始天然矿物的形态存在于自然界，本节主要介绍这些物质的再转化或者循环利用途径及其技术。

二、水泥基材料循环利用技术

水泥基材料是迄今为止用量最大的建筑工程材料，混凝土又是最主要的水泥基材料，其组分除水泥外，每立方米混凝土需要大约 2t 砂石等资源，巨大的用量对自然环境造成了极大地威胁，建筑拆除后产生的废弃混凝土在建筑垃圾组分中占有量达到 48.35％。水泥基材料的循环利用已经成为一个迫切需要解决的问题，而利用废弃混凝土制造再生骨料全部或部分替代天然骨料是实现城市建筑垃圾资源化的最为有效的途径之一。

在世界范围内废弃混凝土的排放量随着经济水平的提高在稳步增长，我国的状况也是如此。这些废弃混凝土占用了大量的土地，污染了环境；另一方面混凝土骨料的开采亦严重破坏环境；天然骨料亦不会永不枯竭。因此，生产再生混凝土，用到新建建筑物上则不仅能降低成本、节省天然骨料资源、缓解骨料供求矛盾，还能减轻废弃混凝土对城市环境的污染。因此，在建筑废弃物回收再利用中，解决占绝大多数的废弃混凝土是至关重要的。

1. 废弃混凝土循环利用的途径

目前废弃混凝土主要有以下 3 种再生利用途径。①将废弃混凝土破碎后作为建筑物基础垫层或道路基层，这是废弃混凝土最简单的利用方法，也是目前我国对废弃混凝土最常用的再生利用方法。②将废弃混凝土破碎后生产混凝土砌块砖、铺道砖、花格砖等建材制品。例如上海市建筑构件制品公司利用建筑工地爆破拆除的基坑支护等废弃混凝土制作混凝土空心砌块，其产品各项技术指标完全符合上海市标准《混凝土小型空心砌块工程及验收规程》。③将废弃混凝土破碎、筛分、分选、洁净后作为"循环再生骨料"，制成一定粒径的再生粗骨料或细骨料来代替天然砂石配制再生骨料混凝土用在钢筋混凝土结构工程中，这是对废弃混凝土最有价值的处理方法。用再生骨料配制的再生混凝土是一种绿色混凝土，是今后混凝土发展的一个方向。

2. 废弃建筑混凝土的循环利用

由于混凝土材料本身的性质，在建筑物中使用的混凝土，大多数并非是素混凝土，而是以钢筋混凝土居多，因而在建筑拆除的过程中，形成的废弃建筑混凝土组成复杂，里面可能会含有钢筋、石膏、砖块、塑料等，在废弃建筑混凝土再生循环利用的过程中就需要将这些杂质去除，提高再生材料的质量品质。

目前对废弃建筑混凝土再生利用的研究很多，其主要的再生循环利用途径有：作再生骨料、水泥掺合料、水泥原料、砂浆原料、加固地基填充料、烧结砖或陶粒原料、其他硅酸盐制品的原料等；从处置方法来看，主要有机械处理法、高温活化法、高温烧结法等；从节约能耗和提高废弃建筑混凝土使用率来看，机械处理法是一种可行的处置方法，通过机械处理可以得到再生骨料和再生微粉，这些材料可以直接应用到水泥或水泥基材料中去。废弃建筑混凝土再生循环利用一般的工艺流程如图 4-17 所示。

通过以上的工艺处置，可以得到不同性质的再生骨料，国内众多学者对再生骨料及再生骨料混凝土也做了大量的研究，也得到了大多数学者赞同的结论：再生骨料混凝土抗压强度随再生骨料替代率增加而降低，随水灰比增大而降低；抗拉强度受替代率影响比较小，但和天然骨料相比也稍有降低；同时，随着再生骨料替代率的增大，再生骨料混凝土的坍落度急剧下降、弹性模量降低、收缩值增大、抗冻性基本不变、渗透性增大、碳化速度略有增加、抗硫酸盐侵蚀性略有降低；通过再生骨料混凝土和普通骨料混凝土性能的对比，认为用再生骨料部分或全部取代天然骨料是可行的。

再生骨料可以用于多种建材制品，在充分研究的基础上，国内也出现了一些很好的工程应用实例，2010 年上海世博会城市最佳实践区上海案例馆——"沪上·生态家"总建筑面积 3000m²，其中地上四层，地下一层，采用钢筋混凝土框架结构，是 2010 年上海世博会永久性场馆之一，整幢建筑从基础到主体结构全部采用了泵送再生混凝土。北京元泰达环保建材科技有限责任公司建成了再生混凝土结构试验工程，即北京建筑工程学院土木与交通工程学院的新实验楼，并在北京旧城改造中用再生古建砖建造了崇文区草厂胡同 5 条 20 号院等。

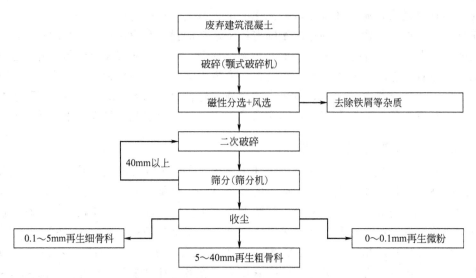

图 4-17 废弃建筑混凝土再生循环利用一般的工艺流程

3. 废旧道路水泥混凝土的循环利用

国内早期修建的水泥混凝土路面均有不同程度的破损，从现有的特别是 20 世纪 80 年代和 90 年代初修筑的水泥混凝土路面来看，由于设计、材料、施工技术、施工管理和质量控制以及自然灾害的破坏等原因，投入使用 3～5 年后就出现了大量的早期破坏，且有些路面病害相当严重。一般情况下将拆除掉的混凝土板用作片石（块石）或废弃掉，其造成的浪费和环境污染较为严重。

研究表明道路混凝土的破坏并不会影响浇注后新路面的使用寿命，这一点不同于其他结构混凝土，也为道路混凝土的循环利用提供了广阔的空间。在废旧道路水泥混凝土循环利用过程中可以将其做成再生骨料用于拌制路面混凝土，也可用作路面基层材料或加固路基挡土墙等。其主要的循环利用流程和废弃建筑混凝土大致相同，主要是在破碎前增加了除去底基层料和粉土工序。而且一般道路混凝土材料强度单一可查，再生骨料性能稳定，便于其再生利用。

再生混凝土的耐磨性和碎石混凝土的耐磨性基本相同，都可以满足道路的耐磨性要求；疲劳规律与碎石混凝土相似，而且在高应力水平状态下，再生混凝土的疲劳寿命较高。然而由于废旧道路材料原始材料的性能差异，如果做好材料原始性能的调研，准确测试再生骨料的性能，将其用到合适的工程中是可行的。

我国的道路结构中大部分采用的是沥青面层下无机结合料进行稳定的半刚性基层，其中性能较好的半刚性基层均大量使用粒径不同的砂石材料，用量按现行规定要求都在 80％以上。而废弃混凝土再生骨料可完全满足路用基层材料指标要求，且就地取材，可基本解决道路改建时废弃水泥混凝土的再利用问题。

在实际的工程应用中，也有不少的案例，例如在河南开封地区，连接开封和兰考两地的水泥混凝土道路改建工程中就使用了废弃混凝土再生骨料作基层材料，通过运行后实际考察的弯沉值数据，可以知道再生骨料完全满足了半刚性基层材料的要求。在西安市某一级公路的改建过程中采用废弃混凝土作再生骨料用于道路基层，经过施工验收和检测发现其与碎石骨料无差别，各项性能均能满足要求，是一种性能较好的道路路基材料。

美国等实践证明，水泥混凝土再生技术既具有经济优势，又具有环保优势。再生技术大幅度减少了运输和处理成本，在市区施工时尤为突出；在保护环境和降低能源成本方面，再生技术减少施工废料，保护了资源又节省资金，从而格外引人注目。实验室和现场试验表明，通过改进抗冻性能和减小潜在的耐久性开裂的可能性，可使用再生集料生产高质量的水泥混凝土。公路水泥混凝土的循环利用主要有现场分散式再生和集料厂集中式再生两种类型。

（1）现场分散式再生技术　现场分散式再生是就地破碎或粉碎现有路面，然后将破碎或粉碎后的路面用作新路面结构中的基层或底基层。破裂压密法和破碎压密法是两种常用的现场分散式再生方法。破裂压密法将严重破坏的混凝土路面破裂成 $0.09\sim0.28m^2$ 大小的碎块，压密后摊铺罩面。破碎压密法将现有混凝土路面破碎成最大粒径为 152mm 的碎石，压密后摊铺罩面。两种方法的目的都是为了防止产生反射裂缝。水泥混凝土罩面和沥青混凝土罩面，均可在使用此方法处理过的表面摊铺。

（2）集料厂集中式再生技术　集料厂集中式再生技术包括旧水泥混凝土路面的现场破碎、装载、运输，然后在中心料厂破碎成用于新水泥混凝土路面的集料。该集料也可用于新路面结构中的稳定或非稳定基层，或者新水泥混凝土混合材。再生及利用过程包括以下 3 个步骤。

① 路面清除　水泥混凝土路面的清除一般采用常见的施工设备。路面破碎机在路面上往返行驶若干次，将路面破碎成边长为 0.6m 左右的碎块后，便可送往破碎机进行破碎加工。对路面破碎机往返行驶若干次仍无法破碎的零星大块，需采用反铲挖掘机破碎。如果旧路面上铺有沥青罩面，应在水泥路面破碎前清除沥青罩面，分别回收再生。沥青罩面的存在明显降低破碎施工的效率。

② 集料加工　将混凝土块加工成再生集料的典型加工过程分成如下 3 个步骤：a. 破碎开始前，先将底基层料和粉土筛去。b. 采用颚式破碎机进行初级破碎，破碎的混凝土碎块的最大粒径为 76～152mm，通过传送带集中堆放。这时，95% 的钢筋已由安装在传送带上部的电磁铁剔除。c. 采用破碎机进行二级破碎，将粒径大于 76mm 的混凝土块循环破碎，小于 76mm 的碎块传送到辊式破碎机，破碎出需要粒径的集料。在此阶段残余的钢筋全部被传送带上方的电磁铁吸走。粒径大于和小于 4.75mm 的粗、细集料在此通过 4.75mm 的方孔筛进行分级。粒径小于 $75\mu m$ 的粉料通过砂筛加以控制。

③ 再生集料的利用　在 20 世纪 40 年代中期，人们常用混凝土再生集料铺筑稳定和非稳定基层。广泛应用再生集料摊铺路面是在 20 世纪 70 年代后期才兴起的。现在，在美国采用再生集料作为面层新混凝土混合材的集料已成为一项迅速普及的新技术。它们正被应用于所有普通集料可以应用的路面重建项目。

再生混凝土集料可以生产出高质量的混凝土。即使是开裂非常严重的路面混凝土，也可以加工成再生混凝土集料，浇筑出耐久性混凝土。通用的方法是将开裂的混凝土的再生集料的最大粒径减小到 19mm。这项措施在减少潜在的耐久性混凝土开裂和改进使用再生混凝土集料的耐久性方面十分有效。

在美国，尽管集料总储量丰富，但其分布不均造成局部短缺，一些地区，集料运距超过 322km，运距在 80～112km 的十分常见。在这些地区，再生技术的优势十分明显。

4. 再生骨料及其制备技术

（1）再生骨料制备工艺　废弃混凝土块经过破碎、分级并按一定的比例混合后形成的骨料称为再生骨料。而把利用再生骨料配制的混凝土，称为再生骨料混凝土（recycled aggregate concrete），简称再生混凝土。相对于再生混凝土而言，把用来生产再生骨料的原始混凝土称为基体混凝土（original concrete）。

按骨料的组合形式，再生混凝土可以有以下几种：①粗细骨料全部为再生骨料；②粗骨料为再生骨料、细骨料为天然砂；③粗骨料为天然的碎石或卵石、细骨料为再生骨料；④再生骨料替代部分粗骨料或部分细骨料，或者再生骨料同时替代部分粗骨料和细骨料。

利用废弃混凝土块制造再生骨料的过程和天然碎石骨料的制造过程相似，都是把不同的破碎设备、筛分设备、传送设备合理的组合在一起的生产工艺过程，其生产工艺原理如图4-18所示。

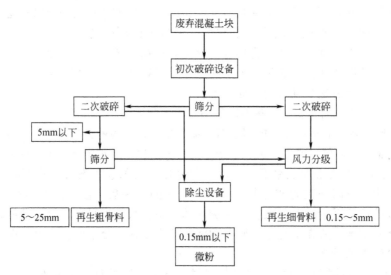

图 4-18 再生骨料的生产工艺流程

（2）再生骨料的性质

① 再生骨料的组成及级配。粒径大于5mm的颗粒为再生粗骨料。在组合各种级配的再生粗骨料时，应结合标准规定的相应级配中不同粒径范围的骨料的相对含量，通过实验找出达到最小孔隙率时各级尺寸的质量分数，依此称量配合并均匀混合。再生粗骨料颗粒一般为表面包裹着部分水泥砂浆的石子，少部分与砂浆完全脱离的石子，还有极少一部分水泥石颗粒。再生骨料表面是否黏着水泥砂浆以及黏着水泥砂浆的多少等情况与原始混凝土的强度等级、骨料种类等因素有关；原始混凝土的强度等级越高，则表面黏着的水泥砂浆越多；碎石表面黏着的水泥砂浆比卵石表面的多。再生细骨料的粒径尺寸范围为0.08～5mm，再生细骨料主要包括砂浆体破碎后形成的表面附着水泥浆的砂粒、表面无水泥浆的砂粒、水泥石颗粒及少量破碎石子。其颗粒级配和细度模数应符合标准的规定。

② 再生骨料的物理特性。同天然砂石骨料相比，再生骨料由于含有30％左右的硬化水泥砂浆，从而导致其吸水性能、表观密度等物理性质与天然骨料不同。天然骨料由于结构坚硬致密、孔隙率低，所以其吸水率和吸水速率都很小。但对于再生骨料而言，骨料表面粗糙、棱角较多，并且骨料表面还包裹着相当数量的水泥砂浆（水泥砂浆孔隙率大、吸水率高），再加上混凝土块在解体、破碎过程中由于损伤积累使再生骨料内部存在大量微裂纹，这些因素都使再生骨料的吸水率和吸水速率增大，这对配制混凝土是不利的。同样由于骨料表面的水泥砂浆的存在，使再生骨料的密度和表观密度比普通骨料低。

③ 再生骨料对再生混凝土强度的影响。骨料对混凝土强度的影响主要在于界面的结合。对于普通混凝土而言，骨料和水泥砂浆的弹性模量相差较大，由于水泥水化、温度变化、荷载作用导致二者变形不一致，产生界面裂缝，成为混凝土强度的最薄弱环节。再生混凝土中，再生骨料表面包裹着水泥砂浆，使得再生骨料与新的水泥砂浆之间弹性模量相差很小，界面结合得到加强。同时，再生骨料的亲水性强，能很快地被水润湿，再生骨料表面的许多

微裂缝，会吸入新的水泥颗粒，使接触区的水化更加完全，形成致密的界面结构。这样，由于界面结合得到加强，再生混凝土的强度可能高于再生骨料的强度，就像轻骨料混凝土的强度高于轻骨料的强度一样。

由于再生骨料的表面粗糙度比天然骨料大，再加上在解体破碎的过程中，部分石子因受力而沿纹理开裂，这既增加了新的粗糙表面，又增加了棱角效应。同时，经多次的破碎、筛分过程，使原有骨料中的软质颗粒、粒形不良颗粒被淘汰。粒形的改善和坚固性的选优排劣使再生骨料的性能被优化，满足配制再生混凝土的需要。

5. 再生混凝土性能

(1) 再生混凝土的和易性　由于再生骨料有较大的吸水率，以及骨料粗糙的粒形效应、棱角效应，导致在配合比相同的情况下，再生混凝土的流动性比普通混凝土差，但黏聚性和保水性较好，其坍落度随再生骨料使用比例的增加而降低。掺入高效减水剂，则可减少单方水、水泥用量，提高流动性，满足施工要求。

(2) 再生混凝土的抗压强度　基体混凝土的强度等级、使用环境、老化程度各不相同，解体、破碎的工艺及质量控制的措施也不一样，因此再生骨料的品质变化较大，用再生骨料配制的再生混凝土的强度变化的规律性也就较差。一般认为，再生混凝土比基体混凝土强度稍低，降低范围为 0～30％左右。随基体混凝土的强度、再生骨料品质、再生骨料替代率以及再生混凝土的配合比的不同而不同。

(3) 再生混凝土的其他性能　再生混凝土的表观密度比普通混凝土的表观密度低，这主要是由于再生混凝土含有较多水泥砂浆的缘故，一方面，再生骨料本身黏着一部分水泥砂浆；另一方面，新拌再生混凝土所需的水泥砂浆也比普通混凝土多。

再生混凝土的弹性模量比普通混凝土的弹性模量低，并且再生细骨料对弹性模量的影响比再生粗骨料的影响更为明显。全部骨料为再生骨料，弹性模量降低 30％左右。再生混凝土由于水泥砂浆含量多，所以其干缩值和徐变值较大，这是影响其应用的最不利因素。但抗裂性好、延性好，可用于抗震结构。再生混凝土热工性能好，热导率可以比普通混凝土降低 30％左右，若掺入引气剂，还可进一步降低。再加之密度小，适用于墙体材料，提高建筑物的保温隔热性能。

6. 再生骨料的强化

与天然骨料相比，再生骨料具有孔隙率高、吸水性大、强度低等特征，若要将其用到钢筋混凝土结构工程中，则对其强度、粒径、洁净水平等要求较高。因此，再生骨料的强化处理是非常重要的。目前再生骨料的强化主要是用化学的方法对再生骨料进行表面改性，用于再生骨料强化的改性剂主要有以下几种：①纯水泥浆；②水泥外掺 Kim 粉（加拿大凯顿·百森公司生产的一种高效抗渗防水剂）混合浆液，其具有渗入混凝土内一定深度的能力，能起到防水抗渗的作用；③水泥外掺硅粉浆液。硅粉的主要成分为 SiO_2，硅粉粒径在 0.07～0.2μm，比水泥颗粒粒径范围（7～200μm）小两个数量级，能充填于水泥颗粒间，使水泥石具有致密的结构，从而提高混凝土强度；④水泥外掺Ⅰ级粉煤灰浆液。

经试验表明：①经过化学浆液强化后的再生骨料的含水率、吸水率一般都低于未强化的再生骨料；②经化学浆液强化后的再生骨料的表观密度较未强化的骨料有明显的增大，但还是低于天然骨料。这说明浆液能在一定程度上充填再生骨料的孔隙，减小再生骨料的孔隙率和孔隙中的含气量，从而使强化后的骨料表观密度提高；③经化学浆液强化后的再生骨料的压碎指标较未强化再生骨料有较明显的降低，这表明浆液能在一定程度上充填再生骨料的孔隙和黏合破碎过程中其内部产生的一些微裂缝，因而强化后再生骨料本身的强度得到一定程度的提高；④用水泥外掺 Kim 粉浆液强化后的再生骨料配制的再生骨料混凝土的抗压强度较未强化再生骨料混凝土有明显提高。

综合分析，只要再生骨料的吸水率不超过一定的范围，可以不通过强化直接配制中低强度的混凝土，如要使再生混凝土高强化，可考虑用水泥外掺 Kim 粉浆液强化再生骨料的途径来实现。

三、玻璃材料循环利用技术

我国每年产生的废玻璃高达数百万吨，大量的废玻璃如果不加以处理，将会给环境带来巨大的污染。废玻璃的化学稳定性极强，难以被腐蚀，埋在地下十年甚至上百年都不会被分解消化，因此采用掩埋的办法处理只会给子孙后代带来更大的污染。而且废玻璃不能焚烧，所以又阻断了一条废弃物处理的方法。

在平板玻璃生产过程中，由于温度波动等偶然原因造成的平板玻璃的不合格品，经过检验都能自行回炉重熔利用。该做法的重要意义如下。

（1）降低成本、节约资源能源　实践表明：采用全碎玻璃原料比采用 25％碎玻璃的配合料，每吨玻璃液生产中可节约纯碱 151kg。据专业部门计算，当所用废玻璃含量占配合料总量的 60％时，可节约 6％的能源；废玻璃含量每提高 1％，生产 1kg 玻璃液可节约 15kJ 的热量。

（2）减少污染物的排放　计算显示，每熔化 1t 玻璃，由纯碱、石灰石及燃料燃烧产生的 CO_2，当不添加碎玻璃时排放 590kg，每增加 10％的碎玻璃可减少 5％ CO_2 的排放，当使用 50％碎玻璃时，可使 CO_2 排放锐减至 450kg。另外，将废玻璃用于生产平板玻璃制品还可以降低生产成本。

（3）减轻腐蚀　由于碎玻璃有助熔作用，碎玻璃用量增加，对池壁影响较大的纯碱、芒硝等成分相应减少，从而减轻了对池壁的侵蚀，同时由于碎玻璃熔融温度低，迅速熔融后的碎玻璃将配合料颗粒表面包围，减轻了配合料粉尘飞散对耐火材料的侵蚀，延长了窑炉的使用寿命。同时降低熔化温度、加速澄清和均化及延长窑炉使用寿命等作用。

利用回收的废玻璃作为一种资源生产各种建筑装饰材料及新型复合材料，是废玻璃再利用的最重要途径，作为一种高附加值的利用方式，也是我国废玻璃循环再利用的发展方向。早在十年前，美国能源部和玻璃工业的有关人士经过讨论论证，提出了玻璃工业发展的四个关键目标，其中之一就是 100％回收废玻璃和用于再生产。可见，将废玻璃作为一种资源循环再利用已经得到世界各国的高度重视。

荷兰莱登（Leiden）大学把每吨钢铁的总的环境影响值定为 1.00，玻璃的总的环境影响值为 0.12，同时还得到每再生 1kg 玻璃，环境影响值降低 0.1％。那么每吨再生玻璃相对于每吨钢铁的环境影响值为 0.11988。这表明，如果我国每年产生的数百万吨废玻璃全部用来再生产玻璃，那么我国玻璃制造业 CO_2 的排放每年将减少近万吨，这将在一定程度上减轻玻璃工业对环境造成的危害。

1. 废玻璃来源

废玻璃的来源主要是工业废玻璃和日用废玻璃。工业废玻璃包括在平板玻璃生产过程中，从平板玻璃原片上切裁下来的边角废玻璃和工厂定期停产产生的废玻璃以及由于熔窑作业温度的波动或操作失误等原因造成的不合格品玻璃，还包括玻璃纤维生产过程中产生的玻璃废丝。这部分废玻璃一般情况下可以直接回炉熔融再利用。另一个废玻璃的来源是日用废玻璃，指在人们的日常生活中使用废弃的各种玻璃制品，包括各种废旧玻璃容器以及被打碎的窗户玻璃等。这类废玻璃来源广泛，成分混杂，难以分类回收，循环再利用过程极其艰难。

2. 废玻璃循环利用途径

回收并做净化处理的废玻璃根据其来源可分为两类情况来处理：一是厂内回炉再利用；二是生产其他再生产品。

对于上述所提到的工业废玻璃，由于其来源于企业内部，无污染，因此都可 100% 回收，再次回炉熔融加工生产玻璃制品。平板玻璃工厂为了保证产品质量的稳定性，一般不采用外购废玻璃。通常，轻工玻璃制品在制造深绿色瓶罐时，可利用 2.8%～38.1% 的外购废玻璃；在制造半白色瓶罐时，可利用 4.7%～25% 的外购废玻璃；而平板玻璃、高级器皿和无色玻璃瓶厂，以不采用外购废玻璃为宜。如果使用大量碎玻璃，熔炉的寿命将延长 15%～20%，在美国对日熔化量为 200～400t 的熔炉来说，一般使用 5%～60% 的碎玻璃。

对碎玻璃的粒度要求，块度不能过大，过大时玻璃液均化困难，影响玻璃板面质量，严重时在玻璃板上产生波筋，但也不能为粉状，若为粉状则会带入过多气体，增加澄清困难，一般在 15～30mm 为宜，并且不准混入石块等杂质。

另外，使用碎玻璃还应注意二次挥发、二次积累、表面吸附、重熔热分解等问题。在碎玻璃重熔后，易挥发组分将进行第二次挥发，因而该组分的含量将减少，如重熔后的 Na_2O 比重熔前降低 1.05%。对那些更易挥发的组分如澄清剂、氧化剂等，差别就更明显。因此使用碎玻璃量较大时，必须适当增加澄清剂、助熔剂和某些易挥发损失的氧化物。二次积累是指玻璃中难熔组分的积累，这是由于二次熔化对耐火材料的侵蚀作用增加造成的，致使玻璃均化困难。表面吸附是由于碎玻璃的表面有很快地吸附水汽和气体作用的倾向，使表面形成胶态，与玻璃内部的组成发生差异，同时在碎玻璃中，也缺少一部分碱金属氧化物和其他易挥发的氧化物，碎玻璃会在玻璃熔体中形成有界面分隔的所谓细胞组织，引起不均匀的现象，使玻璃变脆。重熔热分解是指当碎玻璃重熔时，其中某些组分要发生热分解并释放出氧气，造成重熔后的玻璃液具有还原性质。

利用废玻璃生产的再生产品主要有以下几种。

① 玻璃马赛克。玻璃马赛克是一种建筑装饰材料，其表面光洁，不易污染，色彩多种多样而且价格便宜。生产玻璃马赛克的原料主要是回收的废玻璃，掺入量可达 60%，另外再加少量的黏结剂和着色剂或脱色剂。生产工艺有烧结法和熔融法。

烧结法是将废玻璃破碎，粉磨成具有满足一定细度要求的粉料，然后加入少量黏结剂和着色剂或脱色剂，与玻璃粉料混合均匀，采用干压法将混合料压制成具有各种几何形状的坯体，再入隧道窑或辊道窑烧结。

熔融法工艺与平板玻璃工艺相似。首先将废玻璃破碎，再加入一定量的硅石、长石、石灰石和纯碱等，混合均匀后放入熔窑熔化成玻璃液，再进压延机压制成具有一定尺寸的玻璃制品，放入退火窑退火。

② 泡沫玻璃。泡沫玻璃是一种内部充满大量气孔（直径大约为 0.5～5mm 不等）的轻质玻璃材料，具有良好的保温、吸声、耐腐蚀及不易燃烧等性能，而且可以任意切割钻孔，抗压强度高，可用于房屋墙面及地面材料。生产泡沫玻璃的主要原料是废旧玻璃，含量占配合料的 85% 以上，含有少量的发泡剂，如煤粉、焦炭及化工原料，如硝酸钠、硼砂等。被国内外广泛采用的生产方法有粉末焙烧法和浮法。

粉末焙烧法是将洗净、粗碎的废玻璃与发泡剂一起混合放入球磨机粉磨至所要求的粒度，再将这些粉料装入模具成型，放入隧道窑烧结发泡，随后退火、切裁。

浮法工艺也与平板玻璃的浮法工艺类似。是将粉磨混合好的配合料送入锡槽熔化，形成泡沫玻璃带，在600～650℃下将其拉出锡槽，退火，再将其切裁成具有一定尺寸要求的泡沫玻璃。

③ 轻质粗骨料及轻混凝土。青海大学建筑工程系以废玻璃为主要原料成功试制出堆积密度为760～850kg/m³的轻质粗骨料，并用其配制出轻混凝土，其各项技术指标达到或接近《轻集料混凝土技术规程》要求。该轻粗骨料具有较高的强度和较好的耐腐蚀性，适合用作建筑混凝土的粗骨料。所用的原料含量分别为废玻璃78%、黏土20%、硅酸钠2%。

④ 新型装饰板材。耀华玻璃集团公司开发出一种新技术制备玉质装饰板材。它是以废玻璃为主要原料，破碎除杂后加入少量的辅助材料混合经高温烧结并压制成型后制成的新型装饰板材。它具有表面光滑、不沾灰易于清洗以及耐磨、对人体无害等众多优异性。其理化性能可达到彩色釉面砖的理化性能要求，可用作各种建筑物的内外墙面和地面的装饰，还可制成各种特殊弧度的异型材。

⑤ 蜡硼缠绕纱。蜡硼缠绕纱是近年来发展起来的以废玻璃为原材料的一种新型复合材料，是制作玻璃钢管道的主体原料。该产品具有较高的强度和韧性，并且能耐酸碱腐蚀。由于这一材料具有成本低、绿色环保等优点，因此被普遍应用于建筑、交通、电子、电气、化工、冶金、国防等各种领域，是我国目前紧俏材料之一，市场前景十分广阔。

⑥ 混合废玻璃涂料。目前，日本常总木质纤维板公司研制成一种混合废玻璃涂料，并已应用于道路、建筑物、居室墙壁、门用涂料等方面。该涂料的制造方法是将回收的废弃玻璃瓶破碎，磨去棱角，成为与天然砂粒几乎相同形状的碎玻璃，然后与数量相等的涂料混合而成。使用这种混合废玻璃涂料的物体，受到汽车灯光或阳光照射就会产生漫反射，具有防止事故发生和装饰的双重效果。

废玻璃的其他应用包括改进排水系统和水分分布的农业土壤条件，将废玻璃加工成直径为1.4～2.8mm的颗粒，用有机物处理，使其表面附上一层极薄的有机物质，如与亲水物质按一定比例混合，施于干旱的农田以保持土壤中的水分；与憎水物质按一定比例混合，施于雨水多的农田起到渗水作用，减少水分在植物根部的浸泡时间。泡沫废玻璃比泥煤土有较好的护根性，能改善莴笋和大麦的生长。

3. 我国废玻璃回收利用现状

我国废玻璃回收利用相比发达国家起步较晚，目前主要的利用还只是局限于玻璃制品厂废弃玻璃的厂内自行消化，平板玻璃厂为保证产品质量，一般不采用外购的废玻璃。对于玻璃容器的循环利用以及废弃玻璃的熔融再利用我国还没有形成规模。国外的啤酒瓶循环利用次数可以达到20次，而在我国远远不能达到这个标准。究其原因，一是我国的生产技术水平有限，产品质量不高，难以实现多次利用；二是我国缺乏相关的法律法规制度，玻璃瓶的回收大多是由民间的收购，再送入啤酒厂再次利用。这种回收方式过于分散、回收量小，不能保证有系统的回收利用。目前，我国大多数玻璃瓶生产厂都在配合料中掺入回收的废旧玻璃作为原料。对于废旧玻璃作为一种资源来生产建筑装饰材料，如玻璃马赛克、泡沫玻璃、玻璃砖等，真正投入生产的厂家并不多。值得庆幸的是，耀华玻璃集团公司研制出的一种生产玉质装饰板材的技术，可消耗大量的废玻璃。

在平板玻璃生产工厂产生的不合格玻璃，100%都被在线回收重熔。然而大量的玻璃制品都被用于人们的日常生活中，所以废弃的玻璃大多还是产生在人们的生活中。因此废弃玻璃的回收循环再利用首先还依赖于公众意识的提高，采取各种方式对民众进行环境、资源和能源方面的宣传教育；其次，有关部门应当完善回收措施及设施，建立方便民众投放废旧玻璃的设施，同时应当有专门的组织及人员进行玻璃的回收工作；最后，对实施回收再利用的玻璃企业，应当给予经济上的资助与技术上的支持，鼓励其向大规模方向发展；更重要的是给予政策法规以及金融和税收方面的鼓励与倾斜。

四、陶瓷材料循环利用技术

陶瓷废料包括烧成前后的各种废料。烧成前的废料有坯体废料、坯釉污泥、废弃陶瓷、窑具废料和抛光废料。坯体废料包括上釉坯体废料及无釉坯体废料；坯釉污泥包括坯、釉制造环节、施釉环节污水脱水后形成的污泥；废弃陶瓷包括烧成后检验不合格的陶瓷残次品、储存和搬运过程中所形成的废品和陶瓷在使用过程中所形成的废品；窑具废料主要为陶瓷烧成过程中产生的匣钵废渣；抛光废料主要是指瓷质砖及厚釉砖等在刮平定厚、研磨抛光及磨边倒角等一系列深加工以制造光亮如镜及平滑细腻的抛光砖制品的过程中所形成的大量粉料。在这些陶瓷废料中，坯体废料可在陶瓷厂直接回收利用，窑具废料和坯釉污泥产量较小，对环境的危害程度不大，排放量最大的为废弃陶瓷和抛光废料。以前主要采用堆放填埋的方式处理，不仅占用土地资源，且给环境带来污染。随着循环经济的发展，以废弃陶瓷和抛光废料为主要种类的陶瓷废料回收利用得到了研究，并且在建材领域得到了应用。

1. 陶瓷废料的分类及用途

陶瓷废料主要有废弃陶瓷和抛光废料两类。废弃陶瓷可用于制造透水砖、艺术品和再生砂、水处理滤料、混凝土骨料等。抛光废料是陶瓷抛光砖生产过程中所产生的废料。研磨抛光工序通常将从砖坯表面去除 $0.5 \sim 0.7$ mm 表面层，有时甚至高达 $1 \sim 2$ mm，生产 1 m^2 抛光砖将形成 1.5 kg 左右的砖屑。其成分主要是制品表面被磨削的细屑和砂轮上被磨削的碳化硅、氯化镁、碱金属化合物及高温树脂。陶瓷抛光渣渣排量大，由于其粒度小，成分不一，目前尚未得到充分利用，大部分仍以弃置、堆储为主。具有占用土地资源、污染水体、污染空气、堵塞下水管道、腐蚀地下金属管网和建筑物、污染土壤等缺点。陶瓷抛光废料作为建材原料的应用，主要包括制造内墙釉面砖、轻质陶瓷建材、水泥的活性混合材等。

2. 陶瓷废料循环利用方式及技术

（1）陶瓷废料在陶瓷自身生产中的循环利用　当前，对陶瓷厂自身产生的工业废料的回收利用的研究已取得突破性进展。废料泥水经回收、拣去杂物、除铁外，又可以添加到瓷砖的配料中。没有上釉的生坯可以全部化浆回用。对上釉的生坯废品，粗陶厂可适当按比例混入泥料重复使用，而大部分日用瓷厂不宜回用，否则将影响釉烧质量。对于废品、废匣与废窑具之类经高温烧成的废料，则采用重新粉碎加工方法，粉碎后可作硬质料加以利用。将其磨碎成粒径在 0.5 mm 以下，然后按照一定的比例添加到瓷砖或其他产品的配料中。

（2）陶瓷废料制备透水砖　随着经济的发展，现代城市的地表逐步被建筑物和混凝土等阻水材料所覆盖，形成了人们感官上的"桑拿"现象。现大量使用广场透水砖来取代沥青或花岗岩来铺设路面，保持了地下水位的提升。透水砖可通过将废弃陶瓷制造成一定粒度及级配的陶瓷颗粒，并通过一定的工业手段将其成形，然后烧制而得到。利用废弃陶瓷制造透水砖，废弃物的利用率可达到 $65\% \sim 85\%$。以 $50\% \sim 70\%$ 陶瓷废料与 $50\% \sim 30\%$ 的瓷石、滑石等基础物料，加入一定比例的黏结剂，通常还要加入一些发泡剂，如煤粉、木屑等，调节好颗粒级配，采用干压法成型，控制烧成温度在 $1150 \sim 1200$℃，可制得透水系数为 3.2×10^{-4} cm/s、抗折强度为 18.4 MPa、抗压强度为 19.7 MPa 的环保型渗水砖。

（3）陶瓷废料制备劈开砖　劈开砖靠泥料原胎发色，具有质朴清新的情调，使建筑看起来稳重大方而又自然飘逸，是目前国内外最为流行的外墙砖。劈开砖一般采用天然陶瓷原料为主要原料，不使用球磨料，生产工艺简单，成本较低，将陶瓷废料作为生产劈开砖的原料能大大降低原料成本，使其有了更大的市场竞争能力。在劈开砖的生产过程中，通常把陶瓷废料磨细到一定粒度后作为生产劈开砖的原料，较粗颗粒（8～30 目）用作生产劈开砖的原料，可增加劈开砖表面装饰效果，含量可在 15％左右，筛下物（30 目筛）可以作为生产劈开砖一种原料直接掺入，然后经与别的原料混料、炼泥、挤压成型、干燥、烧结等工序制成劈开砖。

陶瓷废料还可以用在免烧砖和仿古砖等瓷砖工业中，根据需要磨细到一定粒度后掺入里面，然后按照一定工序进行生产，效果良好。

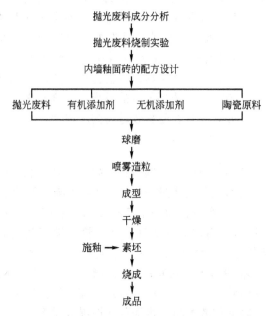

图 4-19　利用抛光废料制造内墙砖的工艺流程

（4）陶瓷抛光废料制造内墙釉面砖　尽管抛光废料化学组成和抛光砖配方较为接近，但由于杂质的掺入，直接作为回收料用于抛光砖，容易使抛光砖产生针孔，严重影响抛光砖的质量。但由于抛光废料大量化学组成来自抛光砖体，因而成瓷性能较好，可在品位质量要求较低的陶瓷制品上使用。利用陶瓷砖抛光废料制造内墙砖的工艺路线如图 4-19 所示。

其主要的技术难点在于：一是克服抛光废料的瘠性性状而使坯料具有一定的黏结性，便于进行压制成型；二是抑制高温条件下坯体因为抛光废料的发泡而导致坯体的变形。目前，我国企业已经成功利用抛光废料作为原料之一制造了符合标准要求的内墙砖，抛光废料利用率达到 18％。

（5）陶瓷抛光废料制造轻质陶瓷建材　陶瓷砖抛光废料由于已经经过一次烧成，其中含一部分玻璃相有助于降低其烧成温度，在抛光过程中引入的碱金属氧化物以及氯化物等也对其烧成温度有一定的降低作用。抛光废料中碳化硅的存在，则使该废料在高温下容易产生气体。上述各种因素决定了抛光废料具有很好的高温发泡性能。实验研究表明，通过和其他原料配合，在 1200℃下，可制得密度为 $0.46\sim0.75g/cm^3$ 的闭孔泡沫陶瓷。由于其高温发泡特性，抛光废料也被用于制造建筑轻骨料（陶粒）。所得到的陶粒的性能如表 4-5 所列。

表 4-5　利用抛光废料制造的陶粒性能

项目	密度等级/(kg/m³)	筒压强度/MPa	国标 GB/T 17431 要求/MPa
瓷渣超轻陶粒	300～<500	0.2～4.0	0.2～1.5
瓷渣普通陶粒	500～900	1.0～9.0	0.2～6.0
瓷渣高强陶粒	600～900	4.0～12.0	4.0～6.5

（6）陶瓷废料在水泥混合材和混凝土中的应用　由于陶瓷废料以硅酸盐矿物为主，具有一定的活性，经粗碎、表面处理和磨细（要求入磨粒径小于 20mm）后其松散堆积密度在 $1400\sim1500kg/m^3$ 之间，能够符合作为活性混合材的标准要求，破碎后的颗粒级配用砂调整。粉磨后的陶瓷本身不具有水硬性，但是具有火山灰混合材的特性，具备作为水泥混合材

的使用条件（见表 4-6）。

表 4-6 陶瓷废料的活性实验分析结果

品种	损失/%	SO_3/%	火山灰性实验	28 天抗压强度比/%
标准要求	≤10	≤3	合格	≥62
卫生陶瓷	0.37	0.07	合格	≥71
地砖	0.18	0.02	合格	≥68

处理完毕后，根据熟料的性能选择合适的配比，注意控制需水量和凝结时间，以获得良好的使用性能。陶瓷废料的加工成本不高，所以与原来的混合料相比，用陶瓷废料作为水泥混合料对水泥企业而言经济效益是非常显著的。它不仅处理了陶瓷厂的废料，而且节约资源，是一种有发展前途的绿色建材产品。

陶瓷废料还可以用在固体废物混凝土材料（SWC）中作为骨料，粗骨料的粒径在 5～15mm 之间，细骨料的粒径在 1～5mm 之间。由于陶瓷废料在破碎中产生大量的粉末，这些粉末可以直接充当 SWC 的添加物。再辅以水泥和高强黏结剂制备出符合标准的免烧型广场道路砖。

另外，抛光废料由于经过高温烧成，其中含有一定量的玻璃相，使其具有一定的火山灰活性。加之抛光废料的主要部分比较细，在水泥中可起到超细粉体的作用。因而，抛光废料作为水泥活性混合材的应用得到了研究。但由于其中含有絮凝剂聚丙烯酰胺，因而尽管抛光废料可提高混凝土的黏聚性和保水性，但使水泥浆体的流动性下降，单独应用于水泥浆时存在局限性。通过和粉煤灰复掺，则可在保证保水性和黏聚性的前提下，解决抛光废料使混凝土流动性下降的问题。

将陶瓷废料和水泥配合，进行适当的配料，制备了免烧砖和免烧陶粒等建材，起到了节约水泥和资源循环的双重作用。干混砂浆中利用陶瓷抛光废料代替部分水泥的工艺也得到了一定的研究。

（7）陶瓷工业废模具的回收利用　对于大多数使用石膏模的陶瓷工厂，对废石膏模的处理都有一套完整的办法。陶瓷生产过程中产生的废石膏模可分两个途径处理：一是现场再生利用；二是送至水泥厂作原料使用。对于废匣体厂内可利用 15％左右，其余可供给耐火材料厂生产耐火材料用。

3. 我国废弃建筑陶瓷回收利用现状

随着社会经济及陶瓷工业的快速发展，陶瓷工业废料日益增多，它不仅对城市环境造成巨大压力，而且还限制了城市经济的发展及陶瓷工业的可持续发展，所以陶瓷工业废料的处理与利用非常重要。

国内目前将这些废陶瓷作为原料，用于制作透水陶瓷铺路砖，不仅使废陶瓷得以利用，而且所生产的环保型透水砖，可以有效地调节城市温度、湿度，保持地下水的有效补充。同时利用其经过烧结、性能稳定的特性，可将其加工为橡胶等材料的填加料，使其变废为宝。

除此之外，水泥工业长期以来在以工业废弃物代替原料生产的工作上取得了巨大成绩，将废陶瓷作为廉价混合材用于水泥生产，实现陶瓷、水泥两大工业的有机结合，可以获得很大的社会效益和经济效益。这是由于陶瓷产品以硅酸盐矿物为主，具有一定的活性，在使用前只要处理得当，完全可以作为水泥混合材大量应用于水泥工业生产中，生产合格的高早强水泥。另外有资料表明，当掺量在 15％以内时，掺废陶瓷水泥的凝结时间和标准稠度用水量影响不明显。因此，应用废陶瓷在水泥工业生产中，是一件利国利民的大事，废陶瓷完全可以作为一种优良的火山灰质混合材应用于在水泥生产中。但是，陶瓷在水泥水化的反应机理及掺废陶瓷水泥对混凝土性能的影响仍旧有待于进一步的研究，以使得废陶瓷能更好地得以利用。

第四节　废轮胎循环利用技术

一、概述

轮胎工业的原材料很大程度上依赖石油，特别是在天然橡胶资源缺乏、大量使用合成橡胶和合成纤维的今天。废轮胎是一种资源，是可循环利用的高分子材料。废轮胎合理回收利用在缓解环境污染的同时提高石油的利用价值，在目前能源日趋紧张、环境日益恶劣的形势下具有重大意义。

轮胎主要由橡胶（包括天然橡胶、合成橡胶）、炭黑、金属、纺织物以及多种有机、无机助剂（包括增塑剂、防老剂、硫黄和氧化锌等）组成。轮胎质量因用途不同而有所差异，其中，橡胶约占轮胎质量的 $45\% \sim 48\%$，合成橡胶是由天然橡胶（NR）、丁苯橡胶（SBR）、顺丁橡胶（BR）等高分子化合物通过硫化发生交联反应生成的。硫在轮胎中起硬化橡胶并防止其高温变形的作用，约占轮胎总量的 1%。炭黑用来强化橡胶，增强摩擦阻力，约占 22%。加速剂、硬脂酸和氧化锌的作用是控制硬化过程及改善轮胎性能，氧化锌约占总重的 $1\% \sim 2\%$，加速剂等其他添加剂约占 8%。金属主要是优质钢丝，主要作用是增强轮胎钢性和强度，约占 $15\% \sim 25\%$。去除轮胎中的钢丝和纺织物后，轮胎主要由碳、氢、氮、硫、氧等元素组成，碳质量分数高达 80% 以上。

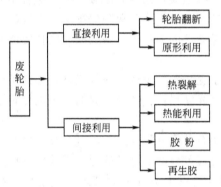

图 4-20　废轮胎利用的主要技术途径

目前，废轮胎的循环利用途径主要有直接利用和间接利用两种。在直接利用方面，以轮胎翻新和原形利用为主；在间接利用方面，以废轮胎热裂解、热能利用、胶粉和再生胶等为主。图 4-20 是废轮胎循环利用主要技术途径示意。

二、废轮胎直接利用

废轮胎的直接利用指轮胎以原有形状或近似原形利用。轮胎翻新被公认为最有效、最直接、最经济的方法。在使用保养良好的情况下，一条轮胎可多次翻新。原形利用主要用于防撞缓冲装置、路墙隔离屏障和漂浮阻波物等方面。

1. 轮胎翻新

轮胎翻新技术是将废轮胎进行局部修补、加工及硫化，恢复其使用价值的技术。通常一条使用和保养良好的旧轮胎平均能翻新 $3 \sim 4$ 次，其中载重卡车胎甚至可翻新 $7 \sim 8$ 次，航空轮胎可翻新次数高达 12 次。每翻新一次，轮胎即可获得相当于新胎 $60\% \sim 90\%$ 的使用寿命，耐磨、安全等性能都能保证其正常使用。在原材料和能源消耗方面，翻新轮胎分别为制造同规格新胎的 $15\% \sim 30\%$ 和 $20\% \sim 30\%$，而价格却仅为 $20\% \sim 50\%$，已成为国际公认最有效的废旧轮胎减量化、无害化和资源化方法。

根据工艺过程的不同，轮胎翻新可分为热硫化翻新法和预硫化翻新法两种基本方法。热硫化工艺（简称热翻），是胎体打磨后裹上未经过硫化的混合胶，然后按照与生产新胎几乎相同的方法，放入钢质模具内，并在高温高压条件下硫化。虽然对胎体磨损程度的要求不高，生产成本也较低，但胎体在热翻过程中易受高温高压影响，发生老化变形，性能下降，行驶里程仅约为新胎的 50%～70%。随着人们对翻胎要求的提高以及科技的发展，人们开发成功了预硫化翻新法。将胎体打磨后裹上预先经过硫化的花纹胎面胶，再置入恒温恒压硫化罐内进一步硫化的工艺，简称冷翻法。轮胎翻新工艺流程如图 4-21 所示。主要技术如下所述。

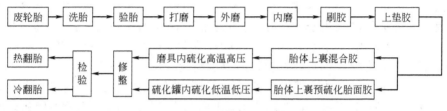

图 4-21　轮胎翻新工艺流程

① 胎体检查与试验方法。汽车轮胎检查，目前较为经济而有效的是采用充压缩空气方法。将轮胎充气到压力至少为 150kPa（如有破损时可先贴补后再进行充气检验），配以照明，人工按胎侧检查，如出现胎体周向断裂及胎侧拉链式断裂，会发出嘎嘎声。提高充气压力胎体隐形缺陷可较明显暴露（此方法有一定危险应在安全有保证的条件下进行），如无异常可投入加工。

由于旧轮胎胎体表面难免有灰尘、泥土等杂物，为提高外观质量及对胎体的检验力度，必须先用水进行认真细致的清洗（压力可达 0.3MPa），然后以喷射器用 0.6MPa 压缩空气把剩余的水吹出或进行烘干去除线层里边的水分，以防止成品胎面与胎体脱层。

② 胎体打磨。每条轮胎都拥有一个预定的轮冠宽度、侧面及半径，胎体打磨要根据不同的胎体设定合理的打磨参数。打磨后保证轮胎彻底整圆，胎面要求基础胶均匀，厚度在1.6～2.4mm，以减少行驶过程中轮胎生热。打磨面的弧度与原始胎一致，防止产生新的应力集中区。打磨最好采用充气式胎体打磨技术（内胎充气压力 0.15～0.20MPa），能确保胎体打磨前的弧度要求，提高打磨精度，保证胎体与胎面胶弧度相吻合，提升翻胎耐磨寿命。

③ 胎面选择。胎面主要由天然橡胶、顺丁橡胶等材料制造而成，胶料中加入高耐磨炭黑及强化剂、黏合剂、抗老化剂等化学物质，以提高其强度、塑性、弹性、耐用性等物理机械性能，然后胶料用螺杆挤出机挤出，最后经过 1500t 的平板硫化机挤压成产品。此法所制的胎面胶质量稳定，具有良好的耐磨性、耐疲劳性能、耐老化性能和较高的拉伸强度、弹性、强韧性，以及行驶时较低的生热性。胎面花纹品种繁多，主要有普通花纹、越野花纹和混合花纹三种，可根据车辆使用特点选择。

④ 胎面压合。胎面压合是将胎底与新的花纹胎面放于胎面贴合机上进行黏合，排出胎面与胎体之间的空气，使二者的黏合力度加大。采用充气式胎面压合技术（内胎充气压力0.15～0.20MPa），能确保胎体、中垫胶、胎面胶三者贴合密实度，排除之间滞留的空气，并提高三者之间的黏合力。

胎面压合前先在胎体被打磨面上涂抹一层胶浆，待晾干后将中垫胶均匀粘贴于打磨面之上，送上胎面贴合机进行一次压合，撕去中垫胶外层薄膜检查有无气泡并刺破。同时在新的花纹胎面底面上也涂抹一层胶浆，晾干后将胎面送上胎面贴合机进行胎面压合。压合时在距离接缝 10~15cm 处停止压合，测量接缝处间隙约有 2~3mm 时切除多余胎面，用手提气动打磨机对胎面接口端面进行打磨并刷浆，根据接缝缝隙大小将中垫胶粘贴于端口，之后再起动胎面贴合机压合剩余部分，并进行 1~2 圈的完整压合。

⑤ 中垫胶及胶浆。中垫胶即"冷翻黏合缓冲胶"，用于冷翻预硫化胎面和胎体之间起黏合作用的未硫化混炼胶。胶浆的主要成分是胶和汽油的混合剂。

⑥ 硫化罐内温度、硫化时间及压力。硫化是橡胶的线型大分子链通过化学交联而构成三维网状结构的化学变化过程。

硫化温度。对于给定的胶料而言，在一定的硫化温度和压力下，有一最适宜的硫化时间，过硫和欠硫化都会影响橡胶制品的性能，通常最佳的硫化温度为 110~120℃。

硫化压力。为防止在硫化过程中胎体、中垫胶、胎面接合面产生气泡，提高胶料的致密性和物理机械性能，橡胶硫化时都要施加压力。通过研究和试验，确定外包封套压力也就是硫化室的操作压力 0.35~0.45MPa，内囊压力 0.7~0.8MPa，包封套压力为 0.3~0.4MPa。

硫化时间。随硫化时间的持续，胶料的力学性能有一个快速上升的过程，很快达到峰值，之后进入过硫期胶料的力学性能显著下降。若既要保证胶料的力学性能最大，又要提高生产效率，必须合理地选择材料，匹配硫化温度和硫化时间。通常，硫化时间从罐内温度达到硫化温度开始计算，确定为 3h 对预硫化翻新轮胎较为科学。

2. 原形利用

通过捆绑、剪裁、冲切等方式，可将废轮胎改造为填埋场土工布保护层、港口码头及船舶的护舷、防波护堤坝、漂浮灯塔、公路交通墙屏、路标以及海水养殖渔礁、游乐游具等。原形利用简单实用，但消耗量不大，仅占废轮胎产生量的 1%，只是一种辅助途径。

三、废轮胎间接利用

废轮胎的间接利用是指轮胎经过化学或物理加工后制得系列产品的利用。废旧轮胎间接利用主要有热裂解、热能利用、胶粉和再生胶等方式。

1. 热裂解

轮胎热裂解是将轮胎在无氧或惰性气体保护的状态下进行热分解，可产生固体残渣、气体和油品。其中固体残渣可以用来做炭黑或者活性炭，气体直接作为燃料气燃烧使用，油品可以作为燃料油燃烧或者从中提取化学化工物质，实现能源的最大回收和废旧轮胎的充分再利用，具有较高的环境和经济效益。通常，轮胎的热裂解有三种方法，即常压惰性气体法、真空热解法和催化热解法。

（1）常压惰性气体法　热解在惰性气体或缺氧环境中于高温条件下进行，裂解产物因裂解温度的不同而不同。由于废轮胎中含有大量碳、氢等能生成热值高的物质，所以热解废轮胎产物有气体、液态油、炭黑。热解气体主要包括一氧化碳、氢气、氮气、少量甲烷、乙烷和硫化氢。热解气体的热值与天然气相当，可以当燃料使用。热解衍生油可作燃料，也可作催化裂化原料，生产高质量的汽油。

（2）真空热解法　热解在减压条件下进行，有机挥发物在反应器中停留的时间短，副反应少，故收率高于常压热解法。真空热解的条件为温度在 520℃ 左右，系统的压力维持在 3500~4000Pa 可使废旧轮胎基本裂解完全。真空热解技术与常压热解技术相比具有许多优势：①真空热解的温度低，热解初级产品在反应器中的停留时间短，减少了副反应发生的可能性；②真空热解油的收率高；③真空热解油含有较多的芳烃化合物，有利于提高热解油的辛烷值。

（3）催化热解法　废旧橡胶颗粒在一定的温度、压力和催化剂作用下发生催化裂解的反应。将催化剂与废胶粉（质量比为 3∶40）搅拌加热到 230℃，使混合物熔化，再继续加热至 280～320℃，加压 0～12MPa 保持 1h，然后对气化产物进行过滤，再通过冷凝装置便可分离出轻油、重油和燃料气，反应器中余下的是炭黑和填料。

2. 热能利用

热能利用是把废轮胎当作燃料使用。废轮胎是一种高热值材料，每千克的发热量比木材高 69%，比烟煤高 10%，比焦炭高 4%。有效利用废轮胎进行热能利用的方法为：将废轮胎破碎，然后按一定比例与各种可燃废旧物混合，配制成固体垃圾燃料，供高炉喷吹，代替煤、油和焦炭；供水泥回转窑，代替煤以及火力发电用。

在水泥回转窑中将废轮胎替代煤进行焚烧。由于水泥窑较大，轮胎可以整个投入水泥窑，也可稍加破碎后进行焚烧。水泥窑中的温度很高，并且具有较长的停留时间，使轮胎中的橡胶、炭块和油类等占总重约 80% 的可燃成分得到充分燃烧，可节约相当热量的煤粉等燃料；同时占总重约 20% 的子午线钢丝和硫等成分亦可得到有效利用，因为钢丝熔化后可代替水泥熟料中必须配入的铁矿石，而硫燃烧生成 SO_2 后既可起燃料的功能，又可和水泥主原料的石灰石产生的 CaO 结合而生成石膏，可代替作为水泥缓凝剂而必须加入的石膏，使这一排入大气中严重污染环境的 SO_2 变废为宝。

3. 胶粉

橡胶具有高弹性和高储能性的高分子材料，常温下稍带塑性，受较小外力可产生很大形变，除去外力可恢复；在 −70℃ 时丧失弹性变成脆性物质，扯断伸长率很小，橡胶在深冷条件下易于粉碎。橡胶的粉碎大致分为化学法、低温粉碎法和常温粉碎法。由于化学法生产成本高，很难形成大规模生产，故主要介绍低温粉碎法和常温粉碎法。

（1）低温粉碎法　低温粉碎法是以块状、粒状生胶、废旧橡胶制品、废轮胎等固态胶为原料，通过冷却介质将其冷却到玻璃化温度以下，进行机械粉碎。通常利用液氮作为冷却介质冷冻橡胶，之后用齿盘式或锤磨式粉碎机进行粉碎。为了防止粉碎后的胶粉恢复常温后粘连团聚，还需要加入硅油、炭黑、白炭黑等作为隔离剂，或者将粉末橡胶浸渍在隔离剂的水分散液中，之后干燥脱水，以保证粉末橡胶的流动性。低温粉碎法中还有空气涡轮膨胀机制冷研磨法（见图 4-22）和空气膨胀制冷气流磨法（见图 4-23）。

（2）常温粉碎法　常温粉碎方法一般采用剪切撕裂、摩擦、高速加载等方式的粉碎机，并辅以循环冷却，胶粒不需冷冻，直接送入粉碎机粉碎。常温粉碎法可分为干法和湿法。干法粉碎根据其粉碎方式和设备的不同可分为滚筒式、旋盘式、挤出式、高压柱塞式等；湿法粉碎是物料在溶剂或溶液中进行粉碎的方法。湿法粉碎和干法粉碎相比，前者制得的胶粉粒径小，一般在 200 目以上，受热降解少，胶粉性能优于干法粉碎。

从技术经济指标上看，常温粉碎法优于低温粉碎法；但常温粉碎法采用的温度为 50℃ 左右，橡胶在这种温度下呈弹性，故给其粉碎带来了较大的难度。常温粉碎法制得的胶粉表面凸凹不平，易于后续的活化改性，当其与其他聚合物共混时也具有较大的结合力。但大部分胶粉粒度仅能达到 60 目的细度要求，0.25mm 以下的细粉较少，产量低，无法形成精细胶粉的工业化规模生产。其工艺流程和生产装置如图 4-24 所示。

4. 再生胶

再生胶生产是经过物理、化学处理，使橡胶中的碳硫键和硫硫键断裂，其弹性状态变成具有塑性和黏性的、能够再硫化的橡胶的过程。目前，主要的脱硫技术有化学法（动态脱硫

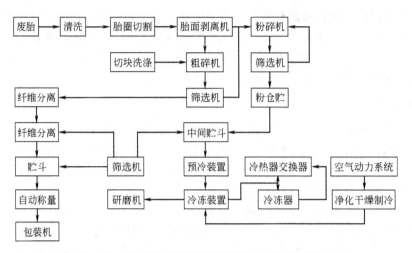

图 4-22 空气涡轮膨胀机制冷研磨生产细胶粉流程

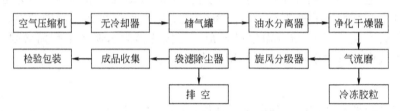

图 4-23 空气膨胀制冷气流磨工艺流程

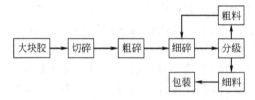

图 4-24 常温粉碎法制粉末橡胶工艺流程

法、水油法）、超声波法、微波法和生物法四种。再生胶具有良好的塑性、收缩性小、流动性好和耐老化性，以及良好的耐热、耐油和耐酸碱性等优点；缺点是吸水性、耐磨性及耐疲劳性差。再生胶的主要用途是在橡胶制品生产中，按一定比例掺入胶料，这样一方面可取代小部分生胶，以降低产品成本，另一方面可改善胶料加工性能。

再生胶生产利润低、劳动强度大、生产流程长、能源消耗大、环境污染严重，因此发达国家早已逐年削减再生胶产量，有计划地关闭再生胶厂。

第五节　废塑料循环利用技术

一、概述

废塑料回收利用技术如图 4-25 所示。主要涉及：①废塑料回收经简单洗净再使用，这仅对材料成分明确单一以及颗粒大小物理状态合理的回收料适用，此种情况较少；②回收废塑料经分类挑选→粉碎→洗净→机械处理再生利用，这对多数的热塑料回收材料适用；③废塑料加工至洗净后，不再分离，进行化学处理，循环利用废塑料；④废塑料加工制粉后，作为固体燃料使用，或燃烧回收热能。

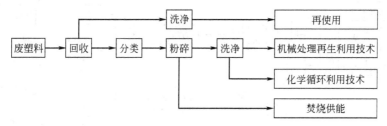

图 4-25　废塑料的回收利用工艺流程

二、前处理技术

废塑料回收利用一般均需前处理，技术效率高且经济的前处理及设备是关键。前处理一般包括挑选与分类技术、粉碎技术、洗净技术和分离技术。

（1）挑选与分类技术　用途广泛的单纯塑料再生，挑选分类是关键。目前，废塑料的常用分选方法，如图 4-26 所示。根据废塑料是否进行破碎预处理，主要分为两大类：一是光电分选，主要包括 X 射线分离和色彩分离；二是利用密度或电阻率差异进行分选，主要包括干式密度分离、湿式密度分离和电磁静电分离。

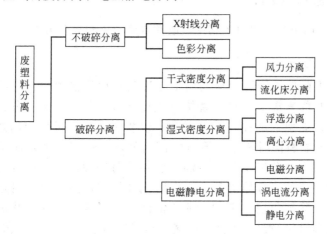

图 4-26　废塑料分选方法

此外，还可根据再生塑料的需要精度，适当增加色彩分选系统对分选后的同种类塑料进行不同颜色的细分，进一步提高纯度和再生产品质量。废塑料分选的工艺流程如图 4-27 所示。

（2）粉碎技术　近年来，开发了回收利用专用的特殊粉碎装置。例如，纤维增强塑料微粉碎机、长尺寸管专用粉碎机、空气涡流粒子碰撞粉碎机、防止材料与设备摩擦发热的气流粉碎机等。此外，还开发了处理薄膜的兼有洗净与粉碎功能的水中粉碎技术。

（3）洗净技术　通常用水，污染严重的用洗涤剂、溶剂等，但排水处理是个问题。大规模排水处理，经济负担重，且又增大环境负荷。采用封密系统是重要的。

（4）分离技术　废塑料中，多系与金属的复合品。对铁，通常使用磁力分离；对铝等非铁金属，采用涡电流分离。还有，采用高压使塑料带电，以电分离的办法将塑料分离。

三、再使用

再使用是不再有加工处理的过程，而是通过清洁后直接重复再用。这种方法主要是针对

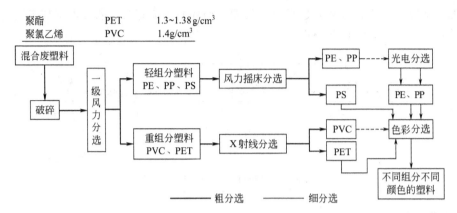

图 4-27　混合废塑料分选工艺流程

一些硬质、光滑、干净、易清洗的较大容器，如托盘、周转箱、大包装盒及大容量的饮料瓶、盛装液体的桶等。这些容器经过技术处理，卫生检测合格后方可使用。技术处理工艺为：分类和挑选→将合乎基本要求的进行水洗→酸洗→碱洗→消毒→水洗→亚硫酸氢钠浸泡→水洗→蒸馏水洗→50℃烘干→再利用。

四、机械处理再生利用技术

机械处理再生利用包括直接再生利用、改性再生利用和复合再生技术。

1. 直接再生利用

直接再生利用主要是指废旧塑料经前期处理破碎后直接塑化，再进行成型加工和造粒。根据其废旧塑料的来源及用途，直接再生可分成三类。①不必分拣、清洗等前期处理，直接破碎后塑化成型。这种方法主要用于包装制品生产过程中的边角料和残品，它们可直接送入料斗与新料同时使用，不需任何前处理；还有一种是使用后没有任何污染的塑料容器等。②要经过分离清洗、干燥、破碎等前处理。尤其对有污染的制品，首先要粗洗，除去砂土、石块、金属等杂质，以防损坏机器；然后离心脱水，送入破碎机粉碎，再进行精洗，以除掉包装内部的杂质。清洗后经干燥，直接塑化成型或造粒，其对象一般为各种用途和形状的包装容器、口袋、薄膜等。③要经过特别预处理。如 PS 泡沫塑料，因体积大不易输入处理机械，所以事前要进行脱泡减容处理。由于制品种类不同，应采用不同的脱泡机。

2. 改性再生利用

改性再生利用的目的是为了提高再生料的基本力学性能，以满足再生专用制品质量的需要。改性再生主要分为三类，即物理改性、化学改性和物理化学改性。

（1）物理改性　物理改性是在塑料废弃物活化后加入一定量的无机填料，同时还应配以较好的表面活性剂，以增加填料与再生塑料之间的亲和性。废塑料再生后存在一大问题，即力学性能较差，在加工的同时可对再生材料进行增韧改性，即加入弹性体或共混热塑弹性体，如将聚合物与橡胶、热塑性塑料、热固性树脂等进行共混或共聚。

使用纤维进行增强改性是将通用型树脂改性成工程塑料和结构材料。回收的热塑性塑料（如 PP、PVC、PE 等）用纤维增强改性后其各方面的性能将大大提高，强度、模量均会超过原废旧塑料的值。其耐热性、抗蠕变性、抗疲劳性均有提高，但制品脆性会有所增大，即其拉断力增大，而断裂伸长率会大大减小。纤维增强改性具有较大发展前景，拓宽了再生利用废旧塑料的途径。

（2）化学改性　化学改性即通过化学交联、接枝、嵌段等手段使其分子在结构上发生变化，改变材料性能，从而获得更优良的特殊性能。化学改性方法很多，但最本质的是要在旧的大分子链上或链间起到化学反应。即要依靠分子链上或链端的反应基团进行再次反应，或在链上接上某种特征基团或接上一个特性支链，或在大分子链间反应基团进行反应，形成交联结构，其结果是使旧高分子的结构变性，从而改善和提高其性能。

（3）物理化学改性　物理化学改性的工艺过程和特点是在特定的螺杆挤出机中，使多种组分的材料在进行物理共混改性的同时进行化学接枝改性；两者改性完毕后又进一步加强共混，然后在特定的温度下造粒或直接成型。这是一种集接枝、交联、共混为一体的综合体系，其优势是可缩短改性过程的时间和生产周期，既能使生产连续化，又能得到更有效的改性效果。

3. 复合再生技术

一般的废塑料均混杂有不同种类材料，在分离困难或经济上不利时，就以混合状态直接成型，通常使用法兰式熔融机、排气式挤出机，这些方法已实用化。该技术具有以下优点：①具有耐久性、耐磨性和弹性；②具有耐化学腐蚀，耐药品性；③复杂形状的成品也易于一体成型；④易于施工现场组合或组合式加工，且施工容易；⑤可以着色或油漆；⑥可制成添加填料或插入芯材的制品。缺点是易热膨胀，负荷弯曲。广泛用于土木建筑、农林水产、电力输电、管道、铁道运输、包装等方面。

五、化学循环利用技术

化学循环利用技术直接将废塑料经过热解或化学试剂的作用进行分解，其产物可得到单体、不同聚体的小分子、化合物、燃料等化工产品。这种回收处理的方式可以使自然资源的使用形成一个"封闭"的循环。此种再生技术有着显著的优点，分解生成的化工原料在质量上与新的原料不分上下，可以与新材料等同使用。化学循环利用技术主要有热分解和化学分解两类。

1. 热分解

热分解技术是将废旧塑料制品中原树脂高聚物进行较彻底的大分子链分解，使其回到低分子量状态，而获得使用价值高的产品。废塑料热分解使用的反应器有塔式炉、炉式炉、槽式炉、管式炉、流化床和挤出机等。该技术是对废旧塑料较彻底的回收利用技术。按照热分解所得的产物（油、气、固体或混合体）的不同以及工艺的不同可分为油化工艺、气化工艺及炭化工艺。

（1）油化工艺　油化工艺的特点是分解产物主要为油类物质，另外还有一些可利用的气体和残渣。此种工艺可以处理多种塑料废弃物，如 PE、PS、PMMA、PVC 等。高温裂解回收原料油的方法，由于需要在高温下进行反应，设备投资较大，回收成本高，并且在反应过程中有结焦现象，因此限制了它的应用。

（2）气化工艺　气化工艺主要是用于城市内混有塑料包装废弃物的垃圾及一些多种混杂的废塑料垃圾。废塑料气化装置的设计要考虑两个方面：一是使废塑料充分气化；二是尽可能少的产生有害物质。现有的废塑料气化装置主要有流化床和固定床，生产流程以两段流程为主。在用废塑料生产汽油、煤油、柴油的工艺过程中将废弃聚烯烃塑料熔化、气化的装置，由熔化器及气化炉两部分组成。熔化器的热源部分来自气化炉炉管，部分采用电加热器。气化炉采用自动控制温度的喷燃油的燃烧器加热。废塑料在熔化器内受热熔化成液态，经有计量泵的出口进入气化炉的布料板，受热气化成聚合烯烃气体。气化炉亦属两段流程：废塑料从气化炉下部加入，在 $720\sim850℃$ 时热解气化，生成含有焦油的煤气；该煤气经过气化炉上部 $850\sim920℃$ 的高温区，焦油裂解，即成为不含焦油的煤气。该气体不含高分子烃类物质，水洗后可直接燃烧使用。

（3）炭化工艺　炭化废塑料进行热分解时会产生炭化物质，多数情况下是油化工艺或气化工艺中所产生的副产物。当炭化物质排出系统外用作固体燃料时，需要采用高效率并且无污染的燃烧方法。废塑料在一定热分解条件下炭化，并经相应处理即可制得活性炭或离子交换树脂等吸附剂，将 PVC 先进行热分解使其炭化，并采取适当措施使炭化物形成具有牢固键能的立体结构，即得高性能活性炭。在所采取的措施中，要注意调节升温速度、引入交联结构和使用添加剂等。

2. 化学分解

化学分解是废塑料的水解或醇解（乙醇解、甲醇解及乙二醇解等）过程，通过分解反应可使塑料变成其单体或低分子量物质，重新成为高分子合成的原料。化学分解产物均匀，易控制，不需进行分离和纯化，生产设备投资少。但由于化学分解技术对废塑料预处理的清洁度、品种均匀性和分解时所用试剂有较高要求，因而不适合处理混杂型废旧塑料。目前，化学分解主要用于聚氨酯、热塑性聚酯、聚酰胺等极性类废旧塑料。其分解方法主要有催化剂分解法和试剂分解法。

（1）催化剂分解法　催化剂分解法是在复合催化剂的作用下，在常温常压下进行分解反应。分解产物为废旧聚合物的原单体。此种分解方法工艺简单，但对于催化剂的选用，装载比较精细。一种典型工艺可将废旧塑料在炼油厂中转变为基本化学品。经预处理的废旧塑料溶解于热的精炼油中，在高温催化裂化催化剂作用下分解为轻产品。由 PE 回收 LPG、脂肪族燃料，由 PP 回收得脂肪族燃料，由 PS 可得芳香族燃料。

（2）试剂分解法　试剂分解法是将废塑料进行清洁干燥等预处理，破碎后送入反应器中。分解后可获得多元醇类产品。水解反应也是一种较为方便的回收手段，是缩合反应的逆反应，所以水解的对象也多为缩聚物。由于这些分子中具有羟基形成的众多氢键，分子间作用力强，故可作为塑料材料，但由于它的基团具有亲水性或易水解性，其最终产物为葡萄糖。

六、焚烧供能

焚烧供热是一种简单、方便的处理废塑料的方法。它将不能用于再生利用的混杂塑料及与其他垃圾的混合物作为燃料，将其置于焚烧炉中焚化，然后充分利用由于燃烧而产生的热量，利用此热量可以发电，也可以供暖。此方法的最大特点是将已经确定为废物的物质转化为能源，其发热量可达 $5234\sim6987kJ/t$，与其他的燃料油发热量基本相同，远远高于纸类、木质类燃烧发热量，同时具有明显的减容效果。其质量可减少 85% 左右，体积可减少 95% 左右。燃烧后的残渣体积小，密度大，填埋时占地极小、方便，同时既稳定又易于解体在土壤之中。焚烧工艺简单，无需前处理，废物运到后可直接入炉，既节省了人力资源又能获得高价值的能源，有效地保护了生态环境。

◎ 思考题

1. 什么叫再制造、再制造技术、再制造工艺？
2. 请对比分析再制造与传统制造及回收的不同。
3. 再制造技术分哪几类？每类技术的特点是什么？
4. 金属通常怎么分类？贵金属的种类有哪些？
5. 金、银、铂、钯的回收原理和回收方法各是什么？
6. 什么是置换法，电解法，吸附法，溶剂萃取法，离子交换法？
7. 什么是湿法冶金，火法冶金？请举例说明。
8. 废弃混凝土的再生利用途径有哪些？
9. 分析再生骨料对再生混凝土强度的影响。
10. 玻璃材料循环利用技术有哪些优点？
11. 陶瓷废料的主要循环利用途径有哪些？
12. 简述废轮胎的循环利用途径及各种利用方法的特点。
13. 什么叫轮胎翻新技术？试述轮胎翻新工艺流程及特点。
14. 废轮胎热裂解技术有哪几种？各自特点是什么？
15. 简述废轮胎制胶粉的方法及各自特点。
16. 简述废塑料回收利用工艺流程。
17. 废塑料前处理技术分哪几类？
18. 废塑料机械处理再生利用技术分哪几类？各自特点是什么？
19. 废塑料化学循环利用技术分哪几类？各自特点是什么？

◎ 参考文献

[1] 陈福，赵恩录，曾雄伟，苟金芳，张文玲. 利用废玻璃制备环保型陶瓷透水砖. 国外建材科技，2008，29（2）：78-81.
[2] 陈文娟，聂祚仁，王志宏. 中国平板玻璃生命周期清单与特征化. 中国建材科技，2006，（3）：54-58.
[3] 崔培枝，姚巨坤. 再制造生产的工艺及费用分析. 新技术新工艺，2004，（2）：18-20.
[4] 崔培枝，姚巨坤. 再制造清洗工艺与技术. 新技术新工艺，2009，（3）：25-28.
[5] 崔毅琦，童雄，何剑. 从浸金溶液中回收金的研究概况. 有色金属，2004，（5）：31-34.
[6] 邓海燕. 废旧轮胎的几种综合利用途径. 中国资源综合利用，2002，（12）：30-33.
[7] 董峰，郝洪顺，崔文亮，付鹏. 陶瓷工业固体废弃物的回收再利用. 硅酸盐通报，2006，（6）：124-127.
[8] 董云. 再生骨料及再生混凝土研究进展. 基建优化，2006，27（1）：104.
[9] 杜震宇，侯英兰. 用废玻璃制造新型装饰板材. 玻璃，2003，（3）：36-39.
[10] 韩复兴. 陶瓷厂废料生产多孔陶瓷的研究. 陶瓷研究，2002，（1）：24-31.
[11] 贺小塘，韩守礼，吴喜龙，王欢. 从铂-铱合金废料中回收铂铱的新工艺. 贵金属，2010，31（3）：56-59.
[12] 侯来广，曾令可. 陶瓷废料的综合利用现状. 中国陶瓷工业，2005，（8）：41-44.
[13] 黄礼煌. 金银提取技术. 北京：冶金工业出版社，2005：477-481.
[14] 蒋振山，张利珍，刘凤辰. 废旧轮胎的处理及综合利用. 能源与环境，2006，（5）：38-41.
[15] 李刚. 轮胎的翻新技术及翻新前景. 现代橡胶技术，2011，37（4）：1-8.
[16] 李楠. 循环经济与浮法玻璃工艺的发展. 玻璃，2005，（2）：12-13.
[17] 李自托. 我国废旧轮胎资源利用. 化学工业，2008，26（6）：23-25，30.

[18] 刘均科. 塑料废弃物的回收与利用技术. 北京：中国石化出版社，2001.

[19] 刘玉强，马瑞刚，殷晓玲. 废旧塑料回收利用实用技术. 北京：中国石化出版社，2010.

[20] 刘志海. 我国平板玻璃工业发展新动向分析. 中国建材，2005，(8)：40-43.

[21] 卢宜源，宾万达. 贵金属冶金学. 长沙：中南工业大学出版社，2011，39-440.

[22] 罗电宏，马荣骏. 用溶剂萃取技术从含微量金的废液中回收金. 有色金属，2003，55 (1)：34-36.

[23] 聂祚仁，王志宏. 生态环境材料学. 北京：机械工业出版社，2004：117-118.

[24] 钱伯章，朱建芳. 废塑料回收利用现状与技术进展. 化学工业，2008，26 (12)：33-40.

[25] 钱伯章. 废旧塑料回收利用及技术进展. 橡塑资源利用，2007，(2)：12-17，39.

[26] 任志伟，孔安，高全胜. 我国废旧轮胎的回收利用现状及前景展望. 中国资源综合利用，2009，27 (6)：12-14.

[27] 孙岩，孙可伟，郭远臣. 再生混凝土的利用现状及性能研究. 混凝土，2010，(3)：105-107.

[28] 苏达根，赵一翔. 陶瓷废料的组成与火山灰活性研究. 水泥技术，2009，(2)：24-26.

[29] 唐明，潘文浩. 陶瓷废弃物代砂制备混凝土的强度特征. 混凝土，2007，218 (12)：1-3.

[30] 王晖，顾帼华，邱冠周. 废旧塑料分选技术. 现代化工，2002，22 (7)：48-51.

[31] 毋雪梅，李愿，管宗甫. 废弃陶瓷再生混凝土及界面研究. 郑州大学学报（工学版），2010，31 (3)：35-38.

[32] 熊道陵，林俊. 废定影液中银的回收与提纯. 黄金，2007，28 (5)：47-49.

[33] 徐滨士，马世宁，刘世参，张伟. 21世纪的再制造工程. 中国机械工程，2000，11 (1-2)：36-38.

[34] 徐滨士. 发展再制造工程，实现节能减排. 装甲兵工程学院学报，2007，21 (5)：1-5.

[35] 徐滨士，等著. 再制造与循环经济. 北京：科学出版社，2007.

[36] 徐滨士，马世宁，刘世参，朱绍华，张伟，朱胜. 绿色再制造工程设计基础及其关键技术. 中国表面工程，2001，(2)：12-15.

[37] 许岳周，石建光. 再生骨料及再生骨料混凝土的性能分析与评价. 混凝土，2006，(7)：41-46.

[38] 姚巨坤，崔培枝. 再制造加工及其机械加工方法. 新技术新工艺，2009，(5)：1-3.

[39] 杨惠娣. 塑料回收与资源再利用. 北京：中国轻工业出版社，2010，12.

[40] 于清溪. 翻胎生产与设备现状及发展（上）. 橡塑技术与装备，2009，35 (1)：8-15.

[41] 于清溪. 翻胎生产与设备现状及发展（下）. 橡塑技术与装备，2009，35 (2)：5-13.

[42] 袁利伟，陈玉明，李旺. 废塑料资源化新技术及其进展. 环境污染治理技术与设备，2003，4 (10)：14-17，26.

[43] 曾令可，金雪莉，税安泽，夏海斌. 利用陶瓷废料制备保温墙体材料. 新型建筑材料，2008，(4)：5-7.

[44] 赵苏，李连君，杨合. 废玻璃的再利用研究. 中国资源综合利用，2004，(3)：22-24.

[45] 赵延伟. 塑料包装废弃物综合治理研究. 塑料包装，2002，12 (3)：6-12.

[46] 钟骏杰，范世东，姚玉南，杨勇虎. 再制造与维修. 机械，2003，30：276-278.

[47] 郑淑君. 废钯催化剂中钯的回收. 化学推进剂与高分子材料，2003，1 (2)：36-38.

[48] 周凤华. 塑料回收利用. 北京：化学工业出版社，2008.

[49] 朱胜，姚巨坤. 电刷镀再制造工艺技术. 新技术新工艺，2009，(6)：1-3.

[50] 朱胜，姚巨坤. 热喷涂再制造工艺与技术. 新技术新工艺，2009，(7)：1-3.

[51] 朱茂电，王加龙，赵吕明. 废旧轮胎回收利用技术及其应用前景. 再生利用，2008，1 (8)：32-35.

[52] 朱道平. 塑料包装废弃物回收处理途径及新进展. 塑料包装，2009，19 (3)：38-43.

[53] 朱缨. 建筑废弃混凝土再生利用的分析与研究. 新型建筑材料，2003，(9)：57-60.

[54] A Demirbas. Pyrolysis of municipal plastic waste for recovery of gasoline-range hydrocarbons. Journal of Analytical and Applied Pyrolysis, 2004, 72 (1)：97-102.

[55] A K Padmini, K Ramamurthy, M S Mathews. Influence of parent concrete on the properties of recycled aggregate concrete. Construction and Building Materials, 2009, 23 (2)：829-836.

[56] A M Cunliffe, P T Williams. Composition of oils derived from the batch pyrolysis of tyres. Journal an-

nual Applied Pyrolysis, 1998, 44 (2): 131-152.

[57] A M Donia, A A Atia, K Z Elwakeel. Recovery of gold (Ⅲ) and silver (Ⅰ) on a chemically modified chitosan with magnetic properties. Hydrometallurgy, 2007, 87 (3-4): 197-206.

[58] B Bras, M W Mclntosh. Product, Proeess, and organizational design for remanufacture-an overview of research. Robotics and Computer Integrated Manufacturing, 1999, 15 (3): 167-178.

[59] C Choi, Y Cui. Recovery of silver from wastewater coupled with power generation using a microbial fuel cell. Bioresource Technology, 2012, 107: 522-525.

[60] C F Wu, P T Williams. Pyrolysis-gasication of plastics, mixed plastics and real-world plastic waste with and without Ni Mg Al catalyst. Fuel, 2010, 89 (10): 3022-3032.

[61] C I Sainz-Diaz, D R Kelly, C S Avenell. Pyrolysis of furniture and tire wastes in a flaming pyrolyzer minimizes discharges to the environment. Energy and Fuels, 1997, 11 (5): 1061-1072.

[62] C I Sainz-Diaz, A J Griffiths. Activated carbon from solid wastes using a pilot-scale batch flaming pyrolysis. Fuel, 2000, 79 (15): 1863-1871.

[63] C. Medina, M. I. Sánchez de Rojas, M. Frias. Reuse of sanitary ceramic wastes as coarse aggregate in eco-efficient concretes. Cement and Concrete Composites, 2012, 34 (1): 48-54.

[64] C Roy, B Labrecque, B D Caumia. Recycling of scrap tires to oil and carbon black by vacuum pyrolysis. Resources, Conservation and Recycling, 1990, 4 (3): 203-213.

[65] D G Mabee, M Bommer, W D Keat. Design charts for remanufacturing assessment. Journal of Manufacturing Systems, 1999, 18 (2): 358-366.

[66] E Kima, M Kimb, J Leeb, B D Pandeyc. Selective recovery of gold from waste mobile phone PCBs by hydrometallurgical process. Journal of Hazardous Materials, 2011, 198: 206-215.

[67] G Ferrer, D C Whybark. Material planning of remanufacturing facility. Production and Operations Management, 2001, 10 (2): 112-124.

[68] J A Conesa, R Font, A Marcilla. Comparison between the pyrolysis of two types of polyethylenes in a fluidized bed reactor. Energy and Fuels, 1997, 11 (1): 126-136.

[69] J M V Gómez-Aoberón. Porosity of recycled concrete with substitution of recycled concrete aggregate: an experimental study. Cement and Concrete Research, 2002, 32 (8): 1302-1311.

[70] J M Khatib. Properties of concrete incorporating fine recycled aggregate. Cement and Concrete Research, 2005, 35 (4): 763-769.

[71] J R Correia, J De Brito, A S Pereira. Effects on concrete durability of using recycled ceramic aggregates. Materials and Structures, 2006, 39 (2): 169-177.

[72] J Xiao, W Li, Y Fan, X Huang. An overview of study on recycled aggregate concrete in China (1996—2011) . Construction and Building Materials, 2012, 31: 364-383.

[73] K C Pillai, S J Chung, I Moon. Studies on electrochemical recovery of silver from simulated waste water from Ag (Ⅱ) /Ag (Ⅰ) based mediated electrochemical oxidation process. Chemosphere, 2008, 73 (9): 1505-1511.

[74] K Inderufrth, E Van Der Iaan. Leadtime Effects and Policy Improvement for Stochastic Inventory Control with Remanufacturing. International Journal of Production Economies, 2001, 71 (1-3): 381-390.

[75] K Rahal. Mechanical properties of concrete with recycled coarse aggregate. Building and Environment, 2007, 42 (1): 407-415.

[76] M Casuccio, M C Torrijos, G. Giaccio, R Zerbino. Failure mechanism of recycled aggregate concrete. Construction and Building Materials, 2008, 22 (7): 1500-1506.

[77] M Etxeberria, A R Marí, E Vázquez. Recycled aggregate concrete as structural material. Materials and Structures, 2007, 40 (5): 529-541.

[78] M Etxeberria, E Vázquez, A Marí, M Barra. Influence of amount of recycled coarse aggregates and production process on properties of recycled aggregate concrete. Cement and Concrete Research, 2007,

37 (5): 735-742.

[79] M Gomes, J Be Brito. Structural concrete with incorporation of coarse recycled concrete and ceramic aggregates: durability performance. Materials and Structures, 2009, 42 (5): 663-675.

[80] M Goto, M Sasaki, T Hirose. Reactions of polymers in supercritical fluids for chemical recycling of waste plastics. Journal of Material Science, 2006, 41 (5): 1509-1515.

[81] M Martín-Morales, M Zamorano, A Ruiz-Moyano, I Valverde-Espinosa. Characterization of recycled aggregates construction and demolition waste for concrete production following the Spanish Structural Concrete Code EHE-08. Construction and Building Materials, 2011, 25 (2): 742-748.

[82] M Predel, W Kaminsky. Pyrolysis of rape-seed in a fluidized-bed reactor. Bioresource Technology, 1998, 66 (2): 113-117.

[83] M Sathishkumar, A Mahadevan, K Vijayaraghavan, S Pavagadhi, R Balasubramanian. Green recovery of gold through biosorption, iocrystallization, and pro-crastallization. Ind. Eng. Chem. Res, 2010, 49 (16): 7129-7135.

[84] O N Kononova, T A Leyman, A M Melnikov, D M Kashirin, M M Tselukovskaya. Ion exchange recovery of platinum from chloride solutions. Hydrometallurgy, 2011, 100 (3-4): 161-167.

[85] P Majumder, H Groenevelt. Competition in remanufacturing. Production and Operations Management, 2001, 10 (2): 125-141.

[86] P Torkittikul, A Chaipanich. Utilization of ceramic waste as fine aggregate within Portland cement and fly ash concretes. Cement and Concrete Composites, 2010, 32 (6): 440-449.

[87] P T Williams, R P Bottrill, A M Cunliffe. Combustion of tyre pyrolysis oil. Transactions of the Institution of Chemical Engineers, 1998, 76 (B4): 291-301.

[88] P T Williams, Y E Slane. Analysis of products from the pyrolys is and liquefaction of s ingle plastics and waste plastic mixtures. Resource Conservation and Recycling, 2007, 51 (4): 754-769.

[89] R K Sharma, A Pandeya, S Gulatia, A Adholeya. An optimized procedure for preconcentration, determination and on-line recovery of palladium using highly selective diphenyldiketone- monothiosemicarbazone modified silica gel. Journal of Hazardous Materials, 2012, 209- 210 (30): 285-292.

[90] R Ruhela, K K Singh, B S Tomar, J N Sharma, M Kumar, R C Hubli, A K Suri. Amberlite XAD-16 functionalized with 2-acetyl pyridine group for the solid phase extraction and recovery of palladium from high level waste solution. Separation and Purification Technology, 2012, 99 (8): 36-43.

[91] R S Marinho, J C Afonso, J W S D da Cunha. Recovery of platinum from spent catalysts by liquid-liquid extraction in chloride medium. Journal of Hazardous Materials, 2010, 179 (1-3): 488-494.

[92] R Zaharieva, F Buyle-Bodin, F Skoczylas, E Wirquin. Assessment of the surface permeation properties of recycled aggregate concrete. Cement and Concrete Composites, 2003, 25 (2): 223-232.

[93] S Manrinkovic, V Radonjanin, M Malešev, I Ignjatović. Comparative environmental assessment of natural and recycled aggregate concrete. Waste Management, 2010, 30 (11): 2255-2264.

[94] T Tsuji, K Hasegawa, T Masuda. Thermal cracking of oils from waste plastics. Journal of Material Cycles Waste Manag, 2003, 5 (2): 102-106.

[95] V Corinaldesi, G Moriconi. Influence of mineral additions on the performance of 100% recycled aggregate concrete. Construction and Building Materials, 2009, 23 (8): 2869-2876.

[96] V D R Jr. Guide, R Srivastava. An Evaluation of order Release Strategies in a Remanufacturing Environment. Computers Ops Res, 1997, 24 (1): 37-47.

[97] V D R Jr. Guide, V Jayaraman, R Srivastava. Production planning and control for remanufacturing: a state-of-the-art survey. Robotics and Computer Integrated Manufacturing, 1999, 15 (3): 221-230.

[98] V D R Jr. Guide, N L V Wassenhove. Managing product returns for remanuafeturing. Production and Operations Management, 2001, 10 (2): 142-155.

[99] V K Sharma, F Fortuna, M Mincarini. Disposal of waste tyres for energy recovery and safe environ-

ment. Applied Energy，2000，65 (1-4)：381-394.

[100]　V W Tam，K Wang，C M Tam. Assessing relationships among properties of demolished concrete，recycled aggregate and recycled aggregate concrete using regression analysis. Journal of Hazardous Materials，2008，152 (2)：703-714.

[101]　W Kaminsky. Chemical recycling of mixed plastics by pyrolysis. Advance Polymer Technology，1995，14 (4)：337-344.

[102]　W Y Vivian，C M Tam，K N Le. Removal of cement mortar remains from recycled aggregate using pre -soaking approaches. Resources，Conservation and Recycling，2007，50 (1)：82-101.

[103]　X S Shi，F G Collins，X L Zhao，Q Y Wang. Mechanical properties and microstructure analysis of fly ash geopolymeric recycled concrete. Journal of Hazardous Materials，2012，237-238：20-29.

[104]　Z Bitlgosz，J Polacherk，Z Machowska. Recycling of domestic plastic and rubber waste in Poland. International Polymer Science and Technology，1998，25 (6)：93-96.

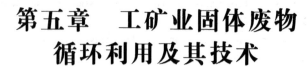

第五章 工矿业固体废物循环利用及其技术

工矿业固体废物是我国目前排放量最大的固体二次资源。工业固体废物主要包括冶金工业固体废物、化学工业固体废物、燃料固体废物和电子工业固体废物，矿业固体废物主要是矿山尾矿和废石。工矿业固体废物具有种类多、排量大、组成复杂的特点，且存在污染、腐蚀、毒害问题和安全隐患。实现工矿业二次资源的综合利用是资源循环的关键和难点。本章简要介绍主要工矿业二次资源的组成、性质和循环利用技术。

第一节 概 述

一、工矿业固体废物利用现状与发展

自然资源是人类赖以生存的物质基础。解决复杂资源和挑战新的资源领域，实现工矿业固体废物的资源化，是摆在我们面前刻不容缓的历史重任，也是缓解资源衰竭速度，提升资源承载能力的重要途径。

1. 矿业固体废物利用

尾矿是目前我国产生量最大的固体废物，主要包括黑色金属尾矿、有色金属尾矿、稀贵金属尾矿和非金属尾矿。目前尾矿仍以堆存为主，尾矿库安全隐患问题突出。我国现有尾矿库 12718 座，其中在建尾矿库为 1526 座，约占总数的 12%，已经闭库的尾矿库 1024 座，约占总数的 8%，截止到 2007 年，全国尾矿堆积总量为 80.46 亿吨。仅 2007 年，全国尾矿排量近 10 亿吨。2010 年，我国尾矿产生量更是达到 12.3 亿吨，其中主要为铁尾矿和铜尾矿，分别占到 40%和 20%左右。尾矿的大量堆存带来资源、环境、安全和占用大量土地等诸多问题。

大量有用资源进入尾矿、废石中，使其成为可进一步综合开发利用的二次矿产资源。目前的利用现状是，全国二次矿产资源综合开发平均利用率仅为 8.2%，约有 30%的大中型矿山开展了综合利用，部分综合利用的二次矿产资源约为 25%，完全没有综合利用的二次矿产资源占 45%，全国 20 多万个集体、民营矿山基本无综合利用措施。许多尾矿中有用组分含量很高，却得不到有效利用。如：我国铜矿山尾矿中平均含铜 0.126%，有的可达 0.69%；我国某些矿山锡尾矿中锡的平均品位高达 0.58%，甚至高于某些矿山的原矿品位。全国重点铁矿选矿厂的技术经济指标显示，铁矿尾矿中平均铁品位为 10%（其中，磁性矿为 7.93%，弱磁性矿为 21.05%，多金属铁矿为 15.76%），在已堆存的铁矿尾矿中，至少含有 2.6 亿吨铁，若按全国铁精矿平均品位 63.25%折算，相当于 4.1 亿吨的铁精矿。而在

已有的金矿尾矿中，其金量可达 116.1t，相当于 5 座储量≥20t 的大型金矿。

我国矿业固体废物资源前景可观，发展潜力巨大。对其综合利用不仅可获得巨大的经济利益，而且还将大大减少环境污染负荷和次生灾害的发生。近年来在国家的大力倡导下，我国在矿业固体废物开发利用方面取得了显著技术进步。

（1）难处理低品位金矿及尾矿综合利用　针对难处理低品位金矿及尾矿，提出了破碎—筛分—洗矿、粗粒级堆浸、细粒级重选—炭浸的联合提金工艺。矿石经破碎后增设关键的筛分洗矿工艺，粗粒级矿石直接堆浸，细粒级矿浆经溜槽重选分级后进入炭浸工艺。解决了氧化矿石含泥高不宜直接堆浸的问题，缩短了浸出周期，提高了浸出率。

（2）钒钛磁铁矿尾矿综合利用　根据钒钛磁铁矿尾矿中，钛铁矿石与脉石矿物的磁性以及表面性质的差异，利用磁选—浮选工艺流程，将矿石与脉石矿物进行有效分离，提取高品位钛精矿。生产中采用新型无毒浮选捕收剂，避免了电选的粉尘污染，在生产过程中不会产生有毒物质。

（3）低品位硫化铜矿石或含铜废石生物提取技术及工程化　首先将矿石或含铜废石形成生物矿堆，经细菌反应氧化，产生物随浸出液带出矿堆进入溶液形成萃取原液，通过两级萃取，一级反萃，一级洗涤工艺，使 Cu^{2+} 和其他金属杂质分离，并使 Cu^{2+} 富集，反萃液再经电积得到标准高纯阴极铜。

2. 钢铁冶金固体废物利用

钢铁冶金固体废物一般在生产过程中直接产生，有的则是在废气、废水处理过程中形成的次生物质。这些固体废物在堆集存放过程中发生物理、化学变化而污染环境，加之占据土地、损伤地表、污染水质等，给社会带来危害。钢铁冶金固体废物的综合利用，既可通过回收和处理后返回钢铁主流程，又可以此为原料开发新的产品。钢铁冶金固体废物主要有高炉渣、钢渣及各类含铁尘泥等。我国目前的利用现状是，包括国有大型企业在内的几乎所有钢铁企业，对二次渣尘的利用仍停留在传统的二次转移处理上，在线循环利用仅在个别新建项目中出现。现有的综合利用特点是，所开发的产品附加值普遍较低，如钢渣除了部分作为冶金溶剂、炼钢粉尘经加工作为化渣剂使用外，冶金渣基本还是用于代替部分砂石使用，多数用作水泥掺合料或建筑材料使用。钢渣虽然作为农用肥料和土壤改良剂进行了一定的研究和开发，但主要还是简单地利用其中的一些有效成分，如 CaO、MgO、SiO_2 和 P_2O_5，其肥效低，应用范围较小。另外，冶金渣虽已经被用于水泥生产，但冶金渣的活性远不及硅酸盐水泥的活性，其许多内在关系和机理尚未查清。

当前，我国高炉渣的回收利用率为 80% 左右，同比德国回收利用率为 99%，日本为 97%。我国利用率相对较低。20 世纪 70 年代后，工业发达的国家，如英、美等国家几乎将高炉渣 100% 全部利用，而我国至目前仍不能充分利用，尤其是不能高效利用。

3. 化工固体废物资源利用

化工固体废物种类多，有毒物质含量高，产生量大；一般每生产 1t 产品就会产生 1～3t 固体废物，有的甚至高达 12t 之多。化工固体废物中有相当部分具有急毒性和腐蚀性，尤其是危险废物中有毒物质对环境和人类会构成巨大威胁。必须对其进行处理，对化工固体废物进行加工处理，不仅可回收废物中有用物质从而获得经济效益，而且也可取得良好的环境效益。

近 20 年来，我国加大了在生产工艺中更新设备，改进操作方式，推行无废或低废工艺的力度，尽可能把污染消除在生产过程中。生产苯胺的传统工艺采用铁粉还原法，生产过程中产生大量含有硝基苯、苯胺的铁泥废渣和废水，造成环境污染和资源浪费。通过成功开发出加氢法制苯胺新工艺后，铁泥废渣产生量由原来的 2500kg/t 减少到 5kg/t，废水排放量由每吨产品产生 4000kg 降到 400kg，能耗却减少 1/2，苯胺回收率达到 99%。

我国化工固体废物处理与综合利用有了很大发展，开发出一批可操作性强、经济效益好的综合利用新技术，大大推动了化工固体废物利用的科技进步。

4. 燃料废渣资源利用

煤系工业固体废物主要是指煤矸石和粉煤灰。煤矸石是煤炭开采、洗煤加工过程中产生的废弃岩石，约占煤炭产量的 15%。我国是世界上最大的煤炭生产国和消费国，全国煤矸石每年排放总量达 1 亿吨以上，约占全国工业废渣排放量的 1/4。目前全国煤矸石的总积存量已达 30 亿吨以上，形成矸石山 1000 多座，占地 1.2 万公顷，而且仍在逐年增长。煤矸石一般露天堆放，风化分解过程产生大量粉尘、含重金属离子的酸性水，污染大气、地表水或地下水。我国有近 1/3 的矸石山，由于含有残煤、碳质泥岩、碎木材、硫铁矿物而发生自燃，排放出大量的 CO、CO_2、SO_2、H_2S 有害气体，给环境带来极大危害。

粉煤灰主要来自火力发电厂煤燃烧烟气中收集的细灰。目前，我国发电厂粉煤灰的年排放量逐年增加，已由原来的 7000 万吨/年增加到 1 亿吨/年，全国已累计堆存粉煤灰 13 亿吨之多。粉煤灰的合理开发利用不仅是为了满足对能源和资源的需要，也是解决环境污染的需要。尽管我国粉煤灰的利用率已达到 40%，但与欧美国家比，相对还很低。

在煤矸石和粉煤灰的利用方面，国家给予了充分重视和政策导向，对更好地开发利用这类工业固体废物起到了积极的推动作用。如利用发热值达到 6270kJ/kg 的煤矸石可不经过洗选，就近用作流化床锅炉的燃料，所产生的热量既可发电，也可用作采暖供热。在煤矸石深加工方面近些年也取得长足进步，如用煤矸石制备 SiC 或 $SiC-Al_2O_3$ 复相材料（β-SiC 超细粉），以及用煤矸石和无烟煤合成 $β-SiC-Al_2O_3$ 等。此外，利用富含高岭石的煤矸石还成功生产出 4A 分子筛。

目前，已开发出粉煤灰磷肥、硅复合肥，在农业生产中发挥了积极作用；从粉煤灰中分离出的玻璃微珠，利用它的形态效应及表面微集料效应，改性活化后可作为不饱和聚酯树脂玻璃钢的填充料。

煤系工业固体废物处置和利用将是一项长期的任务，由于煤系工业固体废物种类日趋复杂和多样化，其资源化利用也在不断向多元化方向发展。

二、工矿业固体废物利用与可持续发展

1. 面临的问题和挑战

中国在经历经济高速发展之后，正面临资源、能源与环境空前严峻的"瓶颈"制约。当前中国 GDP 总量占世界经济总量的 9%，但我们消费的原油、原煤、铁矿石、钢材、氧化铝、水泥却分别占世界的 7.4%、31%、30%、27%、25% 和 40%。到 2020 年，我国矿产资源的需求量分别为：铜 650 万吨，铝 1440 万吨，铅 260 万吨，锌 500 万吨，10 种有色金属总量为 3000 万吨。与此同时，我国矿产资源开发利用损耗大，浪费严重。目前采选回收率仅为 60%，比发达国家低 10%～20%，共伴生金属综合利用率只有 30%～50%，仅为发达国家的 1/2。我国能源消耗量占世界 11%，产出仅占世界的 3%。自上世纪末以来，我国的能源总消耗量每年增长约 5%，是世界平均增长率的近 3 倍。

环境污染的加剧，无疑在不断压缩我国经济可持续发展的有效空间。我国 7 大水系抽样

调查结果表明,受污染水面高达58%;全世界20个空气污染最严重的城市中,我国城市占16个,30%的农田由于遭受酸雨的影响而减产。在过去高速发展的20多年里,每年由于环境污染而造成的损失约占GDP总量的10%。我国城市生活垃圾的处置能力还不高,焚烧法在我国刚刚起步,所需设备的运行成本庞大,甚至超过了焚烧废弃物所回收热能而产生的效益,燃烧过程中产生的粉尘、有毒有害气体、重金属、二噁英等污染物二次污染问题突出。在矿山,一些重度污染矿区,其粉尘中游离的SiO_2含量高达39%,微细呼吸性粉尘含量高达95%。

我国采、选、冶生产过程对环境的影响严重;95%以上的原煤未经精选脱硫;有色金属冶炼中废气多未回收或处理,致使大量的SO_2气体直接进入大气。金属矿山废渣、尾矿以及贵金属矿产氰化处理废液排放的开放性,导致有毒的重金属离子汞、铅、镉及氰化物等广泛散布。非金属建材矿山不加节制地设点,呈星罗棋布式开山劈石,一座座高耸的排土场和尾矿坝不作充填和综合利用,露天矿坑闭坑后不予回填,弃之不顾。我国粗放型的经济增长方式还没有得到根本转变,资源与环境矛盾日趋显现,已成为遏制我国经济持续发展的尖锐问题。

2. 工业固体废物利用与可持续发展

"十一五"期间,资源综合利用推进力度不断增强,利用规模日益扩大,技术装备水平不断提升,政策措施逐步完善,实现了经济效益、社会效益和环境效益的有机统一,资源综合利用取得了积极进展。

全国共伴生金属矿产约70%的品种得到了综合开发,矿产资源总回收率和共伴生矿产综合利用率分别提高到35%和40%,煤层伴生的油母页岩、高岭土等矿产进入大规模利用阶段。工业固体废物综合利用率达69%,超额完成规划目标9个百分点。累计利用粉煤灰超过10亿吨、煤矸石约11亿吨、冶炼渣约5亿吨,回收利用废钢铁、废有色金属、废纸、废塑料等再生资源9亿吨,农作物秸秆综合利用率超过70%,年利用量达5亿吨。

钒钛资源、镍矿伴生资源实现综合开发,稀土等元素得到高效利用,高铝粉煤灰提取氧化铝技术研发成功并逐步产业化,废旧家电的全密闭快速拆解和高效率物料分离等资源化利用技术装备实现国产化,废旧纺织品再生利用技术中试成功。年产5000万平方米全脱硫石膏大型纸面石膏板生产线投产,利用煤矸石、煤泥混烧发电的大型机组装备投入运行,全煤矸石烧结砖技术装备达到国际先进水平。

《循环经济促进法》、《废弃电器电子产品回收处理管理条例》、《再生资源回收管理办法》等法律法规规章陆续颁布实施。国家发展改革委、国土资源部、财政部等部门发布了《中国资源综合利用技术政策大纲》、《矿产资源节约与综合利用鼓励、限制和淘汰技术目录》、《资源综合利用企业所得税优惠目录(2008年版)》、《关于资源综合利用及其他产品增值税政策的通知》、《新型墙体材料专项基金征收使用管理办法》等政策措施,初步形成了资源综合利用的法规政策体系。

资源综合利用已经成为煤炭、电力、钢铁、建材等资源型行业调整结构、改善环境、创造就业机会的重要途径。2010年,全国煤矸石、煤泥发电装机容量达2100万千瓦,相当于减少原煤开采4000多万吨,综合利用发电企业达400多家,带动就业人数近10万人;从钢渣中提取出约6503万吨废钢铁,相当于减少铁矿石开采近2800万吨;通过综合利用各类固体废物累计减少堆存占地约16万亩;资源综合利用产业年产值超过1万亿元,就业人数超过2000万人。

到2015年,矿产资源总回收率与共伴生矿产综合利用率提高到40%和45%;大宗固体废物综合利用率达到 50％；工业固体废物综合利用率达到 72％；主要再生资源回收利用率提高到 70％，再生铜、铝、铅占当年总产量的比例分别达到 40％、30％、40％；农作物秸秆综合利用率力争超过 80％。资源综合利用政策措施进一步完善，技术装备水平显著提升，综合利用企业竞争力普遍提高，产品市场份额逐步扩大，产业发展长效机制基本形成。

第二节　矿山废渣循环利用及其技术

一、矿业固体废物的组成

矿业固体废物主要是指废石和尾矿。矿业固体废物通常由多种矿物组成，主要的有自然元素矿物、含氧盐矿物、硫化物及其类似化合物矿物、氧化物和氢氧化物矿物、卤化物矿物等。认识和掌握矿业固体废物中的各种矿物及其特性，对于制定合理的综合利用工艺具有重要的指导意义。

1. 含氧盐矿物

含氧盐矿物占已知矿物总数的 2/3 左右，在地壳里的分布极为广泛。含氧盐矿物分为硅酸盐矿物、碳酸盐矿物、硫酸盐矿物和其他含氧盐矿物四类。

（1）硅酸盐矿物　硅酸盐矿物是组成岩石的最主要成分，已知硅酸盐矿物约 800 种，占矿物总数的 1/4，占地壳总质量的 80％。它们是许多非金属矿产和稀有金属矿产的来源，如云母、石棉、长石、滑石、高岭石以及 Be、Li、Rb、Cs 等。

根据硅酸盐骨架构造类型（络阴离子类型）的不同，可将硅酸盐矿物分为岛状构造硅酸盐矿物、链状构造硅酸盐矿物、层状构造硅酸盐矿物和架状构造硅酸盐矿物四类。

（2）碳酸盐矿物　碳酸盐矿物在自然界中分布较广，已知矿物约 80 种之多，占地壳总质量的 1.7％。其中以 Ca、Mg 碳酸盐矿物最多，其次为 Fe、Mn 等碳酸盐矿物。

碳酸盐矿物有的是非金属矿产的原料，如白云石等，有的是金属矿产的重要原料，如菱铁矿、菱锰矿等。在金属矿石中，碳酸盐矿物（如方解石）是常见的脉石矿物。

碳酸盐矿物多为无色或浅色（其中含色素离子 Fe、Mn 者颜色较深），玻璃光泽，透明至半透明，硬度多为中等（3～4），相对密度随阳离子变化而异（2.7～5 左右），无磁性，电热的不良导体。矿物表面亲水，化学稳定性较差，溶解度较大。

（3）硫酸盐矿物　硫酸盐矿物在自然界中产出约有 260 种，但仅占地壳总质量的 0.1％。其中常见和具有工业意义的矿物不多，主要是作为非金属矿物原料（如石膏）。

硫酸盐矿物一般颜色较浅，透明至半透明，多数玻璃光泽，硬度较低（1.5～3.5），除 Pb、Ba 的硫酸盐外相对密度均较小，不具磁性，电热的非导体，含水硫酸盐溶液具导电性。

（4）其他含氧盐矿物　其他含氧盐矿物较常见的有磷酸盐、钨酸盐和钼酸盐，不常见的有硼酸盐、砷酸盐、钒酸盐、硝酸盐矿物等。

2. 氧化物和氢氧化物矿物

氧化物和氢氧化物是地壳的重要组成矿物，是由金属和非金属的阳离子与阴离子与 O^{2-} 和 OH^- 相结合的化合物，如石英 SiO_2、氢氧镁石 $Mg(OH)_2$ 等。它们的化合物有 200 种左右，约为地壳总质量的 17％，其中 SiO_2（石英、石髓、蛋白石）分布最广，约占 12.6％，铁的氧化物和氢氧化物占 3.9％，其次是 Al、Mn、Ti、Cr 的氧化物或氢氧化物。

氧化物和氢氧化物是许多金属（Fe、Mn、Cr、Al、Sn 等）、稀有金属和放射性金属（Ti、Nb、Ta、Tr、U、Th 等）矿石的重要来源；此外，还是非金属原料（如耐火材料）和许多宝石（如玛瑙）的矿物来源。

氧化物和氢氧化物根据组成它们的阴离子和阳离子的特点可分为简单氧化物、复杂氧化物和氢氧化物三类。

（1）简单氧化物　简单氧化物是指化学成分简单，常由一种金属阳离子和氧结合而成的化合物。它有 A_2X 型，如赤铜矿 Cu_2O；AX 型，如黑铜矿 CuO；A_2X_3 型，如赤铁矿 Fe_2O_3 和 AX_2 型，如金红石 TiO_2。

（2）复杂氧化物　复杂氧化物指由两种或两种以上的阳离子和氧结合而成的化合物。有 ABX_3 型，如钛铁矿 $FeTiO_3$；AB_2X_4 型，如尖晶石 $MgAl_2O_4$；和 AB_2X_6 型，如铌铁矿 $(Fe，Mn)Nb_2O_6$。

（3）氢氧化物　氢氧化物包括含 H_2O、OH^-、H^+ 和金属的化合物，主要阳离子为 Fe^{3+}、Al^{3+}、Mn^{4+}、Mn^{2+}、Fe^{2+} 等。其中以 Al^{3+}、Fe^{3+} 的氢氧化物分布最广，其次为 Mn^{4+} 或 Mn^{2+} 的氢氧化物，至于 Mg^{2+}、Fe^{2+} 的氢氧化物则数量有限。

这类矿物晶体多呈板状、片状和鳞片状，且硬度低。少数呈针状、柱状的氢氧化物（针铁矿），因内部具有链状构造，链内铝-氧为离子键，链间则以弱的氢键连接。因此，硬度比层状构造的稍大些。

3. 硫化物及其类似化合物矿物

硫化物及其类似化合物矿物主要为金属硫化物，亦包括金属与硒、碲、砷、锑等的化合物。总数约 350 种，按质量约占地壳总质量的 0.15%，其中以铁的硫化物为主，有色金属铜、铅、锌、锑、汞、镍、钴等也以硫化物为主要来源。

按阴离子特点，硫化物及其类似化合物矿物分为简单硫化物、复硫化物、含硫盐三类。

（1）简单硫化物　简单硫化物指阴离子为简单的 S^{2-}、Se^{2-}、Te^{2-}、As^{3-} 与金属阳离子结合而成的化合物，如方铅矿 PbS、黄铜矿 $CuFeS_2$、雌黄 As_2S_3 等。

（2）复硫化物　复硫化物又称对硫化物或二硫化物，属 AX_2 型化合物。它是对阴离子 $[S_2]^{2-}$、$[Se_2]^{2-}$、$[As_2]^{2-}$、$[AsS]^{2-}$ 等与金属阳离子结合而成的化合物。它与简单硫化物的主要区别在于阴离子不是简单的 S^{2-}、As^{3-} 等，而是由两个原子以共价键结合组成的阴离子团，即所谓"偶阴离子团"$[X_2]^{2-}$。

阳离子 A 的元素种类比简单硫化物少，为过渡型离子 Fe^{2+}、Co^{2+}、Ni^{2+} 及铂族元素，而不是铜型离子。A-X 之间的作用力主要呈离子键向金属键过渡。因此，本类矿物具有硬度大（>5.5）、不透明、强金属光泽、性脆、加热易分解等特性。典型矿物有黄铁矿 FeS_2、毒砂 $FeAsS$ 等。

（3）含硫盐类　含硫盐类矿物是指 S 与半金属元素 As、Sb、Bi 结合形成较复杂的络阴离子团，如 $[SbS_3]^{3-}$、$[AsS_2]^{3-}$，再与金属阳离子结合形成的化合物，如黝铜矿 $Cu_{12}[Sb_4S_{13}]$。它们可用化学通式 $A_m[B_xA_p]$ 表示。其中阳离子 A 为 Cu、Ag、Pb、Hg 等，B 为 As、Sb、Bi，X 为 S 或 Se。

由于硫化物及其类似化合物矿物阳离子和络阴离子中元素的种类和相互比例的不同，所以含硫盐矿物的种类较多，结晶构造复杂，且具有金属光泽较弱、硬度较低（<5.5）、熔点较低以及在酸中易分解等性质。

含硫盐矿物虽然种类较多，但在自然界中的含量比简单硫化物和复硫化物少得多，在矿床中多以次要矿物形式出现。

4. 其他矿物

工业固体废物中除含以上三类矿物外，有的还含卤化物和单质矿物，但数量较小。

卤化物矿物是卤族元素氟、氯、溴、碘与 K^+、Na^+、Ca^{2+}、Mg^{2+} 等离子的化合物。卤族元素也可与 Cu^{2+}、Pb^{2+}、Ag^+ 等阳离子形成化合物，但很少见。自然界中最常见和最重要的卤化物矿物为萤石、石盐和钾盐。萤石为冶金工业用的重要熔剂，食盐除人们生活食用外还是化工的重要原料，钾盐则是制造肥料的宝贵原料。卤化物矿物均为典型的离子键，无色（或浅色）透明，玻璃光泽，硬度不高，相对密度较小，固态不导电，而多数氯化物易溶于水并具有导电性。

自然界中的矿物有三千余种，而自然元素矿物仅有一百多种，约占地壳总质量的 0.1%，是数量最少的一类矿物。常见的矿物是自然金、铂族矿物、金刚石和石墨等。形成自然元素矿物的元素有金属元素和非金属元素，它们是 Au、Ag、Cu、Pt、Sb、Bi、As、C、S 等。这些元素之所以能形成单质矿物，有的是由于化学性质的惰性，如 Au、Pt 等。有的虽然化学性质比较活泼，但它们在一定条件下易于从化合物中还原出来，如 Cu、Ag 等。

二、矿业固体废物的性质

由于废石是围绕在矿体周围的无价值的岩石，尾矿是与有用矿物伴生的脉石矿物，因此，矿业固体废物除粒度不同于天然矿产资源之外，其他性质与天然矿产资源类似，认识和掌握它们的性质对矿业固体废物的加工和利用具有重要的指导意义。

1. 物理性质

物理性质包括光学性质、力学性质、磁学性质、电学性质和表面性质等，主要取决于矿物的化学成分和内部构造，但与生成环境也有一定的关系。本节仅介绍光学性质和力学性质。

（1）光学性质　矿物的光学性质是矿物对光线的吸收、折射和反射所表现的各种性质，包括颜色、色泽、透明度等，这些性质是相互关联的。

① 颜色。矿物颜色是矿物对不同波长的光波吸收和反射的结果。如果对各种波长的光波普遍而又平均地吸收，则随吸收程度的不同而呈黑色（几乎全部吸收）、灰色、白色。如果只吸收某些色光，则矿物呈现出反射光的混合色。

矿物的颜色五彩缤纷，单纯色调的很少。为了简明、通俗地描述矿物的颜色，对两种颜色的混合色，常用双重命名法，如黄绿、褐红等。如同种颜色在色调上有深浅浓淡时，则用比较法，如深红、浅绿、淡黄等。有的还可以用比拟法，如乳白、铁黑、樱桃红、橄榄绿、天蓝色等。

② 透明度。当光线投射于矿物表面时，一部分光线为表面所反射，另一部分光线则直射或折射进入矿物内部。经过吸收后所透过矿物的光线，就使矿物呈现透明的现象。矿物透光的能力，称为矿物的透明度。

自然界绝对不透明的矿物是没有的，但有很多矿物，尤其是金属矿物即使是薄片，透光能力也非常之小，实际上可以认为是不透明的。同样，绝对透明的矿物，也是不存在的。因此，透明度是一个相对的概念。

③ 光泽。矿物表面对于投射光线的反射能力称为光泽。反射能力的强弱也就是光泽的强弱，可用反射率 R 表示。计算公式为：

$$R = \frac{矿物磨光表面的反射光强度}{矿物磨光表面的入射光强度} \times 100\% < 1 \qquad (5\text{-}1)$$

R 越大，光泽越强。按 R 的大小，将光泽由弱至强分成表 5-1 所列的 4 个等级。

表 5-1 光泽强弱的 4 个等级

R 值/%	光泽特点	举例
2～10	玻璃光泽，矿物表面像玻璃一样反光清澈	水晶、冰洲石、正长石等
10～19	金刚光泽，像金刚石的反光一样光辉灿烂	锡石、白钨矿、金刚石等
19～25	半金属光泽，表面像久经使用的金属制品那样的反光	磁铁矿、黑钨矿、赤铁矿等
25 以上	金属光泽，像新鲜金属制品的反光一样耀眼	辉锑矿、辉铜矿、自然金等

如果矿物的表面不平，或者带有细小孔隙，或者不是单体而是集合体，则其表面所反射出来的光量必然受到一定程度的影响（这是由于经受多次折射、反射而增加了散射的光量），从而造成以下特殊光泽。

（2）力学性质 矿业固体废物在外力作用下所表现的物理机械性能，称为其力学性能，包括硬度、韧性、相对密度等性能。

① 硬度。硬度是指矿业固体废物抵抗某种外来机械作用的能力，可借助测定矿物硬度的方法来测定。测定矿物硬度的方法很多，但在矿物学中一直沿用的是莫氏硬度计法，它是 Friedrich Mohs 于 1822 年提出的，后来俄国一位科学家于 1963 年提出了较为精确的新莫氏硬度计，目前可用专门测硬度的仪器和显微硬度计精确测定矿物的硬度。

工业固体废物硬度与工业固体废物粉碎关系密切。工业固体废物硬度不同，粉碎的难易程度、粉碎所需时间和设备不同。硬度越大，越难粉碎，粉碎时消耗的能量也越大。

另外，硬度不同的工业固体废物，其应用价值不同。硬度大的工业固体废物可作为磨料使用，硬度小的工业固体废物可作为填料使用。

② 韧性。矿业固体工业固体废物受压轧、锤击、弯曲或拉引等力作用时所呈现的抵抗能力，叫韧性。例如：脆性是指工业固体废物容易被打碎或压碎的性质，大多数工业固体废物具有脆性；挠性是指工业固体废物在外力作用下趋于弯曲而不发生折断，除去外力后不能恢复原状的性质，如片状石膏、绿泥石等废矿物；弹性是指工业固体废物在外力作用下趋于变形，但在外力解除后又恢复原状的性质，如云母、石棉等废矿物。

③ 相对密度。矿物的相对密度是矿物在 4℃ 时的质量与同体积的水的质量之比，其数值与密度完全一致。相对密度在选择工业固体废物利用方法时具有重要指导意义。

大多数天然轻金属（元素周期表的左上部）的氧化物和盐类，其相对密度在 1～3.5 的范围内，如石英、方解石等。标准重金属（元素周期表的右下部）的化合物，其相对密度在 3.6～9 之间，如磁铁矿为 4.5～5.2，黑钨矿为 6.7～7.5，方铅矿为 7.4～7.6。天然重金属的相对密度，一般大于 9，如自然铋为 9.6、自然银为 10～11、自然金为 15.6～19.3，暗锇铱矿为 17.8～22.5。但绝大多数矿物的相对密度在 2.5～4 之间。

2. 化学性质

矿物中的原子、离子、分子，借助于不同的化学键的作用，处于暂时的相对平衡状态。当矿物与空气、水等接触时，将引起不同的物理、化学变化，如氧化、水解及水化等。因此，组成矿物中的质点相互排斥和吸引、化合与分解，必然产生一系列的化学性质，与工业固体废物化有关的性质主要包括矿物的可溶性、氧化性。

（1）矿物的可溶性 当固体矿物（溶质）放到一定的溶剂（水溶液、酸溶液及各种有机盐溶液）中，在矿物表面的粒子（分子或离子），由于本身的振动及溶剂分子的吸引作用，离开矿物表面，进入或扩散到溶液中，这个过程称为溶解。其实质是溶质和溶剂的质点相互吸引或排斥的过程。矿物的可溶性是矿物中有价成分浸出的重要依据。

在常温常压下，硫酸盐、碳酸盐以及含氢氧根和水的矿物易溶，大部分硫化物、氧化物及硅酸盐类矿物难溶，决定矿物水溶性的内在因素主要有 4 个。

① 晶格类型及化学键　原子晶格及金属晶格的矿物在纯水中较难溶，如石英、自然铜等。过渡性金属键矿物在纯水中也难溶或极难溶，如方铅矿、辉铜矿等。典型离子晶格的矿物，在水中溶解速度较大，如食盐、钾盐等极易溶解。

② 电价和离子半径大小　高电价、小半径的阳离子所组成的氧化物类矿物，水溶速度都很小，如锡石 SnO_2 中的 Sn^{4+} 的半径为 0.067nm，金红石 TiO_2 中 Ti^{4+} 的半径为 0.064nm，石英 SiO_2 中 Si^{4+} 的半径为 0.039nm，都属于极难溶的矿物。

③ 阴、阳离子半径之比　在阴离子半径大大超过阳离子半径的情况下（尤其是含氧盐），其阳离子半径大的矿物水溶速度小。如硬石膏和重晶石，它们的阴、阳离子半径之比，前者为 $r_{Ca}=1.04/2.95$，后者为 $r_{Ba}=1.43/2.95$，其中 $r_{Ba}>r_{Ca}$，则重晶石属于难溶级，硬石膏属于极易溶级。

④ OH^- 及 H_2O 的影响　一般，含有 OH^- 及 H_2O 的矿物水溶速度都较大，如石膏、胆矾。

影响矿物可溶性因素，除上述之外，温度、压力以及溶剂的成分和 pH 值等外因也有一定影响。如硫化物类矿物在水中一般难溶，而在酸中的溶解速度则增大。此外，矿物氧化后可溶性一般会增加。

微生物处理技术就是利用矿石中有用矿物的可溶性，利用细菌浸出有用组分，再经适当处理回收金属的方法。

（2）矿物的氧化性　物质的氧化作用在自然界是普遍存在的，矿业固体废物中的矿物也一样，自形成后就不断遭到氧化。工业固体废物中的矿物，在暴露或处于地表条件下，由于空气中氧和水的长期作用，促使其中矿物发生变化，形成一系列金属氧化物、氢氧化物以及含氧盐等次生矿物。矿物被氧化后，其成分、结构及矿物表面性质均发生变化，对工业固体废物的高效利用具有较大影响。

三、尾矿的综合利用

尾矿是矿山企业在一定技术经济条件下排出的"废物"，但同时又是潜在的工业固体废物，当技术、经济条件允许时，可再次进行有效开发。不同时期的选冶技术差距很大，大量有价资源存留于尾矿之中。据预计，金矿尾矿中的含金一般 0.2～0.5g/t；铁矿山尾矿的全铁品位 8%～12%；铜矿尾矿含铜 0.02%～0.1%；铅锌矿尾矿含铅锌 0.2%～0.5%。尾矿中赋存的资源可观，利用价值很大。

随着科学技术的进步，尤其随着尾矿在矿物加工、冶金及非金属材料在各个领域广泛应用，为尾矿的利用奠定了坚实的技术基础。尾矿的综合利用主要包括两方面：一是尾矿作为工业固体废物再选，回收有用矿物；二是尾矿的直接利用，即将金属矿山尾矿视为复合矿物原料，进行整体利用。

1. 尾矿中有价组分的提取

（1）含铁尾矿利用　含铁尾矿中有价组分的回收主要是铁矿物的回收，包括赤铁矿（镜铁矿、针铁矿）、菱铁矿、黄铜矿、磁黄铁矿、褐铁矿等。尾矿再选的难题在于弱磁性铁矿物及共伴生金属矿物和非金属矿物的回收。弱磁性铁矿物其伴生金属的回收，除少数可用重选方法实现外，多数要靠强磁选-浮选及重选-磁选-浮选组成的联合流程。

（2）含有色金属尾矿的利用

① 铜尾矿的利用。一是从铜尾矿中回收铜和铁。尾矿中的铜主要是黄铜矿以连生体的形态损失于尾矿中。尾矿中的铜回收主要是采用尾矿再磨-浮选，尾矿-强磁选-重选-浮选或采用选冶联合流程进行尾矿再选。二是从铜矿尾矿中回收铜、铁和贵金属。

国外广泛采用选冶联合流程对铜尾矿进行再选。美国密执安州将铜尾矿再磨和浮选（或氨浸），处理 8200 万吨铜尾矿，产出铜 33.8 万吨，美国还采取一种类似炭浸法提取金的工艺，将浸有萃取剂的炭粒加到铜尾矿矿浆中回收铜。

目前用浸出法从铜尾矿中回收铜获得很大成功。一般认为，用硫酸浸出铜尾矿建厂投资少，时间短，污染小，可利用冶金企业副产的硫酸，成本较低，尾矿数量大时更经济。美国亚利桑那莫伦西铜厂即用硫酸处理堆存的氧化铜尾矿，俄罗斯、西班牙以及我国德兴铜矿采用细菌浸出工艺从尾矿中回收铜也有良好效果。

② 铅锌尾矿的再选。我国铅锌多金属矿产资源丰富，矿石常伴生有铜、金、铅、钼、钨、硫、铁及萤石等。

一是从铅锌尾矿中回收银。二是从铅锌尾矿中回收非金属矿物。某些铅锌尾矿往往含有重晶石、黄铁矿等矿物，一般采用浮选或重选或浮选-重选联合流程对这些矿物加以回收。

③ 钼尾矿的回收利用。一是从钼尾矿中回收铁。采用尾矿-磁选-再磨-细筛的选矿工艺，成功地回收了钼硫尾矿中的磁铁矿。二是从钼尾矿中回收钨及其他非金属矿。

美国克莱马克斯钼矿选钼后的尾矿含 WO_3 0.03%，用螺旋选矿机预富集，精矿再浮选脱硫，摇床精选，获得 WO_3 40%～50% 及 72% 的两种钨精矿。

④ 锡尾矿的回收利用。英国巴特莱公司用摇床和横波皮带溜槽再选锡尾矿，从含锡0.75% 的尾矿获得含锡分别为 30.22%、5.33% 和 4.49% 的精矿、中矿和尾矿。加拿大苏里望选矿厂从浮选锡的尾矿中，用重选-磁选联合流程选出含锡 60%、回收率 38%～43% 的锡精矿。

⑤ 钨尾矿的回收利用。钨常与锡、铋、钼等许多金属和萤石、石英、重晶石等非金属尾矿共生，因此钨尾矿再选，可以回收某些金属和非金属矿。我国作为主要产钨国，已有较多的钨选矿厂从选钨尾矿中回收钼、铜、铋、钨、铍以及萤石等。

一是从钨尾矿中回收钨、铋、钼。钨矿物主要是黑钨矿和白钨矿；另外还有黄铜矿、辉钼矿、黄铁矿、褐铁矿以及石英、黄玉等。二是从钨尾矿中回收铜和钼。

⑥ 金尾矿的回收利用。在我国 20 世纪 70 年代前建成的黄金生产矿山，选矿厂大多采用浮选、重选、混汞、混汞-浮选或重选-浮选等传统工艺，技术装备水平低，生产指标差，金的回收率低。尾矿中金的品位多数在 1g/t 以上，有些矿山甚至达到 2～3g/t；少数矿石物质组分较复杂的矿山或高品位矿山，尾矿中的金品位达 3g/t 以上。随着近年来选冶技术水平的提高，特别是在国内引进并推广了全泥氰化炭浆提金生产工艺后，这部分老尾矿再次成为黄金矿山的重要资源。选矿成本如按照全泥氰化炭浆生产工艺技术，在尾矿输送距离小于 1km 的条件下，一般盈亏平衡点品位为 0.8g/t。因此尾矿金品位大于0.8g/t 者，均可再次回收。同时，金尾矿中的伴生组分，如铅、锌、铜、硫等的回收也应得到重视。

2. 尾矿生产建筑材料

从尾矿中回收有价组分，尽管有着重要的经济效益和一定的社会环境效益，但尾矿的减量不大，仍不能从根本上解决尾矿压占土地、破坏和影响环境的问题。为此，必须以尾矿整体加以利用。而且尾矿作为一种墙体材料、陶瓷、玻璃工业的复合矿物原料，在应用中已取得明显成效，前景广阔。

任何尾矿，都不可能仅仅由少数几种元素或矿物所构成，除主要元素和主要矿物外，都或多或少的含有其他次要组分，而在建材生产中，首要利用其主要组分，对于其他组分，可作为杂质看待，只要不超过限量，即可加以利用。

(1) 尾矿制砖　由尾矿制砖，按照制造工艺不同，可将产品分为烧结砖、水热合成砖和胶结砖。在实际开发过程中采用何种工艺制砖，主要视尾矿的矿物组成、颗粒分布、物理化学等性能而定。

① 尾矿烧结砖瓦。尾矿烧结砖瓦，按其成型方式不同，可分为塑性成型和压制成型。前者是通过配料调节尾矿的可塑性和烧结性能，其生产工艺与普通的黏土砖瓦无异；后者是以尾矿作为主要组成原料，加入适量黏土或其他黏结材料，在压力机上压制成型，然后，经过干燥、焙烧，制得产品。

尾矿烧结砖瓦的工艺过程，一般都要经过原料处理-配料-坯料制备与成型-干燥-焙烧等几个基本阶段。

② 水化合成尾矿建材。无水或贫水的尾矿矿物，在含水（包括蒸汽）的环境中发生水化反应，并生成在使用条件下化学性质稳定、具有一定机械强度的含水矿物结合体的过程称为水化合成。由此所制得的建材产品称为水化合成尾矿建材。又由于这类建材产品的主要组成物相为一些含水的硅酸盐矿物，因此，通常又将其称为硅酸盐建筑制品。

已开发成功的水化合成尾矿建材产品主要有：各种免烧砖、加气混凝土砌块、硅酸盐混凝土空心砌块、铺路砌块、装饰砌块以及硅酸盐微孔保温材料等。

③ 蒸压尾矿砖。以尾矿为主要原料，添加部分校正材料，经配料、坯料制备、成型、蒸压养护而制成的各种砌墙砖、铺地砖、护坡砖、路沿石等建材产品，均属于此类。

(2) 尾矿生产水泥　尾矿水泥就是在水泥配料中，引入大量的尾矿，按照正常的水泥生产工艺，生产符合国家标准的硅酸盐或铝酸盐水泥。

水泥是最常用的水硬性胶凝材料，对于硅酸盐水泥来说，其胶凝性质主要来源于熟料中的硅酸三钙（C_3S）、硅酸二钙（C_2S）、铝酸三钙（C_3A）和铁铝酸四钙（C_4AF）4 种主要矿物。高铝水泥主要来源于铝酸一钙（CA）；快硬早强的硫铝酸盐水泥和氟铝酸盐水泥则分别来源于单硫三铝酸四钙（C_4A_3S）和氟七铝酸十一钙（$C_{11}A_7CaF_2$）。各种水泥的成分范围见表 5-2。

表 5-2　常见水泥的化学成分范围　　　　单位：%

水泥品种	SiO_2	Al_2O_3	Fe_2O_3	CaO	MgO	SO_2
硅酸盐水泥	20~24	4~7	2.5~6	62~67		
铝酸盐水泥	4~8	50~60	1~3	32~35	1~2	
硫铝酸盐水泥	8~12	18~22	6~10	40~44		12~16
镁铝硅酸盐耐火水泥	≤0.5	74~75	≤0.5	13~16	10~11	

用尾矿代替部分石灰石和黏土，具有节约土地、节约能源、保护环境、加速水泥烧成、降低生产成本、提高水泥质量等多重社会效益与经济效益。

一般来说，硅酸盐型尾矿和高铝硅酸盐型尾矿，可以直接用作石灰石和黏土的替代原料，某些碱含量较低的钙铝硅酸盐型尾矿、高钙硅酸盐型尾矿等，只要成分点与水泥的成分点较为接近，亦可直接煅烧成水泥。当尾矿成分与水泥成分相差较远时，可作为掺配料或矿化剂使用。

与普通的水泥制造方法一样，尾矿水泥的生产，仍采用"两磨一烧"的工艺流程。但其工艺参数应做适当调整。

尾矿水泥生产工艺与一般水泥的生产工艺基本相同。生料可采用球磨机混磨，但由于尾矿一般已经过一定程度的磨细，为了降低能耗，亦可采用如下流程：

尾矿──→分选(水力旋流器或干式选粉机)─┐
　　　　　　　　　　　　　　　　　　　　↓
石灰石＋校正原料──→破碎──→球磨──→混合──→生料浆或生料粉

粉磨细度以 0.08mm 方孔筛筛余小于 10％为宜。

鉴于尾矿的可塑性较差，仅适合于采用湿法或干法回转窑煅烧。当配入石灰石较多，尾矿较干燥时，可以使用悬浮预热窑外分解器。

据研究，使用部分钼铁矿尾矿代替水泥原料后，$CaCO_3$ 的开始分解温度和吸热温度可分别提前 10℃和 20℃，游离 CaO 最高值出现温度下降 100℃，当温度在 1000～1350℃范围内，CaO 吸收值始终高于不掺尾矿者。而铜锌尾矿、铅锌尾矿、铜尾矿的研究也取得了类似技术经济效果。统计显示，掺加尾矿后，熟料的台时产量平均可提高 13.33％，早期强度增长 6.25％，后期强度提高 7.20％，煤耗下降 5.1％。

（3）尾矿生产陶瓷材料　以尾矿为主要原料生产的釉面墙地砖、釉面陶瓷锦砖、无釉铺地红砖、卫生陶瓷制品、陶瓷输水管道等，统称为尾矿建筑陶瓷。

根据坯体的化学组成，陶瓷可分为钙质陶瓷和镁质陶瓷。对于尾矿建筑陶瓷而言，多数属于钙镁质陶瓷。按照助熔剂的不同，又可分为石灰质陶瓷、长石质陶瓷、滑石质陶瓷、透辉石质陶瓷、硅灰石质陶瓷等。按照坯体的烧结成熟度，还可以分为瓷质、炻质、陶质等类型。

（4）尾矿生产微晶玻璃　微晶玻璃是采用适当组成的玻璃，在成型后再加热至玻璃的软化温度以上进行精密热处理，使其内部形成大量的（约占 95％～98％）、细小的（多在 $1\mu m$）晶体和少量的残余玻璃相。这种玻璃虽然不再透明，但在机械强度、化学稳定性、热稳定性方面都大大提高，在抗风化、抗磨蚀方面优于天然花岗石和陶瓷制品，因此，非常适合用于建筑物的外墙和地面装饰。

微晶玻璃的熔制与成型方法，与普通玻璃并无根本的区别，当成型后的玻璃板从退火炉推出后，再送入微晶化炉中按照一定的温度制度进行进一步热处理即可得到。

3. 尾矿用作井下充填材料

（1）全尾砂胶结充填技术　传统的尾砂胶结充填的主要骨料是分级脱泥尾砂，尾砂利用率一般只有 50％左右，为了提高尾砂利用率，20 世纪 80 年代以来，前苏联、澳大利亚和南非等国对不脱泥尾砂作充填料的可能性进行了试验研究，取得了一些成果，并在一些矿山试验应用，如南非的西德瑞方登金矿，全尾砂在井下脱水后，砂浆浓度达到 70％～78％。我国在金川公司和凡口铅锌矿分别进行了高浓度（质量分数为 78％）全尾砂胶结充填技术的攻关试验研究，试验均取得成功。

（2）高水固结尾砂充填技术　高水固结充填采矿新工艺是金属矿山胶结充填采矿工艺的一项重大技术革新。其实质是在金属矿山尾砂胶结充填工艺中，不使用水泥而使用"高水速凝固化材料"（以下简称高水材料）作胶凝材料，使用矿山选厂全尾砂作充填骨料，按一定配比加水混合后，形成高水固结充填料浆。根据工艺设备条件和现场技术要求，充填料浆浓度可在 30％～70％之间变化。高水固结充填料浆充入采场后不用脱水便可以凝结为固态充填体。

第三节 钢铁冶金废物循环利用及其技术

一、高炉渣

高炉渣是高炉冶炼生铁时排出的废渣。高炉炼铁时，从高炉加入铁矿石、燃料以及助熔剂等，当炉内温度达到 1300～1500℃时，物料熔化成液相，浮在铁水上的熔渣，通过排渣口排出成为高炉渣。我国一般每炼 1t 生铁产生 0.3～0.9t 高炉渣，西方发达国家平均水平为 0.22～0.37t。高炉渣是黑色金属冶炼中产生数量最多的工业固体废物。

1. 高炉渣的组成及性质

（1）化学成分和矿物组成　按冶炼生铁种类不同，高炉渣可分为炼钢生铁渣、铸造生铁渣、特种生铁渣和炼合金钢生铁渣。高炉渣的主要化学成分是 CaO、MgO、Al_2O_3、SiO_2，多数高炉渣中这四种成分占渣总重的 95％以上；此外，还含有少量的 MnO、Fe_2O_3、K_2O、Na_2O 和 S，特种生铁渣中含有 TiO_2 和 V_2O_5 等。SiO_2 和 Al_2O_3 来自矿石中的脉石和焦炭中的灰分，CaO 和 MgO 主要来自助熔剂。我国钢铁厂的高炉渣化学成分见表 5-3。

表 5-3　我国高炉渣的化学成分　　　　　　　　　　　　　单位：%

名　称	CaO	SiO_2	Al_2O_3	MgO	MnO
普通渣	38～49	26～42	6～17	1～13	0.1～1
高钛渣	23～46	20～35	9～15	2～10	<1
锰铁渣	28～47	21～37	11～24	2～8	5～23
含氟渣	35～45	22～29	6～8	3～7.8	0.1～0.8

名　称	Fe_2O_3	TiO_2	V_2O_5	S	F
普通渣	0.15～2	—	—	0.2～1.5	—
高钛渣	—	20～29	0.1～0.6	<1	—
锰铁渣	0.1～1.7	—	—	0.3～3	—
含氟渣	0.15～0.19	—	—	—	7～8

高炉渣的矿物组成与其化学成分和冷却方式有关。快速冷却的高炉渣绝大部分化合物来不及形成稳定的矿物，阻止了矿物结晶，因而形成大量的无定形玻璃体（非晶质），具有较高的活性，在激发剂的作用下，其活性被激发，具有水化硬化作用并且产生强度。慢速冷却的高炉渣通常具有晶质结构，所形成的矿物种类随高炉渣的化学成分不同而有所变化。碱性高炉渣的主要矿物是钙铝黄长石和钙镁黄长石，其次是硅酸二钙、假硅灰石、钙长石、钙镁橄榄石、镁蔷薇辉石和镁方柱石；酸性高炉渣中主要矿物是黄长石、假硅灰石、辉石和斜长石等；高钛高炉渣的主要矿物是钙钛矿、安诺石、钛辉石、巴依石和尖晶石；锰铁高炉渣中主要矿物是锰橄榄石。

（2）物理化学性质

① 碱度。高炉渣的碱度 M_o 是指矿渣中的碱性氧化物与酸性氧化物的质量含量比，通常用表示为：

$$M_o = \frac{CaO\% + MgO\%}{SiO_2\% + Al_2O_3\%} \tag{5-2}$$

通常按碱度的大小对高炉渣进行分类，$M_o > 1$ 为碱性渣，$M_o < 1$ 为酸性渣，$M_o = 1$ 为中性渣，我国高炉渣大部分接近中性渣，其 $M_o = 0.99 \sim 1.08$。

② 各种成品渣的特性。高炉渣由液态渣处理成固态渣的方法不同，其成品渣的特性各异。我国常用的处理方法有水淬法（也称急冷法）、半急冷法和热泼法（慢冷法），相应的成品渣分为水淬渣、膨珠和重矿渣。

水淬渣是指高炉熔渣在大量冷却水作用下急速冷却成的砂状玻璃体物质。在急速冷却过程中，熔渣中的大部分化合物来不及形成结晶物质，而以玻璃体状态将热能转化成化学能封存其内，从而具有潜在的化学活性，在激发剂的作用下，能起水化硬化作用而产生强度，水淬渣是生产水泥和混凝土的优质原料。

高炉熔渣在适量水的冲击和机械的配合作用下，被甩到空气中使水蒸发成蒸汽并在内部形成空隙，再经冷却形成珠状矿渣叫做膨珠，也称之为膨胀矿渣珠。

高炉熔渣在空气中自然冷却或淋少量水慢速冷却而形成的致密块渣，称为重矿渣。在慢速冷却过程中，熔渣中的各种成分有足够的时间结晶形成各种矿物，其主要矿物成分为黄长石，其次是假硅灰石、硅酸二钙和辉石，并含有少量玻璃体和硫化物。矿渣碎石的体积密度约 $2.97 \sim 3 \mathrm{g/cm^3}$，比石灰岩体积密度大，一般矿渣碎石的块体密度多数在 $1900 \mathrm{kg/m^3}$ 以上，抗压强度大于 $49 \mathrm{MPa}$，与天然碎石相近，在稳定性、耐磨性、抗冻性和抗冲击能力方面通常符合工程要求，可代替碎石用于多种建筑工程中。

2. 高炉渣的利用

（1）水淬渣的利用

① 生产矿渣水泥。水淬渣具有潜在的水硬胶凝性，在水泥熟料、石灰、石膏等激发剂作用下，可显示出水硬胶凝性能，是优质的水泥原料。高炉渣用作水泥掺入料，能改进水泥性能、扩大品种、调节标号等。矿渣硅酸盐水泥具有较低的水化热，耐热性能好，在酸性介质中的稳定性优于硅酸盐水泥，但抗冻性能不如硅酸盐水泥，适宜在大体积建筑物和抗硫酸盐的工程中应用。

② 生产湿碾矿渣混凝土。湿碾矿渣混凝土是以水淬渣为主要原料，加入激发剂在轮碾机加水碾磨制成砂浆后，与粗骨料拌和而成。湿碾矿渣混凝土和普通混凝土相比，它的早期强度低一些，而后期强度增长很快。测试结果表明：湿碾矿渣混凝土 7d 强度为 28d 的 $30\% \sim 50\%$，而普通混凝土为 $50\% \sim 70\%$，湿碾矿渣混凝土一年强度增加 1 倍，而普通混凝土增加很少；湿碾矿渣混凝土抗拉强度比普通混凝土高，抗折与抗压强度的比值在 $0.17 \sim 0.25$ 之间，其他性能如弹性模量、钢筋黏结力和疲劳性等与普通混凝土相似；具有良好的抗水渗透性和耐热性。

③ 生产矿渣砖。矿渣砖是以水淬渣为主要原料，并加入激发剂石灰或水泥等而制成。激发剂可以单独使用，也可以复合使用。使用生石灰作激发剂时，添加量为 $10\% \sim 15\%$，应磨细后加入，如果石灰颗粒过大（大于 900 孔/$\mathrm{cm^2}$ 筛），在砖坯内消化时因体积膨胀产生很大的内应力，将引起矿渣砖破裂。矿渣砖的生产工艺流程如图 5-1 所示。

（2）膨珠的利用 由于膨珠具有质轻、保温、隔热等特点，是一种很好的建筑轻骨料，主要用于制作轻质混凝土制品和结构，如砌块、楼板、预制墙板等。采用膨珠可配制 C10～

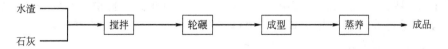

图 5-1　矿渣砖生产工艺流程

C30 的混凝土，可以节约 20％左右的水泥。膨珠混凝土的特点如下。

① 质量轻。由于膨珠内孔隙封闭，内含气体，质量轻，作骨料制成的混凝土容重为 1400～2000kg/m³，比普通混凝土轻 1/4。

② 弹性模量高。膨珠混凝土的弹性模量比浮石混凝土和陶粒混凝土等高，这是由于膨珠是一种玻璃质高强度的轻骨料，收缩性小，吸水率低的缘故。

③ 保温性能好。膨珠混凝土的热导率为 0.407～0.528W/（m·K），比同等容重的其他轻骨料混凝土低。

④ 后期强度高。膨珠混凝土 3 个月强度为 28d 强度的 150％，这是由于膨珠骨料自身具有潜在活性，在水泥激发剂作用下发生水化硬化，从而提高了混凝土的强度。

此外，膨珠也可以代替水淬渣作水泥掺合料和防火隔热材料等。

（3）重矿渣的利用　重矿渣的力学性能与天然碎石相近，稳定性达到工程要求的重矿渣，经破碎和分级，可代替天然碎石，主要用作混凝土骨料和道砟等。

① 配制矿渣碎石混凝土。用重矿渣碎石配制的混凝土与普通混凝土的力学性能相近，并具有良好的保温、隔热、耐热和耐久性能。目前，矿渣混凝土已在 C50 及 C50 以下的混凝土、钢筋混凝土、预应力混凝土以及防水工程中广泛应用。

② 矿渣碎石在道路工程中的应用。重矿渣碎石用于修筑公路、机场道路，是重矿渣利用的另一重要途径。矿渣碎石具有缓慢的水硬性，对修筑道路是有利的；矿渣碎石对光线反射性能好，摩擦系数大，具有良好的耐磨性，适用于多种沥青道路的修建。

此外，重矿渣碎石具有良好的抗冲击性、抗冻性和坚固性，具有一定的减震降噪作用，还可以代替碎石作铁路道砟。

③ 重矿渣在地基工程中的应用。重矿渣的块体强度一般都超过 50MPa，接近或超过一般天然岩石的强度，因此，用重矿渣加固软地基是行之有效的方法。在日本，一般采用粒度为 20mm 以下的重矿渣或水淬渣加少量石灰作地基加固材料。在国内，用重矿渣处理地基也已经有几十年历史，已成功应用于重型厂房桩柱的基础，大型设备的基础以及挡土墙等地基基础的回填。应用表明，重矿渣处理软地基具有安全可靠，技术合理和价格低廉等优点。

3. 高炉渣综合利用新进展

高炉渣一些新的利用途径，如生产高炉渣微粉、生产硅肥、作海边海床覆盖材料和废水废气吸附材料等。

（1）生产高炉渣微粉　高炉渣微粉是指高炉水淬渣经烘干、破碎、粉磨、筛分而得到的比表面积在 3000cm²/g 以上的超细高炉渣粉末。目前，许多国家已经对高炉渣微粉制订了标准，美国 ASTMC989 把高炉渣微粉分为 80、100 和 120 三个等级，我国已公布实施了《用于水泥和混凝土中的粒化高炉矿渣粉》（GB/T 18046—2000）。

高炉渣微粉由于粒度细，比表面积大，水化能力强，具有很高的活性，主要用作水泥的混合材料和混凝土的掺合材料。高炉渣微粉作为高性能混凝土的新型掺合料，可广泛用于大面积地下结构混凝土、高层结构、水工工程、桥梁、港口等工程。

（2）生产硅肥　硅肥是一种以含氧化硅和氧化钙为主的矿物质肥料，它是水稻等作物生长不可缺少的营养元素之一，被国际土壤学界确认为继氮、磷、钾之后第四大元素肥料。水稻生长过程中要吸收大量的硅，其中 20％～25％的硅由灌溉水提供，75％～80％的硅来自土壤。以亩产稻谷 500kg 计算，其茎秆和稻谷吸收硅量（SiO₂）多达 75kg/亩，比吸收的 N、P₂O₅、K₂O 三者高出 1.5 倍。

高炉渣和钢渣中含有大量的氧化硅和氧化钙，是生产肥料的主要原料。将水淬渣磨细到

0.1mm，再加入适量硅元素活化剂，搅拌混合后装袋或搅拌混合造粒后装袋即可得到硅肥产品。硅肥一般适宜作基肥使用，水稻每亩用量 50～60kg 左右。

（3）作海边海床覆盖材料　日本钢管公司首次将细粒化的高炉渣覆盖在海边海床上以隔绝海边富集的胶质泥砂，该公司将 54000t 高炉渣运往海边，覆盖在日本沿海的海床上，目前已有 4 万平方米的海床被填充，厚度达 15mm 以上。细粒化的高炉渣覆盖在海床上，可以覆盖胶质泥沙或淤泥，使海床保持弱碱性（pH 值为 8.15），防止硫化氢的产生，减少近海中正磷酸盐和氮氧化合物的生成，保护海岸附近的居住环境，更加重要的是由于高炉渣含有硅酸盐，是水生植物必不可少的养分，可以促进海水中硅藻的繁殖，防止赤潮的发生。

二、钢渣

钢渣是钢铁工业在炼钢过程中为了去除钢中杂质而产生的副产物，钢渣若不能得到很好的及时处理，会对城市环境造成直接威胁，如钢渣中含有的游离氧化钙经雨水冲刷溶解于水中，造成周边土壤碱化，水域 pH 值升高等，同时也必将浪费掉这部分宝贵的工业固体废物。因此，钢渣的高效利用具有重要意义。

1. 钢渣的组成及性质

（1）钢渣的组成　钢渣中包含脱硫、脱磷、脱氧产物及加入的造渣剂（如石灰、萤石、脱氧剂等）；金属料中带入的泥沙；铁水和废钢中的铝、硅、锰等氧化后形成的氧化物；作为冷却剂或氧化剂使用的铁矿石、氧化铁皮、含铁污泥等；炼钢过程中剥蚀下来的炉衬材料等。

钢渣的矿物组成主要有硅酸二钙（C_2S）、硅酸三钙（C_3S）、橄榄石（CRS）、蔷薇辉石（C_3RS_2）和二价金属 RO 相。钢渣的矿物组成与其化学成分有关，特别是取决于钢渣的碱度（CaO 与 SiO_2 和 P_2O_5 的质量比）。低碱度钢渣中主要成分为氧化铁，并固溶有氧化锰、氧化钙；在高碱度钢渣中主要为氧化镁、氧化亚铁、氧化锰组成的固溶体。

按炼钢方法的不同，钢渣可分为转炉钢渣和电炉钢渣，其中电炉钢渣又可分为氧化渣和还原渣。按熔渣性质可分为碱性渣和中性渣。根据钢渣碱度的高低，通常将钢渣分为：低碱度钢渣（$R=0.78～1.80$），中碱度钢渣（$R=1.80～2.50$），高碱度钢渣（$R>2.50$）。钢渣利用以中高碱度钢渣为主。

（2）钢渣的性质　钢渣外观像结块的水泥熟料，其中夹带一些铁粒，硬度大。低碱度钢渣呈黑色，质量较轻，气孔较多；高碱度钢渣呈黑灰色、灰褐色、灰白色，密实坚硬。钢渣的密度为 $1.7～2g/m^3$。钢渣的主要化学成分为 CaO、SiO_2、FeO、Fe_2O_3、Al_2O_3、MgO、P_2O_5 和 f-CaO（游离 CaO），有些（如攀钢等）还含有 V_2O_5、TiO_2 等。钢渣中的铁氧化物以 FeO 和 Fe_2O_3 形式同时存在，以 FeO 为主，这是与高炉渣和水泥熟料所不同的。另外，钢渣中含有一定量的 P_2O_5，原因是炼钢过程中脱硫除磷所致，由于 P_2O_5 的存在，阻碍了 C_3S 的形成，同时易 C_2S 冷却过程分解，降低了钢渣的活性。

钢渣的密度一般在 $3.1～3.6g/cm^3$，其容重与粒度有关，过 80 目标准筛的渣粉，转炉钢渣容重为 $2.17～2.20g/cm^3$，电炉钢渣为 $1.62g/cm^3$。钢渣的抗压性能很好，压碎值为 $20.4\%～30.8\%$。

2. 钢渣的利用途径

（1）在冶金领域的利用

① 回收钢铁及其他金属。钢渣中一般含有 7%～10% 的废钢粒和大块渣钢，应加以回收

利用。一般钢渣破碎的粒度越细，回收的金属铁越多。经破碎、磁选和精加工后可回收其中90%以上的废钢，不但提高钢铁冶金的利用率和收得率，同时也为钢渣综合利用提供先决条件。仅从钢渣中回收废钢也可为钢铁冶金企业带来巨大效益。另外，可采用化学浸提法，从钢渣中提取 Nb、V 等稀有元素。

② 用作冶炼熔剂。钢渣作冶炼熔剂，包括代替石灰石作烧结矿物熔剂，作炼铁、炼钢熔剂和化铁炉熔剂。钢渣作烧结矿熔剂时，在烧结矿石中适当配加 5%～15%、粒度小于8mm 的钢渣以替代部分熔剂，可以改善烧结矿的宏观结构和微观结构。由于钢渣软化温度低，物相均匀，可使烧结矿液相生成得早，促进其与周围物质反应，能迅速向周围扩散，使黏结相增多又分布均匀，有利于烧结造球和提高烧结速度；另外，烧结矿气孔大小分布均匀，应力容易分解，气孔周围的黏结相不易碎裂。钢渣作冶炼熔剂时，将热泼法处理得到的钢渣破碎到 8～30mm，直接返回高炉用以代替石灰石，可以回收钢渣中的 Ca、Mg、Mn 的氧化物和稀有元素等成分，并能大量节约石灰石、萤石等的乃是，降低焦比，改善炉况，增加生铁产量，提高利用系数，降低成本。

（2）在建材领域的利用

① 生产钢渣水泥。钢渣水泥是以钢渣、粒化高炉矿渣为主要成分，加入适量硅酸盐水泥熟料、石膏（或其他外加剂）磨细制成的水硬性胶凝材料。强度等级可达 42.5，具有耐磨性好、耐腐蚀、抗渗透力强、抗冻等特点。钢渣的化学成分显示，它的优点是碱度高，化学成分稳定，如果熔融渣的碱度及其各氧化物之间的分子配比和冷却速度合理，常温下与水作用的主要矿物组成硅酸三钙（C_3S）、硅酸二钙（C_2S）和铁铝酸四钙（C_4AF）能产生一定的强度。生产钢渣水泥的掺合料可用矿渣、沸石、粉煤灰等。根据加入掺合料的种类，钢渣水泥可分为钢渣矿水泥、钢渣浮石水泥和钢渣粉煤灰水泥等。钢渣水泥的生产工艺简单，由原料破碎、磁选、烘干、计量配料粉磨和包装等工序组成。

② 生产钢渣砖和砌块。钢渣可当胶凝材料或骨料，用于生产钢渣砖、地面砖、路缘石、护坡砖等产品。用钢渣生产钢渣砖和砌块，主要利用钢渣中的水硬性矿物，在激发剂和水化介质的作用下进行反应，生成系列氢氧化钙、水化硅酸钙、水化铝酸钙等新的硬化体。其主要方法是：利用 90% 的钢渣和粉煤灰，掺入 10% 的激发剂，经搅拌加工成型，自然养护或蒸汽养护成砖和砌块。这种钢渣和砌块的容重为 1513～1657kg/m³，抗压强度为 10～15MPa。该工艺简单、成本低、能耗省、性能好、生产周期短、投产快。

钢渣还可以和粉煤灰或者混凝土混合，生产出强度较好的钢渣粉煤灰空心砌块和钢渣混凝土空心砌块。

利用钢渣生产钢渣砖和空心砌块要注意一个问题：钢渣中存在较多的游离氧化钙（f-CaO）等活性且不易消解的物质，必须首先经过消解过程后判定钢渣安定性稳定的程度，才能确定其能否应用。

③ 作为地基和路基材料。钢渣基层混合料由钢渣、粉煤灰和激发剂等材料组成。钢渣存放 1 年后，其中游离氧化钙大部分消失，钢渣趋于稳定。经破碎、磁选、筛分后可作道路材料。掺入粉煤灰是为了增加材料的胶凝性，同时缓解了钢渣中残留的游离氧化钙水化体积膨胀作用，它和 $Ca(OH)_2$ 反应生成水化硅酸钙、铝酸钙凝胶，提高路面板结强度。混合料加水搅拌、碾压并经一定龄期养护。可得到具有足够强度的半刚性道路基层材料。钢渣碎石具有密度大、强度高（一般大于 180MPa）、表面粗糙、稳定性好、不滑移、磨损率小（均小于 25%）、耐蚀、与沥青结合牢固、不会膨胀等优良性能，因而广泛用于铁路、公路、工程回镇、修筑堤坝、填海造地等工程方面。钢渣碎石作为公路路基，道路的渗水、排水性能良好，对保证道路质量和消纳钢渣具有重要意义。钢渣碎石作沥青混凝土路面，既耐磨，又

防滑。钢渣作为铁路道砟，除了上述优点外，还具有导电小，不会干扰铁路系统的电信工作，路床不生杂草，干净稳定，不易被洪水冲刷，不会因铁路使用过程的横撞力而滑移等优点。

④ 绿色生态混凝土。利用钢渣微粉与高炉矿粉互相激发的特性，加以石膏等激发剂可配制出完全符合使用要求的高性能混凝土胶凝材。以此为基体，根据不同的使用方向，可以配制出道路混凝土、海工混凝土等系列产品。其中钢渣道路混凝土抗折、抗拉强度高，耐磨性、抗渗性好；用在海工混凝土中还具有海洋生物附着率高的生态特点。

⑤ 地基回填。采用钢渣作为地基回填材料，减少了地基的下沉值，对工程有利。在回填时要注意钢渣铺设的均匀性，才可避免地基的不均匀下沉。近年来国内钢渣作为回填材料已经大规模应用。

⑥ 软土地基加固。钢渣桩加固软土地基是在软地基中用机械成孔后填入钢渣形成单独桩柱。当钢渣挤入软土时，压密了桩间土，然后钢渣又与软土发生了物理和化学反应，钢渣进行吸水、发热、体积膨胀，钢渣周围的水分被吸附到桩体中来，直到毛细吸力达到平衡为止。与此同时，桩周围的软土地基。沪宁高速公路（上海段）部分软土地基采用钢渣桩加固。结果表明，钢渣桩加固高路堤下的软土地基能迅速提高地基承载力和稳定性。

⑦ 用于城市道路建设。钢渣在低等级道路中可以用于面层的铺筑，也可以用于铺筑钢渣基层。

⑧ 生产蒸压硅酸盐制品。以钢渣和硫铁尾矿按质量比 0.1～30，复合、粉磨，制得细度为用 $80\mu m$ 方孔筛筛余百分数 0.2%～20% 的复合粉体。用其全部或部分取代蒸压硅酸盐制品生产原料中的胶凝材料，用蒸压法生产硅酸盐制品。通过钢渣与硫铁尾矿两种工业废物的复合，全部或部分取代蒸压硅酸盐制品生产原料中的胶凝材料，复合的效果远优于单独使用其中一种材料，其制品的抗压、抗折强度可提高 20% 以上。

（3）在农业领域的利用

钢渣含 Ca、Mg、Si、P、Zn、Cu 等元素，具有多种农作物的营养元素，可根据不同元素的含量不同土壤的改良剂。在国外将钢渣作为农肥施用已经有上百年的历史，在以产水稻为主的日本、朝鲜等国家，为补充水稻的硅素营养，每年施用大量的钢渣作为硅钙肥；以旱作物麦类、棉花为主的国家，如西欧和美国等，则把钢渣作为石灰肥料施用。钢渣在农业上主要有以下几种用途。

① 用作硅肥。钢渣中含有较多的可被植物吸收的活性硅，作为硅肥施用具有极好的效果。通常，含硅超过 15% 的钢渣，磨细至 60 目皮下，即可作为硅肥施用于水稻田。水稻是典型的高需硅作物，研究表明，在水稻田中施用钢渣肥对水稻的生长有极好的影响，在水稻拔节孕穗期诱用效果十分显著。

② 用作磷肥。有些钢渣中含有较高含量的有效态磷，可以将这类钢渣作为磷肥施用。钢渣磷肥的肥效由 P_2O_5 含量确定，一般要求钢渣中 P_2O_5 含量大于 4%，细磨后作为低磷肥使用。在酸性土壤上施用，其效果比等量的过磷酸钙为好。对水稻的肥效显著优于过磷酸钙，施用钢渣可增产 40% 以上，而施用等磷量的过磷酸钙仅增产约 14%。除水稻外，在酸性土壤上施用钢渣肥的其他农作物都可以收到良好的增产效果。钢渣磷肥的优点是在土壤中释放缓慢，不易被土壤迅速固定，因此有着很好的后效作用。

③ 生产钙镁磷肥。利用钢渣中高含量的氧化钙和氧化镁，将钢渣作为辅助剂与矿石一起制备成钙镁磷肥。对于高硅含量的中低品位磷矿石，可用钢渣替代部分的石灰石、蛇纹石生产钙镁磷肥，而对于那些硅质含量较低的中低品位磷矿石和高品位的磷矿石，可以采用钢铁冶金代替部分蛇纹石生产钙镁磷肥。

④ 土壤改良剂　钢渣中含有较高的 CaO 和 MgO，具有很好的改良酸性土壤和补充钙镁营养元素的作用。用钢渣改良沿海咸酸田，具有很好的效果。钢铁冶金渣对咸酸田的改良效果主要表现在提高土壤的 pH 值和提高土壤有效硅两个方面。试验表明，钢渣改良剂施于咸酸田后，可使土壤的 pH 值由 3.5 调整到 7.0，因而随之降低了与低 pH 值有密切联系的铝、铁及其他重金属的活性，减轻了重金属对作物的毒害作用，并且可以提高土壤中有效磷的水平。

研究表明，在酸性水稻田中施用钢渣肥可提高土壤的碱性，也可提高可溶性硅的含量，从而使土壤中易被水稻吸收的活性镉与硅酸根和碳酸氢根离子结合成较为牢固的结构，使土壤有效镉的含量明显下降，达到了抑制水稻对土壤镉的吸收作用。除水稻外，其他的农作物如麦类、大白菜、菠菜、豆类以及棉花和果树等，在酸性土壤上施用钢渣肥都有良好的增产效果，并可提高产品的质量。

（4）在环境行业的利用

① 作水处理剂。钢渣粉末密度为 $1600\sim2200kg/m^3$，比表面积 $0.32m^2/g$，平均孔径 5.3nm，具有良好的过滤性能，并因为含有一定的铁和钛而具有良好的吸附作用。用钢渣制作吸附剂，尤其是制作废水处理吸附剂的优势主要表现在：①吸附性能优异，钢渣对金属离子的吸附不仅速度快，吸附过程彻底，而且钢渣对重金属离子吸附的 pH 值范围广，能够适应 pH 值波动大的废水；②易于固液分离，钢渣密度大、粒度粗，因此利用物理沉淀就可以很容易从废水中分离，应用于废水处理可大大简化废水处理的操作环节，降低成本；③钢渣性能稳定，无毒害作用；④变废为宝、以废治废，社会效益、经济效益和环保效益显著；⑤钢渣来源广泛，价格低廉，有利于降低废水处理成本。

② 制备高效絮凝剂——聚硅酸铝铁。聚硅酸铝铁是在聚硅酸和传统铝盐、铁盐絮凝剂的基础上发展起来的新型复合无机高分子絮凝剂。该絮凝剂综合了聚硅酸黏结、聚集、吸附以及架桥效能和铝盐絮凝剂絮体大、去色性能好、铁盐絮凝剂絮体密实、沉降速度快等特点，具有较强的架桥、吸附性能。在工业用水的预处理、各类工业废水的处理和生活污水、污泥的处理等方面有着广阔的应用前景。

③ 处理废水。粉碎后的钢渣有较大的比表面积，并含有与酸盐亲和力较强的 Ca^{2+} 和 Fe^{3+}，对废水中的酸有吸附和化学沉淀作用。

钢渣中含钙量较高，利用在水溶液中易产生 $Ca(OH)_2$ 以及钢渣本身的吸附作用，可以去除水中的磷酸盐。钢渣主要通过两种作用去除磷：一是钢渣颗粒对水溶液中磷的吸附；二是在较高的 pH 值条件下，从钢渣中溶解的金属离子的除磷作用。

④ 脱硫剂。钢渣具有良好的脱硫性能，可以使用废钢渣为主要原料生产新型吸收剂。有人研究表明，钢渣、粉煤灰和石膏按照合适的比例混合的脱硫剂，利用率可以达到 14.3%，可以获得良好的脱硫效果。

⑤ 多孔陶瓷滤球。通过改善钢渣的成型性能和烧结性能，添加了少量天然矿物原料及成孔剂，可以制备吸水率达 27.21%、气孔率达 58.21%、体积密度为 $2.14g/cm^3$、压碎强度 18.94MPa 的多孔陶瓷滤球。这种陶瓷滤球的孔隙结构为三维网状、相互连通，比表面积大，具有良好的抗热冲击性和过滤吸附性能，可以用于污水处理。

三、铁合金渣

铁合金渣是铁合金冶炼过程中排出的废渣。铁合金渣的种类较多，根据铁合金的品种，可分为锰系铁合金渣、铬铁渣、硅铁合金渣、钨铁渣、钼铁渣、金属铬浸出渣、钒浸出渣、磷铁渣等；按照冶炼工艺，可分为火法冶炼渣和浸出渣。

铁合金渣的利用有多种途径，对于含有一定数量合金颗粒的炉渣，应优先考虑从渣中分选回收有价金属；其他利用途径包括：①用作冶炼铁合金的原料；②用作炼钢炼铁的原料；③用作建筑材料和生产铸石等，其利用概况见表 5-4。

表 5-4　铁合金渣利用概况

渣名 用途	高炉锰铁渣	高碳锰铁渣	硅锰合金渣	中低碳锰铁渣	精炼铬铁渣（电硅热法）	精炼铬铁渣（转炉法）	硅铁渣	钼铁渣	磷铁渣	钒铁冶炼渣	金属铬冶炼渣	硼铁渣
本厂返回使用		△		△		△	△			△		
水泥掺合料	△	△	△		△				△			
制砖	△		△								△	
铸石			△		△			△				△
肥料			△									
耐火混凝土骨料											△	
其他	△		△	△	△	△	△					

（1）从铁合金渣中分选回收有价金属　铁合金渣中的合金颗粒密度大，而且具有磁性，根据这种特性，可利用重选法和磁选法将合金颗粒从渣中分选出来。

（2）铁合金渣用作冶炼原料　铁合金渣用作冶炼合金的原料或炼钢炼铁的原料，其主要目的是通过冶炼的途径回收利用渣中的合金元素，使最终排出的合金渣中合金元素含量大幅下降。此外，还有助于改善冶炼过程，降低冶炼成本等。一些铁合金生产较发达的国家，如日本和俄罗斯等国家，在这方面进行了大量的研究和实践，取得了可观的经济效益。用作冶炼合金原料或炼铁炼钢原料的铁合金渣主要有高碳锰铁渣、中低碳锰铁渣、硅锰渣、硅铁渣等。

① 用作冶炼铁合金的原料。

高碳锰铁渣：采用熔剂渣冶炼高碳锰铁时，渣中含 Mn 一般为 14%～20%；采用无熔剂渣冶炼时，产生含 Mn 25%～40%的高锰中间渣。利用高碳锰铁渣冶炼硅锰合金，日本电工公司德岛厂采用一种利用喷吹气体和粉剂工艺生产特种硅锰合金的方法：将硅铁或金属硅作还原剂添加到铁水包中的锰铁熔渣（含 Mn 20%～30%），通过喷枪由载气喷入烧结石灰粉作为调节渣的碱度，并由浸埋入渣中的喷枪吹入氮气或其他惰性气体搅拌熔渣，经硅热反应之后，渣中 Mn 便以 SiMn 形式得到了有效回收，只要硅铁或金属硅的品位与操作条件适当，生产出的 SiMn 合金可以达到 P≤0.02%、C≤0.1%的特殊标准。

中低碳锰铁渣：中低碳锰铁渣中含 Mn 25%～40%，一般可用作含 Mn 原料冶炼 SiMn 合金或复合合金等。前苏联捷斯塔弗尼铁合金厂用回收的锰尘和焦粉制成的球团与中碳锰铁渣一起代替炉料中的锰烧结矿冶炼硅锰合金，冶炼炉料配比为：50kg 锰烧结矿、25kg 中碳锰渣、40kg 球团、15kg 硅石和 13kg 焦炭。其中球团由 70%锰尘和 30%焦粉组成。冶炼结果表明，用中碳锰渣和锰尘球团代替锰烧结矿，可以成功地炼制商品硅锰合金，Mn 和 Si 的利用率比普通工艺分别提高 0.9%和 2.7%，电耗下降 60kW·h/t。中碳锰渣也可用来生产低磷锰铁和中低碳锰铁。

硅锰渣：硅锰渣中含 Mn 量高，含 P 量较低，一般，渣中 P 的单位含量（P%/Mn%）为 0.007，而高牌号锰精矿中 P 的单位含量为 0.038～0.045，比硅锰渣高 4～5 倍；而贫锰矿中 P 的单位含量甚至比硅锰渣高 10 倍。因此，硅锰渣实际上是一种良好的低磷锰原料。前苏联早已将硅锰渣用于冶炼 SiMn 合金，方法是将硅锰渣破碎至 2.0mm 以下，加入煤粉作还原剂，以纸浆废液作黏结剂，用压块机压块，制得的湿压块耐冲压强度为 6.5MPa，干压块强度为 12.0MPa，将压块作为冶炼硅锰合金的主要原料，在 1600kV·A 电炉中冶炼，炼得的硅锰合金，含 Si 17.4%~18.0%，P 0.3%~0.35%，Mn 总回收率提高 4%~6%。

除上述锰系合金渣作冶炼合金的原料外，硅铁渣可用于冶炼硅锰合金，氧气转炉吹炼的中低碳铬铁产生的铬铁渣可用于熔炼铬铁合金。

② 作炼钢炼铁的原料。锰铁渣含有较高的 Mn 和 CaO，少量 MgO，配入高炉炉料中冶炼生铁，可减少炼铁过程锰矿和熔剂的消耗量，降低冶炼成本。前苏联新里别茨克冶炼厂利用锰铁渣代替含 Mn 27.6% 的贫锰矿，所用锰铁渣的化学成分为 15.97% Mn、2.06% Fe、34.08% CaO、33.06% SiO_2，每吨烧结矿配入该锰矿渣 45.5kg，结果每吨烧结矿降低锰矿消耗量 32.7kg，减少熔剂消耗量 12.1kg，烧结矿中 0~5mm 粉末量由 14.7% 减少到 13.8%，烧结机生产率提高 3.5%，利用该烧结矿冶炼生铁，烧结矿和锰矿的单耗分别下降 24kg/t 和 13kg/t 生铁，高炉渣量减少 12kg/t 生铁。

硅铁渣在炼钢炼铁方面也得到了应用。例如，前苏联西西伯利亚钢铁公司在高炉炉料中配加硅铁渣炼铁，工业试验结果表明，配加硅铁渣时，生铁质量得到改善，含 Si 0.5%~0.8% 的生铁合格率提高了 3.6%，含 S<0.025% 生铁的合格率提高了 9.6%，焦炭的耗量比一般工艺下降 3kg/t 铁。前苏联车里雅宾斯克电冶金联合企业将硅铁渣用于炼钢，Si 的利用率比用铁合金时高 2~4 倍，每吨渣可替代 0.53t 硅铁（45%），且生铁消耗量明显减少，改善了炼钢技术经济指标。

（3）铁合金渣用作建筑材料 对于有价金属含量较低的铁合金渣，或无法分选回收有价金属和无法用作冶炼原料的铁合金渣，可将其用作建筑材料或铸石等，其利用方法与高炉渣大同小异。水淬处理的锰铁渣和硅锰渣可用作水泥的掺合料，我国某水泥厂将水淬硅锰渣用作水泥掺合料，当熟料为 600 号时，水渣掺入量为 30%~50%，可获得 500 号矿渣水泥。水淬高炉锰铁渣可制成 200 号的矿渣砖，其配比为渣∶石膏∶石灰=100∶2∶7，混合料经轮碾、混合、成型、养护即可投入使用。熔融的工业渣遇高压水，经高速滚筒离心作用生产一种颗粒状的轻质骨料，可用作配制 C20~C30 的混凝土，松散密度比普通混凝土轻 1/4，具有保温性能好，弹性模量高，成本低的特点。

慢速冷却的铁合金渣，可代替天然石料作建筑材料。据报道，日本中央电气工业公司鹿岛厂将硅锰渣经缓慢冷却处理加工成定型石块，其抗压强度大于 49MPa，吸水率小于 5%，相当于 JIS 规格硬石，用作土木建筑的基础材料。该公司还利用硅锰渣作骨料生产出抗弯强度>80t/块的水磨石砖。

铁合金渣可用于制作干粉砂浆，由 20% 的胶凝材料和 80% 的铁合金渣混合，可生产黏结砂浆、自流平砂浆、保温砂浆。干粉砂浆的推广应用可大量消纳工业废渣，节约自然资源，保护环境。干粉砂浆在我国一些大城市建筑上已正式使用。

（4）铁合金渣用作生产铸石 利用硅锰渣和钼铁渣等铁合金渣生产铸石，实践表明，铸石的生产成本比用天然原料低 40%，且具有耐火度高、耐磨性好、耐腐蚀性和机械强度高的特点。

生产中，熔融的铁合金渣可直接浇注，经结晶和退火，生产耐磨铁合金渣铸石制品；也可在熔融的铁合金渣中加入附加料，调整熔渣的化学成分，再进行浇注，生产耐酸铁合金渣铸石。

（5）铁合金渣的其他利用途径　铁合金渣的种类较多，不同种类的铁合金渣具有不同的化学成分和物理化学特性，因而具有各自一些特殊的用途。金属铬冶炼渣由于 Al_2O_3 含量高（72%～78%），可作为高级耐火混凝土骨料，目前已在国内推广使用。用金属铬冶炼渣和低钙铝酸盐水泥配制的耐火混凝土，耐火度高达1800℃，荷重软化点为1650℃，高温下仍有很高的抗压强度，在1000℃时抗压强度仍为14.7MPa，特别适用于高温承载部件；钛铁渣、硼铁渣、铌铁渣中 Al_2O_3 含量也很高，可用作耐火材料和耐磨材料。

磷铁合金生产中产生的磷泥渣，含P5%～50%，可用作回收工业磷酸和制造磷肥。其原理是将磷泥渣中的P与氧化合生成 P_2O_5 等磷氧化物，通过吸收塔被水吸收生成磷酸，余下的残渣中含有0.5%～1%的磷和1%～2%左右的磷酸，再加入石灰在加热条件下充分搅拌，生成重过磷酸钙，即为磷肥。

类似于高炉渣，有些铁合金渣可用作农肥，国内某单位研制出以稀土硅铁合金渣为原料的高效稀土复合硅肥，由于稀土复合硅肥含有0.5%的稀土，还含有多种氨基酸和多种微量元素，有利于农作物的生长。含锰、含钼的铁合金渣也可用作农肥。

第四节　化工废物循环利用及其技术

一、硫酸渣

1. 硫酸渣的来源与组成

硫酸渣是生产硫酸时焙烧硫铁矿产生的废渣。目前，我国每年排放硫酸渣约1300万吨，除10%左右用于水泥及其他工业作为辅助添加剂外，大部分未加利用，占用了大量的土地，造成环境污染和资源浪费。

（1）硫酸渣的来源　当前采用硫铁矿或含硫尾矿生产的硫酸约占我国硫酸总产量的80%以上。以硫铁矿为原料，采用接触法生产硫酸，按净化工艺流程可分为干法、湿法两大类。硫铁矿主要由硫和铁组成，伴有少量有色金属和稀有金属，生产硫酸时，其中的硫被提取，铁及其他元素转入烧渣中。

单位硫酸产品的排渣量与硫铁矿的品位及工艺条件有关，当硫铁矿含硫25%～35%时，生产每吨硫酸约产生0.7～1.01t硫酸渣。

（2）硫酸渣的组成

① 硫酸渣的化学组成。不同来源的硫铁矿焙烧所得的矿渣组成不同，但主要含有 Fe_2O_3、Fe_3O_4、金属硫酸盐、硅酸盐和氧化物以及少量的铜、铅、锌、金、银等有色金属。表5-5列出了我国部分硫酸企业硫酸渣的主要化学组成。

表 5-5　我国部分硫酸企业硫酸渣的化学组成　　　　单位：%

企业名称	TFe	Cu	Pb	S	SiO_2	Zn
大连化工化肥厂	35.0	—	—	0.25	—	—
铜陵化工总厂	59.0～63.0	0.20～0.35	0.015～0.04	0.43	10.06	0.04～0.08
吴泾化工厂	52.0	0.24	0.054	0.31	15.96	0.19
四川硫酸厂	53.7	—	0.054	0.51	18.50	—

企业名称	TFe	Cu	Pb	S	SiO$_2$	Zn
杭州硫酸厂	48.8	0.25	0.074	0.33	—	0.72
衢州化工厂	42.0	0.23	0.078	0.16	—	0.095
广州氮肥厂	50.0	—	—	0.35	—	—
宁波硫酸厂	37.5	—	—	0.12	—	—
厦门化肥厂	36.0	—	—	0.44	—	—
南化氮肥厂	45.5	—	—	0.25	—	—
广东南海化工厂	34.19	—	—	1.59	—	—
杭州某硫酸厂	51.99	—	—	2.59	—	—
湛江某化工厂	40.62	—	—	1.24	—	—
山东某化工厂	51.00	—	—	1.14	—	—
马鞍山某化工厂	39.70	—	—	0.45	—	—
苏州硫酸厂	53.00	0.46	0.076	0.77	12.06	0.20
淄博硫酸厂	52.35	—	—	1.88	11.03	—
荆襄磷化工公司	45.87	—	—	—	27.16	—
南京化工公司	54.98	—	—	1.11	8.25	—
陕西宝鸡化工厂	38.0~47.0	0.18~0.50	0.12~0.20	1.0~2.2	25.0~37.0	0.02~0.60
四川德阳化工厂	44.26	—	—	3.43	11.26	—
四川江安化工厂	54.33	—	—	0.59	10.05	—
山东淄博化工厂	57.67	—	—	1.60	6.68	—
江苏靖江化工厂	27.21	—	—	3.27	29.25	—
上海硫酸厂	49.74	—	—	1.10	16.77	—

② 硫酸渣的粒度组成。硫酸渣的粒度组成随原料不同而异。对于含有多种有色金属元素的硫酸渣相对于单一硫铁矿烧渣要细得多。但总体上硫酸渣由于硫酸制备工艺及焙烧制度的要求，使其粒度普遍偏细，大多数硫酸渣粒度小于0.074mm。其原则粒度组成见表5-6。

表5-6 硫酸渣的粒度组成

粒级/mm	>0.25	0.15~0.25	0.10~0.15	0.074~0.10	0.06~0.074	0.044~0.06	<0.044
粒度含量/%	4.1~4.2	1.9~2.1	0.5~12.0	10.3~18.1	9.0~63.8	14.0	60.0

2. 硫酸渣中有价金属的回收

对硫酸渣中有价金属的回收，通常采用的方法是：磁化焙烧-磁选；磁选-浮选，用磁选法回收硫酸渣中强磁性矿物，用浮选或反浮选回收弱磁性矿物；磁选-重选，用磁选法回收粗粒含铁矿物，重选法回收细粒含铁矿物；化学选矿法，主要用于回收硫酸渣中的贵重金属。但上述各方法中，常因硫酸渣的固有特性而存在许多难以回避的问题。

① 浮选-磁选工艺。用磁选法回收硫酸渣中的强磁性物质，然后用浮选（或反浮选）法回收弱磁性物质。该方法浮选中，常因经烧后的矿物表面活性不足导致浮选无法进行，分选效果差。

② 磁选-摇床分选工艺。用磁选法回收粗粒铁矿物，用细粒摇床回收细粒铁矿物。该方

法的主要缺点是无法排除精矿中的硫。

③ 洗矿-分级-磁选工艺。该方法除工艺复杂外，同样无法对精矿中的硫含量进行有效控制。

④ 浸出-磁选-浮选联合流程选别。该法工艺流程复杂，处理成本高。

3. 硫酸渣生产氧化球团

硫酸渣精矿生产氧化球团矿与普通铁精矿生产氧化球团矿存在较大差异，当硫酸渣精矿中铁含量达到60%左右，在适当原料配伍前提下，经细磨或润磨可获得满足冶炼要求的氧化球团。

① 造球原料。硫酸渣球团生产的主要原料是：硫酸渣精矿、钢渣超细粉以及膨润土。原料中的硫酸渣精矿是对硫酸渣原渣进行分选提纯后获得的产品；超细钢渣是冶金企业处理钢渣过程中的副产品，钢渣经JFM飓风自磨机磨矿后，得到细度为 -650 目达100%的超细微粉，可作为提高水泥标号的添加剂；黏结剂是经改性后的钠基膨润土。

② 硫酸渣球团工艺。硫酸渣在经高温焙烧后，表面活性降低，生产中须采用超细钢渣作为添加剂，改性钠基膨润土作黏结剂进行造球。在添加适量超细钢渣和膨润土后，可明显改善生球的成球性及生球和成品球的强度，同时球团的焙烧性能和冶金性能均得到改善。

在球团中加入超细钢渣，其微细颗粒的填隙、架桥可提高生球落下强度和干球抗压强度。经检测，超细钢渣比表面积高达 $7000cm^2/g$，具有极高的表面活性。在硫酸渣球团中适量加入，具有很好的填隙作用。当球粒随造球机运动产生颗粒间位移时，这些微细颗粒的润滑作用稳定了造球，提高了干球的抗压强度。

4. 硫酸渣的其他利用方法

（1）硫酸渣生产磁性材料　永磁铁氧体预烧料是铁红（氧化铁）和碳酸锶（或碳酸钡）等原料在制备永磁铁氧体过程中的中间体或半成品。预烧主要达到以下3个目的：使碳酸盐分解和氧化物反应形成铁氧体；提高粉体密度和减少最终烧结时的收缩率；使粉体在细磨后可压制和成型。

将高品位铁红和碳酸锶按一定比例，加入其他添加剂，在砂磨机细磨强混，然后放入烘箱烘干，成散料装钵，并在高温电炉里进行预烧，最终获得合格预烧料。

（2）硫酸渣制备净水剂　铝类净水剂处理的水中，铝离子的残留一直是无法回避的问题。铁类净水剂处理水，铁离子影响较小，不对人体和环境造成危害。这类净水剂（如聚合硫酸铁）多为液体，其储存、运输及推广应用均受到限制。采用硫酸渣、硫酸、催化剂和助聚调节剂为原料，通过"一步法"工业化生产固体复合混凝剂（PISC），可有效解决上述问题。

其生产过程是将水、硫酸渣、催化剂和浓硫酸按一定比例依次加入反应釜中，经催化酸溶，反应 $2\sim3h$ 即可得到中间产物，再经加热搅拌获得液体硫酸铁。而后加入助聚调节剂，经水解聚合反应得到最终产物。该产物在室温下膨化凝固、晾干、粉碎、包装即得最终成品。由于工艺过程在一台反应釜中一次完成，故称"一步法"生产工艺。该方法工艺简单，生产成本低，产品回收率达98.5%以上。

（3）硫酸渣生产氧化铁颜料　利用硫酸渣生产氧化铁颜料，主要是指铁黄（$Fe_2O_3 \cdot H_2O$）、铁红（Fe_2O_3）、铁黑（Fe_3O_4）等。以铁黄为例，传统的氧化铁黄生产一般采用废铁皮作为主要原料，由于硫酸渣中铁含量较高，可替代铁皮生产氧化铁黄颜料。

以硫酸渣为原料，采用机械活化硫铁矿还原法制备硫酸亚铁后，再以氨法制备优质铁黄，其硫酸渣的利用率可达 90％以上，是一条经济可行的铁黄制备技术。

二、铬渣

目前我国的铬渣露天积存量已达 300 万吨，经风吹雨淋，流失严重，污染地表水和地下水，危害人体健康和生态环境，引起了广泛关注，因此，开展治理和综合利用铬渣，对于变废为宝、节约土地资源具有十分重要的意义。

1. 铬渣的来源和组成

（1）铬渣的来源 铬渣是在重铬酸钠的生产过程中，由铬铁矿、纯碱、白云石、石灰石按一定比例混合，在 1100～1200℃高温下焙烧，用水浸出铬酸钠后所得的残渣，其有害成分主要是浸出后剩余的水溶性铬酸钠、酸溶性铬酸钙等呈毒性的六价铬。若不加以治理，任意排放，经雨水淋沥，则 Cr^{6+} 会进入水源，污染水质、土壤并危害人体健康。我国铬盐生产中，每生产 1t 重铬酸钠产生 1.5～2.5t 的铬渣。

铬的毒性与其存在形态有关，铬化合物中六价铬毒性最大，具有强氧化性和透过体膜的能力，对人类的危害极大。我国规定居住区大气中 Cr^{6+} 最大容许浓度为 $0.0015mg/m^3$。铬渣中的铬主要以六价态的 CrO_3 存在。铬化合物对皮肤、黏膜有局部刺激作用，可造成溃疡。吸入含六价铬的气溶胶可造成鼻中隔软骨穿孔，使呼吸器官受损，损伤肝、肾、胃肠道、心血管系统，严重的会造成肺硬化；眼睛受到侵害时，会发生结膜炎，还可能失明；敏感人群会产生皮肤铬湿疹；有皮外伤时，伤口不易愈合。总之，对人易产生"三致"，即致敏、致癌、致畸作用。

环境中迁移的铬对植物生长有抑制作用，阻滞作物对其他元素的吸收；使动物细胞的代谢功能发生障碍，具有明显的"三致"作用。铬渣污染已成为最严重的环境问题之一，严重阻碍了铬盐工业的进一步发展。

（2）铬渣的组成

① 铬渣的化学组成。我国铬盐生产多采用纯碱焙烧硫酸法，并添加石灰石、白云石等炉料填充剂。因此，铬渣因含有大量的钙镁化合物而呈碱性，其组成随原料产地和生产配方不同而有所改变，Cr（Ⅵ）在各物相中的分布情况和溶解性质见表 5-7，其中碱性氧化物较多。

表 5-7 铬渣中六价铬的主要存在形式及相对含量

物 相	Cr^{6+} 占干铬渣重（以 Cr_2O_3 计）/％	Cr^{6+} 的相对含量/％	水溶性
四水合铬酸钠	1.11	41	易溶
铬酸钙	0.63	23	稍溶
铬铝酸钙			
碱式铬酸铁	0.34	13	微溶
化学吸附的六价铬			
硅酸钙-铬酸钙固溶体	0.48	18	难溶
铬铝酸钙-铬酸钙固溶体	0.13	5	难溶
合 计	2.69	100	

② 铬的存在形态。铬渣的毒性主要来源于水溶态六价铬，研究铬渣中铬存在的形态是解毒的前提，其存在形态主要有 5 种形式。a. 水溶态：该形态铬一般以铬酸根（如铬酸钠、铬酸钙）形式存在，呈六价，在水中的溶解度较大；故当铬渣水浸后，铬溶入水中。b. 酸溶态：铬渣中存在大量死烧的碱性矿物，遇酸溶解包裹其中的铬并释放出来，这部分铬也多

呈六价；此外，铬铝酸钙、碱式铬酸铁在酸性条件下部分溶解也可释放出部分铬，因此，当外部条件变化时，酸溶态铬可转变为水溶态。c. 结合态：是与铁、锰等元素以氧化物形式存在的铬，处于凝聚但未发生晶化的状态，这部分铬既有六价也有三价。d. 结晶态：是与铁、锰氧化物形成固溶体进入晶体内部发生晶化，一般很难溶解，但柠檬酸等络合剂可溶解此种形态的铬。e. 残余态：是进入矿物晶格中的铬，这种铬只有在强酸溶解和强碱熔融时才会释放。

在自然条件下，铬渣中结合态、结晶态和残余态的铬都比较稳定，不会对环境造成危害，但铬渣中的水溶态和酸溶态铬危害大。

2. 铬渣的熔融固化与利用

铬渣治理与综合利用的方法可分为固化法、还原法和络合法（应为熔融固化）三类。国外主要采用固化填埋法，但须加入大量水泥，动力消耗大。我国以固相还原法为主，用还原剂炭粉、木屑、稻壳、煤矸石、亚铁盐等与铬渣进行高温熔融反应，使铬渣中六价铬还原成三价铬，最终以玻璃态或尖晶石形态存在，解毒彻底、稳定，但该法需要高温条件，工业化生产能耗大、成本高，因而受到一定限制。若应用固相还原法，必须积极探索铬渣资源化利用新途径，并与其他固体废物一起作为原料，降低能耗，以废治废。

铬渣的熔融固化是将铬渣高温熔化，并在还原气氛中使 Cr^{6+} 转化为 Cr^{3+}，形成含 Cr^{3+} 的熔体，冷却后成为玻璃态固溶体，可作为产品直接利用。

（1）铬渣的高温熔融法　高温熔融法是将铬渣作为原料，生产自熔性烧结矿，并冶炼含铬生铁，是目前公认的治理铬渣的最好方法之一。它是铬渣在 1400℃ 以上高温的还原气氛中熔化为玻璃体，使六价铬还原为三价铬，并使三价铬固化于玻璃体中，使其稳定、不再溶出，起到解毒的作用。我国山东、广东、湖北等铬盐企业采用此方法治理铬渣，取得了良好的效果。

炼铁过程铁矿粉必须与石灰和煤等混合，经高温煅烧成烧结矿后方可供高温熔融炉使用，冶炼过程需加入白云石造渣。因此，可用氧化镁、氧化钙含量超过 50% 的铬渣替代部分消石灰用于烧结矿，不仅可节约石灰石、白云石及其采掘、运输等费用，而且经过高温还原将铬渣中六价铬还原为三价铬，进而还原为金属铬，既回收利用了铬资源，又达到了六价铬解毒的目的。

（2）铬渣高温熔融法解毒原理　铬渣是由 50%～60% 碱性氧化物、10% 左右氧化铁等基本成分所组成。我国铁矿石一般是半自熔性的，炼铁过程需加入大量含氧化钙、氧化镁的白云石作为助溶剂才有利于造渣。而高炉炼铁基本上采用选矿后的主要原料，必须经过加入适量的石灰、白云石的烧结才可使用。而铬渣中含 50%～60% 的氧化钙和氧化镁，因此，可用铬渣代替部分石灰、白云石用于烧结矿的生产。

在烧结矿炼铁过程中，铬渣中除含有较高的碱性氧化物和铁外，还含有 Cr^{6+} 和 Cr_2O_3。烧结过程是还原气氛，高温熔融炉冶炼的整个过程也是还原气氛，因此，六价铬被还原成三价铬，再还原成金属铬，达到了铬渣解毒的目的。

当烧结过程温度为 1000～1400℃ 时，由于碳和铁的存在，铬渣中六价铬先被碳还原，后被铁及烧结过程产生的一氧化碳和亚铁还原。在炼铁过程中，由于液相炉渣和大量炽热焦炭充分接触，未被还原的剩余六价铬被完全还原。烧结过程中的主要反应式如下：

$$4Na_2CrO_4 + 3C \Longrightarrow Na_2O + 3Na_2CO_3 + 2Cr_2O_3 \qquad (5\text{-}3)$$

$$2Na_2CrO_4 + 3CO \Longrightarrow Cr_2O_3 + 2Na_2O + 3CO_2 \uparrow \qquad (5\text{-}4)$$

$$2CaCrO_4 + 3CO \Longrightarrow Cr_2O_3 + 2CaO + 3CO_2 \uparrow \qquad (5\text{-}5)$$

$$Cr_2O_3 + MeO = Me(CrO_2)_2 \tag{5-6}$$

式中，Me 代表烧结矿中的 Ca、Mg、Fe 等。

高温熔融炉冶炼过程的主要反应式如下：

$$Cr_2O_3 + 3C = 2Cr + 3CO\uparrow \tag{5-7}$$

$$Fe_2O_3 + 3C = 2Fe + 3CO\uparrow \tag{5-8}$$

$$FeO \cdot Cr_2O_3 + 4C = Fe + 2Cr + 4CO\uparrow \tag{5-9}$$

$$MgO \cdot Cr_2O_3 + 3C = MgO + 2Cr + 3CO\uparrow \tag{5-10}$$

通过以上一系列的反应，铬渣中六价铬基本被还原为三氧化二铬或金属铬，达到解毒目的。

(3) 高温熔炼铬渣的利用 高温熔炼铬渣生产含铬生铁与冶炼普通生铁的生产工艺是相近的，但生产目的不同，后者以生产合格生铁为主要目的，同时生产副产品水渣（水渣是高炉炼铁过程产生的固体排放物），而前者以生产合格水渣为主，副产品为含铬生铁，从而达到治理铬渣的目的。

高温熔融法是公认的解毒彻底的方法，国外主要有制铬铁合金、用作玻璃着色剂、制瓷料和人造骨料等几类。我国利用该法治理铬渣有铬渣代替石灰石、白云石作炼铁造渣剂，利用铬渣、钒渣制炼铁烧结矿，铬渣、硫酸渣制炼铁烧结矿，高温熔融炼铁联产水泥、人工骨料、矿渣棉、玻璃砖和拌煤发电等。

① 高温熔炼铬渣用作玻璃着色剂。在玻璃窑炉 1400～1500℃高温下，不仅铬渣中水溶性六价铬被熔融分解，而且进入硅酸钙和铁铝酸钙晶格的酸溶性六价铬也随其一并熔入玻璃溶液中，在高温酸性环境中 CrO_3 原本就不稳定，能自发热分解。另外玻璃窑炉中仍存在少量未完全燃烧的一氧化碳，有利于 CrO_3 还原为三价铬并离解成 Cr^{3+}。因此铬渣中六价铬得以全部还原，并在玻璃熔体冷却固化后封固在玻璃体内，不会溶出，亦不会氧化成六价铬。

铬渣价廉易得，用于烧制玻璃时，Cr（Ⅵ）在高温熔融态下被微量的 CO 彻底还原为 Cr（Ⅲ），将玻璃染成浅绿色或翠绿色，因此，可作玻璃着色剂。铬渣含有与生产玻璃的主要原料成分相近的 MgO、CaO、Al_2O_3、SiO_2 等，故可用于制造微晶玻璃。该法的优点是 Cr（Ⅵ）解毒彻底，玻璃稳定性好，铬渣资源化利用程度高；铬渣代替铬矿粉所得的玻璃色彩鲜明，质量有所提高；经高温氧化燃烧的铬渣是含有一定量熔剂的活性物质，能降低玻璃料的熔融温度、缩短熔化时间、节约能源；铬渣中除铬离子可使玻璃着色外，MgO、CaO、Al_2O_3、SiO_2 等也是玻璃的有用成分，因此用铬渣可相应减少某些原料加入量，有效地降低生产成本。铬渣作玻璃着色剂的缺点是对铬渣的处理量较小，在着色的过程中，粉碎、筛分工序易引起含 Cr^{6+} 的粉尘飞扬，造成二次污染，但是制造微晶玻璃时铬渣的用量大，值得进一步研究和推广。

② 高温熔炼铬渣制钙镁磷肥。生产钙镁磷肥常用助溶剂蛇纹石，它是含氧化镁 30%～38%、二氧化硅 35%～40% 以及铁、钴、镍、铬和微量铂族元素的硅酸盐矿物。铬渣与蛇纹石的主要成分十分相近，因此用铬渣替代蛇纹石作助熔剂，使其与磷矿在高温熔融下用水骤冷，使磷酸三钙转变为非晶型存在于玻璃体中，其中五氧化二磷大部分能溶于 2% 柠檬酸中，即能被植物吸收。田间试验表明其肥效与用蛇纹石制造的钙镁磷肥相同，而且节省了蛇纹石，每吨成本降低 10% 以上，每吨钙镁磷肥大约可处理铬渣 400kg，但需防止铬渣钙镁磷肥累积施肥对土壤和地下水的二次污染。

③ 高温熔炼铬渣烧结炼铁。铬渣中 CaO 和 MgO 含量与白云石中的相当，可以替代或者部分替代白云石作为烧结炼铁的熔剂。将铬渣与铁矿粉、煤粉混合在烧结炉中烧结后，送

高炉冶炼，炉内高温和一氧化碳强还原气氛将铬渣中六价铬还原为三价铬甚至金属铬，实现铬渣的无害化处理。

铬渣粒度越小，解毒效果越好，考虑到碎磨的成本，铬渣粒度一般为 5mm；煤掺入量以 4%～5%为宜，过低会造成 Cr（Ⅵ）还原不彻底，过高会将 Fe_2O_3 还原成 FeO，降低烧结矿的品质。此外，原料在 1200～1400℃高温区的停留时间也影响还原的效果，一般控制在 15min 左右。锦州铁合金厂的实践经验表明：Cr（Ⅵ）还原率可达 99%以上，成品烧结矿中残留 Cr（Ⅵ）量小于 5mg/kg，符合铬盐工业污染物排放标准。该技术的优点是铬渣彻底解毒并充分利用，处理能力大，资源化程度高，经济效益显著；缺点是需要对炼铁车间进行适当改造，以防止含铬粉尘和废水的二次污染。

3. 铬渣的其他利用方法

铬渣硬度大、熔点高，所以常将铬渣制成铸石、砖等建筑材料，或用作某些产品的替代原料，使 Cr（Ⅵ）转变成 Cr^{3+} 或金属铬，达到解毒和资源化综合利用的双重目的。比较成熟的综合利用铬渣的方法有以下 5 种。

（1）铬渣用于生产水泥　铬渣的化学成分和物相组成与烧制水泥的熟料组分类似，其中 CaO、Al_2O_3、SiO_2、Fe_2O_3 的含量约占铬渣质量的 60%，且主要以硅酸二钙和铁铝酸钙的形式存在，约占铬渣干基质量的 50%。将铬渣、焦炭粉和辅料按比例和要求的碱度计量后，混匀、成型，在 900～1400℃高温下烧结，使铬渣中 Cr^{6+} 还原为 Cr^{3+}。在控制铬渣掺入量的前提下，水泥固化后形成的不连续的凝胶孔对 Cr（Ⅵ）具有固定作用，可进一步降低水泥中 Cr（Ⅵ）的毒性。

（2）铬渣制砖　铬渣与煤、黏土混合可烧制建筑用砖。研究表明，由于原料中大量黏土在高温下呈酸性，加之砖坯中煤及其氧化后 CO 的作用，有利于 Cr^{6+} 分解为 Cr^{3+}，使成品砖所含 Cr^{6+} 明显下降，特别是制青砖的饮窑（用泥封窑顶，然后在上面圈一个池子，用水将池子灌满，水顺着缝隙渗下去，砖就慢慢地变成了青灰色）工序会形成 CO，不仅将红褐色氧化铁还原为青灰色的 Fe_3O_4，而且进一步将残余 Cr^{6+} 解毒，效果更好。

铬渣制砖工艺简单，运行费用低，节约黏土资源。缺点是需要球磨机磨碎铬渣，一次性投资高，且铬渣制造的砖价低廉，生产成本较高，销售受到限制，其运输可能造成二次污染。

（3）旋风炉附烧铬渣　煤灰的主要成分是 SiO_2 和 Al_2O_3，熔点比较高，为了实现旋风炉的液态排渣，通常需要加入含 CaO 和 MgO 的白云石作助溶剂，同煤灰中 SiO_2、Al_2O_3 生成低共熔物，以熔液形式附着在旋风筒壁，并顺壁排出炉外水淬。铬渣中 CaO 和 MgO 含量在 50%以上，并含有其他碱性物，完全可以替代白云石作旋风炉煤灰的助熔剂。将铬渣研磨至 90μm，与煤按质量比（20～30）：100 混合，在 1400～1600℃高温下，Cr（Ⅵ）被 CO 还原为 Cr^{3+}，熔融后沿炉筒排出炉外，水淬骤冷，水淬渣中 Cr_2O_3 和残留的极微量 Cr（Ⅵ）被玻璃体包裹，可用作铺路材料。

（4）利用铬渣生产耐火材料　镁质耐火材料的高温性能除取决于主晶相方镁石外，还受其间结合相控制，由镁铬尖晶石结合的镁质耐火制品例如镁铬砖在 2300℃以下不会出现液相。东北大学利用沈阳新城化工厂排放的铬渣生产高级耐火材料，用 50%～60%的轻烧镁配加 40%～50%的浸出铬渣，合成耐火温度高于 1670℃的耐火材料，用作碱性子炉底料和转炉、电炉喷补料的原料。制成的镁铬砖还可用于平炉炉顶、有色金属冶炼、水泥窑等高温带或玻璃窑蓄热室等场合。

（5）铬渣的其他用途　5%的铬渣与黏土混合成型、干燥、煅烧成普通砖，其 MU（块体强度等级）值为 100～150。将铬渣与黄河滩土、燃煤炉灰等粉碎捏合经高温煅烧，烧成物即为人工骨料。将铬渣经风化筛分后，进行打浆湿磨到一定粒度，经水洗、过滤等操作，可生产出钙铁粉。此外，铬渣还可生产铸石、矿渣棉等。

铬渣经过还原、分离、浸出、蒸发、酸化等工序，可制成 $Na_2Cr_2O_7$、Na_2S 等产品；铬渣与废盐酸混合，加入解毒剂、添加剂，可制成铬黄、石膏和氧化镁等。

三、磷石膏和磷渣

以磷矿石为主要原料的磷化工生产过程产生大量工业固体废物，每年排放磷石膏约为3400 万吨，利用率只有 10%左右；排放磷渣约 700 万吨，利用率只有 30%。所造成的占用大量土地、污染环境、维护费用高以及地灾隐患等问题，长期得不到有效解决。开展磷石膏和磷渣的综合利用，解决矿山企业生产废渣的堆存和污染问题，对促进企业清洁生产，对实现磷及磷化工产业的可持续发展，提升我国磷及磷化工技术水平有重要意义。

1. 磷石膏

由磷矿石与硫酸反应制造磷酸所得到的硫酸钙称为磷石膏。在磷化工生产磷酸的方法当中，最主要的方法是利用硫酸分解磷矿，主要产物为磷酸和硫酸钙，这种方法称为硫酸法，也称为萃取法或湿法。在湿法磷酸生产过程中，随着温度和磷酸浓度的不同，反应产生的硫酸钙可能是无水物（$CaSO_4$）硬石膏，半水合物 $CaSO_4 \cdot 0.5H_2O$（半水石膏）或二水合物 $CaSO_4 \cdot 2H_2O$（二水石膏）。而湿法磷酸的生产方法又往往以硫酸钙出现的形态来命名。因此，工业上的湿法磷酸的生产方法有二水物法、半水-二水物法、二水-半水物法和半水物法等。我国应用较多的是湿法二水物法来制造磷酸，反应方程式可表示如下：

$$Ca(PO_4)_3F + 5H_2SO_4 + 10H_2O \longrightarrow 5CaSO_4 \cdot 2H_2O + 3H_3PO_4 + HF \qquad (5-11)$$

该方法是在较低的磷酸浓度（P_2O_5 的质量分数为 25%～30%）和较低的反应温度（一般为 65～80℃）下进行。料浆在系统中停留时间大约为 4～6h。反应槽内加入经预混合的磷矿粉，循环稀酸及料浆。反应完后的料浆大部分返回，少部分送去过滤。过滤出浓酸后，再经稀酸洗涤、水洗涤等工序，把磷酸和硫酸钙废渣分离。这种硫酸钙废渣其结构与天然二水石膏相似，由于这种废渣来自于磷酸生产，并且石膏中含有大量的磷元素，因而称为磷石膏。

据统计，每生产 1t 磷酸，要用 2.5t 硫酸处理 4t 磷酸盐，在这个生产过程中就会排出 5t 磷石膏。在许多国家，磷石膏排放量已超过天然石膏的开采量，我国磷石膏的年排放量达3000 万吨以上。随着磷石膏的排放量不断增加，需处置的磷石膏数量越来越大，到目前为止，这些磷石膏还没有被很好地利用，处理方法多采用陆地堆放和江、湖、海填埋，这些方法既侵占土地又破坏植被，而且酸性废水的渗漏和部分放射性元素又给人类的生存造成污染，同时也是对资源的一个极大浪费。

（1）磷石膏的组成及性质　磷石膏呈粉末状，自由水含量约为 20%～30%，颜色呈灰白、灰、灰黄、浅黄、浅绿、棕黑色等多种颜色；相对密度为 2.22～2.37；容重为 0.733～0.880g/cm^3，颗粒直径为 5～150μm，成分与天然二水石膏相似，以 $CaSO_4 \cdot 2H_2O$ 为主，含量在 85%以上，按石膏国际要求属一级品位，SO_3 含量一般为 40%～52%，明显高于天然石膏的含硫量；磷石膏含有一定量杂质，根据溶解性分为可溶杂质和不溶杂质。可溶杂质是洗涤时未清除出去的酸或盐，主要有可溶 P_2O_5、K^+、Na^+、可溶 F 等；不溶杂质主要有未反应完的磷矿石，以磷酸盐络合物形式存在的不溶 P_2O_5、不溶氟化物、金属等。磷石膏晶体形状与天然二水石膏晶体形状基本相同，为针状晶体、单分散板状晶体、密实晶体和多晶核晶体，其晶体大小、形状及致密性随磷矿石种类及磷酸生产工艺等不同而异，晶体尺寸通常为 $(39.2\sim95.2\mu m)$；磷石膏中通常还含有铀、钍等放射性元素和钇、铈、钒、铜、钛、锗等稀土和稀有元素。

磷石膏中的多种杂质组分对其性质影响很大，具体表现为磷石膏凝结时间延长，硬化体强度降低。磷石膏中的磷主要有可溶磷、共晶磷和难溶磷三种形态。可溶 P_2O_5 在磷石膏中以 H_3PO_4 及相应的盐存在，其分布受水化过程中 pH 值的影响。酸性以 H_3PO_4、$H_2PO_4^-$ 为主，碱性则以 PO_4^{3-} 为主。由于石膏中 Ca^{2+} 含量相对较高，而 $Ca_3(PO_4)_2$ 是溶解度较小的难溶盐，故体系中 PO_4^{3-} 的含量较低，因此，磷石膏中可溶磷主要以 H_3PO_4、$H_2PO_4^-$ 及 HPO_4^{2-} 三种形态存在；共晶磷是由于 $CaHPO_4 \cdot 2H_2O$ 与 $CaSO_4 \cdot 2H_2O$ 同属单斜晶系，具有较为相近的晶格常数，所以在一定条件下，$CaHPO_4 \cdot 2H_2O$ 可进入 $CaSO_4 \cdot 2H_2O$ 晶格形成固溶体，这种形态的磷称为共晶磷；另外，磷石膏中还含有一些 $Ca_3(PO_4)_2$、$FePO_4$ 等难溶磷，其中以未反应的 $Ca_3(PO_4)_2$ 为主，它主要分布在粗颗粒的磷石膏中。

磷石膏中氟以可溶氟（NaF）和 CaF_2、Na_2SiF_6 等难溶氟形态存在，对磷石膏性能影响最大的是可溶氟，而 CaF_2、Na_2SiF_6 等难溶氟对磷石膏性能基本不产生影响。可溶氟会使建筑石膏促凝，使水化产物二水石膏晶体粗，晶体间的结合点减少，结合力削弱，致使其强度降低。它在石膏制品中将缓慢地与石膏发生反应，释放一定的酸性，含量低时对石膏制品的影响不大。

磷矿石带入的有机物和磷酸生产时加入的有机絮凝剂使磷石膏中含有少量的有机物。有机物会使磷石膏胶结需水量增加，凝结硬化减慢，延缓建筑石膏的凝结时间，削弱二水石膏晶体间的结合，使硬化体结构疏松，强度降低，此外，有机物还将影响石膏制品的颜色。

因此，可溶磷、可溶氟、共晶磷和有机物是磷石膏中主要的有害杂质。

（2）磷石膏的综合利用

① 磷石膏在工业上的应用。a. 用磷石膏制硫酸联产水泥。该工艺主要是将磷酸装置排出的二水石膏经脱水转化为无水石膏或半水石膏，再加入焦炭、辅助材料按配比制成生料，在回转窑内经高温煅烧，使之分解为 SO_2 和氧化钙，SO_2 被氧化为 SO_3 而制成硫酸。

b. 用磷石膏制硫酸铵和碳酸钙，是利用碳酸钙在氨溶液中的溶解度比硫酸钙小，硫酸钙很容易转化为碳酸钙沉淀，而溶液则转化为硫酸铵的原理。一般是先将氨水与二氧化碳制成碳酸铵溶液，然后与先经洗涤，真空过滤且去掉杂质的磷石膏反应，反应式为：

$$2NH_3 + CO_2 + H_2O \longrightarrow (NH_4)_2CO_3 \tag{5-12}$$

$$CaSO_4 + (NH_4)_2CO_3 \longrightarrow CaCO_3 + (NH_4)_2SO_4 \tag{5-13}$$

制得的硫酸铵与碳酸钙的料浆，过滤出的碳酸钙是制造水泥的原料，过滤出的溶液蒸发浓缩后冷却结晶，离心分离，得到的硫酸铵晶体是肥效较好的化肥。

c. 用磷石膏生产硫酸钾有一步法和二步法。一步法是在氨水存在的条件下，高浓度的氯化钾溶液直接与磷石膏反应制取硫酸钾。反应式如下：

$$CaSO_4 \cdot 2H_2O + 2KCl \longrightarrow K_2SO_4 + CaCl_2 + 2H_2O \tag{5-14}$$

由于一步法的副产物氯化钙，难以处理，所以应用前景不被看好。二步法第一阶段为经处理后的洁净磷石膏与碳酸氢铵和水一起送进结晶反应器，在一定温度下，加入促进剂，进行反应和结晶。控制反应条件，得到含量为 38% 左右的硫酸铵母液和副产品碳酸钙，母液经蒸发结晶及分离干燥可得硫酸铵，反应式如下：

$$CaSO_4 \cdot 2H_2O + 2NH_4HCO_3 \longrightarrow CaCO_3 + (NH_4)_2SO_4 + CO_2 + 3H_2O \tag{5-15}$$

第二阶段为过滤出碳酸钙，将硫酸铵母液与氯化钾反应，反应在结晶反应器中进行，控制反应条件，得硫酸钾和氯化铵。经洗涤和干燥后，硫酸钾产品可以达到农用优级品标准，反应式如下：

$$(NH_4)_2SO_4 + 2KCl \longrightarrow K_2SO_4 + 2NH_4Cl \tag{5-16}$$

副产品氯化铵也是肥料，并且碳酸钙可作橡胶、塑料的填充剂，也可用于涂料、造纸等行业。因此该工艺利用前景较好。

d. 生产硫脲和碳酸钙。该项技术已在巨化集团技术中心开发成功，可使磷石膏中的钙、硫资源得到充分回收，回收率达95%以上。工艺过程分为4步：Ⅰ. 将煤和磷石膏一起在高温炉中焙烧生成硫化钙；Ⅱ. 是用水和硫化氢与硫化钙进行浸取，浸得20%的硫氢化钙溶液；Ⅲ. 将二氧化碳通入一部分的硫氢化钙溶液中，反应得到硫化氢和碳酸钙，过滤可得碳酸钙，滤液和产生是硫化氢导回浸取工序中；Ⅳ. 加入石灰氨于另一部分硫氢化钙溶液中，反应后过滤冷却结晶可得硫脲。

e. 取贵重金属和稀土元素。把某些磷石膏与去离子水等量混合放置80h，经固液分离，对液相中的成分进行分析发现，pH值在4以下，含有石膏和少量的石英、磷矿和长石，同时固相磷石膏中的金属元素的含量相对增加，若经进一步富集就可以回收这些贵金属和稀土元素。基本回收技术包括3个步骤：用硫酸过滤洗涤固相磷石膏；通过蒸发预浓缩，进行液液萃取或沉淀把滤洗液中的稀土元素分离出来；磷石膏在浓缩的硫酸溶液中重结晶，再制成硬石膏。

② 磷石膏在建筑上的应用。

a. 作石膏建筑材料：先将磷石膏进行净化处理，除去磷石膏中的各种磷酸盐、氟化物、有机物和可溶性盐后，再将磷石膏中的二水硫酸钙转变为半水硫酸钙才能用于作石膏建筑材料。半水石膏分为α和β两种晶型。α型结晶粗大、整齐、致密，有一定的结晶形状；β型晶体细小、体积松大。两者相比，α型的水化速度慢，水化热低，需水量小，硬化体的强度高，单位产量的能源消耗也较低，具有更好的力学性能，它们的粉料加水调和造成各种形状，不久就硬化成二水石膏。利用这一性质可将磷石膏加工成粉刷石膏、抹灰石膏、天花板、外墙的内部隔热板、石膏覆面板及花饰等各种轻质建筑材料。以β-半水石膏粉为原料，可生产石膏板等石膏制品。

b. 作水泥掺和料：石膏在水泥生产中是一个重要的组分，将它加入熟料中的目的是为了调节水泥的凝固时间。磷石膏可以作为水泥生产时的缓凝剂，保证在施工的过程中水泥不固化。但因磷石膏一般都呈酸性，还含有水溶性五氧化二磷和氟，一般不能直接利用，需要经过处理去除杂质，或经过改性处理后使用。根据水泥的品种不同，加入石膏量一般在1.5%~4.5%（以SO_3）之间，每年用于生产水泥的石膏消耗量达到几百万吨。

③ 磷石膏在公路工程中的应用。磷石膏用于公路工程，在国外早有研究。磷石膏具有较强的抗剪强度和良好的水稳定性，因此，在进行软土地基处理时，可以将其作为换填材料，而且性能较好。在实际工程应用中，根据建筑物对地基变形量的要求，合理地选择压实系数，可以满足工程安全的需要。如美国佛罗里达磷酸盐研究所将磷石膏用于露天停车场，将磷石膏和土的混合料用于Polk县附属公路路基的铺设中；法国也一直在研究修筑路基时使用磷石膏的技术，用磷石膏和苏打制成混合物，用它活化矿渣-砾石和粉煤灰混合料，或者用它活化水泥-砾石混合料；俄罗斯、日本及德国等国也在一定范围内的公路过程中推广应用。

④ 磷石膏在农业上的应用。磷石膏呈酸性，pH值一般在2~6之间，且含有作物生长所需要的磷、钙、硫、硅锌、镁等养分，不仅可以作为硫、钙为主的肥料，而且可以代替天然石膏改良盐碱地，磷石膏中Ca^{2+}与土壤中的Na^+交换，生成碳酸钙和碳酸氢钠，Na^+变

成 Na_2SO_4 随着灌溉排出，从而降低土壤的碱性，减少碳酸钠对作物的危害，同时改善了土壤的透气性；另外土壤酸化后可释放存在于土壤中的微量元素，供作物吸收利用。因此，磷石膏能提高土壤理化性状和微生物活化条件，提高土壤的肥力。

但利用磷石膏作为硫肥和钙肥及土壤改良剂时应注意，磷石膏中具有放射性核素和渗滤液成分对环境的二次污染。此外，磷石膏的质量也不稳定，对土壤及作物的影响也不稳定，这些是磷石膏在农业上应用时应考虑的问题。

2. 磷渣

磷渣主要包括黄磷渣和泥磷，它是在生产黄磷过程中产生的工业固体废物。

（1）黄磷渣的综合利用 黄磷渣是用磷矿石当矿物原料，用焦炭和硅石作还原剂与成渣剂，在密封式电炉中高温熔融，反应生产黄磷时排出的工业尾渣，每生产1t黄磷要排放8～10t的黄磷渣。黄磷渣属于硅酸盐玻璃体，其化学组成为钙质和硅质，这一特征与天然硅灰石矿石原料很近似，使它在部分工业领域替代硅灰石充当廉价的非金属矿物材料，变废为宝，获得工业开发应用价值。

黄磷渣的主要利用途径包括作水泥原料、矿渣水泥掺合料、制低熟料磷渣水泥和无熟料水泥生产建筑免烧砖、建筑陶瓷、彩色墙地砖制矿渣棉和矿棉制品作玻璃原料等，既解决了磷渣的污染问题，又可变废为宝，降低生产成本，促进工农业的发展。

① 水泥工业中的应用。目前黄磷渣大量应用的还是水泥工业，其应用主要包括水泥原料和磷渣水泥掺合料等两个方面。黄磷渣用作水泥原料，主要是代替萤石作为矿化剂用来煅烧水泥熟料，改善生料易烧性，降低水泥成本；黄磷渣用作水泥掺合材料，主要是取代部分水泥熟料来生产硅酸盐水泥，以节约资源和能源，减少污染。同时，由于黄磷渣组分的影响，硅酸盐水泥的某些性能得到很大改善。但实践表明，磷渣掺入量超过20％时，会大大延长凝结时间，早期强度急剧降低，限制了磷渣的利用率，因此磷渣水泥的应用研究主要集中在外加剂的开发以及少熟料和无熟料水泥的工艺研究。

② 低温烧结陶瓷。陶瓷行业是黄磷渣的主要应用领域之一。在成瓷温度范围内黄磷渣参与成瓷作用的主要成分为环硅灰石，其次是硅酸钙及变针硅钙石；黄磷渣能在较低温度下与高岭石、伊利石等黏土矿物发生固相反应生成钙长石、白榴石、方解石和变针硅钙石。

③ 磷渣微晶玻璃。以各种冶金废渣、工矿的尾矿等为原料制备的微晶玻璃，是微晶玻璃领域的一个重要组成部分，也是目前以磷渣为原料制备高附加值、高性能产品的研究热点之一。用磷渣制备微晶玻璃在我国起步较晚，尚处于实验室研究阶段，但由于微晶玻璃附加值高、无污染、高性能等诸多优点，有着广阔的应用前景和发展前景。制备矿渣微晶玻璃的方法较多，根据成型的方法不同可分为烧结法、浇注法和压延法等。根据产品的效果及成型控制过程的难易一般都采用烧结法制备微晶玻璃。如果直接在出炉的高温熔融黄磷渣中加入一定的调节料和辅热，进行微晶化热处理，混合均化后成形为微晶玻璃产品，不仅节省了大量的能源，而且也消除了传统水淬工艺的水污染问题，具有更大的经济效益和环境效益。

④ 磷渣的其他利用。SUF 微细粉是以我国电炉工业磷渣为基本原料，加入特种添加剂，经过微细加工和表面改性工艺生产的超流态化微细粉体（Super Fluidity Fine Powder，简称 SUF 微细粉）。SUF 微细粉的应用能够解决目前建筑施工中瓶颈配置强度在 70～100MPa，及大规模使用具有高强度、大流态混凝土的技术难题。颗粒状磷炉渣被细化成粉体的过程中，其内能的增加应该与原料的材质和加工机械所施加的有效作用力有关，按这一工业原理生产的 SUF 微细粉，具有比较高的活性，是生产高性能混凝土的优质掺合料。它

可以显著改善混凝土的流动性，并大幅度提高混凝土强度和综合力学性能，同时还可以改善其体积稳定性。

生产白炭黑主要是 SiO_2 形成水合物的过程。黄磷渣一般含 SiO_2 质量分数 40％左右，属于含硅较高的水淬渣，具有相当的活性，可以直接的被强酸浸取出来。使磷渣与无机酸作用生成硅溶胶，在一定 pH 值和温度下，经过一系列处理即可得到白炭黑产品，同时还可副产 $CaCl_2$。

由于黄磷生产过程不可能将黄磷全部吸收完全，炉渣中含有少量元素磷成分，同时硅具有增加土壤松散性、抗病虫害、抗倒伏的作用，在低硅土壤中施用能大幅度提高农作物产量。

磷渣经磨细与水泥、石灰混合均匀后轮碾，再经砖机制成型，自然养护 2 个月或蒸汽养护 24h 即制成免烧磷渣砖。

（2）泥磷的综合利用 泥磷的形成主要是在电炉法生产黄磷的过程中，总有一部分元素磷与炉气中的微粒、矿尘、焦炭粉等物质黏附在一起，形成球状的颗粒，呈相当稳定的乳胶体或假乳胶体，称为泥磷。泥磷中含磷量随着精制的程度有所差异，一般磷的质量分数约 5％～40％，其他杂质的主要成分为 SiO_2、CaO、C、Fe_2O_3、Al_2O_3 等，其余是水。

据国内生产厂家统计，每生产 1t 黄磷，就伴随着约 0.8t 泥磷产生。泥磷失去水的保护暴露于空气中后就会冒烟和燃烧，产生磷化氢剧毒气体、五氧化二磷烟雾，对大气环境造成严重的污染；刺激人和动物的呼吸道，危害人类健康，严重污染环境。目前，处理泥磷的方法主要可分为三类：电炉制磷系统自身回收，还原为磷元素和制备磷化合物。但这些方法存在对黄磷电炉的稳定操作影响大、处理成本高、处理过程中的烟气和粉尘污染严重、生产不安全等缺点。

因此，妥善地处理泥磷，将其中的元素磷加以回收利用，是电炉法制磷行业综合利用、降低消耗、保护环境的一个重要环节。世界各国都在试验摸索，主要利用方法如下所述。

① 直接法提取黄磷。直接法提取黄磷是把污染物中的有用元素磷提取出来，达到消除污染的目的。常见的方法包括蒸馏法、重力法和过滤法。

② 泥磷制酸。将泥磷在特殊炉中燃烧、吸收为磷化工生产的重要产品——磷酸，为工业上较成熟的规模化处理泥磷的方法。但存在将黏稠的泥磷喂进燃烧室的连续性、稳定性差利泥磷酸质量差的缺点。

③ 制取双渣磷肥。将泥磷与黄磷电淬炉渣一起来制取双渣磷肥。黄磷电淬炉渣的主要组成是硅酸钙，并且硅和钙的比一般为 0.8，属碱性物质。碱性的炉渣能迅速中和残渣中的游离酸，并且可以氧化其中的元素磷。这个处理过程具有操作简便、成本低和产品物理性能好等优点，但是在操作过程中有气体污染物排出，要注意抽风，防止对操作人员的危害。

④ 制取磷的其他化合物。采用合适的反应剂与泥磷起化学反应，然后分离杂质与所需产品。其优越性在于：不论泥磷中的磷含量多少，都可用此法进行处理；可视工艺条件确定所需产品的纯度。可以制取次磷酸钠、亚磷酸钠、磷化铜等。

四、电石渣

1. 电石渣的来源与组成

碳化钙（CaC_2）俗称电石。电石是有机合成化学工业的基本原料之一，由电石制取的乙炔（C_2H_2）广泛应用于化工、机械加工等行业，如生产聚氯乙烯树脂（PVC）、金属焊接与切割。

以电石为原料，加水（湿法）生产乙炔的工艺简单成熟，至今已有 60 余年工业史。电石加水生成乙炔的同时，也生成氢氧化钙，电石中的杂质也参与反应生成氢氧化钙和其他气体：

$$CaC_2 + 2H_2O \xrightarrow{\hspace{1cm}} C_2H_2 + Ca(OH)_2 \tag{5-17}$$

$$CaO + H_2O \xrightarrow{\hspace{1cm}} Ca(OH)_2 \tag{5-18}$$

$$CaS + 2H_2O \xrightarrow{\hspace{1cm}} Ca(OH)_2 + H_2S\uparrow \tag{5-19}$$

$$Ca_3N_2 + 6H_2O \xrightarrow{\hspace{1cm}} 3Ca(OH)_2 + 2NH_3\uparrow \tag{5-20}$$

$$Ca_3P_2 + 6H_2O \xrightarrow{\hspace{1cm}} 3Ca(OH)_2 + 2PH_3\uparrow \tag{5-21}$$

$$Ca_2Si + 4H_2O \xrightarrow{\hspace{1cm}} 2Ca(OH)_2 + SiH_4\uparrow \tag{5-22}$$

$$Ca_3As_2 + 6H_2O \xrightarrow{\hspace{1cm}} 3Ca(OH)_2 + 2AsH_3\uparrow \tag{5-23}$$

$Ca(OH)_2$ 在水中溶解度小，固体 $Ca(OH)_2$ 微粒逐步从溶液中析出，整个体系由真溶液向胶体溶液、粗分散体系过渡，微粒子逐步合并、聚结、沉淀，在沉淀过程中又因粒子互相碰撞、挤压，促使颗粒进一步结聚、长大、失水，沉淀物逐步变稠，俗称电石渣浆。此外电石中不参加反应的固体杂质如硅铁、焦炭等也混杂在渣浆中。副反应产生的气体部分进入乙炔气体，部分溶解在渣浆中。

1t 电石加水可生成 300 多千克乙炔气，同时生成 10t 含固量约 12% 的电石渣浆。电石渣的颗粒很细，具有很强的保水性，电石渣浆即使经进一步脱水，其含水率仍达 40%～50%，呈浆糊状，运输成本高，在运输过程中沿途滴漏，造成新的环境污染；电石渣呈强碱性，其渣液 pH 值一般在 12 以上。长期堆积不但占用大量土地，同时会渗透造成土地盐碱化，污染地下水，碱性渣灰的扬尘污染周边环境，电石渣还含有少量硫化物、磷化物等有毒有害物质，有微臭味。国家环境保护部门已将电石渣纳入第Ⅱ类一般工业固体废物要求进行管理。

2. 电石渣的利用途径

电石渣堆放时，要采取防渗措施并做填埋处理。由于电石渣堆放既占用土地，又污染环境，堆放成本高。近年来，人们加强了电石渣的综合利用，电石渣的利用主要分为电石渣浆的前期分离处理和电石渣的后期加工利用。

(1) 电石渣浆的前期分离处理　前期分离处理是指对电石渣浆进行固液分离，固液分离的效率直接影响电石渣利用效果。由于电石水解反应对水质要求不高，分离后的渣浆废水经二级沉淀处理去除其中的悬浮物后可循环使用，干渣再加工利用。前期分离处理方法主要有自然沉降法和机械分离法。

① 自然沉降法。自然沉降法是以电石渣浆中固体颗粒的自身质量进行沉降。电石渣浆排出后，一般先汇集于渣池，除去块状杂质，然后用泥浆泵送至沉淀池进行沉降。此法不仅占地面积大，劳动环境差，对环境污染严重，而且沉降效果差。

② 机械分离法。机械分离法是采用浓密机、离心机、压滤机等机械设备处理电石渣浆，实现固液分离。

浓密机分离法中，固相含水仍然高达 60%～70%，无法自然堆放。离心机分离法是利用固相与液相在高速旋转时所受离心力的差异实现电石渣浆的固液分离，此法分离效率较高，但是设备复杂、处理能力小、投资大、成本高。压滤机法处理能力较大，分离效率相对较高。

(2) 电石渣的加工利用

① 代替石灰石制水泥。生产水泥的主要原料是石灰石，工业用石灰石中 CaO 的含量（质量分数）约 45%～52%。电石渣中 CaO 的含量（质量分数）达到 65% 左右，从化学成分分析，用电石渣代替石灰石制水泥是合格的。

与石灰石相比，电石渣制水泥的优点是：CaO 的含量高、粒度细，不需要粉磨即可满足水泥熟料生产要求。缺点是：由于电石渣含水量高，比传统石灰石配料的湿法窑料含水量高 50%～55%，因此，热耗高 20% 左右，生产能力低 20%～25%。此外，$Ca(OH)_2$ 分解时产生大量碱性气体，影响回转窑窑尾电除尘设备的使用效率及寿命。

② 生产生石灰作为电石原料。生石灰是电石生产的主要原料。将含水 40% 左右的电石渣经造粒、干燥、煅烧，可制得生石灰，用作电石生产的原料。这一过程实现了以钙为载体的电石废渣-石灰-电石-电石废渣的闭路循环。

③ 生产碳化砖、普通砌块和免烧砖。电石渣中的主要成分 $Ca(OH)_2$ 在适宜水分下吸收 CO_2 生成方解石结晶，生成碳酸钙，结晶发展时所产生的凝聚力赋予碳酸钙很大的强度，可利用电石渣这一碳化特性生产碳化砖。也可将电石渣与粉煤灰、水淬矿渣等工业废渣配料生产砌筑砂浆、普通砌块、免烧砖、蒸压灰砂砖、道路路基材料等。

④ 用作防水涂料的主要填料。先用表面处理剂对电石渣去味、改性，将其变成一种疏水材料，再以改性电石渣为主要填料，加入一定的成膜物质和颜料，可以制备成防水性能良好的涂料，而且对纸张、水泥、铁管等的附着力较强。

⑤ 用作化工原料。对以 CaO 为原料的化工产品，采用一定的技术措施，都可以电石渣代替。例如制氯化钙，将电石渣与盐酸反应，经浓缩结晶、脱水、干燥，即可制得氯化钙。反应原理如下：

$$Ca(OH)_2 + 2HCl \rule{1cm}{0.4pt} CaCl_2 + 2H_2O \tag{5-24}$$

a. 制漂白液、漂白粉。将除杂后的电石渣配制成溶液，通入氯气，经氯化反应，制得漂白液 [$Ca(ClO)_2$ 溶液]，电石渣中的有害杂质 CN^-、S^{2-} 也被同时转化而除去。经氯化，控制反应温度和通氯速度，可制取漂白粉。

b. 制氯酸钾：将电石渣配制成含 $Ca(OH)_2$ 120g/L（质量浓度）的乳液，通入氯气生成氯酸钙溶液，除去游离氯后，滤去固体物，滤液中的氯酸钙与加入氯化钾进行复分解反应生产氯酸钾（$KClO_3$），经蒸发、结晶、脱水、干燥、粉碎制得氯酸钾成品。

c. 生产碳酸钙系列产品：对电石渣浆进行除杂处理后，采用 CO_2 碳化法，根据工艺条件的不同，可生产系列碳酸钙产品，如轻质碳酸钙、活性碳酸钙、高纯度工业碳酸钙、各种形状的超细碳酸钙、纳米碳酸钙等。如将电石渣先经 150～200℃ 预热烘干及高温（1200～1350℃）煅烧，然后与氯化铵和水配成悬浮液，过滤澄清后，通 CO_2 碳化，可得到高纯工业碳酸钙。

用作选矿矿浆介质调整剂和烧结矿配料等。可用电石渣代替石灰作为选矿矿浆介质调整剂，效果无明显差异。也可在烧结矿配料时用电石渣取代石灰石粉。

⑥ 用于三废处理

a. 处理废水、废气：印染厂、化纤厂、味精厂、冶炼厂、矿山、硫酸厂等生产企业排放的废水多呈酸性，电石渣的主要成分是 $Ca(OH)_2$，呈强碱性，可用其来中和酸性废水，经电石渣中和处理的废水 pH 值为 7～8。也可利用电石渣的强碱性来吸收工业生产过程中产生的 SO_2、SO_3、HCl 等酸性气体。

电石渣中主要成分 $Ca(OH)_2$ 中的 Ca^{2+} 与 F^-、PO_4^{3-}、AsO_4^{3-} 等反应产生沉淀，OH^- 可与重金属离子反应生成氢氧化物沉淀。可用电石渣处理含氟、磷、砷和重金属离子的废水，如能与铁盐等其他药剂一起使用，可克服单一使用电石渣时存在的反应速度慢、因结晶颗粒细而沉降困难等问题。

b. 用于煤炭燃烧中烟气脱硫：在煤燃烧时放出 SO_2、SO_3 等有害气体，燃煤中掺入一定比例电石渣，电石渣中的 $Ca(OH)_2$ 与 SO_2、SO_3 反应生产 $CaSO_4$ 沉积在煤灰渣中，从而达到烟气脱硫的目的，SO_2、SO_3 等有害气体的排放量可减少 40%～75%。煤炭燃烧中烟气脱硫技术多种多样，大多以碱性物质作为脱硫剂，其中钙法脱硫技术占 90% 以上。电石渣脱硫容量高于石灰石，显现了良好的应用效果。电石渣利用途径较多，无论选择何种利用技术，都要首先解决好电石渣浆的固液分离问题，再综合考虑电石渣排出量、自然环境、周边经济条件等因素，因地制宜，选择适合本企业的利用技术。

五、其他化工废渣

1. 废催化剂的综合利用

据统计，全世界每年产生的废催化剂约为 50 万～70 万吨。我国 2003 年各类催化剂生产企业有 100 多家，生产能力约 20 万吨，实际产量为 16.2 万吨。1998～2003 年我国催化剂产量年均增长率为 22.9%。2003 年我国催化剂产量在 1000t 以上的生产厂有 20 家，产量合计为 13.9 万吨，占我国催化剂总产量的 85.8%。

近年来，由于我国石油和化学工业的迅速发展，催化剂的需求量不断增加，每年有 2 万～3 万吨进口量却在逐年上升。生产这些催化剂需要耗用大量的贵重金属、有色金属以及它们的氧化物。以往深埋等处理方法处理催化剂，不仅污染环境，而且造成资源的浪费。为控制环境污染，合理利用资源，将废催化剂进行回收利用具有重要的意义。

（1）废催化剂的来源及特点　很多的有机和无机化学反应都依靠催化剂来提高反应速度，因此催化剂在石油和化学工业生产中得到了广泛的应用。例如石油炼制工业中的催化重整、催化裂化、加氢裂化、烷基化等生产过程都使用大量的催化剂应用更为广泛，仅氮肥工业中的合成氨使用催化剂的工序就有有机硫转化、氧化锌脱硫、一段转化、二段转化、高温变换、低温变换、甲烷化、氨合成等，这几种废催化剂涉及铜、锌、镍、钴、铬、钼等多种有色金属，其中镍、钴等金属我国还要靠进口，铜、锌等金属又都是国内紧缺物资。还有有机合成工业的羰基合成的铑催化剂、环氧乙烷生产的银催化剂、氨氧化法制丙烯腈的磷钼铋催化剂、乙炔法制氯乙烯的 $HgCl_2$ 催化剂、异丁醛加氢制异丁醇的镍催化剂、苯酐生产中的含钒催化剂等；化学纤维工业中对苯二甲酸二甲酯生产的钴、锰催化剂，己二胺（尼龙比盐）雷尼镍催化剂等；还有在环境保护中也有很多使用催化剂，如有机废气催化剂、湿式空气催化氧化、超临界水催化氧化及汽车尾气催化氧化等。催化剂经使用一定时间后会失活、老化或中毒，使催化剂活性降低，这时就需将废旧催化剂更换为新催化剂，于是就产生大量的废催化剂。

石油和化工生产、环境保护中使用的催化剂，一般是将 Pt、Co、Mo、Pd、Ni、Cr、Ph、Re、Ru、Ag、Bi、Mn 等稀有贵金属中的一种或几种担载在分子筛、氧化铝、活性炭、硅藻土及硅胶等载体上起催化作用。废催化剂具有如下特点：①稀有贵金属含量虽很少，但仍有很高的回收利用价值；②催化剂在使用过程中吸附一定量的污染物，给回收利用催化剂上的有价物质带来一定的困难；③往往含有重金属，会对环境造成严重污染。

（2）废催化剂的处理和回收技术　以铂或铂族元素为活性成分的催化剂大多用于石油炼制、化工生产，以及净化气过程。在化工生产中，主要用于硝酸生产；在石油炼制，主要用于催化重整装置（产品苯、甲苯、二甲苯）及异构化装置（产品异构环烃）等催化氧化过程，随着我国石油和化工的迅速发展以及原油的重质化，造成的废铂催化剂的数量越来越大。

催化重整及异构化装置大量使用铂催化剂，这些催化剂失活后定期更换下来。全国每年约产生 200t 的废铂催化剂，这些废铂催化剂主要活性组分为铂，还有少量铼、锡等。表 5-8 为几种炼厂废催化剂的主要组成。可将各同类装置更换下来的废催化剂收集起来进行回收。

表 5-8 几种炼厂废铂催化剂的主要组成

装置名称	催化剂名称		主要组成					
			Al_2O_3	Pt/Al_2O_3	Re/Al_2O_3	Sn/Al_2O_3	SiO_2	其余为 C 和 Fe
重整装置	重整催化剂	单铂	±90	0.4~0.5				
		铂铼	±90	0.3~0.5	约 0.3			
		铂锡	>90	±0.36		±0.3		
异构化装置	异构化催化剂		±70	±0.33%			±25	

不同含铂量的废催化剂有不同的回收方法，对于含铂量较高的硝酸生产和汽车尾气处理催化剂，一般可采用酸碱法或沉淀法。但对于含铂量不是很高的重整催化剂和异构化催化剂，则不够经济，可采用溶剂萃取法。

采用酸碱法从废铂催化剂中回收铂，包括预处理铝粉置换和氯化铵结晶精制等过程。铝粉置换就是用铝粉将铂从溶液中以铂粉形式置换出来。氯化铵结晶过程是用 NH_4Cl 将铂以 $(NH_4)_2PtCl_6$ 的形式结晶，加热至 $800\sim900℃$ 制成铂粉。

2. 硼泥的综合利用

硼泥是以硼镁石（$2MgO \cdot B_2O_3 \cdot H_2O$）为原料，通过焙烧、粉碎，与纯碱混合，采用碳水法生产硼砂（$Na_2B_4O_7 \cdot 10H_2O$），在水洗、结晶过程提取硼砂后剩下的固体废物。生产 1t 硼砂可产生 4t 硼泥，一个年产 8000t 硼砂厂，可产生的硼泥为 3.2 万吨。由于硼泥的排放量较大，目前国内采用多种综合利用途径，除生产轻质碳酸镁和氧化镁和橡塑填充剂外，也有制取硼镁磷复合肥、作蜂窝煤的煤加料及作建筑上的砂料等。

第五节 燃料废物循环利用及其技术

一、粉煤灰

粉煤灰是煤燃烧排放出的一种黏土类火山灰质材料。它就是指锅炉燃烧时，烟气中带出的粉状残留物，简称灰或飞灰。它还包括锅炉底部排出的炉底渣，简称炉渣。

1. 粉煤灰的组成和性质

（1）粉煤灰的组成 粉煤灰的化学组成与黏土质相似，其中以 SiO_2 和 Al_2O_3 的含量占大多数，其余为少量 Fe_2O_3、CaO、MgO、Na_2O 和 K_2O 及 SO_3 等。其主要化学组成和变化范围见表 5-9。

表 5-9 粉煤灰的化学成分 单位：%

成分	SiO_2	Al_2O_3	Fe_2O_3	CaO	MgO	Na_2O 和 K_2O	SO_3	烧失量
含量	40~60	20~30	4~10	2.5~7	0.5~2.5	0.5~2.5	0.1~1.5	3~30

根据粉煤灰中 CaO 含量的多少，可将粉煤灰分成高钙灰和低钙灰两类。一般，CaO 含量在 20% 以上的称为高钙灰，其质量优于低钙灰。我国燃煤电厂大多燃用烟煤，粉煤灰中 CaO 含量偏低，属低钙灰，但 Al_2O_3 含量一般较高，烧失量也较高。

粉煤灰的矿物组成主要包括无定形相和结晶相两大类。无定形相主要为玻璃体，约占粉煤灰总量的 50%~80%，大多是 SiO_2 和 Al_2O_3 形成的固熔体，且大多数形成空心微珠。此外，未燃尽的细小炭粒也属于无定形相。粉煤灰的结晶相主要有石英砂粒、莫来石、β-硅酸二钙、钙长石、云母、长石、磁铁矿、赤铁矿和少量石灰、残留煤矸石、黄铁矿等。在粉煤灰中，单独存在的结晶相极为少见，往往被玻璃相包裹。石英有的呈单体小石英碎屑，也有附在炭粒和煤矸石上成集合体的，多为白色。莫来石多分布于空心微珠的壳壁上，极少单颗粒存在，它相当于天然矿物富铝红柱石，呈针状体或毛粘状多晶集合体，分布在微珠壁壳上。

粉煤灰颗粒通常按其形状分为珠状颗粒和渣状颗粒两大类。其中珠状颗粒包括漂珠、空心沉珠、密实沉珠和富铁玻璃微珠等；渣状颗粒包括海绵状玻璃渣粒、炭粒、钝角颗粒、碎屑和黏聚颗粒等。其中90%的颗粒粒度为$-40\mu m$或$-60\mu m$。

（2）粉煤灰的性质

① 物理性质。粉煤灰是灰色或灰白色的粉状物。表5-10所列为粉煤灰的物理性质。

② 粉煤灰的活性。粉煤灰的活性包括物理活性和化学活性两个方面。物理活性是粉煤灰颗粒效应、微集料效应等的总和。化学活性指粉煤灰在和石灰、水混合后所显示出来的凝结硬化性能。粉煤灰的活性不仅决定于它的化学组成，而且与它的物相组成和结构特征有着密切的关系。高温熔融并经过骤冷的粉煤灰，含大量的表面光滑的玻璃微珠。这些玻璃微珠含有较高的化学内能，是粉煤灰具有活性的主要矿物相。玻璃体中含的活性SiO_2和活性Al_2O_3含量愈多，活性愈高。粉煤灰的活性是潜在的，需要激发剂的激发才能发挥出来。常用的激活方法有机械磨细法、水热合成法和碱性激发法。

表 5-10　粉煤灰的物理性质

物理性质		范围	均值
密度/(g/cm³)		1.9～2.9	2.1
堆积密度/(kg/m³)		531～1261	780
密实度/(kg/m³)		25.6～47.0	36.5
原灰标准稠度/%		27.3～66.7	48.0
比表面积/(cm²/g)	氧吸附法	800～195000	31000
	透气法	1180～6530	3300
需水量/%		89～130	106
28d抗压强度比/%		37～85	66

2. 粉煤灰中有价组分的提取

粉煤灰中含有铁、铝、空心微珠以及未燃尽炭等有用组分，并且含有多种稀有金属元素，因此，从粉煤灰中提取这些有用组分具有重要经济价值。

（1）提取铁　煤中含有黄铁矿（FeS_2）、赤铁矿（Fe_2O_3）、褐铁矿（$2Fe_2O_3 \cdot 3H_2O$）、菱铁矿（$FeCO_3$）等矿物。当煤粉燃烧时，其中的氧化铁经高温焚烧后，部分被还原为尖晶石结构的Fe_3O_4（即磁铁矿）和粒铁，因此，可直接使用磁选机分离提取这种磁性氧化铁。

粉煤灰中含铁量（以Fe_2O_3表示）一般为8%～29%，最高可达43%，可采用干式磁选和湿式磁选两种工艺，目前电厂大多采用湿式磁选工艺。通常，电厂经过两级磁选，可获得TFe品位50%～56%的铁精矿。

湿法排放的粉煤灰提铁常用干式磁选。干燥的粉煤灰磁选效果比湿灰磁选效果好。粉煤灰通过干选，可获得TFe品位55%的铁精矿。

（2）提取Al_2O_3　粉煤灰中一般含Al_2O_3 17%～35%，目前提取铝有石灰石烧结法、热酸淋洗法、氯化法、直接熔解法等多种工艺。其中石灰石烧结法提取氧化铝的工艺流程主要包括烧结、熟料自粉化、溶出、炭分和煅烧等5个工序。

粉煤灰加石灰石经粉磨后在1320～1400℃温度下进行烧结，使粉煤灰中的Al_2O_3和

SiO_2 分别与石灰石中 CaO 生成易溶于碳酸钠溶液的 $5CaO \cdot 3Al_2O_3$ 和不溶性的 $2CaO \cdot SiO_2$。当熟料冷却时，约在 650℃ 的温度下，$2CaO \cdot SiO_2$ 由 β 相转变为 γ 相，因体积膨胀发生熟料的自粉碎现象，熟料自粉化后到几乎全部能通过 200 目筛孔。粉化后的熟料加碳酸钠溶液溶出，其中的铝酸钙与碱反应生成铝酸钠进入溶液，而生成的碳酸钙和硅酸二钙留在渣中，便达到铝和硅、钙的分离。其反应式为：

$$5CaO \cdot 3Al_2O_3 + 5Na_2CO_3 + 2H_2O \longrightarrow 5CaCO_3 \downarrow + 6NaAlO_2 + 4NaOH \qquad (5-25)$$

在进一步除去溶出粗液中的 SiO_2 的 $NaAlO_2$ 精液中通入烧结产生的 CO_2，与铝酸钠反应生成氢氧化铝，氢氧化铝经煅烧转变成氧化铝。

(3) 提取玻璃微珠　粉煤灰中"微珠"，按理化特征分为漂珠、沉珠和磁珠。粉煤灰中含有 50%～80% 的玻璃微珠，其细度为 0.3～200μm，其中小于 5μm 的占粉煤灰总重的 20%，容重一般只有粉煤灰的 1/3。

提取微珠的方法，大致可分为干法机械分选和湿法机械分选两大类。图 5-2 所示为干法机械分选流程。

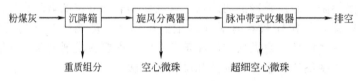

图 5-2　空心微珠的干法机械分选流程

湿法机械分选微珠，国内多用浮选、磁选、重选等多种选法的组合流程。

漂珠的密度为 0.40～0.75g/cm³，小于水的密度，因而可利用漂珠与其他颗粒间密度的差异，以水为介质用浮选将漂珠与其他颗粒分离。采用此法可得到纯度 95% 左右的漂珠。

粉煤灰中的磁珠是锅炉高温燃烧过程中，煤中含铁矿物在碳及一氧化碳的还原作用下，部分形成铁粒，一部分被还原成 Fe_3O_4 而产生的，因而可根据磁珠与其他颗粒的磁性差别进行分选。分选后可得到品位为 60% 左右的磁珠。

当粉煤灰中选出漂珠、磁珠和炭粒后，只剩下沉珠和少量单体石英等，它们在密度、形状、粒度及表面性质上均存在较大差异，因而可采用重选、浮选或分级法加富集分离，得到不同等级的沉珠产品。

(4) 提取炭　电厂锅炉在燃用无烟煤和劣质烟煤时，由于煤粉不能完全燃烧，造成粉煤灰中含炭量增高，一般波动于 8%～20%。为了降低粉煤灰中的含炭量和充分利用煤炭资源，常对粉煤灰进行提炭处理。提炭一般用浮选法和电选法。

浮选提炭适用于湿法排放的粉煤灰，此方法是利用粉煤灰和煤粒表面亲水性能的差异而将其分离的一种方法。在灰浆中加入捕收剂（采用柴油等烃类油）、起泡剂（如杂醇油、松尾油等），疏水的煤粒被其浸润而吸附在由于搅拌所产生的空气泡上，上升至液面形成矿化泡沫层即为精煤。亲水的粉煤灰颗粒则被作为尾渣排除。

3. 粉煤灰生产建筑材料

由于粉煤灰的化学成分同黏土类似，因此粉煤灰在建筑材料中的应用主要是制水泥、制砖，配制普通混凝土、轻质混凝土和加气混凝土、骨料等。质量较差的灰渣可用来铺路，作基础以及作填充料等。

(1) 粉煤灰水泥及混合材　粉煤灰的化学成分同黏土类似，可用于代替黏土配制水泥生料，可以增加水泥窑的产量，燃料消耗量也可降低 16%～17%。粉煤灰水泥具有水化热小，干缩性小，胶砂流动度大，易于浇灌和密实，成品表面光滑等优点。它在抗硫酸盐腐蚀方面也比普通水泥好。

利用粉煤灰作水泥混合材生产粉煤灰硅酸盐水泥的主要对粉煤灰掺量的选择，应根据粉煤灰细度质量情况，以控制在 20％～40％之间为宜。一般，超过 40％时，水泥的标准稠度需水量显著增大，凝结时间较长，早期强度过低，不利于粉煤灰水泥的质量与使用效果。用粉煤灰作混合材时，其粉煤灰与水泥熟料的混合方法有两种类型：将粗粉煤灰预先磨细，再与水泥混合或将粗粉煤灰与熟料、石膏一起粉磨。

（2）粉煤灰生产蒸养砖和烧结砖 粉煤灰蒸养砖是以粉煤灰和生石灰或其他碱性激发剂为主要原料，也可掺入适量的石膏，并加入一定量的煤渣或水淬矿渣等骨料，经原材料加工、搅拌、消化、轮碾、压制成型、常压或高压蒸汽养护后而制成的一种墙体材料。

粉煤灰砖的粉煤灰用量可为 60％～80％，石灰（或用电石渣）的掺量一般为 12％～20％，石膏的掺量为 2％～3％。粉煤灰砖在较短的时间内即可达到预期的产品机械强度和其他力学性能指标。

粉煤灰烧结砖是以粉煤灰、黏土及其他工业废料掺合而成的一种墙体材料，其生产工艺、主要设备与普通黏土砖基本相同。

粉煤灰颗粒较普通黏土粗，塑性指数极低，必须掺配一定数量的黏土作黏结剂才能满足砖坯成型要求。当黏土塑性指数＞15 时，粉煤灰掺入量可达 60％以上；当黏土塑性指数8～14 时，粉煤灰掺入量为 20％～50％；黏土塑性指数＜7 时，掺入粉煤灰坯体很难成型。因粉煤灰中含有一定的碳分，粉煤灰烧结砖属于内燃烧砖。

粉煤灰烧结砖具有质轻、抗压强度高等优点，但其半成品早期强度低，在人工运输和入窑阶段易于脱棱断角，影响成品外观。烧结时，应注意其温度波动不能太大。

（3）粉煤灰硅酸盐砌块 粉煤灰硅酸盐砌块，是以粉煤灰、石灰、石膏为胶凝材料，煤渣、高炉渣为骨料，加水搅拌、振动成型、蒸汽养护而成的墙体材料。

为了加速制品中胶凝材料的水热合成反应，使制品在较短时间内凝结硬化达到预期的强度要求，需要对成型后制品进行蒸汽养护。蒸汽养护可用常压蒸汽养护和或高压蒸汽养护。粉煤灰砌块的密度为 1300～1550kg/m³，抗压强度为 9.80～19.60MPa，其他力学性能也均能满足一般墙体材料的要求。

（4）粉煤灰混凝土 粉煤灰混凝土泛指掺加粉煤灰的混凝土。粉煤灰混凝土有"内掺"和"外掺"粉煤灰两种工艺。"内掺"是水泥内已掺有粉煤灰，优点是粉煤灰和水泥混合均匀质量控制好，但现场施工由于二者配比固定，不能进行调整。"外掺"是混凝土中直接掺加粉煤灰，优点是施工配比灵活，缺点是施工时需增加混合设施。

粉煤灰混凝土可节约水泥，提高混凝土质量，降低成本。

（5）粉煤灰轻骨料 粉煤灰轻骨料包括粉煤灰陶粒、蒸养陶粒和活性粉煤灰陶粒三种。其中，粉煤灰陶粒是用粉煤灰作为主要原料，掺加少量黏结剂和固体燃料，经混合、成球、高温焙烧而制得的一种人造轻骨料。其主要特点是质量轻、强度高、热导率低、耐火度高、化学稳定性好等。蒸养陶粒主要原料为粉煤灰、水泥、石灰，掺加石膏、氯化钙、沥青乳浊液、细砂等成球后采用水热处理或常压蒸汽养护和自然保护而成。这种轻骨料容重轻，强度与烧结粉煤灰陶粒相近。活性粉煤灰陶粒是分别对粉煤灰-黏土和粉煤灰-石灰石配料进行称量、混合，然后用阶梯式成球盘成球而成。陶粒粒芯含有莫来石矿物，强度较高，而陶粒表面层形成水泥熟料矿物具有活性。

4. 粉煤灰生产化工产品

由于粉煤灰中 SiO_2 和 Al_2O_3 含量较高，可用于生产化工产品，如絮凝剂、分子筛、白炭黑、水玻璃、无水氯化铝、硫酸铝等。

（1）粉煤灰絮凝剂　粉煤灰加助溶剂具有打开 Si—Al 键溶出铝的作用。目前，研究过的助溶剂包括牙膏皮、NH_4F 和 Na_2CO_3 等。

以牙膏皮为助溶剂制备粉煤灰絮凝剂。牙膏皮的主要成分为铝，溶于一定量 16% NaOH 溶液中先制成偏铝酸钠，再与酸浸粉煤灰复合制得复合混凝剂。

以 NH_4F 为助溶剂制备粉煤灰絮凝剂。在粉煤灰中加入氟化物可有效提高铝、铁的溶出率，用 $HCl(H_2SO_4)$-NH_4F 浸提粉煤灰，氟离子与复盐铝玻璃体红柱石中的二氧化硅反应，产生氟硅化合物，使玻璃体破坏，加强 Al_2O_3 的溶出效果。溶出的铝盐溶液经净化处理后，用 $NaHCO_3$ 中和生成 $Al(OH)_3$ 沉淀。在温热条件下与 $AlCl_3$ 溶液反应 $2\sim3h$，即得到盐基度达 85.3% 的聚合氯化铝。

以 Na_2CO_3 为助溶剂制备粉煤灰絮凝剂。粉煤灰中的二氧化硅和氯化铝及少量的氧化铁在高温下可与纯碱发生固相反应打开 Si—Al 键，生成可溶性硅酸盐和铝酸盐，从而提高粉煤灰中 Al、Si 的溶出率。在 950℃ 下，使粉煤灰和硫铁矿烧渣在焙烧炉内分别与纯碱反应生成复合固态焙烧产物（初级产品），再将其溶于酸生成活性硅酸、铝盐和铁盐复合物，陈化后即成聚硅酸氯化铝铁（PSARFC）絮凝剂，焙烧产物还可根据不同需要制成其他形式的聚硅酸金属盐絮凝剂。

（2）粉煤灰用于制备吸附材料　利用粉煤灰作为吸附材料可用于废水的处理，如造纸、电镀等各行各业工业废水和有害废气的净化、脱色、吸附重金属离子以及航天航空火箭燃料剂的废水处理等。

粉煤灰通过改性可提高粉煤灰的吸附性能。目前，主要的改性方法有火法和湿法两种。其中，火法改性是指将粉煤灰与碱性熔剂（Na_2CO_3）按一定比例混合，在 $800\sim900℃$ 温度下熔融，使粉煤灰生成新的多孔物质。在熔融物中加无机酸（HCl），一方面可使骨架中的铝溶出，一方面可使硅变成几乎具有原晶格骨架的多孔性、易反应性的活性 SiO_2。因浸出剂的不同，湿法又分为酸法和碱法。碱法处理时，为得到较高的硅浸出率，也要对粉煤灰进行高温处理。酸法处理时，不需要经高温处理，就可对硅、铝、铁都有较高的浸出率。

5. 粉煤灰的农业利用

粉煤灰的农业利用有两条途径：一是用于农业的改土与增产作用；二是生产粉煤灰多元素复合肥施用于农田。

（1）用于农业的改土与增产作用　粉煤灰中的硅酸盐矿物和炭粒具有土壤本身所不具备的多孔性，粉煤灰施入土壤，除其粒子中、粒子间的空隙外，同土壤粒子还可以连成无数孔道，构成输送营养物质的交通网络，其粒子内部的空隙则可以作为气体、水分和营养物质的"储存库"。能进一步改善土壤的毛细血管作用和溶液在土壤内的扩散情况，从而调节土壤的湿度，有利于植物根部加速对营养物质的吸收和分泌物的排出，促进植物生长。

粉煤灰掺入黏质土壤，可使土壤疏松，黏粒减少，砂粒增加。掺入盐碱土，除使土壤变得疏松外，还可起抑碱作用。

粉煤灰具有的灰黑色利于吸收热量，一般加入土壤可使土层温度提高 $1\sim2℃$。土层温度的提高，有利于生物活动、养分转化和种子萌发。

合理施用符合农用标准的粉煤灰对不同土壤都有增产作用，但不同土质增产效果不同，黏土最为明显，砂质土壤增产则不显著。作物不同，增产效果也不同，蔬菜效果最好，粮食作物次之，其他作物效果不稳定。

（2）生产粉煤灰多元素复合肥　粉煤灰湿排渣经烘干后，按比例加入 MgO 含量大于

50％的镁石灰、尿素、磷酸二胺、氯化钾和其他稀有元素，一起进入球磨机研磨成粉状，再经拌和、造粒、烘干、筛选，即成硅钙镁三元素复合肥，多元素复合肥含易被植物吸收的枸溶性多元素，具有无毒、无味、无腐蚀、不易潮解、不易流失、施用方便、肥效长、价格低、见效快等特点，能改良土壤，促使植物生长，增强抗干旱、病虫和倒伏能力，达到增产和提高产品质量的效果，并广泛适用于各种农作物、蔬菜和果木等。

二、煤矸石

1. 煤矸石的组成和性质

（1）煤矸石的组成　煤矸石是在煤矿开采和煤炭加工过程中产生的工业固体废物，是一种在成煤过程中与煤层伴生的一种含炭量较低、比煤坚硬的黑灰色岩石，属于沉积岩，主要有三种类型：采煤巷道产生矸石，由煤层中的夹矸、混入煤中的顶底板岩石如炭质泥（页）岩和黏土岩组成；掘进时排出矸石，主要由煤系地层中的岩石如砂岩、粉砂岩、泥岩、石灰岩、岩浆岩等组成；煤炭洗选过程中产生的煤矸石，主要由煤层中的各种夹石如黏土岩、黄铁矿结核等组成。煤矸石排出率约占煤炭开采量的10％～20％，约占全国工业废渣排放量的1/4，是目前排放量最大的工业固体废物，据统计，我国煤矸石积存量已达41亿吨以上，并且仍以每年亿吨以上的速度递增。我国煤矸石利用率不到40％，而国外的煤矸石利用率较高，如波兰在20世纪70年代对煤矸石的利用率就达到100％。金字塔式的煤矸石山侵占着大量的土地，同时其中所含的硫化物散发后会污染空气、水和土壤，其中所含的黄铁矿易被空气氧化，放出热量促使煤矸石中所含煤炭风化以致自燃；另外，煤矸石还可产生滑坡与泥石流，对环境造成了不良影响，而煤矸石本身属于宝贵的资源，因此，应当加大煤矸石综合利用力度，化害为利。

煤矸石的岩石组成与煤田地质条件有关，也与采煤技术密切相关。岩石组成变化范围大，成分复杂，主要岩石种类有黏土岩类、砂岩类、碳酸盐类和铝质岩类等。不同地区的煤矸石由不同种类的矿物组成，其含量相差较大。一般煤矸石的矿物组成主要由黏土矿物（高岭石、伊利石、蒙脱石等）、石英、长石、石灰石、氧化铝、方解石、硫铁矿及炭质等组成。煤矸石中的金属组分含量偏低，一般不具回收价值，但也有回收稀土元素的实例。

煤矸石是成煤过程中与煤层伴生的一种比较坚硬的黑色岩石，由有机物（含碳物）和无机物（岩石）组成。煤矸石的化学组成较为复杂，C是可燃组分，一般按碳含量的多少分为四类：一类是小于4％；二类是4％～6％；三类是6％～20％；四类是煤矸石发热量较高，在堆放过程中会可燃组分会缓慢氧化、自燃，其余无机组分占多数，一般以氧化物为主，如SiO_2、Al_2O_3、Fe_2O_3、CaO、MgO、K_2O等，其中SiO_2和Al_2O_3占较大比例，此外，有少量微量元素Pb、Be、Cu、Mn、As、Zn、Cr、Cd、Ni、Ba、Se、Hg、F等，煤矸石还含有有害组分硫。

煤矸石中的铝硅比也是确定其综合利用的主要因素，Al/Si大于0.5的煤矸石，铝含量高，硅含量低，以高岭石为主，可塑性较好；Al/Si小于0.3的煤矸石，以石英为主，可塑性较差。

煤矸石的岩石种类和矿物组成直接影响煤矸石的化学成分，如黏土岩矸石SiO_2含量在40％～70％之间，Al_2O_3含量在15％～30％之间，砂岩矸石SiO_2含量大于70％，铝质岩矸石Al_2O_3含量大于40％，钙质岩矸石CaO含量大于30％。

（2）煤矸石的性质　煤矸石中具有一定的可燃物质，包括煤层顶底板、夹石中所含的炭质及采掘过程中混入的煤粒。煤矸石的热值一般为4.19～12.6MJ/kg。

煤矸石是由各种岩石组成的混合物，抗压强度在 $30\sim470kg/cm^2$。煤矸石的强度和粒度有一定关系，粒度越大，其强度越大。

煤矸石的活性大小与其物相组成和煅烧温度有关。黏土类煤矸石经过焚烧（一般为 $700\sim900℃$），结晶相分解破坏，变成无定形的非晶体而具有活性。煤矸石在石灰、石膏等物料和水溶液中存在有显著的水化作用，且速度极快，表现为较强的胶凝性能，所以矸石具有潜在的活性。

从煤矸石中回收能源物质、生产建筑材料以及生产化工产品等是实现煤矸石能源化和资源化利用的有效方式之一。

2. 煤矸石中能源物质的回收

煤矸石中含有一定数量的固定炭和挥发成分，一般烧失量在 $10\%\sim30\%$，可以利用现有的选煤技术加以回收，也是对煤矸石进行利用时必要的预处理，尤其是在用煤矸石生产水泥、陶瓷、砖瓦和轻骨料等建筑材料时，如预先洗选煤矸石中的煤炭，这对保证煤矸石作建筑材料时的产品质量，稳定生产操作都是有益的。

含碳量较高（发热量为 $4.19\sim8.36MJ/kg$ 以上）的煤矸石可用作燃料，洗选工艺主要为水力旋流器分选、重介质分选和跳汰分选等。近年来在煤炭价格较高的情况下，利用浮选技术回收固定炭含量大于 20% 的煤矸石中的煤炭资源得到重视和发展。国外一些国家建立了专门从煤矸石中回收煤炭的选煤厂。利用跳汰机等设备回收低热值煤，可作为锅炉燃料；发热量在 $3.5MJ/kg$ 以上的煤矸石可不通过洗涤就直接作为矸石热电厂的沸腾炉燃料，燃烧后的灰渣还具有较高的活性，是生产建材的良好原料。

3. 煤矸石作生产建筑材料

煤矸石作生产建筑材料是目前技术成熟、利用量比较大的资源化途径之一。

（1）生产烧结砖　开发利用煤矸石砖代替黏土砖，可节地节能。据统计，我国目前有700 多家工厂生产煤矸石砖，每年生产煤矸石砖 130 多亿块，相当于少挖农田 7000 多亩，少用煤炭 240 多万吨。

不同煤矿生产的矸石成分和性质变化很大，并不是所有的矸石均能制砖。其中泥质和炭质矸石质软，易粉碎成型，是生产矸石砖的理想原料；砂质矸石质坚，难粉碎，难成型，一般不宜制砖；含石灰岩高的矸石，在高温焙烧时，由于 $CaCO_3$ 分解放出 CO_2，能使砖坯崩解、开裂、变形，一般不宜制砖，即使烧制成品，一经受潮吸水后，制品也要产生开裂、崩解现象；含硫铁矿高的矸石，煅烧时产生 SO_2 气体，造成体积膨胀，使制品破裂，烧成遇水后析出黄水，影响外观。因此，制砖煤矸石需对其化学成分、工艺性质等按要求进行选择。

煤矸石制砖的工艺过程和制黏土砖基本相同，对煤矸石砖质量通常采用强度、抗冻性、吸水率、耐酸碱性等 4 项指标来进行检查和评价，一般还要检查砖的外观特征砖如弯曲程度，有无缺棱、掉角、裂纹等。此外，对煤矸石的导热、保温及吸声性能也可以进行检测。一般矸砖的热导率较大，保温性和吸声性能不如黏土砖。

将粉碎了的各种干料同白云石、半水石膏混合后，将混合物料与硫酸溶液混合，约 15s 后，在泥浆中由于白云石和硫酸发生化学反应而产生气泡，使泥浆膨胀并充满模具，最后，将浇注料经干燥、焙烧，从而制成微孔吸声砖。这种微孔吸声砖取材容易，生产简单，施工方便，价格便宜，并具有隔热、保温、防潮、防火、防冻及耐化学腐蚀等特点，吸声系数及其他性能均能达到吸声材料的要求。

（2）生产水泥　煤矸石是一种天然黏土质原料，其煤矸石中 SiO_2、Al_2O_3、Fe_2O_3 的总含量一般在 80％以上，可代替黏土配料烧制各种型号水泥。煤矸石用作水泥原材料的质量要求一般为：对于一级品，$n[SiO_2/(Al_2O_3+Fe_2O_3)]$ 为 2.7～3.5，$p(Al_2O_3/Fe_2O_3)$ 为 1.5～3.5，MgO 小于 3％，R_2O 小于 4％，塑性指数大于 12％；对于二级品，$n[SiO_2/(Al_2O_3+Fe_2O_3)]$ 为 2.0～2.7 和 3.0～4.0，$p(Al_2O_3/Fe_2O_3)$ 不限，MgO 小于 3％，R_2O 小于 4％，塑性指数大于 12％。

（3）制保温材料

① 生产岩棉：利用煤矸石 60％、石灰 30％～40％，萤石 0～10％等为原料，经高温融化（1200～1400℃），喷吹而成的一种建筑材料，采用以焦炭为燃料的冲天炉，焦炭与原料的配比为 1：（2.3～5.0）。该制品具有质量轻，热导率低，吸声效果好，耐热、耐磨、耐蚀、化学稳定性好等特点。可大量应用于工业装备、交通运输、建筑等部门作保温材料。

② 制轻质保温材料：以煤矸石为主要原料制成的轻质保温材料，具有耐压强度高、热导率低等特点。制煤矸石轻质保温材料的主要原料为黏土岩类煤矸石、可燃物造孔剂和复合黏结剂等。

③ 生产轻骨料：轻骨料是为了减少混凝土的密度而选用的一类多孔骨料，密度小于一般卵石和碎石，有些轻骨料甚至可以浮在水上。用煤矸石生产轻骨料的工艺大致可分为两类：一类是用烧结机生产烧结型的煤矸石多孔烧结料；另一类是用回转窑（成球法）生产膨胀型的煤矸石陶粒，适宜烧制轻骨料的原料主要是炭质页岩或选煤厂排出的洗矸，煤矸石的含碳量不要过大，以低于 13％为宜。将煤矸石破碎成块或磨细后加水制成球，用烧结机或回转窑焙烧，使矸石球膨胀，冷却后即成轻骨料。

4. 煤矸石生产化工产品

目前，我国对煤矸石的利用并没有局限在回收能源物质和生产建筑材料等方面，同时也生产出多种高附加值化工产品，已应用于造纸、塑料、橡胶、电缆、石化和轻工等行业。从煤矸石中可生产化工产品包括结晶氯化铝、硅酸钠、分子筛等。

（1）回收硫铁矿和生产硫酸铵　硫含量可以决定煤矸石中硫是否具有回收价值，还可决定煤矸石的工业利用范围。对于硫含量大于 5％的煤矸石，如果其中的硫是以硫铁矿的形式存在，且呈结核状或团块状，则可采用洗选的方法回收其中的硫铁矿，粗选设备主要是跳汰机等。煤矸石中的硫铁矿在高温下生成二氧化硫，再氧化成三氧化硫，三氧化硫遇水生成硫酸，并与氨的化合物生成硫酸铵。用煤矸石生产硫酸铵的生产工艺包括焙烧、选料和粉碎（-25mm）、浸泡和过滤（料水比为 2：1，浸泡时间 4～8h，澄清时间 5～10h）、中和、浓缩结晶、干燥包装和成品。

（2）生产结晶氯化铝　以煤矸石和盐酸为主要原料，经过破碎、焙烧、磨碎、酸浸、沉淀、浓缩和脱水等生产工艺而制成结晶氯化铝。结晶氯化铝分子式为 $AlCl_3 \cdot 6H_2O$，外观为浅黄色结晶颗粒，易溶于水，是一种新型净水剂，能吸附水中的铁、氟、重金属、泥沙、油脂等。提取结晶氯化铝的煤矸石要求含铝量较高，含铁量较低。

需要注意的是：煤矸石所含铝主要是以高岭石形态存在，在常温下，高岭石对酸和碱是稳定的，但加热到 $700℃\pm50℃$ 温度，由于失去结晶水，并形成具有很大活性的 $\gamma\text{-}Al_2O_3$，易为酸浸取。

（3）生产氧化铝/氢氧化铝　煤矸石中富含氧化铝，用煤矸石生产氧化铝一般采用酸析法即利用硫酸和硫酸铵等的混合溶液溶出矿物，并利用铵明矾极易除杂质的特点除去铁、镁、钾、钠等杂质，可以获得纯净的氧化铝。氧化铝是一种不溶于水的白色粉末，是电解铝的基本原料，具有耐高温、耐腐蚀和耐磨损等优点。

煤矸石和石灰石按一定比例配料并混合磨至−0.053mm，然后适当加水混炼并压制成块烧结，温度为 $1000 \sim 1050℃$。烧结物料粉碎至−0.053mm后，用 Na_2CO_3 溶液浸取，固液分离获得 $Na_2O \cdot Al_2O_3$ 溶液和残渣，残渣适当干燥后直接经高温煅烧成硅酸盐水泥，而 $Na_2O \cdot Al_2O_3$ 溶液经去杂和碳化分解即生成氢氧化铝的沉淀，煅烧后即获得氧化铝产品，生产工艺过程产生的 CO_2 和 Na_2CO_3 废液都被循环利用，整个过程是一个封闭系统。

(4) 生产硅酸钠与白炭黑　利用自燃煤矸石或沸腾炉渣生产硫酸铝、氯化铝等铝盐过程中，会产生大量残渣，其中含有大量的无定形二氧化硅，同时还含有其他一些杂质，如硫酸钙、硫酸镁等，对残渣原料进行预处理，煅烧（$1100 \sim 1350℃$）、浸溶、浓缩，即可制得硅酸钠。硅酸钠广泛应用于胶合、肥皂填充、造纸、漂染、涂料、洗衣粉生产等方面，是一种广泛的化工原料。

将硅酸钠与稀盐酸进一步作用，得到轻质二氧化硅即白炭黑。白炭黑为白色无定性粉状物质、质轻，熔点为1300℃。它在空气中吸收水分后，即称为聚集的细粒子；白炭黑具有较大的比表面积，有较高的机械强度和伸缩率，一般情况下它的性质比较稳定，也不是危险品，但为了保证其纯洁性，仍要将其妥善包装，以防污染。

(5) 制备沸石分子筛　分子筛是用碱、氢氧化钠、硅酸钠等人工合成的一种泡沸石晶体。沸石是一族具有框架结构的含水铝硅酸盐矿物类的总称，它具有三维聚阴离子结构，这一结构由 SiO_4 和 AlO_4 四面体通过氧原子链构成，其小孔中的水和阳离子来平衡框架中的负电荷。当加热到一定温度时，水被脱去而形成大大小小的空洞，它具有很强的吸附能力，能把小于孔洞的分子吸进孔内，把大于孔洞的分子挡在孔外，这样把大小不同的分子过筛，由于沸石具有筛选分子的效应，故称之为分子筛。

用于制备分子筛的煤矸石，应以高岭石为主要成分，Al_2O_3 含量高些较佳。以煤矸石中的煤系高岭石为原料，采用低温水热合成法可生产 A 型沸石。通过调整铝硅比可进一步合成出 X 型沸石、Y 型沸石。

铝硅酸钠分子式 $Na_{12}[Al_{12}Si_{12}O_{48}] \cdot 27H_2O$，是0.4mm孔径分子筛的一种，其结构类似于氯化晶体结构。由于它具有0.4mm大小的有效孔径，结构中存在强电场，对金属离子、气、液分子具有高选择吸附性，广泛应用于化学工业的催化、吸附和分离等方面。

(6) 其他应用　煤矸石可用于橡胶、塑料、涂料和建筑防水等有机高分子化合物制品工业中作填充或改性材料时用的粉料。

作为生产填料的原料，要求煤矸石含铁量要低，以便加工成浅色填料，使其在有机制品中的应用面广泛；要求煤矸石有较高的发热量，以便于加工灵活，节约能耗，要求煤矸石的成分稳定。综合考虑，洗矸适宜用来生产各种要求的工业填料，用洗矸生产填料，除用它的发热量，还将它的无机成分全部用作填料的成分，在生产填料过程中，为了保证矸石成分的稳定性，要坚持长期取样，化验分析，必要时适当配料。

利用煤矸石还可开发赛隆材料。赛隆材料在工业生产中是做切削金属的刀具，其优良的耐热冲击性、耐高温性和良好的电绝缘性等使赛隆材料适合做焊接工具，其耐磨性又适合制作车辆底盘上的定位销。用赛隆材料制作汽车燃料针形阀和铤柱的填片，经过 60000km 运行，铤柱的磨损小于 $0.75\mu m$。

三、锅炉渣

锅炉渣是以煤为燃料的锅炉在燃烧过程中产生的块状废渣，纺织、化工和食品工业等行业燃煤工业锅炉均产生锅炉渣,另外,企事业单位的食堂、北方冬季采暖也产生炉渣,炉渣的产生量仅少于尾矿和煤矸石而居第三位。

1. 锅炉渣的组成

以煤为燃料的锅炉燃烧过程中产生的疏松状或块状废渣就是锅炉渣。锅炉渣的外观灰黑色,锅炉渣的容重一般为 $0.7\sim1.0t/m^3$,干渣相对密度 $2.1\sim2.5$。

除含碳量通常比粉煤灰高外,锅炉渣的化学组成与粉煤灰相似,一般都在 15% 左右。锅炉渣的化学组成主要有 SiO_2($60\%\sim65\%$)、Al_2O_3($17\%\sim20\%$)、Fe_2O_3($2.5\%\sim2.8\%$)、CaO($2.4\%\sim3.1\%$)、MgO($1.7\%\sim2.2\%$)和 SO_3($0.2\%\sim0.3\%$)。锅炉渣的矿物组成主要是玻璃相和莫来石,针状的莫来石交织分布于玻璃相中,其次是石英、钠长石、赤铁矿。

锅炉渣属火山灰质混合材料,有一定活性,在激发剂作用下会显示一定的水硬性,可作为水泥的活性混合材使用,也可以与水泥熟料混合、磨细,配置成水泥,或者与石灰、石膏等混合制备无熟料水泥。石灰含量高的锅炉渣可回收利用石灰。

沸腾炉渣是沸腾炉燃烧时产生的废渣。我国沸腾炉一般使用低热值燃料,如石煤、煤矸石、劣质煤、油母页岩等。沸腾炉渣的化学成分和普通炉渣相似,容重轻、颗粒小、粉状物含量多,以 SiO_2 和 Al_2O_3 为主,但含碳量少,其活性高且易磨。

2. 锅炉渣生产建筑材料

锅炉渣可以作为混合材使用,由于锅炉渣中 SiO_2 含量较高,还可以作为硅质校正原料。锅炉渣的主要成分是 SiO_2 和 Al_2O_3,这些成分遇有一定的化学活性,可以与水泥水化产物进行二次反应,生成新的水化物,使砌块中固体晶体和胶体的数量增多,从而增加其强度。锅炉渣还可用作制砖内燃料,作硅酸盐制品的骨架,用于筑路或作屋面保温材料等。

(1) 生产烧结空心砖 锅炉渣为内燃料生产黏土空心砖的工艺流程主要工序包括物料配比、坯料制备、成型和焙烧等。黏土燃料的掺配比例根据黏土的塑性指数、工艺要求及烧成所需的热值确定。黏土塑性指数高时可掺较多的发热量低的内燃料;黏土塑性指数低则要选用发热量高的内燃料。例如,黏土塑性指数为 13 时,焦炭屑的发热量为 18810kJ/kg、锅炉渣的发热量为 6270kJ/kg,焦炭屑和炉渣按 $1:1$ 混合破碎后作内燃料,KP1 型承重黏土空心砖每块按热值 3762kJ 掺配;非承重黏土空心砖每块按热值 8360kJ 掺配,内燃料仅占黏土质量的 10% 左右。黏土塑性指数为 16 时,焦炭屑与锅炉渣的比例可调整到 $1:1.5$,混合料发热量 7273kJ/kg,承重和非承重空心砖每块掺配量分别提高到 0.7kg 和 1.6kg,占黏土质量的 20% 左右。一般情况下,内燃料粒度应控制在 3mm 以下,其中 $\leq$2mm 的必须 $\geq$75$\%$,才能对产品的外观、燃烧、石灰爆裂及强度影响较小。

(2) 生产小型空心砌块 利用锅炉渣、烟囱灰研制小型空心砌块。以水泥为胶凝材料,锅炉渣为粗骨,增加加密实度,又能提高其强度。水泥:锅炉渣:烟囱灰:水为 $1:0.75:0.25:0.77$ 的配比可以满足框架填充材料强度的要求,砌块强度可达到 $2.0\sim3.0MPa$。四川、河南等地用锅炉渣代替石子生产炉渣小砌块,现该砌块已用于沿淮地区建筑物的框架结构填充墙中,效果很好。

制砖内燃料是将炉渣粉碎到 3mm 以下,与黏土掺合制成砖坯,在焙烧过程中,炉渣中的未燃炭会缓慢燃烧并放出热量。由于砖的焙烧时间很长,这些未燃炭可在砖内燃烧得很完全。采用内燃烧技术可收到显著的节能效果。通常生产万块砖耗煤 $1.2\sim1.6t$,而利用炉渣作内燃料后每万块砖仅需煤 $0.1\sim0.2t$。

（3）生产蒸养煤渣砖　北京、武汉等地用炉渣作蒸养粉煤灰砖骨料。炉渣作蒸养粉煤灰砖骨料降低产品容重，提高产品强度。蒸养煤渣砖是以炉渣为主要原料，掺入适量（10%～12%）的碱性激发剂（石灰）及水，经破碎、轮碾、成型、蒸汽养护硬化而成的一种建筑材料。制砖内燃料是将炉渣粉碎到 3mm 以下，与黏土掺合制成砖坯，在焙烧过程中，炉渣中的未燃炭会缓慢燃烧并放出热量。由于砖的焙烧时间很长，这些未燃炭可在砖内燃烧得很完全。采用内燃烧技术可收到显著的节能效果。通常生产万块砖耗煤 1.2～1.6t，而利用炉渣作内燃料后每万块砖仅需煤 0.1～0.2t。据统计辽宁省凌源县几十个砖厂利用炉渣后煤耗降低了 80%。炉渣由于容重较轻，可作屋面保温材料和轻骨料。炉渣破碎后，按炉渣、石灰、石膏、水分分别为 86%±3%、10%±2%、4%±1%、12%±2% 混合轮碾，再在压力 200kgf/cm²（1kgf/cm² = 98.0665kPa）下成型。坯料在 95～100℃蒸养，并恒温 8h，取出即为煤渣砖。

（4）制水泥和作水泥的活性混合材料　炉渣可用于制备水泥，也可作为水泥的活性混合材使用。锅炉渣有一定活性，可作为水泥的活性混合材，也可以与少量水泥熟料混合，磨细配制砌筑水泥，或与石灰、石膏混合磨细配制无熟料水泥。锅炉渣制水泥工艺流程，与普通水泥生产工艺流程相同。炉渣、石灰石、铁矿粉、粉煤的配比（质量分数）为 57：34：1：8。混合料短少温度为 1450℃。锅炉渣易磨性好，作混合材可起到助磨作用，降低水泥生产电耗。各地锅炉渣的成分和性能差别很大，能否作水泥混合材及掺量多少需通过试验确定。

（5）锅炉渣生产冶金用石灰　煤气发生炉炉渣含碳 20%～22%，热值 1000～2300kcal/kg，可用于生产冶金用石灰。石灰石和炉渣定期按 1：1 比例装入石灰窑在温度 800～900℃煅烧。烧成的石灰从窑底取出，经去除石灰头渣，得到块状冶金用生石灰。石灰头渣可用于铺路、打地坪等。

第六节　废旧电子产品循环利用及其技术

一、废电池

1. 废电池的种类

目前我国生产的电池包括 14 个系列、250 个品种。电池有湿电池和干电池之分，湿电池即铅酸电池。干电池又分为一次电池和二次电池。一次电池主要有锌碳电池、碱锰电池以及氧化汞和氧化银等纽扣电池；二次电池主要包括镍镉电池、镍氢电池和锂离子电池。小型一次电池（锌碳电池、碱锰电池）按含汞量的多少又分为无汞电池（汞含量小于电池质量的 0.0001%）和低汞电池（汞含量小于电池质量的 0.025%）。已生产并应用的电池按照化学构成的分类见图 5-3。

原电池经使用后，储存能量转换完毕（储能转换反应输出的电能不能满足特定的供电特性要求），则电池的使用寿命终止，电池产品变成了废电池；蓄电池（市售民用品，多称可充电电池）可通过电能转换逆反应机制实现再储能操作（充电），从而可以重复使用（放电），但受制于热力学第二定律，每一个充-放电循环中均会使一定量的有效组分耗散，放电特性随着循环的积累而劣化，当劣化后的放电特性不能满足使用要求时，蓄电池失去使用价值，同样变为废电池。由于电池的构成与组成物质多种多样，在回收处理中各种废电池处理方式也不同，图 5-4 是常见的一种处理、处置分类法。物理电池、燃料电池不在此讨论范围内。

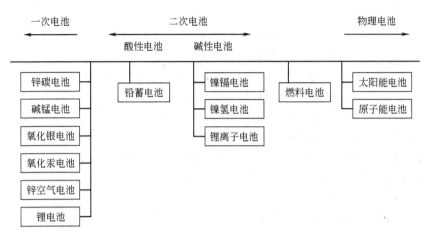

图 5-3　电池的分类（按照电池的构成物质及能量转换方式）

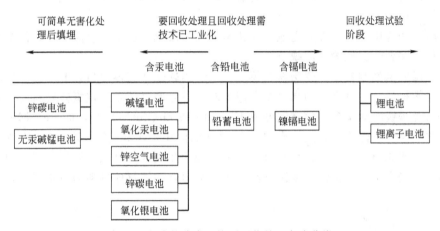

图 5-4　电池的分类（按照回收处理方式分类）

2. 废电池中有价金属提取技术

（1）锌锰废电池有价金属提取工艺

① 湿法冶金法。该法基于 Zn、MnO_2 可溶于酸的原理，将电池中的 Zn、MnO_2 与酸作用生成可溶性盐进入溶液，溶液经过净化后电解生产金属锌和电解 MnO_2 或生产其他化工产品、化肥等。湿法冶金又分为焙烧-浸出法和直接浸出法。

焙烧-浸出法是将废电池焙烧，使其中的氯化铵、氯化亚汞等挥发成气相并分别在冷凝装置中回收，高价金属氧化物被还原成低价氧化物，焙烧产物用酸浸出，然后从浸出液中用电解法回收金属，焙烧过程中发生的主要反应：

$$MeO + C \longrightarrow Me + CO \uparrow \tag{5-26}$$

浸出过程中发生的主要反应：

$$Me + 2H^+ \longrightarrow Me^{2+} + H_2 \uparrow \tag{5-27}$$

$$MeO + 2H^+ \longrightarrow Me^{2+} + H_2O \tag{5-28}$$

电解时，阴极发生的主要反应：

$$Me^{2+} + 2e^- \longrightarrow Me \tag{5-29}$$

直接浸出法是将废干电池破碎、筛分、洗涤后，直接用酸浸出其中的锌、锰等金属成分，经过滤，滤液净化后，从中提取金属并生产化工产品。

反应式为：

$$MnO_2 + 4HCl \longrightarrow MnCl_2 + Cl_2 \uparrow + 2H_2O \qquad (5\text{-}30)$$

$$MnO_2 + 2HCl \longrightarrow MnCl_2 + H_2O \qquad (5\text{-}31)$$

$$Mn_2O_3 + 6HCl \longrightarrow 2MnCl_2 + Cl_2 \uparrow + 3H_2O \qquad (5\text{-}32)$$

$$MnCl_2 + NaOH \longrightarrow Mn(OH)_2 + 2NaCl \qquad (5\text{-}33)$$

$$Mn(OH)_2 + 氧化剂 \longrightarrow MnO_2 \downarrow + 2HCl \qquad (5\text{-}34)$$

电池中的 Zn 以 ZnO 的形式回收，反应式如下：

$$Zn^{2+} + 2OH^- \longrightarrow Zn(OH)_2(无定形胶体) \longrightarrow ZnO(结晶体) + H_2O \qquad (5\text{-}35)$$

② 常压冶金法。该法是在高温下使废电池中的金属及其化合物氧化、还原、分解和挥发以及冷凝的过程。

方法一：在较低的温度下，加热废干电池，先使汞挥发，然后在较高的温度下回收锌和其他重金属。

方法二：先在高温下焙烧，使其中的易挥发金属及其氧化物挥发，残留物作为冶金中间产品或另行处理。

湿法冶金和常压冶金处理废电池，在技术上较为成熟，但都具有流程长、污染源多、投资和消耗高、综合效益低的共同缺点。

(2) 锌锰废电池制备锰锌软磁铁氧体工艺　锰锌软磁铁氧体微粉是电子工业广泛应用的一种无机功能材料，信息产业的高速发展使得对高磁导率锰锌软磁铁氧体材料的年需求量以高速递增。废锌锰电池中含有较高纯度的 Fe、Mn 和 Zn(ZnCl_2) 等，而 Fe、Mn、Zn 都是锰锌软磁铁氧体的主体成分，所以若能以废锌锰电池中的 Fe、Mn、Zn 作制备高磁导率锰锌软磁铁氧体的原料，经济效益相当可观。中南大学在锰锌软磁铁氧体材料制备领域的大量研究基础上，提出了由废锌锰电池制备高磁导率锰锌软磁铁氧体材料的新工艺，其工艺流程见图 5-5。

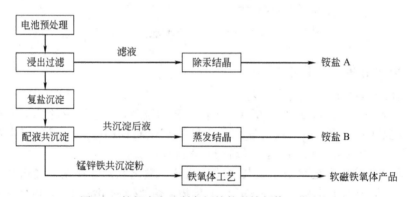

图 5-5　锌锰废电池制备锰锌软磁铁氧体工艺流程

废电池预处理后，将富含 Fe、Zn、Mn 等组分的物料用硫酸浸出过滤，浸出液经复盐沉淀净化后配液，采用共沉淀的方法得到锰锌铁共沉淀粉，再经铁氧体工艺制得锰锌软磁铁氧体。工艺中同时可得到两种副产品铵盐。

上述工艺利用废锌锰电池中的有价成分生产锰锌软磁铁氧体产品，使得其经济效益远大于传统的湿法和火法工艺，同时因流程为闭路循环，环境效益也十分突出。

(3) 废氧化银电池的回收处理方法　氧化银电池与锌碳电池相比，由于银属于贵金属，因此它的回收更具有经济价值。银电池的回收也有湿法和干法两种。家用银电池通常为纽扣电池，在进行回收处理之前，需要将纽扣形废电池经粒度分选机分选后，再用手选把银电池分出。银电池的湿法回收是利用银可溶解于酸及银与盐酸生成沉淀的性质，把银与其他金属分离，经过还原、洗涤、沉淀及分离电解等过程，回收银合金。银电池的干法回收是将银电池在高温下焙烧，银氧化物分解、挥发、冷凝，以回收银。日本回收银电池的工艺流程见图 5-6。

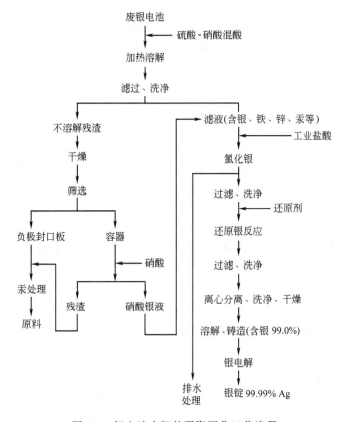

图 5-6　银电池中银的再资源化工艺流程

（4）镍镉电池回收处理方法　Ni-Cd 电池含有大量的 Ni、Cd 和 Fe，其中 Ni 是钢铁、电器、有色合金、电镀等方面的重要原料。Cd 是电池、颜料和合金等方面用的稀有金属，又是有毒重金属，故日本较早即开展了废镍镉电池再生利用的研究开发，其工艺也有干法和湿法两种。干法主要利用镉及其氧化物蒸气压高的特点，在高温下使镉蒸发而与镍分离。湿法则是将废电池破碎后，采用硫酸浸出后再用 H_2S 分离出镉。

（5）铅蓄电池回收处理方法　铅蓄电池的体积较大而且铅的毒性较强，所以在各类电池中，最早进行回收利用，故其工艺也较为完善并在不断发展中。

在废铅蓄电池的回收技术中，泥渣的处理是关键，废铅蓄电池的泥渣物相主要是 $PbSO_4$、PbO_2、PbO、Pb 等。其中 PbO_2 是主要成分，它在正极填料和混合填料中所占质量为 41％～46％和 24％～28％。因此，PbO_2 还原效果对整个回收技术具有重要的影响，其还原工艺有火法和湿法两种。火法是将 PbO_2 与泥渣中的其他组分 $PbSO_4$、PbO 等一同在冶金炉中还原冶炼成 Pb。但由于产生 SO_2 和高温 Pb 尘等二次污染物，且能耗高，利用率低，故将会逐步被淘汰。湿法是在溶液条件下加入还原剂使 PbO_2 还原转化为低价态的铅化合物。已尝试过的还原剂有许多种。其中，以硫酸溶液中 $FeSO_4$ 还原 PbO_2 法较为理想，并具有工业应用价值。

硫酸溶液中 $FeSO_4$ 还原 PbO_2，还原过程可用下式表示：

$$PbO_2(固)+2FeSO_4(液)+2H_2SO_4(液) \longrightarrow PbSO_4(固)+Fe_2(SO4)_3(液)+2H_2O$$

$$(5\text{-}36)$$

此法还原过程稳定，速度快，还可使泥渣中的金属铅完全转化，并有利于 PbO_2 的还原：

$$Pb(固)+Fe_2(SO_4)_3(液) \longrightarrow PbSO_4(固)+2FeSO_4(液) \tag{5-37}$$

$$Pb(固)+PbO(固)+2H_2SO_4(液) \longrightarrow 2PbSO_4(固)+2H_2O \tag{5-38}$$

还原剂可利用钢铁酸洗废水配制，以废治废。

（6）废锂电池的回收处理技术　锂金属是贵重金属资源。锂电池具有较高的回收利用价值。无论是一次性锂电池还是锂离子蓄电池，由于品种、类型一直都处于发展、变化中，即电池化学组成及构造不断变化，造成废锂电池的回收利用比其他的已成熟、稳定的废电池更困难。

由于锂离子蓄电池使用寿命长，投入市场时间短，以一次性锂电池（Li/MnO_2）为主，实验室回收流程如图 5-7 所示。将破碎后的锂电池筛分后，就得到负极锂电极。由于金属锂溶于水时，与水发生快速反应，放出大量的热，生成氢气与可溶于水的氢氧化锂。因此不能直接在水或酸中溶解废锂电池。实验表明，采用异丁醇水溶液可以使这一反应安全进行，反应的同时，通入二氧化碳气体，生成高统一纯度的碳酸锂沉淀。将沉淀静置分离后，加入盐酸，使沉淀溶解，再通过电解可得到高纯度的金属锂。正极中的金属锰则可以通过酸溶解、电解得到。此方法还有待生产性实验验证。

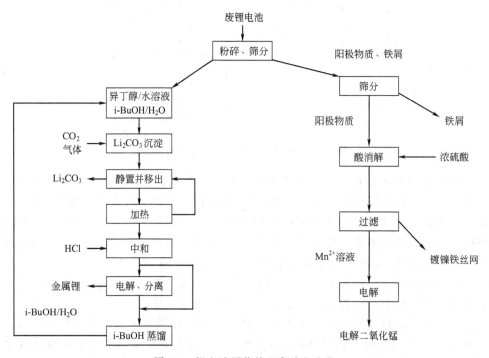

图 5-7　锂电池回收处理实验室流程

（7）含汞电池的回收处理技术　含汞电池的回收主要有两种方法。对于含汞较低的电池，主要采用固化的方法，固化后填埋于危险物填埋场。

在填埋之前，首先将废电池磨碎，然后用水泥作为固化剂将磨碎的废电池包裹在其中，但为了防止汞的渗出和泄漏，必须在破碎的废电池中加入硫化钠等易于与汞形成不溶盐的物质作为稳定剂，再加入硫酸铁防止硫化汞与硫化钠再次反应生成溶解性的二硫汞化钠络合物。对于含汞较高的废电池如碱性锌锰电池、纽扣电池则需用真空加热的方法先将其中的汞蒸发出来后，再进行后续处理。其处理步骤如下。

① 分类。按电池的大小、形状与质量把各类电池进行分类，区别柱状电池与纽扣电池。

② 拆解。将废电池的外壳与电池的内芯分开，对外壳中的钢铁等金属进行回收。

③ 加热。在真空加热炉中加热将汞蒸发出来。

④ 冷凝。蒸发出来的汞送入汞冷凝装置冷凝回收可得到金属汞，其中汞的回收率可达到 99.99%。

二、电子废物

1. 电子废物的来源与组成

（1）电子废物的来源　电子废物一般来源于电子产品的生产企业、维修服务业和消费者。其来源主要有两大类：一类来源于人们的生活；另一类来源于电子产品的生产过程。

（2）电子废物的组成　电子废物的组成十分复杂。如各种印刷电路（PCB），由于单位的解离粒度小，不容易实现分离。非金属成分主要为含特殊添加剂的热固性塑料，处理相当困难。

电子废物化学组成主要有金属、塑料、玻璃等。从种类上大致可分为两类：第一类是电冰箱、洗衣机、空调等，基本上为金属、塑料及泡沫保温材料等。这类产品拆解和处理比较简单。第二类是所含材料对环境危害比较大，如电脑、电视机、手机等。电子废物材料组成见表 5-11。可见，电子废物含有数量较大的贵重金属，很有回收利用价值。1t 印刷电路板中含有的金属见表 5-12。

表 5-11　电子废物材料组成

所含成分	电子产品			
	计算机	电视机	电话	家用电器
电路板/%	23	7	11	15
塑料/%	22	10	69	
含铁金属/%	32	20		51
不含铁金属/%	3	4	4	4
玻璃/%	15	41		
其他/%	5	18	16	30

表 5-12　印刷电路板中物质含量分析

成　　分	塑料	Cu	Au	Fe	Pb	Ni	Sb
含量/(kg/t)	272.4	129.8	0.45	40.9	29.5	20	10

而且有研究表明，电子废物中这些金属的纯度非常高，有的甚至达到 99.999%，因此，电子废物也被称为一种"高品位的矿石"，表 5-13 所列为台式电脑所使用的材料及其回收情况。

目前，对废弃电脑的回收主要集中在金属，尤其是贵重金属上，回收率一般在 70% 以上。对于塑料的回收率还停留在一个很低水平，但塑料所占的质量比例位居前列。综合考虑，电子废物对环境的影响因子主要是：铅、汞等重金属，塑料（填埋很难降解，焚烧则因为 PVC、阻燃剂等的存在易生成二噁英等有害物质），一般金属，特殊污染物（如旧冰箱中的氟利昂，笔记本中的液晶）等几类，要解决电子废物所造成的环境问题，就必须根据其对环境的影响特点提出具体的解决方案。

表 5-13 台式电脑材料组成特征和回收率

材料名称	含量/%	质量/kg	回收率/%	主要的应用部件
硅石	24.88	6.80	0	屏幕、CRT 和电路板
塑料	22.99	6.26	20	外壳、底座、按钮、线缆皮
铁	20.47	5.58	80	结构、支架、磁体、CRT
铝	14.17	3.86	80	结构、导线和支架部分、连接器
铜	6.93	1.91	90	导线、连接器、CRT
铅	6.31	1.72	5	防辐射屏、CRT
锌	2.20	0.60	60	电池、荧光粉
锡	1.01	0.27	70	金属焊点
镍	0.85	0.23	80	结构、支架、磁体、CRT
钡	0.03	0.05	0	CRT 中的中空管
锰	0.03	0.05	0	结构、支架、磁体、CRT
银	0.02	0.05	98	PWB 上的导体、连接器

2. 电子废物的回收技术

（1）分类回收和拆卸　电子废物的分类回收和拆卸通常是指电子废物在分类回收后运往拆卸公司，再由拆卸公司拆卸成各种碎片。在瑞典的斯特曼技术中心，电子废物先是被大致分成五大部分：大的金属零件、多氯联苯、包装材料、塑料零件和阴极射线管，然后再进一步拆分成 70 多种不同的碎片。在拆卸的过程中，对诸如存储器片、集成电路板等可进行修理或升级的则延长其寿命再使用；对含有害物质的部分，如水银开关、镍-镉电池和含有多氯联苯的电容器等可预先拆下来，通过可靠性检测后再对其进行单独处理。贵金属成分含量的多少是衡量电子废物价值高低的基础，价值高的电子废物贵金属含量较多，如电脑的多氯联苯；价值低的电子废物贵金属含量较少，如电视、录影机的多氯联苯。但不论电子废物价值高低，处理流程基本是相同的。

（2）电子废物中金属的回收　电子废物中金属的回收过程比较复杂，通常是先通过高温使金属和杂质分离，然后通过几个相应的加工流程来提炼各种金属。电子废物中的铜、金、银、铂、钯等贵金属一般通过转炉加工回收。瑞典 Boliden 公司和加拿大 Noranda 公司含贵金属的电子废物的回收流程如下。

① 熔化。取样后的不同的电子废物经过均匀混合，作为原料加入到熔炉中。开始焚烧时需加入一些燃料，当熔炉温度为 1200~1250℃、多氯联苯所含能量为 35~36GJ/t 时，加工过程就可靠多氯联苯中所含有机物释放的能量来维持。在冶炼过程中塑料的燃烧和金属铝的氧化会放出热量。为了控制冶炼温度不至于过高，需要加入硅酸盐，同时还要控制加入塑料的数量。在熔炼过程中，熔融的电子废物顶层是炉渣，底层是铜。铜和少许矿渣流入转炉中，剩下的炉渣和矿石一起通过浮选来回收一些贵金属。最后剩余的炉渣堆放在残渣中，可进一步浓缩、精炼回收贵金属。

② 精炼。来自熔炉的铜加入到转炉中混合精炼，通过吹氧熔融铜中的铁和硫黄，从而净化铜，并加入硅酸盐形成炉渣，其温度在 1200℃左右。转炉的精炼过程是放热过程，氧

化过程能提供足够的热量使转炉运行。上层炉渣主要包括铁、锌；较低层是水泡铜或白铜。炉渣可以通过进一步净化得到副产品铁砂和锌渣，再通过电炉加工铁砂和锌渣得到铁和锌。转炉中产生的工业废气经过处理后得到的金属尘土，可进行再回收。

③ 电解。由转炉中得到的水泡铜（98%的铜）铸成阳极铜，即所谓的阳极铸造，成型的阳极铜含有99%的铜和0.5%的贵金属。铜电极通过电解提纯，利用硫酸和铜的硫酸盐作为电解液，加工过程中的直流电流约2万安培。在阴极板上一般可获得99.99%的纯铜，而贵金属和杂质则作为阳极的附着物留在阳极板上，可进一步进行提炼。贵金属的精炼在精炼厂，金、银、铂、钯可再生。

（3）电子废物中非金属的回收处理　电子废物中所含的非金属成分主要是树脂纤维、塑料和玻璃。多氯联苯基板中所含有机物，包括树脂纤维在卡尔多炉中作为燃料产生热值维持炉温，最后产生的炉渣可用作筑路材料。塑料主要来自于计算机、电视、洗衣机等的外壳制件，熔化后可作为新产品的原材料使用，或者被用作燃料。玻璃主要来自于阴极射线管显示器，因为含有铅，玻璃被归属为危险物品，一些公司用显示器碎玻璃制造新的阴极射线管。非金属处理经常采用填埋、焚烧或热解气化技术。

① 填埋技术。填埋技术是一种操作简单的垃圾处理方法，其缺点是填埋需占用大量土地，且大多填埋场没有7层以上严密防渗漏措施，长时间暴露在较为开放的空间中，随着雨水的渗入，电子废物渗出液会污染地下水及土壤，其中含有难以生物降解的萘等非氯化芳香族化合物、氯化芳香族化合物、磷酸酯、酚类化合物和苯胺类化合物；其中还含有大量金属离子，铁离子浓度可高达2050mg/L，铅离子的浓度可达12.3mg/L，锌离子浓度可达130mg/L，钙离子浓度可达4200mg/L。同时垃圾堆放产生的气体严重影响场地周边的空气质量。近年来有的城市已经认识到这些问题，建立起一批具有较高水平的填埋厂，较好地解决了二次污染问题，但却又带来了其他的问题——建设投资大，运行费用高等。最关键的是填埋厂处理能力有限，服务期满后仍需投资建设新的填埋场，进一步占用土地资源。基于这些原因，国外从20世纪80年代以来，填埋设施有逐渐减少的趋势，成为其他处理工艺的辅助方法，主要用来处理不能再利用的物质。

② 焚烧技术。焚烧是一种传统的垃圾处理方法，通过焚烧垃圾来发电，既最大限度地减少了垃圾的体积，又利用其产生新能源。在日本、荷兰、瑞士、丹麦、瑞典等国成为垃圾处理的主要手段，瑞士垃圾80%为焚烧，日本、丹麦垃圾70%以上为焚烧。但焚烧过程产生的二噁英，这种毒气会导致人甚至动物患上癌症。二噁英是一种含氯有机化合物，即多氯二苯并对二噁英（polychlorinated dibenzo-p-dioxin，简称PCDD）、多氯代二苯并呋喃（polychlorinated dibenzo-furan，简称PCDF）及其同系物（PCDDs和PCDFs）的总称。它可以气体和固体形态存在，化学稳定性高，难溶于水，对酸碱稳定，不易分解，不易燃烧，易溶于脂肪，进入人体后几乎不排泄而累积于脂肪和肝脏中，不仅具有致癌性，而且具有生殖毒性、免疫毒性和内分泌毒性。其中毒性最强的是2,3,7,8-TCDD，其毒性是马钱子碱的500倍，氰化物的1000倍。

③ 热解气化技术。热解气化技术是在焚烧法基础上发展起来的一种垃圾处理技术。是结合热解气化和熔融固化的一种新型垃圾处置方法，可实现无害化、减容性、广泛的物料适应性和高效的能源与物资回收。该技术是先将垃圾在450~600℃的还原性气氛下气化，产生可燃气体和易于铁、铝等金属回收的残留物，再进行可燃气体的燃烧使含炭灰渣在1350~1400℃条件下熔融，整个过程把低温气体和高温熔融结合起来。它不同于传统意义上的焚烧，它将大量的城市生活废物——废旧的电器、电脑、电池，打印机硒鼓、墨盒，医院废弃的一次性输液、注射品，巨量的生活垃圾等经高温分解转化为蒸汽，由此产生新的热能来发

电和供热。

热解气化技术的另一个优点是垃圾无须分类，这样不仅可以降低电子废物分类的费用，还大大缩短了电子废物处理的周期，并可产出热能和电能。

（4）电子废物的综合回收处理工艺　电子废物的综合利用主要涉及机械处理、湿法冶金、火法冶金以及最近兴起的生物方法等。由于机械处理方法具有污染小，可进行资源综合回收的优点，目前得到广泛的应用。早在 20 世纪 70 年代美国矿产局（USBM）采用机械处理方法处理军用电子废物；20 世纪 90 年代以后，在欧美、日本等发达国家开始研究并进行了工业规模的回收利用。电子废物处理的基本工艺流程大致如图 5-8、图 5-9 和图 5-10所示。

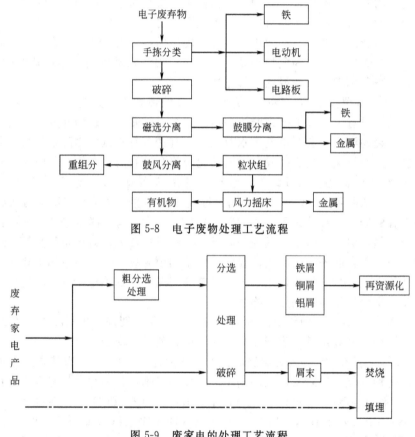

图 5-8　电子废物处理工艺流程

图 5-9　废家电的处理工艺流程

在火法冶金方法方面，澳大利亚则开发出一项利用废旧手机生产铺路材料的技术。其具体步骤是将已经作废的手机整体熔化，经过加工处理后，机壳等塑料部分可用来制作建筑材料，手机电池中含有的镍和汞等金属物质则可再次利用；芬兰北部一家"生态电子公司"采用类似矿山冶炼的生产工艺，把废旧手机和个人电脑以及家用电器进行粉碎和分类处理，然后对材料重新回收利用。每年可以处理电子垃圾 1500～2000t，而且由于建有良好的环保处理系统，工厂将不会给地下水源和空气造成污染。在金属分选方面，气力摇床分选、涡电流分选和静电分选等技术也得到了广泛的应用。如 Shunli Zhang 等研究利用气力摇床从电子废物中分选金属，目的金属铜、金、银的回收率分别为 76％、83％及 91％，品位也分别高达 72％、328g/t 和 1908g/t；J. M. Krowinkel 等采用涡流分选机分选废旧电视破碎产品中 6mm 以上部分，可获得含 76％铝、16％其他有色金属及少量玻璃、塑料的金属富集体，铝

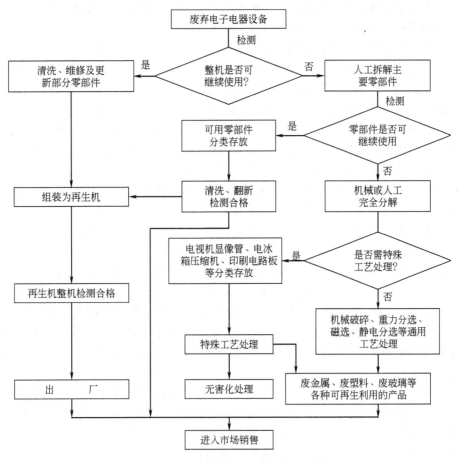

图 5-10　我国电子废物处理处置的工艺流程

回收率达 89％；Shunli Zhang 等利用一种新开发的涡流分选机从电脑及线路板废物中回收金属铝，可获得品位高达 85％金属铝富集体，回收率也可达到 90％；德国的一家公司研制了一种分离金属和塑料的静电分选机，在控制的条件下可以分离尺寸小于 0.1mm 的颗粒，甚至能够从粉尘中回收贵重金属，而这些粉尘在其他工艺中仅仅被当作危险废物。

同时，重选分离技术和浮选技术也可以从电子垃圾处理领域用来分选出多种不同的金属。

我国在废旧家用电器资源化研究方面，经过反复试验、分析、筛选，确定了适合我国国情的技术方案。该方案的技术路线是手工拆解＋专用工具、设备，对废旧家电进行预处理。试验表明，该方案较为经济、高效。

3. 日光灯的综合利用

（1）基本特点　废弃的日光灯管，在被丢弃的过程中破碎，立即会向周围散发汞蒸气。经检测，常温下打碎一只 40W 的日光灯，瞬间会使空气中的汞蒸气浓度增加到 $10\sim20mg/m^3$，超过国家大气质量标准规定最高允许浓度的 3 万～6 万倍。同时，从灯管中散发出的金属汞或其化合物，也会不断向空气中蒸发或地下沉积。

直管荧光灯中主要成分为：玻璃 97.6％、镍铜金属丝 1.05％、铝 0.94％、钨 0.08％、锡 0.05％、荧光粉 0.28％及微量的汞。因而废弃电子荧光灯不是"废物"，而是有待开发的"工业固体废物"，做好废弃荧光灯的回收和再生利用，能创造可观的经济效益。通过研究荧光灯中 90％以上的材料都能被再循环。铜、铝、钨、锡等金属、玻璃及含有稀土的三基色荧光粉循环利用，大可减少制灯企业成本与资源的浪费。

（2）主要处理方法　目前国外处置含汞废灯管和废灯泡的方法有 3 种，即加硫填埋法、焚烧法、回收利用法。其中，加硫填埋是一种比较简单有效的方法，根据美国电器制造者协会（NEMA）的报告介绍，经过近十年的实验研究，尚未发现填埋对人类健康有明显危险，美国环境保护署对填埋场浸出液的汞进行检测，检出浓度超过饮用水的标准。国外废旧灯管回收利用的处理技术主要有直接破碎分离和切端吹扫分离。直接破碎分离工艺的处理流程是：先将灯管整体粉碎洗净干燥后回收汞和玻璃管的混合物，然后经焙烧、蒸发并凝结回收粗汞，再经汞生产装置精制后供荧光灯用汞，每支灯管回收汞 10～20mg。

（3）荧光灯的破碎与物理分离　废弃荧光灯的破碎与物理分离技术有湿法、干法两种，其主要区别就在于湿法进行液下破碎，而干法同样为了有效回收汞通常在密闭甚至是真空条件下进行。为避免废旧荧光灯运输过程中破碎和体积庞大的问题，目前还出现了一种处理废弃荧光灯的流动设备。

湿法的产生源于水银可通过水封保存的特性，为避免荧光灯破碎空气受汞蒸气的污染而在水中添加丙酮或乙醇更能有效地捕获汞。Mahmoud A. Rabah 从废弃荧光灯中分离金属的过程中采用含 30％的丙酮溶液下破碎，成功地避免了汞蒸气带来的困扰。荧光灯管内壁的荧光粉通过使用旋转的湿刷结合喷雾器喷射分离，经 $10\mu m$ 细筛过滤而得；剩下含汞溶液经减压蒸馏将汞分离回收。在欧洲，德国、芬兰、瑞士等国家生产的"湿法"灯碾碎机已经应用于工业。

干法处理目前研究较多的主要有"直接破碎分离"和"切端吹扫分离"两种工艺。"直接破碎分离"工艺的处理流程为：先将灯管整体粉碎洗净干燥后回收汞和玻璃管的混合物，然后经焙烧、蒸发并凝结回收粗汞，再经汞生产装置精制后供荧光灯用汞。该工艺的特点是结构紧凑、占地面积小、投资省，但荧光粉较难被再利用。

"切端吹扫分离"工艺是先将灯管的两端切掉，吹入高压空气将含汞的荧光粉吹出后收集，再通过真空加热器回收汞。图 5-11 所示的设备是德国 WEREC 公司与 OSRAM, BISON 及 OSIMA 公司联合开发的"切端吹扫分离"废旧荧光灯回收系统。处理前首先根据荧光粉是否含稀土进行分类，经该系统处理，废弃荧光灯可分成灯头、玻璃和荧光粉。所储存的灯头经特制的粉碎器粉碎成碎片，通过震动气流床被加速，相互推进，摩擦，配合电磁分离器，有效地分离成铝、导线、玻璃和塑料。该技术可再回收利用稀土荧光粉并分类收集，但投资较大。

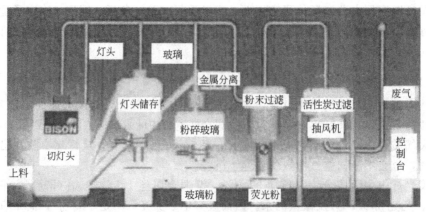

图 5-11　废旧荧光灯回收系统

思考题

1. 什么是固体废物？主要有哪些种类？
2. 固体废物开发利用对国民经济可持续发展的作用有哪些？
3. 矿业固体废物中的主要矿物有哪几大类？
4. 与矿业固体废物化有关的矿物物理性质包括哪些？
5. 与矿业固体废物化有关的矿物化学性质包括哪些？
6. 查询统计我国矿山尾矿的排放总量及尾矿中金属资源量。
7. 简述铁矿尾矿中可回收的有价矿物种类、损失原因及回收特点。
8. 简述烧结型尾矿建材的主要生产工艺原理及过程。
9. 简述胶结型尾矿建材的主要生产工艺原理及过程。
10. 试述高炉渣常见的性质。
11. 钢渣的常见利用途径有哪些？
12. 铬渣有什么危害？如何解毒和利用铬渣？
13. 磷石膏综合利用的主要途径有哪些？
14. 简述黄磷和泥磷的主要来源及综合利用现状。
15. 磷石膏在应用中存在哪些问题？
16. 电石渣的主要利用途径有哪些？
17. 从废催化剂中提钒的方法有哪些？
18. 根据粉煤灰的成分，粉煤灰可提取哪些有价元素？
19. 粉煤灰在建筑材料方面有哪些应用？
20. 煤矸石的主要组成和性质有哪些？
21. 煤矸石综合利用的主要途径有哪些？
22. 采用焙烧-浸出法回收锌锰废电池的原理是什么？
23. 电子废弃物中金属的回收一般包括哪些过程？
24. 处置含汞废灯管和废灯泡的方法有哪些？

参考文献

[1] 边炳鑫. 粉煤灰微珠湿法分选工艺 [J]. 中国矿业, 2000, 9 (4)：22-24.
[2] 宾万达, 陈希鸿, 杨天足. 氯氧锡渣的处理 [J]. 矿冶工程, 1995, 15 (3)：41-44.
[3] 陈吉春. 矿业尾矿微晶玻璃制品的开发利用 [J]. 中国矿业, 2005 (5).
[4] 陈国华, 刘心宇. 尾矿微晶玻璃的制备及其性能研究 [J]. 硅酸盐通报, 2005, (2).
[5] 陈瑞文, 林星泵, 池至铣, 郑新烟. 利用黄金尾矿生产色釉窑变陶瓷 [J]. 陶瓷科学与艺术, 2007. 4.
[6] 曹俊华, 吴士鹏. 干式充填采矿法在五龙金矿的应用 [J]. 黄金, 2003 (8)：23-25.
[7] 曹异生. 中国有色金属工业固体废弃物再生利用的现状 [J]. 中国金属通报, 2007, 3.
[8] 陈扬, 汪德爟, 赖锡军. 固体废弃物资源化的现状和前瞻 [J]. 国土与自然资源研究, 2003, (3) c.
[9] 陈希廉. 什么领域将可能最大量利用矿山固体废弃物 [J]. 世界有色金属, 2006 (3)：28-30.
[10] 陈世民, 林兴铭. 锡渣直接生产锡酸钠的试验研究 [J]. 有色冶炼, 1999, 29 (4)：34-36.
[11] 曹学增, 陈爱英. 电镀锡渣制备氯化亚锡和锡酸钠 [J]. 应用化工, 2002, 31 (3)：38-40.
[12] 陈振林, 黄志强. 二氧化碳常温浸提法回收铬渣中铬的研究 [J]. 无机盐工业, 2008, 8.
[13] 陈俊敏, 李刚, 欧阳峰, 付永胜. 铬渣作水泥矿化剂的经济及环境效应分析 [J]. 四川环境, 2002, 21 (2)：34-36.
[14] 程克友, 吴健. 化工铬渣在炼铁烧结中的利用 [J]. 粉煤灰综合利用, 1997, (3)：65-67.

[15] 程鹏，周斌. 废旧灯管回收处理的法制和设施建设 [J]. 江苏环境科技 (18)：173-175.

[16] 杜忠，陶玲，李庆兰，侯培强. 煤矸石的综合利用现状 [J]. 资源环境与工程，2007，21 (5).

[17] 付永胜，欧阳峰. 铬渣作水泥矿化剂的技术条件研究 [J]. 西南交通大学学报，2002，37 (1)：26-28.

[18] 郭玉娟，连芳，徐利华. 尾矿作硅酸盐原料及回收充填应用的研究进展 [J]. 硅酸盐通报，2008，27 (1)：2.

[19] 郭春丽. 用高硅铁尾矿制砖的研究 [J]. 新型建筑材料，2006，(10).

[20] 高春梅，邹继兴. 镁质矽卡岩型铁矿尾矿免烧砖 [J]. 河北理工学院学报，2003，25 (4).

[21] 国家环境保护局. 有色金属工业固体废物治理 [M]. 北京：中国环境科学出版社，1988.

[22] 耿谦，王志芹，高雅春. 利用钙质黏土及废弃尾渣研制釉面砖 [J]. 中国陶瓷工业，2004，10.

[23] 谷孝保，罗建中，陈敏. 铬渣应用于烧结炼铁工艺的研究及实践 [J]. 环境工程，2004 (4)：71-72.

[24] 谷军，宋开伟，钱觉时. 铬渣特性及解毒利用技术 [J]. 应用技术，2007. 2.

[25] 高艳玲. 固体废物处理处置与工程实例 [M]. 北京：中国建筑工业出版社，2004.

[26] 胡燕荣. 化工固体废物的综合利用 [J]. 污染防治技术，2003，16 (1).

[27] 韩梅. 经济全球化大背景下资源循环再利用问题思考 [J]. 资源与产业，2006，8 (4).

[28] 华炎生. 紫金山金矿低品位矿石选矿工艺优化研究 [J]. 黄金，2007，(3)：41-44.

[29] 郝树华. 探索循环经济新途径实现尾矿废石资源化 [J]. 中国矿业，2008，(1)：37-39.

[30] 还博文. 旋风炉附烧铬渣的炉内过程 [J]. 动力工程，1995，15 (2)：5-14.

[31] 韩登仑. 无钙铬渣湿法解毒技术 [J]. 铬盐工业，2004，(2)：57-61.

[32] 胡将军. 酸溶法从粉煤灰中制白炭黑的研究 [J]. 环境科学与技术，1996，(2)：45-47.

[33] 韩怀强，蒋挺大. 粉煤灰利用技术 [M]. 北京：化学工业出版社，2001.

[34] 何亚群，段晨龙，等. 电子废弃物资源化处理 [M]. 北京：化学工业出版社，2006.

[35] 焦辉. 矿山充填技术的现状及其展望 [J]. 采矿技术，2001，1 (1).

[36] 金士威，易琼，包传平，张良钧. 硫铁矿烧渣制高纯氧化铁红的研究 [J]. 化工矿物与加工，2003，12.

[37] 纪柱，梅海军. 2000 年中国铬盐展望及建议 [J]. 无机盐工业，2000，(6)：19-22.

[38] 纪柱. 铬渣的危害及无害化处理综述 [J]. 无机盐工业，2003，35 (3)：1-4.

[39] 纪裂孔. 铬渣烧制炻质砖的渣解毒机理研究 [J]. 无机盐工业，2001，33 (4)：10-12.

[40] 匡少平，徐倩. 利用自养煤矸石技术治理铬渣初步研究 [J]. 环境工程，2003，21 (5)：43-45.

[41] 匡少平. 铬渣的无害化处理与资源化利用 [M]. 北京：化学工业出版社，2007. 1.

[42] 刘清，招国栋，赵由才. 有色冶金废渣中有价金属回收的技术及现状 [J]. 有色冶金设计与研究，2007，28 (2～3).

[43] 罗春，电子废弃物污染现状及改善对策研究 [J]. 安全，2008，(2).

[44] 李智，张其春，叶巧明. 利用硫铁矿尾矿制备微晶玻璃 [J]. 矿产综合利用，2007，(1).

[45] 李富平，张金锐，牛福生. 金属矿山尾矿综合利用现状及发展趋势 [J]. 河北冶金，2003. 1.

[46] 刘维平，袁剑雄. 尾矿在硅酸盐材料中的应用 [J]. 粉煤灰综合利用，2004. 6.

[47] 李华封. 选矿厂废水及尾矿处理 [J]. 中国金属学会，1988. 12.

[48] 刘俊，王代军，龚文琪. 从铁尾矿中综合回收铜硫精矿的试验研究 [J]. 矿冶工程，2008，28 (2).

[49] 李冬青. 我国金属矿山充填技术的研究与应用 [J]. 采矿技术，2001，1 (2).

[50] 龙涛，余斌. 露采剥离废石资源化节约综合利用研究综述 [J]. 有色金属 (矿山部分)，2007 (3)：14-16.

[51] 李壮阔，桂斌旺，段希祥. 德兴铜矿堆浸厂的生产实践及技术研究 [J]. 矿冶工程，2002 (3)：46-48.

[52] 刘英伯，陈光利. 锑废石全浮选生产实践 [J]. 江西冶金，1986，(6)：30-31.

[53] 刘同有，等. 充填采矿技术与应用 [M]. 北京：冶金工业出版社，2001.

[54] 刘家永，沈国鹏，贺三豹. 硫铁矿烧渣生产聚合硫酸铁的研究 [J]. 化工矿物与加工，2003，10.

[55] 梁爱琴，匡小平，白卯娟. 铬渣治理与综合利用 [J]. 中国资源综合利用，2003，(1)：15-18.

[56]　刘觉民. 用铬渣作熔剂直接入炉高炉法生产钙镁磷肥的研究 [J]. 化肥工业, 1989, (2): 3-8.

[57]　兰嗣国, 狄一安, 王家贞, 等. 解毒铬渣安全性研究 [J]. 环境科学研究, 1999, 11 (1): 53-56.

[58]　刘大银, 周才鑫, 唐秋泉. 铬渣烧结矿炼制含铬生铁工业化生产试验研究 [J]. 环境科学, 1994, 15 (5): 31-34.

[59]　娄性义. 固体废物处理与利用 [M]. 北京: 冶金工业出版社, 1996.

[60]　李鸿江, 刘清, 赵由才. 冶金过程固体废物处理与资源化 [M]. 北京: 冶金工业出版社, 2007.

[61]　李凌宜. 泥磷制取次磷酸钠中分散剂的影响研究 [D]. 昆明: 昆明理工大学, 2007.

[62]　李晔, 吴飞, 胡海, 许时. 粉煤灰制备 PAFCS 絮凝剂. 有色金属, 2002, 54 (4): 114-116.

[63]　刘海春主编. 固体废物处理处置技术 [M]. 北京: 中国环境科学出版社, 2008.

[64]　李金惠, 温雪峰. 电子废物处理技术 [M]. 北京: 中国环境科学出版社, 2006.

[65]　毛汉云, 兰琰. 高温熔融法铬渣无害化治理工艺及前景 [J]. 新疆化工, 2006, 1.

[66]　牛冬杰, 孙晓杰, 赵由才. 工业固体废物处理与资源化 [M]. 北京: 冶金工业出版社, 2007.

[67]　聂永丰主编. 三废处理工程技术手册 [M]. 北京: 化学工业出版社, 2000.

[68]　牛冬杰主编. 工业固体废物处理与资源化 [M]. 北京: 冶金工业出版社, 2007.

[69]　牛冬杰、马俊伟, 等. 电子废弃物的处理处置与资源化 [M]. 北京: 冶金工业出版社, 2007.

[70]　宁丰收, 赵谦, 陈盛明. 铬渣水泥固化体稳定性研究 [J]. 化工环保, 2004, 24 (6): 409-512.

[71]　潘金芳. 化工铬渣中铬的存在形态研究 [J]. 上海环境科学, 1996, (3): 16.

[72]　乔丽侠, 宋喜民. 矿山废石综合利用新方法——人工砂石料 [J]. 矿山机械, 2004 (4): 13-14.

[73]　钱玲, 侯浩波. 废石膏硫酸烧渣砖的研制 [J]. 砖瓦, 2005, 1.

[74]　苏达根, 林少敏. 钨尾矿在水泥工业中的应用 [J]. 矿产综合利用, 2003, (5): 50-52.

[75]　石成利, 梁忠友, 侯和峰. 铬渣在水泥生产中的研究及应用 [J]. 无机盐工业, 2005, 7.

[76]　石玉敏, 李俊杰, 都兴红, 隋智通. 采用固相还原法利用工业废渣治理铬渣 [J]. 中国有色金属学报, 2006, 5.

[77]　石磊, 赵由才, 牛冬杰. 铬渣的无害化处理和综合利用 [J]. 再生资源研究, 2004. 6.

[78]　孙春宝, 孙加林. 含铬废渣的综合利用途径研究 [J]. 环境工程, 1997, (1): 42-43.

[79]　孙超铨. 废石利用的新途径 [J]. 采矿技术, 2005 (3): 11-12.

[80]　施正伦, 骆仲泱, 焦有岗. 金属矿尾矿代替黏土配料煅烧水泥熟料的研究 [J]. 浙江大学学报 (工学版), 2007, 41 (11).

[81]　孙恒虎. 当代胶结充填技术 [M]. 北京: 冶金工业出版社, 2002. 3.

[82]　谭定桥, 郑雅杰. 硫铁矿烧渣制备铁黄新技术. 化学工程, 2006, 34 (3).

[83]　天津大学无机化学教研室. 高等学校教材. 无机化学, 1999. 8.

[84]　唐冬秀. 利用酸性废液处理含铬废渣的研究 [J]. 无机盐工业, 2001, 33 (5): 25-26.

[85]　佟津. 利用铬浸出渣生产烧结矿过程中 Cr^{6+} 脱除及行径的研究 [J]. 铁合金, 2002, (5): 13-17.

[86]　王绍主编. 固体废弃物资源化技术与应用. 北京: 冶金工业出版社, 2003.

[87]　吴振清, 周进军, 唐声飞, 李坦平. 利用铅锌尾矿代替黏土和铁粉配料生产水泥熟料的研究 [J]. 新世纪水泥导报, 2006, (3).

[88]　王涛, 废旧荧光灯的回收利用及处理处置 [J]. 中国环保产业, 2005, (3): 26-28.

[89]　王福元, 吴正严. 粉煤灰利用手册. 北京: 中国电力出版社, 1997.

[90]　王绍主编. 固体废弃物资源化技术与应用. 北京: 冶金工业出版社, 2003.

[91]　王永增, 王宏力. 利用铬渣烧制彩釉玻化砖试验研究 [J]. 冶金环境保护, 2001, (3): 29-32.

[92]　王金银, 彭立新. 利用锌渣制备硫酸锌. 化工生产与技术, 2001, 8 (6): 38-40.

[93]　王宁, 陆军, 施捍东. 有色金属工业冶炼废渣——镍渣的综合利用. 环境工程, 2002, 12 (1): 58-59.

[94]　王学娟, 刘全郡, 王奉刚. 金矿尾矿资源化的现状和进展 [J]. 矿冶, 2007, 16 (2): 3.

[95]　韦奇, 王大伟, 张术根. 尾矿综合利用新途径-玻璃陶瓷的研制 [J]. 中国矿业, 1999, 8 (1).

[96]　王洪海, 李玉信. 利用烧结炼铁工艺环保处理铬渣 [J]. 工业安全与环保, 2007, 7.

[97] 肖松文，肖骁，刘建辉，马荣骏. 二次锌资源回收利用现状及发展对策 [J]. 中国资源综合利用，2004，2.

[98] 徐惠忠. 尾矿建材开发 [M]. 北京：冶金工业出版社，2000.

[99] 谢鹰. 全尾砂胶结充填工艺及应用前景 [J]. 采矿技术，2001，1 (2).

[100] 吴向阳，仰榴青. 复合粉煤灰混凝剂的制备及试验研究 [J]. 江苏理工大学学报（自然科学版），2000，(6)：94-97.

[101] 夏荣华，朱申红，李秋义，陈广晓，陈国栋，李景芳. 矿业尾矿在建材中的应用前景 [J]. 青岛理工大学学报，2007，(3).

[102] 谢开维，张葆春. 块石胶结充填的应用现状及发展 [J]. 矿业研究与开发，2002，3 (4)：1-4.

[103] 席耀忠. 铬在硅酸盐水泥中的固化机理 [J]. 中国建筑材料科学研究院学报，1990，2 (4)，15-21.

[104] 叶巧明，刘建，张其春. 川南煤系硫铁尾矿高岭土综合利用研究 [J]. 矿产综合利用，2002，(1).

[105] 杨慧芬，张强. 固体废物资源化 [M]. 北京：化学工业出版社，2004.

[106] 杨建设编著. 固体废物处理处置与资源化工程 [M]. 北京：清华大学出版社，2007.

[107] 杨喜云，龚竹青，郑雅杰，刘丰良. 硫铁矿烧渣制备静电复印显影剂用 Fe_3O_4 [J]. 功能材料，2005，5.

[108] 衣守志，石淑兰，贾青竹，等. 粉煤灰絮凝剂的制备与应用 [J]. 中国造纸，2003，22 (4)：50-52.

[109] 燕启社，李明玉，马同森，李桂敏，刘国光. 硫铁矿烧渣生产固体复合混凝剂及在废水处理中的应用 [J]. 河南大学学报（自然科学版），2003，3.

[110] 严波，等. 硫酸渣作混合材生产水泥. 1996，9.

[111] 叶文虎. 环境管理学 [M]. 北京：高等教育出版社，2000.

[112] 俞尚清，傅天杭，潘志彦. 用粉煤灰制取聚硅酸氯化铝铁絮凝剂的研究 [J]. 粉煤灰综合利用，2003，(5)：9-11.

[113] 曾亚嫔. 用铬渣作熔剂的高炉法生产钙镁磷肥 [J]. 化工环保，1990，10 (3)：169-172.

[114] 朱浩东. 泥磷中温处理提取黄磷新型实验装置研究 [D]. 昆明：昆明理工大学，2007.

[115] 庄伟强主编. 固体废物处理与利用 [M]. 北京：化学工业出版社，2008.

[116] 张一刚主编. 固体废物处理处置技术问答 [M]. 北京：化学工业出版社，2006.

[117] 翟玉祥. 用粉煤灰制取白炭黑的工艺方法 [J]. 黑龙江电力技术，1995，17 (3)：148-151.

[118] 朱圣东，付玉华，吴迎. 利用粉煤灰生产建材产品 [J]. 环境保护科学，26 (98)：29-31.

[119] 张宏伟，陈超，郑毅粉. 煤灰综合利用于生产复合肥的探索 [J]. 城市环境与城市生态，1999，12 (6)：45-47.

[120] 庄伟强主编. 固体废物处理与利用 [M]. 第 2 版. 北京：化学工业出版社，2001.

[121] 庄伟强，尤峥. 固体废物处理与处置 [M]. 北京：化学工业出版社，2008.

[122] 赵镇魁. 烧结砖瓦生产技术 [M]. 重庆：重庆出版社，1991. 3.

[123] 张锦瑞. 金属矿山尾矿综合利用与资源化 [M]. 北京：冶金工业出版社，2002. 9.

[124] 张赞煌. 德兴铜矿低品位矿石堆浸工艺实践 [J]. 矿业快报，2007 (6)：42-43.

[125] 张丕兴. 用"废石"烧优质硅酸盐水泥 [J]. 中国建材科技，1996，5 (6)：39-42.

[126] 张宏伟，韩莲娜. 硅废石配料在水泥熟料生产中的应用 [J]，水泥，2005 (5)：19-20.

[127] 郑顺德，陈世民，林兴铭. 从锌渣浸渣中综合回收铟锗铅银的试验研究 [J]. 有色冶炼，2001，(2)：34-37.

[128] 张一敏主编. 固体物料分选理论与工艺 [M]. 北京：冶金工业出版社，2007.

[129] 赵风清，倪文，王会君. 新型生态型胶凝材料在蒸养尾矿砖生产中的应用 [J]. 新型建筑材料，2006，(7).

[130] 周全法，尚通明. 贵金属工业固体废弃物的回收利用现状和无害化处置设想 [J]. 稀有金属材料与工程，2005，34 (1).

[131] 张亚尊. 我国城市生活垃圾的处理和发展趋势 [J]. 中国环境管理干部学院学报，2007，17 (3).

[132] 邹宏. 铜绿山矿尾矿再选铁工艺试验研究 [J]. 金属矿山，2008，1.

[133] 张献伟. 铅锌尾矿渣代替硫酸渣烧石英尾矿代替黏土生产水泥熟料 [J]. 河南建材，2004，(2).

[134] Anna Leung，Zong Wei Cai，Ming Hung Wong. Environmental contamination from electronic waste recycling at Guiyu，southeast China [J]．Journal of Material Cycles and Waste Management. 2006，8 (2)：154.

[135] Anthony Tucker. Development and Physical Resource Utilization [J]. Human Ecology and World Development. 1974，113-124.

[136] CollinsR E，Luckevich L. Portland cement in resource recovery and waste treatment [C]．Cement industry solutions to waste management：Proceedings of the first international conference，Canada，1992.

[137] C Segebade，P Bode，W Goerner. The problem of large samples：An activation analysis study of electronic waste material [J]. Journal of Radioanalytical and Nuclear Chemistry，2007，271，(2)：261-268.

[138] Das S K，Sanjay K，Ramachandraro P·Exploitation of iron ore for the development of ceramic tiles [J]. WasteManagement，2000，(20).

[139] In the section of glass，sitall and slag-sitall industry Scientific-Technical Council Glass and Ceramics，1964，21 (11)：681-682.

[140] Jacobs H J. Treatment and stabilization of a hexavalent combining waste material [J]．Environmental Progress，1992，11 (2)：123-126.

[141] J G Hollod. Waste Reduction at Dupont，Materials distributed at the Government Institutes Seminar on Waste Minimization in Los Angeles. CA.，1986.

[142] Jarir S. Dajani，Dennis Warner. Solid Waste Systems Planning. Handbook of Environmental Engineering，1981，2：435-472.

[143] Jiang Zengguo，Zhao Yuan. Mechanism and optimal application of chemical additives for accelerating early strength of lime-flyash stabilized soils. Journal of Wuhan University of Technology-Mater. Sci. Ed.，2005，20 (3)：110-112.

[144] Lifeng Zhang. Recycling of electronic wastes：Current perspectives. JOM，2011，63 (8)：13.

[145] Lawrence K. Wang，Norman C. Pereira. Solid Waste Processing and Resource Recovery. Handbook of Environmental Engineering，1981，2.

[146] Licsk oI，LoisL，SzebényiG. Tailings as a source of environmental pollution [J]．WatSciTech，1999，39.

[147] Matschullat J，Borba R P，DeschampsE. Human and environmental contamination in the Iron Quadrangle [J]．Applied Geochemistry，2000，15.

[148] Maqsud E，Nazar S N Sinha. Loading-unloading curves of interlocking grouted stabilised sand-flyash brick masonry. Materials and Structures，2007，40 (7)：667-678.

[149] Malolepszy J，BrylickiW，Deja J. The granulated foundry slag as a valuable raw material in the concrete and line-sand brick production [M]．In：Goumans J J JM，Vander Sloot H A，Aalbers T G. Waste materials in construction. Studies in environmental science. 1991，New York：475-478.

[150] Naveen Kalra，M C Jain，H C Joshi，R Chaudhary，Sushil Kumar，H Pathak，S K Sharma，Vinod Kumar，Ravindra Kumar，R C Harit，S A Khan，M Z Hussain. Soil Properties and Crop Productivity as Influenced by Flyash Incorporation in Soil. Environmental Monitoring and Assessment，2003，87 (1)：93-109.

[151] P. Aarne Vesilind，Norman C. Pereira. Materials and Energy Recovery. Handbook of Environmental Engineering，1981，2：329-433.

[152] Qiang Liu，Shu Juan Shi，Li Qing Du，Yan Wang，Jia Cao，Chang Xu，Fei Yue Fan，John P. Giesy，Markus Hecker. Environmental and health challenges of the global growth of electronic waste. Environmental Science and Pollution Research，2012，19 (6)：2460-2462.

[153] S R Zamyatin, G I Pirumyan, N K Pisarenko, V M Ufimtsev, G V Orlov, M Z Naginskii, V K Trofimova. Properties of vitrified quartzite and refractory concretes based on it. Refractories. May-June, 1979, 20, (5-6): 354-359.

[154] Sheree F Balvert, Ian C Duggan, Ian D Hogg. Zooplankton seasonal dynamics in a recently filled mine pit lake: the effect of non-indigenous Daphnia establishment. Aquatic Ecology, 2009, 43（2）: 403-413.

[155] Toby Gordon Sc. D. , Sharon Paul, Alan Lyles Sc. D. , Joan Fountain. Surgical unit time utilization review: Resource utilization and management implications. Journal of Medical Systems, 1988, 12（3）: 169-179.

[156] T N Il'ina, E I Gibelev. Granulation in technology for utilization of industrial waste materials. Chemical and Petroleum Engineering, 2009, 45（7-8）: 495-499.

[157] Silicate. Encyclopedic Dictionary of Polymers. 2011.

[158] V D Tsigler, R F Rud', I T Gubko, G V Orlov, M Z Naginskii, Z K Zhuravleva. Large lightweight Dinas brick for the high-temperature regenerators of blast furnaces. Refractories, 1976, 17（3-4）: 140-145.

[159] Washington D. C. Environmental Protection Agency. Characterization of Municipal Solid Waste in the United States. 1992, EPA 530-R-92-019.

[160] W Gutt D Sc, D, P J Nixon. Use of waste materials in the construction industry. Matériaux et Construction. 1979, 12（4）: 255-306.

[161] Wen Zhang, Hui Wang, Rui Zhang, Xie-Zhi Yu, Pei-Yuan Qian, M. H. Wong. Bacterial communities in PAH contaminated soils at an electronic-waste processing center in China. Ecotoxicology, 2010, 19（1）: 96-104.

[162] Xu L H, Li W C, Liu M. Metal recovery and inorganic eco-materials from tailingsby leaching-sintering process [C]. Proceedings of international conference advances in metallurgical processes and materials, Ukraine, 2007.

[163] Yao Y, Xu L H, Qiu J. Preparation of sialon from solid waste by colloidal process [J]. Key engineering materials, 2007, （336-338）.

[164] Zheng Ya-jie, Preparation of potassium iron blue from pyrite cinders. J. Cent. Southuniv（Science and technology）. 2006, 37（2）.

第六章　能源循环利用与低碳技术

由于能源利用效率不高，造成了大量的能源消耗，以及由此产生的环境有害物质的排放问题，给环境带来了巨大的压力。节能减排已经成为制约国民经济进一步发展的障碍，所以国家一直把节能减排作为一项基本国策。低端能源和二次能源的浪费是造成总能耗增加的重要原因，本章探讨从资源的角度，探讨如何把低端能源和二次能源进行综合利用，同时也阐述了如何进行低碳减排技术。由于我国在很多行业具有丰富的低端能源和二次能源，所以开展低端能源和二次能源的再利用研究和开发，对于实施节能减排的基本国策具有重要的现实意义。

第一节　节能减排

一、基本概念

（1）能源消费弹性系数（elasticity coefficient of energy consumption）　反映能源消费增长速度与国民经济增长速度之间比例关系的指标。它等于能源消费量年平均增长速度与国民经济年平均增长速度之比。

能源消费弹性系数＝能源消费量年平均增长速度/国民经济年平均增长速度

（2）一次能源（primary energy）　从自然界取得未经改变或转变而直接利用的能源。如原煤、原油、天然气、水能、风能、太阳能、海洋能、潮汐能、地热能、天然铀矿等。

（3）二次能源（secondary energy）　是指由一次能源经过加工转换以后得到的能源，例如电力、蒸汽、煤气、汽油、柴油、重油、液化石油气、酒精、沼气、氢气和焦炭等。在生产过程中排出的余能，如高温烟气、高温物料热，排放的可燃气和有压流体等，亦属二次能源。一次能源无论经过几次转换所得到的另一种能源，统称二次能源。二次能源又可以分为"过程性能源"和"合能体能源"，电能就是应用最广的过程性能源，而汽油和柴油是目前应用最广的合能体能源。

（4）生物质能（biomass energy）　太阳能以化学能形式储存在生物质中的能量形式，即以生物质为载体的能量。它直接或间接地来源于绿色植物的光合作用，可转化为常规的固态、液态和气态燃料，是唯一一种可再生的碳源。生物质能的原始能量来源于太阳，所以从广义上讲，生物质能是太阳能的一种表现形式。生物质能蕴藏在植物、动物和微生物等可以生长的有机物中，它是由太阳能转化而来的。有机物中除矿物燃料以外的所有来源于动植物的能源物质均属于生物质能，通常包括木材、森林废弃物、农业废弃物、水生植物、油料植物、城市和工业有机废弃物、动物粪便等。依据来源的不同，可以将适合于能源利用的生物质分为林业资源、农业资源、生活污水和工业有机废水、城市固体废物、畜禽粪便等五大类。

（5）低碳技术　低碳技术涉及电力、交通、建筑、冶金、化工、石化等部门以及在可再生能源及新能源、煤的清洁高效利用、油气资源和煤层气的勘探开发、二氧化碳捕获与埋存等领域开发的有效控制温室气体排放的新技术。

（6）可再生能源　可再生能源是指在自然界中可以不断再生、永续利用的能源，具有取之不尽用之不竭的特点，主要包括太阳能、风能、水能、生物质能、地热能和海洋能等。可再生能源对环境无害或危害极小，而且资源分布广泛，适宜就地开发利用。相对于可能穷尽的化石能源来说，可再生能源在自然界中可以循环再生。可再生能源属于能源开发利用过程中的一次能源。可再生能源不包含化石燃料和核能。

二、节能减排几个方面

（1）余热回收利用　能源是经济发展和社会进步的重要基础，在能源消耗不断攀升从而带来诸多社会和环境问题的现实背景下，节能减排已成为当今人类的共识。余热属于二次能源，是一次能源（煤炭、石油、天然气）和可燃化石原料转化后的产物，也是燃料燃烧过程中放出的热量在完成某一工艺过程后所剩余的热量。这种热量若直接排放到环境中，不但会造成大量的热损失，而且还会对环境产生热污染。因此，在工业上，进行余热的回收利用十分重要。

（2）二氧化碳回收和利用技术　常用的二氧化碳回收利用技术主要有以下几种。

① 溶剂吸收法。使用有机溶剂对二氧化碳进行吸收和解析，该法只适合于从低浓度二氧化碳废气中回收二氧化碳，并且流程复杂，操作成本很高。

② 有机膜分离法。利用中空纤维膜在高压下分离二氧化碳，该法只适用于气源干净、需用二氧化碳浓度不高于 90% 的场合。

③ 变压吸附法。采用固体吸附剂吸附混合气中的二氧化碳，浓度可达 60% 以上，该法只适用于从化肥厂变换气中脱出二氧化碳，并且，二氧化碳浓度若过低，则不能作为产品使用。

④ 催化转化法。利用催化剂把二氧化碳和氢反应，转化为各类有机化合物质。以上这些方法生产的二氧化碳都是气态的，都需要经过吸附蒸馏法进一步提纯净化、精馏液化，才能进行液态的储存和运输。

（3）煤层气回收利用　煤层气即煤层中的甲烷，是严重极易爆炸的气体，需要在采煤作业中先行排出，可以使煤矿生产中的瓦斯涌出量降低 75%～85%，以保证煤矿生产安全。而且，甲烷的温室效应是二氧化碳的 21 倍，综合利用煤层气对于降低温室气体排放有至关重要的作用。我国煤层气储量居世界第三，地表下 2000m 的煤层气储量为 36.81 万亿立方米，相当于 450 亿吨标准煤，与陆上常规天然气资源量相当，其中适合开发的约占总量的 60%，因此使煤层气成为中国新的替代能源并减排温室气体，势在必行。

虽然我国煤层气储存量巨大，但在目前的经济和技术条件下，有开采价值的煤层气主要集中在少数地区，具有开采价值的煤层气盆地的资源量排行如表 6-1 所列。

表 6-1　我国具有开采价值的煤层气盆地的资源量

地　区	可开采资源量/亿立方米
六盘水地区	150942
沁水地区	55158
鄂尔多斯盆地东源	19962
淮北	5030
淮南	3472
三江穆棱河地区	3156

煤层气产业化和规模化开发和利用，将大大减少煤矿安全生产事故，减少煤矿瓦斯排放对大气臭氧层的污染破坏，还可弥补中国清洁能源的不足，改善我国能源结构。我国煤层气开发经过 10 余年的探索，在科研和生产实践中已经初见成效，常规抽采技术日趋成熟，井下瓦斯抽采技术已经形成体系，并在高瓦斯矿井全面应用。

（4）SO_x 减排及控制技术 随着我国工业化进程的不断发展，SO_2 排放量在逐年增加。我国 SO_2 排放主要是来自于燃煤电厂和钢铁企业。在电厂脱硫已取得较大改观的情况下，钢铁企业的减排压力正日益增大。钢铁企业 SO_2 排放主要来自于烧结工序，其排放总量占整个钢铁行业排放总量的 90% 左右。

我国现在常用到的烟气脱硫技术可分为干法、半干法和湿法 3 大类。干法脱硫技术包括活性炭法和电子束法等。半干法脱硫技术有循环流化床法、NID 法、喷雾干燥法等。湿法脱硫技术包括氨法、石灰-石膏法、海水法、镁法、双碱法等。

（5）NO_x 减排及控制技术 NO_x 是大气环境的主要污染物之一，它是形成酸雨光化学烟雾的主要物质。电厂是目前 NO_x 排放的一个重要来源之一。NO_x 的控制主要分燃烧前和燃烧后两种，燃烧前控制主要有低氮燃烧、再燃烧技术；燃烧后控制主要分湿法和干法两种，其中干法中的选择性催化还原（SCR）法因其高效而备受青睐，是目前工业应用最多的方法。

选择性催化还原（SCR）法是脱除催化裂化装置烟气中 NO_x 的高效技术。通过由均一材料挤压制成的流通式蜂窝状催化剂除去，只需在 SCR 上游喷 NH_3，无需外加动力，无污水产生，适用于宽范围的烟气温度。控制催化裂化再生器烟气中的 NO_x 排放的选择性催化还原（SCR）技术，即在催化剂作用下，氨与氮氧化物反应生成氮气与水蒸气。常用的催化剂有五氧化二钒-三氧化钨/二氧化钛，也可以用分散在载体上的铂或钯贵金属催化剂或分子筛催化剂。

（6）低碳技术 低碳技术包括清洁能源技术、节能技术和碳排放降低技术。清洁能源技术是对化石能源的取代的新能源技术，主要包括风力、太阳能、水力、地热能、生物质能和核能技术等。节能技术主要是指以提高燃烧效率，尽可能降低碳排放的技术。碳排放降低技术是指以降低大气中碳含量为目的的技术，主要包括二氧化碳零排放化石燃烧发电技术、碳回收与储藏技术等。

三、我国能耗基本情况

改革开放后的中国，取得了举世瞩目的成绩，经济快速发展，各项建设取得惊人成就。但是随着经济的高速发展和人口的剧烈增加，中国也开始面临越来越严重的环境和污染问题。突出体现在废水、废气和固体废物等对河流、空气和土壤的污染，这些污染已经严重影响到人们的生活，也影响到中国的可持续发展能力。因此，尽最大可能降低能源消耗、减少污染物排放是中国经济发展的内在要求。

据统计，从 1981～2005 年的 25 年间，我国一次能源消费平均年增长 6.21%，比生产增长平均快一个百分点，而同期全球一次能源消费平均年增长约 2%，我国的增长速度高于全球的 3 倍以上，但是，同期我国的经济增长高于全球 6.9 个百分点。表 6-2 列出 1981～2005 年我国一次能源消费平均年增长率。

由表 6-2 可知，25 年间我国一次能源消费弹性系数略小于全球，但是本世纪以来，能源消费增长已经快于国民经济增长大约 1.7%。"十五"期间我国资源消耗过快，主要原因是交通运输和重化工业高速增长。由此分析可知，在"十五"期间我国的一次能源消费增长过快，而且增长速度超过国民经济增长速度。虽然在同期全球能源消费弹性系数也接近于1，但我国能源消费中煤的比例却超过了73%，势必造成大量的环境污染。如不节制能源消费，我国能源对外依存度会愈来愈高，能源安全的风险也越来越大。

表 6-2   1981~2005 年我国一次能源消费平均年增长率

期间	全球 GDP 平均增长/%	全球一次能源消费平均年增长/%	全球一次能源消费弹性系数	我国 GDP 平均增长/%	我国一次能源消费平均年增长/%	我国一次能源消费弹性系数
1981~1985 年	2.64	1.95	0.74	10.78	3.02	0.28
1986~1990 年	3.59	2.31	0.64	7.92	5.5	0.694
1991~1995 年	2.25	1.64	0.73	12.26	6.38	0.52
1996~2000 年	3.44	1.57	0.46	8.63	4.77	0.553
2001~2005 年	2.74	2.61	0.95	9.54	11.39	1.194
合计	2.93	2.02	0.7	9.826	6.21	0.632

从 2002 年起，我国经济进入重化工业加速时期，产业结构发生较大变化，钢铁、水泥等高耗能行业迅速膨胀。而工业比重相应上升，特别是高耗能行业迅速膨胀，是我国能耗强度不断上升的根本原因。这一趋势如不尽快扭转，将加剧结构不合理的矛盾，加大节能减排的难度。

我国能源浪费严重，2000 年我国能源消费量为 14 亿吨标准煤，到 2005 年达到 22.33 亿吨标准煤，2006 年我国能源消费总量已经达到 24.6 亿吨标准煤，能源消费年增长速度在10%左右，5 年间的能源消费增量超过之前 20 年的总和。

资源消耗高，环境压力大，也突出表明中国高投入、搞消耗、高排放、难循环、低效率的粗放型增长方式还没有根本改变。据了解，与国际先进水平相比，中国火电供电能耗要高出 20%，水泥的综合能耗要高出 23.6%，这种粗放型增长方式直接导致了 2006年我国节能降耗目标没有达到。中共中央再次强调，2007 年要"着力调整经济结构和转变增长方式，推动经济社会发展切实转入科学发展的轨道"这一系列经济发展思路调整的背后，最重要的一个含义就是，宏观调控的侧重点不再聚焦在短期的经济运行，而是将更多的实现投向远方，注重经济增长方式的转变。关于经济增长方式的转变方向，人们的共识是发展循环经济，实现经济的可持续发展。而实现这一目标的政策就是建设节约型生活，重点就是节能。

四、我国节能减排成效

我国政府也是从战略上重视节能减排工作的。自 2005 年依赖的经济结构调整取得初步成效，能源生产、消费弹性出现明显拐点。从中国能源生产和消费的增速来看，生产量虽然持续增加，而 2006 年一些高耗能行业耗能指标明显下降，这在一定程度上说明了节能政策与中国宏观调控政策起到了推动产业结构优化的作用，同时亦表明中国能源供需矛盾趋向缓和。2007 年中国的能源供需将总体平衡，而未来十五年中国天然气需求将呈爆炸式增加，平均增速将达 10%~13%。2007 年，我国加快推进结构调整，遏制高耗能、高排放行业过快增长，加大淘汰落后产能力度。电力行业通过"上大压小"关停小火电机组 1438 万千瓦，钢铁、水泥、煤炭淘汰落后取得积极进展。自国家开展环境风险排查以来，石油和化工企业已投资 140 多亿元改善设施和条件，环境风险防范能力得到加强，但距离国际先进水平和行业可持续发展的要求差距还很大。

在"十一五"规划中，中国政府提出了到 2010 年"单位国内生产总值能源消耗降低 20％左右"，"主要污染物排放总量减少 10％，森林覆盖率达到 20％"的目标，并制定了《中国应对气候变化科技专项行动》、《中国应对气候变化国家方案》等指导性文件。"节能减排"政策的出台也就成了历史发展的必然结果。

第二节　热能循环与二次能源回收利用

一、热能循环

能源可以分为一次能源和二次能源。一次能源系指从自然界获得而且可以直接应用的热能或动力，通常包括煤、石油、天然气等化石燃料以及水能、核能等。二次能源（除电外）通常是指从一次能源（主要是化石燃料）经过各种化工过程加工制得的、使用价值更高的燃料。二次能源可以是由常规能源加工或转化而来，也可以由新能源转化而来。

余热属于二次能源，是一次能源（煤炭、石油、天然气）和可燃化石原料转化后的产物，也是燃料燃烧过程中放出的热量在完成某一工艺过程后所剩余的热量。这种热量若直接排放到环境中，不但会造成大量的热损失，而且还会对环境产生热污染。因此，在工业上，进行余热的回收利用十分重要。

工业企业有着丰富的余热资源，从广义上讲，凡是温度比环境高的排气和待冷物料所包含的热量都属于余热。具体而言，余热主要分为六大类：①高温烟气余热；②可燃废气、废液、废料的余热；③高温产品和炉渣的余热；④冷却介质的余热；⑤化学反应余热；⑥废气、废水的余热。余热按温度水平可以分为三档：①高温余热，温度大于 650℃；②中温余热，温度为 230～650℃；③低温余热，温度低于 230℃。

工业各部门的余热来源及余热所占的比例见表 6-3。

表 6-3　工业各部门的余热来源及余热所占的比例

工业部门	余热来源	余热约占部门 燃料消耗量的比例/％
冶金工业	高炉、转炉、平炉、均热炉、轧钢加热炉	33
化学工业	高温气体、化学反应、可燃气体、高温产品等	15
机械工业	锻造加热炉、冲天炉、退火炉等	15
造纸工业	造纸烘缸、木材压机、烘干机、制浆黑液等	15
玻璃搪瓷工业	玻璃熔窑、坩埚窑、搪瓷转炉、搪瓷窑炉等	17
建材工业	高温排烟、窑顶冷却、高温产品等	40

目前国内外烟气余热回收装置有回转式换热器、焊接板（管）式换热器、热管换热器、热媒式换热器、有效吹灰或加装程控吹灰装置、加装低压省煤器等，中以热媒式和热管式为主。热媒式换热器由于运转设备多，设备维护和运转费用高，对系统的要求十分苛刻，在国内应用较少。热管是一种新型、高效的传热元件，其内部是靠工质循环实现热量传递，它的当量热导率可达金属的数倍。以热管为传热元件的热管换热器较其他换热器在利用热能、回收废热、节约原料、降低成本等方面，具有独特的优点，特别适用于中低温的余热回收，广泛应用于锅炉余热回收，取得了明显的节能效果。

二、钢铁行业二次能源回收利用

钢铁生产工艺流程长、工序多，且主要以热态加工为主，各工序通过消耗能源，又生成了二次能源。各个工序的具体能耗情况见表 6-4。这些二次能源主要包括各种副产煤气以及干熄焦余热、烧结烟气余热、冶金渣显热和其他低温余热资源。根据其特征可分可燃气体、余热、余能三类。而就二次能源节能潜力而言，余热节能潜力最大，可燃气体次之；就二次能源构成而言，可燃气体比例最高，余热次之。二次能源综合利用途径主要是合理利用各类煤气和余热余能，做到无放散（不含事故性和工艺性放散），通过直接返回工序回收利用、采用能源转化措施将其转化为电能，改变被大量放散和造成二次能源的大量浪费的局面，以实现生产电力基本自给，大幅度降低单位产品生产能耗和排污负荷。提高"二次能源"的回收利用率，是实现钢铁行业可持续发展的重要措施，具有重要的现实意义。

表 6-4 主要生产工序能耗及占总能耗比例

主要工序	能耗(标煤)/(kg/t)	比例/%
焦化工序	175	13.25
烧结工序	77	5.83
炼铁工序	498	37.70
转炉工序	31	2.35
电炉工序	310	23.47
平炉工序	114	8.63
初轧工序	66	5.00
开坯工序	98	7.42
轧材工序	127	9.61

我国钢铁工业是耗能大户，总能耗约占全国总能耗量的 15%，节能降耗是确保钢铁工业可持续发展的重要措施。钢铁工业一次能源消耗以煤炭为主（见表 6-5），比重占总能耗的 70% 左右，节约能源的主要途径是结构调整、提高钢铁产品使用效率、淘汰落后、二次能源的回收利用、提高能源利用效率及加强能源管理等方面，其中重点企业目前二次能源加工转换约占能源总用能量的 35%。

表 6-5 钢铁工业能源消耗构成

能源种类	消耗量	占总消耗量/%
洗精煤	6222.8 万吨	52.91
无烟煤	1081.3 万吨	8.30
动力煤	1628.5 万吨	10.44
冶金焦(外购量)	947.05 万吨	8.26
燃料油	315.6 万吨	4.04
汽、柴油	42.4 万吨	0.60
天然气	3.7 亿立方米	0.44
电力	560.3 亿千瓦时	15.01

我国钢铁行业能耗指标相对落后，比如高炉工艺的能耗（标准煤）比世界先进水平高 50～100kg 标准煤/t 钢。技术落后是造成我国钢铁能耗偏高的主要原因。鼓励技术创新，积极采用新技术，是提高钢铁行业能源综合利用的必要手段。提高钢铁行业的能源利用效率，关键是对各工序中余热余压等二次能源的回收利用。这方面的技术主要有以下几种。

（1）高炉炉顶余压发电技术（TRT 技术）　该技术的工艺流程：高炉产生的煤气经除尘器后进入 TRT 装置，由电动蝶阀、调速阀、快切阀进入透平机入口，通过导流器后气体转成轴向进入静叶片，气体在静叶片和动叶片组成的流道中不断膨胀做功，压力和温度逐级降低，同时将热能转化为动能作用于转子使之旋转；转子通过联轴器带动发电机转动发电，自透平机出口流出的煤气进入低 TRT 装置只利用高炉顶煤气剩余压力推动汽轮机转动发电，不需要消耗任何燃料。这项技术可以回收高炉鼓风动能的 30%，每吨铁可发电约为 20～40kW·h。从技术角度讲，炉顶压力超过 120kPa 的高炉均应该设置 TRT 装置。这项技术在国外已经很普及，我国正在逐步推广。图 6-1 为 TRT 典型工艺流程。

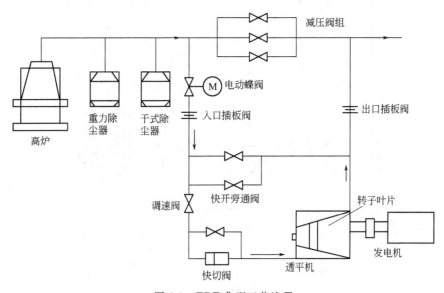

图 6-1　TRT 典型工艺流程

（2）干法熄焦技术　干熄焦是利用冷的惰性气体（150℃）在干熄槽中与赤热焦炭（950～1050℃）换热从而冷却焦炭（200℃），吸收焦炭热量的惰性气体（850℃）将热量传给干熄焦锅炉产生蒸汽。被冷却的惰性气体再由循环风机鼓入干熄槽循环使用。干熄焦锅炉产生的中压（或高压）蒸汽并入厂内蒸汽管网或用于发电。工艺流程见图 6-2。

这种技术是利用冷的惰性气体在干熄炉中同高温焦炭接触换热，从而冷却焦炭，避免了余热及水资源的浪费，减少了粉尘和烟气对大气环境的严重污染。

（3）低热值煤气燃气轮机联合循环发电技术　燃气轮机联合循环发电是将煤气与空气压缩到 1.5～2.2MPa，在压力燃烧室内燃烧，高温高压烟气直接在燃气透平机（GT）内膨胀做功并带动空气压缩机（AC）与发电机（GE）完成燃机的单循环发电。燃气透平机排出的烟气温度一般可在 500℃以上，余热利用可提高系统效率，再用余热锅炉（HRSG）生产中压蒸汽，并用蒸汽轮机（ST）发电。蒸汽轮机发电是燃机发电的补充，并完成联合循环。燃气轮机联合循环发电机组（CCPP）的锅炉和汽轮机都可以外供蒸汽，联合循环可以灵活组成热电联产的工厂。在 CCPP 系统中还有一个煤气压缩机（GC）单元，特别在低热值煤气发电中，煤气压缩机比较大。众所周知，余热锅炉加蒸汽轮机发电是常规技术，所以CCPP 技术的核心是燃气轮机，燃气轮机一般是透平空压机、燃烧器与燃气透平机组合的总称。图 6-3 是 CCPP 装置流程示意。

（4）转炉负能炼钢技术　转炉负能炼钢是指转炉既炼出了合格钢，又没有消耗能源，反而输出或提供能源的一项工艺技术。衡量这项技术的标准是转炉炼钢的工序能耗。炼钢工序

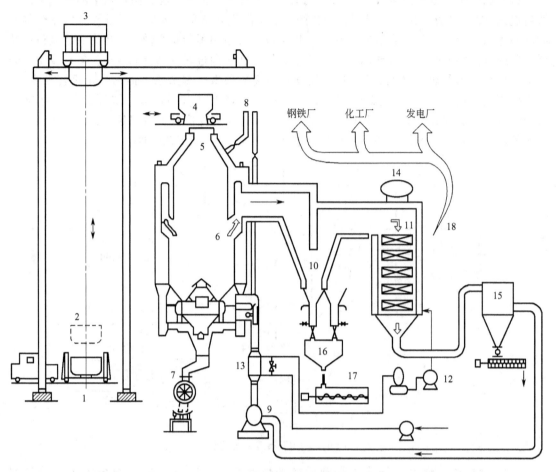

图 6-2 干法熄焦技术流程

1—焦罐运输车；2—焦罐；3—吊车；4—装料槽；5—预存室；6—冷却室；7—冷焦排出装置；
8—放散管；9—循环气体鼓风机；10—一次除尘器；11—锅炉；12—给水泵；13—给水预热器
（辅助节热器）；14—汽包；15—二次除尘器；16—集尘槽；17—排尘装置；18—蒸汽

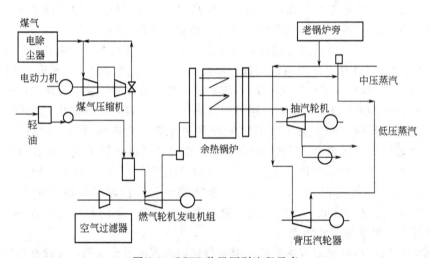

图 6-3 CCPP 装置原则流程示意

能耗是炼钢生产中的一项重要指标，它反映炼钢过程中燃料和动力的消耗。实现转炉负能炼钢是衡量一个现代化炼钢厂生产技术水平的重要标志，转炉负能炼钢意味着转炉炼钢工序消耗的总能量小于回收的总能量，即转炉炼钢工序能耗小于零。转炉炼钢工序过程中支出的能量主要包括氧气、氮气、焦炉煤气、电和使用外厂蒸汽，而转炉回收的能量主要包括转炉煤气和蒸汽回收。转炉负能炼钢是炼钢工艺、装备、操作以及管理诸方面先进水平的综合体现，也是节能降耗、降低生产成本、提高企业竞争力的主要技术措施。

目前二次能源利用在钢铁行业得到高度重视，宝钢、鞍钢、济钢等大型钢厂，近年来建设燃气-蒸汽轮机联合循环发电机组利用可燃气体发电。余热也是钢铁行业二次能源回收利用的重点。宝钢在余热回收利用方面在全国走在前列，目前回收利用的余热占该企业能耗的10%左右。焦炉采用干熄焦回收的余热是近年来利用余能的一项措施，它不仅可用于发电，并节约了大量熄焦用水，也提高了焦炭的质量。在宝钢、沙钢、上海浦东焦化等企业实现全部干熄焦的基础上，2006年我国又先后有攀钢、宝钢、济钢、涟钢和唐钢等14套干熄焦装置并投入使用。至2006年底全国干熄焦总处理能力达4500多吨焦炭/时，预计2008年干熄焦装备对应的焦炉能力将超过7000万吨。因此，利用干熄焦回收余热的前景广阔。

高炉炉顶煤气压差发电（TRT）装置在我国的大型钢铁企业也得到广泛的应用。目前，我国已有250余座高炉配套了TRT装置，其中$1000m^3$以上高炉TRT普及率已超过90%。TRT装置技术在我国$1000m^3$以上的大型高炉的采用已取得显著成效，但中型高炉的应用一直处于空白状态。主要原因是过去炉顶压力低，净煤气温度不高，TRT的功率偏小而使投资回收期较长。随着高炉炉顶技术及煤气干法布袋除尘工艺的发展和成熟，为中型高炉配套干式TRT创造了有利条件，如全国中型高炉全部采用此技术，年可节电60亿千瓦时。

三、水泥行业二次能源回收利用

目前水泥工业可以回收利用的可燃废料和含可燃质的原料统称二次燃料，主要有液态和固态两大类，这些二次燃料就其成分、形态和化学物理性能而言相去甚远，热值相差悬殊，变化于419～33494kJ/kg之间。有的废料还含有毒性成分或污染环境的重金属元素。因而对它们的回收利用，兼有治理效能，不仅仅是二次能源的回收，更重要的是维护生态平衡，保护环境，涉及人类社会的可持续发展，具有深远意义。

（1）高温废气余热发电 我国采用高温余热发电最早是在大连水泥厂和唐山启新水泥厂，采用了带余热发电系统的干法中空窑。这种窑型烟气排放温度为850～900℃，在中空窑窑尾装上余热锅炉，并配带汽轮发电机组，利用余热锅炉产生的蒸汽推动汽轮机发电。当时对余热发电系统的技术要求仅限于在不影响窑的运行条件下能够确保连续稳定地供电，对能耗及其他技术指标没有太高的要求，由于水泥需求量的增加和电力供应紧张，我国20世纪80年代自行设计和开发了若干条余热发电窑，余热发电技术有了较大提高，运行参数提高到2.5MPa左右，单台装机容量达到3000kW，吨熟料发电量110～130kW·h。目前国内最好的余热发电系统吨熟料发电可达180～195kW·h。在水泥生产过程的同时产生电力，可基本解决生产水泥的电力负荷，电力自给率在80%～100%，对确保水泥产量，减少电费支出，提高水泥厂的经济效益起到了重要作用。

（2）低温废气余热发电 水泥预分解窑的废气分别来自预热器和篦冷机的排风，属中低温余热，温度介于 $200 \sim 400℃$ 之间，因预热器级数的不同，这两项废气的余热量变化于 $1005 \sim 1340 kJ/kg$ 熟料，即 6 级预热器废气余热为 $1005 kJ/kg$ 熟料，4 级的为 $1340 kJ/kg$ 熟料，5 级的则居中。扣去烘干原料所利用的热量，可以用于发电的废气余热约为 $670 \sim 1005 kJ/kg$ 熟料。综合考虑到发电效率不致太低，有关预分解窑中低温余热发电的典型数据，详见表 6-6。

表 6-6 水泥窑不同煤耗和 CO_2 产生量

熟料热耗 /(kJ/kg 熟料)	烧煤量 /%	烧可燃废料量 /%	燃烧所排出 CO_2 量 /(kg/t 熟料)
3140	100	0	476
	60	40	380
	30	70	308
	0	100	236

从表 6-6 可知，水泥窑中低温余热发电的能源回收水平一般为 $35 kW \cdot h/t$ 熟料左右，领先水平可达 $40 kW \cdot h/t$ 熟料。1995 年美国电气与电子工程师学会（IEEE）的水泥工业委员会曾对低温发电技术进行了专门的研讨，并制订了一个目标，即在 20 年内（2015 年前）拟将其低温余热发电的水平提高到 $60 kW \cdot h/t$ 熟料或更高。

（3）可燃废料二次能源的回收　含可燃质原料指的是油页岩、炭质页岩和各种含炭的炉渣炉灰等。它们主要是用作水泥的黏土质原料或校正原料，其中的可燃质不会太多，热值较低，大都小于 $6280 kJ/kg$，炉渣、炉灰中的含炭量则更低，热值多小于 $1675 kJ/kg$。对于这类原料的利用，如果按通常的生料制备方法，因其中的可燃质往往会引起预热器的结皮和堵塞，影响窑系统的正常生产。现在采用的成熟可靠的方法，就是首先在循环流化床（CFB）中将其中的可燃质从原料中分离出来，制成气体燃料送到分解炉内燃烧，黏土质原料则喂入预热器或分解炉中，与其他原料粉一起在回转窑内烧成熟料。在循环流化床中有时还可以喂入其他的二次燃料或煤粉，生成更多的气体燃料供分解炉用。

水泥工业中，可燃废料二次能源的回收主要有 3 种利用方式：①在分解炉内燃烧；②在循环流化床中制成气体燃料送到分解炉中；③在窑头燃烧。对于一些块状的低热值废料往往只能采用前两种方式，如果其中含有某些毒性物质，要求较高分解温度时，这两种方式就难以适应了。在窑头燃烧的固体二次燃料通常需要粉碎到一定细度，其热值不能太低，否则窑内火焰温度太低，影响熟料烧成。实践经验表明，窑头混合燃料（可燃废料＋煤粉）的热值不得小于 $16747 kJ/kg$，而且二次燃料和煤粉之间的燃烧性能不能相差太大，否则窑内火焰不易集中有力，甚至形成两个燃烧区。

四、化工过程能源回收利用

化工生产过程中，余热资源数量大，分布广，而且存在的形式和种类也很丰富。可作为回收利用对象的余热资源主要有：高温排气（主要为烟气）的余热，高温产品的余热，冷却介质的余热，化学反应余热，废气和废水的余热，可燃废气、废液和废料的余热。

（1）化工高温烟气的余热利用　高温烟气是余热的主要形式之一，在化工生产中约占余热资源总量的一半，主要由各种工业窑炉产生，各种工业窑炉的烟气余热大约相当于窑炉本身燃料消耗量的 30% 以上。高温烟气余热的特点是温度高（高于 $600℃$），烟气量集中，因此比较容易利用。主要利用途径有以下几种。

① 产生蒸汽。在高温烟道中安装余热锅炉，产生蒸汽，可替代直接燃烧锅炉，既节煤又省劳力，是最普遍的高温烟气余热利用的方法。凡温度在 500℃ 以上，烟气量大于 500m³/h 的高温烟气，均可在烟气出口处安装余热锅炉。

② 产生热空气。通过空气换热器、热管等换热设备，利用高温烟气的余热加热空气，供其他生产工艺使用。如工业窑炉燃料燃烧时均需通入助燃空气，若利用高温烟气先预热空气，使常温空气预热到较高温度后再送入炉内，采用热空气助燃，将减少常温空气在炉内的吸热量，使工业炉窑升温加快。

③ 其他利用方法。用高温烟气加热燃料（如煤气等），提高燃料（煤气）的入炉温度，节约窑炉的燃料消耗。最佳方案是高温烟气通过空气预热器时同时余热空气和煤气（称双余热），这在技术和设备上已实现，效果比单一利用要好。

（2）高温产品余热的利用　某些化工产品需要经过高温加工过程，如石油炼制、耐火材料生产、陶瓷煅烧等，最终出来的产品具有很高的温度，通常需要冷却到常温时才能使用。在冷却过程中将有大量的热量散失，同时还造成对周围环境的热污染。此种余热的利用途径与高温烟气余热大体相同。

（3）冷却介质的余热利用　化工上常用的冷却介质为水，亦可用空气、油和其他介质。从设备冷却要求来说，冷却介质可分为两类：一类是由于生产要求，需要低温冷却，因而冷却介质的温度不能超过一定的数值，如氨制冷系统中氨冷凝器的冷却水进口温度不能超过 31℃；另一类是设备对冷却介质的温度没有限制，如工业炉有关部件的冷却，在此情况下，冷却水可以采取较低温度（35～45℃）或较高温度（80～90℃），亦可采用汽化冷却的方式。由于汽化冷却可以大大减少用水量，节约水泵电耗，同时产生蒸汽可以送入热网，因此汽化冷却在冶金工业中得到普遍采用，化工生产亦将进一步开发和应用。

（4）化学反应余热的利用　在化工生产过程中往往需要进行一系列化学反应，而大多数化学反应都伴有热量的吸收或放出。化学反应余热就是指放热反应过程中所释放出来的热量，是一种反应系统所固有的不用燃料而产生的热能。如何有效合理地利用化学反应中的反应热（反应热约占余热总量的 5%～9%），是化学反应过程节能的重要课题。因此化学反应余热的利用方式主要包括以下几种。

① 产生蒸汽。很多化学反应放出的反应热不但温度高，而且热量大。如用石油副产物为原料的邻二甲苯法或以炼焦副产物为原料的萘氧化法生产苯酐时，在氧化过程中所发生的主、副化学反应都是强烈的放热反应，能释放出大量热能，1kg 萘经反应后约可放出热量 18800～21000kJ/h。对于这些热量，可通过设置余热锅炉产生蒸汽，供给精馏塔或其他热用户使用，或利用反应热产生高温高压的过热蒸汽进而实现“热电联产”。

② 产生热水和热空气。某些低温放热反应，需要用水或空气进行冷却，从而获得热水或热空气供其他工艺需要。

③ 供给自身化学反应热量。某些化学反应，在反应前需对原料进行加热，而在反应过程中又能释放出热量。这时可利用反应过程中放出的余热来加热原料，节省原来加热能耗。

（5）可燃废气、废液和废料的余热的利用　化工生产中有时产生大量的可燃废气、废液和废料。如炼油厂可燃废气、电石炉废气等，这些废气中含有一氧化碳、碳氢化合物等可燃成分，有些废气还具有很高的发热量，可作燃料使用。可燃废液包括炼油厂下脚渣油、造纸厂黑液等，可燃废料如糖厂生产中的甘蔗渣、硝化纤维等，均可作为燃料利用。

第三节　农村能源循环利用模式与技术

一、概述

农村能源是指农村地区因地制宜，就近开发利用的能源。在我国有木柴、农作物秸秆、人畜粪便、太阳能、风能和地热能等，多属于可再生能源。这些可再生能源可经过处理转化成其他形式能源来加以重复利用。但由于这些能源具有分散性不容易收集，具有低端能源的特征。

随着农村经济的发展，农村能源还包括国家供应给农村地区的煤炭、燃料油、电力等商品能源。农村能源循环利用模式和技术主要是合理开发农村当地各种能量资源，研究农村各种能量资源在输入、转换、分配、最终消费过程中的技术、经济及管理等问题，以提高能量利用效率，缓解能源短缺现象，保持农业生态环境，促进农村经济长期健康稳定的发展。

二、农村能源的基本特征

在我国，农村能源包括两方面的含义，一方面是指能在农村就地开发利用的能源资料，包括生物质能（作物秸秆、人畜粪便、薪柴以及沼气等）、小水电、太阳能、风能和地热能等；另一方面是农村的生产和生活用能。从目前农村用能构成来看，60%仍是农村就地开发利用的农村能源。商品常规能源，如煤、油、电、气等，约占40%，主要用在生产上。我国农村能源具有如下特征。

（1）资源的多样性　农村能源种类多样，不仅包括秸秆、青草、薪炭林、人畜粪便等生物质能源，还包括煤炭、小水电、风能、地热能等非生物质能源。

（2）分布广泛，地区分布不均衡　农村能源的分布极为广泛，到处都有可供利用的资源，但各种能源的地理分布却不均衡，具有明显的地域性，因此开发利用时必须因地制宜。例如作物秸秆，一半以上的资源集中在川、豫、鲁、皖、冀、苏、湘、赣、鄂等9个省区，广大西北地区和其余省市，秸秆数量较少。薪柴和小水电资源分布也很不均衡。

（3）能量的密度低　由于气候、季节、地理和其他自然条件的影响，自然能源具有能量密度低、分散性、间隙性和不稳定等特点，生物质能供应也是每年有波动的。因此农村能源利用应该采取多能互补的原则。

（4）能源的可再生性　自然能源和生物质能等都属于可再生能源，取之不尽，用之不竭，而且比较清洁，符合未来持久能源系统的要求，尤其是范围很广的太阳辐射能系统有可能成为支柱能源之一。

三、农村能源循环与农业可持续发展

农业污染日益严重和建设社会主义新农村，呼唤具有经济、环境双重效益的农村能源循环模式和技术，这种技术模式对于提高农业效益、增加农民收入以及控制畜禽粪便和化肥、农药污染方面发挥着重要作用，有力地促进了农业的可持续发展。

（1）农业可持续发展　是指在农业上形成资源节约、环境友好、产业高效、农民增收的农业发展新格局。农业是中国国民经济的基础，农业可持续发展是中国可持续发展的根本保证和领先领域，农业可持续发展就是要使农业具有长期持续发展的能力。

从农业资源角度来理解，农业可持续发展就是充分开发、合理利用一切农业资源（包括农业自然资源和农业社会资源），合理地协调农业资源承载力和经济发展的关系，提高资源转化率，使农业资源在时间和空间上优化配置达到农业资源永续利用，使农产品能够不断满足当代人和后代人的需求。而农村能源的合理开发和循环利用，比如沼气取暖做饭，秸秆还田等，不仅能够节约资源，而且减少了成本，减少了对环境的污染，在农村的可持续发展中起着非常重要的作用。

（2）农村能源循环模式　农村可再生能源资源的研究已取得较大进展，针对再生资源种类特点，采取不同利用方式也取得了很大成就。尤其是在养殖业和种植业方面的应用，形成了猪—沼—蚕、猪—沼—菜以及秸秆还田、秸秆饲料等模式和技术。这些对促进可持续发展，促进循环经济，具有十分重要的意义。

四、农村生物质能源循环利用模式

生物质就是有机物中所有来源于动物、植物、微生物的可再生的物质，生物质能是一种数量巨大的可再生的物质能。生物质能的转换和利用具有缓解能源短缺状况和保护环境的双重效果，因而受到人们的重视。农村生物质主要包括各种农作物秸秆、人畜粪便等。

1. 农村生物质资源及其能源价值

我国农业生物质资源品种多，分布广，主要包括稻秆、麦秆、玉米秆、大豆秆、油菜秆、高粱秆、麻秆、烟秆、葵花秆、甘蔗渣，以及花生藤、瓜藤等。除粮食以外所有的农作物剩余部分都可以作为生物质资源。其主要用途有以下几种。①燃料。这是农村生物质能最简单、最直接的用途，我国9亿多农民主要以秸秆和柴草为燃料，用能方式是炕、灶式直接燃烧，转换率在10%～20%左右，燃料消耗量大，能源利用率低，正在研究开发新的用能方式。②饲料。麦秆、稻秆、柴草、花生藤等不仅可以作为食性牲畜的饲料直接饲用，还可以经一部加工，如发酵、膨化以提高其营养价值，作为牲畜的饲料。③肥料。利用多种形式的秸秆还田，不仅可增加土壤有机质和速效养分含量，培肥地力，缓解氮、磷、钾肥比例失调的矛盾；调节土壤物理性能，改造中低产田；形成土壤有机质覆盖，抗旱保墒；还可以增加作物产量，优化农田生态环境。④工业或手工原料。比如棉籽壳可用作食用菌的培养基，一些麦秆、秸秆可用来造纸，麦秆还可以用来编织草帽、草鞋以及一些工艺品。由此可见，农村生物质具有很大的能源经济价值，用现代技术开发利用生物质资源，对于建立可持续发展的中国农村资源系统，促进社会经济的发展和生态环境的改善具有重大意义。

2. 生物质资源的利用方向

生物质资源作为可再生能源，含碳量低，来源丰富，由于其在生长过程中吸收大气中的CO_2，因而合理利用生物质资源不仅有助于减轻温室效应，加强生态良性循环，而且可替代部分石油、煤炭等化石燃料，成为解决能源与环境问题的重要途径之一。

生物质资源的利用方向主要有以下几种。①生物质能开发。在粮食主产区，由于农业废弃物（秸秆、动物排泄物等）大量过剩，可用于能源的生物质总量中超过一半被露地燃烧，如何让将这些浪费的能源利用起来就成为发展农村生物质资源的重要方向。生物质能技术的研究与开发已成为热门课题。生物质利用技术有液化、固化和气化三种方法，气化和液化都是生物质高效利用的重要方法。工厂规模供热、小规模的集中供气、生物质制燃料酒精、生物质裂解制液体燃料等都取得了显著进展，是生物质资源进一步利用的方向之一。②作为有机肥料还田。随着现代农业的发展，农民往往只注重了化肥，导致土壤中有机质含量下降，土壤的理化性状恶化。秸秆等生物质作为肥料利用，不仅提高了土壤肥力，增加作物产量，而且节约了化肥用量，促进了农业的可持续发展。因而秸秆还田是农村生物质循环利用的主要方向之一。③将种植业和养殖业，农村能源和环境保护充分结合起来。将种养技术，能环技术融于一体，通过植物生产、动物转化、微生物还原，开发生物质资源的利用，来实现农业废弃物的资源化利用、清洁化生产，克服农业生产实际中普遍存在的种养分离、能环分离所造成的农业效益低、环境污染严重、能源利用率低的生态循环模式。

3. 农村生物质资源循环利用的模式和技术

（1）养殖业能源循环利用模式　如图 6-4 所示，牲畜的粪便（其他人畜粪便、农业废弃物）用来发酵后，生产沼气或加工成有机肥、复合肥，沼气作为农村的新型燃料，而沼渣、沼液则可用作种植粮食、蔬菜、果树等的肥料，生产的粮食又可作为猪的饲料。

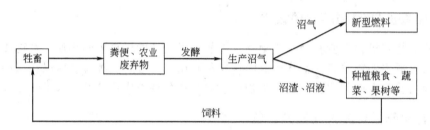

图 6-4　养殖业能源循环利用模式

该能源循环利用模式，产生的沼气作为燃料，节约了传统燃料煤的使用；沼渣、沼液当作肥料，减少了花费的使用，提高了土壤的肥力，变废为宝，同时还提高了农民的收入，产生了可观的经济价值。某些养猪大户已经开始采用此模式，形成良性循环链，实现了增产增收。

（2）秸秆利用技术

① 秸秆还田。几种作物秸秆的营养成分如表 6-7 所列，它们不仅普遍具有较高的热值和粗纤维含量，且含有丰富的有机质、氮、磷、钾等营养元素，以及镁、钙、硫等重要的微量元素。

目前主要的秸秆还田技术有直接还田、间接还田和生化腐熟快速还田。每种还田技术各有优缺点。直接还田技术操作简单，省工省时，作业效率高，利于水土保持，但是耗能大，成本高，未经高温发酵直接还田的秸秆，可能导致病害蔓延；间接还田技术需经高温发酵，操作简单廉价，利用效益高，可副产沼气和沼液，但同样耗时长，劳动强度大，产量小，并且污染空气；对于生化快速堆肥，其机械自动化程度高、易实现产业化，腐熟周期短，产量高，但是存在着优良微生物复合菌种和化学制剂筛选困难、秸秆组需严格预处理等问题。

表 6-7　几种作物秸秆的营养成分　　　　单位：%（干重）

种类	干物质	粗蛋白	粗脂肪	粗纤维	粗灰分	钙	磷	热值 /（MJ/kg）
稻草	85	4.80	1.40	35.60	12.40	0.69	0.60	14.02
麦秸	85	4.40	1.50	36.70	6.00	0.32	0.08	15.40
玉米秸	94	5.70	16.00	29.30	6.60	微量	微量	15.17
大豆秆	85	5.70	2.00	38.70	4.20	1.04	0.14	15.16
花生藤	90	12.20	—	21.80	—	2.80	0.10	13.42
蚕豆秆	86	2.90	1.10	37.00	9.80	—	—	14.76

② 秸秆饲料技术。秸秆中含量较高的粗纤维（约占秸秆干物质的20%～50%），限制了瘤胃中的微生物和消化酶对细胞壁内溶物的消化作用，导致秸秆适口性和营养性差，无法被动物高效地吸收利用。在实践中，秸秆饲料的加工调制方法如图6-5所示，一般可分为物理处理、化学处理和生物处理三种。

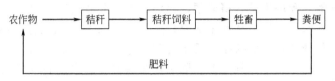

图 6-5　秸秆饲料利用模式

③ 秸秆能源化技术。秸秆能源化利用技术主要包括秸秆沼气、秸秆固化成型燃料、秸秆热解气化、直燃发电和秸秆干馏等方式。

秸秆沼气是指以秸秆为主要原料，经微生物发酵作用生产沼气和有机肥料的技术。该技术充分利用稻草、玉米等秸秆原料，有效解决了沼气推广过程中原料不足的问题，使不养猪的农户也能使用清洁能源。秸秆沼气技术分为户用秸秆沼气和秸秆沼气集中供气两种形式。秸秆入池产气后产生的沼渣是很好的肥料，可作为有机肥料还田，提高秸秆资源的利用效率。

秸秆固化成型燃料是指在一定温度和压力作用下，将农作物秸秆压缩为棒状、块状或颗粒状等成型燃料，从而提高运输和储存能力，改善秸秆燃烧性能，提高利用效率，扩大应用范围。秸秆成型后，体积缩小为原来的1/8～1/6，密度为 1.1～$1.4 t/m^3$，能源密度相当于中质烟煤，使用时火力持久，炉膛温度高，燃烧特性明显得到改善，可以代替木材、煤炭为农村居民提供炊事或取暖用能，也可以在城市作为锅炉燃料，替代天然气、燃油。

秸秆热解气化是以农作物秸秆、稻壳、木屑、树枝以及农村有机废弃物等为原料，在气化炉中，缺氧的情况下进行燃烧，通过控制燃烧过程，使之产生含一氧化碳、氢气、甲烷等可燃气体作为农户的生活用能。该项技术主要适用于以自然村为单位进行建设。

秸秆直接燃烧发电技术是指秸秆在锅炉中直接燃烧，释放出来的热量通常用来产生高压蒸汽，蒸汽在汽轮机中膨胀做功，转化为机械能驱动发电机发电。该技术基本成熟，已经进入商业化应用阶段，适用于农场以及我国北方的平原地区等粮食主产区，便于原料的大规模收集。

秸秆干馏是指利用限氧自热式热解工艺和热解气体回收工艺，将秸秆在一个系统上同时转化为生物质炭、燃气、焦油和木醋酸等多种产品，生物质炭和燃气可作为农户或工业用户的生产生活燃料，焦油和木醋酸可深加工为化工产品，实现秸秆资源的高效利用。该项技术适用于小规模、多网点建设，集中深加工的发展方式。

（3）农村沼气技术　沼气是一种能够燃烧的气体，是由多种气体组成的混合气体，含有甲烷、二氧化碳、硫化氢、一氧化碳、氢、氧等气体，其中甲烷最多，二氧化碳次之，其他几种气体含量很少。

以沼气为纽带的农村可再生能源生态技术模式，是遵循自然规律和经济原则，从实际出发，有利于农业生态系统物质能量的转换，将动物、植物、微生物之间的作用有机结合，形成良性的食物链结构，使能流、物流较快循环利用，社会效益、经济效益明显提高，有利于促进农业可持续发展。

沼气产生的全过程比较复杂，可简单地概括为：沼气是由粪便、秸秆等有机物质在一定的温度、水分、酸碱度和密闭的条件下，经过沼气细菌发酵作用而产生的。产生沼气必备的几个条件是：沼气细菌、有机物质、一定的水分、酸碱度、适当的温度及密闭条件。我国典型应用实例就是水压式沼气池。沼气池内装满了粪便、秸秆与水的混合发酵液，池内的细菌利用腐烂的粪便和秸草中的有机物质代谢，产生沼气并留下有机的残渣液。沼气储存在池内的气室中，供取暖、炊事、照明用；沼渣液用人工从水压间取出，作肥料用。通俗地说，就是农户通过建沼气池，利用发酵人畜粪便、生活污水、农业废弃物等，产生沼气、沼液和沼渣，用于日常生活和农业生产，从而形成农户生活-沼气发酵-生态农业的良性发展链条。

人畜禽粪便、作物秸秆、无害生活污水等都可作为沼气发酵原料。发酵原料在入池前要预处理，将原料（猪、牛、羊、马、驴、骡和家禽粪便）洒水湿润堆沤，洒水量以料堆下部不渗出水为宜，将料堆拍实并盖塑料膜。气温在15℃左右堆沤5～7天，气温在20℃以上堆沤3～5天。沼气原料在发酵时的碳氮比为(25∶1)～(30∶1)，经过预热处理的原料和准备好的接种物混合后选择晴天装入池内，加入适宜温度的水，搅拌后密封池口盖缝隙，即可产生沼气。

猪—沼—桑（蚕）农业生态模式（图6-6）是以养猪、养蚕为主，猪粪和蚕沙经过沼气池厌氧发酵处理后，产出沼肥和沼气；沼肥用来培桑养蚕，沼气照明、加温养蚕，从而形成相互促进良性循环的生态产业链。

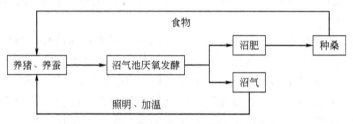

图6-6 猪—沼—桑（蚕）农业生态模式

利用沼肥种桑，一方面可减少商品肥料的使用，降低生产成本；另一方面沼肥种桑叶大、肉厚，提高桑叶的产量和质量。沼气用于养蚕，就是根据蚕不同龄期对光线、温度的不同要求，通过沼气灯照明和升温在蚕室内创造一个适宜蚕种孵化和蚕生长发育的环境条件，以提高蚕茧的产量和质量。

猪—沼—菜农业生态模式是依据能量循环利用和生物链原理，在日光温室蔬菜生产棚一端，建立猪舍和沼气池，猪所产生的粪便与人粪尿随沼气管道进入沼气池，猪粪发酵后产生沼气、沼液、沼渣。利用沼气点灯为蔬菜增温补光，同时还可提高温室空间CO_2浓度，增强植株抗性。利用沼液、沼渣种植蔬菜，充分利用沼液中所含的厌氧微生物的代谢产物特别是其中的生理活性物质、营养物质等，调节蔬菜的生长代谢，可提高蔬菜产量，同时还能减少化肥、农药的使用，进而生产出绿色无公害蔬菜。

猪—沼—菜农业生态模式已经在农村得到了很好的应用，并且产生了显著的经济效益。有资料显示，一个$10m^3$的沼气池可产气$400\sim500m^3$，可获得$275\times10^4 cal$的热量。该模式可以使能量循环利用，改善了农产品品质，生产出的蔬菜受到广大消费者的欢迎。并且，增收节本效果非常明显。通过开展沼气综合利用，一座一亩的大棚，每年可增收10000元以上。

"一池三改"是一种概括性说法，"一池"是农村户用沼气池的简称，"三改"则是改厕、改圈、改厨的简称。"一池三改"就是指在组织农户建设户用沼气池的同时，同步改建或新建畜禽舍、厕所和厨房。在农村沼气用户实施"一池三改"时，将户用沼气池与畜禽舍、厕所、厨房配套建设或改建，既能让农户用上干净方便的能源，又能切断由人、畜粪便导致的疾病传播渠道，改善庭院卫生，可极大地提高农民的生活质量。

一池三改的建设原则有以下几点：因地制宜，统筹规划。即根据当地的自然气候、土地资源、农业产业结构和农户经济条件等情况，以村为单位，统一规划"一池三改"的建设方案；逐户设计，同步施工。由专业技术人员根据农户庭院面积、空间大小及方位、周围建筑物和树木情况、农作物种植和畜禽养殖规模等，具体设计出每户沼气池、厕所、畜禽舍的位置、大小、类型，并由沼气生产工按设计图纸和规定标准，优质高效地同期建造或改建；规范建设，科学美观。禽畜舍、厕所和厨房，同沼气池一样，按标准规范建设，或合理改建；同时，保持沼气输配系统设计安装与管理也要科学规范，以保证沼气的安全使用。

"六个一"工程生态模式，适用于黄土高原丘陵沟壑山区，以农户为基本单元，以农村庭院为依据，围绕农户住宅院落，修建一口沼气池，一个蓄水防旱池或一眼小圆井，一座暖棚圈舍，一座日光节能温棚，一个果木园，一口饲料加工池。将"六个一"工程有机组合，形成一个生物种群互惠共生，食物链结构健全，营养级丰富的生态农业体系。

以上只是简单介绍了几种农村常用的生态模式，类似的能源循环利用模式还有很多，循环模式将能源（而且是可再生新能源）、生态和经济效益的同步提高，实现了植物生产、动物转化、微生物分解还原的生态良性循环，在能量和物质循环方面实现了生产的可持续性和生产能力及能源的再增值。

（4）太阳能技术　太阳能具有如下特点：第一，太阳能取之不尽，用之不竭。据估算，一年之中投射到地球的太阳能，其能量相当于 137 万亿吨标准煤所产生的热量，大约为目前全球一年内利用各种能源所产生能量的两万倍。第二，太阳能资源遍及全球，可以分散地、区域性地开采。我国约有 2/3 的地区可以较好利用太阳能资源。第三，太阳能是清洁的能源，太阳能利用起来干净、卫生，在转换的过程中不会产生危及环境的污染。第四，太阳能的强度比较弱，并且具有不连续性，白天和黑夜，冬天和夏天，阳光的照射强度是不同的。

我国农村对太阳能的开发利用从推广使用太阳能灶开始，逐步发展到各类日光节能温室，涉及人类生活领域的太阳能热水器、太阳能房、日光城、太阳村等。

日光节能温室是在科学地利用太阳能的基础上形成的农业园艺设施，在生产中体现了低成本、高效益的特点。高效节能日光温室由于较好地解决了采光、载热和保温的一系列问题，可在北方地区严寒的冬季不加温条件下进行反季节蔬菜生产，达到节能、优质、高效的目的。

我国日光温室及栽培技术独特，在发展中国家处领先水平。其工艺流程与发达国家没有可比性，发达国家以钢结构、大型日光温室为主，我国以小型为主；发达国家覆面材料主要是以聚能为基材的透光材料，我国以塑膜为主要覆盖材料。我国日光温室投资收回期短，竹结构当年可收回投资，钢结构的投资收回期为 2～4 年。

日光温室设计要求结构合理、光照充足、保温效果好、抗风、抗雪压。不同种类温室的结构特点不同。

由于日光温室多为塑膜覆盖，对棚膜的要求应是阳光透过率高，保温性能好，使用时间长。阳光到达地表的日射能量 98％ 集中于 $0.3～3.0\mu m$ 波段，向地表放出的能量 98％ 集中于 $3～80\mu m$ 的波长范围。棚膜应是白天让阳光尽可能多地透过，夜间则要减少地表的长波放射，即对红外、远红外线的阻隔性高，同时通过膜能使照射的直射光呈散射光进入棚内，以使植物总体受光多。温室主受光面阳光入射角只要不小于 40°，就能保证光线透过率在 80％以上。只要当地冬至那天的太阳高度角加上温室前坡角大于 40°，就能保证温室有较高的阳光透过率。我国多选择聚氯乙烯膜、多功能膜和无滴膜。

太阳灶是利用太阳辐射能供人们进行炊事的一种装置。在 20 世纪 70 年代，我国开始了太阳灶的研究与推广工作。我国是个农业大国，农业人口占总人口的 80% 以上，因此在能源紧缺的今天，在农村大力推广太阳灶。对于节省常规能源，减少环境污染，提高和改善农、牧民的生活水平有重要意义。

太阳灶的结构类型主要包括箱式太阳灶和聚光式太阳灶。聚光式太阳灶又根据聚光方式不同分为球面太阳灶、抛物面太阳灶和圆锥面太阳灶等。

高效的太阳灶需要进行合理的设计，太阳灶的设计参数主要包括：太阳光的高度角、反射光的投射角和截光面积，太阳灶的制作材料和制作工艺都有一定的要求。

太阳能房技术，简称太阳房，就是能够利用太阳能进行采暖的房子。是指利用太阳辐射能量代替部分常规能源、使室内达到一定环境温度的一种建筑物。也就是人类利用太阳能采暖和降温而设计建造的房子。

太阳能热水器主要由太阳能集热器、支架和储水箱组成。集热器白天吸收太阳能，将集热器管道内的工质加热，集热器中的热水就会自动循环；进入保温水箱，使水箱中的水变热。

(5) 风能　风是地球上的一种自然现象，太阳光照射到地球上，由于辐射能量不均、地球表面吸热能力不同，而引起各处气温差异，冷、热空气对流就形成了风。也就是说，风能最终还是来自于太阳能。地球上风能约为 2.7 万亿千瓦，可利用风能为 200 亿千瓦，是地球上水能的 10 倍。因此，可以说风能是一种取之不尽、用之不竭的可再生能源。风的本质是空气相对于地表面的运动，通常指空气的水平运动。

风能的储量大，分布广，可再生，无污染，并且与太阳能相比，利用的机械简单，容易制作。但是风能也存在着以下一些问题。比如，不稳定，风能随时间和高度是不断变化的，并且具有随机性；由于地形的影响，风力的地区差异非常明显；还有一个重要的缺陷就是密度低，给其利用带来一定的困难。不同地区，农村风能的分布情况是不同的，应该根据其分布特点进行合理的利用。

现今，我国农村风能利用的形式有风力发电、风力提水、风帆助航、风力致热等，以风力发电为主。风力发电通常有三种运行方式。一是独立运行，通常是一台小型风力发电机向一户或几户居民提供电力。它用蓄电池蓄能，以保无风时的用能；这种方式投资小、见效快、发电效率高，但可靠性低，适合家庭使用，是目前应用最多的。二是合并运行，就是风力发电与其他发电方式结合，向一个单位、一个村庄供电。这种方式可靠性高，但投资大，应用较少。三是并网运行，就是风力发电并入常规电网运行，向大电网提供电力。这种方式一次性投资大，但维护费用低，是世界风力发电的主要发展方向。

(6) 地热能　地热能（Geothermal Energy）是由地壳抽取的天然热能，这种能量来自地球内部的熔岩，并以热力形式存在，是引致火山爆发及地震的能量。地球内部的温度高达 7000℃，而在 80～100km 的深度处，温度会降至 650～1200℃。透过地下水的流动和熔岩涌至离地面 1～5km 的地壳，热力得以被转送至较接近地面的地方。高温的熔岩将附近的地下水加热，这些加热了的水最终会渗出地面。地热能是可再生资源。开发利用地热资源是农村能源建设的一个组成部分。

地热能是洁净的可再生能源，是一种以水为介质把热带到地表的温泉水，具有热流密度大、容易收集和输送、参数稳定（流量、温度）、使用方便、零排放且无二次污染的能源等优点，其不仅是一种矿产资源，同时也是宝贵的旅游资源和水资源，具有极大的开发利用价值。可用于可用于冬季采暖、夏季制冷和全年供应生活热水，以及地热干燥、地热种植、地热养殖、娱乐保健等。地热能的利用分为两种方式：一种是地热发电；另一种是地热直接利用。

第四节　能源利用中的低碳技术

一、概述

低碳技术是指为实现低碳经济而采取的技术，按照实施目标分类，主要包括清洁能源技术、节能技术和碳排放降低技术。清洁能源技术具有无碳排放的特征，是对化石能源的彻底取代。主要包括风力发电技术、太阳能发电技术、水力发电技术、地热供暖与发电技术、生物质燃料技术、核能技术等。节能技术主要是指以提高包括化石燃料在内的能源使用效率，尽可能降低碳排放的技术。主要包括超燃烧系统技术，超时空能源利用技术，高效照明技术，高效节能型建筑技术，新一代半导体元器件技术，高效电网传输技术，高效火力天然气发电技术，热电联供技术等。而碳排放降低技术是指以降低大气中碳含量为目的的技术，主要包括二氧化碳零排放化石燃烧发电技术、碳回收与储藏技术等。

碳捕集与封存技术（Carbon Capture and Storage，简称 CCS），是指把发电等固定排放源排放的 CO_2 捕集起来，进行利用或注入到深部咸水层等永久封存的过程。它是包括 CO_2 捕集、分离、输送、利用、封存等多种技术的组合技术，是潜在的重要碳减排技术之一。

CO_2 的捕集主要有条技术路线，即燃烧前脱碳、燃烧后脱碳、富氧燃烧及化学链燃烧技术。燃烧前脱碳就是在碳基原料燃烧前，采用合适的方法将化学能从碳中转移出来，然后将碳与携带能量的其他物质分离，从而达到脱碳的目的。燃烧后脱碳由于烟气中 CO_2 浓度较低，如何将烟气中的 CO_2 廉价地富集和脱除，是一个比较大的难题，富氧燃烧实际上是想通过提高氧化剂的浓度，获得富 CO_2 烟气，以降低 CO_2 捕获成本。

二、燃烧前脱碳技术

燃烧前捕获系统主要有 2 个阶段的反应。首先化石燃料先同氧气或者蒸汽反应，产生以 CO 和 H_2 为主的混合气体（称为合成气），其中与蒸汽的反应称为"蒸汽重整"，需在高温下进行；对于液体或气体燃料与 O_2 的反应称为"部分氧化"，而对于固体燃料与氧的反应称为"气化"。待合成气冷却后，再经过蒸汽转化反应，使合成气中的 CO 转化为 CO_2，并产生更多的 H_2。最后，将 H_2 从 CO_2 与 H_2 的混合气中分离，干燥的混合气中 CO_2 的含量可达 15%～60%，总压力 2～7MPa。CO_2 从混合气体中分离并捕获和存储，H_2 被用作燃气联合循环的燃料送入燃气轮机，进行燃气轮机与蒸汽轮机联合循环发电。

IGCC（整体煤气化联合循环）是最典型的可以进行燃烧前脱碳的系统。

此脱除过程有以下特点：①原料气气量小，约为燃烧后脱碳的 1%，总压与 CO_2 分压均较高；②原料气不含 O_2、灰尘等杂质；③原料气中的 H_2S 和 CO_2 可采用同一种溶剂脱除，也可对其进行选择性脱除；④脱除 CO_2 后的净化气和 CO_2 均需回收；⑤脱碳精度要求不高。

燃烧前脱碳系统配置如图 6-7 所示。

典型的 ICGG 原理如图 6-8 所示。

三、燃烧中脱碳技术

（1）富氧燃烧技术　富氧燃烧系统是用纯氧或富氧代替空气作为化石燃料燃烧的介质。

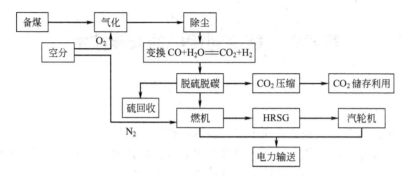

图 6-7 燃烧前脱碳系统示意

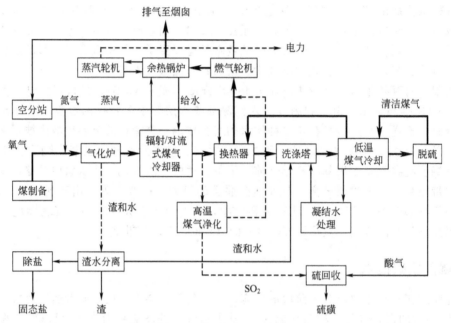

图 6-8 典型的 ICGG 原理

燃烧产物主要是 CO_2 和水蒸气，另外还有多余的氧气以保证燃烧完全，以及燃料中所有组成成分的氧化产物、燃料或泄漏进入系统的空气中的惰性成分等。燃烧后的部分烟气重新回注燃烧炉，一方面降低燃烧温度；另一方面进一步提高尾气中 CO_2 质量浓度，据测算，尾气中 CO_2 质量浓度可达 95％以上，在富氧燃烧系统中，由于 CO_2 浓度较高，因此捕获分离的成本较低，但是供给的富氧成本较高。

目前，大型的纯氧燃烧技术仍处于研究阶段。图 6-9 为富氧燃烧系统示意。

（2）化学链燃烧技术　化学链燃烧的基本思路是：采用金属氧化物作为载氧体，同含碳燃料进行反应；金属氧化物在氧化反应器和还原反应器中进行循环。还原反应器中的反应相当于空气分离过程，空气中的氧气同金属反应生成氧化物，从而实现了氧气从空气中的分离，这样就省去了独立的空气分离系统。燃料和氧气之间的反应被燃料与金属氧化物之间的反应替代，相当于从金属氧化物中释放的氧气与燃料进行燃烧。金属氧化物在两个反应器间的循环速率及其在反应器中的平均停留时间决定了反应器中的热量和温度平衡，从而控制反应进行的速度。

化学链燃烧反应式如下：

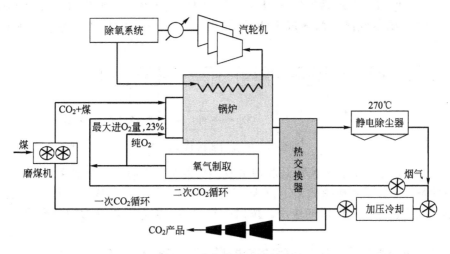

图 6-9　富氧燃烧系统示意

$$MeO + 燃料 \longrightarrow Me + H_2O + CO_2 \qquad (6\text{-}1)$$

$$Me + 1/2O_2 \longrightarrow MeO \qquad (6\text{-}2)$$

　　这种技术将原本剧烈的燃烧反应用隔离的氧化反应和还原反应替代，避免了燃烧产生的 CO_2 被空气中的氮气稀释，且无需空分系统等额外的设备和能耗。燃烧产生的烟气在脱水处理后几乎是纯净的 CO_2。化学链燃烧脱碳系统原理见图 6-10。目前，化学链燃烧技术仍处于研究阶段。

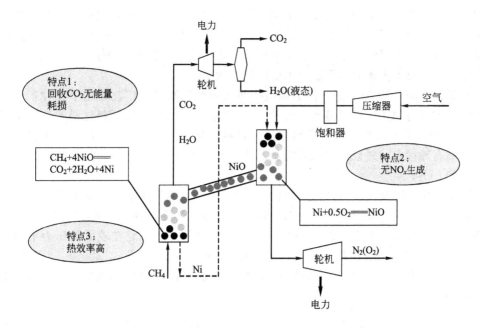

图 6-10　化学链燃烧脱碳系统

四、燃烧后脱碳技术

　　所谓燃烧后脱碳是指采用适当的方法在燃烧设备后，如电厂的锅炉或者燃气轮机，从排放的烟气中脱除 CO_2 的过程。这种技术的主要优点是适用范围广，系统原理简单，对现有电站继承性好。但捕集系统因烟气体积流量大、CO_2 的分压小，脱碳过程的能耗较大，设备的投资和运行成本较高，而造成 CO_2 的捕集成本较高。图 6-12 为燃烧后脱碳的系统示意。

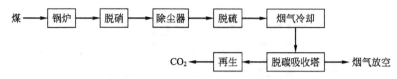

图 6-11　燃烧后脱碳系统示意

（1）吸收分离法　吸收分离法是利用吸收剂对混合气进行洗涤来分离 CO_2 的方法。它是使用时间最长、技术最成熟的 CO_2 分离和富集方法，已经在合成氨、制氢、天然气净化和电厂烟道气等领域有了广泛的应用。按照吸收剂的不同，它可分为物理吸收法和化学吸收法。

物理吸收法是按照 CO_2 物理溶解的方法进行的，它的选择性较低，分离效果并不理想，回收率低；另一方面，它具有能耗低，常温条件下可操作的优点，且吸收能力大，吸收剂用量小，吸收剂再生不需要加热，溶剂不会起泡，不腐蚀设备等。但是由于物理吸收法服从亨利定律，该法只适宜处理 CO_2 浓度高，即 CO_2 分压较大的情况，并且 CO_2 的去除率低。

化学吸收法是指利用 CO_2 与吸收剂进行化学反应形成一种弱联结的中间体化合物，然后加热富含 CO_2 的吸收液使 CO_2 解析出来，同时吸收剂得以再生的方法。化学吸收法对 CO_2 的处理效果较好，脱除后产品纯度高且处理量大，但是由于需要对吸收剂加热，因此耗能高，操作烦琐。

（2）吸附分离法　吸附分离法旨在利用固体吸附剂对混合气体中的 CO_2 的选择性可逆吸附作用来分离回收 CO_2，工业上多采用变压吸附法。最新发展的吸附剂有分子筛吸附剂、锂化物吸附剂等。吸附分离法的优点是分离效果好，吸收剂使用寿命较长，但是缺点是吸收剂使用量较大，设备体积大，只适用于温度较低的情况。

（3）膜分离法　近 20 年来，膜分离技术越来越受到重视，广泛运用于各种工业产品分离中，CO_2 的膜分离法原理是基于混合气体中 CO_2 与其他组分透过膜材料的速度不同而实现 CO_2 与其他组分的分离，过程推动力是膜材料两侧的压力差。膜分离具有装置简单、投资低、效率高等优点，并且具有在高温高压下分离富集 CO_2 的潜力，但是使用该法很难得到高纯度的 CO_2。

（4）冷凝法　冷凝法是一种利用原料中各种组分相对挥发度的差异的低温分离工艺，通过气体膨胀制冷，在低温下将气体中的各种组分按照工艺要求冷凝下来，然后用精馏法将其中的各类物质按照蒸发温度不同逐一加以分离。这种分离方法能在较低的压力下得到液体 CO_2，液体 CO_2 可利用液体泵升压，节省了大量的压缩功。

上述的几种 CO_2 分离方法都具有一定的优点和缺点，在 CO_2 的捕集过程中可以根据情况选择采用。

五、CO_2 的封存和处置技术

CO_2 封存是指将大型排放源产生的 CO_2 捕获压缩后运输到制定地点长期封存，而不是释放到大气中去。现在已经发展出多种封存方式，包括注入到一定深度的地质构造、注入深海，或者通过工业流程将其固定在无机碳酸盐之中。

（1）地质封存　地质封存是将 CO_2 直接注入到地质构造中，如油田天然气储层、含盐

储层及不可开采煤层等。随着 CO 在地层中的流动，与其中的岩石发生化学反应，转化为碳酸盐类物质。

与地质封存关联的另一种处理方式是 CO_2 的再利用。即将 CO_2 注入到接近枯竭的油田中提高采油率。这种方案最具吸引力的地方在于它能额外补偿 CO_2 的储存成本。由于地质封存带来的地质运动变化是难以估计的，而且 CO_2 的运移会对周围环境产生影响，这种影响通常都是不可逆的，因此选择合适的地层显得尤为重要。

（2）海洋封存　海水、绿色植被都是地球碳循环蓄碳池体系的组成部分，现今地球的海水里充满了远古时代的碳，其总量大约有 35 万亿吨。理论上讲，海洋储存 CO_2 的潜力是无限的，但是 CO_2 溶于海水的过程受 CO_2 分压的影响，海洋吸收大气中的 CO_2 是一个漫长的过程。海洋封存就是利用海水的溶解 CO_2 的能力和海洋地质储存 CO_2 的能力，人工强化 CO_2 的循环过程。海洋封存有两种方案，一种是将 CO_2 注入深水，使其自然溶解；另一种方法是注入海底使其形成固态的 CO_2 和液态的 CO_2。但是 CO_2 对于海洋生物带来的影响尚不清楚，对于大量 CO_2 在深海水中的各种行为还要做深入研究，而且海洋封存的 CO_2 最终还是要释放到大气当中，因此这种方法并非一劳永逸。

（3）矿石碳化　矿石碳化是利用金属氧化物与 CO_2 的反应形成稳定的碳酸盐，从而将 CO_2 永久的储存起来的一种封存方式。这样的过程在自然界中比较慢，因此需要进行矿物强化处理，而这是非常耗费能量的。

（4）工业利用　工业利用实际上是将 CO_2 作为反应物生产含碳化工产品，从而达到封存的目的。比如可将高纯的 CO_2 作为生产可乐的原料。然而工业利用从技术上看并不是一种理想的封存方案，因为在不同的工业流程当中，CO_2 的封存时间只有几天，最多几个月，然后会被再次降解为 CO_2，并排入大气。从总体来看这对减缓气候变化并没有实质上的贡献，而且在很多情况下反而会造成总体排放量的净增加。

◉ 思考题

1. 如何理解节能和减排的关系？请以钢铁行业的物质能量平衡为例子来阐述节能减排技术的核心。
2. 低品位余热回收技术中的难题是什么？目前有哪些好的技术可以高效率地实现该目标？
3. 生态养殖的内容是什么？利用生物、能量平衡和污染控制相关理论和技术，设计一个生态养猪场系统。
4. 秸秆能源化的方式有哪些？结合我国农村的具体特征，分析我国可行的秸秆能源化技术。
5. 燃煤烟气碳捕集与封存技术包括哪些？目前技术上主要的障碍有哪些？

◉ 参考文献

[1]　曹蕾，衣兰智，孙娟. 生物质能源在燃烧生产与发电方面的应用研究现状与前景. 草业科学，2009，26 (9)：49-53.
[2]　曹小玲，蒋绍坚，翁一武. 生物质高温空气气化分析、现状及前景. 节能技术，2004，22 (123)：47-49.
[3]　曾麟，王革华. 世界主要发展生物质能国家的目的与举措. 可再生能源，2005，2：53-55.
[4]　陈丽云，张春霞，许海川. 钢铁工业二次能源产生量分析. 过程工程学报，2006，6：123-127.
[5]　陈诗一. 节能减排、结构调整与工业发展方式转变研究. 北京：北京大学出版社，2011.
[6]　程小矛. 有效利用二次能源，加快企业节能减排技术改造步伐. 中国冶金，2008，18 (10)：52-53.

[7] 程序. 生物质能与节能减排及低碳经济. 中国生态农业学报, 2009, 17 (2)：375-378.

[8] 富莉. 我国冶金企业废气余热利用的现状. 冶金能源, 2000, 19 (3)：23-30.

[9] 付一春. 低碳经济下我国能源产业面临的问题与对策研究. 煤, 2011, 20 (11)：103-106.

[10] 高建业. 煤气化与煤液化洁净低碳技术应用进展. 煤气与热力, 2011, 31 (7)：B22-B27.

[11] 郭艳玲. 二次能源回收利用现状与前景. 世界金属导报, 2006, 1.

[12] 贺益英. 关于火、核电厂循环冷却水的余热利用问题. 中国水利水电科学研究院学报, 2004, 2 (4)：315-320.

[13] 蒋国良, 袁超, 史景钊, 褚伟, 王淮东. 生物质转化技术与应用研究进展. 河南农业大学学报, 2005, 39 (4)：464-471.

[14] 姜学仕, 姜洪泽, 刘艳军. 高炉渣热能利用与蒸汽循环法渣处理工艺研究. 2009 年第七届中国钢铁年会论文集 (下)：339-344.

[15] 秸秆能源化利用技术. 来源：中国农业知识网, 2009.

[16] 金涌, 王垚, 胡山鹰, 朱兵. 低碳经济：理念·实践·创新. 中国工程科学, 2008, 10 (9)：4-13.

[17] 李长生. 农家沼气实用技术. 北京：北京金盾出版社, 2001.

[18] 李琼玖, 杜世权, 廖宗富, 周述志, 申同贺, 刘尚武, 甄耀东, 黄吉荣, 王建华, 李德宽, 漆长席, 赵月兴, 李润庠, 王树中. 我国燃煤发电污染治理的 CO_2 捕集封存与资源化利用. 化肥设计, 2010, 48 (6)：1-10.

[19] 李新春, 孙永斌. 二氧化碳捕集现状和展望. 能源技术经济, 2010, 22 (4)：21-26.

[20] 林宗虎. 低碳技术及其应用. 自然杂志, 2011, (2)：4.

[21] 刘利元, 柳成俊, 柳育珊, 李兴发. 农村能源循环利用模式探讨, 现代农业科技, 2010, 10.

[22] 刘玲. 国外发展低碳经济政策与实践对我国的启示. 价值工程, 2010, 29 (21)：183.

[23] 孟嘉. 工业烟气余热回收利用方案优化研究. 华中科技大学硕士学位论文, 2008.6.

[24] 倪维斗, 陈贞, 李政. 我国能源现状及某些重要战略对策. 中国能源, 2008, 30 (12)：5-9.

[25] 饶清华, 邱宇, 许丽忠, 张江山. 节能减排指标体系与绩效评估. 环境科学研究, 2011, 24 (9)：1067-1073.

[26] 沈谦. 我国能源消耗的产业特征分析. 武汉金融, 2011, (3)：37-40.

[27] 宋永华, 杨霞, 孙静. 低碳高效安全可靠的智能电网. 中国能源, 2009, 31 (10)：23-27.

[28] 陶林富, 黄炳荣. 养猪场沼液果园循环利用模式. 杭州农业与科技, 2009, (6)：46-97.

[29] 王立军. 浙江省低碳技术创新路径与创新政策体系研究. 中国科技论坛, 2011, (5)：27-31.

[30] 王旭, 李现勇. 煤制合成天然气发电系统技术和前景分析. 洁净煤技术, 2010, 16 (4)：19-22.

[31] 王学. 猪-沼-菜-厕四位一体生态养殖模式初探. 今日畜牧兽医, 2008, (6)：32.

[32] 王远远, 刘荣厚. 沼液综合利用研究进展. 上海：上海交通大学农业与生物学院生物质能工程研究中心, 2011.

[33] 吴开尧, 朱启贵. 国内节能减排指标研究进展. 统计研究, 2011, 28 (1)：16-21.

[34] 肖波, 周英彪, 李建芬. 生物质能循环经济技术. 北京：化学工业出版社, 2006.

[35] 胥凌湘, 黄敏. 猪—沼—桑 (蚕) 农业生态模式的应用. 蚕桑茶叶通讯, 2008, 5.

[36] 徐大丰. 低碳技术选择的国际经验对我国低碳技术路线的启示. 科技与经济, 2010, 23 (2)：73-75.

[37] 杨珊珊, 崔伟, 杨雪. 通过剖析达钢二次能源综合利用分析钢铁行业节能减排潜力. 四川环境, 2011.

[38] 杨申仲. 节能减排监督管理. 北京：机械工业出版, 2011.

[39] 杨世基. 农村发展与能源建设. 北京：中国农业科技出版社, 2000.

[40] 杨晓东, 张玲. 钢铁工业能源消耗和二次能源利用途径及对策. 钢铁, 2000, 35 (12)：64-68.

[41] 叶凌. 城市地下空间热能综合利用系统研究. 哈尔滨工业大学工学博士学位论文, 2011.11.

[42] 余泳泽. 我国节能减排潜力、治理效率与实施路径研究. 中国工业经济, 2011, (5)：58-68.

[43] 张学琪, 张亿一. 农村新能源知识读本. 宁夏：宁夏人民出版社, 2007.

[44] 张艳哲, 李毅, 刘吉平. 秸秆综合利用技术进展. 纤维素科学与技术, 2003, 11 (2)：57-61.

[45] 张曰林. 农村风能开发与利用. 山东：山东科学技术出版社, 2009.

［46］ 张曰林，成冰. 农村太阳能开发与利用. 山东：山东科学技术出版社，2009.

［47］ 郑聪. 我国能源消耗政策研究. 华中科技大学硕士学位论文，2009. 5.

［48］ 郑淑蓉，李金兰. 低碳技术商业化风险探讨. 市场周刊·理论研究，2011，(2)：76-77.

［49］ 中国电力企业联合会. 中国燃煤电厂大气污染物控制现状 2009. 北京：中国电力出版社，2009：2-15.

［50］ 周远清. 中国的绿色发展道路：节能、减排、循环经济. 山东：山东人民出版社，2010.

［51］ 朱华东，赵福齐，陈付军. 热管技术与化工生产中余热利用. 无机盐工业，2005，37 (3)：55-56.

［52］ Anderson S, Newell R. Prospects for carbon capture and storage technologies. Washington, D. C.：Resources for the Future, 2003：1-67.

［53］ A N Anozie, O J Odejobi. The search for optimum condenser cooling water flow rate in a thermal power plant. Applied Thermal Engineering, 2011, 31 (17-18)：4083-4090.

［54］ Amr S Meawad, Darinka Y Bojinova, Yoncho G Pelovski. An overview of metals recovery from thermal power plant solid wastes, Waste Management, 2010, 30 (12)：2548-2559.

［55］ Bridgwater A V, Peacocke G V C. Fast pyrolysis processes for biomass. Sustainable and Renewable Energy Reviews, 2000, 4：1-73.

［56］ C H Choi, A P Mathews. Two-step acid hydrolysis process kinetics in the saccharification of low-grade biomass：1. Experimental studies on the formation and degradation of sugars. Bioresource Technology, 1996, 58 (2)：101-106.

［57］ Chen Chaoqun. Researches on application of the renewable energy technologies in the development of low-carbon rural tourism. Energy Procedia, 2011, 5：1722-1726.

［58］ Chen Mingsheng, Gu Yulu. The mechanism and measures of adjustment of industrial organization structure：the perspective of energy saving and emission reduction. Energy Procedia, 2011, 5：2562-2567.

［59］ Chen Rongjun. Livestock-biogas-fruit systems in South China. Ecological Engineering, 1997, 8 (1)：19-29.

［60］ Christian E Casillas, Daniel M Kammen. The delivery of low-cost, low-carbon rural energy services. Energy Policy, 2011, 39 (8)：4520-4528.

［61］ Conference & Meeting reports. Biomass for energy and industry. Wurzburg Germany. 10th European Conference, 1998.

［62］ Cook J, Beyea J. Bioenergy in the United States：progress and possibilities. Biomass and Bi-oenergy, 2000, 18 (6)：441-442.

［63］ Edward L Glaeser, Matthew E Kahn. The greenness of cities：carbon dioxide emissions and urban development. Journal of Urban Economics, 2010, 67 (3)：404-418.

［64］ Huang Haifeng, Gao Nongnong. Study on the industry energy saving in China's economic transformation. Energy Procedia, 2011, 5：2137-2141.

［65］ J C Sun, P X Li, L N Hou. Game equilibrium of agricultural biomass material competition its assumptions, conditions and probability. Energy Procedia, 2011, 5：1163-1171.

［66］ Ji rí Klemeš, Ferenc Friedler. Advances in process integration, energy saving and emissions reduction. Applied Thermal Engineering, 2010, 30 (1)：5.

［67］ Judith A Cherni, Isaac Dyner, Felipe Henao, Patricia Jaramillo, Ricardo Smith, Raúl Olalde Font. Energy supply for sustainable rural livelihoods. A multi-criteria decision-support system. Energy Policy, 2007, 35 (3)：1493-1504.

［68］ Ke Jing, Zheng Nina, David Fridley, Lynn Price, Nan Zhou. Potential energy savings and CO_2 emissions reduction of China's cement industry. Energy Policy, 2012, 45 (6)：739-751.

［69］ Leary J, While A, Howell R. Locally manufactured wind power technology for sustainable rural electrification. Energy Policy, 2012, 43 (4)：173-183.

［70］ Martin F J, Kubic W L, Green Freedom. A concept for producing carbon-neutral synthetic fuels and chemicals. New Mexico: Los Alamos National Laboratory, 2007.

[71] P Balachandra. Modern energy access to all in rural India: An integrated implementation strategy. Energy Policy, 2011, 39 (12): 7803-7814.

[72] P Luckow, M A Wise, J J Dooley, S H Kim. Large-scale utilization of biomass energy and carbon dioxide capture and storage in the transport and electricity sectors under stringent CO_2 concentration limit scenarios. International Journal of Greenhouse Gas Control. 2010, 4: 865-877.

[73] Pandiyarajan V, Chinnappandian M, Raghavan V, Velraj R. Second law analysis of a diesel engine waste heat recovery with a combined sensible and latent heat storage system. Energy Policy, 2011, 39 (10): 6011-6020.

[74] Pekka Ruohonen, Ilkka Hippinen, Mari Tuomaala, Pekka Ahtila. Analysis of alternative secondary heat uses to improve energy efficiency-case: A Finnish mechanical pulp and paper mill. Resources, Conservation and Recycling, 2010, 54 (5): 326-335.

[75] T Lu, Wang K S. Analysis and optimization of a cascading power cycle with liquefied natural gas (LNG) cold energy recovery. Applied Thermal Engineering, 2009, 29 (8-9): 1478-1484.

[76] U Arena, F Di Gregorio, M Santonastasi. A techno-economic comparison between two design configurations for a small scale, biomass-to-energy gasification based system. Chemical Engineering Journal, 2010, 162: 580-590.

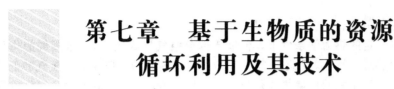

第七章 基于生物质的资源循环利用及其技术

在传统的资源利用模式中，通常将自然资源在经过人类利用后的剩余产物直接丢弃，实际上这些废弃物中可能蕴含着可以循环利用的能源。尤其是生物质能具有涵盖范围广泛、能量蕴藏量大和可再生等特性，有非常大的开发和利用潜力。生物质从广义上可以定义为植物和自养微生物通过光合作用合成的有机物的总称。而生物质能就是太阳能以化学能形式储存在生物质中的能量。生物质在自然界的漫长演化过程中和人类的活动影响下可能发生各种形态的转化，但是只要它的成分仍为有机物，从理论上讲就有继续利用的可能。因此，基于生物质的资源循环利用可以理解为将首次利用后的剩余生物质通过一定技术手段将其进行形态转化，变为更适宜能量利用的有机物形式并再次利用的过程。由于生物质能的原始能量来源于太阳能，因此，生物质是可以持续不断合成的可再生资源。

依据来源和形式的不同，可以将生物质分为农业资源、林业资源、海洋和渔业资源、生活污水和工业有机废水、城市固体废物、畜禽粪便等六大类。本章将依据生物质的不同来源，分别介绍其循环利用的技术。其中生活污水和工业有机废水中的生物质循环利用在水污染控制技术等教材中有所涉及，不纳入本章的讨论范围。畜禽粪便在本章中纳入农业废弃物的范畴讨论。城市固体废物可以划分为普通生活垃圾和行业有害废物。行业有害废物中的医疗垃圾具有传播疾病、污染环境的有害性，在回用的过程中面临许多不同于其他废弃物的特殊问题。因此，在本章中将针对普通生活垃圾和医疗废弃物中的生物质循环利用技术分别展开讨论。

第一节 农产品与农业废弃物循环利用及其技术

一、概述

农业生物质资源是指农业生产过程中的废弃物，如农作物收获时残留在农田内的农作物秸秆（玉米秸、高粱秸、麦秸、稻草、豆秸和棉秆等）；农业产品（如玉米、马铃薯、甘蔗、甜高粱、木薯、甘薯等能源植物）；农业生产中的废弃物，如稻米加工后残余的稻壳、禽畜养殖业中的粪便等。其中，秸秆和稻壳既可以通过气化转化为可燃气体，也可以通过堆肥转化为生物肥料；秸秆和能源植物可以经发酵蒸馏等工艺后转化为燃料乙醇；禽畜粪便和秸秆可以通过厌氧发酵生产沼气用作燃料。农业生物质资源中以秸秆的应用范围最为广泛。

二、生物质气化技术

1. 生物质气化的原理

生物质气化是在一定的热力学条件下，借助于部分空气（或氧气）、水蒸气的作用，使生物质的高聚物发生热解、氧化、还原、重整反应，最终转化为一氧化碳、氢气和低分子烃类等可燃气体的过程。气化后的可燃气体热值在 $4000\sim20000kJ/m^3$ 范围内。气化过程中发生的主要化学反应可以用以下的方程式来表达：

$$CH_{1.4}O_{0.6}+0.4O_2 \longrightarrow 0.7CO+0.3CO_2+0.6H_2+0.1H_2O \tag{7-1}$$

生物质气化过程中主要经历如下反应历程。

（1）燃料的干燥　生物质进入气化器后，当被加热至 $100℃$ 以上时，原料中的水分即开始蒸发，产物为干原料和水蒸气。

（2）热裂解反应　生物质干原料在温度高于 $250℃$ 时即可发生热裂解反应，热裂解过程中，挥发成分将会从生物质中大量地析出，固体中只剩下残余的木炭。热裂解反应析出的挥发成分主要包括水蒸气、氢气、一氧化碳、二氧化碳、甲烷、焦油和其他烃类。热裂解区的温度通常在 $400℃$ 以上。通过控制加热速率可以改变不同反应产物的得率。根据加热速率可以将热裂解过程控制为慢速裂解、闪蒸热分解和快速裂解。其中，慢速裂解的反应温度低于 $500℃$，加热速率小于 $10℃/s$，产物以木炭和焦油为主；闪蒸热分解的反应温度在 $500\sim600℃$ 之间，加热速率在 $10\sim1000℃/s$ 之间，产物主要为焦油；快速裂解的反应温度在 $600℃$ 以上，加热速率在 $1000\sim10000℃/s$ 之间，主要产物为烯烃与碳氢化合物等高质量的气体，焦油及炭很少。

（3）氧化反应　热裂解产生的木炭与氧气发生剧烈反应，同时释放出大量的热。氧化反应可以为生物质干燥、热解和还原阶段提供热量。氧化反应过程中温度在 $1000\sim1200℃$ 之间，氧化反应的方程式如下：

$$C+O_2 \longrightarrow CO_2 \tag{7-2}$$
$$2C+O_2 \longrightarrow 2CO \tag{7-3}$$
$$2CO+O_2 \longrightarrow 2CO_2 \tag{7-4}$$
$$2H_2+O_2 \longrightarrow 2H_2O \tag{7-5}$$

（4）还原反应　木炭与水蒸气、二氧化碳以及氢气等可以发生还原反应，产物的主要成分为氢气、一氧化碳和甲烷等气体。这些气体和热解过程中的挥发气体一起形成了可燃气体，完成了固体生物质向气体燃料转化的过程。还原反应过程中温度在 $700\sim900℃$ 之间，主要化学反应为：

$$C+H_2O \longrightarrow CO+H_2 \tag{7-6}$$
$$C+CO_2 \longrightarrow 2CO \tag{7-7}$$
$$C+2H_2 \longrightarrow CH_4 \tag{7-8}$$

2. 生物质气化工艺参数

生物质气化在气化反应器中进行，按照使用的气化介质不同可以划分为空气气化、氧气气化、水蒸气气化，也可以同时使用两种介质气化，比如空气＋水蒸气、氧气＋水蒸气。空气气化成本低廉，但是由于有氮气的稀释作用，使得裂解后的燃气热值降低。氧气气化成本较高，但是燃气纯度和热值较高。二者均为自供热气化，即氧化过程的放热可以供给其他阶段的吸热。水蒸气气化效果也较好，但需要外加热源。共同使用多种介质的气化反应可以较好地互补各介质的缺点。气化反应器的主要工艺参数如下所述。

（1）当量比（ER） 自供热气化系统中，单位生物质在气化过程所消耗的空气（氧气）量与完全燃烧所需要的理论空气（氧气）量之比，是气化过程的重要控制参数。当量比大，说明气化过程消耗的氧量多，氧化反应越充分，反应温度越高，有利于气化反应的进行，但产生的 CO_2 量增加，使气体热值下降。理论最佳当量比为 0.28，由于原料与气化方式的不同，实际运行中，最佳当量比控制在 0.2～0.28 之间。

（2）气体产率（G_v，m^3/kg） 单位质量原料气化后产生的气体燃料的体积。

（3）气体热值（Q_v，kJ/m^3） 生物质气化后生成的单位体积燃气所包含的化学能。

（4）碳转换率（η_c） 指固体生物质中的碳转换为气体燃料中的碳的份额，即气体中含碳量与原料中含碳量之比。

3. 生物质气化反应器简介

生物质气化反应器主要有固定床气化炉和流化床气化炉两种。固定床气化炉是将切碎的生物质原料由炉子顶部加料口投入气化炉中，物料在炉内基本上是从上至下按层次地进行气化反应。反应产生的气体在炉内的流动靠风机来实现。按气体在炉内流动方向，可将固定床气化炉分为下吸式（气体流动方向与物料相同）、上吸式（气体流动方向与物料相反）、横吸式（气体流动方向与物料垂直）和开心式（下吸式气化炉的一种特殊形式，内有转动炉栅，多用于稻壳气化）等 4 种类型。固定床气化炉由于炉内反应速度较慢，产气量较小，所以多用于小型气化站，只有上吸式固定床气化炉可用于较大规模的场合。

流化床气化炉的工作特点是将粉碎的生物质原料投入炉中，气化介质由鼓风机从炉栅底部向上吹入炉内，炉内有惰性床料（如砂子）作为流化介质，炉内形成一个热砂床，燃烧与气化都在热砂床上发生。空气通过热砂床后形成泡状，有流动作用，使气、固接触，混合均匀，反应速度加快。气化炉适于气化水分含量大、热值低的生物质物料，但要求原料有相当小的粒度，可大规模、高效地利用生物质能。按炉子结构和气化过程，可将流化床气化炉分为单流化床、循环流化床、双流化床等类型。按供给的气化剂压力大小，流化床气化炉又可分为常压气化炉和加压气化炉。不使用流化介质，气化剂直接吹动炉中生物质原料使之流化的气化炉又称携带流化床气化炉。

单流化床气化炉只有一个流化床反应器，气化剂从底部气体分布板进入，在流化床上同生物质原料进行气化反应，生成的气化气直接由气化炉出口送入净化系统中。循环流化床气化炉与单流化床气化炉的主要区别是：循环流化床气化炉在气化气出口处设有旋风分离器或袋式分离器，分离器可以分离获得固体颗粒并将其返回流化床重新进行气化反应，这样提高了碳的转化率。双流化床气化炉有两级反应器。在第Ⅰ级反应器中，生物质原料发生裂解反应，生成气体排出后，送入净化系统。生成的炭颗粒进入第Ⅱ级反应器进行氧化反应，使床层温度升高，经过加温的高温流化介质返回第Ⅰ级反应器，从而保证第Ⅰ级反应器的热源，提高双流化床气化炉的碳转化率。

图 7-1 为生物质气化炉的结构。

4. 生物质燃气的净化

生物质气化炉出口的燃气叫做粗燃气，其中含有杂质，会影响供气、用气设施和管网的运行，因此必须进行净化处理。粗燃气中既有固体杂质也有液体杂质。固体杂质是指气化后的含炭灰粒，使用秸秆类原料时燃气中灰含量较高，每立方米中可能达到数十克。液体杂质主要是指常温下能凝结的焦油和水分，燃气中的焦油含量在每立方米数克到数十克的范围内。离开气化器的粗燃气温度一般为 300～400℃，在进行燃气净化的同时还要将燃气冷却

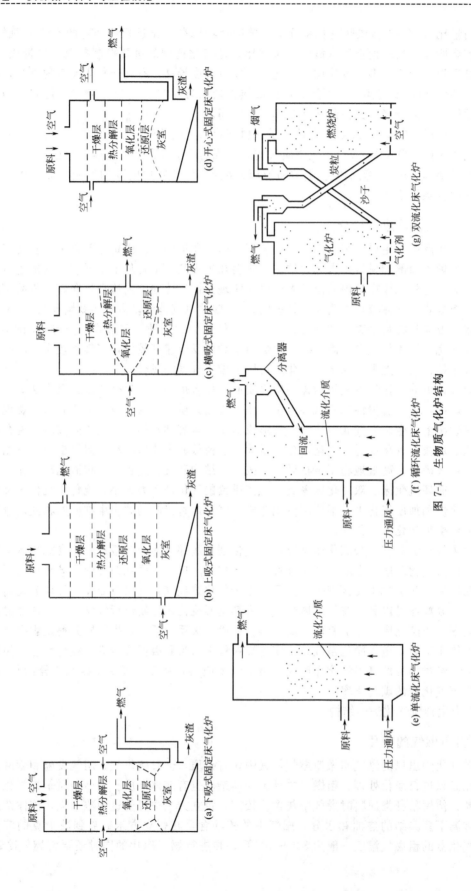

图 7-1 生物质气化炉结构

到常温，以便于燃气输送。燃气的净化过程一般包括除尘、除焦油、除水分和冷却等工序，各工序依次进行。除尘可以采用机械除尘、过滤除尘和湿法除尘等方法。常用的仪器有旋风除尘器、颗粒过滤器、袋式除尘器、喷射洗涤器、文氏管洗涤器、填料塔、泡沫洗涤器等。除焦油可以采用水洗法、过滤法、离心去除法、静电去除法或者催化裂解等方法。除水分可以采用机械碰撞法或过滤法。冷却可以通过除尘过程中使用的喷淋塔或者专门的冷却器。净化后的燃气可以直接作为燃料，也可以用于发电。

三、农业废弃物好氧堆肥技术

农业废弃物中的秸秆、稻壳和禽畜粪便等可以通过堆肥技术转化为土壤肥料，在农业生产中循环利用。堆肥与化肥相比尽管肥料成分少、肥效迟，但是它的优点在于其里面包含了腐殖质、氨基酸、维生素、微量元素等各种促进生物发育的物质，长期施用可以起到改良土壤的作用。堆肥既可以在好氧条件下进行，也可以在厌氧条件下进行，目前应用的农业废弃物堆肥技术通常是好氧堆肥。农业废弃物的堆肥包括高温堆腐和菌剂堆腐两种形式。

1. 高温堆腐技术

高温堆腐是过去较常用的一种堆肥方法。堆腐是在微生物的作用下，降解和转化有机物质的生物化学过程。经过这一过程，一部分有机物质分解矿化，释放出速效养分；一部分有机物质转化为腐殖质。根据生物质堆腐过程中的温度变化，可以将堆腐过程划分为 4 个阶段。

（1）发热阶段　堆置初期，物料堆内的温度由常温升到 50℃左右，此时堆体内主要以中温好氧微生物为主，分解糖、淀粉、蛋白质等有机物质。

（2）高温阶段　物料堆内温度逐渐上升，最高可达 70℃。此阶段高温微生物代替中温微生物，半纤维素、纤维素和果胶等大量被分解，同时开始进行腐殖质的合成。

（3）降温阶段　随着温度的升高，高温微生物逐渐死亡，温度下降，中温微生物代替高温微生物，继续分解剩下的纤维素、半纤维素和木质素，但以腐殖质的合成为主。

（4）后熟保肥阶段　堆内温度逐渐降至稍高于外界气温，堆体体积缩小。在此阶段可以将堆体压实，造成厌氧状态，使有机物矿化程度减弱，以利于保存肥效。

堆肥过程中主要控制如下操作参数。

① 原料的 C/N 比。秸秆和稻壳主要由木质素、纤维素、半纤维素等组成，C/N 比通常较高，为 60～90，不易于被微生物利用。在堆肥前可以加入禽畜粪便或者污水厂好氧污泥等易腐熟的有机物进行调节，将 C/N 比控制在 20～30，堆肥才能顺利进行，堆肥完后的产品 C/N 比通常为 15～25。

② 水分。堆体内应加入适当的水分，使含水量控制在 50％～60％之间。堆肥完成后水分含量一般下降至 30％～40％。

③ 通气。堆肥主要依靠好氧微生物来进行发酵和分解，因此需要供给充分的空气。一般利用通风和翻搅的方法来为堆肥输送新鲜空气。堆肥期间一般需翻搅 3～4 次。也可以利用机械通风。

④ 物料尺寸。堆肥材料和微生物接触面积越大越利于发酵和分解的进行。秸秆在堆肥前一般需要将长度剪切至小于 10cm，也可以进行粉碎。

⑤ 温度。发酵温度越高，杀灭有害微生物的效果越好，然而当发酵温度达到 70℃时，发酵细菌的活动会受到抑制，同时会导致肥料成分挥发，质量降低。因此在发酵期间堆体内

温度应控制在 50～60℃，此温度区间对纤维分解细菌活动最为有利。

⑥ 堆体高度。堆体高度通常控制在 1.5～1.8m 之间。

农业废弃物的堆肥既可以直接在露天场地进行，也可以堆积在发酵房或发酵槽内。当进行露天堆积时，首先将已调整好 C/N 比和水分的秸秆堆积成体积约为 6m³（2m×2m×1.5m）的临时堆，不翻搅进行临时堆积约 1 个月。接下来将土堆积成大约 20cm 高，铺上原木（未经加工过的木头）或竹子制成堆肥盘。先在堆肥盘上堆积约 30cm 厚的秸秆，再将临时堆积物与禽畜粪尿等混合起来堆积大约 30cm 厚，上面再覆上 30cm 厚的秸秆。如此反复，直到堆积高度达到 1.5～1.8m 后，开始正式堆积。正式堆积 1 个月后开始进行翻搅，共翻搅 3～4 次，大约 3～4 个月后堆肥完成。当在发酵房或发酵槽内进行堆肥时，可配置强制通风装置和搅拌装置。

图 7-2 为秸秆露天堆腐的示意。

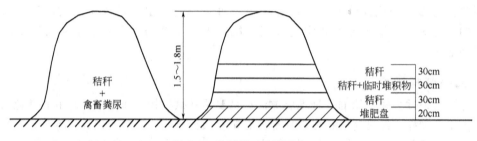

图 7-2 秸秆露天堆腐示意

2. 菌剂堆腐技术

传统的高温堆腐时间长，通常为 3～4 个月，不利于养分的保存和利用。合理地接种外源微生物有利于缩短发酵时间，减少有机物料中的难分解物质，从而提高肥料的质量。现在普遍采用的菌剂堆腐技术，具有堆腐时间短（20～40 天）、腐熟程度好等特点。秸秆堆肥技术中常用的菌剂有以下几种。

（1）301 菌剂　是一种腐生性很强的高温真菌复合菌剂。该菌剂可以快速分解粗纤维素，使秸秆骨架解体。堆腐的麦秸肥有机质可达 30%～35%，比常规堆肥法中的有机质含量高。堆腐过程一般只需 20～30 天，除寒冬季节外可随时堆肥，每 1000kg 秸秆混合 301 菌剂 5kg 即可。

（2）腐秆灵菌剂　含有分解纤维素、半纤维素和木质素的微生物，能加快作物秸秆的腐烂速度，提高有效养分含量。它可使堆肥温度迅速提高，并保持较长的高温（55～70℃）时间，起到杀灭病原菌、虫卵和草籽等作用，一般 10～12 天可完成堆肥。每 1000kg 秸秆用腐秆灵菌剂 1～2kg 即可。

（3）MTS 菌剂　内含光合细菌、放线菌、酵母菌、乳酸菌等微生物，能分解纤维素和半纤维素，利用果胶质，对农作物秸秆有促腐熟作用。每 1000kg 秸秆用 MTS 菌剂 4～5kg 即可。

（4）酵素菌　由细菌、放线菌和真菌三大类微生物及其分泌物固化而成。酵素菌的发酵温度为 50～60℃，不仅能有效分解秸秆中的纤维素，而且能分解土壤中残留的化肥、农药等化学成分。每 1000kg 作物秸秆施用酵素菌 1～2kg 即可。

（5）化学催腐剂　是根据一些有益微生物营养的要求，选用有关化学药品配置成含有定量的氮、钾、钙、镁、铁、硫、钠、氯等营养的化学制剂，能定向加速钾细菌、氨化细菌、磷细菌、放线菌等微生物的繁衍活动，加快秸秆的腐烂，提高堆肥中有机质和氮、磷、钾等有效养分含量。使用化学催腐法，鲜秸秆 20 天左右，干秸秆 20～30 天可腐熟。

无论利用何种菌剂进行秸秆的堆肥，堆肥过程中一般需要加入禽畜粪便或者尿素作为微生物生长的氮源。以加入尿素为例，加入量通常为秸秆质量的 0.2%～0.5%。堆肥时应注意使堆肥水分控制在 60%～75%。秸秆最好经过预浸，吸足水分，若用粪水浸泡更好。肥体内适当通气，堆体可以用塑料薄膜或泥封严，以防水分蒸发太快、堆温扩散、氮素损失。秸秆堆肥在腐熟过程中，肥堆内因不断腐熟而变空，应注意及时重整肥堆。

四、生物燃料乙醇技术

乙醇发酵的原料主要分为 3 类：糖类原料（包括甘蔗、甜菜、糖蜜、甜高粱等）、淀粉原料（包括玉米、小麦、高粱、甘薯、木薯等）和纤维素原料（包括秸秆、麻类、农作物壳皮等）。生产燃料乙醇的技术实质就是利用微生物的发酵作用，将农作物或农业废弃物中的双糖、淀粉（多糖）、纤维素（多缩己糖）首先转化为单糖，再进行发酵生成乙醇的过程。世界范围内，燃料乙醇的生产原料中约有 60% 为糖类原料、33% 为淀粉质原料。在中国，燃料乙醇的生产原料中 87% 为玉米、小麦等淀粉原料。由于人口增长和耕地面积紧张，使用农作物生产燃料乙醇的局限性正在逐渐显现。秸秆和稻壳等纤维质原料占燃料乙醇的生产原料的比重目前虽然很小，但却具有巨大的应用潜力。我国是世界第一大秸秆生产国，如果将我国年产的 8 亿吨秸秆全部利用，可转化为 1 亿吨燃料乙醇。

1. 发酵原料的预处理

发酵法制燃料乙醇的生产工艺包括原料预处理、发酵、脱水、废料处理等过程，其中预处理步骤对发酵的顺利进行至关重要。发酵原料必须在预处理阶段转化为单糖形式才可以在发酵过程中被微生物利用。三种类别的发酵原料的预处理过程各不相同，现分别详述如下。

(1) 淀粉类原料　淀粉质原料的预处理过程一般包括除杂、粉碎、液化和糖化。原料的除杂过程可以先采用筛选法去除原料中的较大杂质及泥沙，之后可以采用磁选法去除原料中的金属杂质。常用的仪器有振动筛、电磁除铁器等。除杂后的原料需要经由破碎工序，使以颗粒状态储存于细胞之中的淀粉释放出来。原料经过粉碎后表面积增大，吸水速度加快，有利于淀粉酶的作用，且利于原料输送。原料的粉碎方法可分为干式粉碎和湿式粉碎。经过粉碎后的原料中有少部分淀粉从细胞内释放出来，大部分仍然被细胞壁包裹，而且淀粉不能直接被酵母菌利用。因此还需要通过液化和糖化工艺使淀粉颗粒从细胞中充分游离出来并转化为糖类，以保证乙醇发酵的顺利进行。

淀粉在常温下不溶于水，但当水温升至 53℃ 以上时，淀粉的物理性能会发生明显变化。淀粉在高温下溶胀、分裂形成均匀糊状溶液的特性，称为淀粉的糊化。原料的液化过程是首先在高温下使淀粉糊化，再加入 α-淀粉酶使糊化的淀粉黏度降低，并水解成糊精和低聚糖，随后再利用糖化酶将淀粉液化的产物进一步水解成葡萄糖。玉米、高粱、小麦和木薯的糊化温度分别为 65～72℃，65～78℃，58～65℃ 和 52～64℃。淀粉的糖化温度一般为 58～60℃，糖化酶作用的最适宜 pH 值为 4.2～5.0。

(2) 糖类原料　糖类原料一般不直接应用于燃料乙醇的生产，而是首先被制糖业利用后，作为剩余物以糖蜜的形式再被循环利用，生产燃料乙醇。糖蜜原料处理的步骤包括稀释、酸化、灭菌、澄清和添加营养盐等。

糖蜜的稀释工艺一般分为单浓度稀释和双浓度稀释。单浓度稀释是将原料稀释为 22%～25% 的稀糖液。双浓度稀释是将糖蜜原料分别稀释成 12%～14% 的稀糖液和 33%～35% 的浓糖液。前者用于酵母培养，后者用于乙醇发酵。

糖蜜酸化的目的是防止杂菌的污染，加速糖蜜中灰分和胶体物质的沉淀，同时得到适宜酵母生长的环境（pH 4.0～4.5）。糖蜜的酸化通常使用硫酸，也可使用盐酸。使用硫酸酸化易产生硫酸盐使设备结垢。用盐酸酸化，设备不易结垢，但盐酸的用量大，且对设备腐蚀严重。

糖蜜原料中微生物数量较多，为了保证酵母菌的优势地位，确保糖液的正常发酵，发酵前最好对糖液进行灭菌。灭菌的方法有物理灭菌法和化学灭菌法。采用物理灭菌方法，通常将稀糖液加热至 80～90℃并保持 40～60min。化学灭菌法是采用化学防腐剂来杀灭杂菌的。常用的防腐剂有漂白粉、甲醛和氟化钠等。

糖蜜溶液中含有很多杂质，对酵母的生长和乙醇的发酵是有害的，可以通过加酸澄清法、絮凝剂澄清法和机械澄清法等方法去除。

酵母菌生长繁殖时需要一定的氮源、磷源、生长素、镁盐等，可以通过人为添加的方式补充糖蜜原料在预处理过程中丢失的营养成分。

（3）纤维素原料　纤维素原料主要由纤维素、半纤维素和木质素组成，均不能被微生物利用进行乙醇发酵，而需要水解成单糖才能被微生物发酵利用。其中纤维素可以被水解为葡萄糖；半纤维素可以被水解为 2 种五碳糖（木糖和阿拉伯糖）和 3 种六碳糖（葡萄糖、半乳糖和甘露糖），木质素无法被水解，常作为发酵后的废渣排除。常用的水解处理工艺为酸水解工艺和酶水解工艺。

根据水解酸浓度的不同，酸水解又可分为浓酸水解和稀酸水解。浓酸水解通常用 70% 以上的浓硫酸，反应温度在 60～100℃，水解效率可达到 90% 以上，但易腐蚀容器，且浓酸使用后必须回收。稀酸水解通常采用 3% 左右的硫酸或盐酸，盐酸水解效率优于硫酸，但是腐蚀性更大，价格也更高。稀酸水解反应温度在 170～230℃之间。

应用纤维素酶催化同样可以高效水解纤维素，生成单糖。纤维素酶通常是以内切葡萄糖酶、外切葡萄糖酶和 β-葡萄糖苷酶为主要成分的混合物。酶水解前首先要通过机械破碎或者酸碱处理等方法破坏纤维素晶体结构，使之更易于被纤维素酶利用。酶水解具有以下优点：可在常温下反应，水解副产物少，糖化得率高，不产生有害发酵物质，可以和发酵过程耦合。但酶水解工艺的耗时比酸水解长。

2. 发酵工艺

自然界很多微生物（酵母菌、细菌、霉菌等）都能在无氧的条件下通过发酵分解单糖，生成乙醇并从中获取能量。以较为常用的酵母菌为例，其发酵过程的反应方程式如下：

$$C_6H_{12}O_6 \longrightarrow 2C_2H_5OH + 2CO_2 \tag{7-9}$$

其他可以广泛应用的发酵菌种还有运动发酵单胞菌，它在厌氧条件下主要通过 ED 途径代谢葡萄糖，它还可以发酵葡萄糖、果糖、蔗糖等六碳糖生产乙醇，但不能利用木糖等五碳糖生产乙醇。另外还有大肠杆菌，它可以代谢六碳糖（葡萄糖、甘露糖、半乳糖和果糖）、五碳糖（木糖和阿拉伯糖）以及糖醛酸（半乳糖醛酸、葡糖醛酸）生成多种代谢产物。大肠杆菌的发酵产物是由醛类、醇类和有机酸组成的混合物，乙醇在产物中所占比例不大，所以应用范围并不广。近年来许多学者构建了一系列基因工程菌来提高发酵效率。例如，含有淀粉酶和糖化酶基因的工程酵母，可以直接利用生淀粉发酵产生乙醇。含有木糖还原酶（催化木糖生成木糖醇）、木糖醇脱氢酶（催化木糖醇生成木酮糖）和木酮糖激酶（催化木酮糖生成 5-磷酸木酮糖）基因的工程酵母，可以同时利用葡萄糖和木糖生产乙醇。将木糖异构酶、木酮糖激酶、转酮酶和转醛酶基因引入运动发酵单胞菌，所构建的工程菌可以利用木糖和六碳糖产生乙醇。

乙醇发酵过程通常在发酵罐中进行，图 7-3 所示为一种常用发酵罐的形式。发酵系统内温度通常控制在 28～30℃，pH 值通常控制在 4.2～5.0 之间。乙醇发酵方法分为固态发酵法、半固态发酵法和液态发酵法。固态发酵体系中干物质含量通常在 30%～70% 之间，具有产物纯度高、残渣处理简便等优点，但是发酵周期长，难以控制整个反应体系的均一性。液态发酵体系中含水量较高，干固体含量通常在 5% 以下。液态发酵是目前常用的发酵方法，发酵速度快，生产周期短，但是产物的提纯和残余物处理比固态发酵法困难。半固态发酵法是先采用固态发酵，然后再进行液态发酵的一种发酵方式。另外，依据原料的投加方式和产物的流出方式不同，可以将发酵工艺划分为间歇式、连续式和半连续式。固体发酵法和半固体发酵法主要采取间歇发酵方式；液体发酵法既可以采取间歇发酵方式，也可以采取连续发酵或半连续发酵方式。

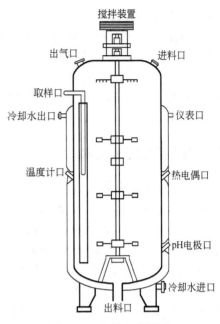

图 7-3　酒精发酵罐结构

3. 产物净化与残余物的循环利用

发酵产物中的不挥发性杂质容易和酒精分离，在发酵罐的底部排出，称之为废糟或酒糟。发酵过程中产生的挥发性杂质可以通过蒸馏法，利用其沸点与乙醇沸点不同进行分离。其中，乙醛、乙酸乙酯等杂质比酒精更易挥发，称为头级杂质；异丁酸乙酯、异戊酸乙酯等杂质的挥发性与乙醇接近，称为中级杂质；高级醇脂肪酸及其酯类等杂质的挥发性比乙醇低，称为尾级杂质。头级和尾级杂质都易于与乙醇分离，较难除净的是中级杂质。乙醇蒸馏又可分为粗馏和精馏。粗馏是指对发酵成熟醪进行的简单蒸馏过程（或称为闪蒸），得到浓度较低的粗酒，粗馏设备称为粗馏塔。粗馏过程中可以去除大部分的头级和尾级杂质。精馏是指将较难分离的组分通过逐级蒸馏的方式进行分离的过程，可去除粗酒中的中级杂质和水蒸气，进一步提高乙醇浓度。精馏后乙醇含量可达到 95% 左右，所用的设备称为精馏塔，如图 7-4 所示。

经过蒸馏，当乙醇含量达到质量分数为 95.57% 时，与水形成沸点为 78.15℃ 的恒沸混合物，再用普通蒸馏方法已经不能提高体系中乙醇的浓度，此时就要通过脱水进一步提高乙醇的浓度。乙醇脱水方法有吸附脱水、共沸脱水、真空脱水、膜脱水、离子交换脱水和萃取脱水等。其中以共沸脱水法工业化时间最长，应用规模也最大。共沸法就是在乙醇和水组成的二元恒沸混合物中加入第 3 种成分（共沸剂），可形成三元恒沸混合物，其恒沸点会发生相应变化，再通过蒸馏即可得到纯度更高的酒精，从而达到脱水的目的。常

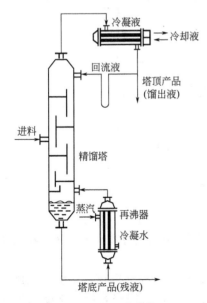

图 7-4　精馏塔结构

用的共沸剂为环己烷。

从发酵产物中提取乙醇后，残余物还可通过多种途径继续利用。其中难以被常规发酵菌种利用的木糖，可以用于生产木糖醇；也可以用木糖异构酶将木糖转化为木酮糖，返回到发酵罐中，被普通酵母利用来生产乙醇。发酵残液还可以进行沼气发酵，利用其中的有机物生产甲烷。残渣中的木质素，可以用作燃料，还可以用作原料生产活性炭和木质素树脂。

五、农村沼气发酵技术

1. 沼气发酵原理

沼气发酵是有机物质（碳水化合物、脂肪、蛋白质等）在一定温度、湿度、酸碱度和厌氧条件下，经过微生物的作用，生成沼气（以甲烷和CO_2为主要成分）、消化液和消化污泥（沉渣）的过程。沼气是清洁的燃料，消化液和沉渣可以作为有机肥料继续利用。农村沼气发酵的原料主要有秸秆和稻壳、人畜禽粪便、农村生活垃圾和农村生活污水等。其中秸秆和稻壳碳含量高，C/N比一般高于60，主要作为发酵体系中的碳源。此类物质的主要成分为木质素、纤维素、半纤维素、果胶和蜡质，难以被微生物利用，发酵前需要经过一定的预处理程序。粪便、有机生活垃圾和生活污水中碳和氮的含量均较高，且易于被微生物利用。

沼气发酵过程可以用图 7-5 表示，一般可分为水解、酸化和产甲烷等 3 个阶段。在水解阶段，各种固态有机物在水解细菌分泌的胞外酶作用下，被水解为分子量较小的可溶性有机物。可溶性有机物中的多糖可以进一步被水解细菌分解成可溶性单糖，蛋白质被分解为多肽或氨基酸，脂肪可以分解为甘油和脂肪酸。在酸化阶段，水解产物可以被酸化细菌转化为各种挥发性脂肪酸、醇、H_2、CO_2 及少量其他产物，其中长链挥发酸可以被产乙酸菌进一步转化为乙酸。最后小分子挥发酸在产甲烷菌的作用下被转化为 CH_4 和 CO_2。沼气发酵过程也可以根据甲烷的产生与否，划分为非产甲烷阶段和产甲烷阶段 2 个阶段。水解和酸化细菌是由好氧菌、兼性菌和厌氧菌共同组成的菌群，产甲烷菌则是严格厌氧菌。图 7-6 显示了 2 个在我国农村常用的沼气发酵池的构造。

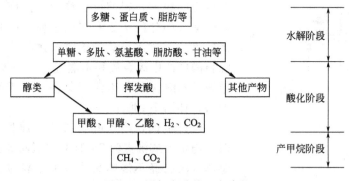

图 7-5　沼气发酵的 3 个阶段

2. 沼气发酵工艺类型与参数

沼气发酵的工艺类型按照发酵温度可以划分为常温发酵、中温发酵和高温发酵。在农村沼气发酵中以常温发酵和中温发酵应用较多。

① 常温发酵（或自然温度发酵）。不控制发酵温度，随气温变化而变化，发酵产气速率受气温控制，夏季产气量高，冬季产气量低。所需条件最简单，适用于农村小规模的沼气

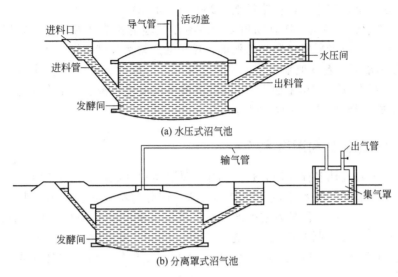

图 7-6 常用农村沼气发酵池构造简图

利用。

② 中温发酵。发酵温度维持在 30～35℃左右，需要在发酵罐或发酵池外加保温层。中温发酵中微生物比常温发酵更为活跃，有机物降解更快，产气率更高；但比高温发酵产气率低。

③ 高温发酵。发酵温度维持在 50～60℃左右，微生物特别活跃，有机物降解很快，产气率高，停留时间短。采用高温发酵可以有效地杀灭各种致病菌和寄生虫卵，从除害灭病和发酵剩余物肥料利用的角度看，选用高温发酵效果较好。但要维持消化器的高温运行，能量消耗较大。

沼气发酵的工艺类型按照发酵历程可以划分为单级发酵工艺和多级发酵工艺。前者是指产甲烷和非产甲烷阶段均在一个反应器中完成；后者是指非产甲烷阶段和产甲烷阶段分别在不同反应器中完成。沼气发酵的工艺类型按照进料方式可以划分为间歇发酵、半连续发酵与连续发酵。按照发酵原料的干固体含量可划分为固体发酵（干固体含量 20% 左右）、高浓度发酵（干固体含量 15%～17% 左右）和液体发酵（干固体含量小于 10%）。农村沼气发酵多为单级的半连续液体发酵。

影响沼气发酵效果的主要参数有原料成分、发酵液 pH 值与碱度、温度、氧化还原电位、接种物的来源与数量、投料量和浓度等。

① 原料成分。衡量原料成分是否合理的参数主要有 C/N 和粪草比。通常认为 C/N 应该在 13～30 之间，粪草比应该在 2∶1 左右。

② 发酵液的 pH 值与碱度。沼气发酵适宜的 pH 值为 6.8～7.5，正常发酵的沼气池一般不需调节 pH 值，产酸菌导致的 pH 值下降可以经由产甲烷菌对酸的分解作用而消除。pH 值可以作为发酵工艺运行情况的指示参数，当 pH 值低于 6.5 时，即表示产甲烷菌活性受到抑制，可以添加草木灰、石灰水或稀释的氨水予以调节。碱度是指发酵液中和过酸或过碱的缓冲能力。碱度通常用 $CaCO_3$ 当量浓度来表示。沼气发酵系统的碱度一般在 3000～8000mg/L。

③ 温度。常温发酵温度受气温影响，中温发酵的温度维持在 30～35℃左右，高温发酵的温度维持在 45～55℃左右。农村沼气发酵通常采用埋地式的发酵池，有一定保温效果。

④ 氧化还原电位。产甲烷菌的生长需要维持严格的厌氧条件，沼气发酵体系的厌氧程

度通常用氧化还原电位来指示，应维持在$-350\sim-300mV$。

⑤ 接种物的来源与数量。接种物可以选原有沼气池的沼渣或者沼液、厕所底泥、污水厂厌氧污泥、食品厂或者屠宰场阴沟污泥等，接种量通常为发酵料液的$15\%\sim30\%$。

⑥ 投料量和浓度。新建池投料或大换料进料时，一次性投料为池容的$80\%\sim90\%$。发酵原料的浓度一般在$6\%\sim10\%$之间，并随季节的不同变化。温度较高的夏季浓度为$6\%\sim8\%$，温度较低的冬季以$8\%\sim10\%$为宜。

六、其他农业资源循环利用技术

农业废弃物还有其他多种利用方式。例如，秸秆可以在缺氧条件下直接热裂解制取生物油，也可以采用压缩成型技术制成固体燃料，这一部分与林业资源的循环利用技术有所重叠，具体将在下一节介绍。秸秆发酵生产燃料乙醇后的剩余酒糟还可以用作饲料。稻壳在缺氧和加热的条件下，可以制取糠醛、乙酸、甲醇、丙酮、活性炭、硅酸钠、碳化硅（金刚砂）、草酸等化学药品；还可以从稻壳中提取二氧化硅制取气凝胶；或者提取硅作为电子工业的原料使用。

第二节 林产品与林业废弃物循环利用及其技术

一、概述

林业生物质资源是指森林生长和林业生产过程提供的生物质能源，包括薪炭林、森林抚育和间伐作业中的零散木材、残留的树枝、树叶和木屑等；木材采运和加工过程中的枝丫、锯末、木屑、梢头、板皮和截头等；林产品加工废弃物，如果壳和果核等。发达国家在利用生物质能的过程中，所采用的主要原料是林业木质材料，而中国由于森林覆盖率低、林业资源不足等原因，70%左右的生物质能来源为农产品和农业废弃物。近年来，我国薪炭林培育技术的发展为生物质能的循环利用提供了更丰富的原料，木质资源在生物质能利用中的比例在逐渐增大。

二、薪炭林繁育技术

薪炭林是指以生产薪炭材和提供燃料为主要目的的林木，包括乔木林和灌木林。薪炭林是一种短期可再生能源，其繁育可以为多种生物质能利用技术提供原料，如生物质气化、热解、发电等，可以说是林业生物质资源利用的基础。薪炭林并没有固定的树种，只要耐干旱瘠薄、萌芽力强、生长周期短、燃烧热值高并且无毒，均可作为薪炭林树种进行培育。影响薪炭林繁育技术的主要因素有树种选择、经营类型和作业方式。

1. 中国薪炭林树种

我国幅员辽阔，造林时需依据不同地域的地理和气候条件，选用不同的薪炭林树种。我国各气候带适用的薪炭林树种归纳如下。

（1）热带地区 窿缘桉、雷林1号桉、柠檬桉、尾叶桉、斑皮桉、赤桉、木麻黄、大叶相思、马占相思、台湾相思、银合欢、木荷、大叶栎、红锥、黑荆、银荆、石栎、任豆、马尾松、湿地松、加勒比松、细叶桉、柳缘桉、柳桉、刚果12号桉、粗果相思、念珠相思、铁刀木、马桑、蓝桉、牛肋巴、思茅松等。

（2）亚热带地区　麻栎、栓皮栎、石栎、余甘子、朱樱花、木荷、小叶栎、黑荆、黄荆、南酸枣、银合欢、刺槐、枫香、拟赤杨、赤桉、马桑、湿地松、马尾松、晚松、火炬松、旱柳、桤木、化香、紫穗槐、云南松、滇青冈、帽斗栎、巴郎栎、木麻黄等。

（3）温带地区　刺槐、沙棘、荆条、栓皮栎、黄栌、麻栎、胡枝子、紫穗槐、蒙古栎、山桃、山杏、沙棘、刺槐、柠条、毛条、小叶锦鸡儿、柽柳、山桃、辽东栎、河北杨、旱柳、胡枝子、紫穗槐、沙枣、梭梭、杨柴、花棒、沙拐枣、短序松江柳、篙柳、卷边柳、白皮柳等。

2. 薪炭林类型与作业方式

我国现有的薪炭林可以划分为三种类型，第一种是传统薪炭林，以天然林和天然次生林为主，以人工林为辅；第二种是集约型薪炭林，专门人工培育能源用薪材；第三种是材薪结合型薪炭林，既生产木材又同时生产薪材。按林内植物群落和优势种群又可划分为许多亚类，汇总于表 7-1 中。

表 7-1　我国现有薪炭林的主要类型

经营模式	按群落划分	特点	按种群划分	树种组成
传统型	天然杂灌丛薪炭林	灌木为主 混有阔叶树	山杏杂灌丛	山杏为优势种
			榛子杂灌丛	榛子为优势种
			胡颓子灌丛	胡颓子为优势种
			尖果沙枣林	尖果沙枣为优势种
			锦鸡儿灌丛	锦鸡儿为优势种
			马桑灌丛	马桑为优势种
			黄荆灌丛	黄荆为优势种
			桃金娘杂灌丛	桃金娘为优势种
	松类薪炭林	松类树种为主	樟子松林	樟子松为优势种
			油松林	油松为优势种
			赤松林	赤松为优势种
			云南松林	云南松为优势种
	阔叶树薪炭林	乔木和小乔木为主	栎类薪炭林	蒙古栎、辽东栎、短柄枹树林、槲栎林、锐齿槲栎、麻栎、栓皮栎、白栎、青岗栎、大叶栎、红椎、米椎、石栎等
			豆科薪炭林	刺槐、铁刀木、台湾相思等
			杨柳类薪炭林	胡杨、香杨、大青杨、滇杨、毛白杨、小叶杨、加杨、圆头柳、旱柳、白柳、云南柳、紫柳、粉枝柳、蒙古柳、松江柳、西北沙柳、黄柳、簸箕柳、筐柳、杞柳等
			条类薪炭林	沙棘、柠条、沙拐枣、柽柳、紫穗槐、桑树等
集约型	无固定种群	无固定树种、产量大、栽种密度高		依据当地气候选择树种人工培育,生长快、热值高即可
材薪结合型	乔灌混交型	乔木为木材 灌木为薪材		松树＋木荷、桉树＋相思、杨树＋沙棘、胡杨＋柽柳等
	乔木纯林	选用可以同时做木材和薪材的树种		桉树、相思、刺槐、马尾松、木麻黄及杨柳类等

薪炭林的培育主要有以下 5 种作业方式。

（1）矮林作业法　所谓矮林作业，是指栽植的林木达到采收年龄时全部伐除，利用树木自身的繁殖性能，产生新的一代，每隔几年轮伐 1 次，如此反复多代。通常采取平茬方式采收，集约型薪炭林多采用这种作业方法。

（2）乔木修枝作业法　适用于乔木人工林，为使幼林生长成材（大、中径级用材），中间必须经间伐和修枝，在获取薪材同时促进林木生长，主伐时的伐区剩余物亦可作薪材。

（3）中林作业法　多用于混交林，当在同一林地上既有乔木林又有灌木林时，乔林一般采用择伐方式，轮伐期为矮林轮伐期的数倍；矮林采取皆伐方式，每隔 2～3 年复采 1 次。

（4）头木作业法　利用一些乔木树种树干的萌生能力强的特性，可以在树干顶端萌发出新枝，每隔 2～7 年砍伐萌条 1 次，如此反复多代后主伐更新。

（5）鹿角桩作业法　主要用于松类树种的经营，由于松树侧枝发达且再生能力强，在造林后 5～6 年的冬季，于树高 1～1.5m 处截去顶枝，保留基部的盘枝，促进侧枝生长。多次截枝，使之长成鹿角状的树枝，以后每隔 2 年砍去侧枝梢和粗大的老枝作薪材，如此多次反复。

三、生物质热裂解技术

生物质热裂解是生物质在隔绝氧气或少量供氧的条件下热裂解为液体生物油、可燃气体和木炭三个组成部分的过程。该技术与生物质气化技术的主要区别：一是需氧量不同；二是收集产物的形式不同。气化技术以气体为主要收集对象，热裂解则以可燃生物油为主要收集对象。在世界范围内，生物质热裂解采用的主要原料为林业中产生的木质材料，而在中国使用秸秆和稻壳等材料的比例较大。

1. 生物质热裂解的原理

木材等气化原料主要由纤维素、半纤维素和木质素组成。纤维素是由葡萄糖组成的大分子多糖；半纤维素是成分复杂的非均一聚糖（木聚糖、木葡聚糖和半乳葡萄甘露聚糖等）；木质素是以苯丙烷为主体、含有丰富侧链的复杂多聚体。由于化学成分差异较大，通常认为三种物质的热裂解各自独立进行，且途径各不相同。纤维素、半纤维素和木质素的裂解温度分别为 $325～375℃$、$225～350℃$ 和 $250～500℃$。三种物质的裂解过程可由图 7-7 表示。

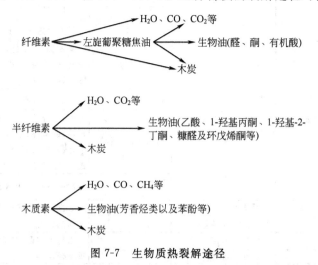

图 7-7　生物质热裂解途径

通过控制加热速率，生物质热裂解工艺可分为慢速热解、快速热解和闪速热解 3 种类型。不同的热裂解类型得到的产物组分也发生相应的变化。

（1）慢速热解　升温速率小于 10℃/min，反应时间较长，通常为数小时至数天。当反应温度在 400℃ 以下时，产物以木炭为主，随着反应温度逐渐上升，产物中的木炭含量逐渐下降。

（2）快速热解　升温速率为 10~1000℃/min，反应时间为 0.5~5s，反应温度可以控制在 400℃ 至高于 1000℃ 的范围内，产物中生物油含量较高，最大产率可达 73%。

（3）闪速热解　升温速率为 1000~10000℃/min，反应时间为 0.5~2s，反应温度一般高于 500℃，闪速热解需要快速加热，并且要求颗粒粒径小，一般在 105~250μm 范围内，产物以生物油为主。

2. 生物质热裂解工艺流程与影响因素

生物质热裂解的一般工艺流程如图 7-8 所示，包括物料的干燥、粉碎、热裂解、炭和灰的分离、生物油的冷却和收集。影响生物质热裂解效果和产物组成的最重要因素是温度和加热速率、原料和挥发物的停留时间以及颗粒尺寸。加热速率的变化可以影响热裂解产物的生成量和组成。提高温度和原料停留时间，有助于挥发物和气态产物的形成。随着生物质粒径的增大，加热速率会受到限制。在一定温度下达到一定转化率所需的时间也会增加。

（1）温度和加热速率　低温和低加热速率的慢速热裂解主要用于增加木炭的产量，400℃ 以下时木炭的质量产率和能量产率可分别达到 30% 和 50%；温度在 400~600℃、中等加热速率时，生物油、气体和炭的产率基本相等；闪速热解、温度在 500~

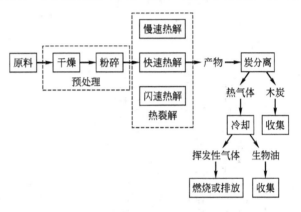

图 7-8　生物质热裂解工艺流程

650℃围内时，产物以生物油为主，产率可达 80%；闪速热解且温度高于 700℃ 时，气体产物的产率可达 80%。

（2）原料颗粒尺寸　粒径大于 1mm 时，颗粒将成为热传递的限制因素，颗粒中心的加热速率将显著低于颗粒表面的加热速率，容易导致产生过多的木炭，随着生物质颗粒粒径的减小，炭的生成量减少，生物油的产率上升。

（3）原料和挥发产物的停留时间　在颗粒粒径和反应温度一定的条件下，减少原料和挥发物的停留时间可以控制生物油的二次裂解，增加产物中生物油的产率。通过增加升温速率可以减小固体原料的停留和反应时间；减小反应器内压力可以缩短挥发物的停留时间。

3. 生物质热裂解反应器

国内外研究比较广泛的生物质热裂解反应器主要有烧蚀反应器、流化床反应器、真空移动床反应器、引流床反应器和旋转锥形反应器，如图 7-9 所示。其中以烧蚀反应器工艺最成熟、工业化规模最大，其次是流化床反应器和真空移动床反应器，引流床反应器和旋转锥形反应器的工业化应用尚不成熟。

（1）烧蚀反应器　反应器内不对称叶片的旋转产生了传递给生物质的机械压力，将送入反应器内的颗粒原料压到 600℃ 的反应器底部表面。叶片的机械运动使颗粒相在热金属表面

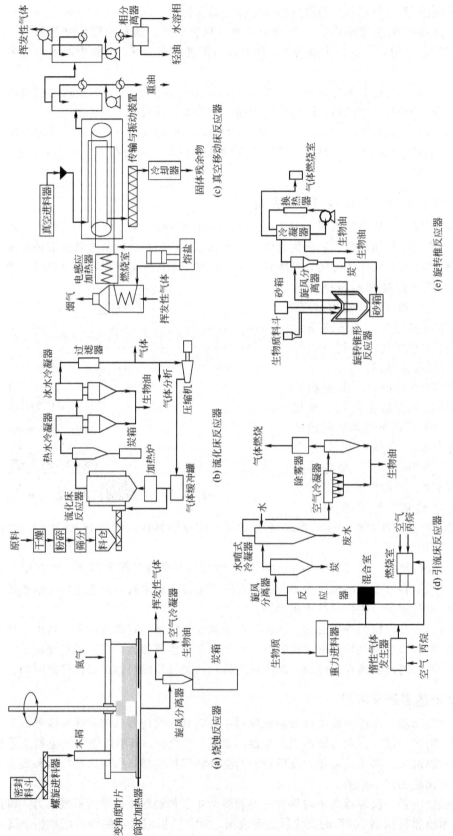

图 7-9 生物质热裂解反应器结构及裂解流程

高速运动（>1.2m/s）并发生热解。热解后可生成约77.6%的生物油、6.2%的挥发气体和15.7%的木炭。

（2）流化床反应器　热砂在反应器底部被加热后送入反应器与木屑等原料混合，将热量传递给生物质；与此同时热砂与生物质在惰性气流的作用下，在反应器内自下而上流动，最终木炭和炙热气体在气流作用下被吹出反应器，热砂留在反应器中。产物经旋风分离器和冷凝器实现生物油、挥发气体和木炭的分离。该反应器的生物油产率较高。

（3）真空移动床反应器　物料干燥和粉碎后在真空下导入反应器，反应器内有两块熔盐加热的平板，物料在两个水平平板上传递并发生热解，平板温度维持在530℃，反应体系内温度维持在450℃，压力维持在15kPa。热解产物为35%的生物油、34%的木炭、11%的挥发性气体和20%的水分。产物中的挥发性气体可以通入燃烧室燃烧放热，用来加热熔盐。

（4）引流床反应器　反应器为一个垂直不锈钢管，丙烷燃烧产生的高温气体与木屑等生物质原料在反应器下部混合，之后自下向上流动穿过反应器并发生热解反应，生成挥发性气体、水分、生物油和木炭，其中生物油的产率可达60%。

（5）旋转锥形反应器　生物质颗粒与热砂一同投入反应器底部，在离心力的作用下沿着炙热的锥形器壁螺旋向上传送，在此过程中生物质发生热解。产物从顶部排出进入旋风分离器，炭和热砂在旋风分离器底部流出后返回锥形反应器底部的热砂箱，气体经冷凝后分离为可挥发性组分和生物油。通常情况下可生成60%生物油，25%挥发性气体和15%的炭。

4. 裂解产物的应用

生物质热裂解产生的生物油中，有机成分主要有甲酸、乙酸、甲酸甲酯、丙酸甲酯、甲醇、乙醇、异丁醇、丙酮、2-丁酮、1-羟基丙酮、1-羟基-2-丁酮、环戊烯酮、甲醛、乙醛、糠醛、苯酚、对甲基苯酚、2-甲基丙烯、二甲基环戊烯、铵、甲胺、吡啶、呋喃、2-甲基呋喃等。这些液态产品可以直接燃烧，也可精练或者改性后作柴油的替代品，或者可用于发电，亦可作为原料提取各种化学用品。热裂解气态产品主要包括CO、CO_2、CH_4、氢气、丙烷、丙烯、丁烷等，可以用来作为工业燃烧用气。而炭化物主要是木炭，可以用作锅炉的固体燃料，也可以用作原料生产活性炭、纳米炭，也可通过热转化用于制备天然气。

四、生物质直接液化技术

直接液化是一项新兴生物质能利用技术，其目的仍然是裂解生物质制取生物油。直接液化技术是在一定温度和压力条件下，借助溶剂及催化剂的作用将木质生物质转化为生物油的热化学过程。与传统的热裂解技术不同的是，直接液化技术反应温度较低、反应压力高；需要借助气体、溶剂和催化剂；产生的生物油的物理和化学性质更为稳定。

有研究表明，直接液化技术最佳反应温度通常为250～350℃，最佳反应压力通常为10～29MPa。直接液化技术中常用的气体包括惰性气体和还原性气体（H_2、CO_2等）；常用溶剂包括水、苯酚、杂酚油、邻环己基苯酚、乙二醇、丙三醇、聚乙二醇、碳酸乙烯酯、碳酸丙烯酯以及超临界流体等。其中超临界流体是指溶剂被加热和压缩至临界温度和临界压力以上时，同时具有液体和气体的双重特性的一类特殊流体。当使用超临界流体时，通常不需要加入催化剂即可达到较好的液化效果。可用作超临界流体的物质通常是小分子有机物或无机物，如水、乙烷、丙烷、乙烯、氨、二氧化碳、二氧化硫、乙醇、丙酮等。生物质直接液化过程中所采用的催化剂归纳于表7-2中，其中金属型催化剂既可单独应用也可负载在

Al_2O_3、分子筛和沸石等载体上应用。

表 7-2　生物质直接液化技术常用催化剂

类别	分 子 式
弱酸	H_3PO_4、$C_2H_2O_4$、$HCOOH$、CH_3COOH
强酸	$HClO_4$、HCl、H_2SO_4
碱	KOH、$NaOH$、$LiOH$、$Ca(OH)_2$
盐	K_2CO_3、Na_2CO_3、Rb_2CO_3、Cs_2CO_3、$KHCO_3$、$NaHCO_3$、CH_3ONa
金属	Fe、Co、Ni、Mo、Zn、Cu、Pt、Pd

　　直接液化技术的工艺流程如图 7-10 所示。木材等生物质经干燥和破碎后可直接进入液化反应器，有时也可用稀酸或碱水解后再进入液化反应器以提高液化效率。液化后生成的炙热气体与木炭分离后，木炭可以经气化生成还原性气体回用到液化反应器中；炙热气体经冷凝后分离为生物油和挥发性气体。挥发性气体中的惰性和还原性成分也可回用到液化反应器中。直接液化技术由于成本高、技术尚不成熟，目前尚未有规模化的应用，现有报道均为小试和中试。但由于其对生物质的液化效果优于传统的热裂解液化技术，所以具有较大的应用潜力，是未来的发展方向。

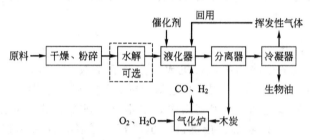

图 7-10　生物质直接流化技术的工艺流程

五、生物质固体燃料成型技术

　　生物质固体燃料成型技术是指将木材等生物质原料加热到一定的温度（150～300℃），使得其中的木质素具有一定黏性时，再通过施压将松散的生物质颗粒压制成具有一定形状的、密度较大的成型燃料的技术。压缩后得到固体成型燃料体积为原有生物质体积的 1/8～1/6，密度通常在 $1.0～1.4t/m^3$ 之间，能量密度大大提升，燃烧性可以能得到明显改善。固体燃料成形技术的工艺流程如图 7-11 所示。

图 7-11　固体燃料成形技术工艺流程

　　木材等生物质原料在压缩前首先需要粉碎，高压设备的颗粒粒径可适当大些，10mm 左右即可；中、低压力的设备的原料颗粒要更小。压缩前原料需脱水，使得含水率达到16％～20％。原料预压后，进行加热并压缩，压缩时也可加入黏结剂（煤或炭粉等）。压缩后的固体进入薄型套筒中，套筒内径略大于压缩成型的固体最小部位直径，以便于固体形状的固定。成型后的固体燃料便可以作为燃料直接燃烧，也可以用于冶金和化工等行业，还可以进入炭化炉制成机制炭。

目前，生物质固体成型燃料的成型设备主要有螺旋挤压式成型机、活塞冲压式成型机和压辊式成型机等 3 种形式，如图 7-12 所示。

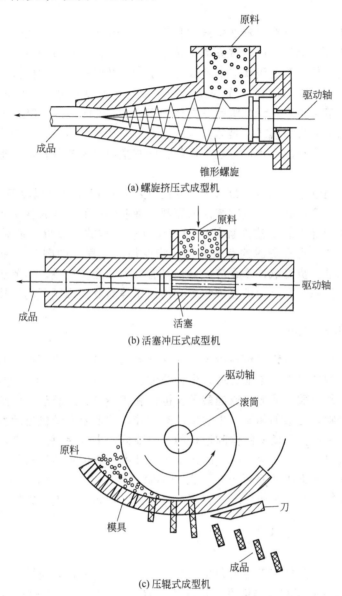

图 7-12　生物质固体燃料成型机结构

六、其他林业资源循环利用技术

林业废弃物与农业废弃物中的秸秆和稻壳有很多的相近成分，循环利用的技术也多有交叉。许多情况下是将农林废弃物混合后作为生物质原料利用。因此，林业废弃物也可作为堆肥、气化、厌氧发酵和燃料乙醇等技术的原料。废旧木材可以与城市垃圾混合后焚烧发电，还可以用于生产纤维板和刨花板等建筑材料。

第三节　海产物与渔业废弃物循环利用及其技术

一、概述

循环渔业是指在人、社会、渔业资源和科学技术的大系统内，在资源投入、渔业生产、水产品消费及其废弃的全过程中，依靠科学技术、政策手段、市场机制，调控渔业生产和消费活动，把传统的、依赖渔业资源净消耗线性增加的开放链式经济（开发资源→粗放生产→过度消费→排放废物→末端治理），转变为依附于渔业生态良性循环来发展的集约闭环渔业经济（开发资源→清洁生产→绿色消费→再生资源→重新利用），实现经济效益、社会效益和生态效益统一的渔业发展模式。具体到实施层面，循环渔业可以理解为寻找新兴资源并开发相应利用的技术；实现渔业生产过程中污染物的减量或者零排放；对于渔业废弃物实现再次利用。

微藻在渔业养殖领域通常被作为水生动物的饵料，近年来则发现微藻中油脂含量较高，因而可以作为生产新型能源——生物柴油的原料。渔业养殖的废水直接排入天然水体会产生污染，因此需要选用合理的工艺降解其中的污染物后再排放，如果处理后的废水还可以回用，则可以更彻底的实现水资源的有效利用。渔业加工过程中的副产品和边角料通常被丢弃，实际上还可以进一步提取许多经济成分，具有巨大的经济效益。本节从 3 种渔业资源出发，分别介绍新兴资源开发、污染减排和废弃物回用等渔业资源循环利用技术。

二、微藻生物柴油技术

生物柴油，是指以动植物（包括微藻）油脂和餐饮垃圾油等为原料，通过酯交换工艺制成的可替代石化柴油的再生性柴油燃料。生物柴油主要是由 C、H、O 三种元素组成，其主要成分是软脂酸、硬脂酸、油酸、亚油酸等长链饱和或不饱和脂肪酸同甲醇或乙醇等醇类物质所形成的酯化合物。与柴油相比，生物柴油具有较好的低温发动机启动性能；具有较好的润滑性能，可使喷油泵，发动机缸体和连杆的磨损降低；十六烷值高，燃烧性能好；含硫量低，不含有芳香族烷烃等污染物；燃烧时排烟少，其中一氧化碳的排放与石化柴油相比约少10%；可生物降解；最重要的是可再生。由于油料作物的生长周期长、且需要占用耕地资源，而餐厨垃圾成分复杂、杂质较多，因而微藻作为生物柴油的生产原料逐渐显现出了巨大的优势。

1. 产油微藻

微藻种类繁多，广泛分布于淡水和海水中，生物量大、生长周期短。微藻中油脂含量可达 20%～50%，部分微藻的含油量可以超过其干质量的 80%。适于用作生物柴油生产原料的微藻必须含油量高且生长速率快。通常以微藻产油率为指标来表征，亦即单位体积微藻培养液中每天的产油质量，是微藻生长速率与含油量的乘积。目前筛选出来的产油微藻主要属于绿藻门和硅藻门，也有少量藻种属于金藻门和裸藻门。典型产油微藻的油脂含量如表 7-3 所列，同一微藻在不同的培养条件下，细胞内含油量差别可能很大。不同微藻适宜的培养条件也各不相同。实际生产中需要通过预实验确定产油微藻的最佳培养条件，包括温度、pH值、盐度、光照强度和时间、氮磷等营养盐的含量、CO_2 通入量等。目前科学家正在尝试通过遗传学手段构建工程微藻，以提高其产油性能。由于乙酰辅酶 A 羧化酶催化乙酰辅酶

A 的反应是脂肪酸生物合成途径的关键限速步骤，现有研究多致力于将乙酰辅酶 A 羧化酶基因引入微藻中进行高效表达。目前尚未见工程微藻大规模投产制取生物柴油的报道，多数集中于实验室研究。

表 7-3　典型产油微藻的油脂含量

门类	种属名	含油量/%
绿藻门	*Bottyococcus braunii*	29～86
	Chlorella emersonii	25～63
	Chlorella minutissima	31～57
	Chlorella protothecoides	14～58
	Chlorella sorokiniana	20～22
	Chlorella vulgaris	18～58
	Dunaliella tertiolecta	36～42
	Neochloris oleoabundans	35～54
	Scenedesmus dimorphus	16～40
硅藻门	*Tetraselmis suecica*	15～32
	Phaeodactylum triconutum	20～30
	Thalassiosira pseudonana	21～31
	Nitzschia spp.	28～50
金藻门	*Isochrysis* spp.	25～33

2. 产油微藻的培养装置

目前微藻的大规模培养主要有三种方式：传统的敞开式跑道型培养、封闭式的光生物反应器培养和封闭式的发酵罐生产。传统的敞开式跑道型培养设施简易、建设成本小。这种培养方式以自然光为光源和热源，靠叶轮转动的方式使培养液于池内混合、循环，防止藻体沉淀并提高藻体细胞的光能利用率；可通入空气或 CO_2 气体进行鼓泡或气升式搅拌。为防止污染，减少水分蒸发，生产中也可在池体上方覆盖一些透光薄膜类的材料，使之成为封闭池。这种培养方式的缺点是藻细胞密度低、培养面积大、培养条件难以控制、气体通入困难、易被其他生物污染等。

封闭式的光生物反应器与敞开式培养相比，可以使藻细胞的密度提高 6～12 倍，减小培养液体积，各种生长因子及工艺参数可以采用自动化控制，避免受其他生物和非生物物质的污染，缺点是造价高。该方法已经成功用于大规模培养产油微藻。封闭式光生物反应器有板式光生物反应器、柱状光生物反应器、管状光生物反应器等 3 种形式。平板式光生物反应器一般是由透明塑料或玻璃组成的箱形反应器，可以利用人工光源也可以利用自然光源。反应器内培养液循环的动力一般由通气鼓泡方式提供。平板式光生物反应器有垂直式、倾斜鼓泡式以及多层平行排列式等多种形式。柱状光生物反应器主要以气升式为主，其主体结构由内桶和外桶组成，通过气体的传动使得藻液在反应器中循环。管状光生物反应器实际上就是柱状光生物反应器的放大，一般采用透明的直径较小的硬质塑料或玻璃弯曲成不同的形状。图 7-13 显示了平板式光生物反应器和柱状光生物反应器的结构。

研究表明，部分产油微藻，如隐甲藻（*Crypthecodinium cohnii*）等，通过代谢调控可以使其利用有机物为底物进行异养生活，因此，也可以利用有机物为碳源在封闭式的发酵罐中培养产油微藻，一般选用普通发酵罐即可。这种培养方式目前应用范围不广。

3. 产油微藻的采收

由于微藻个体微小，且在培养液中的浓度很低，导致其采收难度很大。一般情况下，微

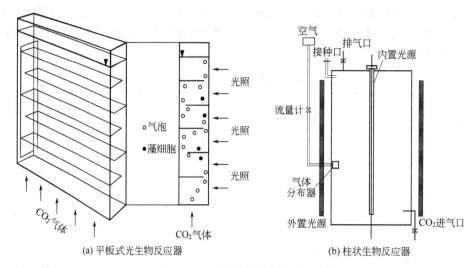

图 7-13　2 种光生物反应器的结构

藻采收的成本占其养殖成本的 20%～30%。微藻采收主要包括两个步骤，预处理和收集。预处理的目的是改变微藻表面性质或悬浮液的化学环境，为下一步收集创造良好的条件。预处理的方法主要有预氧化、化学絮凝和物理预处理 3 种方法，其中目前应用最普遍的是化学絮凝法。

（1）预氧化　通过向藻液中添加氧化剂使微藻细胞表面发生改性，促进藻细胞的凝聚。常用的氧化剂有臭氧、氯酸盐和高锰酸盐等，它们的作用方式通常是氧化并破坏微藻的胞外多聚物。

（2）化学絮凝　微藻细胞表面多带负电荷，可以使用阳离子凝聚剂或絮凝剂中和其表面电荷，使其絮凝沉淀。常用絮凝剂包括金属盐类，如聚合氯化铝、聚合硫酸铝、聚合硫酸铁、聚合硫酸铝铁、聚合氯化铝铁、聚合硅酸盐、聚合硫酸氯化铝铁、聚合磷硫酸铁等；以及高分子聚合物类，如壳聚糖。

（3）物理预处理法　包括电场絮凝、超声波处理等。电场絮凝是指外加直流电场或交流电场，同时加入适量载体以提供足够的絮凝核心，促进微藻细胞形成稳定的絮凝体。超声波可以通过破坏微藻细胞中的微囊泡来促进微藻的絮凝沉降。

微藻经过一定手段的预处理后，可以通过自然沉降的方法或者膜过滤截留的方法收集藻细胞，也可以通过离心技术分离藻细胞与培养液。自然沉降与离心技术联合是目前广泛采用的藻细胞收集方法。此外，还可以通过气浮的方法收集藻细胞，这种方法对疏松絮凝体和细小颗粒的收集更为有效。

4. 油脂的提取与转化

微藻采收后即可以通过一定的方法集中提取藻细胞中的油脂，常用的提取方法有氯仿-甲醇法、酸水解法和索氏提取法。氯仿-甲醇法可以有效提取游离和结合态的脂肪，对水分含量高的原料更为有效。通常氯仿和甲醇以 2∶1 的比例混合，在 60℃条件下提取油脂，提取后的溶剂可以蒸发回收。酸水解法是首先利用酸水解使结合态的脂肪充分游离出来，之后利用石油醚和乙醚的等量混合液在 70～80℃的温度下进行萃取。索氏萃取法通常只能萃取游离态的脂肪，可以用乙醚为溶剂利用索氏抽提器在 60～80℃的温度下进行萃取，通常耗时较长，但提取效率稳定。

酯交换法是当前制备生物柴油的常用方法。通常使用甲醇或乙醇和提取出的油脂反应生成脂肪酸甲酯或乙酯。由于甲醇的价格低、碳链短、极性强，能够很快地与脂肪酸甘油酯发生反应，因此更为常用。酯交换的过程中需要加入催化剂，根据催化剂类型的不同，酯交换法主要分酸催化（硫酸、磺酸等）、碱催化（NaOH、KOH、$NaOCH_3$ 等）、生物酶催化（脂肪酶）和超临界流体催化法（使甲醇达到超临界状态）。酯交换反应的方程式可表示为：

$$
\begin{array}{l}
CH_2\!-\!OOC\!-\!R_1 \\
CH\!-\!OOC\!-\!R_2 + 3CH_3OH \xrightleftharpoons{\text{催化剂}} \\
CH_2\!-\!OOC\!-\!R_3
\end{array}
\quad
\begin{array}{l}
CH_3\!-\!OOC\!-\!R_1 \quad CH_2\!-\!OH \\
CH_3\!-\!OOC\!-\!R_2 + CH\!-\!OH \\
CH_3\!-\!OOC\!-\!R_3 \quad CH_2\!-\!OH
\end{array}
\qquad (7\text{-}10)
$$

三、渔业废水循环利用技术

随着水产养殖的工业化发展，大量养殖废水被排放至水环境中。渔业废水的特点是氮磷等营养盐含量丰富，易于引发湖泊退化和海水赤潮；含有化学药品和抗生素等，存在干扰野生种群繁衍的潜在可能，因此渔业废水的无害化和循环利用日益受到关注。渔业废水的处理方法通常有物理化学法和生物法。物理化学法主要有沉降法、气浮法、过滤法、吸附法、臭氧氧化法、电化学法和紫外照射法。其中沉降、气浮和过滤法对于悬浮物的去除效果较好，但是对于溶解性的氮、磷和抗生素等污染物则作用不大。吸附法可以同时去除多种污染物，但需要考虑吸附剂的再生。臭氧氧化法可以氧化降解废水中的多种污染物，同时具有灭菌效果，但降解过程中可能生成溴酸盐等毒性副产物，且成本较高。电化学法对水中溶解的氮磷去除效果较好，但价格高昂不利于推广。

生物法是目前应用范围最广的渔业废水净化技术，常用的有活性污泥法、生物滤池、生物转盘和生物流化床等。加拿大采用"沉淀池→升流式生物滤池→淋水塔式增氧→加热、消毒"的工艺处理渔业废水，可以去除 99％氨氮，处理后的废水可以回用养鱼，新鲜水/回用水的比例为 1∶9。美国采用"充氧→升流式石灰岩滤池→沉淀池→增氧"的工艺循环使用渔业废水，新鲜水/循环水的比例为 1∶5。

在海产养殖中，养殖废水的回用还可以与海盐业相结合。如大连复州湾盐场，海水首先被用来养殖贝类、鱼虾等海产品；浓缩后的初级卤水用于养殖卤虫；进一步浓缩后的中级卤水可送至纯碱厂、硫酸钾厂等供工艺冷却，吸收了化工废热之后的卤水送到溴素厂进行吹溴；吹溴后的卤水送到盐场晒盐；晒盐后的老卤再生产硫酸钾、氯化镁、氢氧化镁等产品。

四、渔业废弃物再次利用技术

据联合国粮农组织估计，每年水产品捕捞或加工作业产生约 2000 万吨的副产品，如鱼饲料（主要是藻类）、低值鱼肉蛋白、鱼皮与鱼鳞等下脚料等，绝大部分被直接丢弃。近年来发现，渔业废弃物中含有许多经济成分，如多元不饱和（Omega-3）脂肪酸、胶原蛋白（鱼皮的主要成分）、几丁质（无脊椎动物外壳之主成分）及甲壳素（几丁质的衍生物）等，这些物质可以通过一定手段提取后可以应用于食品、医疗保健和皮肤护肤。

① 鱼类加工废弃物可以加曲发酵后生产鱼酱油；也可以提取鱼油和生产鱼粉（一种高蛋白饲料）。鱼油可以进一步提炼鱼肝油，也可以替代矿物油作为皮革制剂。鱼肠中可以提取蛋白酶，用于制造清洁剂；公鲟鱼生殖腺中可提取营养成分用于除皱；鳕鱼精液可经提取后用于护肤；虾头和蟹壳中可提取及甲壳素，制成药物、食品保鲜剂、植物生长调节剂等；蚌壳可以用于生产珍珠层粉，用于医药和化妆品制造等。

② 鱼皮可以作为皮革原料生产皮鞋、皮包等产品，也可以提取胶原蛋白用于护肤和保健。

③ 鱼骨可以制成骨粉用作饲料添加剂，也可以从中提取软骨素。软骨素可药用，维持关节弹性及预防骨关节炎。

④ 鱼鳞可以制成鱼粉；也可以清洗后经酸解和高温提取其中的胶质，制成鱼鳞胶；还可以用来加工鱼银。鱼银是一种外观呈纯银白色、具有高度光泽的工业原料，可以用于珍珠装饰和油漆制造。

⑤ 渔业养殖中剩余的微藻饲料还可以用于提取 β-胡萝卜素、生产藻蛋白用于营养保健。微藻还具有降解水体中污染物的作用，已有许多将微藻应用于养殖废水处理中的报道。

第四节 生活垃圾有机组分循环利用及其技术

一、概述

截至 2010 年，中国城市生活垃圾年产量已经达到 4 亿吨。城市生活垃圾的成分随地域而变。在生活水平较高的燃气区，城市生活垃圾中的有机物占 72.12%，高于无机物（占 16.84%）和其他成分（占 12.04%）；在燃煤区，有机物只占 25.09%，无机物占 70.76%，其他成分只占 4.52%。生活垃圾按其化学组分可分为有机废物和无机废物。有机废物主要包括厨余、纸类、塑料及橡胶制品等垃圾，无机废物主要包括灰渣、玻璃等垃圾。如果生活垃圾不加以循环利用全部填埋，将占用巨大的土地资源。调查表明，中国 2/3 以上的城市面临"垃圾包围城市"的窘境。此外，垃圾中的有机物在填埋状态下会发生厌氧分解，产生的甲烷如果没有集中收集而是直接排放到大气中，将成为温室气体的重要来源。现有研究表明，全球垃圾填埋处理释放的甲烷年产量为 2000 万～7000 万吨，约占人为甲烷排放总量的 6%～20%。因此，实现垃圾的减量化、无害化甚至循环利用已经成为城市发展过程中亟须解决的问题。生活垃圾中的有机组分，作为生物质的一种存在形式，具有继续利用的可能，如可以好氧发酵后生产肥料或者厌氧发酵后集中收集沼气予以利用，或者直接燃烧其中高热值的组分利用余热发电，在此过程中可以同时实现垃圾的减量化和资源化。

二、生活垃圾好氧堆肥技术

生活垃圾堆肥技术与秸秆的堆肥技术原理并无不同，都是在微生物的作用下，降解和转化有机物质的生物化学过程，在此过程中可实现垃圾减量。根据堆肥条件的不同，可以分为好氧堆肥和厌氧堆肥。由于好氧堆肥比厌氧堆肥时间短、肥效好、异味少，一般生活垃圾堆肥均指的是好氧堆肥。生活垃圾由于组成复杂，而堆肥过程中只有可降解有机物才能发挥作用，因此在堆肥之前垃圾中的金属、塑料、碎玻璃、陶瓷等必须经过分选去除。分选后的生活垃圾可以单独堆肥，也可以与城市污水处理厂的污泥或者农业废弃物秸秆等混合后堆肥。堆肥后的成品肥料应达到如下标准。

① 有机质含量大于 35%，干燥状态下，其中 N、P、K 的含量应分别达到 2%、0.8% 和 1.5%。肥料含水率小于 30%，C/N 比控制在 20 以下，含盐量在 1%～2% 之间。

② 成品肥料不得对环境有害，病菌、害虫卵、杂草种子等已经杀灭。重金属等有害杂质含量限值如表 7-4 所列。

③ 肥料外观呈褐色或茶褐色，无臭味，质地松散。

表 7-4　生活垃圾堆肥中有害物质含量限值

项　　目	含　　量
砷	总量分析＜50mg/kg(干重),洗涤实验＜1.5mg/kg
镉	总量分析＜5mg/kg(干重),洗涤实验＜0.3mg/kg
汞	总量分析＜2mg/kg(干重),洗涤实验＜0.005mg/kg
铅	洗涤实验＜3mg/kg
有机磷	洗涤实验＜1mg/kg
六价铬	洗涤实验＜15mg/kg
氰化物	洗涤实验＜1mg/kg
多氯联苯	洗涤实验＜0.003mg/kg

　　生活垃圾堆肥与农业废弃物堆肥的工艺有所不同。农村废弃物由于比较分散，通常就地处理的较多，机械化程度低。露天堆肥所占比例很大，通风可以采用翻堆的方式进行，通常不进行控温。生活垃圾堆肥的规模则更大，尽管也有露天堆肥的应用实例，但是更普遍的情况下是利用大体积的发酵仓进行规模化的生产，温度和通气都可以采用仪器控制。生活垃圾堆肥的过程可以划分为两个阶段执行，分别为主发酵和后发酵，两个过程的发酵参数有所区别，图 7-14 为典型的生活垃圾好氧堆肥流程。

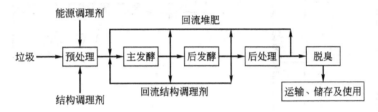

图 7-14　生活垃圾好氧堆肥流程

　　① 预处理　主要是分选、破碎和加入调理剂的过程。将不可堆肥物质去除后应将垃圾破碎至 12～60mm 的粒径范围。之后调整含水量和 C/N 比，加入结构调理剂和能源调理剂，如有需要还可以加入发酵菌种。

　　② 主发酵　实际上就是堆肥过程的升温阶段和高温阶段（见第一章第一节），通常采用强制通风方式，持续 4～12d。

　　③ 后发酵　堆肥过程的降温阶段和后熟保肥阶段（见第一章第一节），自然通风即可，通常持续 20～30d。

　　④ 后处理　进一步分选去除预处理阶段未彻底去除的金属、塑料、碎玻璃等杂质，如有需要可进一步破碎堆肥产品。

　　⑤ 脱臭　在发酵过程中堆体内可能有部分时间或者部分区域发生厌氧反应，产生有臭味的气体，因此应进行脱臭处理。常用的脱臭装置为堆肥过滤器。

　　堆肥的操作方式主要有静态好氧堆肥（一次性进料，堆肥结束前不再进料）、间歇式好氧动态堆肥（间歇式进料和出料）以及连续式好氧动态堆肥（连续进料出料）。表 7-5 归纳了现有的堆肥装置，图 7-15 为其中 4 种典型的堆肥装置的结构。

三、生活垃圾厌氧发酵技术

　　生活垃圾的厌氧发酵技术与农业废弃物的沼气发酵技术原理是一致的，只是规模更大（单池容积通常大于 100m³），通常采用高温发酵（50～60℃），发酵原料不再以秸秆、稻壳和禽畜粪便等农业废弃物为主，而是有机生活垃圾混以高浓度有机废水或者污水处理厂剩余

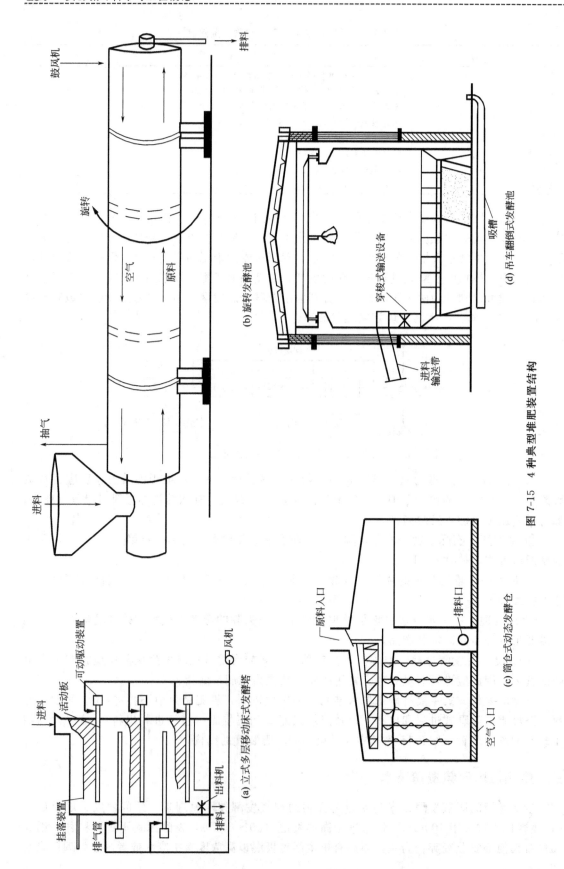

图 7-15　4 种典型堆肥装置结构

表 7-5 常用堆肥装置及其工作原理

类型	名称	工作原理
立式堆肥发酵塔	立式多段圆筒式发酵塔	利用每层固定旋转间隙切断并由上至下输送原料,每层堆高 0.3m,每层通风,塔顶排气,一次发酵时间 3～7d
	立式多层板闭合门式发酵塔	利用每层闭合门的开关切断并由上至下输送原料,每层堆高＜1m,每层交替进行通风和排气,一次发酵时间 5～10d
	立式多层浆叶刮板式发酵塔	利用内旋转刮板切断并由上至下输送原料,每层堆高 1～1.5m,每层通风,塔顶排气,一次发酵时间 3～7d
	立式多层移动床式发酵塔	利用原料在每层的水平运动输送至下一层,每层堆高 2.5m,每层通风,塔顶排气,一次发酵时间 8～10d
卧式堆肥发酵滚筒	旋转发酵池	利用低速旋转的滚筒进行原料搅拌和输送,连续进出料,空气流动方向与原料流动方向相反,一次发酵时间 2～5d
筒仓式堆肥发酵仓	筒仓式静态发酵仓	单层圆筒形,顶部进料,底部出料,堆高 4～5m,底部通气,顶部排出,一次发酵时间 10～12d
	筒仓式动态发酵仓	单层圆筒形,顶部进料,底部出料,堆高 1.5～2m,螺旋推进器促进原料自上而下运动,连续进出料,一次发酵时间 5～7d
箱式堆肥发酵池	矩形固定式犁翻倒发酵池	利用犁形翻倒装置切断和输送原料,底部通气,一次发酵时间 5～10d
	铲斗翻倒式发酵池	利用行走铲斗切断和输送原料,堆高 1.5m,底部通气,一次发酵时间 8～12d
	吊车翻倒式发酵池	利用带挖斗的桥吊翻倒物料,用穿梭式装置输送至发酵池,一次发酵时间 7～10d
	卧式浆叶发酵池	利用行走螺旋输送机切断和输送原料,堆高 1.5m,底部通气,一次发酵时间 8～12d
	卧式刮板发酵池	利用横向行走的刮板进行锯齿形运动输送原料,堆高 1.5m,底部通气,一次发酵时间 8～12d

污泥。由于可以通过自动机械控制创造最佳的发酵条件,生活垃圾厌氧发酵比农村沼气发酵所需时间更短,产气量更大,卫生条件也更好,生成的气体可集中净化处理后用于发电。生活垃圾的厌氧发酵与厌氧堆肥也有所区别,前者以获取甲烷等可燃性气体为主,获取肥料为辅,后者着眼于生产肥料以及实现垃圾的稳定化和减量化。

图 7-16 为一个典型的生活垃圾厌氧发酵发电技术的工艺流程,整个系统由 3 个部分组成,即发酵系统、沼气系统和发电系统。

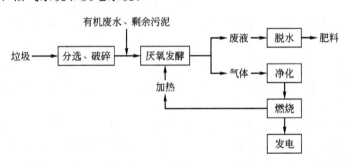

图 7-16 生活垃圾厌氧发酵发电工艺流程

(1) 发酵系统 主要由发酵池、搅拌设备、加温设备、沼气排出、污泥投配、排泥及回流装置等组成。最常用的沼气发酵池有普通消化池和升流式厌氧污泥床反应器,如图 7-17 所示。此外厌氧滤池、厌氧颗粒污泥膨胀床反应器、内循环厌氧反应器、厌氧复合反应器、厌氧挡板反应器等也有很多应用实例。

(2) 沼气系统 由收集、运输、净化、储存、使用以及附属设备组成。沼气的收集可以

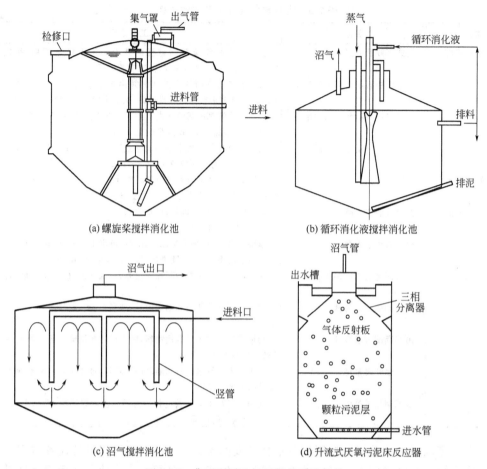

(a) 螺旋桨搅拌消化池　　　　(b) 循环消化液搅拌消化池

(c) 沼气搅拌消化池　　　　(d) 升流式厌氧污泥床反应器

图 7-17　典型生活垃圾沼气发酵池结构

利用泵等能耗设备主动收集，也可以利用沼气发酵装置中产生的气体压力和浓度梯度将气体自动导入收集系统。收集后的沼气需要净化，主要是脱去其中的 CO_2 和 H_2S。CO_2 通常采用变压吸附分离，其原理是在一定压力下，将气体混合物和多孔吸附剂接触，CO_2 被选择性吸附在吸附剂上，CH_4 则随气体排出，之后再降低系统压力，使被吸附的 CO_2 解吸出来，吸附剂得到再生可以继续使用。常用的吸附剂有碳分子筛和沸石。脱硫则有干法脱硫和湿法脱硫两种工艺。干法脱硫是将含水量 40% 的氧化铁屑与木屑混合拌合制成脱硫剂，通过氧化铁与 H_2S 生成 FeS 而实现脱硫。湿法脱硫是将气体通过含碱量 2% ～ 3% 的碱液洗涤脱除。净化后的气体在储气柜中储存，储气柜有低压柜（0.98～2.94kPa）和中压柜（392～588kPa）两种。净化后的沼气可以作为气体燃料燃烧。

（3）发电系统　发电系统由沼气发动机和发电机组构成。目前我国从 0.8kW 到 5000kW 的各级容量沼气发动机和沼气发电机组均已建成并投产，既可以采用纯沼气发电也可以采用沼气和柴油双燃料进行发电，可选择的余地很大。与农村沼气发电通常采用 3～10kW 的小型发电机组不同，生活垃圾厌氧发酵发电系统通常选用更大规模的发电机组，单机容量一般在 50～200kW。

四、生活垃圾焚烧发电技术

垃圾焚烧是指在氧气存在的条件下，炉温 800～1000℃ 的焚烧炉膛内，通过燃烧，使得垃圾中有机成分被充分氧化，并释放出热量的过程。垃圾焚烧释放的热量可以经锅炉转化为蒸气、再由汽轮机、发电机转化为电能，在此过程中实现垃圾的减量化和生物质能的循环利用。中国的生活垃圾热值显著低于发达国家，基本在 5000kJ/kg 以下，而热值低于 6000～6500kJ/kg 的情况下就需要投加辅助燃料来进行焚烧，因此中国的城市垃圾焚烧基本全部都要添加辅助燃料。垃圾燃烧后产生的尾气中有二噁英、硫化物、氮氧化物和烟尘等多种污染物，需要净化并达到一定标准后才能排入大气中，因此烟气处理装置也是垃圾焚烧发电系统中非常重要的组成部分。图 7-18 为垃圾焚烧发电的工艺流程。

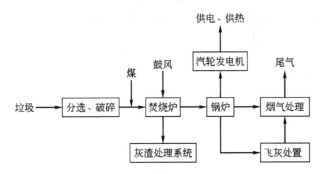

图 7-18　生活垃圾燃烧发电工艺流程

影响生活垃圾焚烧过程的因素主要有生活垃圾的性质、停留时间、湍流度、温度和空气过量系数。生活垃圾的性质主要指粒度、热值和含水率。停留时间、湍流度、温度和空气过量系数是焚烧炉设计和运行的重要参数，具体设计过程中可按照生活垃圾焚烧炉及余热锅炉（GB/T 18750—2008）规定的标准进行选取。焚烧炉的主要形式有炉排形焚烧炉、流化床焚烧炉、回转窑焚烧炉等，如图 7-19 所示。

（1）炉排型焚烧炉　世界范围内目前应用范围最广的一种焚烧炉类型。大部分垃圾不经预处理即可直接燃烧，适用于大规模的垃圾集中处理。垃圾在炉内的燃烧过程可以分为干燥脱水、高温燃烧和燃烬三个阶段。根据垃圾在炉内的运动方式又可将炉排式焚烧炉分为移动式、往复式、摇摆式、翻转式、回推式和辊式。

（2）流化床焚烧炉　中国应用范围比较广的一种焚烧炉，是垃圾燃烧更充分、对有害物质破坏更彻底的一种焚烧方式。炉内有惰性热砂作为流动介质，适合焚烧高含水率的垃圾。按照炉内垃圾颗粒的运动状态可在其内部划分为固定层、沸腾流动层和循环流动层。

（3）回转窑焚烧炉　适用于难燃烧物质，或者水分变化范围较大的垃圾。但是处理量小，灰分处理较困难。根据燃烧气体与垃圾前进方向是否一致可将回转窑焚烧炉分为顺流炉和逆流炉；根据炉温可将其分为熔融炉（1200℃以上）和非熔融炉（1100℃以下）；根据是否含有耐火材料又可划分为带耐火材料炉和不带耐火材料炉。最常用的是顺流带耐火材料的熔融炉。

焚烧炉排出的气体可进入余热锅炉进行热交换，产生的高温蒸汽用于发电，使用后的尾气需要净化后排放，净化后的污染物含量需满足生活垃圾焚烧污染控制标准（GB 18485—2011）。焚烧产生的飞灰收集后可以利用水泥、沥青、塑料、水玻璃等作凝结剂使之固化，焚烧炉渣可以用作建筑材料。

焚烧生成的烟气中污染物种类很多，通常有硫氧化物、氮氧化物、HCl、CO_2、CO 和粉尘，还可能含有苯、氰化氢、氯气、重金属、呋喃和二噁英等。需要选取合适的净化工艺进行去除。

（1）颗粒物的去除　可以选用重力沉降室、旋风除尘器、喷淋塔、文氏洗涤器、静电除

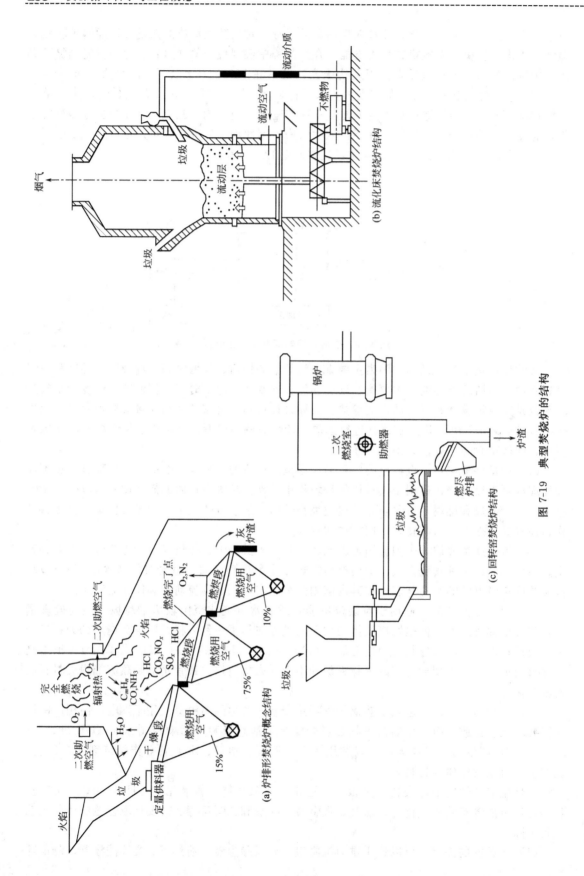

(a) 炉排形焚烧炉概念结构

(b) 流化床焚烧炉结构

(c) 回转窑焚烧炉结构

图 7-19 典型焚烧炉的结构

尘器及布袋除尘器等。除尘装置不仅可以去除灰分，还可以去除挥发性重金属及其氯化物、硫酸盐或氧化物，以及吸附在灰分中的二噁英等有机污染物。

(2) 酸性气态污染物的去除　可以使用碱液 [NaOH、Ca(OH)$_2$ 等] 为吸收剂进行湿式洗涤，也可以采用干式吸收剂 (CaO、CaCO$_3$ 等) 进行吸收，还可以使气态污染物与碱液反应生成固态物质而被去除 (半干法)。

(3) 氮氧化物的去除　可以选用非催化还原法、选择性催化还原方法、氧化吸收法或者吸收还原法等。其中非催化还原法最为常用，该方法是把含有 NH$_x$ 基的还原剂 (如氨气、氨水或者尿素等) 喷入炉膛温度为 800～1100℃ 的区域，该还原剂迅速热分解成 NH$_3$ 和其他副产物，随后 NH$_3$ 与烟气中的 NO$_x$ 反应生成 N$_2$。选择性催化还原则是利用 V$_2$O$_5$、TiO$_2$ 等催化剂，在较低的温度 (280～400℃) 下催化 NH$_3$ 与烟气中的 NO$_x$ 反应。氧化吸收法通常与酸性气体净化的湿法洗涤工艺结合，在吸收碱液中加入 NaClO$_2$，将 NO 转化为 NO$_2$ 并被碱液吸收。吸收还原法是在湿法洗涤工艺的吸收碱液中加入亚铁离子，在亚铁离子存在条件下，NO 可与 HSO$_3^-$、SO$_3^{2-}$ 等反应生成 N$_2$ 和 SO$_4^{2-}$。

(4) 二噁英的去除　可以首先用活性炭或活性焦固定床层对二噁英进行吸附浓缩，然后再将其彻底氧化为 CO$_2$、HCl、HF、HCl 等物质。吸附在灰分中的二噁英也可以在除尘装置中去除。也可以通过提高燃烧温度和使垃圾充分燃烧等手段减少二噁英的排放。

五、其他生活垃圾循环利用技术

除上述循环利用途径外，生活垃圾中的有机组分还可以在缺氧条件下进行热裂解制取生物油，其原理和操作流程与第二节中林业废弃物的热裂解类似。餐厨垃圾中的油脂还可以通过酯交换反应制取生物柴油，酯交换反应在第三节中已有介绍。餐厨垃圾还可以用于发酵制取氢气，或者发酵产乳酸制取可降解塑料，目前实验室研究较多，规模化应用的报道较少。

第五节　医院有机废弃物循环利用及其技术

一、医疗废物定义及分类

医疗废物是指医疗卫生机构在医疗、预防、保健以及其他相关活动中产生的具有直接或者间接感染性、毒性以及其他危害性的废物。《医疗废物分类目录》将医疗废物分为 5 类，具体情形见表 7-6。

二、医疗废物的特点及处置方式

医疗废物作为一种特殊的污染物，含有大量致病微生物及化学药剂，是环境污染和疾病传播的双重载体，具有空间传染、急性传染和潜伏性传染等危险特性，其病毒病菌的危害是普通城市生活垃圾的几十倍乃至数百倍，而且有机成分多，容易腐烂发臭，会对水体、大气、土壤造成污染并直接危害人体健康。

随着人们环境保护意识的增强，自我保护意识的提高，医疗废物已成为公众关注的问题。由于医疗废物的特殊性和危害性，对其实行无害化处置和管理已成为国际研究的重点之一，世界各国竞相研发出各类处置技术与管理规范。

表 7-6 医院有机废弃物的分类表

类别	特征	常见组分或废物名称
感染性废物	携带病原微生物,具有引发感染性疾病传播危险的医疗废物	被患者血液、体液和排泄物等污染的物品。医疗机构收治的隔离传染病或疑似传染病患者产生的生活垃圾。病原体的培养液、标本、菌种和毒种保存液。各种废弃的医学标本;废弃的血液、血清等。使用后的一次性医疗用品及一次性医疗器械
病理性废物	诊疗过程中产生的人体废弃物和医学实验中产生的动物尸体等	手术和诊疗过程中产生的废弃人体组织与器官等。医学实验动物的组织与尸体等。病理切片后废弃的人体组织与病理切片等
损伤性废物	能够刺伤或割伤人体的废弃医用锐器	医用针头、缝合针等。各类医用锐器。载玻片、玻璃试管和玻璃安瓿等
药物性废物	过期、淘汰、变质或被污染的废弃药品	废弃的一般性药品。废弃的细胞毒性药物和遗传毒性药物;废弃的疫苗、血液制品等
化学性废物	具有毒性、腐蚀性、易燃易爆性的废弃化学品	医学影像室、实验室废弃的化学试剂;废弃的过氧乙酸、戊二醛等化学消毒剂;废弃的汞血压计、汞温度计等

医疗废物与一般生活垃圾的不同之处很大程度上在于其有毒有害的特性而导致的不易回收利用,因此本节主要介绍医疗废物的安全处置等内容。医疗废物的处置通常分为焚烧处置和非焚烧处置两大类,经过非焚烧处置后的医疗废物与一般生活废物性质类似,可以利用上节中所介绍的基于生物质对生活垃圾循环利用的方法,对已经无毒害的医疗废物进行资源循环利用。

医院有机废弃物的安全处置是指将固体废物焚烧和用其他改变固体废物的物理、化学、生物特性的方法,达到减少或者消除其危害成分的活动,或者将固体废物最终置于符合环境保护规定要求的场所或者设施,并不再回取的活动。目前,在国际上应用较多的医疗废物处理方法中,焚烧处理技术具有对医疗废物适应范围广、消毒杀菌彻底、减容减量效果显著、有关标准规范齐全和技术成熟等多方面优点,一度成为应用最为广泛的医疗废物处理技术。医疗废物集中处置技术规范中规定了我国目前医疗废物的处理以高温热解处理为主。

1. 焚烧法

医疗废物焚烧系统与一般生活垃圾焚烧系统基本相同,只是针对医疗废物的传染性及其他危害性在原有基础上采取了相关措施,最主要的区别体现在对进料系统的要求、焚烧炉的焚烧控制要求、烟气净化装置以及残渣处理系统上。医疗废物焚烧系统的工艺流程示意见图7-20。

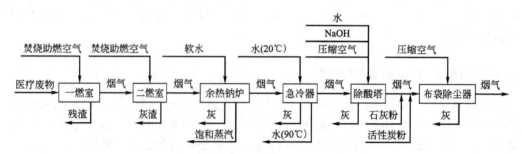

图 7-20 医疗废物焚烧系统的工艺流程

医疗废物由提升装置送入料仓,经过双辊进料器和自动计量装置将废物送入焚烧炉。炉体连续旋转,物料不停翻动、加热、干燥、气化和燃烧,燃烧温度约为 800~900℃,残渣自窑尾落入带渣斗,由出渣机连续排出。燃烧产生的烟气以及储存设施内换出的空气进入二燃室高温燃烧，燃烧温度 1100℃，停留 2s 以上。二燃室内充分燃烧后的高温烟气经余热锅炉回收热量，将热能转换为蒸汽，烟气温度降至 550℃，经急冷塔快速（1.0s 时间内）冷却至 200℃进入干法除酸塔，经过脱酸液/石灰粉中和处理及活性炭吸附后进入布袋除尘器除去粉尘，再经引风机，烟囱排入大气。医疗废物焚烧过程中容易产生 PCDD/Fs（二噁英/呋喃）和重金属等污染物，其中 PCDD/Fs 被称为"地球上毒性最强的毒物"。POPs 公约将其作为人为无意产生和排放的污染物列入了附件中。国家专门制定了《医疗废物焚烧炉技术要求》《危险废物焚烧污染控制标准》《危险废物污染防治技术政策》等技术规定，以便将焚烧过程产生的二次污染降低到最低水平。

经过以上工艺，医疗废物被热解、气化、焚烧；焚烧烟气中的二噁英、HCl、HF、CO、NO_2、NO、SO_2 等有害物质成分和粉尘被去除，净化后的烟气向空中达标排放。燃烧产生的固体灰渣送往生活垃圾填埋场填埋，飞灰以及尾气处理设备收集的烟尘经固化处理后运往安全填埋场填埋。

2. 非焚烧法

非焚烧技术，因其具有可以间歇运行、费用低、适应性强、二次污染少、不产生 PCDD/Fs 等污染物、易于操作管理、工艺运行效果稳定等优点，在欧美等发达国家得到了越来越广泛的应用。常用的非焚烧技术主要有如下几种：化学消毒法、微波灭菌法、等离子体法、高温蒸汽灭菌法、破碎、高压、消毒技术和卫生填埋法等。

（1）化学消毒法　化学消毒是对传染性废物的消毒方法，常用的化学消毒剂是含氯消毒剂和环氧乙烷消毒剂。含氯消毒剂适用于对各种感染性废物、传染病患者排泄物的消毒和污水消毒。不适宜处理病理性废物。对固体医疗废物进行消毒处理时，须首先将待消毒的废物破碎。环氧乙烷消毒剂对各类微生物，如细菌、芽孢、病毒和真菌都有杀灭作用，是目前唯一能有效灭活微生物的化学消毒剂，至今尚未发现有抗环氧乙烷药性的微生物。但环氧乙烷消毒剂易燃、易爆和易中毒，使用过程中存在安全隐患。经化学消毒处理的医疗废物仍需采取破碎后填埋的最终处理。

（2）微波灭菌法　在电磁光谱中，微波的频率介于无线电波和红外线波之间。微波灭菌消毒是通过微波作用于物体，使之吸收能量，产生电磁共振效应并加剧分子运动，使物体升温，达到灭菌的目的。该法灭菌速度快、效率高、消毒效果好，较一般方法更节省能耗。微波辐射适宜处理大部分湿性或富含水分的感染性医疗废物，不包括有害细胞作用的、有危险性的和放射性的废物。不适宜处理病理性废物（如人体组织和受污染的动物尸体等）和较大的金属废物。但经该法处理的医疗废物还需破碎后进行安全填埋。

（3）等离子处理法　等离子焚烧技术是高温处理医疗废物最理想和最可靠的方法，在等离子体系统中，通入电流使惰性气体发生电离，形成电弧，从而产生 6000℃左右的高温（其中在弧状体中心线最高温度可达到 10000℃），使系统中的医疗废物具有 1300～1700℃的高温，得以破坏其潜在的病原微生物。研究表明，等离子技术可以将废物变成玻璃状固体或炉渣，产物可直接进行最终填埋处置。等离子处理技术与传统直接焚烧不同，该工艺是首先制取燃气，然后对燃气再利用等离子法处理医疗废物，具有低渗出、高减容和高强度的特性。等离子体技术可处理任何形式的医疗废物，其处理效率高，尾气排放少，二噁英和呋喃浓度很低。但该技术投资高，运行管理要求高，尚在完善和成熟之中。目前，国内外尚没有统一的标准来评估该项技术。

（4）高压蒸汽灭菌法　高压蒸汽灭菌是一种简便、可靠的灭菌方法。蒸汽在一定压力下穿透到物体内部，将微生物的蛋白质凝固、变性和杀灭。新一代高压蒸汽灭菌技术中加入了浸渍和研磨，确保蒸汽更好地穿透废物，能取得较好的处理效果。该技术适宜处理感染性强的医疗废物，如微生物培养基、敷料、工作服、注射器等。不宜处理病理性废物，如人体组织和动物尸体，对药物和化学性废物的处理效率也不高。高压蒸汽灭菌法具有"三废"生成量少、易处理、排出的废气不含二噁英、无危险废渣排出等优点。其缺点是经处理的医疗废物减量化程度相对较低。

（5）破碎、高压和消毒技术　破碎、高压、消毒技术是将破碎后的医疗废物送入特种压力容器中，由计算机控制对废物进行真空、高温、高压蒸汽等处理并喷洒消毒液。在压力作用下将孢子的细胞壁压破，使消毒液进到孢子的细胞内，以彻底摧毁任何可能生存的微生物，这种技术适宜处理所有医疗废物。该技术处理彻底，杀灭病毒病菌的有效率在99％以上；无废水、废气和有害金属排放；处理后的所有医疗废物可当成普通垃圾处理，可与市政生活垃圾统一处理，减容率达到90％，且处理成本与普通垃圾相同。经过该技术处理后的医疗废物体积减少约85％，质量减少约20％，但该系统容易产生臭味，噪声污染也比较严重。

（6）填埋法　一是将废物进行灭菌和消毒，经毁形后送往选定的地点进行安全填埋；二是填埋医疗废物焚烧后的炉渣和烟气净化系统产生的烟尘等废物。炉渣不属于危险废物，可作为生活垃圾填埋处理；烟气处理产生的烟尘等固体废物属于危险废物，应经固化稳定后进行安全填埋。填埋法处理医疗废物，占地面积大，建设费用高且填埋场的服务期满后仍需长期管理。

这些非焚烧处置技术都或多或少存在一些不足，如化学消毒不能处理挥发性有机化合物、化学药剂等，消毒效果难以保证，且产生的有毒废液容易造成二次污染；高温高压蒸汽消毒不能用于处理低放射性、有机溶剂、化疗、药理和病理的废弃物，且处理规模小；电磁波灭菌不适于病理方面的废物处理；卫生填埋存在较大后患，有害物质容易泄漏造成环境二次污染等。医疗废物非焚烧处理技术有其局限性，因此，该类技术在中国应用的前提和条件是，一定要解决其应用过程中的具体障碍。其具体障碍主要表现在以下几个方面。

① 非焚烧处理技术不能处理所有的医疗废物，该类技术有其具体的适用范围。从目前国际情况来看，只有焚烧技术和等离子处理技术是能够处理所有类型的医疗废物并能够实现最大减量化的技术。非焚烧处理技术仅适用于处理《医疗废物分类目录》中的感染性废物、损伤性废物和病理性废物（人体器官和传染性的动物尸体等除外），而不适用于处理《医疗废物分类目录》中的药物性废物和化学性废物。因此，除了从妥善解决技术应用方面，还必须从医疗废物环境问题的全面解决方面出发来考虑其应用。在某种程度上，非焚烧处理技术的适用范围也恰恰体现出其局限性，也就是说不能采用非焚烧处理技术处理的医疗废物，必须采用其他方法进行管理和处理。

② 非焚烧处理技术的应用前提是要建立规范的废物收集和分类系统。非焚烧处理技术的应用必须建立在有效的废物分类的基础上进行，而医疗机构的医疗废物分类和管理系统是一个复杂的系统工程，包含医疗废物的分类，医疗废物的收集、交接、院内转运与暂存，与医疗废物集中处理中心的交接等多个环节，需要有严格的管理制度和专人从事该项工作。但是现有的医疗机构由于人员或经费的缺乏，没有配备专人从事医疗废物的收集、转运和暂存，使医疗废物管理环节中出现漏洞。尤其对废物的分类要求比较严格的非焚烧处理技术，只有建立规范的废物收集和分类系统才能消除医疗废物的环境风险，这是非焚烧处理技术应用时一个必须解决的问题。

③ 非焚烧处理技术应用过程中的尾气排放问题不容忽视。非焚烧处理技术应用过程中

会排放挥发性有机物（VOC）等恶臭物质。目前国外发达国家均对该类物质的排放提出质疑，并从标准角度和污染控制角度对 VOC 的排放进行控制。因此，实现非焚烧处理技术在中国的应用就必须首先解决 VOC 问题。另外，目前还没有具体的标准和方法针对医疗废物 VOC 的检测。在检测机构方面也需要进一步加强建设，以便提高其对该类物质的监测能力。

④ 非焚烧处理技术不是最终处理技术，还存在着处理后废物的再处理问题和二次处理问题。非焚烧处理技术所能解决的问题主要是消除医疗废物的感染特性，一般仅能实现 70%～80% 的减量化，非焚烧处理后的医疗废物残渣还必须采用焚烧或者填埋等处理技术将其作为一般废物进行处理。因此，必须确保处理后的废物已经消除了其危险废物特性，达到了一般废物处理标准。

◎ 思考题

1. 农业废弃物的好氧堆肥和沼气发酵同属于生物利用技术，二者的生物原理和工艺参数有何区别？
2. 制取燃料乙醇时，纤维素类原料有两种主要预处理技术，其中哪种对后续的微生物发酵过程可能存在干扰作用？应该如何去除这种干扰作用？
3. 纤维素类农林废弃物的全部循环利用技术中，从能量利用效率角度考虑，哪种技术最优？从操作难度和成本角度考虑哪种较易于实现？
4. 生物质热裂解工艺是否需要气体净化装置？如果需要，与生活垃圾焚烧的尾气净化装置和生物质气化的燃气净化装置有何异同？
5. 第五节中，医疗废物焚烧法的工艺流程（图 7-20）是否存在缺陷？提出你的改进方法。
6. 试比较非焚烧法处理医疗废物的几种方法，哪种方法最可行且经济合理？
7. 查阅相关文献，结合实际情况，为你所在城市的医疗废物处置中心选址并详述选址原因。
8. 查阅相关文献，结合课本内容，简述医疗废物循环利用技术未来的发展方向。

◎ 参考文献

[1] 蔡凌，仉佩崧，杨靖. 微波消毒技术在医疗废物处理中的应用. 中国环保产业，2007，9：40-43.
[2] 柴晓利，赵爱华，赵由才. 固体废物焚烧技术. 北京：化学工业出版社，2006.
[3] 程果锋，刘晃，吴凡. 海水对虾养殖塘排放废水生态处理设计. 渔业现代化，2010，37（5）：13-18.
[4] 韩冰，王莉，李十中，王二强，仇磊，李天成. 先进固体发酵技术（ASSF）生产甜高粱乙醇. 生物工程学报，2010，26（7）：966-973.
[5] 侯俊杰，周恭明，王煦. 城市生活垃圾焚烧发电技术及其成套设备国产化. 能源技术，2001，23（2）：65-68.
[6] 侯俊杰，周恭明，王煦. 城市生活垃圾焚烧发电技术及其成套设备国产化（续）. 能源技术，2001，22（3）：107-109.
[7] 仉沛崧，杨智淳，罗保明. 医疗废物处理工艺评述. 中国环保产业，2008，5：36-40.
[8] 李国学，李玉春，李彦. 固体废物堆肥化及堆肥添加剂研究进展. 农业环境科学学报，2003，22（2）：252-256.
[9] 李国学，张福锁. 固体废物堆肥化与有机复混肥生产. 北京：化学工业出版社，2000.
[10] 李来阳，谢卫兵. 海水养殖废水处理技术研究进展. 河北渔业，2009，5：46-50.
[11] 李全林. 新能源与可再生能源. 南京：东南大学出版社，2008.
[12] 李岩，周文广，张晓东，孙立. 微藻资源的综合开发与应用. 山东科学，2010，23（4）：84-87.

[13] 廖艳芬, 王树荣, 马晓茜. 纤维素热裂解反应机理及中间产物生成过程模拟研究. 燃料化学学报, 2006, 34 (2): 184-190.

[14] 林木森. 国外生物质快速热解反应器现状. 化学工业与工程技术, 2010, 31 (5): 34-36.

[15] 林喆, 匡亚莉, 郭进, 王章国. 微藻采收技术的进展与展望. 过程工程学报, 2009, 9 (6): 1242-1248.

[16] 刘炳全, 李学凤, 高文, 杨秀山. 木质纤维素制取燃料乙醇菌种的研究. 可再生能源, 25 (4): 53-55.

[17] 刘汉文, 王爱民, 陈洪兴, 张其林. 甲壳素生产废水提取虾青素及水解蛋白的工艺研究. 饲料工业, 2011, 32 (14): 51-55.

[18] 刘勇, 宋光泉, 阎杰. 虾废弃物中蛋白质的资源化利用. 安徽农业科学, 2010, 38 (2): 912-915.

[19] 美国能源部生物质项目署编著. 藻类生物质能源——基本原理、关键技术与发展路线图. 胡洪营, 等译. 北京: 科学出版社, 2011.

[20] 马晓建, 赵银峰, 祝春进, 吴勇, 牛青川. 以纤维素类物质为原料发酵生产燃料乙醇的研究进展. 食品与发酵工业, 2004, 30 (11): 77-81.

[21] 欧阳双平, 侯书林, 赵立欣, 田宜水, 孟海波. 生物质固体成型燃料环模成型技术研究进展. 可再生能源, 2011, 29 (1): 14-22.

[22] 彭云云, 武书彬. 蔗渣半纤维素的热裂解特性研究. 中国造纸学报, 2010, 25 (2): 1-5.

[23] 任连海, 田媛. 城市典型固体废弃物资源化工程. 北京: 化学工业出版社, 2009.

[24] 任学勇, 常建民, 苟进胜, 佟立成, 张立塔. 木质生物质直接液化研究现状及趋势. 世界林业研究, 2009, 22 (5): 62-65.

[25] 孙宁, 蒋国华, 程亮. 医疗废物焚烧最佳可行技术的国际对比与分析. 环境科学与管理, 2010, 35 (10): 52-55.

[26] 孙清. 燃料乙醇技术讲座 (三) 燃料乙醇发酵技术. 可再生能源, 2010, 28 (3): 153-155.

[27] 孙清. 燃料乙醇技术讲座 (四) 乙醇的蒸馏与脱水. 可再生能源, 2010, 28 (4): 154-156.

[28] 谭洪, 王树荣, 骆仲泱, 余春江, 岑可法. 木质素快速热裂解试验研究. 浙江大学学报 (工学版), 2005, 39 (5): 710-713.

[29] 田宜水, 赵立欣, 孟海波, 孙丽英, 姚宗路. 中国生物质固体成型燃料标准体系的研究. 可再生能源, 2010, 28 (1): 1-5.

[30] 王凡强, 许平. 产乙醇工程菌研究进展. 微生物学报, 2006, 46 (4): 673-675.

[31] 王华, 卿山. 医疗废物焚烧技术基础. 北京: 冶金工业出版社, 2007.

[32] 汪力劲, 邹庐泉, 卢青, 李娜. 医疗废物焚烧处理核心技术的开发及应用. 中国环保产业, 2010, 9: 19-22.

[33] 魏洪飞, 李国学, 张红玉, 高丹, 史殿龙. 80mm 以下粒径的垃圾堆肥工艺优化研究. 中国农业大学学报 2011, 16 (4): 80-87.

[34] 吴创之, 马隆龙. 生物质能现代化利用技术. 北京: 化学工业出版社, 2003.

[35] 吴垠, 孙建明, 杨志. 气升式光生物反应器培养海洋微藻的中试研究. 农业工程学报, 2004, 20 (5): 237-240.

[36] 吴占松, 赵满成. 生物质能利用技术. 北京: 化学工业出版社, 2010.

[37] 吴正舜, 米铁, 陈义峰, 李学慧. 生物质气化过程中焦油形成机理的研究. 太阳能学报, 2010, 31 (2): 233-236.

[38] 席超, 王春梅, 施定基. 蓝藻基因工程应用研究进展. 中国生物工程杂志, 2010, 30 (3): 105-111.

[39] 夏金兰, 万民熙, 王润民, 刘鹏, 李丽. 微藻生物柴油的现状与进展. 中国生物工程杂志, 2009, 29 (7): 118-126.

[40] 徐曾符. 沼气工艺学. 北京: 农业出版社, 1981.

[41] 杨建民, 黄万荣. 经济林栽培学. 北京: 中国林业出版社, 2004.

[42] 姚茹, 程丽华, 徐新华, 张林, 陈欢林. 微藻的高油脂化技术研究进展. 化学进展, 2010, 22 (6):

1221-1232.

[43] 张建国，彭祚登. 中国薪炭林培育技术. 生物质化学工程，2006，(B12)：56-66.

[44] 赵连臣，李晓伟，王责路，李继祥，张大雷. 生物质气化的应用与研究. 可再生能源，2008：26 (6)：55-58.

[45] 赵立欣，董保成，田宜水. 大中型沼气工程技术. 北京：化工出版社，2008.

[46] 赵由才，宋玉. 生活垃圾处理与资源化技术手册. 北京：冶金工业出版社，2007.

[47] 郑辉. 水产养殖废水处理技术的研究进展及发展趋势. 河北渔业，2011，4：35-38.

[48] 中国电力科学研究院生物质能研究室. 生物质能及其发电技术. 北京：中国电力出版社，2008.

[49] 周剑红，李晓东. 医疗废物基本特征和热解实验研究. 化工生产与技术，2008，15 (3)：49-54.

[50] Agarwal A, Singhmar A, Kulshrestha M, Mittal AK, Municipal solid waste recycling and associated markets in Delhi, India. Resources, Conservation and Recycling, 2005, 44 (1)：73-90.

[51] Alakangasa E, Valtanenb J, Levlinb J E. CEN technical specification for solid biofuels-fuel specification and classes. Biomass and Bioenergy, 2006, 30 (11)：908-914.

[52] Appleton T J, Colder R I, Kingman S W, Lowndes I S, Read AG. Microwave technology for energy-efficient processing of waste. Applied Energy, 2005, 81 (1)：85-113.

[53] Askariana M, Vakilia M, Kabir G. Hospital waste management status in university hospitals of the Fars province, Iran. International Journal of Environmental Health Research, 2004, 14 (4)：295-305.

[54] Azeem Khalid, Muhammad Arshad, Muzammil Anjum, Tariq Mahmood, Lorna Dawson. The anaerobic digestion of solid organic waste. Waste Management, 2011, 31 (8)：1737-1744.

[55] Beer L L, Boyd E S, Peters J W, Posewitz M C. Engineering algae for biohydrogen and biofuel production. Current Opinion in Biotechnology, 2009, 20 (3)：264-271.

[56] Behrendt F, Neubauer Y, Oevermann M, Wilmes B, Zobel N. Direct liquefaction of biomass. Chemical Engineering and Technology, 2008, 31 (5)：667-677.

[57] Blasi C D. Modeling chemical and physical processes of wood and biomass pyrolysis. Progress in Energy and Combustion Science, 2008, 34 (1)：47-90.

[58] Bridgwater A V, Bridge S A. A review of biomass pyrolysis and pyrolysis technologies, in Biomass Pyrolysis Liquid Upgrading and Utilization, Bridgwater AV and Grassi G.. London：Elsevier Applied Science. 1991：11-92.

[59] Bruner, C R. Medical Waste Disposal. Incineration Consultants Incorporated (1996). ISBN 0-9621774-1-5.

[60] Bullen R A, Arnot T C, Lakeman J B, Walsh F C. Biofuel cells and their development. Biosensors and Bioelectronics, 2006, 21 (11)：2015-2045.

[61] Chaerul M, Tanaka M, Shekdar A V. A system dynamics approach for hospital waste management. Waste Management, 2008, 28 (2)：442-449.

[62] Cheng T W, Chu J P, Tzeng C, Chen Y S. Treatment and recycling of incinerated ash using thermal plasma technology, Waste Management, 2002, 22 (5)：485-490.

[63] Cheng Y W, Sung F C, Yang Y, Loc Y H, Chungd Y T, Li K C. Medical waste production at hospitals and associated factors. Waste Management, 2009, 29 (01)：440-444.

[64] Chou C S, Lin S H, Lu W C. Preparation and characterization of solid biomassfuel made from rice straw and rice bran. Fuel Processing Technology, 2009, 90 (7-8)：980-987.

[65] Chu J P, Hwang I J, Tzeng C C, Kuo Y Y, Yu Y J. Characterization of vitrified slag from mixed medicalwaste surrogates treated by a thermal plasma system. Journal of Hazardous Materials, 1998 58：172-192.

[66] Coker A, Sangodoyin A, Sridhar M, Booth C. Olomolaiye P, Hammond F, Medical waste management in Ibadan, Nigeria：Obstacles and prospects. Waste Management, 2009, 29 (2)：804-811.

[67] Cole E C, Pierson T K, Greenwood D R, Leese, K E, Foarde K K . Guidance for evaluating medical

waste treatment technologies (1993). Draft Report for USEPA.

[68] Cui J, Forssberg E. Mechanical recycling of waste electric and electronic equipment: a review. Journal of Hazardous Materials, 2003, 99 (3): 243-263.

[69] Dehghani M H, Azam K, Changani F, Fard E D. Assessment of medical waste management in educational hospital of Tehran university medical sciences. Iranian Journal of Environmental Health Science & Engineering, 2008; 5 (2): 131-136.

[70] Demirbas A. Biomass resources facilities and biomass conversion processing for fuels and chemicals. Energy Conversion and Management, 2001, 42 (11): 1357-1378.

[71] Diaz L F, Eggerth L L, Enkhtsetseg Sh, G. M. Savage. Characteristics of healthcare wastes. Waste Management, 2008, 28 (7): 1219-1226.

[72] Farrell M, Jones D L. Critical evaluation of municipal solid waste composting and potential compost markets. Bioresource Technology, 2009, 100 (19): 4301-4310.

[73] Farzadkia M, Moradi A, Mohammadi M S, Jorfi S. Hospital waste management status in Iran: a case study in the teaching hospitals of Iran University of Medical Sciences. Waste Management & Research, 2009, 27 (4): 384-389.

[74] Fritskya KJ, Kummb JH, Wilken M, Combined PCDD/F Destruction and Particulate Control in a Baghouse: Experience with a Catalytic Filter System at a Medical Waste Incineration Plant. Journal of the Air & Waste Management Association, 2001, 51 (12): 1642-1649.

[75] French R, Czernik S. Catalytic pyrolysis of biomass for biofuels production. Fuel Processing Technology, 2010, 91 (1): 25-32.

[76] Gilden D J, Scissors K N, Reuler J B. Disposable products in the hospital waste stream. Western Journal of Medicine, 1992, 156 (3): 269-272.

[77] Goldberg M E, Vekeman D, Torjman M C, Seltzer J L, Kynes T. Medical waste in the environment: Do anesthesia personnel have a role to play? Journal of Clinical Anesthesia, 1996, 8 (6): 475-479.

[78] Hassan M M, Ahmed S A, Rahman K A, Biswas TK. Pattern of medical waste management: existing scenario in Dhaka City, Bangladesh. BMC Public Health, 2008, 8: 36-46.

[79] Hargreaves J C, Adl M S, Warman P R. A review of the use of composted municipal solid waste in agriculture. Agriculture, Ecosystems and Environment, 2008, 123 (1-3): 1-14.

[80] Karamouz M, Zahraie B, Kerachian R, Jaafarzadeh N, Mahjouri N. Developing a master plan for hospital solid waste management: A case study. Waste Management, 2007, 27 (5): 626-638.

[81] Kruse A. Hydrothermal biomass gasification. The Journal of Supercritical Fluids, 2009, 47 (3): 391-399.

[82] Lee B K, Ellenbecker M J, Ersaso R M. Alternatives for treatment and disposal cost reduction of regulated medicalwastes. Waste Management, 2004, 24 (2): 143-151.

[83] Lee B K, Ellenbecker M J, Eraso R M. Analyses of the recycling potential of medical plastic wastes. Waste Management, 2002, 22 (5): 461-470.

[84] Lu Q, Li W Z, Zhu X F. Overview of fuel properties of biomass fast pyrolysis oils. Energy Conversion and Management, 2009, 50 (5): 1376—1383.

[85] Lv D, Xu M, Liu X, Zhan Z, Li Z, Yao H. Effect of cellulose, lignin, alkali and alkaline earth metallic species on biomass pyrolysis and gasification. Fuel Processing Technology, 2010, 91 (8): 903-909.

[86] Masayuki Horio, Piyarat Weerachanchai, Chaiyot Tangsathitkulchai, Effects of gasifying conditions and bed materials on fluidized bed steam gasification of wood biomass. Bioresource Technology, 2009, 100 (3): 1419-1427.

[87] Mato RRAM, Kassenga G R. A study on problems of management of medical solid wastes in Dar es Salaam and their remedial measures. Resources, Conservation and Recycling, 1997, 21 (1): 1-16.

[88] Mato RRAM, Kaseval M E. Critical review of industrial and medical waste practices in Dar es Salaam City. Resources, Conservation and Recycling, 1999, 25 (3-4): 271-287.

[89] Mattoso VDB, Schalch V. Hospital waste management in Brazil: A case study. Waste Management & Research, 2001, 19 (6): 567-572.

[90] Marshall B M, Shin-Kim H, Perlov D, Levy S B. Release of bacteria during the purge cycles of steam-jacketed sterilizers. British Journal of Biomedical Science, 1999, 56 (4), 247-252.

[91] Mongkolnchaiarunya J, Promoting a community-based solid-waste management initiative in local government: Yala municipality, Thailand. Habitat International, 2005, 29 (1): 27-40.

[92] Oslen, R W. A comparison between the emission of a 1993 permitted medical waste incinerator and a steam decontamination device. Air & Waste Management Association Report. 1995, 950-TA50.56.

[93] Radakovits R, Jinkerson R E, Arzins A D, Posewitz M C. Genetic Engineering of Algae for Enhanced Biofuel Production. Eukaryotic Cell, 2010, 9 (4): 486-501.

[94] Reed T B. Handbook of biomass downdraft gasifier engine systems. Solar Technical Information Program, Solar Energy Research Institute in Golden, Colo. , 1988.

[95] Reeta Rani Singhania, Anil Kumar Patel, Carlos R. Soccol, Ashok Pandey. Recent advances in solid-state fermentation. Biochemical Engineering Journal, 2009, 44 (1): 13-18.

[96] Roy M M, Dutta A, Corscadden K. Review of biosolids management options and co-incineration of a biosolid-derived fuel. Waste Management, 2011, 31 (11): 2228-2235.

[97] Saxen R C, Adhikari D K, Goyal H B. Biomass-based energy fuel through biochemical routes: A review. Renewable and Sustainable Energy Reviews, 2009, 13 (1): 167-178.

[98] Scott S A, Davey M P, Dennis J S, Horst I, Howe C J, Lea-Smith D J, Smith A G. Biodiesel from algae: challenges and prospects. Current Opinion in Biotechnology, 2010, 21 (3): 277-286.

[99] Shen J, Wang X S, Garcia-Perez M, Mourant D, Rhodes M J, Li C Z. Effects of particle size on the fast pyrolysis of oil mallee woody biomass. Fuel, 2009, 88 (10): 1810-1817.

[100] Solange I. Mussatto, Giuliano Dragone, Pedro M R Guimarães, João Paulo A. Silva, Lívia M. Carneiro, Inês C. Roberto, António Vicente, Lucília Domingues, José A. Teixeira. Technological trends, global market, and challenges of bio-ethanol production. Biotechnology Advances, 2010, 28 (6): 817-830.

[101] Teresa M. Mata, António A. Martins, Nidia. S. Caetano. Microalgae for biodiesel production and other applications: A review. Renewable and Sustainable Energy Reviews, 2010, 14 (1): 217-232.

[102] Tsakona M, Anagnostopoulou E, Gidarakos E. Hospital waste management and toxicity evaluation: A case study. Waste Management, 2007, 27 (7): 912-920.

[103] Tudora T L, Noonanb C L, Jenkina L E T. Healthcare waste management: a case study from the National Health Service in Cornwall, United Kingdom. Healthcare Wastes Management, 2005, 25 (6): 606-615.

[104] UK Health and Safety Executive and the Environment Agency. Safe Disposal of Clinical Waste. 1999.

[105] UK National Health Service (1998). Clinical waste disposal/treatment technologies (alternatives to incineration). Health Technical Memorandum 2075 ISBN 0-11-322159-2.

[106] Warnecke R. Gasification of biomass: comparison of fixed bend and fluidized bed gasifier. Biomass and Bioenergy, 2000, 18 (6): 489-497.

[107] Woolridge A, Morrissey A, Phillips P S. The development of strategic and tactical tools, using systems analysis, for waste management in large complex organisations: a case study in UK healthcare waste. Resources, Conservation and Recycling, 2005, 44 (2): 115-137.

[108] Wang L, Weller C L, Jones D D, Hanna M A. Contemporary issues in thermal gasification of biomass and its application to electricity and fuel production. Biomass and Bioenergy, 2008, 32 (7): 573-581.

[109] Zhang Y, Xiao G, Wang G X, Zhou T, Jiang D W. Medical waste management in China: A case study of Nanjing. Waste Management, 2009, 29 (4): 1376-1382.

[110] Zhao L J, Zhang F S, Chen M J, Liu Z G, Bo D, Wu J Z. Typical pollutants in bottom ashes from a typical medical waste incinerator. Journal of Hazardous Materials. 2010, 173 (1-3): 181-185.

[111] Zhu J Y, Pan X J. Woody biomass pretreatment for cellulosic ethanol production: Technology and energy consumption evaluation. Bioresource Technology, 2010, 101 (13): 4992-5002.

第八章 水资源循环利用及其技术

水是地球上一种不可替代的特殊物质和资源,具有独特的物理化学特性和可循环性,是人类生存的基本条件和生产活动中最重要的物质基础。水资源覆盖着地球表面70%以上的面积,总量达13.86亿立方千米,是世界上分布最广、数量最大的资源,也是开发利用得最多的资源。目前全世界每年用水量达27.72万立方千米,远超过其他任何资源。

第一节 水资源概述

一、水资源的概念

水是人类发展不可缺少的自然资源,也是人类和一切生物赖以生存的物质基础,是工农业生产、经济发展和环境改善不可替代的极为宝贵的自然资源。一般认为水资源概念具有广义和狭义之分。地球上的水资源,从广义来说是指水圈内水量的总体,即指能够直接或间接使用的各种水和水中物质,对人类活动具有使用价值和经济价值的水均可称为水资源。而狭义上的水资源是指在一定经济技术条件下人类可以直接利用的淡水。

二、水资源的分布及特点

1. 水资源的特点

水资源是在水循环背景上、随时空变化的动态自然资源,有着与其他自然资源不同的特殊性。

① 水资源属可再生资源,具有循环流动性和总量有限性。受地心引力的作用,水从高处向低处流动通过形态的变换显示出它的循环特性。当地表水和地下水被开采利用后,可以通过大气降水得到补给,水循环使资源蕴藏无限性。但循环过程中,由于受到太阳辐射、地表下垫面、人类活动等影响,往往每年更新的水量是有限的。

② 水资源具有时空分布的不均匀性。由于水资源的补给主要是大气降水、地表径流和地下径流,它们都具有随机性和周期性(其年内和年际变化都较大),在地区分布和季节分布上不均衡。

③ 水资源具有易污染性。外来的污染物进入水体后,随水流运动扩散,当其浓度超过水体自身的稀释和净化能力时,污染物就会在水体中富集,导致水质逐渐恶化,影响水的使用功能,严重时会破坏水生生态系统。

④ 水资源具有用途广泛性和不可替代性。水资源既是生活资料又是生产资料,更是正常维持生态系统的保证,广泛用于灌溉、发电、供水、航运、养殖、旅游、净化水环境等生

产、生活各方面。水的广泛用途决定了水的开发利用的多功能的特点。此外，自然界中河流、湖泊等水体作为环境的重要组成部分，有重要的环境效益。因此，它在维持生命和组成环境方面是不可替代的。

⑤ 水资源具有利害两重性。由于降水和径流的地区分布不平衡和时程分布不均匀，往往会出现洪涝、旱灾等自然灾害，危及人类生命财产和生态系统。同样，不当的水资源开发也会引起人为灾害，如垮坝事故、次生盐碱化、水质污染、环境恶化等。

2. 世界水资源的分布及特点

世界水资源中，海水约占总量的97.5%，而存在于陆地上的各种淡水资源仅占总量的2.5%左右。这些淡水资源的存在形态和比例如表8-1所列。冰川蕴含了全球74%的淡水，河流和湖泊内的淡水只占地球淡水的0.3%。仅有不到1%的地表水或地下淡水能供人类饮用。

表 8-1　淡水资源存在形式和比例

形态	河水	湖水	土壤水	地下水（<760m）	地下水（>760m）	冰川
百分比/%	0.03	0.3	0.06	约11	约14	约74

水资源在不同地区、不同年份和不同季节的分配是不均衡的。由于工农业的不断发展、人口的急剧增加和生活水平的不断提高，以及水资源的不合理利用和浪费，许多国家不断增长的需水量和有限的水资源之间的矛盾日益突出。世界淡水资源分布极不均匀，约65%的水资源集中在不到10个国家，而约占世界人口总数40%的80个国家和地区却严重缺水。图8-1为部分国家的人均水资源占有量。

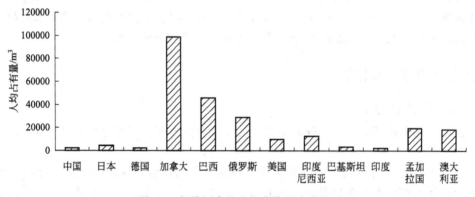

图 8-1　部分国家的人均水资源占有量

3. 我国水资源的分布及特点

我国地域辽阔，地处亚欧大陆东侧，跨高中低三个纬度区，受季风和自然地理特征的影响，南北、东西气候差异很大，致使我国水资源的分布极不均衡。总体上，我国水资源分布呈现以下特点。

① 水资源总量较丰富，但人均占有量少。我国多年平均年降水量约6万亿立方米，其中约3.2万亿立方米通过土壤蒸发和植物散发又回到了大气中，余下的约有2.8万亿立方米形成了地表水和地下水。这一淡水资源总量低于巴西、俄罗斯、加拿大、美国和印度尼西亚，居世界第六位，但由于我国人口众多，人均水资源占有量低，不足世界平均水平的1/3。

② 水资源时空分布不均。受季风的影响，我国水资源基本上是南方丰富、北方贫乏。中国长江及其以南地区的流域面积占全国总面积的 36.5％，却拥有全国 80.9％的水资源，而北方地区和西北内陆地区面积占全国 63.5％，拥有的水资源仅占全国 19.1％。水资源的时间分布极不均衡，基本上是夏秋多、冬春少，且降水量越少的地区，年内集中程度越高。北方地区汛期 4 个月径流量占年径流量的比例可达 70％～90％，而南方地区约占全年的 60％～70％。

③ 水资源污染形势严峻，开发利用难度大。我国不少工业废水和生活污水未经处理直接排入河湖等水体，多数城市存在不同程度的水环境恶化，地下水严重超采和污染，这些水环境污染问题加剧了可利用水资源的不足。另外，我国如黄河等部分河流含沙量大，水中的高含沙量造成河道淤塞、河床坡降变缓、水库淤积等一系列问题，增大了水资源开发利用的难度。

三、水资源利用现状

人类对水资源的开发利用可分两大类：一类是从中取走所需的水量，满足人民生活和工农业生产的需要，利用后水资源数量有所消耗，水质有所变化，在另外地点回归水循环；另一类是利用水能（水力发电）、发展水运、水产和水上游乐，维持生态平衡等，这种利用无需从水源引走水量，但是需要河流、湖泊、河口等保持一定的水位、流量和水质。

人类早期对水资源的开发利用，主要是在农业、航运、水产养殖等方面，而用于工业和城市生活的水量很少，直到上世纪初，工业和城市生活用水仍只占总用水量的 12％左右。随着世界人口的高速增长以及工农业生产的发展，水资源的消耗量越来越大。世界用水量逐年增长，1900～1975 年间，每年以 3％～5％的速度递增，即每 20 年左右增长 1 倍。2000 年世界总用水量达到 6000 亿立方米，占世界总径流量的 15％。

随着人类文明的进步，对水资源的需求量不断增大，工业用水与城市用水占总水量的比例不断上升，而农业用水占总水量的比例有所减少。据统计，近 40 年来，全世界农业用水量仅增加了 2 倍，而工业用水增加了 7 倍。在工业用水中，以工业冷却用水量最大，占 30％～60％，其次是冶金工业和化学工业用水。农业用水主要是灌溉用水，由于其用水的损失率比工业用水要高得多，因此，农业用水对水资源的消耗是很大的。

可供人类使用的水资源不会增加，甚至会因人为的污染等因素导致可利用量减少。加之世界淡水资源分布极不均匀，人们居住的地理位置与水资源的分布又不相称，使水资源的供应与需求之间的矛盾很大，尤其是在工业和人口集中的城市。因此，对水资源的利用应当合理有序，否则会引起一系列的不良后果，出现严重的水资源危机。

四、水资源危机及解决途径

1. 水资源危机

联合国早在 1977 年 2 月就向全世界发出警告"水不久将成为一个重要的全球性危机"。如今全世界面临水资源危机，主要是因为用水量剧增、水污染、水资源开发不合理、浪费严重等问题。

随着社会的迅速发展和文明的不断进步，特别是人口的不断增加，人类对水的依赖程度越来越高，世界用水量急剧增加。现在人类每天提取的淡水量约为 $10km^3$，年均为 $3500km^3$，是世界工业初期时的 36 倍多。在世界水资源的消耗中，用水量最大的是农业，平均农业用水量约占总用水量的 69％，而工业用水占 23％，公共生活用水占 8％。在我国，农业总用水量已超过 4000 多亿立方米，占全国总用水量的 70％多，其中农业灌溉用水达到了 3600 亿立方米。

目前全世界每年仅排入水体的废水就有 7000 亿立方米，被污染的水量达 85000 亿立方米。我国污水排放量大，而废水处理率较低，造成了水体污染，水环境问题严重。水体污染破坏生态平衡，其直接结果是水资源的可利用程度下降，可利用水量减少，从而加剧了水资源的紧张状况。

水资源开发不合理也是导致水危机的重要原因。如在我国，水资源利用水平低，各地区水资源开发利用程度差异大，地下水开采过量，导致水资源出现危机。辽河、海河的地表水资源开发利用程度为 60％左右，而珠江、长江则仅为 15％。海河流域地下水资源开发利用程度为 90％，辽河流域为 60％，珠江、长江流域则不到 10％。我国北方地区因为地表水资源不够，造成地下水开采过量，部分地区出现地面下沉，地下水位下降与海水入侵现象。

另外，用水浪费严重，对水资源的无节制、不合理开发，导致水土流失、湖泊萎缩、江河断流、土地沙化、生态恶化，又进一步加剧水资源短缺。在我国，产业结构不合理，高水耗行业发展集中，生产管理水平低，生产用水浪费严重；人们节水意识差，生活用水浪费严重；此外，相关法律制度不健全，违反生态规律的掠夺式开发，也是导致水危机的重要因素。

2. 水资源危机的解决途径

水资源危机已成为影响我国社会经济可持续发展最重要的问题之一，面对日益严峻的形势，宜采取以下措施。

① 转变观念。水是一种资源，淡水更是一种有限的资源，它不是取之不尽、用之不竭的，需要给予足够的重视和保护。加强教育，培养个人良好的节水习惯，避免用水浪费。

② 改善生态环境，合理利用水资源。植树造林，扩大森林的覆盖率，可提高水资源涵养量。在充分考虑生态环境影响的前提下兴修水利、拦洪蓄水，可趋利避害，并加强水体保护、水土保持，对水资源进行合理分配和使用。

③ 改进生产技术，提高水的利用率。积极改革生产工艺，降低单位产品生产耗水量，减少生产用水量和工业废水排放量；改进传统的灌溉技术，使用较为先进的如喷灌、滴灌等技术，减少农业灌溉用水量。

④ 发展污水处理技术，实现污水资源化利用。建设污水处理厂，提高污水处理率，实现污水处理后重复用水，使再生水成为第二水源，可缓解水资源紧张，减少污水排放量，保护环境和水资源不被破坏。

⑤ 拓宽水资源利用途径。通过收集和利用雨水，既可改善城市生态环境，降低城市雨洪灾害，又增加城市备用水源。加强海水和苦咸水利用，我国大陆海岸线绵长，海水淡化是解决沿海城市淡水资源短缺的有效途径之一，而相关工业企业若能充分利用海水资源，如用作工业冷却水或生活冲厕水，则水危机将大大缓解。

⑥ 合理开采地下水，增加地下水补给量，这是促进地下水可持续利用的必经之路。一是合理规划和调整开采布局，保证不同含水层和不同区域的地下水均衡开采，控制地下水水位的变化幅度，防止局部含水层水位的大幅度下降；二是优化调节开采方案，控制开采强度和开采节奏，对于超采区域和超采层位，要压缩开采量，增加地下水补给可采用人工回灌。此外，还可采用截流蓄水、绿化造林等手段，延长雨水或地表水的滞留时间，提高水头压力，促进地表水和土壤水、地下水的水力联系，间接增加地下水资源量。

⑦ 跨流域引水及长距离调水。跨流域引水及长距离调水可大大改善我国水资源分布不

均的情况，成为我国干旱缺水城市解决水资源短缺的重要措施之一，还可以大大提高全国范围的抗洪、抗旱能力，缓解水、旱灾压力。

⑧ 加强城市水资源保护，实现城市水资源的科学管理：一是加强水质的动态监测，控制污染源，防止水污染和水质恶化；二是加强对水循环系统的保护，促进雨水、地表水、土壤水和地下水的"四水"转换。城市水资源的科学管理应贯穿于水资源开发、利用和保护的全过程，使水资源开发利用的整体效益最优。

五、水资源再生利用及其意义

在可持续发展战略中，人口、资源与环境三大问题都与水密切相关。无论是维持生态系统的良性循环还是维系人类社会的发展，水都具有不可代替的作用。水资源对可持续发展的意义主要表现在以下方面。

① 事关人类生存条件。人类得以生存的最基本的物质是空气、水和食物。水不仅为人类直接饮用，也是人类获取粮食的重要基础。

② 事关粮食问题。农业生产的基础保障是水，然而灌溉所消耗的水量是惊人的。我国水利用系数不到 50%，假如利用系数提高 10%，单单农业用水一年可增加 450 亿立方米，相当于兴建几十到上百个大型水库。

③ 事关经济发展问题。城市工业用水往往占到城市用水的 2/3 以上。为了提高工业用水的效益，欧美许多先进国家一直致力进行循环用水以降低工业用水量，工业用水重复利用率已达 70%~80%，一些主要工业甚至达到了 95%。与先进国家相比，我国企业的工业用水重复利用率只有 50%~60%，还有不少的差距。

④ 事关能源问题。水是一种不断循环、不断更新的资源，利用水力产生能源具有极大的发展潜力。同时也应看到，大型水利工程的建设固然对能源生产意义重大，但其对当地生态环境的影响也是不容忽视的。

第二节　污水回用及其技术

一、概述

所谓污水循环利用，是指将污水作为一种综合性资源再开发利用于国计民生中。它根据城市工业和生活所排放的各种不同性质与类型的污水水量、污染物质及其含量，参照所处的水土环境容量等自然条件，水之用途的标准，有针对性的采取系统工程或单项工程等措施，遵循因地制宜、因时制宜、因条件制宜的原则，从经济效益、环境效益和社会效益等综合出发，对污水进行有效的控制与净化，并综合开发为各种资源或能源，再用于工业、农业、生活及其他用途与建设上。

从广义上说，污水循环利用通常是指将城市生活污水进行深度处理后作为再生资源循环利用到适宜的位置。具有可持续发展意义的污水循环利用是指人工的或自然的方法将不可利用的污水转变为可利用的次生水资源，污水循环利用就是次生水资源的开发利用。次生水近似于中水、再生水；但又不同于中水、再生水。它兼有水良性循环和水环境恢复功能，在水质上次生水次于天然水，也次于再生水，但优于污水等，可直接利用或经深度处理后利用。

污水经过适当处理后，可以重复利用，实现水在自然界中的良性循环。城市污水就近可得，易于收集、处理，数量巨大，稳定可靠，不受制于人，不受制于天，作为城市第二水源比海水、雨水更为实际可行，比长距离引水费用少得多。开辟这种非传统水源，实现污水循环利用，对保证城市安全供水具有重要的战略意义。

1. 污水来源及再生利用意义

（1）污水的来源　水体污染主要是指由于人类的各种活动排放的污染物进入河流、湖泊、海洋或地下水等水体中，使水和水体的物理化学性质发生变化从而降低了水体的使用价值。造成水体污染的因素是多方面的：向水体排放未经过妥善处理的城市生活污水和工业废水；施用的化肥、农药及城市地面的污染物，被雨水冲刷，随地面径流进入水体；随大气扩散的有毒物质通过重力沉降或降水过程而进入水体等。

① 生活污水。生活污水是指城市机关、学校和居民在日常生活中产生的废水，包括厕所粪尿、洗衣洗澡水、厨房等家庭排水以及商业、医院和游乐场所的排水等。

生活污水的水质特征是水质较稳定，但浑浊、色深且具有恶臭，呈碱性，一般不含有毒物质。由于生活污水适于各种微生物的生长繁殖，所以往往含有大量的细菌、病毒和寄生虫卵。

② 工业废水。工业废水是指工业生产过程中产生的废水和废液，含有流失的工业生产用料、中间产物、副产品以及生产过程中产生的污染物。

工业废水的特点是水质和水量因生产工艺和生产方式的不同而差别很大。冶金、造纸、石油化工、电力等工业用水量大，废水产生量也大。电力、矿山等部门的废水主要含无机污染物，而造纸和食品等工业部门的废水，有机物含量很高。即使同一生产工序，生产过程中水质也会有较大变化。此外，同一元素在废水中的存在形态往往各不相同，这增加了废水净化的难度。如氟在玻璃工业废水和电镀废水中一般呈氟化氢（HF）或氟离子（F^-）形态，而在磷肥厂废水中是以四氟化硅（SiF_4）的形态存在。

③ 农业废水。随着农药和化肥的大量使用，农业径流排水已成为水体的主要污染源之一。施用于农田的农药与化肥除小部分被植物吸收外，大部分残留在土壤或漂浮在大气中，经降水淋洗、冲刷及农田灌溉排水，最终径流排入地面水体或渗入地下水中。此外，农业废弃物（包括农作物的秆、茎、叶以及牲畜粪便等）也会随各种途径带入水体中，造成水体的污染。农业废水具有两个显著特点：一是有机质、植物营养素及病原微生物含量高；二是农药、化肥含量高。

（2）污水循环利用的意义

① 作为第二水源，可以缓解水资源的紧张问题。污水经过适当处理后重复利用，可促进水在自然界中的良性循环，对解决水资源危机具有重要的战略意义。进行污水回用，在工业生产过程中以循环水系统代替直流给水系统，提高工业用水的重复利用率，可将淡水消耗量和污水排放量减少几倍甚至几十倍；在农业生产过程中，提高农业用水的利用率，发展循环用水、一水多用和污水回用技术。积极推行城市污水资源化，将处理后污水作为第二水源加以利用，是节约使用水资源的重大措施，对我国国民经济的可持续发展有着十分重要的意义。

② 污水回用可减轻江河、湖泊污染，保护水资源不受破坏。如果水体受到污染，势必降低水资源的使用价值。污水经过处理后回用，不仅可以回收水资源以及污水中的其他有用物质和能源，而且可以大幅度地减少污水排放量，从而减轻江河湖泊等受纳水体的污染。污水回用于农田灌溉，可通过植物对污水中营养物质的有效利用，使由于污水排放造成的地下水污染及湖泊、水库等水体的富营养化的程度减小。污水回用是社会经济可持续发展的战

略、环境保护策略的重要环节，其所取得的环境效益、社会效益是很大的，其间接利益和长远利益更是难以估量的。

③ 可减少用水费用及污水净化处理费用。以污水为原水的回用水净水厂的制水成本可能低于以天然水为原水的自来水厂，尤其以远距离调水更为突出，这是因为省却了水资源的费用、取水及远距离输水的能耗和建设费用等。再生回用工程的回用量越大，其吨水投资越小，再生成本越低，经济效益越明显。国内外的同类经验表明，对城市污水处理厂的二级出水，采用混凝-沉淀-过滤-消毒技术处理，在管网适宜的条件下，每日回用量 10000m³ 以上工程的吨水投资在 800 元以下，处理成本在 0.7 元以下。

2. 污水循环利用现状

城市污水易于收集且水质相对稳定，再生处理成本比海水淡化低，处理技术也比较成熟，基建投资远比远距离引水经济得多，因此，城市污水被视为最可靠且可以重复利用的第二水源。

(1) 国外污水循环利用的现状　城市污水循环利用已经成为世界不少国家解决水资源不足的战略性对策，满足或部分满足了由于水源不足限制城市和工业发展的需要，收到了相当好的社会效益和经济效益。

美国是世界上采用污水再生利用最早的国家之一。20 世纪 70 年代初开始大规模建设污水处理厂，随后即开始了回用污水的研究和应用。目前美国有 357 个城市的污水进行回用，再生回用点多达 536 个，主要用于污灌用水、景观用水、工艺用水、工业冷却水、锅炉补水及回灌地下水和娱乐养鱼等多种用途。美国城市污水回用总量为 $5.8 \times 10^9 \, \text{m}^3/\text{a}$，占总用水量的 60%；工业用水占总用水量的 30%；城市生活用水等其他方面的回用水量不足 10%。在美国，城市污水回用工程主要集中在水资源短缺、地下水严重超采的西南部和中南部的加利福尼亚、亚利桑那、得克萨斯和佛罗里达等州，其中以南加利福尼亚成绩最为显著。加利福尼亚州的桑提和南塔湖工程都是将城市污水经过一系列处理后直接回用于娱乐场所，水质完全满足要求。洛杉矶污水回用作电厂冷却水早已实现，拉斯维加斯污水三级处理厂出水作为间接回用输入河流再利用。目前美国国家环保局出版的《污水回用标准》中涉及污水回用的范围、州标、管理规范等内容和国际上污水回用的状况。

在日本，由于国土狭小，人口众多，日本的人均水资源占有量低于世界的平均水平，人均年降水量仅为世界水平的 1/5，水资源严重短缺，这种情况与其高度发达的经济和较高的国民生产总值是不相称的，因此节约用水一直受到日本社会的关注，污水回用技术的研究及其工程的建设也开展的较早。在 20 世纪 60 年代，日本沿海和西南一些缺水城市，如东京、名古屋、川崎、福冈等地即开始城市污水回用，至 90 年代初期，其回用量已达 $3 \times 10^8 \, \text{m}^3/\text{a}$，虽不及总取水量的 1%，但已成为城市中一种稳定、可靠的水源。东京还将污水处理厂的深度处理出水用以恢复干涸的小溪，收到了良好的社会效益和环境效益。近年来日本环保部门对二级处理厂提出脱氮除磷要求，使二级出水水质更为优良，其循环利用方式是排放到河道，作为景观用水，美化城市环境。

以色列可称之为水资源管理和利用最科学的国家，国民有良好的节水意识，农业灌溉技术也高度发展。作为一个严重缺水的国家，早在 20 世纪 60 年代，以色列便把污水循环利用列为一项基本国策，至 1987 年全国的城市污水利用率就达 72%。在循环利用方式上包括小型社区的就地循环利用、中等规模城镇和大城市污水的区域级循环利用工程。在农业灌溉用水方面，采用了节水型喷灌或滴灌技术，其回用水总量占全国城市污水的 70%（包括间接回用）。此外，对农作物、蔬菜、果树的灌溉均制定了较严格的水质标准并进行卫生监测。

　　（2）国内污水利用的发展与现状　我国的污水回用起步较晚，其发展大致可分为三个阶段：1985 年前的"六五"期间是起步阶段；1985～2000 年是技术储备、示范工程引导阶段；从 2001 年起到现在，我国的污水回用进入到全面启动阶段。1989 年天津纪庄子污水处理场建成了 1500m³/d 城市污水循环利用示范工程，采用了二级出水经纤维球滤料直接过滤的处理工艺。深度净化水除供厂内污泥脱水车间、园林绿地、综合楼卫生冲厕外，还供给厂外煤球厂用水。1992 年在大连市建立污水回用示范工程，该工程以二级出水为水源，增建深度处理设施和输水管道，日处理量为 1 万吨，再生水主要作为工厂的冷却水。

　　目前我国大连、青岛、北京、天津、太原等许多缺水城市都建有城市污水回用工程。2006 年 9 月建成的北京清河再生水厂日处理 8 万吨的非饮用水，可满足奥运湖景观用水和非饮用水的要求。2008 年的北京奥运会所有场馆都采用中水回用系统，污水处理再生利用率达到 100%，其中奥林匹克公园和国家游泳中心年利用中水能力达 479 万吨。近年来，随着城市水荒的加剧，研究出了适合部分缺水城市的污水循环利用成套技术、水质指标及循环利用途径，完成了规划立法及政策法规等基础性工作，相继建设了循环利用于市政景观、工业冷却等示范工程，为我国城市污水循环利用提供了技术和设计依据，并积累了经验。目前国内已有一批城市污水处理回用设施投入使用，而且逐年增多，经处理后的城市污水用于住宅冲厕、城市绿化、浇洒道路和河湖景观用水。

3. 污水循环利用存在的问题

　　我国是一个水资源缺乏的国家，在污水资源化利用和开发方面，虽然在技术研究和工程实践方面都取得了显著的成绩，但是，与一些污水回用发展较早的国家相比，我国污水回用无论在规模上还是涉及的领域上都有较大的差距，有很多问题仍待解决。

　　① 污水处理效率和污水处理程度较低。污水必须经过有效处理后才能进行回用，而低污水处理程度导致可进行深度处理达到回用的污水量较少，很难发挥污水作为稳定的城市第二水源的作用。同时，目前我国城市污水管网建设严重滞后于城市发展，对于污水的工作重点仍是治理污染，许多地方尚未对污水回用给予足够的重视。

　　② 我国尚未健全有关城市污水循环利用及管理方面的法律法规，也没有相应的保证政策。城市规划部门对污水回用没有详细的规划，相关主管部门也没有相应的工作要求、强有力的政策保证和有效的管理机制，使污水回用得不到连续有效的贯彻实施。

　　③ 我国自来水价过低影响了污水的循环利用。现行的水价没有起到杠杆作用，没有反映可持续发展的水价，不仅使得水资源浪费严重，也使得污水回用缺乏市场竞争力。适当提高优质水的水价，制定优惠的回用水水价和合理的回用水管理措施，鼓励使用再生水，将有助于污水回用得到推广。

　　④ 对污水循环利用的认识和宣传力度不够。没有意识到污水处理循环利用对水资源可持续利用及水环境健康循环的重要作用，节水和污水循环利用的宣传力度不足也延缓了污水回用的发展，造成了大量的浪费。

二、污水再生利用的途径

　　污水经过净化处理后可循环利用于农业、工业、地下水回灌、市政用水和环境等，经过一定深度处理的污水还可作为饮用水源。此外，城市污水因一年四季变化较小，且赋存的热量较大，具有冬暖夏凉的温度特征，尤其是随着水源热泵技术的日益成熟和发展，城市污水热能回收利用成为可能。

1. 城市污水再生利用及其水质标准

（1）市政用水 城市污水经深度处理后，可作为城市用水（可分为饮用水和非饮用水）。非饮用水用于城市杂用，包括为公共提供服务的场所，如公园、运动场、田径场、高尔夫球场和娱乐设施等提供再生水，还为用水工业或者住宅区、工业和商业一体的工业联合体提供再生水。表 8-2 列出了城市杂用水水质标准（参见 GB/T 18920—2002）。

表 8-2 城市杂用水水质标准

序号	项 目		冲厕	道路清扫消防	城市绿化	车辆清洗	建筑施工
1	pH 值				6.0～9.0		
2	色/度	≤			30		
3	臭				无不快感		
4	浊度/NTU	≤	5	10	10	5	20
5	溶解性总固体/(mg/L)	≤	1500	1500	1000	1000	—
6	五日生化需氧量(BOD_5)/(mg/L)	≤	10	15	20	10	15
7	氨氮/(mg/L)	≤	10	10	20	10	20
8	阴离子表面活性剂/(mg/L)	≤	1.0	1.0	1.0	0.5	1.0
9	铁/(mg/L)	≤	0.3	—	—	0.3	—
10	锰/(mg/L)	≤	0.1	—	—	0.1	—
11	溶解氧/(mg/L)	≥			1.0		
12	总余氯/(mg/L)			接触 30min 后≥1.0,管网末端≥0.2			
13	总大肠菌群数/(个/L)	≤			3		

（2）农业灌溉 污水经过二级生物处理后一般仍含有较多的氮、磷、钾等营养成分，用于灌溉可以给农作物提供养分。这不仅可以减少化肥使用，节约农业生产的成本，而且通过土壤的自净作用能使污水得到进一步净化。因此，处理后的污水用于农业灌溉既可取得经济效益，又能保护环境，是一种符合可持续发展的循环利用方式。城市污水再生处理后用于农田灌溉，水质基本控制项目及其指标最大限值应分别符合表 8-3 的规定（参见 GB 20922—2007），以避免某些污染物在农作物中富集，给人类健康带来风险。

表 8-3 农田回灌用水基本控制项目及水质指标最大限值　　　　单位：mg/L

序号	基本控制项目		灌溉作物类型			
			纤维作物	旱地谷物油料作物	水田谷物	地蔬菜
1	生化需氧量(BOD_5)		100	80	60	40
2	化学需氧量(COD_{Cr})		200	180	150	100
3	悬浮物(SS)		100	90	80	60
4	溶解氧(DO)	≥	—		0.5	
5	pH 值(无量纲)			5.5～8.5		
6	溶解性总固体(TDS)		非盐碱地地区 1000,盐碱地地区 2000			1000
7	氯化物			350		
8	硫化物			1.0		
9	余氯		1.5		1.0	
10	石油类		10		5.0	1.0
11	挥发酚			1.0		
12	阴离子表面活性剂(LAS)		8.0		5.0	
13	汞			0.001		
14	镉			0.01		
15	砷		0.1		0.05	

序号	基本控制项目	灌溉作物类型			
		纤维作物	旱地谷物油料作物	水田谷物	地蔬菜
16	铬(六价)	0.1			
17	铅	0.2			
18	粪大肠菌群数/(个/L)	40000			20000
19	蛔虫卵数/(个/L)	2			

（3）工业回用　工业上利用再生水的方式有多种，主要是冷却用水和工艺低质用水。表 8-4 列出了再生水用于不同工业用水水源的水质指标（参见 GB/T 19923—2005）。相对而言，再生水回用于工业水质要求不高，污水经过适当处理后回用是完全可行的，是节约水资源的一种有效途径，有效缓解了城市供水紧张的局面。

表 8-4　再生水用于工业用水水源的水质指标的最大限值

序号	项目	冷却用水		洗涤用水	锅炉补给水	工艺与产品用水
		直流冷却水	敞开式循环冷却水系统补充水			
1	pH 值	6.5~9.0	6.5~8.5	6.5~8.5	6.5~9.0	6.5~8.5
2	悬浮物(SS)/(mg/L)	30	—	30	—	—
3	浊度/NTU	—	5	—	5	5
4	色度/度	30	30	30	30	30
5	生化需氧量(BOD₅)/(mg/L)	30	10	30	10	10
6	化学需氧量(COD_{Cr})/(mg/L)	—	60	—	60	60
7	铁/(mg/L)	—	0.3	0.3	0.3	0.3
8	锰/(mg/L)	—	0.1	0.1	0.1	0.1
9	氯离子/(mg/L)	250	250	250	250	250
10	二氧化硅(SiO₂)	50	50	—	30	30
11	总硬度(以 CaCO₃ 计)/(mg/L)	450	450	450	450	450
12	总碱度(以 CaCO₃ 计)/(mg/L)	350	350	350	350	350
13	硫酸盐/(mg/L)	600	250	250	250	250
14	氨氮(以 N 计)/(mg/L)	—	10	—	10	10
15	总磷(以 P 计)/(mg/L)	—	1	—	1	1
16	溶解性总固体(TDS)/(mg/L)	1000	1000	1000	1000	1000
17	石油类/(mg/L)	—	1	—	1	1
18	阴离子表面活性剂/(mg/L)	—	0.5	—	0.5	0.5
19	余氯/(mg/L)	0.05	0.05	0.05	0.05	0.05
20	粪大肠菌群数/(个/L)	2000	2000	2000	2000	2000

（4）地下水回灌　将城市污水处理厂二级处理出水经深度处理达到一定标准后回灌于地下，是扩大污水循环利用最有益的一种方式。它以土壤基质作为生物反应器，使废水借助物理化学和生物作用将其中的有机物和病原体进一步去除而改善水质。地下水回灌可以在沿海的地下蓄水层中建立防止含盐水侵入的屏障，增加地下蓄水层，储备再生水源，控制和防止地面沉降。为防止地下水污染，地下回灌水质必须满足一定的要求，其具体水质基本控制项

目（参见 GB/T 19772—2005）如表 8-5 所列。

表 8-5　再生水用于地下回灌的基本控制项目及其最大限值

序号	基本控制项目	地表回灌	井灌
1	色度/度	30	15
2	浊度/NTU	10	5
3	pH 值	6.5～8.5	6.5～8.5
4	总硬度(以 $CaCO_3$ 计)/(mg/L)	450	450
5	溶解性总固体/(mg/L)	1000	1000
6	硫酸盐/(mg/L)	250	250
7	氯化物/(mg/L)	250	250
8	挥发酚类(以苯酚计)/(mg/L)	0.5	0.002
9	阴离子表面活性剂/(mg/L)	0.3	0.3
10	生化需氧量(BOD_5)/(mg/L)	10	4
11	化学需氧量(COD_{Cr})/(mg/L)	40	15
12	硝酸盐(以 N 计)/(mg/L)	15	15
13	亚硝酸盐(以 N 计)/(mg/L)	0.02	0.02
14	氨氮(以 N 计)/(mg/L)	1.0	0.2
15	总磷(以 P 计)/(mg/L)	1.0	1.0
16	动植物油/(mg/L)	0.5	0.05
17	石油类/(mg/L)	0.5	0.05
18	氰化物/(mg/L)	0.05	0.05
19	硫化物/(mg/L)	0.2	0.2
20	氟化物/(mg/L)	1.0	1.0
21	粪大肠菌群数/(个/L)	1000	3

（5）景观环境回用　再生水用于景观环境可分为观赏性景观环境用水和非观赏性景观环境用水，又根据水质要求的不同将每个类别分为河道类、湖泊类和水景类水体，具体水质标准（GB/T 18921—2002）如表 8-6 所列。对于人直接接触的景观环境用水，再生水不应含有毒、有刺激性物质和病原微生物，通常要求再生水经过滤和充分消毒后才可回用。

表 8-6　景观环境用水的再生水水质标准

序号	项目		观赏性景观用水			非观赏性景观用水		
			河道类	湖泊类	水景类	河道类	湖泊类	水景类
1	基本要求		无漂浮物,无令人不愉快的臭和味					
2	pH 值		6.0～9.0					
3	五日生化需氧量(BOD_5)/(mg/L)	≤	10	6		6		
4	悬浮物(SS)/(mg/L)	≤	20	10		—①		
5	浊度/NTU	≤	—①			5.0		
6	溶解氧/(mg/L)	≥	1.5			2.0		
7	总磷(以 P 计)/(mg/L)	≤	1.0	0.5		1.0	0.5	
8	总氮/(mg/L)	≤	15					
9	氨氮(以 N 计)/(mg/L)	≤	5					
10	粪大肠菌群数/(个/L)	≤	10000	2000		500		不得检出
11	余氯②/(mg/L)	≥	0.05					
12	色度/度	≤	30					
13	石油类/(mg/L)	≤	1.0					
14	阴离子表面活性剂/(mg/L)	≤	0.5					

①"—"表示对此项无要求。

②氯接触时间不用低于 30min 的余氯。对于非加氯消毒方式无此项要求。

2. 污水资源化利用

开发利用污水中蕴藏的低位能源，为我国国民生产提供部分清洁能源，可替代部分燃煤、燃油锅炉，能适当缓解我国的环境问题；从污水中提取适合国民生计的清洁能源，在某种意义上可以将污水看作是一个新的能源，可适当优化我国的能源结构，缓解能源缺乏及分布不均的问题。

（1）生物制氢　氢气燃烧热值高，且其燃烧只产生水，不排放任何有毒有害气体，是清洁能源。早在19世纪，人们就已经认识到细菌和藻类具有产生分子氢的特性。生物产氢的方法可分为细菌发酵法和光合生物法。细菌发酵法无需光照条件、具有更高的产氢效率、更易于实现工业化。发酵法产氢可以与废水处理相结合，利用其中的有机质产氢，既有效地处理了废弃物又获得了氢能，可降低制氢成本。迄今为止，已研究报道的产氢生物类群包括了光合生物（厌氧光合细菌、蓝细菌和绿藻）、非光合生物（严格厌氧细菌、兼性厌氧细菌和好氧细菌）和古细菌类群。

（2）微生物燃料电池　微生物燃料电池（MFC）是一种利用微生物的催化氧化作用将燃料中的化学能转化为电能的装置。它以阳极溶液中有机物作为燃料，在微生物的作用下从燃料中获得电子并传递到阳极，通过外电路到达阴极，同时将产生的质子传递到阴极，与电子、氧化剂反应生成水，完成整个生物电化学过程和能量转化过程。MFC技术打破了传统的污水处理理念，实现了污水处理技术的重大革新，它既净化了污水又获得了能量，具有产能效率高，废水处理成本低等优点，近年来受到极大关注。MFC用于废水处理的优点有：①产生有用的产物——电能；②无需曝气；③减少了固体的产生；④潜在的臭味控制。当前MFC及其相关技术的应用仍面临诸多困难，如其输出功率密度还不能满足实际要求。但随着生物技术和电化学技术的快速发展，人们对MFC的研究会步步深入和发展。

（3）污水中热量的回收利用　随着经济和技术的发展，如何充分有效地利用城市废热，日益引起人们的广泛关注。作为城市废热之一的城市污水赋存的可利用热量较大，有很大的利用空间。城市污水热能回收利用是将赋存于处理或原生污水中的热量回收后加以有效利用的一项新技术。而城市污水中的低位热能之所以能得到回收利用，主要归功于热泵。所谓"热泵"是一种能从自然界的空气、水或土壤中获取低品位热能，经过电力做功，提供可被人们所用的高品位热能的装置。目前国外利用热泵回收城市污水热能取得显著进展，不仅将其利用于采暖空调，而且在工业、农业和商业等领域也能广泛地加以利用。一些国家通过有效地回收和利用城市污水热能，取得了显著的经济效益、环境效益和社会效益。

三、污水循环利用的处理技术

1. 城市污水循环利用的处理技术

城市污水循环利用是一项系统工程，它包括城市污水的收集系统、污水再生系统、污水输配系统、用水监测系统等，其中污水再生系统是污水循环利用的关键所在。污水循环利用的目的不同，水质标准和污水深度处理的工艺也不同。通常污水循环利用技术需要物理、化学或生物的多种工艺的合理组合对污水进行深度处理，单一的某种水处理方法很难达到循环利用的水质标准。目前我国城市污水深度处理已经应用的工艺有：混凝、过滤、沉淀等常规工艺，以及微絮凝过滤、生物接触氧化后过滤、生物活性炭过滤、膜生物反应器等方法。此外，还有混凝澄清过滤、超滤膜、反渗透、臭氧氧化等工艺。

（1）污水回用的传统处理技术　传统的处理技术主要是污水二级生化处理之后加上三级处理所组成的。三级处理是又称为污水的深度处理或高级处理，进一步净化处理二级处理未能去除的污染物质，包括极细微的悬浮物、磷、氮和难以生物降解的有机物、病原体等。污水三级处理的传统典型工艺有混凝、沉淀、过滤、吸附、离子交换、消毒等。

化学混凝沉淀法是指在废水中投加一定量的混凝剂，使废水中的胶体颗粒与混凝剂发生吸附架桥等作用后通过重力沉淀而分离。近年来国内外对新型高效絮凝剂进行了大量的研究，开发了如高分子絮凝剂及集絮凝、吸附和氧化功能于一体的化学药剂。

过滤可去除水中呈分散状态的无机或有机的杂质，包括各种浮游生物、细菌、乳化油等。为了适应废水过滤的特殊性质，研制了不同的新型滤料和新型滤池。新型滤料有陶粒、炉渣、纤维球等，它们的孔隙都较大，可增大滤池的含污量，延长工作周期；新型滤池有升流式滤池、双向流滤池、辐流式滤池等。

活性炭吸附在三级处理中应用也较多，其主要作用是去除难降解的有机物并降低水的色度。但采用活性炭的费用较高且需再生，一般其他工艺可替代时不采用。离子交换通常用于废水软化和除盐。

综上，传统的二级处理加上三级处理可去除污水中不同的污染物，满足循环利用的要求。但是这种三级处理流程工艺复杂、构筑物多，增加了基建费用和运行费用。

（2）改进后的处理技术　基于传统的三级处理流程的缺点，下面介绍两种改进的处理工艺。

① 改进二级处理工艺，提高其处理能力，减轻三级处理的任务。用氧化沟工艺、A/O工艺、AA/O工艺流程代替传统的二级生物处理，可以在处理有机物的同时达到脱氮除磷的目的，生物处理出水的COD和悬浮物质含量也较低，后处理仅需过滤、消毒就能满足循环利用的要求。

② 改进三级处理工艺，提高出水的水质。应用生物处理与物理化学处理相结合的工艺代替原有的三级处理工艺。例如，采用以陶粒或活性炭为填料的生物接触氧化法，既有一定的吸附能力，又可通过截留过滤作用去除污染物，更重要的是在载体表面生长生物膜，可以分解去除污水中残留的有机物，此技术已在我国推广应用。

（3）污水回用处理的工艺流程

① 混凝、澄清、过滤法　工艺流程如下：

② 直接过滤法　工艺流程如下：

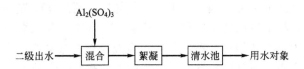

③ 微絮凝过滤法　工艺流程如下：

$$Al_2(SO_4)_3$$

二级出水 → 混合 → 絮凝 → 清水池 → 用水对象

④ 循环式活性污泥法　工艺流程如下：

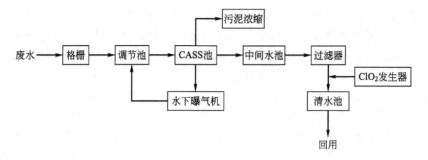

⑤ 接触氧化法　工艺流程如下：

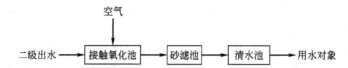

⑥ 生物快滤池法　工艺流程如下：

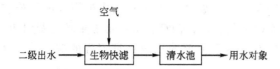

⑦ 流动床生物氧化法　工艺流程如下：

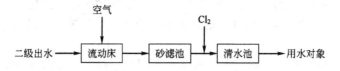

⑧ 活性炭吸附法　工艺流程如下：

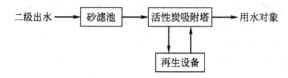

（4）新型处理技术

① 膜技术。随着制造工艺的提高和市场的发展，膜分离技术变得越来越经济，在污水深度处理中的应用也越来越广泛。膜过滤可去除沉淀不能去除的细菌、病毒及溶解的盐类等。常用的膜技术有反渗透、纳滤、超滤等。超滤主要用于去除大分子物质，超滤对二级出水的 COD 和 BOD 的去除率大于 50%。反渗透已被用于降低矿化度和去除总溶解固体，反渗透对二级出水的脱盐率达 90% 以上，COD 和 BOD 去除率可达 85%，细菌去除率 90% 以上，水的回收率 75% 左右。纳滤介于反渗透和超滤之间，综合了二者的优点使之阻碍大分子通过，又不需要较高的压力，产水量较大，还可直接除去病毒、细菌和寄生虫，同时大幅度降低溶解有机物。纳滤可除去二级出水中 2/3 的盐度，超过 90% 的溶解碳。

膜工艺操作简便，膜组件的透水通量、总流量、出水率以及原水的水质等对总费用都有很大的影响。混凝作为膜工艺的预处理，选择适当混凝剂的投药量以及适当孔径的膜组件，不仅能够提高出水的水质，而且还能够在一定程度上缓解水通量的下降，从而延长膜组件的寿命，降低膜工艺的生产成本。

某厂采用混凝-超滤（UF）处理生活污水，工艺流程如图 8-2 所示。向该生活污水（初始 COD 约 76mg/L）中加入 11mg/L 的聚合氯化铝，先以转速 150r/min 搅拌 1min，再以 50r/min 搅拌 15min，静置 1h 后，上清液进入砂滤柱，滤液再经超滤膜装置过滤。结果表明：经处理的排水 COD 降为约 25mg/L，符合生活杂用水标准 GB/T 18920—2002 的要求。

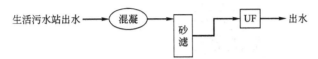

图 8-2　混凝-超滤处理生活污水工艺流程

② 土地渗滤。土地渗滤是使水源通过堤岸过滤或砂层渗透以利用土壤中的大量微生物对水中的污染物质进行降解去除以净化水质的方法。它利用生态学原理与环境工程技术，将经过前处理的污水投入到具有一定构造、良好扩散性能的土层中，在毛管浸润和土壤渗滤作用下，利用土壤的物理、化学和生物净化功能，使生活污水中有机物、氮、磷等物质得以转化利用，从而实现污水的再生与循环利用，以实现水回用的目的。它可以用于污水深度处理，能够有效地去除三级出水中的有机物和病原体等致病微生物，可以将污水回用于农业灌溉和水产养殖业。该方法投资省，处理效果好，对有机物尤其是对有机氮化合物和氨氮有良好的去除效果，缺点是占地大，不易管理。土地渗滤的方法特别适用于没有完善城市污水管网系统的地区。

2. 几种典型工业废水的循环利用及其处理技术

（1）含酚废水　含酚类物质的废水来源广泛，焦化厂、煤气厂、煤气发生站常产生高含酚废水，酚浓度达 1000～3000mg/L。石油炼制厂、页岩炼油厂、木材防腐厂、木材干馏厂，以及用酚作原料或合成酚的各种工业，如树脂、合成纤维、染料、医药、农药、炸药、油漆、化学试剂等工业生产过程中都可产生不同数量和性质的含酚废水。

含酚废水危害较大。农作物经高浓度含酚废水灌溉，会枯萎死亡。水体含酚 0.1～0.2mg/L，鱼肉就有酚味；含酚 1mg/L，会影响鱼产卵和洄游，含酚 5～10mg/L，鱼类就会大量死亡。饮用水含酚，即使酚浓度只有 0.002mg/L，用氯消毒也会产生氯酚恶臭，能影响人体健康。

含酚废水的主要处理技术有：溶剂萃取法（物理萃取脱酚技术、络合反应萃取脱酚技术）、蒸汽脱酚法、吸附法、离子交换法、化学沉淀法、生物法（活性污泥法、生物滤池法、氧化塘法），还可采用燃烧、化学氧化法、光化学氧化法、电化学氧化等方法处理。

经过处理后的含酚废水，酚等有害物含量大大降低，可用于农业灌溉、水力除灰等。图 8-3 给出了某含酚废水脱酚回用的工艺流程。图 8-4 给出了某化工厂含酚废水循环使用工艺流程。该化工厂废气中带有焦油，用水洗涤后水中含有大量的酚，采用含酚废水循环使用工艺处理后，可长期不排放含酚废水。

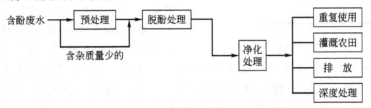

图 8-3　含酚废水脱酚回用

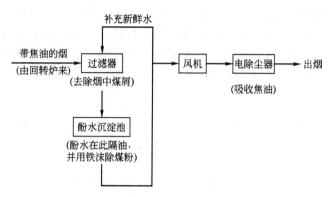

图 8-4 含酚废水循环使用工艺流程

（2）清洗废水 清洗在工业生产中较为广泛，清洗液的成分除有机物清洗液外，有酸洗液、碱洗液和由盐配制的清洗液。常见的洗液种类及其再生利用方法见表 8-7。

表 8-7 工业清洗液的种类

清洗液	用　　　途	再生利用方法
硫酸溶液	用于铁和铜合金的酸洗，使用浓度 20%～30%	硫酸洗涤液中的金属用冷凝法或电解法提取，还原后的硫酸可重复利用
王水	浓盐酸加浓硝酸（体积比 3∶1），用于合金钢表面的处理，当传统酸洗效果差时采用，清洗作用强	—
重铬酸钾	黑色金属和有色金属酸洗，常用作钝化剂，用于金属钝化防腐蚀处理	溶剂用亚硫酸氢钠中和，将 Cr^{6+} 转化为 Cr^{3+}。再生可通过 Cr^{3+} 电解氧化成 Cr^{6+}
氯化铜	用氯化铜溶液进行铜腐蚀与用三氯化铁溶液腐蚀的作用和反应机理相同	氯化铜废液的再生，是在盐酸介质中用过氧化氢使氯化亚铜氧化
过硫二酸铵	各种印制线路板生产中用于腐蚀铜，无毒性。可以使用碱金属硫酸盐和铝矾作为溶液的稳定剂，也可加入嘌呤及其衍生物	冷却溶液至 2～6℃，将结晶沉淀物过滤，补入适当过二硫酸铵即可再用
钠-萘络合物	氟塑料制品胶合之前，可采用溶解于四氢呋喃中的钠-萘络合物处理表面，以提高胶黏剂的黏合作用	沉淀分离和调整再生法

（3）重金属废水 金属矿山、有色冶炼、钢铁、电镀等行业都有重金属废水产生，来源广泛，如汞、铬、镉、铅、铜、镍、钡、钒以及类金属元素砷，对人体的毒害极大。

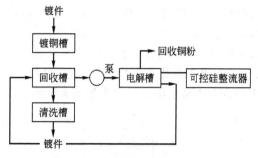

图 8-5 电解法铜回收处理流程

重金属在土壤中累积，不被微生物降解，通常只能转移其存在的位置和改变其物理化学形态而不能将其分解破坏掉。对于含重金属的废水，设法减少废水量，尽量回收其中有用的金属，废水适当处理后循环利用，尽可能不排或者少排废水。对必须排放的废水进行净化处理，使之达到排放标准。

重金属废水的处理方法大致可分为：①使溶解性的重金属转变为不溶或难溶的金属化合物，从而将其从水中去除，如中和沉淀法、电解法（图 8-5 所示为电解法铜回收处理流程）、离子浮选法、隔膜电解法等；②在不改变重金属化学形态的情况下进行浓缩分离，如反渗透法、电渗析法、离子交换法、蒸发浓缩法等。

四、污水循环利用实例介绍

1. 污水循环利用于工业

工业污水循环利用可用于工艺用水和电厂冷却水。表8-8中总结了美国部分再生水用作电厂冷却水的处理工工艺。

表 8-8　美国部分再生水用作电厂冷却水的处理工工艺

电厂位置	平均冷却水供应量和回流量/(百万加仑/d)	主要污水处理工艺	冷却水处理
新泽西州 PSE&G 山脊公园	供应量＝0.3～0.6 排放水同工厂污水在当地污水处理系统处理	二级处理	生物抑制剂、pH 值和表面活性剂
马里兰州的 Panda 白兰地酒厂	供应量＝0.65 冷却水排放到一个当地的污水系统并且最终回到污水处理厂	初级和二级沉淀生物脱氮,然后经过砂滤	加防腐剂、次氯酸钠、调节 pH 值的酸和消泡剂
雪铁龙公司炼油厂	供应量约 3～5	三级处理	利用纳尔科化学试剂来进一步处理

注：1gal（加仑）＝3.79L。

2. 污水循环利用于市政

2006 年 12 月,当时国内供水规模最大品质最高的再生水厂——清河再生水厂建成投产,日供水 8 万立方米,其中 6 万立方米高品质再生水作为奥运公园水景及清河的补充水源,每年可节约清洁水源 3000 万立方米。

（1）再生水处理工艺流程　清河再生水厂以清河污水处理厂二级出水为水源,经过深度处理使水质达到回用要求。主体工艺采用超滤膜过滤、臭氧脱色、二氧化氯消毒处理工艺,其处理工艺流程见图 8-6。污水处理厂处理后的二级出水在压力的作用下,从膜箱底部流入滤膜,采用 $0.02\mu m$ 超滤膜对水进行过滤净化,再经过活性炭处理、臭氧消毒,达到国家Ⅳ类水体标准,水质清澈透明,无色无味。

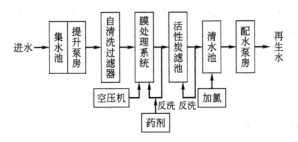

图 8-6　北京市清河再生水厂的工艺流程

（2）运行结果与分析　该工艺自运行以来运行稳定可靠,出水水质稳定,对浊度、COD、BOD、SS 等污染物有较好的去除效果。表 8-9 为 2009 年全年的进出水水质平均值。

表 8-9　2009 年进出水水质平均值

项　目	设计进水	实际进水	设计出水	实际出水
生化需氧量(BOD$_5$)/(mg/L)	20	3.6	≤6	2.2
化学需氧量(COD$_{Cr}$)/(mg/L)	60	28.76	≤30	20.16
悬浮物(SS)/(mg/L)	20	5.9	≤2	<5
氨氮(NH$_3$-N)/(mg/L)	1.5	3.07	≤1.5	2.1
总磷(以 P 计)/(mg/L)	1	0.401	≤0.3	0.316

项　目	设计进水	实际进水	设计出水	实际出水
浊度/NTU	—	1.71	≤0.5	0.32
色度/度	35	32	≤15	9
pH 值	6～9	6～9	6～9	6～9
粪大肠菌群数/(个/L)	10^4	$9.49×10^5$	≤3	11
石油类/(mg/L)	3	0.092	3	0.046

第三节　雨水循环利用及其技术

一、概述

雨水的循环利用实际上是将降到屋面、地面和其他地方的雨水收集起来，对其进行适当的净化，然后再加以利用。其主要分为集水系统、截污净化系统、存储系统及回用系统等几部分，有时还会有输水系统。

1. 雨水来源及循环利用的意义

雨水主要来源于降雨、降雪等自然过程，雨或雪降到地面之后即形成雨水。我国雨水的分布极其不均匀，从南到北从东到西逐渐减少。我国年平均降雨量为 630mm，年降雨总量超过 6 万亿立方米。雨水资源作为一种较丰富的水资源，如对其加以循环利用则可以有效地缓解水资源严重短缺的现象，从而减轻供水负担。

善用这一资源对人类的可持续发展有着长远的意义：首先，雨水通过有效途径回收（如屋面集雨、路面集雨等），作为中水加以利用（如洗衣洗车、冲洗厕所、浇灌绿化、冲洗马路、消防灭火等），可直接节约生活用水资源，缓解城市供水紧张状况；其次，随着大量建筑物和路面等的建设使城市不透水地面面积快速增长，雨水径流量大大增加，然而若采用新技术、新工艺（如使用透水性材料铺设地面），使雨水下渗，可涵养地下水，增加浅层土壤的含水量，调节气候，遏制城市热岛效应，减轻城区雨洪负荷，减少接纳水体下游洪峰流量和洪涝灾害威胁；另外，城市雨水得以有效利用，可以减轻城区因雨水径流导致的面源污染，减少对城市河湖水体的污染，还可以减少扬尘污染等。

2. 雨水循环利用的现状

（1）国外雨水循环利用的现状　从 20 世纪 80 年代起，世界上很多国家已经认识到了雨水的利用价值，采用各种技术、设备和措施对雨水进行收集、利用、控制和管理。德国可谓是这个领域的先驱，已制定了一系列有关雨水利用的法律法规，如目前德国在新建小区之前，无论是工业、商业还是居民小区，均要设计雨水利用设施，若无雨水利用措施，政府将征收雨水排放设施费和雨水排放费。目前德国的雨水利用技术已发展到第三代，形成了系列化的定型产品和组装式的成套设备。

美国的雨水利用常以提高天然入渗能力为目的，不但重视工程措施，而且也制定了相应的法律法规对雨水利用给予支持，如科罗拉多州、佛罗里达州和宾夕法尼亚州分别制定了《雨水利用条例》。这些条例规定新开发区域的暴雨洪水洪峰流量不能超过开发前的水平，且必须实行强制的"就地滞洪蓄水"。

其他一些国家如英国、加拿大、荷兰、法国、意大利等也制定了一系列的相应法律法规对雨水加以利用。日本于 1992 年颁布了"第二代城市下水总体规划"，正式将雨水渗沟、渗塘及透水地面作为城市总体规划的组成部分，要求新建和改建的大型公共建筑群必须设置雨水就地下渗设施。此外，在一系列鼓励政策和措施的引导下，国外出现了许多专门生产雨水利用设备的厂家和公司，如德国的 GEP 公司和荷兰的 WAVIM 公司。

（2）国内雨水循环利用的现状　我国城市雨水利用的重要性早已被人们所重视，但真正意义上的城市雨水利用的研究与应用开始于 20 世纪 80 年代，发展于 90 年代。目前我国许多地方已经开始了进行雨水利用的实践和研究，如甘肃省实施的"121 雨水集流工程"。这项工程是甘肃省为解决既无地表水、又无地下水的中东部干旱地区用水困难而创造性提出的工程计划。该工程于 1995 年实施以来，甘肃先后建成和改造旧水窖 52 万眼，建成集流场3716.2 万平方米，发展庭院经济 1.7 万亩，有效缓解了 27 个县 131 万人的用水困难。目前，"121 雨水集流工程"已成为甘肃缺水农村解决人畜饮水的主要模式，是干旱山区水利建设史上的一大创举。

另外，内蒙古实施的"集雨水灌溉工程"、宁夏实施的"小水窖工程"、陕西实施的"甘露工程"等，也取得较好的成效，一定程度上缓解了当地居民的用水困难。北京的城市雨水利用工程已经走入了实施推广阶段，一批雨水工程已经得到实施，如 2008 年，北京在奥运场馆、水立方等地方均大量使用透水砖铺装，增加了透水面积，达到减少地表径流、补充地下水的目的，另外收集来的雨水还可用于绿化等。2011 年，深圳大运会场馆等地也大量使用透水性材料，这不仅可以防止运动场地有积水，更可以将雨水收集起来加以利用，产生了明显的经济效益、社会效益和生态效益。目前天津、青岛、上海、大连、南京等许多城市也陆续开展了相关研究和应用。

二、雨水收集技术

城市雨水收集技术一般可分为屋面雨水的收集、路面雨水的收集和绿地、水域拦蓄等。

1. 屋面雨水的收集

屋面初期雨水中的污染物含量较高，主要是由于降水淋洗了大气污染物（主要为 SS、COD、硫化物、氮氧化物等）和屋面积累的大气沉积物以及屋面材料产生的污染物（其中，平顶沥青油毡屋面污染较重）。随着降雨量的增加，大气中及雨水流经的物体表面被不断淋洗，污染物含量逐渐减小到相对稳定的程度。因此，收集屋面雨水时一般放弃初期雨水。在弃流雨水池内设浮球控制阀，随着池内截流的初期雨水量增加，水位不断上升，浮球阀也不断升高，当达到设定水位的高度时，浮球阀进入池内的雨落管出口，使其完全关闭，后续雨水沿雨水收集管道，送入净化处理构筑物进行处理。池内已收集的初期雨水，在降雨结束后打开放空阀将其排入污水管道。

屋面雨水一般占城区雨水资源量 65% 左右，与路面雨水相比，屋面雨水收集要方便容易，且水质也相对较好，易于处理，是城区雨水利用的主要对象。可用于冲洗厕所、浇灌绿地或用作水景，也可直接进入渗透管沟或通过土壤经初步渗透后再进入渗透管系。对于屋面雨水的收集，主要使用上述的弃流雨水池，通过初期弃流雨水装置将污染较重的雨水排至小区污水管道，进入城市污水处理厂处理后排放。初期弃流的雨水经雨水收集管流入储水池，雨水在池中经过过滤、沉淀、再过滤、消毒处理后，出水即可用于洗衣洗车、冲洗厕所、浇灌绿化、冲洗马路、消防灭火等。

2. 路面雨水的收集

路面雨水的水质与其所承担的交通密度有关，其主要污染源是路面的沉积物、行人和车辆的交通垃圾等，与屋面雨水相比更具有偶然性和波动性。路面雨水收集系统要比屋面雨水收集系统简单、经济，其优点是能够从一个较大的区域收集雨水，这在降雨量较少的地区尤其重要。雨水的收集主要是利用街道、马路等专设雨水管道引水，分段设置蓄水池储存，对存储的雨水进行简单的物理化学处理（如过滤、絮凝、消毒等），即可将其用于冲洗街道、浇灌绿化、景观用水等，也可用于地下水的回灌。路面雨水的水质要比屋面雨水的水质差得多，特别是初期雨水中的 COD、SS 等污染物的含量比屋面雨水的高出很多，因此也需对初期雨水进行弃流，弃流的初期雨水可排入污水处理厂进行处理，达标后排放。

3. 城市绿地、花坛和园林雨水集蓄

绿地、花坛等雨水的收集，应采用下凹式绿地。下凹式绿地主要是利用绿地和土壤的过滤、拦截作用，雨水收集口设在绿地上，绿地的高程要低于地面的高程，雨水收集口的高程也要略低于地面高程，但要高于绿地的高程。这样降雨后雨水径流进入绿地，经绿地蓄渗、补充消耗的土壤水分后，多余的雨水流入集蓄水池。集蓄水池集蓄的雨水既可用来灌溉花草树木，也可作为冲洗城市路面用水。

三、雨水的净化

1. 屋面雨水生态净化系统

屋面初期雨水中污染物含量较高，一般初期雨水 COD 值为 $400\sim500\mathrm{mg/L}$，SS 一般在 $200\mathrm{mg/L}$ 左右，另外氨氮和色度也相对较高；随着降雨的进行，雨水中的污染物含量也在逐渐减小，后期趋于稳定，通常情况下初期弃流后雨水中的 COD 值一般为 $80\sim120\mathrm{mg/L}$，SS 为 $20\sim40\mathrm{mg/L}$，氨氮和色度也有所降低，所以一般要将初期雨水弃流后再进行处理利用。此外，屋面雨水因可生化性差，通常 BOD/COD 在 $0.1\sim0.18$ 之间，一般宜采用物化处理方法处理，而不宜用生化处理方法（如生物过滤法等）。

（1）弃流-微絮凝过滤工艺　由初期雨水弃流池、储存池、泵、压力滤池、清水池、投加混凝剂和投加液氯等系统组成。屋面雨水经初期雨水弃流池将初期雨水排入污水管道、后续雨水储存池，再由泵提升至压力滤池，在泵的出水管道上投加混凝剂，然后进入压力滤池进行微絮凝接触过滤，最后经液氯消毒后进入清水池，作为生活杂用水。混凝剂一般采用聚合氯化铝、硫酸铝、三氯化铁等，一般情况下以聚合氯化铝混凝效果最好。其工艺流程见图8-7。

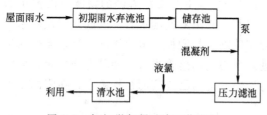

图 8-7　弃流-微絮凝过滤工艺流程

压力滤池进行的是微絮凝接触过滤操作，之所以要微絮凝过滤，是由于水中的杂质较小，无法通过直接过滤的方法去除，所以向其中投加一定量的混凝剂，使得杂质之间相互作用，形成较大的颗粒而被过滤。微絮凝过滤就是絮凝体还较小时就进行过滤的操作，这样可以充分利用深层滤料中的接触凝聚或絮凝作用，微絮凝过滤所用混凝剂的量较少，较为经济。混凝沉淀对 COD、SS 具有较好的去除效果，但此工艺增加了投药设备，并且压力过滤需要消耗一定得电能，从而增加了成本。

（2）生态净化集成装置工艺　主要由筛网粗滤器、调节池、集水池、泵、生态净化集成

装置、消毒和储水池等系统和操作组成，其工艺流程如图 8-8 所示。

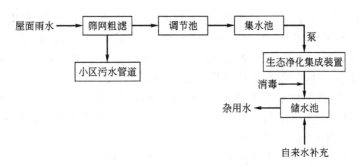

图 8-8　生态净化集成装置工艺流程

　　屋面雨水由雨水落水立管进入筛网过滤器，过滤后从出水管流出而进入调节池，而截留的杂质被下落的雨水冲刷从过滤器下部排出，使得雨水与杂质分离。调节池的作用主要是调节雨水的 pH 值等参数以适宜生态净化装置中植物的生长。之后进入集水池，再由泵提升进入生态净化集成装置处理，出水经进一步消毒后进入储水池备用。

　　生态净化集成装置（图 8-9）集过滤、沉淀、生态净化于一体，可与城市、住宅小区内的水景、绿化、路面广场等布局有机结合。进入生态净化装置的雨水先经过由无砂混凝土滤板组成的筛滤区域，去除一些较大颗粒，且对 COD、SS 也具有一定的去除效果。之后进入多级沉淀区域，将小颗粒等杂质截留，然后进入生态净化系统，达到一定的净化作用。

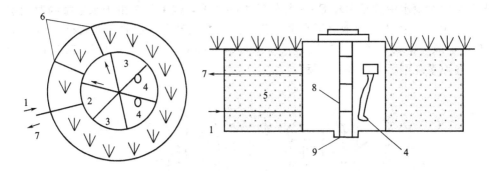

图 8-9　生态净化集成装置

1—进水区；2—筛滤区域；3—多级沉淀区域；4—导流管；5—生态净化区域；
6—穿孔集水区；7—出水管；8—吸泥管；9—污泥斗

　　生态净化系统由砾石层、细砂滤层、土壤层和适宜生长的黄杨等景观植物组成。植物根系和土层对雨水中的 SS、COD、TN、TP 均有较好的去除效果，而细砂滤层可进一步降低浊度，去除了大部分的细菌。

　　（3）砂滤-膜滤处理工艺　　砂滤-膜滤处理工艺由初期雨水弃流池、储水池、砂滤池、膜滤池、消毒池和中水池组成，工艺流程见图 8-10。该处理工艺主要采用粒状滤料和膜滤相结合的方法，可增强处理雨水水质的适应能力。由粒状滤料组成的砂滤池可以去除大部分的杂质，减轻了膜滤池的负荷，同时还起到对膜滤池的保护作用。该工艺的优点是处理效果稳定，出水水质好；缺点是造价和处理成本较高，在非雨季时，滤膜的维护工作量较大，如不对其进行维护，膜将会干燥失效。

图 8-10　砂滤-膜滤处理工艺流程

2. 路面雨水净化系统

路面初期雨水的水质与屋面雨水相比通常要差很多，一般初期雨水的 COD 都在 1500mg/L 以上，高的可达 3000~4000mg/L，SS 含量都在 2000mg/L 以上。另外，由于机动车排放，Pb、Zn 等重金属污染也比较严重，还有较多的杂质（如塑料袋、树叶等）。因此和屋面初期的雨水一样，需弃流后再进行处理利用。

一般来说，常规的各种水处理技术及原理都可以用于雨水处理。工艺方法可采用物理法、化学法、生物法或多种工艺的组合。雨水处理的工艺流程和规模，应根据回用的目的、水质要求以及可收集的雨量和雨水水质特点来确定。

（1）人工湿地　是一种人为建造的类似沼泽地的利用土壤、人工介质、植物、微生物等作用达到净化水质的处理系统。人工湿地一般建在一定长宽比及底面坡度的洼地中，湿地底部由填料和土壤混合组成，填料可以是石英石、砾石等材料，废水可以在填料缝隙中流动，或在床体的表面流动。在湿地的底部通常要种植具有较好的除污性能，具有很强的耐水性，并具有一定的经济价值且美观的水生植物。处理流程见图 8-11。

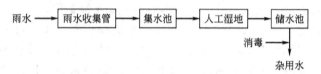

图 8-11　人工湿地处理雨水工艺流程

人工湿地对雨水中的 COD、SS 有较好的去除效果，这主要是由于水生植物对雨水中的 SS 有截留作用。另外人工湿地对雨水中的其他污染物也具有一定的处理效果（如 TN）。对于 COD 的去除，主要是通过人工湿地系统中局部的好氧、厌氧、缺氧等环境进行处理的。具体人工湿地系统剖面如图 8-12 所示。

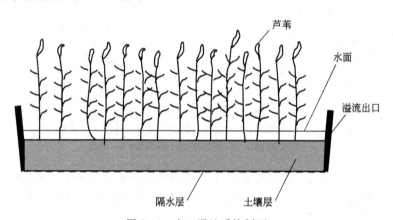

图 8-12　人工湿地系统剖面

（2）MBR 处理工艺　MBR 法是将生物降解作用与膜的高效分离技术结合而成的一种新型高效水处理与回用工艺。MBR 处理工艺由调节池、曝气生物滤池、初沉池、膜滤池、储水池和消毒等系统组成。处理流程如图 8-13 所示。

调节池的作用是调节雨水使之适合曝气生物滤池的处理条件。曝气生物滤池中的生物膜对 COD、TN、TP 等都具有很好的去除效果，而曝气又使得污染物和生物膜能够充分地接触，更提高了去除效果。脱落的生物膜大部分在初沉池中得以沉淀，较小的生物膜和一些杂质在膜滤池中被去除，初沉池减轻了膜滤池的负荷，同时还起到对膜滤池的保护作用。

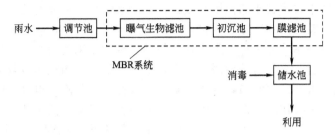

图 8-13　MBR 处理工艺流程

3. 绿地雨水净化系统

绿地对径流雨水有滞蓄入渗作用，在城市绿化时建立下凹式绿地，使地面略高于绿地，在绿地内设雨水滞留设施。在建造绿地时，周边高程要高于绿地高程，雨水口设在绿地上，集蓄水池高程略高于绿地高程而低于周边高程。这样雨水在经过绿地时，在绿地上植物和土壤的共同作用下得以净化，净化后的雨水一部分被植物吸收，一部分渗入地下，补充地下水，其余将会被收集在蓄水池里，用于其他方面的用水。

四、雨水循环利用示范工程介绍

1. 北京奥林匹克公园雨水利用示范工程

北京奥林匹克公园坐落于北京市中轴北端，总用地面积 11.59km²，分南区、中心区和北区。该工程的雨水利用措施主要有以下方面。

公园的地下商业屋顶之上种植绿地，铺上覆土层，降到屋面的雨水通过覆土层下渗进入收集池，同时得到净化，收集的雨水可用于补给地下水，也可用于灌溉、水景等。

公园的园路、人行道、小型广场的铺装地面，大量采用透水铺装。透水铺装渗滤系统主要由透水铺装、多孔垫层、透水毛管、支渗滤沟、主渗滤沟等组成，雨水以透水地面下渗为主。渗透系统起到了水质净化的作用，净化后的雨水汇集到集水池，末端的水质将满足灌溉及水景用水的要求。

绿地部分主要以雨水下渗为主，用绿地净化水源，减少绿化的灌溉；因此，全部采用下凹式绿地形式进行雨水利用。也可利用自然地形的低洼地作为汇水区域，低洼地的下部铺设碎石等形成蓄水层，种植耐水湿植物，同时形成良好的景观效果等。

除以上措施外，还有下沉花园雨水利用、休闲花园观众席草地雨水利用、水系生态护岸涵养及渗滤雨水利用等。

经过测算，如果奥林匹克公园中心区不实施雨水利用措施，每年向外界排放的雨水约为30 万立方米，而若实施了上述的雨水利用措施后，每年向外界排放的雨水量将小于 10 万立方米。仅 2007 年雨季收集的雨水就达 15 万立方米，收集的雨水就地下渗、净化、回用，综合利用率超过了 80%，每年可节约用水近 9 万立方米。

通过对奥林匹克公园雨水利用示范工程的建设，实现了自然水质净化的雨水利用效果，使收集的水质满足灌溉、水景、回灌地下的相关标准。

2. 无锡清晏路雨水利用示范工程

清晏路位于无锡市太湖新城南部，穿越中瑞生态示范城，是一条东西贯穿的交通转换型城市次干道。该工程主要对生态城范围内尚贤河以东、南湖大道以西路段间的路面雨水进行回收利用，路面总长 1130m。

该工程的雨水收集技术属于路面雨水收集，对雨水的收集主要有两种方式：一种是采用普通雨水收集口，将其与雨水连接管连接，从而对雨水进行收集，收集的雨水进入雨水检查井，然后进入蓄水池备用；另一种是采用特制的具有截污作用的雨水口，这种雨水口可以对收集的雨水进行预处理，方便后续使用，但需要定期对雨水口的截污装置进行清理。对于绿地，在绿地上设置渗水性的雨水口，收集的雨水可以补充地下水，也可以浇灌花草树木。

由于初期雨水的污染比较严重，因此该工程采用了初期雨水截污井，将初期雨水收集起来送至污水处理厂处理，后期的雨水经过一些简单的物理化学处理方法进入储蓄装置备用。该工艺的流程如图 8-14 所示。

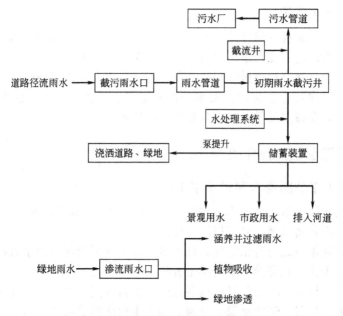

图 8-14　无锡清晏路雨水利用流程

通过对此段路面雨水的使用，可以减少城市路面雨水的径流量，减轻城市排水的压力；同时回用于景观、绿化、路面冲洗等市政杂用水，既实现了雨水的资源化利用，又能够有效地控制雨水的径流污染，从而改善了城市生态环境。

3. 南京聚福园小区雨水利用示范工程

南京聚福园小区位于南京城西秦淮河以西的长江之畔，利用雨水作为小区景观用水是聚福园二期工程在节能技术中的特点之一，目前大多数的水景小区中的景观用水基本采用的是定期换水的方式来保证景观用水的水质。本工程由雨水收集、雨水处理、雨水利用三部分组成（见图 8-15）。

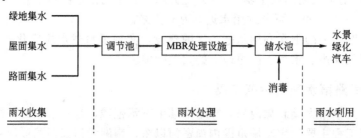

图 8-15　雨水回用工艺流程

雨水的收集主要由落水管收集屋面雨水，由雨水口收集路面和绿地雨水。雨水处理系统采用前文所述的先进的 MBR 技术，将生物降解作用与膜的高效分离技术高度结合，使水质达到景观用水水质的设计要求。

全年可利用雨水 30600m³，占全年雨水总量的 40%，占可收集雨水总量的 87.5%。该项技术具有较好的环境效益和经济效益（每年仅节约水费这项可带来近 30 万元的经济效益），被列为国家首批建筑节能试点示范工程。

4. 丹麦雨水利用示范工程

丹麦的供水有 98% 是来自地下水，而有很多城市的地下水已经达到了过度开采的程度，因此找到可替代的水源尤其重要。其年平均降雨量从西南部的 900mm 到东部的 500mm，降雨量普遍较多，因此雨水可以成为一个非常重要的替代水源。

城区屋顶收集的雨水经过收集管底部的预过滤设备后，进入储水池储存。使用时利用泵经进水口的浮筒式过滤器过滤后，用于冲洗厕所和洗衣服。

经调查，每年能从居民屋顶收集 6450m³ 的雨水，如果用于冲洗厕所和洗衣服，将占居民冲厕所和洗衣服实际用水量的 68%，相当于居民总用水量的 22%，占市政总饮用水产量的 7%。这将在一定程度上减少地下水的开采利用和缓解市政供水的压力，同时获得了较好的经济效益和环境效益。

其他雨水利用示范工程如表 8-10 所列。

表 8-10 其他雨水利用示范工程情况

工程名称	收集方法	净化方法	规模	效益
北川新县城温泉片区雨水利用工程	屋面和地面雨水通过储渗排一体化系统进行收集	—	占地面积 40hm²	每年可滞留 17 万吨雨水
广州亚运场馆的雨水利用工程	屋面雨水通过初期雨水弃流系统来收集	弃掉初期雨水，之后进行混凝过滤，最后进行消毒	33000m² 的屋面、水池总容积达到 3000m³	每年可节约近 5 万吨自来水
国家游泳馆屋面雨水利用工程	通过虹吸系统、溢水系统和雨水斗对屋面雨水进行收集	砂滤-消毒	屋面总汇水面积 31344m²、虹吸雨水系统 20 个、溢水系统 11 个、264 个雨水斗	一年节水量可达 1 万吨
奥运中心区广场雨水利用工程	通过树脂混凝土线性排水沟收集广场地表雨水	通过雨水渗透排放一体化系统对雨水进行预处理，之后补充到景观水体	占地 90hm²	—

五、雨水循环利用存在的问题

1. 政策法律法规

目前国外许多国家越来越重视雨水的利用，相继制定了相关法律法规和一些鼓励政策。我国在这方面也做了一定的努力，如建设部（现住建部）颁布的《绿色生态住宅小区的建设要点和技术原则》、北京市规划委员会颁布的《关于加强建设工程用地内雨水资源利用的暂行规定》等，对雨水利用和雨水径流污染控制步入法制轨道起到了重要的推动作用。但随着雨水利用项目的进一步深入，又出现了新的问题（如某些单位或个人过分的追求经济效益，管理部门工作效率低下等），因此需要尽快出台相关的法律法规，用以约束这类问题的出现。另外，我国还应该出台一些鼓励政策，如对那些对雨水加以利用的单位给予资金、技术等方面的支持，从而使更多的单位加入到雨水利用上来。

2. 科学研究

与国外的一些国家相比，我国城市雨水利用发展相对较晚，城市雨水资源利用的科学研究相对滞后。雨水利用是一项跨学科和跨专业的系统工程，目前国内的城市雨水利用的科学研究还处于不断摸索阶段，雨水利用学科体系还没有形成，相关专著较少。在一些方面还有待进一步深入研究，如城市雨水水质对地表水、地下水的影响等基础理论研究，城市雨水利用区划和适宜利用模式的研究，雨水利用工程对生态环境影响评价体系建立等。因此应当鼓励各高校和科研单位加强对城市雨水利用的研究工作，从社会、经济、生态、科学、技术等不同角度入手，对城市雨水利用进行综合的科学研究。另外，可以设立一些试验区、示范区，进行城市雨水利用的有效尝试，为雨水利用技术的推广应用提供科学依据。

3. 配套设施

配套设施是雨水集蓄利用工程建设存在的最大问题。目前国外的配套实施已经比较完善，正如前文所述，国外出现了许多专门生产雨水利用设备的厂家和公司，特别是德国、荷兰等国家。而国内目前这类的公司和厂家还较少，配套实施还不是很完善，这就降低了雨水的利用率。

4. 雨水利用意识

虽然我国已有不少城市都在建设雨水利用示范工程，但是就目前的现状看，多数城市解决城市缺水问题主要是从外部调水或超采地下水，并没有把雨水资源利用作为切实缓解水资源短缺的手段，有很多城市仅仅是将雨水收集起来，很少会对其加以利用，没有从战略高度认识雨水资源的重要性，没有确立城市雨水是资源的概念，使得城市雨水白白流失。公众参与意识淡薄，对雨水利用的环境效益的认识则更加淡薄。

第四节　地下水利用及其污染修复技术

一、概述

广义上的地下水是指赋存于地表以下岩土空隙中各种形态的水；狭义上的地下水仅指赋存于饱水带岩土空隙中的水。地下水是重要的环境因素，具有资源功能、供水功能和维护生态功能，是维持水系统良性循环的重要保证。作为水资源的重要组成部分，地下水是理想的供水水源，因其水质较好且稳定、分布广泛、便于就地开发利用等特点。在我国，地下水水资源量仅占全国水资源总量的 31%，却维持了全国近 70% 的人口饮用和 40% 的农田灌溉。因此，地下水是弥足珍贵的淡水资源，对保障居民生活、社会经济发展和保护生态环境起着不可替代的作用。

随着工业化和城市化进程的加快，地下水面临水量衰竭和水质恶化的问题，如何合理开发、利用、管理和保护地下水资源，发挥其生态服务功能以支持经济社会的可持续发展是个重要的研究课题。

1. 地下水的特点

（1）地下水的类型　潜水是埋藏于地面以下第一个相对稳定（连续分布）的隔水层以上

并且具有自由水面的重力水。以潜水为界，可把地下水分为两部分：潜水面以上为包气带水或非饱和带水，潜水面以下为饱水带水或饱和带水（图 8-16）。包气带水是处于潜水位以上和地表面以下的包气带土层中的水，包括土壤水、上层滞水等。当包气带中存在局部隔水层（弱透水层）时，局部隔水层上会积聚有自由水面的重力水，这部分水为上层滞水。地下水面以下、岩土的空隙全部被水充满的地带，称为饱水带。饱水带中，根据含水层埋藏条件的不同，地下水可分为潜水和承压水。

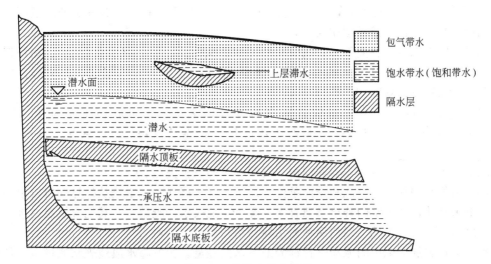

图 8-16 地下水分布示意

潜水通过包气带直接与地表相通，因此其分布区直接或间接地接受大气降水、地表水、凝结水以及包气带水等的补给，潜水的水位、含水层厚度、流量、化学成分也随着地区和季节有明显的变化。在重力作用下，潜水由水位高的地方向水位低的地方流动。

充满于上下两个相对隔水层（分别称为隔水顶板和隔水底板）之间的具有静水压力的地下水，称作承压水。隔水顶、底板之间的垂直距离为承压含水层厚度。由于承压水具有承压性，因而它具有与潜水不同的一系列特征：承压水的补给区和分布区不一致；承压水的动态比较稳定且一般不易受污染，其资源具有多年调节能力；承压水的化学成分一般比较复杂；承压含水层的厚度，一般不随补给量的增减而发生显著变化。

（2）地下水的水质

① 地下水的物理性质。地下水的物理性质包括温度、颜色、透明度、臭（气味）、味、密度、导电性、导热性和放射性等。

地下水在地下的循环和赋存过程中其温度受到地温的控制。通常根据温度将地下水划分为：过冷水（<0℃）、冷水（0~20℃）、温水（21~42℃）、热水（43~100℃）、过热水（>100℃）。

一般情况下纯净的地下水是无色的，但有时地下水中存在悬浮物和溶解物质，地下水呈现出不同的颜色。例如当存在低价铁时，地下水呈现灰蓝色；存在高价铁时，呈现黄褐色。

地下水中固体与胶体悬浮物含量决定了地下水的透明度。含量越多，水质越浑浊。按透明度可将地下水分为四级：透明、微浊、浑浊和极浊。

地下水通常是无气味的，但当其中含有某些离子或气体时，则会产生特殊气味。如含有硫化氢时具有臭鸡蛋气味，含腐殖质时具有鱼腥味等。

地下水的味道取决于它的化学成分。纯水无味，但由于地下水中溶解了多种物质，包括盐类和气体，因此具有一定的味感。如含氯化钠的水具有咸味，含硫酸钠的水具有涩味，含碳酸或重碳酸的水清凉可口，含有机物的水略具甜味。

② 地下水的化学成分。它是地下水与环境（自然地理、地质以及人类活动）长期相互作用的产物。地下水中含有各种气体、离子、胶体物质、有机质以及微生物等。

地下水常见的气体成分有 O_2、N_2、CO_2、CH_4 及 H_2S 等，并以前三种为主。

地下水分布广泛、含量较多的离子共计 7 种，包括 Cl^-、SO_4^{2-}、HCO_3^-、Na^+、K^+、Ca^{2+}、Mg^{2+}。构成这些离子的元素，或是地壳中含量较高且在水中有一定的溶解度，或是在地壳中含量不大但其溶解度相当大。

地下水中的有机物种类繁多，主要有氨基酸、蛋白质、糖（碳水化合物）、葡萄糖、有机酸、烃类等。各种不同形式的有机物主要由 C、H、O 三种元素组成，占全部有机物的98.5%，另外还有少量的 N、P、K、Ca 等。

地下水中的胶体分为无机胶体和有机胶体两大类。无机胶体主要有 $Fe(OH)_3$、$Al(OH)_3$、H_2SiO_3 等，这些成分难溶于水。有机胶体是以碳、氢、氧为主的高分子化合物。

地下水中重要的微生物主要有细菌、真菌和藻类三种类型。

（3）地下水的补给、径流和排泄条件　地下水含水层或含水系统从外界获得水量的过程称作地下水补给。地下水的补给来源有大气降水、地表水、凝结水、其他含水层的水、人工补给、融雪水和融冻水等，以前两种为主要补给来源。

地下水在岩层空隙中的流动过程称为地下水的径流。大气降水或地表水通过包气带向下渗漏，补给含水层成为地下水，地下水又在重力作用下由水位高出向水位低处流动，最后在地表低洼处直接排入地表水，如此反复的循环就是地下水径流的原因。地下水的径流受到很多因素影响，主要有含水层的空隙、地下水埋藏条件、补给量、地形等。

地下水从含水层中以不同方式排泄于地表或另一个含水层中的过程称为地下水排泄。排泄过程中，含水层或含水系统的水量、水质都相应发生变化。地下水排泄方式有泉流（点状排泄）、河流（线状排泄）及蒸发（面状排泄）等。

2. 地下水利用现状

（1）国外地下水利用现状　20 世纪末期，全球地下水开采量已经超过 7500 亿立方米/年。美国、印度的地下水开采量都在 1000 亿立方米/年以上。其中，美国地下水开采程度较高，占全国淡水资源用量的 21.7%，50% 的生活用水取自地下水。印度的地下水目前年开采量达 1350 亿立方米/年，其中 90% 以上用于农业灌溉。各国开采地下水的主要用途不尽相同，如美国、巴基斯坦、印度用于灌溉的地下水开采量巨大，约占地下水开采总量的 50% 以上，而日本和欧盟各国的地下水主要用于居民生活用水。

全球潜在地热资源总量约 1401EJ（$1EJ=10^{18}J$），而目前利用的只有 2EJ。我国每年可开采的地热水总量约 67.17 亿立方米，折合 3283.4 万吨标准煤，开发利用潜力很大。

世界上有 70 余个国家对地热水开展直接利用，年利用量达到 72622GW·h（$1GW·h=10^6kW·h$）。据 2005 年世界地热大会统计，世界中低温地热只有利用比例大致为：热泵（33%）、洗浴、游泳（29%）、供暖（20%）、温室种植（7.5%）、工业（4%）等。中国地热直接利用的能量居世界第一。

至 2005 年，世界上已有 24 个国家建立了地热电站，总装机容量 8900MW，美国居于首位，其次是菲律宾、墨西哥、印度尼西亚、意大利、日本，中国排名第 15 位。

（2）国内地下水利用的现状　我国是世界上开发利用地下水最早的国家之一，全国地下淡水资源占国内水资源总量的 1/3。我国地下水资源呈现出"南多北少"的格局，南方地下淡水资源占全国资源量的 69%，北方地下淡水资源占 31%。2006 年各大流域地下水资源及其利用情况见表 8-11。2006 年全国地下水实际开采量达 1065.5 亿立方米，其中地下水开采量超过 50 亿立方米的省份全部在我国北方，北方 17 个省（自治区、直辖市）的地下水开采量为 942.7 亿立方米，占该年全国地下水开采量的 88.5%。地下水资源利用体现了"北多南少"的局面。

表 8-11 2006 年各大流域地下水资源及其利用情况　　　　单位：亿立方米

各流域地下水	水资源总量	地下水资源量	地下水供水量
全国	25330.1	7642.9	1065.5
长江	8059.6	2189.6	82.5
珠江	4997.3	1166.3	42.7
松花江	1283.5	449.2	158.8
辽河	393.4	163.1	113.0
海河	219.8	189.1	252.1
黄河	564.3	357.8	137.0
淮河	881.4	387.3	171.0

以陕西省为例，该省地下水资源的开采以区域性开采浅层地下水为主，开采量为 27.04 亿立方米，占总开采量的 80.70%。2005 年关中地区水利工程总供水量为 46.88 亿立方米，其中地下水供水量为 26.61 亿立方米，占总供水量的 56.75%，占到该省地下水资源开采总量的 79.43%。由此可见，地下水已成为关中地区当前的主要水源，而陕西地下水开发利用的重点在关中地区。

地热资源（能）是通过漫长的地质作用而形成的集热、矿、水为一体的矿产资源。分为水热型（100~4500m）、干热型和地压型地热资源，其中水热型又可进一步划分为蒸汽性和热水型。我国地热资源丰富，大部分以中低温为主，主要分布在东南沿海和内陆盆地区，如松辽盆地、华北盆地、渭河盆地等。已发现的中低温地热系统有 2900 多处，总计天然放热量相当于 750 万吨标准煤。

我国地热资源的开发利用包括发电和直接利用两个方面。我国地热发电始于 20 世纪 70 年代初期，80 年代初在西藏羊八井建立了地热电站，目前装机容量为 25.18MW，年发电量超过 1 亿千瓦时，解决了拉萨电网中 40% 电力。截至 2009 年底，我国地热直接利用总装机容量居世界第一，年直接利用量达 12865GW·h。直接利用中，地热供暖占 18.0%、医疗洗浴与娱乐占 65.2%、种植与养殖 9.1%、其他利用方式占 7.7%。在北方，地热开发主要用于供暖、洗浴、温泉疗养，而南方主要用于发展旅游、水产养殖、温泉疗养等。

3. 地下水利用存在的问题

（1）地下水盲目超采　地下水的盲目超采和不合理使用，带来了一系列严重的生态环境和地质问题，如地下水水位下降、地面沉降、塌陷等，此外还会造成海水的入侵、泉水的断流、土壤次生盐碱化和荒漠化等严重问题。

目前，我国有 100 多座城市由于城市的生活供水和农业灌溉开采大量的地下水资源，造成地下水水位急剧下降。如古城西安城郊区一带形成面积达 360km² 的区域性复合下降漏斗，导致漏斗中心地带浅层承压水位埋深由 20 世纪 50 年代的 20~30m 下降至 2000 年的 120m，形势已十分严峻。区域性的地下水位下降，导致降落漏斗的扩大，在华北平原尤为普遍。全国已形成面积较大的区域性降落漏斗 56 个，总面积达 9 万平方公里。

地面沉降是由于过度开采地下承压水而引起的地表下陷现象。地面沉降带来了一系列危害，如城市建筑物开裂倾斜、防洪设施和河流泄洪能力降低，雨后城市积水，道路与管网破坏等，最为严重地是海岸带抵御风暴潮灾害的能力降低，对城市和港口安全造成重。这些直接危害到人民群众的生命财产安全，造成严重的经济损失。上海、天津、西安、太原等 20多个城市的地面沉降较严重。天津—河北平原累计地面沉降量大于 200mm 的面积26829km^2，大于 1000mm 的面积 5012km^2，最大累计沉降量为 2.69m。

在利用以岩溶地下水为主的城市中，较易引起岩溶地面塌陷和地裂缝。目前我国有 24个省市都发现了岩溶塌陷灾害。秦皇岛市地面塌陷面积达 34 万平方公里，塌陷坑共计 290多个。这些地质灾害造成地面建筑物的破坏、交通中断，对地面结构的潜在危害性很大。

（2）地下水水质问题   我国一些地区的地下水水质恶劣，水中某些元素如铁、氟等含量过高或过低而引发了氟中毒、砷中毒、克山病等地方病。水中含铁锰时，会使水具有色、臭、味，损害纺织、造纸、酿造、食品等工业，也会一定程度上对生活产生影响。长期饮用含氟水会造成慢性氟中毒，特别对牙齿和骨骼产生严重危害。

（3）地下水污染   随着社会经济的发展和人类对自然资源开发利用活动的日益加强，有些工业废水未经有效处理而排入水体，再加上城市生活污水排放、农药过量应用、大面积超量施用化肥等，都加剧了潜水的污染。表 8-12 列举了引起地下水污染的主要污染源。不同的污染源造成了地下水污染物种类繁多，按其性质大致可分为化学、生物和放射性污染物三类，如表 8-13 所列。

表 8-12   地下水污染源分类

分类	污染源
天然污染源	海水、咸水、含盐量高及水质差的其他水层地下水进入开采层，大气降水
城市废水	生活污水、工业废水、地表径流
城市固体废物	生活垃圾、工业废物、各种污泥
农业污染源	污水灌溉、施用农药、化肥和农家肥
矿业污染源	矿坑排水、尾矿淋滤液、矿石选洗

表 8-13   地下水主要污染物质

分类		主要污染物质
化学污染物	无机	NO_3^-、NO_2^-、F^-、CN^-、Hg、Cd、Cr、Pb、As
	有机	芳香烃、卤代烃、有机农药、多环芳烃、邻苯二甲酸酯类
生物污染物		细菌、病毒、寄生虫
放射性污染物		U、^{90}Sr、^{129}I、^{137}Cs 等

大量污染物（如重金属、持久性有机物等）通过不同途径进入土壤系统中，进而通过迁移、扩散和渗透作用进入地下水环境，对土壤和地下水环境造成污染，破坏了其原有的生态平衡。这些污染物还可通过饮用水或地下水-土壤-植物系统，经食物链进入人体，因此也影响到人类的健康。

二、地下水净化与污染修复技术

1. 地下水净化技术

（1）地下水除铁锰   一般都利用氧化还原反应原理，将溶解状态的铁锰氧化成为不溶解的化合物，再经过滤达到去除目的。用于氧化 Fe^{2+}、Mn^{2+} 的氧化剂有氧、氯和高锰酸钾等，因为利用空气中的氧既经济又方便，所以生产上应用最广。

除铁锰时采用的工艺流程为：原水→曝气→催化氧化过滤。这一工艺适用于含铁量小于 2.0mg/L、含锰量小于 1.5mg/L 情形。其主要氧化反应如下：

$$4Fe^{2+} + O_2 + 10H_2O \longrightarrow 4Fe(OH)_3 + 8H^+ \tag{8-1}$$

$$2Mn^{2+} + O_2 + 2H_2O \longrightarrow 2MnO_2 + 4H^+ \tag{8-2}$$

（2）地下水除氟　地下水除氟方法中，应用最广泛的是吸附过滤法。吸附剂主要是活性氧化铝，其次是骨炭法。两者都利用吸附剂的吸附和离子交换作用，是除氟较经济有效的方法。

活性氧化铝是白色颗粒状多孔吸附剂，有较大的比表面积，在用硫酸溶液活化后，除氟反应为：

$$(Al_2O_3)_n \cdot H_2SO_4 + 2F^- \longrightarrow (Al_2O_3)_n \cdot 2HF + SO_4^{2-} \tag{8-3}$$

活性氧化铝失活后，可用 1%～2% 的硫酸铝溶液再生：

$$(Al_2O_3)_n \cdot 2HF + SO_4^{2-} \longrightarrow (Al_2O_3)_n \cdot H_2SO_4 + 2F^- \tag{8-4}$$

Al_2O_3 的吸氟容量主要取决于原水氟浓度、pH 值、活性氧化铝的颗粒大小等。加酸或 CO_2 调节原水的 pH 值到 5.5～6.5 之间，并采用小粒径活性氧化铝，是提高除氟效果和降低制水成本的有效途径。

2. 地下水污染修复技术

鉴于地下水污染的严重性，国内外学者已广泛开展了对地下水污染修复技术的研究，同时地下水污染修复技术在大量实践应用中得到了不断的发展。地下水环境修复技术是近年来环境工程和水文地质学科发展最为迅猛的领域之一。

（1）异位处理法　异位修复主要包括被动收集和抽出处理（pumping and treatment, P&T）（图 8-17）。异位修复是将污染物先用收集系统或抽提系统转移到地上，然后再处理的技术。

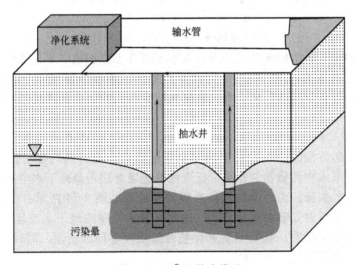

图 8-17　P&T 技术模型

抽出-处理技术是应用最早、最经典的方法。其原理也非常简单：从污染场地抽出被污染的水，并用洁净的水置换，对抽出的水加以处理，污染物最终可以被去除。通过不断抽取污染的地下水，使污染晕的范围和污染程度逐渐减小，被污染的水从地下被抽出，通过净化系统的处理，实现了地下水的净化。

目前已有的水处理技术均可应用到受污染地下水的异位处理中，只是受污染的地下水具有水量大、污染物浓度较低等特点，所以在选用方法时应根据受污染地下水的特点进行适当的选取和改进。

处理方法可根据污染物类型和处理费用来选用，地下水抽取后处理方法与地表水大体相同，处理法大致分类为以下三类。

① 物理法：吸附法、重力分离法、过滤法、膜分离法、吹脱法等。

② 化学法：氧化还原法、混凝沉淀法、离子交换法以及中和法等。

③ 生物法：生物接触氧化法、生物滤池法、活性污泥法等。

吸附法是指利用吸附剂的吸附性能来去除地下水中污染物的技术。活性炭吸附是利用微孔吸附原理去除有机物应用最广泛的方法之一。固体表面有吸附水中溶解物质及胶体物质的能力，比表面积很大的活性炭等具有很高的吸附能力。吸附可分为物理吸附和化学吸附。物理吸附，通过分子间引力而产生吸附；化学吸附，吸附和被吸附物之间产生化学反应，生成化学键引起吸附。在处理被污染的地下水中往往是两种吸附综合作用的结果。

由于吸附剂的价格昂贵，且吸附法对进水的预处理要求高，因此在受污染地下水处理中，吸附法主要用于去除受污染地下水中的微量污染物，如少量重金属离子去除、少量难生物降解的有机物脱色、除臭、去除等，以达到深度净化地下水的目的。

化学氧化-还原被广泛应用于地下水污染物的去除方面，在地下水处理中比其他方法有更大的优点。化学氧化的目的是利用氧化剂使污染物质进行化学转化，从而减轻污染物质的毒性。目前常用的氧化剂有高锰酸钾、氯气、臭氧等。

还原法有亚硫酸氢钠法、金属还原法等。含铬的地下水可采用离子交换处理，也可采用还原法。可选择的还原剂有亚硫酸氢钠、硫酸亚铁、二氧化硫等。在酸性条件下，向受污染地下水投加亚硫酸氢钠，将受污染地下水中 Cr^{6+} 转化为 Cr^{3+} 后投加石灰或氢氧化钠，生成氢氧化铬沉淀物。金属还原法可以有效处理含汞的地下水，在与还原剂相接触后，汞离子被还原为金属汞析出。还原剂可选择铁、锌、锰、铜等。以铁屑为例，发生的化学反应如下：

$$Fe + Hg^{2+} \longrightarrow Fe^{2+} + Hg \tag{8-5}$$

$$2Fe + 3Hg^{2+} \longrightarrow 2Fe^{3+} + 3Hg \tag{8-6}$$

（2）原位处理法　原位修复技术是指在基本不破坏土壤和地下水自然环境条件下，对受污染对象不作搬运或运输，而在原地进行修复的方法。原位修复技术不但可以节省处理费用，还可减少地表处理设施的使用，最大程度地减少污染物的暴露和对环境的扰动，因此应用更有前景。

① 渗透反应墙（permeable reactive barriers，PRB）。该技术是目前用于原位去除污水中污染物较为有效的方法。PRB 是一个填充有活性反应介质材料的被动反应区，介质材料起到滞留和降解地下水中污染物的作用。反应性渗透墙对被污染地下水中的无机污染物和有机污染物都有一定的去除能力。反应性渗透墙处理过程如图 8-18 所示：顺着地下水的流动方向，在污染场址的下游安装渗透反应墙，使含有污染物质的地下水流经渗透墙的反应区，水中污染物通过沉淀、吸附、氧化-还原和生物降解反应等得以去除，同时 PRB 物理屏障可以阻止污染羽状体向下游进一步扩散。

由于反应墙体要深埋地下，并对被污染地下水做有效的恢复，所以渗透反应墙技术对反应材料提出了特殊的要求。反应材料应具备以下条件：a. 要易得且经济，这样才能使系统长期正常运转并发挥效益；b. 被污染的地下水经过反应墙体时，污染物或被截留或被降解，确保有效清除污染物；c. 地下水、污染物和反应墙体之间不会产生二次污染物；d. 反应材料有足够的容量确保最大限度地发挥作用，并变形较小。此外还要考虑：地形地貌、地下水深、含水层厚度、地下水流向、含水层的渗透性、污染物的浓度和范围、场地、人类活动和

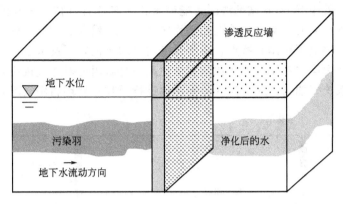

图 8-18 反应性渗透墙图示

费用等因素。

美国北卡罗来纳州伊丽莎白城东南 5km 处受到 Cr^{6+} 和三氯乙烯（TCE）严重污染，现场土层的 Cr^{6+} 浓度达到 14500mg/kg。1996 年 6 月，安装完成一个长 46m、宽 7.3m、厚度为 0.6m 的采用 450t 铁屑作为墙体材料的连续地下渗透墙，成功修复被污染地下水。地下水通过渗透墙后，Cr^{6+} 浓度由上游的 10mg/L 降为 0.01mg/L，TCE 由 6mg/L 降为 0.005mg/L。渗透墙建造成本为 50 万美元，与抽出处理系统相当，但几乎不需要运行费用。据估算，运行 20 年能比抽出-处理系统节省 400 万美元的维护和运行成本。

② 空气注入修复（AS）技术。空气注入技术是在土壤气相抽提（SVE）技术的基础上发展起来的，通常用来治理地下饱和带的挥发性、半挥发性有机污染物，一般与 SVE 技术联合使用。如图 8-19 所示，其修复原理为：通过向地下注入空气，在污染晕下方形成气流屏障，防止污染晕进一步向下扩散和迁移；在气压梯度作用下，收集地下可挥发性污染物，并以供氧作为主要手段，促进地下污染物的生物降解。修复过程中发生的质量迁移转化机制较复杂，在不同的修复阶段，控制修复速率和效率的机理也不同。AS 技术具有如下特点：a. 设备简单，安装方便，易操作；b. 修复效率高；c. 更适于消除地下水中难移动处理的污染物；d. 现场原位修复，对修复点干扰小。

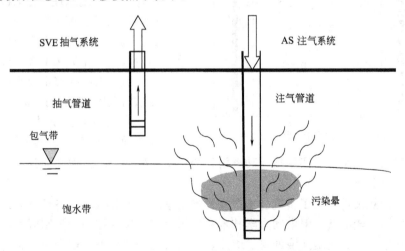

图 8-19 空气注入与土壤气相抽提联用技术

③ 原位化学氧化技术。这是一种利用强氧化剂破坏或降解地下水、沉积物和土壤中的有机污染物，形成环境无害的修复技术。最常用的几种氧化剂有过氧化氢、Fenton 试剂、

臭氧和高锰酸钾。其中 Fenton 试剂法因其能够氧化大多数有机物，具有无选择性、反应迅速、处理彻底、操作简便、反应条件温和、无二次污染、残存的 H_2O_2 可自然分解成氧气从而为微生物繁殖提供电子受体等特点，成为最有前景的原位修复技术之一。有很多方法可以将氧化剂释放到受污染的界面，如氧化剂和催化剂混合后用注射井直接注入地下，或者是结合一个抽提回收系统（抽水井）将注入的催化剂进行回收并循环利用（图 8-20）。

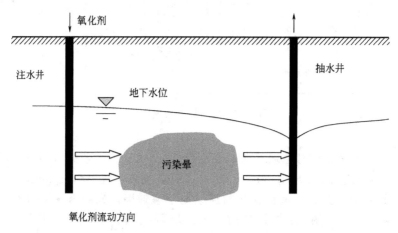

图 8-20　原位氧化技术概念图（据王焰新，2007）

④ 电动力学修复技术。这是利用电梯度和水力梯度对污染物的运移影响，使污染物质在介质中发生迁移而被去除的绿色修复新技术。它可以有效地去除地下水和土壤中的重金属离子和有机污染物，具有环境相容性、多功能适用性、高选择性、适于自动化控制、运行费用低等特点。

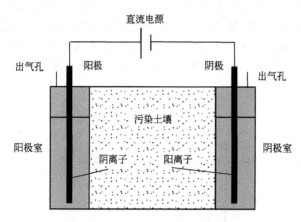

图 8-21　原位土壤电动力学修复装置

污染土壤电动力学修复装置主要有直流电源、阴阳极电解室、阴阳电极、导出液体的处理装置等，电解池设有阴阳两极产生的氢气和氧气导出气孔（图 8-21）。其修复原理：将电极插入受污染的地下水及土壤区域，通直流电后，在此区域形成电场。由于土壤颗粒表面具有双电层、孔隙水中离子或颗粒带有电荷，引起土层孔隙水及水中离子和颗粒物质沿电场方向进行定向运动。

电动力学修复技术用于去除地下水中重金属离子的实验研究已经比较成熟，美国有关的电动力学实验报道功率消耗 $29\sim60kW\cdot h/m^3$，而欧洲类似实验的功率消耗 $60\sim200kW\cdot h/m^3$。

电动力学修复技术克服了传统技术严重影响土壤的结构和破坏生态环境的缺点，而且投资比较少，成本比较低廉。但电动力学技术在应用上同样也存在一些限制因素，例如土壤的缓冲性能、土壤组分、土壤溶液的离子组成、重金属离子的种类等都会影响修复效果。

⑤ 原位生物修复。它是利用生物的代谢活动减少地下水中有毒有害化合物的工程技术。其原理实际上是自然生物降解的人工强化，地下水中虽然含有一定的氧，但远远达不到微生物降解有机物时所需氧量，所以通过一系列人工措施，如添加营养、氧气等，提高微生物氧

化能力。

　　地下水污染生物修复可以通过两条途径完成：一条途径是在地下水含水层培育微生物；另一条途径是向地下水含水层引入菌种。两种途径都要适当地向含水层通入氧气和微生物生长所需的营养物质。典型的微生物原位处理：在污染晕下游设置抽水井，在上游设置注水井，把下游抽出的地下水加入营养和氧气后重新注入地下水层，形成一个循环水动力场。微生物就在这个循环过程中将地下水中的有机物降解掉。并且，外围还要设置观测井，对地下水水质进行监测。典型原位生物修复示意如图 8-22 所示。

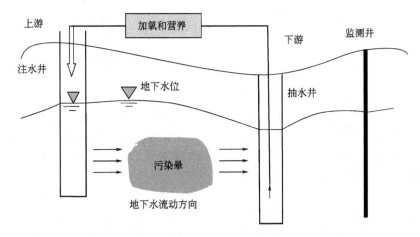

图 8-22　典型原位生物修复示意

　　原位生物修复技术有其独特的优势，表现在：①现场进行，从而减少运输费用和人类直接接触污染物的机会；②以原位方式进行，可使对污染地点的干扰或破坏达到最小；③使有机物分解为二氧化碳和水，可永久地消除污染物和长期的隐患，无二次污染，不会使污染物转移；④可与其他处理技术结合使用，处理复合污染；⑤降解过程迅速、费用低，费用仅为传统物理、化学修复法的 $30\%\sim50\%$。

三、地下水可持续利用对策

　　要实现地下水资源的可持续利用，首先要加强管理，严格控制地下水开采量，优化地下水开采布局和层位，加大浅层水开发利用，适度调减深层水开采，通过涵养水源，使地下水位逐步回升，实现地下水资源的良性循环。走节水之路，积极推广节水工艺、技术和设备，提高用水效率，推广废水重用技术，提高水的循环利用率，采用科学的灌溉方法，使有限的水资源最大限度满足经济和社会发展的需要。此外，要采取防护性措施，防止地下水污染；人工回灌补给地下水，不得恶化地下水质。

　　利用地下空间和雨洪水资源，实施人工回灌与调蓄也是实现地下水可持续利用的重要技术手段。人工地下水回灌是指将多余的地表水、暴雨径流水或再生水通过地表渗滤或回灌井注水，或者通过人工系统人为改变天然渗滤条件，将水从地面输送到地下含水层中，随后同地下水一起作为新的水源开发利用。

　　利用水质较差的水如城市污水处理二级出水或暴雨径流水，经有效的预处理后实施人工回灌，可以提高地下水位，防止海水入侵，控制地面沉降，防止洪涝灾害以及蓄水回用。世界上已经有很多国家实行了地下水回灌工程，其中比较典型的包括：美国亚利桑那州 Tucson 市 Sweetwater 再生水地下回灌工程；美国加利福尼亚州 Orange County Water District

回灌工程；以色列 Dan Region 污水再生工程等。

图 8-23 为地表回灌工程示意与含水层竖井回灌剖面。

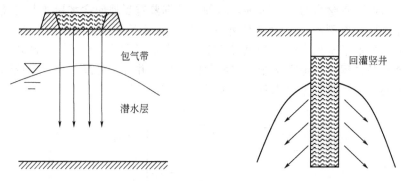

图 8-23　地表回灌与竖井回灌示意

我国也有不少污染水地下回注再生利用工程。如高碑店污水处理厂地下回注示范工程是将污水厂二级出水经深度处理后回灌到地下水层。预处理工艺流程见图 8-24，回灌池共设 3 个，总回灌池面积为 400m²。采用吸附、混凝和砂滤处理工艺，处理能力为 400m³/d。表 8-14 为经过预处理后回灌于地下的出水水质。

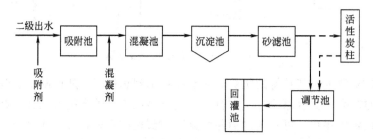

图 8-24　预处理工艺流程

表 8-14　示范工程预处理工艺出水水质

出水	COD/(mg/L)	DOC/(mg/L)	NH_4^+-N/(mg/L)	NO_3^--N/(mg/L)	AOX/(μg/L)
二级出水	25～35	5.7～8.5	<30.0	15.8～25.0	40～75
预处理出水	16～21	3.9～7.0	<25.0	12.0～23.0	12～20

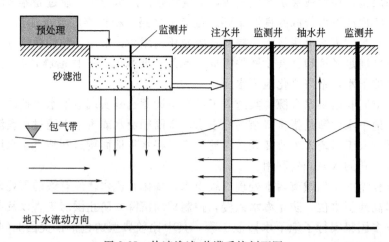

图 8-25　快速渗滤-井灌系统剖面图

再生污水回灌地下，经过土壤含水层处理和当地地下水稀释后，通过水井抽取出来，经过消毒便可供给用户。地表回灌系统一般采用干湿交替的回灌方式，主要目的是防止土壤表层堵塞，维持较高的渗滤速率，保证表层土壤的复氧。

示范工程第一阶段表明，采用渗滤池长期回灌，其渗滤速率仅为 0.5cm/h，不能满足要求。因此要人工改变渗滤条件，采用快速渗滤/取水的地下水回灌方式，一方面充分利用了土壤含水层的处理效果，同时又提高了产水效率。改造后的地下水回灌系统由预处理设施、快速砂滤池、回灌竖井、取水井和监测井系统组成（图 8-25）。

第五节 海水和苦咸水利用及其技术

一、概述

我国缺水地区主要集中在华北和东北，其次是西北干旱地区、南方山区、沿海地区。其中，沿海地区城市分布集中，人口密集，工业发达，水污染情况严重，用水缺口大，特别是遭遇干旱天气，缺水问题则更为突出。对于沿海地区来说，海水是很重要的资源。我国沿海大陆海岸线 1.8 万公里，面积为 $500m^2$ 以上的海岛 6900 余个，管辖海域面积约 300 万平方公里。因此，对于沿海地区来说，海水资源的开发利用是缓解水资源短缺的一个有效的解决办法。

海水资源的开发利用主要包括三个方面：一是海水直接利用，主要用作工业冷却水、海水脱硫、生活用水（冲洗街道、厕所等）以及人工海洋牧场；二是海水淡化，用以解决海岛、海上活动设施和沿海缺水地区的生产用水和生活用水；三是提取海水中各种有用的化学物质，其中，从海水中提取食盐是传统的利用活动，而提溴、提钾、提碘、提铀等则是新兴的研究领域。理论上，我国沿海的海水直接利用和淡化可取之不竭，但因部分河口及近深海区域海水水质差或含盐量过高，近期开发利用将受技术、投资、成本等各方面因素的制约。

二、海水的直接利用技术

1. 工业用水

大量引海水用作工业冷却水，是海水作为工业用水直接利用的一个重要方面，也是解决沿海地区水资源短缺的一个重要途径。发达国家已将海水成功用作工业冷却水，如美国沿海地区工业用水的三分之一由海水解决；日本沿海几乎所有企业如钢铁、化工、电力等部门都采用海水作冷却水，仅电厂每年直接使用的海水超过 1200 亿吨；西欧六国海水年利用量超2000 亿吨。我国沿海地区也较早地开发使用海水，青岛电厂建厂时即用海水作冷凝器降温、冲灰用，日利用量 70 万平方米。目前山东省已有电力、化工、橡胶、纺织等行业使用海水，利用量逐年增加。今后，我国还需继续发展海水直接利用工程，在沿海地区电力、冶金、化工等行业，推广使用海水作为冷却水。如果沿海地区新建和扩建项目都用海水作冷却水，其节约淡水的数量相当可观。

利用海水作工业冷却水与利用其他水源作工业冷却水在主要技术方面是一样的，但是海水对用水管线和设备有腐蚀性，且存在海洋生物的黏附问题。海水用作工业冷却水，最早采用直流冷却的方式。这种方式具有深海取水温度低、冷却效果好、系统运行简单等优点，但也存在取水量大，工程一次性投资大、排污量大、对海域污染明显等问题。我国从 20 世纪 70年代开始，在探索海水直流冷却技术的同时，也逐渐开展了海水循环冷却技术的研发。国家海洋局海水淡化和综合利用研究所通过开展海水循环冷却技术的研究实验和示范，突破了海水缓蚀剂、阻垢分散剂、菌藻杀生剂和海水冷却塔等关键技术，并系统解决了海水循环冷却中腐蚀、污垢和菌藻生长以及冷却塔盐沉积、烟雾飞散等技术难题，在深圳华德电力有限公司建成 $2.8×10^4 m^3/h$ 海水循环冷却示范工程。10 万吨级海水循环冷却技术与装备研发工程也已在浙江宁海电厂二期 $2×1000MW$ 机组正式投入商业运营。据计算，一年可替代淡水近 5000 万吨，海水取、排水量比海水直流冷却减少 95％以上，可大量减少海洋环境热污染。

除将海水直接用作冷却水外，海水还可以用于脱除烟气中的 SO_2。天然海水中含有大量的可溶盐，其主要成分是氯化物和硫酸盐，也含有一定量的可溶性碳酸盐。海水通常呈碱性，自然碱度为 $1.2～2.5mmol/L$。这使得海水具有天然的酸碱缓冲能力及吸收 SO_2 能力。另外，海水还可直接用作印染、制药、制碱、橡胶及海产品加工等行业的生产用水。

2. 生活用水

海水的直接利用还包括将海水用作生活用水，对于解决沿海地区水资源短缺问题意义重大。中国香港于 20 世纪 50 年代末开始采用海水冲厕，2000 年冲厕海水的用量就已达 $35×10^4 m^3/d$，占冲厕用水的 70％左右。青岛胶南市海之韵生态住宅小区生活用海水示范工程中，总服务面积 46 万平方米，服务人口 1.25 万人。至 2009 年底，该示范工程已稳定运行近 2 年，海水水质达到或优于设计要求，每年可节约淡水近 40 万立方米，而运行费用仅为 0.6 元 $/m^3$，经济优势明显。全国沿海城市有 2 亿居民，若有 10％居民采用海水冲厕，则每年可节约淡水 5 亿吨。利用海水作为生活用水是一项综合技术，它涉及海水取水、前处理、双管路供水、贮水、卫生洁具等系统的防腐和防生物附着技术。目前，海水冲厕需要进一步解决的问题是高含盐量污水的生化处理技术和海洋处置技术。

3. 农业养殖

海水的直接利用的另一个重要方面是利用海水对海藻、红树林、海蓬子、大米草等耐盐植物进行灌溉，这一活动也被称为海水灌溉农业或海水农业。发展海水农业，将在很大程度上缓解人类水资源、可耕地和粮食三大危机。同时，也可促淤造陆，减缓海水对海岸土地的侵蚀，还可减轻工业和养殖业对沿海滩涂和近海造成的污染，并能大量吸收 CO_2，减轻温室效应，改善生态环境。

另外，海水可直接用作人工养殖。养殖方式目前已由粗放型向精养、高密度工厂化养殖方向发展。养殖海域从近岸向浅海推进。同时，养殖种类也逐渐丰富，由单一的鱼类养殖发展为鱼类、贝类、甲壳类、海参等的养殖增殖。

在农业养殖的过程中，修建养殖池或相关辅助设施的活动，造成对地下淡水的破坏，导致周围土壤 pH 值的改变。另一方面，由于过度追求养殖产率和利益，养殖密度越来越大，过量投饵、施药、施肥，破坏了近海生态系统，造成近海富营养化的加剧和近岸水动力条件的变换，导致灾难性赤潮发生频繁。部分地区养殖也因沿岸海域富营养化和赤潮频频发生多次出现绝产。因此，海水农业也要逐步转变生产方式，发展清洁生产，在开发利用的同时注意节约保护资源，并加强河口、海湾整治，保护红树林珊瑚礁等重要生态系统，减少海洋灾害造成的损失。

三、海水淡化技术

1. 海水淡化方法及原理

海水淡化有很多种技术和方法，目前常规的海水淡化方法主要有蒸馏法、膜法、结晶法、溶剂萃取法等。蒸馏法包括多级闪蒸（MSF）、多效蒸发（MED）和压汽蒸馏（VC）。膜法主要有反渗透（RO）和电渗析法（ED）。每种海水淡化技术，都有自己的特点，如表8-15所列。其中，低温多效蒸发、反渗透膜法是目前海水淡化最常用的方法。

表 8-15　海水淡化技术的分类、原理及特点

分类	原理	原水水质	产品水质	缺点	应用领域
多效蒸发（MED）	将几个蒸发器串联进行蒸发制得淡水	不限	好，TDS≤10	较难清理结垢	对水质要求高，有余、废热能的地区
多级闪蒸（MSF）	经过加热的海水依次通过多个温度、压力逐级降低的闪蒸室,进行蒸发冷凝	不限	好，TDS≤5	工程投资高,动力消耗大	对水质要求高，有余、废热能的地区
压汽蒸馏（VC）	将蒸发产生的二次蒸汽绝热压缩,返回蒸发器作为加热蒸汽,同时冷凝成淡水	不限	好，TDS 1～5	压缩机造价较高,难于大型化,易腐蚀	无热源的海岛地区
反渗透膜（RO）	用半透膜把海水和淡水隔开,在海水侧加压,海水中的水反向流入淡水侧而制得淡水	要求高,需预处理	TDS 150～1000；脱盐率80%～95%	反渗透膜的使用寿命短，维护费用大	生活饮用，一般工业用
电渗析（ED）	以电位差为推动力,利用离子交换膜的选择透过性而脱除水中离子	要求较高,需预处理	TDS 约1000；脱盐率50%	能耗大，容量小	一般工业用

注：TDS表示总溶解性固体。

2. 国内外海水淡化现状

在各种海水淡化技术中，多效蒸发出现较早，早在20世纪30年代，沙特阿拉伯首先采用多效蒸发技术淡化海水。由于多效蒸发存在结垢等缺点，50年代开发了多级闪蒸海水淡化技术。70年代开始采用热电联产，利用低压余热进行多级闪蒸淡化海水。反渗透技术近年发展迅速，能耗和成本大幅下降，逐渐成为主流的海水淡化技术。目前，世界上最大的多级闪蒸海水淡化厂建于沙特阿拉伯的Shuaib海水淡化厂，日产淡水$88 \times 10^4 \, m^3/d$；世界上最大的低温多效海水淡化厂建在阿拉伯联合酋长国，日产淡水$37.4 \times 10^4 \, m^3/d$；世界最大的反渗透海水淡化厂建于以色列的Hadera海水淡化厂，日产淡水$34.9 \times 10^4 \, m^3/d$。另外，世界上最大的热膜联产海水淡化厂是阿联酋富查伊拉海水淡化厂，日产水量为$45.4 \times 10^4 \, m^3/d$，其中，MSF产水$28.4 \times 10^4 \, m^3/d$，RO产水$17 \times 10^4 \, m^3/d$。

中国是继美、法、日、以色列等国之后研究和开发海水淡化先进技术的国家之一。1981年建成西沙$200 m^3/d$电渗析海水淡化装置；1997年$500 m^3/d$反渗透海水淡化示范工程在浙江嵊泗先嵊山岛建成投产；2000年，先后在山东长岛、浙江嵊泗建成$1000 m^3/d$反渗透海水淡化示范工程；2003年，$10000 t/d$海水淡化示范工程一期$5000 m^3/d$机组在荣成市石岛建成投产；2004年，$3000 m^3/d$低温多效海水淡化装置在青岛市黄岛电厂建成。截止到2010年底，初步统计我国已建成投产的海水淡化装置总数为76套，主要分布在山东、浙江、辽宁、河北、天津、广东等沿海城市。海水淡化所采用的方法主要以反渗透（RO）和低温多效蒸馏（MED）为主。

3. 海水淡化示范工程

山东荣成万吨级海水淡化示范工程中，工艺设备由两个日产5000t淡化水的独立机组组成，工艺流程如图8-26所示，分为海水取水、海水预处理、反渗透海水淡化、产品水后处

海水 → 集水井 → 取水泵 → 过滤器 → 反渗透装置 → 产水池 → 淡水泵 → 管网

图 8-26　山东荣成万吨级海水淡化示范工程工艺流程

理和系统控制五个部分。

海水取水部分由海水集水井和取水泵房组成。集水井建于码头堤坝外侧，海水靠渗透进入集水井。取水泵房内配置取水泵和水环式真空泵，启动取水泵，通过管道，将海水输送到淡化主厂房，进入海水预处理系统。海水预处理的目的是去除地表海水中存在的颗粒泥砂、胶体、微生物等杂质，确保反渗透系统能长期稳定运行。预处理采用混凝过滤、加药消除余氯并添加阻垢剂防止反渗透膜面结垢沉淀，预处理后的海水水质达到反渗透膜元件的进水水质要求。反渗透海水淡化系统采用多组件并联单级式流程，膜元件为美国陶氏公司生产的高性能反渗透海水淡化复合膜元件 SW30HR-380，其元件平均脱盐率为 99.6%。整套装置共配置了 420 支海水膜元件，分别装在 60 根并联布置的膜压力管内，每根压力管内串联排列 7 支 SW30HR-380 海水膜元件。装置设有低压自动冲洗排放、淡化水低压自动冲洗置换浓水排放系统。一期工程产水含盐量为 89.67mg/L，脱盐率达 99.73%，出水水质优于国家标准，每吨淡化成本为 4.60 元。

四、海水化学资源利用

海水是化学矿物资源的宝库，海水中溶存着 80 种元素，其中的主要元素浓度、化学形态和溶存量如表 8-16 所列。其中，不少元素可以提取利用，具有重要的开发价值。海水淡化后产生的浓海水含盐量 6%，含盐量是正常海水的 2 倍，且温度和纯净度都高。用这种浓海水制盐、提溴和提钾，可大幅度降低能耗，提高提取率，降低淡水生成成本。基本流程如图 8-27 所示。

表 8-16　海水中主要元素的浓度和存在形式及储量

元素	平均浓度/(mg/kg)	溶存量/t	形态	元素	平均浓度/(mg/kg)	溶存量/t	形态
Cl	19354	2.65×10^{16}	Cl^-	Na	10770	1.47×10^{16}	Na^+
Mg	1290	1.64×10^{15}	Mg^{2+}	S	904	1.23×10^{15}	SO_4^{2-}
Ca	412	5.6×10^{14}	Ca^{2+}	K	399	5.5×10^{14}	K^+
Br	67	9.8×10^{13}	Br^-	Sr	7.9	1.08×10^{13}	Sr^{2+}
B	4.5	6.16×10^{12}	H_3BO_3	Li	0.174	2.38×10^{11}	Li^+
Rb	0.120	1.64×10^{11}	Rb^+	U	0.0033	4.52×10^9	$UO_2(CO_3)_3^{4-}$
Ni	5×10^{-4}	6.85×10^8	Ni^{2+}	Zn	4×10^{-4}	5.48×10^8	Zn^{2+}
Cs	2.9×10^{-4}	3.97×10^8	Cs^+	Cu	2.5×10^{-4}	3.43×10^8	Cu^{2+}

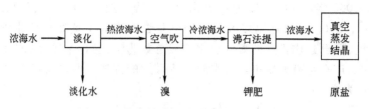

浓海水 → 淡化 →(热浓海水)→ 空气吹 →(冷浓海水)→ 沸石法提 →(浓海水)→ 真空蒸发结晶

淡化水　　　　溴　　　　钾肥　　　　原盐

图 8-27　海水淡化后浓缩水综合利用流程

空气吹溴过程放在提钾和制盐之前进行，避免了浓缩和盐结晶时的溴损失，大大提高了溴的回收率。

1. 提溴

溴及其衍生物广泛应用于阻燃剂、制药、制冷、电子化学品的精细化工行业，市场需求量很大。溴在岩石圈的分布虽较广泛，但其丰度很低。溴的天然资源主要是海水和古海洋的沉积物即岩盐矿。地球上约99%的溴存在于海水中，故溴有"海洋元素"之称。

从海水或卤水中提溴方法很多，如水蒸气蒸馏法、空气吹出法、膜分离法、树脂吸附法、间歇氧化法、沉淀法、电解法、离子交换电渗析法、溶剂萃取法和催化法等。已实现工业化生产的主要是水蒸气蒸馏法和空气吹出法。一般水蒸气蒸馏法适宜于以含溴量3g/L以上的卤水为原料。空气吹出法适宜于以含溴量较低的卤水为原料。

近年来，气态膜法技术利用疏水性膜吸收器，以两侧溴素浓度差为传质推动力，从膜的一侧扩散至另一侧，进行高效非强制性解吸提溴，具有高效、快速、选择性好、节能等特点。气态膜法提溴技术较空气吹出法可节能50%，传质效率高，无液泛沟流现象，无尾气排放，占地面积小等优点。但由于各种膜对原料液预处理要求高，需经过酸化防垢、氯化杀生、过滤去浊三项复合预处理来降低海水盐度、微生物及悬浮物微粒等带来的膜污染问题，使得预处理成本较高，另外膜的使用寿命问题也是制约膜法提溴不能工业化的另一主要原因。

2. 提钾

钾是农作物生长必需的三大要素之一。全世界陆地钾矿分布不均匀，而绝大多数国家钾矿资源贫乏，农业所需钾肥依赖进口。2000年我国钾产量不足100万吨，与农业需求相差甚远，供需矛盾十分突出。虽然海水中钾相对含量仅为3.8×10^{-4}，再加上多种元素共存，给分离提取带来极大难度，但从可持续利用资源角度来看，开发利用海水中钾资源能有效地弥补我国钾资源严重短缺，对于提高农业产量具有十分重要的经济和战略意义。

提钾的方法的原理及所用试剂如表8-17所列。

表8-17　海水提钾方法、原理及试剂

方法	提钾的原理	提钾所用的试剂
化学沉淀法	利用生成难溶性钾盐提钾	二苦胺、磷酸盐、四苯硼酸钠等
有机溶剂法	利用有机溶剂作为萃取剂提钾	聚环醚、异戊醇、有机酸的煤油溶液等
	利用有机溶剂使钾盐沉淀提钾	氨、甲醇、丙酮等
无机离子交换剂法	利用无机盐类对钾的选择性、吸附性提钾	磷酸氢镁、磷酸锆等，以及沸石分子筛等

海水提钾技术在国外是从20世纪40年代开始研究的。1949年荷兰与挪威共同投资进行千吨级二苦胺沉淀法提取硝酸钾中试；1969年日本政府投资进行海水淡化及副产物利用大型开发研究，多级闪蒸为主进行海水淡化，最后以电解法提取液体钾碱。但因海水的组成复杂、浓度稀薄，造成高效分离提取钾盐技术难度大，特别是经济上不易过关，所以均未能实现工业化。海水提钾中存在的问题主要有：用离子交换法从海水中提取氯化钾，存在交换容量不高，洗脱氯较低及氯化钠耗量大等问题；利用复分解转化法从苦卤中提取钾时，钾钠分离效率有待进一步的提高。

3. 提碘

碘是国防、工业、农业、医药等部门和行业的重要原料。某些海藻具有吸附碘的能力，如干海带中的碘通常为0.3%～0.5%，比海水中的碘的浓度高10万倍，因此，目前所用的碘主要是利用浸泡液浸泡海带提取碘。碘元素在海水中的含量极其丰富，世界上有很多国家利用晒盐后的卤水提碘，采用的方法有活性炭吸附法、淀粉吸附法、硝酸银或硫酸铜沉淀法、离子交换树脂法等，且其成本仅为从海带中提碘的 1/3。

4. 提铀

海水提铀是从海水中提取原子能工业铀原料的技术。海水中铀的蕴藏量约 45 亿吨，是陆地上已探明的铀矿储量的 2000 倍，但是浓度极低。所以海水提铀成本比陆地贫铀矿提炼成本高 6 倍。从 20 世纪 60 年代开始，日本、美国、法国等国家开始从事海水提铀的研发。目前从海水中提取铀的方法主要有吸附法、共沉淀法、泡沫浮选法、生物法、离子交换法和液膜萃取法等。吸附法海水提取铀是由吸附、脱附、浓缩、分离等工序组成，其最重要的是要研制高性能的吸附剂。对铀吸附剂的要求是吸附量大、吸附效率高，价廉而耐用，在海水的条件下易回收。

5. 制盐

提取有用元素后，海水的利用主要是制盐。传统的制盐方法是盐田法，也是古老的制盐方法，是目前仍沿用的普遍方法。盐田法制盐的过程包括纳潮、制卤、结晶、采盐、贮运等步骤。纳潮就是把含盐量高的海水积存于修好的盐田中；制卤就是让海水的浓度逐渐加大，当水分蒸发到一定程度，盐水就称为卤水。卤水转入结晶池中继续蒸发，食盐就会渐渐沉积在池底，开始结晶，达到一定程度即可采盐。盐田法制盐受环境影响很大，海水的盐度、地理位置、降雨量、蒸发量等因素都会直接影响盐的质量。这种方法占用的土地和人力资源也较大。

冷冻法制盐，是地处高纬度国家采用的一种生成海盐的技术，俄罗斯、瑞典等国多用此法制盐。这种方法的原理是将海水冷却到海水冰点（−8℃）时，海水结冰，海水结成的冰里很少有盐，基本上是纯水，去掉冰相当于盐田法中的水分蒸发，剩下浓缩后的卤水即可制盐。

电渗析法是随着海水淡化工业发展而产生的一种新的制盐方法。它是充分利用海水淡化所产生的大量含盐高的母液为原料来生成食盐。与盐田法制盐相比，电渗析法具有占地少、不受季节影响、投资少、节省人力、产品盐质量好、自动化程度高等特点。淡化后浓海水经制盐用电渗析浓缩后，就可用真空蒸发结晶罐使氯化钠结晶，离心干燥后得精盐产品。日本目前是唯一用电渗析法完全取代盐田法制盐的国家。

除了电渗析浓缩制盐工艺外，也可用蒸汽压缩法与多效蒸发法组合制盐。该工艺通常采用蒸汽驱动涡轮机直接带动压缩机，有涡流机排出的低压蒸汽作为多效蒸发的热源。该工艺特点以海水为原料，既产淡水、又产精盐。此法技术难点是如何防止硫酸钙结垢，可用调节海水 pH 值及晶种添加法，减少锅垢的附着，延长清洗周期。

五、苦咸水的利用

1. 苦咸水的水质特征

苦咸水也称为卤水，按其所出位置可分为地表、地下两种苦咸水，其水质特征如表 8-18 所列。苦咸水是在漫长的地质历史时期和复杂的地理环境中由多种因素综合作用下形成或演变而成的，其中古地理环境、古气候条件、海侵活动、地质构造和水文地质条件等均起了重要的作用。苦咸水根据含盐量的高低，将含盐量 1～5g/L 的水称为低盐度苦咸水，5～10g/L 的水称为中盐度苦咸水，10g/L 以上的水称为高浓度苦咸水。苦咸水中主要阳

离子含量为 $Na^+>Mg^{2+}>Ca^{2+}\geqslant K^+$；阴离子为 $Cl^->SO_4^{2-}>CO_3^{2-}>HCO_3^-$。苦咸水按照化学成分通常分为碳酸盐类型、硫酸盐类型、硝酸盐类型、硼酸盐类型和氯化物类型五类。每类苦咸水都含有高浓度相应的盐类，同时含有较低浓度的其他离子，苦咸水中结晶盐类种类也不同。

表 8-18 苦咸水的分类及水质特征

分类	成因	高浓度离子	其他离子
地表苦咸水	由于气候干燥、湖水不断蒸发浓缩，水体中溶解的盐类达到饱和而析出，形成盐湖	Na^+、K^+、Ca^{2+}、Mg^{2+}、CO_3^{2-}、HCO_3^-、SO_4^{2-}、Cl^- 等	Li^+、Rb^+、Cs^+、$B_4O_7^{2-}$ 和 Br^- 等
地下苦咸水	地下苦咸水处于地层深部与古生盐矿并存	Na^+、K^+、Ca^{2+}、Mg^{2+}、CO_3^{2-}、HCO_3^-、SO_4^{2-}、Cl^- 等	Sr^+、Ba^{2+}、$B_4O_7^{2-}$、Li^+、Rb^+、Cs^+、Br^- 和 I^- 等
	高矿化度油田水与含油地质构造有关	$B_4O_7^{2-}$、Br^- 和 I^- 等	

在我国的盐湖中，青海柴达木盆地以硫酸镁-氯化物类型为主，新疆以硫酸盐类型为主，内蒙古以碳酸盐类型为主，西藏以碳酸盐-硫酸盐类型为主，西藏扎布耶盐湖中锂、硼、钾的浓度之高更是闻名于世。山东东营市黄河三角洲地下苦咸水属氯化物类型，钾、钠、氯和溴比海水高 2～16 倍，钙、锶、锂和碘比海水高 20～560 倍，而镁、硼与海水相当，硫酸根比海水低。而莱州湾羊口盐场地下卤水属硫酸盐类型。

苦咸水不仅饮用口感差，而且会直接影响人体健康，长期饮用高矿化度的苦咸水，会引起腹泻、腹胀等消化系统疾病和皮肤过敏，还可能诱发肾结石及各类癌症。苦咸水中高浓度氟化物也可引起氟骨病，严重者会造成终生残疾，丧失工作能力。硝酸盐更是强致癌物亚硝酸胺的前体物，在人体内形成高铁血红蛋白，影响血液的氧传输能力。由于苦咸水中所含有的各类可溶性无机盐浓度较高，也不适用于以水为重要生产原料的化工、饮食、电子等工业。在农业灌溉方面，苦咸水会使土壤的颗粒结构变坏，影响土壤的透气性能、保水性能。同时，长期灌溉苦咸水会造成农作物不能正常生长，甚至枯萎。

我国苦咸水分布总面积达 160 万平方公里，约占全国国土面积的 16.7%，具有开采价值的微咸水和中度苦咸水的资源量为 200.5 亿立方米/年。我国北方特别是西北地区由于降水稀少，蒸发量大，水资源匮乏，而大部分地下水又都是苦咸水，因此，苦咸水淡化也就必然成为给水处理的一个重要的组成部分。

2. 苦咸水的淡化技术

苦咸水的淡化技术与海水淡化技术类似，但也有区别。海水淡化以蒸馏法和反渗透法为主，苦咸水中含盐量明显低于海水，苦咸水淡化以反渗透和电渗析法为主。苦咸水淡化在能耗和价格方面都比海水淡化低得多，因此，实现中、低盐度苦咸水淡化和高盐水的部分脱盐是我国沿海及内陆苦咸水地区解决用水问题的一条经济实用、技术可行的途径。我国苦咸水开发利用的起步较早，但苦咸水淡化工程的建设和脱盐技术、设备的研发在近 10 年才得到较快发展。据不完全统计，目前我国苦咸水淡化装置约 3170 套，日产淡水约 2960km³/d。

在苦咸水淡化工程中，电渗析对铁、镁、钙、钾、氯化物等溶解性无机盐类及毒理学指标砷、氟化物的去除率达 66%～93%，可以满足苦咸水淡化需求；电渗析对耗氧量、NH_3-N、NO_3^--N、NO_2^--N 及硅的去除率较低，仅 15%～45%，但由于原水中上述指标含量较低，去除率虽低，尚能满足生活饮用水卫生要求；电渗析对 SO_4^{2-} 的去除率为 63.8%，用于淡化硫酸盐类型苦咸水，很难满足生活饮用水卫生要求；电渗析过程的能耗与给水含盐量有密切关系，给水含盐量越高，能耗越大。因此，电渗析比较适合低盐苦咸水的淡化。由于电渗析不能去除水中有机物和细菌，加之设备运行耗能较大，使其在苦咸水淡化工程中的应用受到局限。

反渗透方法可以除去水中90%以上的溶解性盐类和99%以上的胶体微生物及有机物等，且具有设备简单、能量消耗少、自动化程度高和出水质量好等优点。尤其以风能、太阳能作动力的反渗透净化苦咸水装置，是解决无电和常规能源短缺地区人们生活用水问题的既经济又可靠的途径。反渗透系统对二价及多价阳阴离子的截留效果高于单价离子；渗透系统对水质极差的 $SO_4 \cdot Cl-Na \cdot Mg$ 型和 $SO_4 \cdot Cl-Na$ 型苦咸水中的溶解性总固体、总硬度、铁、锰、钙、镁、钾、钠、硫酸盐、氯化物、二氧化硅等无机盐的去除率为96%～100%；总硬度、氯化物、硫酸盐、溶解性固体等指标去除率大于98%，出水水质优于国家和国际水质标准；反渗透系统对人体健康危害较大的氟化物去除率为96%，六价铬去除率为92.5%；反渗透系统对污染性及毒理学指标、耗氧量、NH_3-N、NO_2^--N、NO_3^--N、砷去除率40%～83%，低于上述无机盐类去除率，但原水中污染性指标含量相对较低，40%～83%的去除率完全可以满足生活饮用水卫生标准要求；苦咸水中，微生物含量在地表水、地下水中差异较大，反渗透系统对细菌总数检测的去除率分别为44.6%和93.2%，去除效果明显。

反渗透法、电渗析法苦咸水淡化效果比较列于表8-19。

表8-19　反渗透法、电渗析法淡化苦咸水效果比较　　　　　　单位：%

方法	无机盐类	污染指标	毒理学指标	SiO₂	有机物	微生物
反渗透法	96～100	40～83	95.7	97.1	去除	去除
电渗析法	64～93	0～45	66.2	11.5	不能去除	不能去除

3. 苦咸水淡化示范工程

电渗析技术苦咸水淡化应用示范工程建于河北黄骅，原水水质经检验，氟化物3.29mg/L，氯化物821mg/L，溶解性总固体2090mg/L，属高氟苦咸水。工程采用预处理及后置处理装置，主机采用4级8段360对膜塔式组装方式，配置了自动清洗装置。其工艺流程如图8-28所示。原水经多介质过滤器、活性炭过滤器、10μm精密过滤器、电渗析膜堆、5μm精密过滤器紫外线杀菌器，然后用户灌装。2005年工程竣工至今，淡化处理后的净化水，各项检测指标均符合国家生活饮用水卫生标准。经检测，产品水 TDS 117mg/L，氯化物15.1mg/L，氟化物含量0.27mg/L，制水成本为1.82元/m³。

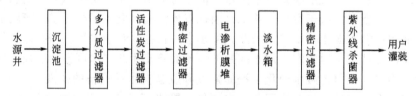

图8-28　黄骅电渗析苦咸水淡化工艺流程

河北沧化集团于2000年9月建成18000m³/d高浓度苦咸水淡化示范工程，采用反渗透技术制取淡水，工艺流程如图8-29所示。利用50～250m的浅层地下水，其平均盐含量约13000mg/L，属于高浓度苦咸水。原水池经简单曝气，次氯酸钠氧化除铁、杀菌，选用聚合氯化铝混凝过滤，同时添加阻垢剂，选用北方膜工业公司生产的海水膜元件，用量达

1050 支。淡水工程主要技术指标为：淡化水产量 18000t/d；反渗透系统脱盐率≥98.6%；反渗透系统回收率≥75%；每制取 $1m^3$ 淡水耗电 2.92kW·h；将 NaCl 质量浓度为 13000mg/L 左右的苦咸水脱盐至 500mg/L，出水淡水水质符合 GB 5749—2006《生活饮用水卫生标准》。该淡化厂的建成不仅改善和扩大了沧化集团新厂区的供水系统，缓解了供水紧张局面，提高了供水水质，从系统整体上提高了供水的安全性和保障率。同时，每年可节约淡水约 600 万吨。

图 8-29　沧化反渗透苦咸水淡化工艺流程

思考题

1. 水资源的分布有何特征？
2. 试述水资源危机及其主要解决途径。
3. 水资源再生利用的意义表现在哪些方面？
4. 污水循环利用的技术有哪些？
5. 试比较分析主要污水回用场合及其所需水质标准。
6. 污水资源化利用的途径主要有哪些？
7. 简述几种典型工业废水的循环利用及其处理技术。
8. 城市雨水的收集技术一般有哪些？
9. 简述 1～2 种雨水净化系统或工艺。
10. 试查阅文献说说雨水利用的示范工程。
11. 简述地下水的水质特征及其利用存在的问题。
12. 对比地下水原位修复各种方法，及其各自的优缺点和适用场合。
13. 探讨地下水污染的趋势与处理方法的发展方向。
14. 简述海水淡化的方法及原理。
15. 海水资源的综合开发利用主要包括哪些方面？
16. 简述苦咸水的水质特征及其处理方法。

参考文献

[1]　陈慧敏，仵彦卿. 地下水污染修复技术的研究进展净水技术. 净水技术，2010，29（6）：5-8，89.
[2]　段晓东，钱玮. 浅谈城市雨水的收集和利用. 交通科技，2011（10）：164-167.
[3]　邓风，孙文全，杨金虎，陈卫，马雪姣. 屋面雨水生态净化集成处理系统的应用. 中国给水排水，2009，25（10）：76-78.
[4]　邓卓智，赵生成，吴东敏. 北京奥林匹克公园雨水利用示范工程. 给水排水动态，2009（8）：12-15.
[5]　董蕾，车伍，李海燕，李俊奇，何建平，汪宏玲，孟光辉. 我国部分城市的雨水利用规划现状及存在问题. 中国给水排水，2007，23（22）：1-5.
[6]　杜玉柱，宋松柏. 我国城市雨水利用存在问题及对策探讨. 山西水利科技，2007，166（4）：68-69.
[7]　冯厚军，谢春刚. 中国海水淡化技术研究现状与展望. 化学工业与工程，2010，27（2）：103-109.
[8]　[美] 洛根著. 微生物燃料电池. 冯玉杰，王鑫，等译. 北京：化学工业出版社，2009.

[9] 高从堦. 海水淡化及海水与苦咸水利用发展建议. 北京：高等教育出版社，2007.

[10] 高从堦，陈国华. 海水淡化技术与工程手册. 北京：化学工业出版社，2004.

[11] 何俊仕. 水资源概论. 北京：中国农业大学出版社，2006.

[12] 关锌. 我国地热资源开发利用现状及对策与建议. 中国矿业，2010，19（5）：7-9.

[13] 史海滨，等. 灌溉排水工程学. 北京：中国水利水电出版社，2006.

[14] 金光炎. 地下水文学初步与地下水资源评价. 南京：东南大学出版社，2009.

[15] 金兆丰，徐竟成. 城市污水回用技术手册. 北京：化学工业出版社，2003.

[16] 李梅，李佩成，于晓晶. 城市雨水收集模式和处理技术. 山东建筑大学学报，2007，22（6）：517-520.

[17] 刘长生，汤井田，唐艳. 我国地下水资源开发利用现状和保护的对策与措施. 长沙航空职业技术学院学报，2006，6（4）：69-73，81.

[18] 刘宏远，张燕. 饮用水强化处理技术及工程实例. 北京：化学工业出版社，2005.

[19] 刘维平. 资源循环利用. 北京：化学工业出版社，2009.

[20] 陆泗进，王红旗. 地下水污染修复的可渗透性反应墙技术. 上海环境科学，2005，24（6）：231-236.

[21] 罗英明. 我国城市雨水利用的现状与技术分析. 科技创新导报，2011，（19）：251-253.

[22] 吕伟娅，张瀛洲，关丹桔. 聚福园景观用水的循环处理与雨水利用研究. 给水排水，2002，28（5）：56-58.

[23] 米仲琴，楚英豪，谢嘉，尹华强. 反渗透技术在农村苦咸水淡化中的应用研究. 安全与环境工程，2008，15（4）：47-50.

[24] 莫光靖. 绿色生态小区雨水综合利用现状分析. 才智，2011，（24）：33.

[25] 彭江喜. 浅谈雨水的收集、处理与利用. 水工业市场，2008，（9）：50-53.

[26] 彭志刚. 雨水综合利用技术发展及应用案例. 建设科技，2011，（19）：49-51.

[27] 孙红侠，杨艳红，王京京. 关中地区地下水利用存在问题及对策研究. 陕西水利，2011，（2）：129-130.

[28] 束龙仓，陶月赞. 地下水水文学. 北京：中国水利水电出版社，2009.

[29] 唐江涛，蒋明，娄金生，等. 某大型企业生活区屋面雨水收集与处理. 市政技术，2007，25（6）：457-460.

[30] 汪传新，郭常安，唐银健. 广州亚运村雨水综合利用技术研究. 市政技术，2009，27（1）：57-60.

[31] 王立新，郭颜威，王秀明. 苦咸水淡化处理方法探讨. 安全与环境工程，2006，13（1）：66-69.

[32] 王琳，王宝贞. 分散式污水处理与回用. 北京：化学工业出版社，2003.

[33] 王琪，郑根江，谭永文. 中国海水淡化工程运行状况. 水处理技术，2011，37（10）：12-14.

[34] 王世昌. 海水淡化工程. 北京：化学工程出版社，2003.

[35] 王彦红. 城市雨水收集与利用研究. 洛阳理工学院学报（自然科学版），2010，20（1）：11-13.

[36] 王焰新. 地下水污染与防治. 北京：高等教育出版社，2007.

[37] 相凤奎，刘昌岭，丛晓春，业渝光，孙始财，马燕. 海水淡化工程技术研究进展. 给水排水（增刊），2011，37：35-38.

[38] 严煦世，范瑾初. 给水工程. 4版. 北京：中国建筑工业出版社，1999.

[39] 杨梅，费宇红. 地下水污染修复技术的研究综述. 勘察科学技术，2008，（4）：12-16.

[40] 尹军，陈雷，白莉. 城市污水再生及热能利用技术. 北京：化学工业出版社，2010.

[41] 袁俊生，纪志永，陈建新. 海水化学资源利用技术的进展. 化学工业与工程，2010，27（2）：110-116.

[42] 云桂春，成徐州. 人工地下水回灌. 北京：中国建筑工业出版社，2004.

[43] 詹麒，崔宇. 国地热资源开发利用现状与前景分析. 企业改革与发展，2010，（8）：170-172.

[44] 张莉平，习浸. 特殊水质处理技术. 北京：化学工业出版社，2006.

[45] 张文静，董维红，苏小四，等. 地下水污染修复技术综合评价. 水资源保护，2006，22（5）：1-4.

[46] 周怀东，彭文启. 水污染与水环境修复. 北京：化学工业出版社，2005.

[47] 周维博，施坰林，杨路华. 地下水利用. 北京：中国水利水电出版社，2006.

[48] 朱家玲，等编著. 地热能开发与应用技术. 北京：化学工业出版社，2006.

[49] Khawajia A D, Kutubkhanah I K, Wie J.-M. Advances in seawater desalination technologies. Desalination, 2008, 221 (1-3): 47-69.

[50] Cundya A B, Hopkinsona L, Whitby R L D. Use of iron-based technologies in contaminated land and groundwater remediation: A review. Science the Total Environmental, 2008, 400 (1-3): 42-51.

[51] Gavaskar A R. Design and construction techniques for permeable reactive barriers. Journal of Hazardous Materials, 1999, 66 (1-2): 41-71.

[52] Baciocchi R, Boni M R, D'Aprile L. Characterization and performance of granular iron as reactive media for TCE degradation by permeable reactive barriers. Water Air and Soil Pollution, 2003, 149 (1-4): 211-226.

[53] Charcosset C. A review of membrane processes and renewable energies for desalination. Desalination, 2009, 245 (1-3): 214-231.

[54] Liu C, Zhang K, Zhang J. Sustainable utilization of regional water resources: experiences from the Hai Hua ecological industry pilot zone (HHEIPZ) project in China. Journal of Cleaner Production, 2010, 18 (5): 447-453.

[55] Chong W T, Naghavi M S, Poh S C, Mahlia T M I, Pan K C. Techno-economic analysis of a wind-solar hybrid renewable energy system with rainwater collection feature for urban high-rise application. Applied Energy, 2011, 88 (11): 4067-4077.

[56] Kampman C, Hendrickx T, Luesken F A, Alen T, Huub J M, Jetten M, Zeeman G, Buisman C, Temmink H. Enrichment of denitrifying methanotrophic bacteria for application after direct low-temperature anaerobic sewage treatment. Journal of Hazardous Materials, 2012, 227: 164-171.

[57] Fewkes, A. The use of rainwater for WC flushing the field testing of a collection system. Building and Environment, 1999, 34 (6): 765-772.

[58] Kim H, Han M, Lee J Y. The application of an analytical probabilistic model for estimating the rainfall-runoff reductions achieved using a rainwater harvesting system. Science of Total Environment, 2012, 424: 213-218.

[59] Reddy K R, Adams J A. Effect of groundwater flow on remediation of dissolved-phase VOC contamination using air sparging. Journal of Hazardous Materials, 2000, 72 (2-3): 147-165.

[60] Langwaldt J H, Puhakka J A. On-site biological remediation of contaminated groundwater: a review. Environmental Pollution, 2000, 107 (2): 187-197.

[61] Jones M P, Hunt W F. Performance of rainwater harvesting systems in the southeastern United States. Resources, Conservation and Recycling, 2010, 54 (10): 623-629.

[62] Greenlee L F, Lawler D F, Freeman B D, Marrot B, Moulin P. Reverse osmosis desalination: Water sources, technology, and today's challenges. Water Research, 2009, 43 (9): 2317-2348.

[63] Li H Y, Che W, Li J Q. Optimized design of rainwater harvesting system in gymnasium. Journal of Central South University of Technology, 2006, 13 (s1): 47-51.

[64] Logan B E. Simultaneous wastewater treatment and biological electricity generation. Water Science and Technology, 2005, 52 (1-2): 31- 37.

[65] Hashim M A, Mukhopadhyay S, Sahu J N, Sengupta B. Remediation technologies for heavy metal contaminated groundwater. Journal of Environmental Management, 2011, 92 (10): 2355-2388.

[66] Morrow A C, Dunstan R N, Coombes P J. Elemental composition at different points of the rainwater harvesting system. Science the Total Environmental, 2010, 408 (20): 4542-4548.

[67] Vieno N, Tuhkanen T, Kronberg L. Elimination of pharmaceuticals in sewage treatment plants in Finland. Water Research, 2007, 5 (41): 1001-1012.

[68] Mahmoud N. High strength sewage treatment in a UASB reactor and an integrated UASB-digester sys-

tem. Bioresource Technology，2008，16 (99)：7531-7538.

[69] Elmitwalli T A，Oahn K，Zeeman G，Lettinga G. Treatment of domestic sewage in a two-step anaerobic filter/anaerobic hybrid system at low temperature. Water Research，2002，9 (36)：2225-2232.

[70] Romarís-Hortas V，Moreda-Piñeiro A，Bermejo-Barrera P. Microwave assisted extraction of iodine and bromine from edible seaweed for inductively coupled plasma-mass spectrometry determination. Talanta，2009，79 (3)：947-952.

[71] Villarreal E L，Dixon A. Analysis of a rainwater collection system for domestic water supply in Ringdansen，Norrköping. Sweden. Building and Environment，2005，40 (9)：1174-1184.

第九章 资源循环利用工程与实践

资源是人类社会赖以生存和发展的物质基础，是人类生产和生活的源泉，它决定着人口的分布和转移、社会生产力的布局和调整以及产业结构的组合变化，是经济与社会进步的重要支撑。随着世界人口和经济的迅猛发展，各类自然资源面临着巨大消耗和生态环境保护的双重约束，这就要求人们对资源的开发利用必须树立新的认识和观念，采取新理念和新技术对资源进行高效开发和循环利用。资源循环利用作为一种平衡经济增长、社会发展和环境保护三者关系的可持续发展模式，首先被发达国家所采用，并迅速在世界范围内取得重要发展，成为了一个新的学科概念和新兴交叉领域。目前，围绕社会可持续发展、资源能源的有效利用，世界各国都在努力探索和寻求具体的实施方案。经过长期的实践，一些发达国家已经实现了资源循环利用的法制化和社会化。本章针对资源循环利用产业、低碳生态城市、资源节约型社会和可持续发展实验区，阐述其发展历程和建设途径，并介绍其典型的建设案例。

第一节 资源循环利用产业

一、概述

在此所指的资源，是指物质资源。根据物质资源作为经济社会发展的基础及其形成过程中所赋予的人类劳动的程度，可以将资源分成自然资源、人工物质资源和再生资源三大类。自然资源也称天然资源，是指在其原始状态下就有价值的自然物，它是人类生产的原料来源和布局场所，包括土地资源、水资源、气候资源、矿产资源、生物资源及海洋资源等。自然资源按其赋存形态可分为固体资源、液体资源和气体资源等；按其赋存条件可分为地下资源和地表资源；按其是否具有可更新性可分为可再生资源（如动物、植物、水和海洋等）、不可再生资源（如矿产资源）和恒定资源（如阳光和空气等）。人工物质资源是指人类在生产过程中开发利用自然资源而形成的物质资料，包括能源、原材料及制成品等。人工物质资源是来源于自然资源的阶段性产品，是社会生产和生活所必需的物质资源。广义上再生资源是指在社会生产、流通、消费等过程中产生的，全部或部分失去原有使用价值的，以各种形态积存的，经过回收、加工处理后可重新获得使用价值的废物；狭义上再生资源则是矿产开采过程中废弃的共生伴生矿种等外矿、生产过程中生产的废渣、废水和废气以及消费过程中排泄的废物和垃圾等的统称。从资源再生利用的实践上看，把广义和狭义两者分立、分别规制是不科学的，容易造成概念不清和实施上的困难。日本颁布的《再生资源利用促进法》中指出，再生资源是指伴随着一次被利用或者未被利用而被废弃的可收集物品，及产品的制造、加工、修理、销售或能量的供给、土木建筑等产生的副产品中，可作为原料利用或有可能利用的物料。

当前，资源和环境问题已成为人类社会经济发展的两大瓶颈。从根本上看，资源问题产生的根源是物质资源的短缺，而环境问题产生的根源则是自然资源利用的不合理性。由于物质资源在自然界中储存量的有限性和社会经济发展对物质资源需求量的无限性，形成了物质资源与社会经济发展之间的供需矛盾，这种供需矛盾正随着全世界人口的增长、社会经济的发展和生活水平的提高而日益尖锐。解决这一矛盾的途径之一，是资源循环利用。资源循环利用是指借助回收加工等技术，使在社会的生产、流通、消费中产生的不再具有原使用价值并以各种形态赋存的废旧物料，重新获得使用价值的过程。

资源循环利用是循环经济的核心内涵，它作为一种有效平衡经济增长、社会发展和环境保护三者关系的可持续发展模式，已成为促进社会经济的重要产业之一。资源循环利用产业是对生产、生活所产生的废弃物进行回收、处理、加工后使之成为"再生资源"的产业。资源循环利用产业的实质是把经济活动衍化为"低开采、高利用、低排放"的物质反复循环流动过程，它一方面通过对废弃物的回收、加工、处理，实现资源的再生利用，减少自然资源的耗费；另一方面，通过对废弃物的回收、加工和处理，控制直接排放进入自然系统的废弃物，降低对自然环境造成的破坏。目前，资源循环利用产业主要包含两类：一是资源综合利用产业，如共伴生矿综合利用和产业废弃物的综合利用等；二是再生资源利用产业，如再制造和再生资源回收利用等。

二、资源综合利用产业

1. 基本概念

资源综合利用（integrated use of natural resources）是指以先进的科学技术，对自然资源各组成要素进行的多层次、多用途的开发利用过程。资源综合利用是一个涉及众多领域的系统工程，它以实现"减量化、零排放、零污染"综合治理为目标，形成一个新的产业，成为各国国民经济的一个新的增长点，是保证资源永续利用，实现经济和社会发展战略目标的现实选择。

近20年，世界各国都十分重视资源的综合利用，制定了矿产资源开发对策，如综合找矿、综合利用与综合评价的策略，开辟了矿产资源综合利用的多种途径，在节约资源、能源、改善环境、补充原材料供应以及在高速发展的经济中起着重大的作用。美国在20世纪30年代就开始重视发展能源利用和资源综合利用技术。在50年代末全面开展火力发电厂粉煤灰综合利用工作。近年来，已经把粉煤灰作为一种新的资源，广泛用于建筑、建材、筑路、改土造田、化工、化肥等行业；德国的循环经济发展大致经历了两个阶段：第一阶段从1972年到1996年，这是一个从强调废弃物的末端处理到循环经济模式被正式确认的探索转变过程；第二阶段从1996年至今，这是循环经济大规模发展并不断完善的过程。日本的矿产资源贫乏，绝大部分依赖进口。因此十分注重资源的综合利用，日本资源综合利用产业的发展，已有几十年的历史，日本提倡少用资源、有效地充分利用资源，并把生产的投入产出作为经济发展的动脉，将资源的回收利用视为经济社会发展的静脉，同时致力开发新的能源资源。

目前，资源综合利用的主要范围有：一、矿产资源综合利用，即矿产资源开采过程中共生、伴生矿的综合开发与合理利用，主要是黑色金属矿渣矿等；二、产业废物综合利用，即工业生产过程中产生的废渣、废水（废液）、废气、余热、余压等的回收和合理利用，其中废渣包括煤矸石、粉煤灰、冶金废渣（包括冶金废渣、有色金属渣）、化工废渣（包括磷石膏、电石渣、铬渣、脱硫石膏）和轻工业废渣（包括酒糟、制糖废渣、啤酒糟）等五大类。废水包括冶金废水、造纸废水、食品发酵废水、啤酒废水以及落地原油、污油、废泥浆等。废气包括钢铁业废气、有色金属废气、油气田轻烃、化工废气和石油化工废气等；三、废旧资源综合利用，即社会活动和消费过程中产生的各种废物的回收和再生利用，废旧物资主要包括废钢铁、废纸、废塑料、废橡胶、废玻璃和工业废物等。

2. 我国资源综合利用现状

20世纪80年代以来，中国经济社会建设取得了巨大成就，但粗放型的经济增长方式并没有根本转变，资源利用率低、成本和能耗高。资源和环境问题已成为制约我国全面建设小康社会的最突出的问题。因此，加快转变经济增长方式，提高资源利用效率，改善环境质量，是一项关系子孙后代的百年大计，已引起我国政府的高度重视。开展资源综合利用，推动循环经济发展，是我国转变经济发展方式，走新型工业化道路，建设资源节约型、环境友好型社会的重要措施。加快资源综合利用技术开发、示范和推广应用，引导社会资金投向，为相关单位开展资源综合利用工作提供技术支持，提升我国资源综合利用整体水平，成为我国工作的重点之一。

1985年，国家把资源综合利用作为一项重大的经济技术政策和长远战略方针，国务院颁布了由原国家经委制定的《关于开展资源综合利用若干问题的暂行规定》，制定并出台了一系列有关资源综合利用的政策和措施，调动了企业的积极性；1996年颁布了由原国家经贸委制定的《关于进一步开展资源综合利用的意见》，提出了开展资源综合利用的"因地制宜、鼓励利用、多种途径、讲求实效、重点突破、逐步推广"的方针，进一步明确了资源综合利用的范围，制定了一系列技术标准，成立了相应的机构和体制。"十一五"期间，在《"十一五"资源综合利用指导意见》的指导下，我国资源综合利用规模和利用领域不断扩大、技术水平日益提高，产业化进程不断加快，取得了良好的经济效益和社会效益，对缓解我国资源约束和环境压力，促进经济社会可持续发展发挥了重要作用。"九五"以来，我国在国家政策的正确引导下，资源综合利用规模和利用领域不断扩大、技术水平日益提高，产业化进程不断加快，取得了良好的经济效益和社会效益，对缓解资源约束和环境压力，促进经济社会可持续发展发挥了重要作用。在全面总结了"十一五"资源综合利用工作的基础上，国家发改委于2011年12月出台了《"十二五"资源综合利用指导意见》和《大宗固体废物综合利用实施方案》。提出了"十二五"期间，资源综合利用工作的指导思想、基本原则、主要目标、重点领域以及政策措施，同时提出了在工业、建筑业和农林业等领域产生堆存量大、资源化利用潜力大、环境影响广泛的固体废物综合利用实施方案。就矿产资源的综合利用问题，我国国土资源部印发了《矿产资源节约与综合利用"十二五"规划》，提出了"十二五"期间，我国矿产资源节约与综合利用工作将围绕全面调查资源节约与综合利用现状及潜力、开展先进适用关键技术研发和推广、建设综合利用示范基地和示范工程以及构建资源节约与综合利用长效机制四大任务展开。其中，国土资源部、财政部发出《关于开展矿产资源综合利用示范基地建设工作的通知》，国家将在7个领域中，加大投入力度重点扶持建设一批矿产资源综合利用示范基地：①在油气资源领域，主要扶持开展低渗、超低渗油气资源综合利用等，着力开辟能源资源新领域；②在煤炭资源领域，重点开展晋、陕、内蒙古等地区特厚煤层及煤系伴生资源的综合利用等，建立新型煤炭资源开发利用模式；③在黑色金属领域，主要开展攀西等地区钒钛磁铁矿综合利用等；④在有色金属领域，支持开展赣东北、皖南等地区低品位铜矿及共伴生矿产综合利用等；⑤在稀有、稀土及贵金属领域，主要开展白云鄂博轻稀土和赣南等重稀土示范基地建设，开展胶东、豫西等地区低品位金矿及共伴生资源与尾矿综合利用；⑥在化工及非金属领域，主要开展青海、新疆等地区钾盐资源等特色非金属资源综合利用；⑦在铀矿领域，重点支持北方砂岩型、南方硬岩型铀矿资源综合利用。

"十一五"以来，我国资源综合利用工作取得了显著成就，具体表现如下。

①资源综合利用规模不断扩大。全国资源综合利用率约达 70％，其中矿产资源总回收率和共伴生矿产资源综合利用率分别达到 35％和 40％左右；黑色金属共伴生的 30 多种矿产中，有 20 多种得到了综合利用（表 9-1）；煤矿矿井瓦斯抽放利用率为 33％；粉煤灰、煤矸石综合利用累计分别超过 10 亿吨和 11 亿吨；利用固体废弃资源生产的新型墙体材料产量占中国墙体材料总量的 40％；回收利用废钢铁、废有色金属、废纸和废塑料等再生资源达 9 亿吨。已形成遍布城乡的废旧物资回收网络及区域性废金属、废塑料、废纸等集散市场，全国钢、有色金属、纸浆等产品的原料近 1/3 来自再生资源。50％以上的钒、22％以上的黄金、50％以上的钯、铈、镓、铟、锗等稀有金属来自于综合利用。

表 9-1　我国资源综合利用目录

一、伴生资源生产的产品

　1. 煤系伴生的产品　高岭岩(土)、铝矾土、耐火黏土、膨润土、硅藻土、玄武岩、辉绿岩、大理石、花岗石、硫铁矿、硫精矿、瓦斯气、褐煤蜡、腐殖酸及腐质酸盐类、石膏、石墨、天然焦及其加工利用的产品

　2. 黑色金属矿山和黄金矿山回收的产品　硫铁矿、铜、钴、硫、萤石、磷、钒、锰、氟精矿、稀土精矿、钛精矿

　3. 有色金属矿山回收的主要金属以外产品　硫精矿、硫铁矿、铁精矿、萤石精矿及各种精矿和金属，以及利用回收的残矿、难选矿及低品位矿生产的精矿和金属

　4. 利用黑色、有色金属和非金属及其尾矿回收的产品　铁精矿、铜精矿、铅精矿、锌精矿、钨精矿、铋精矿、锡精矿、锑精矿、砷精矿、钴精矿、绿柱石、长石粉、萤石、硫精矿、稀土精矿、锂云母

　5. 黑色金属冶炼(企业)回收的产品　铜、钴、铅、锌、钒、钛、铌、稀土，有色金属冶炼(企业)回收的主要金属以外的各种金属及硫酸

　6. 磷、钾、硫等化学矿开采过程中回收产品　钠、镁、锂等副产品

　7. 利用采矿和选矿废渣生产的金属、非金属产品和建材产品

　8. 原油、天然气生产过程中回收提取的轻烃、氦气、硫黄及利用伴生卤水生产的精制盐、固盐、液碱、盐酸、氯化石蜡和稀有金属

二、"三废"生产的产品

　(1)固体废物生产的产品

　9. 利用煤矸石、铝矾石、石煤、粉煤灰(渣)、硼尾矿粉、锅炉炉渣、冶炼废渣、化工废渣及其他固体废物、生活垃圾、建筑垃圾以及江河(渠)道淤泥、淤沙生产的建材产品、电瓷产品、肥料、土壤改良剂、净水剂、作物栽培剂；以及利用粉煤灰生产的漂珠、微珠、氧化铝

　10. 利用煤矸石、石煤、煤泥、共伴生油母页岩、高硫石油焦、煤层气、生活垃圾、工业炉渣、造气炉渣、糠醛废渣生产的电力、热力及肥料，利用煤矸石生产的水煤浆，以及利用共伴生油母页岩生产的页岩油

　11. 利用冶炼废渣回收的废钢铁、铁合金料、精矿粉、稀土、废电极、废有色金属以及利用冶炼废渣生产的烧结料、炼铁料、铁合金冶炼溶剂、建材产品

　12. 利用化工废渣生产的建材产品、肥料、纯碱、烧碱、硫酸、磷酸、硫黄、复合硫酸铁、铬铁

　13. 利用制糖废渣、滤泥、废糖蜜生产的电力、造纸原料、建材产品、酒精、饲料、肥料、赖氨酸、柠檬酸、核甘酸、木糖，以及利用造纸污泥生产的肥料及建材产品

　14. 利用食品、粮油、酿酒、酒精、淀粉废渣生产的饲料、碳化硅、饲料酵母、糠醛、石膏、木糖醇、油酸、脂肪酸、菲丁、肌醇、烷基化糖苷

　15. 利用炼油、合成氨、合成润滑油、有机合成及其他化工生产过程的废渣、废催化剂回收的贵重金属、絮凝剂及各类载体生产的再生制品及其他加工产品

　(2)综合利用废水(液)生产产品

　16. 利用化工、纺织、造纸工业废水(液)生产的银、盐、锌、纤维、碱、羊毛脂、PVA(聚乙烯醇)、硫化钠、亚硫酸钠、硫氰酸钠、硝酸、铁盐、铬盐、木素磺酸盐、乙酸、乙二酸、乙酸钠、盐酸、黏合剂、酒精、香兰素、饲料酵母、肥料、甘油、乙氰

　17. 利用制盐液(苦卤)及硼酸废液生产的氯化钾、溴素、氯化镁、无水硝、石膏、硫酸镁、硫酸钾、制冷剂、阻燃剂、燃料、肥料

　18. 利用酿酒、酒精、制糖、制药、味精、柠檬酸、酵母废液生产的饲料、食用醋、酶制剂、肥料、沼气，以及利用糠醛废液生产的醋酸钠

　19. 利用石油加工、化工生产中生产的废硫酸、废碱液、废氨水以及蒸馏或精馏金残液生产的硫黄、硫酸、硫铵、氟化铵、氯化钙、芒硝、硫化钠、环烷酸、杂酚、肥料，以及利用酸、碱、盐等无机化工产品和烃、醇、酚有机酸等有机化工产品

续表

二、"三废"生产的产品

20. 从含有色金属的线路板蚀刻废液、废电镀液、废感光乳剂、废定影液、废矿物油、含砷含锑废渣提取各种金属和盐,回收各种有机溶剂

21. 利用工业酸洗废液生产的硫酸、硫酸亚铁、聚合硫酸铁、铁红、铁黄、磁性材料、再生盐酸、三氯化铁、三氯化二铁、铁盐、有色金属等

22. 利用工矿废水、城市污水及处理产生的污泥和畜禽养殖污水生产的肥料、建材产品、沼气、电力、热力及燃料

23. 利用工矿废水、城市污水处理达到国家有关规定标准,用于工业、农业、市政杂用、景观环境和水源补充的再生水

(3)综合利用废气生产的产品

24. 利用炼铁高炉煤气、炼钢转炉煤气、铁合金电炉煤气、火炬气以及炭黑尾气、工业余热、余压生产电力、热力

25. 从煤气制品中净化回收的焦油、焦油渣产品和硫黄及其加工产品

26. 利用化工、石油化工废气、冶炼废气生产的化工产品和有色金属

27. 利用烟气回收生产的硫酸、磷铵、硫铵、硫酸亚铁、石膏、二氧化硅、建材产品和化学产品

28. 利用酿酒、酒精等发酵工业废气生产的二氧化碳、二冰、氢气

29. 从炼油及石油化工尾气中回收提取的火炬气、可燃气、轻烃、硫黄

三、再生资源生产的产品

30. 回收生产和消费过程中产生的各种废旧金属、废旧轮胎、废旧塑料、废纸、废玻璃、废油、废旧家用电器、废旧电脑及其他废电子产品

31. 利用废家用电器、废电脑及其他废电子产品、废旧电子元器件提取的金属(包括稀贵金属)非金属和生产的产品

32. 利用废电池提取的有色(稀贵)金属和生产的产品

33. 利用废旧有色金属、废马口铁、废感光材料、废灯泡(管)加工或提炼的有色(稀贵)金属和生产的产品

34. 利用废棉、废棉布、废棉纱、废毛、废丝、废麻、废化纤、废旧聚酯瓶和纺织厂、服装厂边角料生产的造纸原料、纤维纱及织物、无纺布、毡、黏合剂、再生聚酯产品

35. 利用废轮胎等废橡胶生产的胶粉、再生胶、改性沥青、轮胎、炭黑、钢丝、防水材料、橡胶密封圈,以及代木产品

36. 利用废塑料生产的塑料制品、建材产品、装饰材料、保温隔热材料

37. 利用废玻璃纤维生产的玻璃和玻璃制品以及复合材料

38. 利用废纸、废包装物、废木制品生产的各种纸及纸制品、包装箱、建材产品

39. 利用杂骨、皮边角料、毛发、人尿等生产的骨粉、骨油、骨胶、明胶、胶囊、磷酸钙及蛋白饲料、氨基酸、再生革、生物化学制品

40. 旧轮胎翻新和综合利用产品

41. 农林水产废弃物及其他废弃资源生产的产品 利用林区三剩物、次小薪材、竹类剩余物、农作物秸秆及壳皮(包括粮食作物秸秆、农业经济作物秸秆、粮食壳皮、玉米芯)生产的木材纤维板(包括中高密度纤维板)、活性炭、刨花板、胶合板、细木工板、环保餐具、饲料、酵母、肥料、木糖、木糖醇、糠醛、糠醇、呋喃、四氢呋喃、呋喃树脂、聚四氢呋喃、建材产品

42. 利用地热、农林废弃物生产的电力、热力

43. 利用海洋与水产产品加工废弃物生产的饲料、甲壳质、甲壳素、甲壳胺、保健品、海藻精、海藻酸钠、农药、肥料及其副产品

44. 利用刨花、锯末、农作物剩余物、制糖废渣、粉煤灰、冶炼废矿渣、盐化工废液(氯化镁)等原料生产的建材产品

45. 利用海水、苦咸水制备的生产和生活用水

46. 利用废动、植物油,生产生物柴油及特种油料

47. 利用沼气供电

注:为避免重复,特将表中多次出现的名词解释如下。①建材产品,包括水泥、水泥添加剂、水泥速凝剂、砖、加气混凝土、砌块、陶粒、墙板、管材、混凝土、砂浆、道路井盖、路面砖、道路护栏、马路砖及护坡砖、防火材料、保温和耐火材料、轻质新型建材、复合材料、装饰材料、矿(岩)棉以及混凝土外加剂等化学建材产品。②冶炼废渣,包括转炉渣、电炉渣、铁合金炉渣、氧化铝赤泥、有色金属灰渣,不包括高炉水渣。③化工废渣,包括硫铁矿渣、硫铁矿煅烧渣、硫酸渣、硫石膏、磷石膏、磷矿煅烧渣、含氰废渣、电石渣、磷肥渣、硫黄渣、碱渣、含钡废渣、铬渣、盐泥、总溶剂渣、黄磷渣、柠檬酸渣、制糖废渣、脱硫石膏、氟石膏、废石膏模。

②　资源综合利用技术水平日益提高、产业化进程不断加快。新型高效预处理技术和浮选药剂的开发与应用，促进了含金银多金属矿的综合回收和钒钛矿资源、镍矿伴生资源获得了综合利用；炉渣回收和磁选深加工技术的应用，使转炉钢渣、电炉炉渣等获得了综合利用，高铝粉煤灰提取氧化铝技术实现了产业化；废建材利用设备生产基本实现国产化，全煤矸石烧结砖技术装备已达到国际先进水平；年产 5000 万平方米全脱硫石膏大型纸面板生产线已建成；粉煤灰综合利用向大掺量、高附加值方向发展；利用煤矸石、煤泥等低热值燃料发电的循环流化床锅炉容量最大已达 450t/h，在提高废物利用效率和发电效率的同时有效地降低了污染物排放；利用废动植物油生产生物柴油技术实现了产业化。

③　资源综合利用取得了良好的经济效益和社会效益。资源综合利用成为我国新的经济增长点之一，一大批企业通过资源综合利用调整结构、提高经济效益、创造就业机会，实现了资源综合利用产值和利润占企业的总产值、利润过半的目标，达到了经济发展和环境保护双赢的目的。2010 年，我国资源综合利用产业的年产值超过 1 万亿元，就业人数超过 2000 万人。其中全国煤矸石、煤泥发电装机容量达到了 2100 万千瓦，相当于 4000 多万吨原煤的发电量，综合利用发电厂家 400 多家，增加就业人数近 10 万人；从钢渣中提取钢铁约 650 万吨，相当于 2800 万吨铁矿石的产钢量；通过综合利用各种固体废物累计减少堆存占地约 16 万亩。

④　激励和扶持法规、政策日趋完善。国家相继出台了一系列鼓励资源综合利用的政策，其中包括《循环经济促进法》、《节能法》和《清洁生产促进法》等，各有关部门还相继发布了《中国资源综合利用技术政策大纲》、《矿产资源节约与综合利用鼓励、限制和淘汰技术目录》、《再生资源回收管理办法》和《资源综合利用企业所得税优惠目录（2008 年）》等。尤其是国家开展了资源综合利用认定管理工作，实施了税收减免优惠政策，极大地调动了企业的资源综合利用积极性，真正发挥了法规政策的引导和激励作用；为抑制毁田烧砖，国家设立了墙体材料专项基金，推进以固体废物为原料的新型墙体材料的开发应用，同时出台了对实心黏土砖生产的限制性政策，为新型墙体材料创造了更大的市场需求。

我国资源综合利用虽然取得很大成绩，但远不能适应我国转变经济发展模式，建设资源节约型、环境友好型社会的要求，与发达国家相比，我国资源综合利用水平仍存在较大差距，主要表现在：①我国的资源消耗高、利用率低。目前，我国矿产资源总回采率仅为 30％左右，比世界平均水平低 20 个百分点，对共生、伴生矿进行综合开发的只占三分之一，综合回采率不足 20％，采富弃贫、采易弃难，甚至掠夺开采，严重浪费和破坏资源的现象相当严重。我国单位国民生产总值所消耗的矿物原料比发达国家高 2～4 倍，能源效率只有 30％左右，比国外先进水平低 10 个百分点，单位国民生产总值能耗是发达国家的 3～4 倍。资源利用不合理、消耗高、浪费大，导致了两种极为严重的结果：一是企业成本高，经济效益低下，严重影响经济增长的质量和效益；二是环境污染严重，生态环境不断恶化。②废物综合利用和无害化处理程度低。一是固体废物综合利用率低。1995 年全国工业固体废物产生量为 7.4 亿吨，累计堆存量已达 65 亿吨，占地约 5 万～6 万公顷。每年产生的固体废物可利用而未利用的资源价值已达 25 亿元。二是城市垃圾无害化处理率低。近几年我国城市生活垃圾产生量以每年 8％～10％的速增长，大量的废旧电子电器、废有色金属、废纸、废塑料、废玻璃和废旧木质材料等还没有得到有效的利用，既浪费了资源，又污染了环境。

为此，《"十二五"资源综合利用指导意见》根据我国资源综合利用的特点和经济社会发展的要求，明确了我国今后资源综合利用的三大领域 9 个重点推进项目。①矿产资源的综合开发利用：提高石油、煤炭等能源矿产的共伴生资源的综合利用能力和水平，开展黑色、有色、贵金属和稀有稀土金属矿产共伴生资源的多元利用、梯级利用和高值利用，发展非金属矿产伴生资源的深加工和综合利用。②排放量大、堆存量大、污染严重的大宗固体废物的高附加值利用：继续推进粉煤灰、煤矸石、尾矿、脱硫石膏、磷石膏、冶炼废渣、建筑垃圾等废物资源化利用，加强对生产、生活过程中产生的废水、废气及余压余热的回收利用。③再生资源的回收利用。推进废旧电子电器、废旧轮胎（橡胶）、废旧纺织品、废塑料和海洋废物等可再生资源的回收利用，加强秸秆综合利用，推广秸秆肥料、饲料、食用菌基料、工业原料、燃料等，推进秸秆等节材代木项目的发展。具体定量指标为：到2015年，矿产资源总回收率与伴生矿产资源综合利用率分别达到40％和45％；大宗固体废物综合利用率达50％，其中工业固体废物综合利用率达72％，农作物秸秆综合利用率力争超过80％；再生资源回收利用率达70％，其中铝、铜、铅的回收量分别占其当年总产量的30％、40％和70％。

三、资源再生利用

1. 资源再生利用产业内涵

资源再生利用产业（Resources Recycling Industry），又称固体废物资源化产业。主要是指对社会生产过程和生活消费中产生的各种废物进行回收和再加工利用的产业，来源于社会生产的静脉过程。资源再生利用产业包括废物转化为再生资源及将再生资源加工为产品两个过程。其活动过程可分为废物回收、再资源化、最终处置和再生资源销售等四个阶段。

由于资源再生利用产业能使工业和生活垃圾变废为宝、循环利用，如同将含有二氧化碳的血液送回心脏的静脉，日本学者将之称为"静脉产业"（Venous Industry）。它以保障环境安全为前提，以节约资源、保护环境为目的，运用先进技术，将生产和消费过程中产生的废物转化为可重新利用的资源和产品，实现各类废物的再利用和资源化。"静脉产业"把传统的"资源—产品—废弃物"的线性经济模式转变为"资源—产品—再生资源"的闭环经济模式，它通过资源的循环利用，减少对原生自然资源的开采，从而把经济系统对

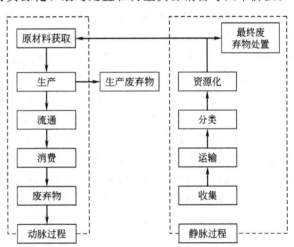

图 9-1　社会生产的动脉过程与静脉过程

自然生态系统的影响降低到最低程度。图 9-1 所示为社会生产的动脉过程与静脉过程。

2. 资源再生利用产业产生背景

随着经济社会的发展，人类对自然资源的开发利用日益广泛和深入，全球资源日益枯竭，资源供应日趋紧张，现在，70％的矿产资源已经从地下"搬"到了地上，以"垃圾"的形式堆积在城市中，总量高达数千亿吨，还以每年100亿吨的数量增加。西方发达国家迫于资源危机的巨大压力和环境污染防治的急切需要，纷纷投入巨额资金，制定优惠政策，提供技术支持，建立资源再生产业，现在资源再生产业已成为全球发展最快的产业之一。与自然资源的开发利用相比较，资源再生利用不需要复杂的开采和富集加工过程，可大幅降低成本和能耗，提高经济效益，同时通过资源的回收利用，还可减少原生自然资源的开采，显著改善生态环境，实现资源的良性循环。

再生资源产业的指导思想是循环经济理念，一般认为循环经济萌芽于 20 世纪 60 年代美国的 Boulding 提出的"宇宙飞船理论"，该理论认为地球就如同一艘在太空中飞行的宇宙飞船，要依靠消耗其自身的资源维持，如果还是如以前那般线性地利用地球上的资源、肆意破坏环境，地球将因资源耗竭走向毁灭。但直到 1990 年，英国的 Pearce 和 Turner 在《自然资源和环境经济学》中第一次提出了"循环经济（Circular Economy）"这一概念，是 1992 年联合国环发大会提出可持续发展道路之后，德国等欧洲国家提出了循环经济发展战略，循环经济作为实践性概念在德国、日本和美国开始实施。再生资源利用产业作为循环经济系统的一个构成部分，它既是循环经济体系的末端环节，也是决定循环经济能否完成闭环周转的关键环节，被许多国家作为战略性产业开始形成并得到迅速发展，成为 21 世纪世界经济新的增长点和主导产业。

3. 资源再生利用产业现状

资源再生利用产业通常也被称为"第零产业"或"第四产业"，在西方发达国家发展很快。美国早在 1965 年就制定了《固体废物处置法》，1970 年修订为《资源回收法》，1976 年又修订成为《资源保护再生法》，以法律的形式将固体废物的再生利用确定下来，1984 年美国国会通过了《资源保护与回收法》，强调要资助各州政府的环保局建立有关废弃物处理、资源回收的规划、回收技术及有关设备的研究和开发。目前，美国每年回收处理 7000 万吨含铁废料，其中出口废钢铁 1500 万吨，占世界的 30%；回收 6000 万吨废纸，其中出口 1000 万吨，占世界的 40%；同时还回收 410 万吨废铝、150 万吨废铜、110 万吨废不锈钢、250 万吨废玻璃、5600 万吨废轮胎以及 45 万吨废塑料等；工业固体废物回收率为 40%～50%，生活废弃物回收率为 35%～40%；美国再生资源企业有 5.6 万个，从业人员约 130 万人，年产值达 2360 亿美元，超过汽车行业成为美国最大的支柱产业。

日本是一个资源极其匮乏的国家，为保证废弃物循环再利用，日本于 1991 年颁布施行了《再生资源利用促进法》，并于 1995 年又颁布了《促进容器包装分别收集及再商品化法》，推进容器包装的分类收集和资源化利用。同时日本还十分重视废弃物再生利用设备的开发和利用，专门颁布了《充分利用民间事业能力促进特定设施的配置领事措施法》。目前，日本的废塑料、废橡胶回收率已达 90%，生活废弃物回收率达到 30% 以上，并已建立起比较成熟的废旧物资回收网络和交易市场，再生资源产业的从业人员约 1400 万人，年产值高达 3500 亿美元。

欧盟国家废物的回收一直处于世界领先水平，目前欧洲大约有 28 个国家制定了垃圾回收法令，另有 16 个国家建立废旧电池回收法，近 12 个国家建立了有关电子产品回收的法律法规。以有色金属的回收为例，2002 年欧盟国家有色金属的平均回收率为 34.7%（目前约为 45%），其中铝、铜、铅、镍和不锈钢等的回收率均在 35% 以上。2003 年有色金属回收率，铝为 30%～40%，铅为 50%～60%，铜为 40%～50%，镍为 35%～45%，锌为 20%～30%，锡为 15%～20%，镉为 10%～15%，不锈钢 50%。欧盟国家包装物的回收率也较高，2003 年的回收总量约为 9943.5 万吨，回收率为 40.75%，其中德国最高，为 65%（目前约为 83%），奥地利为 63%，瑞典为 60%，荷兰为 57%，法国为 42%。欧洲议会提出建议，2006 年后欧洲金属包装物的回收率要达到 55% 以上。德国作为发达国家中废物回收率最高的国家，进一步提出创造"无垃圾社会"的目标，要求所有产品都必须从包装品到产品报废后的处理均不得产生垃圾。

20 世纪 60 年代前，我国资源回收利用走在世界前列，周恩来总理在 1958 年就提出："实行收购废品，变无用为有用，勤俭节约，变破旧为崭新"。这一时期，仅上海就有 433 家废品收购点，大到家具、各种废器具，小到鸡毛、肉骨头，回收品种有 100 多种。这些经验至今受各发达国家所推崇。但我国资源再生产业在向市场经济转轨过程中，却出现了一定程度的萎缩，直到改革开放以来，特别是随着我国可持续发展战略的实施，废旧物资回收产业才重新获得发展较快。"十一五"期间，我国再生资源产业回收总量年均增长率达到 12% 以上，2009 年总产值达到 1443.86 亿元。2010 年我国工业固体废物综合利用量从 2005 年的 7.7 亿吨增加到 2010 年的 15.2 亿吨，其中废钢铁 8000 万吨、废有色金属 750 万吨、废塑料 1200 万吨、废纸 3700 万吨、废旧电子电器产品约合 290 万吨（1.2 亿台套）。综合利用率由 55.8% 提升到 69%，煤矸石、粉煤灰、钢铁渣、尾矿、工业副产石膏的综合利用量分别达到 4 亿吨、3 亿吨、1.8 亿吨、1.7 亿吨和 0.5 亿吨，再生资源的回收利用量达到 1.4 亿吨。目前，全国有各类废旧物资回收企业 5000 多家，回收网点 16 万个，回收加工企业 3000 多家，从业人员超过 1000 万人，再生资源回收利用体系初步形成。

"十二五"期间，国家把加快培育和发展战略性新兴产业提升到产业结构战略调整的重要位置，其中节能环保和资源循环利用产业被列为战略性新兴产业之一。据预测，到 2015 年，节能环保产业产值将达到 4.5 万亿元以上，约占当年 GDP 的 8%，其中资源循环利用产业规模将快速增长，产值将达到 1.5 万亿元。

4. 资源再生利用产业发展保障

将资源再生产业称为"静脉产业"，并不是经济发展过程中新生的产业部门，而是对已有产业部门的新的划分方式，这样划分的意义在于：引导经济活动的主体以系统性、全局性的视角重新审视传统的经济模式，将着眼点由动脉产业逐步地转向整个动、静脉产业系统，以解决日益严峻的资源与环境问题，进而实现整个社会的可持续发展。作为一个产业，再生资源产业与一般产业一样，具有以其向社会所提供的服务与产品而获取相应经济收益的基本属性与特征，但由于再生资源通常具有赋存形式的分散性、理化特性的不确定性、获得渠道与数量的不稳定性以及使用范围的狭窄性等特点，资源再生产业的发展单纯依靠市场机制是不够的，需要政府给予必要的政策支持，引导企业和社会形成支持静脉产业发展的良好氛围。应从法律法规、政策、制度、市场、技术、教育、社会等方面建立多因素保障系统，以确保静脉产业的顺利发展。

（1）构建社会化的产业发展体系　发达国家在推进资源再生利用产业发展中，注重按照废物回收、拆解利用和无害化处置三大系统，建立起社会化的产业体系，推进回收与利用一体化发展。例如，德国的 DSD 双元回收系统是按照社会化的产业发展体系建立起来的一个专门对包装废物进行回收利用的体系。它由产品生产厂家、包装物生产厂家、商业企业以及垃圾回收部门联合组成，接受企业的委托，组织回收者对废物进行分类，并送往相应的再生资源加工利用厂家。社会化产业发展体系的构建，促使德国循环经济走在世界的前列。

（2）建立产业技术研发体系　再生资源加工利用产业的专业性技术较强，需要建立产业技术研发体系，为产业发展提供技术支撑，尤其是要加快淘汰落后的生产工艺和设备，积极推广先进适用技术。例如，美国投入大量的资金对再生资源利用技术的研究与开发，并建立起较完善的产业技术研究与开发体系，拥有多层次、多门类的资源循环利用技术研发机构和综合性的资源循环科学研究与管理机构，有规模庞大的技术研发队伍，其再生资源利用技术的创新水平居于世界的领先地位。同时，美国政府还特别注意根据国内外产业发展的变化及时调整国家环保与资源利用技术战略，为技术研究的创新和产业化创造更加有利的条件。

（3）调整产业布局，发挥聚集效应　调整资源再生利用产业的空间布局，对产业进行规范管理，既有利于减少或废旧物资拆解加工对环境造成的污染，也有利于发挥产业的聚集经济效应,降低企业的交易成本。发达国家的"静脉产业"通常采用综合产业园区以及生态工业园的空间发展模式,效果良好。例如,丹麦的卡伦堡生态工业园区,集中了大量的再生资源加工利用企业,既承接上游企业废物的再加工,又为下游企业提供再生原料,取得良好的聚集经济效应。

(4) 发挥中介服务组织和行业组织的作用　这方面的保障措施主要有以下几种。①建立专门的情报机构,促进废旧物资的回收。例如,日本大阪有关部门专门建立了废旧物品回收情报服务机构。该机构出版的《大阪资源信息循环月刊》,定期发布各类废旧物品方面的信息。②发挥社区服务组织在废物回收网络体系建设中的作用。例如,加拿大蒙特利尔市政府定期与社区服务组织签订环境维护与废弃物回收合同,要求该组织协助政府贯彻落实相关政策。③发挥社团和地方公共团体在产业政策实施中的作用。例如,由日本经济界资助的清洁中心是一个财团组织机构,专门负责再生资源利用的技术开发和推广,产业政策宣传和技术人才的培训等。④发挥行业组织在推进产业发展中的作用。例如,美国电子工业联合会(EIA)在促进电子企业承担责任、开展消费者教育以及建立电子垃圾回收机制方面起到了非常重要的作用。

(5) 创造良好的制度环境　主要是制定和完善保障产业发展的法律政策体系。目前,日本在再生资源回收利用方面的法律体系是比较完备的,不仅有基本法,还有 2 部综合法,以及根据各种产品性质制定的各类法律法规;德国 1994 年通过了《循环经济及废弃物法》,为所有废弃物的回收处理提供了依据;美国在 1976 年通过了《资源保护回收法》,有半数以上的州制定了与资源回收利用相关的法规。例如,加利福尼亚州于 1998 年通过了《综合废弃物管理法令》,要求在 2000 年以前,50%的废弃物要通过资源削减和再循环的方式进行处理。

制定鼓励产业发展的相关政策主要有以下几种。①实行税收优惠政策。美国的亚利桑那州从 1999 年开始对废旧物资的再生利用实行税收优惠政策。对购买回收再生资源的企业可减税(销售税)10%。日本对废塑料制品类再生处理设备,在使用年限内除了普遍退税外,还按价格的 14%进行特别退税。②征收新材料税。美国对超过立法规定的新材料使用标准的企业,征收新材料税,限制其对新原材料的使用,鼓励企业使用再生资源。③征收填埋和焚烧税。美国对公司和企业征收垃圾填埋和焚烧税,目的是限制和减少企业对原材料的使用,鼓励对生产废物、垃圾的再利用。④对企业实行财政补贴政策。日本对中小企业从事资源循环利用技术研究与开发的项目给予补贴,补贴费占其研发费用的 50%左右。⑤对企业提供融资优惠政策。日本对设置资源回收系统的企业,由非赢利性的金融机构提供中长期的优惠利率贷款。

5. 再生资源利用产业发展趋势

随着世界发达国家循环经济的推进和可持续发展战略的实施,资源再生利用产业将呈现以下发展趋势。

① 在经济发展中的地位将不断提升。2010 年,世界资源再生利用总产值达 1.8 万亿美元,预计在未来 30 年内,资源再生利用产业为全球提供的原材料将由目前占原料总量的 30%,提高到 80%,产值超过 3 万亿美元,提供就业岗位 3.5 亿个,成为 21 世纪的主导产业。

② 发达国家的废弃资源出口量将逐步减少。由于发达国家再生资源拆解利用的人工成本较高,一些国家多年来将部分废弃资源,如部分废旧电子产品实行出口。但是随着本国经济发展对再生资源需求量的逐渐增加,其出口量将呈不断下降的趋势。美国和欧盟国家的一

些有色金属企业，在 2003 年就提出要限制和减少废旧金属的出口。

③ 再生资源利用技术研究与开发将进一步加强。随着资源再生利用产业发展的需要，各国将进一步加强再生资源利用技术方面的资金投入，不断提高废旧资源的综合利用技术与装备水平。例如，日本综合科学技术会议上通过了"分领域促进战略"，把"零垃圾型"和"资源循环型"技术作为今后努力研究的重点。

④ 产业分工不断细化，企业规模结构逐步趋向合理。随着资源再生利用产业的发展和社会化体系的逐步完善，产业内部的分工将进一步细化，以有利于按照废弃物的不同种类和性能进行回收、加工利用和无害化处理。同时各国还不断调整企业规模结构，使其逐步趋向合理。

⑤ "产学研"相结合，生态工业园区将不断发展。目前，世界发达国家已经建成和正在建设一批再生资源产业园区和生态工业园区。今后，为适应资源再生利用产业的发展需要，各具特点的生态产业园还将将不断出现。同时，在各国生态园区建设中，采取"产学研"相结合的方式已成为趋势。

⑥ 根据产业发展的实践不断完善法规政策体系。目前，世界发达国家关于资源再生利用产业的法律政策体系比较完善。随着实践中出现的问题，各国还将不断完善其法规政策体系，为资源再生利用产业的发展营造良好的制度环境。

四、资源综合利用产业园建设案例

1. 资源再生利用产业园的基本特征

资源再生利用产业园是静脉产业类生态工业园区。生态工业园区是依据循环经济理念、工业生态学原理和清洁生产要求而设计建立的一种新型工业园区。它通过物流或能流传递等方式把不同工厂或企业连接起来，形成共享资源和互换副产品的产业共生组合，建立"生产者-消费者-分解者"的物质循环方式，使一家工厂的废物或副产品成为另一家工厂的原料或能源，寻求物质闭环循环、能量多级利用和废物产生最小化。根据国家环保局颁布的有关规定，我国生态工业园区通常依照综合类、行业类和静脉产业类（资源再生利用产业）三个类别进行建设、管理和验收。

综合类生态工业园区由不同工业行业的企业组成，主要指在高新技术产业开发区、经济技术开发区等工业园区基础上改造而成的生态工业园区。《综合类生态工业园区标准（试行）》由经济发展、物质减量与循环、污染控制和园区管理四部分组成，共 21 个指标；行业类生态工业园区则是以某一类工业行业的一个或几个企业为核心，通过物质和能量的集成，在更多同类企业或相关行业企业间建立共生关系而形成的生态工业园区。《行业类生态工业园区标准（试行）》由经济发展、物质减量与循环、污染控制和园区管理四部分组成，共 19 个指标；静脉产业类生态工业园区是以从事静脉产业生产的企业为主体建设的生态工业园区。《静脉产业类生态工业园区标准（试行）》由经济发展、资源循环与利用、污染控制和园区管理四个方面组成，共 20 个指标。

资源再生利用产业园是资源再生利用产业的实践形式，通常也叫静脉产业类生态工业园，它是以资源再生利用企业为主体建设的一类产业园。该类园区既可以提升资源再生利用产业的规模和科技含量，也有利于资源再生利用过程中的污染防治和环境管理，是循环经济建设的重点领域之一。资源再生利用产业园一般是按照循环经济的发展要求，根据地方产业发展特色和区域环境保护发展水平，由地方政府部门集中规划、政府与企业共同投资，通过将相关的资源回收、再生及利用企业进行有机组合，在产业园内形成有效的生态型产业链，从而使废物的处理处置和再生利用向规模化、产业化、标准化方向发展。资源再生利用产业园的建设涉及工程、技术、管理、信息、机构、基础设施等多个方面。

从其指标体系来看，静脉产业园区具有生态工业的一般特征，同时又区别于传统的生态工业园区。其主要特征如下。①保障环境安全为前提。防止由于高污染、高危害性的固体资源积聚而引起的二次污染和健康安全风险。②资源利用与生态保护并重。在实现资源开发利用的同时，注重系统整体与外部环境相协调。③环境效益和经济效益双赢。在实现资源再生利用，实现总体资源的增值和生态经济双赢。④技术与制度相整合。强调物质有序循环、能量多级利用的技术方法和机构监管、政策支持的有效整合。

2. 资源再生利用产业园的建设案例

随着资源循环工业园区概念的提出和清洁生产、生态工业等思想的推广，世界范围内出现了许多包含物质交换和废物循环在内的共生体项目和计划，即资源循环工业园区。一些工业园区管理先进的国家，如丹麦、美国、加拿大等，很早就开始规划建设资源循环工业示范园区，其他国家如泰国、印度尼西亚、菲律宾等发展中国家也在积极兴建此类园区。20世纪90年代以来，资源循环工业园区开始成为世界工业园区发展领域的主题，并取得了较丰富的经验。目前，全球资源循环工业园区项目每年以成倍的速度在发展。其中，日本的Eco-town或Biaomass-town案例成为当今静脉产业园区建设的典范。截至2006年1月，日本共建成了26个Eco-town项目。最典型的有北九州和川崎静脉产业园区。天津静海子牙产业园区是我国静脉产业园区典范。

(1) 川崎生态工业园区 川崎生态工业园区是1997年日本第一个被批准的生态工业园区，它创建的宗旨在于将各种垃圾作为其他产业的原料进行回收利用，以尽可能实现不排放垃圾（零排放），建造资源循环社会。川崎生态工业园区项目的具体内容，是集中开展家电、汽车、塑料瓶等各种物品的再利用项目，目前共有71企业，占地0.9hm²，5个企业已通过认证作为生态城的硬件项目。其中，硬件项目主要包括制备用作鼓风炉原料的废塑料回收厂、制备混凝土模板作业用的NF板制造厂、难回收纸的回收处理厂、制备氨用原料的废塑料回收厂、废PET瓶回收再生厂，其他项目包括废家用电器回收系统、用工业废物制造水泥厂、不锈钢制造厂废物的回收利用项目。

(2) 北九州生态园区 北九州生态园区在1997年7月获得批准建设，园区位于若松区响滩地区，以进行新开发技术实证实验的"实证研究区"、提倡产业化发展的"综合环境联合企业区"以及由中小企业组成的"响滩回收园区"为中心，力争将响滩东部地区建设成为一个综合性基地。园区以综合环境工业区为产业中心，并不断完善实证研究区和废物研究设施的建设，与高等院校、科研机构及政府建立合作关系，形成了政、产、学、研相结合的技术研发体系。

园区由综合环保联合企业、响滩再生利用工厂区、响滩东部地区、循环利用专用港等组成。其综合环保联合企业指开展有关环保产业的企业化项目的区域，将通过各个企业的相互协作，推进区域内零排放型产业联合企业化，成为资源循环基地。主要的静脉设施有：废PET瓶再生项目、废办公设备回收项目、废汽车再生项目、废家电再生项目、废荧光灯管再生项目、废医疗器具再生项目、建筑混合废物再生项目、有色金属综合再生项目。

(3) 天津静海子牙产业园区 天津静脉子牙产业园区成立于2003年11月，位于静海县西南部，与河北省文安、大城交界。子牙园区是经天津市政府批准、天津市环境保护局和静海县政府共同规划建立的国家第七类废旧物资拆解基地，子牙循环经济产业区先后被国家发改委、工信部和环保部批准为"国家循环经济试点园区"、"国家级废旧电子信息产品回收拆解加工处理示范基地"、"国家进口废物'圈区管理'园区"和"国家循环经济'城市矿产'示范基地",也是中日循环型城市重点合作项目。子牙园区在产业发展、资源循环利用、污染控制、园区管理四方面建立了较为合理的循环经济发展模式。

园区总体规划面积 135km²,近期开发建设 50km²,以工业区、林下经济区、科研居住区构成了"三区联动"、循环互补的经济发展格局。21km² 的工业区,重点发展废旧机电产品、废旧电子信息产品、报废汽车、废旧橡塑、精深加工再制造、节能环保新能源等六大生态产业。9km² 的科研居住区,设有再生资源、循环经济科技研发中心等机构,围绕工业固体废物的有价延伸和无害化处理开展广泛研究;居住区采用"节能、环保"的设计理念,在公建和住宅上分别配有地源热泵和太阳能供热系统,形成绿色建筑群,规划常住人口约 8 万人。一期建筑面积 110 万平方米子牙新城(涉及 9 个村、1.6 万人)已全部开工建设。目前,小城镇管理办公楼、文体中心、幼儿园、小学、中学、公交站已基本完工;94 万平方米回迁房开工建设,196 栋封顶。20km² 林下经济带和苗木基地栽植区,已种植苗木 200 余万株,新建一期标准食用菌大棚 700 亩。

3. 存在问题及对策

(1) 存在的主要问题　　与一些先进国家相比,目前我国的静脉产业园区在策划和逐步推进过程中建设实施进度存在明显的滞后。其主要问题可归结为以下方面。

① 以企业为主体的园区建设推进途径存在利益冲突、部门协调不畅的问题。静脉产业园区在开发和运营过程中大多数采取"政府搭台、企业运作、社会参与"的模式,由一个或几个企业来主导策划、运作。但是,在实际推进过程中,存在市、区、乡镇以及多部门利益冲突和多环节协调问题,企业无法较好地协调土地、规划、环保、工商等相关部门的关系,由于土地、环评等问题造成项目实施滞后。

② 土地性质和总量受到城市规划、不同级别政府领导战略思路不同的制约。目前国内的静脉产业园区往往是依托已有的固体废物处理设施向外拓展形成,由于固体废物设施数量较多而占地面积较大。但是,外围土地可能是在城市总体规划、分区规划或控制性详细规划中已定为其他类型用地,要改为市政公用设施用地、工业用地需要经过不同级别政府部门的论证。在土地置换、土地性质改变和土地权属改变过程中可能会受到不同政府部门战略思路差异的制约。

③ 法律法规和政策支持力度不足。静脉园区建设是区域可持续发展的新模式,需要固体废物法律法规的支撑。我国在循环经济方面仅出台了少量的法规,大部分领域仍是空白、现有的法规存在可操作性差。此外,还缺乏推动静脉产业发展的法律法规支持和再生资源产业环保控制标准和技术规范。在区域乃至全社会层面,还存在行政区域或工业园区之间的静脉产业链建设、固体废物协同处理、专业回收系统建设尚未形成等问题,推动循环经济发展的外在动力和内在利益机制没有普遍形成。

④ 园区的管理体制和运行机制有待进一步完善。发展静脉产业需要政府各部门的齐抓共管和组织协调,由于各市在推进循环经济建设,以及城市再生资源回收及再生产方面,较多的缺乏统一的规划和组织管理,行动缺乏协调性的问题。从国内外循环经济发展实践看,发展的主体主要有政府、企业、社会团体和公众等,但目前发展循环经济的各个主体的责任和义务尚未界定清楚,还未形成国际惯例的"政府主导、市场推进、法律规范、政策扶持、科技支撑、公众参与"运行机制。

(2) 对策

① 健全相关的法律法规。在资源再生利用产业发展过程中,必须明确立法框架,完善

再生资源产业有关法规，通过制定基本法、综合法和专门法，构建促进循环经济的法律体系。依法明确各责任主体之间责任、权利关系。

② 提供有效的政策支持。逐步建立起有利于循环经济发展的体制和政策环境。在资源再生利用产业发展的初期，其产生的效益不能完全转化为企业经济效益。政府需要对一些园区发展进行直接投资或给予一定的资金补贴支持，综合运用财税、投资、信贷、价格等政策手段，对静脉产业发展实行优惠政策。

③ 明确政府、园区管委会、入园企业之间的权责关系。通过政策引导等方式主导园区运行；园区管委会更多地负起再生资源产业园的具体管理工作。发挥市场的拉动作用，建立企业为主体的园区发展运行模式。

④ 加强宣传，形成社会氛围。发展资源再生利用产业，不仅仅是政府与企业的事，也是每个公民义不容辞的责任。通过宣传引导，增强全社会的资源忧患意识和环境保护意识，把节约资源、回收利用废物等活动变成全体公民的自觉行为，逐步形成节约资源和保护环境的生活方式，建立节约型社会消费模式。

第二节　低碳生态城市建设

一、低碳生态城市发展规划

1. 低碳生态城市的内涵与类型

城市发展的历史已有 1 万多年了，在这个过程中，人类不断探求应该如何规划建设城市。经历了工业化的洗礼之后，人们逐渐认识到城市发展的模式可以用一个等边三角形来表示，其中第一条边是生态环境可持续发展，第二条边是经济利益，第三条边则是幸福指数。这个等边三角形构成了城市和谐发展、可持续发展的基本内涵（图 9-2）。

图 9-2　城市发展三角示意

1971 年，联合国教科文组织（UNESCO）在 "人与生物圈" 计划中首次提出了 "生态城市" 概念，生态城市的理念和相关研究在各国受到了广泛的关注，其建设尝试与实践也在许多国家取得了一定的进展。而 "低碳" 概念则是在近几年才被提出，2003 年，英国政府在发表的能源白皮书《我们能源的未来：创造低碳经济》中首次提出了 "低碳经济" 的概念，2009 年 3 月，他们又在《低碳产业战略：一个远景》提出 "低碳产业" 的概念，2004 年，日本国立环境研究所开始了关于气候变化及能源问题的综合性评价模型研究，并在 2007 年的研究报告中首次使用了 "低碳社会"，同年 7 月，日本政府制定了《构建低碳社会的行动计划》。2007 年 6 月 4 日，中国发布了《中国应对气候变化国家方案》，提出了发展 "低碳能源"、"能源结构清洁低碳化"，明确了到 2010 年中国应对气候变化的具体目标、重点领域及政策措施等。自 2009 年的哥本哈根会议以来，我国形成了发展低碳经济的热潮，很多城市都提出了建设低碳城市的目标，进行了低碳城市建设的规划。同年，在 "城市发展和规划国际会议" 中，仇保兴根据中国城市发展的具体国情，提出了 "低碳生态城市" 概念。低碳生态城市的主要内涵是，在对人与自然的关系更深刻认识的基础上，以降低温室气体排放为主要目的，建立的一种高效、和谐、健康、可持续发展的人类聚居环境。"低碳生态城市"以低能耗、低污染、低排放为标志，强调生态环境综合平衡，是一种的节能、环保的全新城市发展模式。"低碳生态城市"是可持续发展思想在城市发展中的具体化，是绿色经济发展模式和生态化发展理念在城市发展中的落实，它的发展涉及多个领域的协同发展，是一项综合的系统工程；是实现资源高效利用、环境品质提升、人民生活幸福的新型城市发展模式；是引导技术创新融合、推动全方位生命周期的过程控制的信息化时代趋势。

低碳生态城市与低碳城市、生态城市在核心思想上是一致的，都是关注生态环境方面的问题。因此低碳生态城市的类型与生态城市的类型具有密切的关系，在外部、内部条件下，在宏观、中观和微观层面上，低碳生态城市的类型可以产生诸多的组合方式及相应的类型。例如，仇保兴将低碳城市主要归纳为技术创新型、使用宜居型和逐步演变型三类；而王江欣则根据我国现阶段城市化发展阶段，将低碳生态城市划分为类似的三种模式：第一种是新建的低碳生态城；第二种是已有的城镇向低碳生态城转化；第三种是灾后重建城市的生态城建设。

2. 低碳生态城市发展规划

（1）低碳生态城市发展规划的指导原则　低碳生态城市规划的指导原则是改变以经济发展为城市建设的主要目标，依照自然的生态环境的区域性负载、容量和保护出发，恢复和保护生态平衡、改善环境、节约资源，全面促进城市的发展。在进行低碳生态城市规划时，必须全范围考虑城市的时间和空间分布，把握时间空间上的整体协调系统。将其视为整个生物圈的一个系统，按生态系统的基本规律规划城市，即以三维的、一体化的复合模式综合考虑城市系统结构中的自然生态因素、技术物理因素、经济资产因素、社会文化因素以及各种人文因素通过对于城市系统中物质流、能量流、信息流、资金流的规划，使之相互作用、相互影响、相互制约；考虑城市内部外部两个环境系统的作用，坚持城市化进程健康发展的评价基础，宏观控制城市发展的"动力表征"、城市内涵的"质量表征"和城市状态的"公平表征"，以发展克服"城市病"、以规划减少"城市病"、以管理医治"城市病"。并把设计和控制纳入远期规划管治的范畴，才能有效地监控和指导低碳生态城镇的发展和建设。具体规划原则可有：

①必须在区域环境和资源约束前导性指标系统的基础上，建立量化的低碳生态型城市的指标和评价标准；②必须高效地利用土地和能源，有适当的城市人口密度；③必须控制城市的发展规模，建造适当高度的建筑和发展公交系统；④必须符合公交前导性发展规划和多功能生活化的道路设计；⑤新型的清洁工业产业布局应低碳化、循环化；⑥低碳生态城市规划要促进第三产业的发展，改变经济发展模式。

（2）低碳生态城市发展规划的内容　低碳城市的规划内容，既要包括生态城市的要求又要体现低碳的导向，具体应包括如下7个方面：①在能源方面，通过采用创新的、覆盖全城镇范围的可再生能源系统，全面实施可再生能源的利用，实现全面的低碳排放控制；②在交通方面，通过编制覆盖整个区域的交通规划，提高采用步行、自行车及公共交通工具出行的比例作为低碳生态城的整体发展目标，有效减少小汽车的出行（目标为减少50%）；③在住宅方面，依据节能65%以上的建筑节能标准进行建筑设计与施工；在房屋内配置实时的能源监控系统、实时的通信、高速度的宽带；④在就业方面，低碳生态城镇内部应当实现混合的商务和居住功能，尽可能减少非可持续的、钟摆式的通勤出行的生成；⑤在服务设施方面，建设可持续的社区，提供为居民的富裕、健康和愉快生活有所帮助的设施，主要包括城市生活垃圾的处理处置设施、大气净化设施、污水处理设施和噪声弱化设施等；⑥在教育方面，这包括两个方面，即在教育方式实行可持续发展的教育技术和方式，在教育内容上重视和培养区域内居民的低碳生活意识和习惯，养成绿色消费观，即在消费品的设计环节要考虑环境成本和循环再利用的可行性，在消费品的生产环节要减少能源消耗，消费环节要遏制奢侈浪费等；⑦在产业结构方面，扩大产业链及关联度，构建生态工业园区。

（3）低碳生态城市的评价标准　低碳生态城市的建设需要一套符合客观实际的评价标准，用以衡量城市发展水平和指导城市规划建设。目前虽然有一些有关低碳建筑方面的标准，但尚没有形成低碳生态城市的评价标准，这也是将来研究的重要方向之一。低碳生态城市的评价标准应结合不同类型的城市制定相应的指标体系来进行评价、监测和考核。指标体系分别通过控制性指标和引导性指标来指导城市建设，明确城市发展目标，同时还应注意结合不同地区的自然气候条件和城市发展阶段等因素来分类考虑，设置不同的标准值进行考核。最后还要将各项指标与规划相结合落实到空间层面，创新不同尺度的低碳生态城市规划编制方法，在规划上充分体现低碳、生态的原则和目标，将低碳、生态落到实处。

（4）低碳生态城市发展的技术支撑　低碳生态城市发展的技术支撑包括 8 个方面：①清洁生产技术；②提高能源利用率技术；③清洁能源利用技术与引导；④城市生活垃圾分类收集与循环利用技术；⑤绿色交通技术；⑥自然生态环境修复、维护和建设技术；⑦水资源循环利用技术；⑧绿色建设技术。

二、国际低碳生态城市建设现状

1. 生态城市建设模式

目前，在世界范围内，以"生态城市"为目标的城市建设的尝试与实践已取得了一定的进展，并积累了一些经验，其主要建设的模式大致可以划分为规划调控型、环境美化型、污染治理型、资源循环型以及功能转化型等 5 大类。

① 规划调控型。以澳大利亚阿德莱德为代表的一些城市建设就属于这类模式，主要表现为在城市建设过程中，从城市整体规划、土地利用模式和交通运输体系规划等宏观调控层面上，应用生态学原理，制定明确的生态城市建设目标、原则和途径，并指导和落实到城市生态化建设的具体措施上。

② 环境美化型。都市生活的便利与乡村优美环境的完美结合是 E. Howard 所追求的理想中的城市，其田园都市理论立足于建设城乡结合、环境优美的新型城市，体现了人们要求与大自然融合、恢复良好生态环境的愿望，是城市与自然平衡的良好展示。"花园城市"新加坡，环境优美、生活富裕、社会和谐，是世界公认的最适宜居住的城市之一，是环境美化型生态城市建设的典型代表。

③ 污染治理型。工业革命以来，随着工业化国家社会经济的高度发展和工业的快速发展，城市环境逐渐恶化。全球范围内都市环境污染问题日益严重，灾难性事件频发，危害着人类的健康和生存。针对城市发展中普遍存在的环境和生态窘状，从治理污染、维护居民健康，改善人居环境的角度，对以世界七大公害，即大气污染、水质污浊、土壤污染、噪声、震动、地基下沉和恶臭为对象进行环境治理成为城市发展中的重要环节，其中德国弗莱堡即是针对城市环境污染进行生态城市建设的典型。

④ 资源循环型。日本北九州即是该类生态城市建设的典范。循环型城市的建设将循环经济模式贯穿和渗透在城市发展的产业结构、生产过程、基础设施、居民生活以及生态保护各个方面，是建立在城市功能的合理定位、充分有效利用现有资源和高科技基础之上进行生产消费活动的城市，是新形势下实现城市新发展思路的重要探索。

⑤ 功能转化型。资源型城市是依托资源开发而兴建或发展起来的城市，其城市发展必然要经历建设-繁荣-衰退-转型-振兴或消亡的过程。因此，资源枯竭城市的功能转型是个世界性难题，通过生态城市建设进行资源枯竭型城市功能转型是这些城市发展新的出路。法国洛林的城市转型即走出了一条成功的道路。

2. 国际生态城市建设现状

自从 1971 年联合国倡导 MBP 计划（the Man and Biosphere Program）以来，尤其是在 1992 年联合国环境与发展大会后，生态城市的研究与示范建设逐步成为全球城市建设的热点，如美国的伯克利和西雅图、日本的东京、澳大利亚的怀阿拉市、丹麦的哥本哈根、新西兰的 Waitakere 市、印度的班加罗尔、加拿大的温哥华市等城市都先后开展了生态城市建设规划的探索。从 20 世纪末到 21 世纪初短短的十多年时间里，面对日趋严重的"全球温暖化问题"，生态城镇建设已经成为一个全球性的、主流的现象。据 2009 年英国维斯特敏斯特大学对世界各国和各地区提出的生态城镇的规划和建设的调研报告，截止到 2009 年秋，全球已确认的生态城镇共有 79 个，这些城镇分布在世界各地，但大多位于欧洲，如丹麦、挪威、瑞典、芬兰、冰岛、英国和德国等。与欧美、日本等发达国家和地区一样，中国、印度、韩国、南非和中东地区的一些国家中，许多创新的生态城市项目正处在规划和实施中。生态城市已经从开始一些较少、相对不太严谨的概念或探索性的实验发展到了目前出现的大量明确的、实践性的新举措。

该研究报告还指出，世界各地的 79 个生态城市的发展程度不尽相同，可分别归纳为三个不同阶段。其中，约有 1/4 的生态城市尚处在规划阶段；有略高于 1/4 的生态城镇则已完成了其建设；还有约 1/2 的生态城镇则正在建设过程中。若从模式上看，这 79 个生态城市中，大约有 1/4 为新城开发，即在新的土地上，从规划的编制开始进行建设；约有 1/4 为城区扩展，即在现有城镇建成区的基础上，进行新的片区或邻里社区的开发建设；另外约有 1/2 为原址复兴发展，即采用可持续的创新技术和理念对现有城市基础设施进行改造。可见，通过对现有住宅社区、交通基础设施、能源系统和废物管理系统进行"原址复兴"是不少国家和地区较普遍采取的方式。通过对 79 个生态城市的分析，还可以看出，所有的生态城市都强调通过科技创新实现生态城镇的开发建设，特别是对新型的能源和可再生能源的利用；重视对废弃物的管理和通过发展公共交通，鼓励步行和自行车的使用，减少对机动车的依赖。

低碳、"零"碳排放、"零"废弃物是所有生态城镇的发展目标。而实现这些目标，大部分生态城市在政策的制定上强调减少需求，鼓励人们自愿实施简单的生活方式。但由于各国和各地区需要解决的问题有所不同，虽然在生态城镇的总体目标和发展方向上有可能达成共识，但在具体定义上和相关建设内容及发展模式上，则很难统一，因此，至今为止，对于生态城市世界上还没有明确的、统一的定义。然而，就整体而言，目前世界各国生态城镇的发展基本上都参考了罗斯兰德在 1996 年提出的 10 条原则：

①修订土地利用的重点，在紧邻快速轨道节点或其他交通设施地区创建一个紧凑的、多样化的、安全的、宜人的和充满生气的、具有混合功能的社区；②修订交通发展的重点，重视步行、自行车、手推车和轨道公共交通的发展，而不是汽车；并强调"近距离的通达"；③修复受到损坏的城市环境，特别是溪河，海岸线，山脉和湿地；④建造适宜的、可支付的、便利的，与环境融合的住宅；⑤培育社会公正，为妇女、残疾人和有色人种创造更多的机会；⑥支持本地区的农业，城市绿色项目和社区园林；⑦促进对循环的、创新的技术和资源的保护，减少污染和危险废物；⑧鼓励自愿地追求简单的生活方式，不鼓励物资产品的过

量消费；⑨与商界合作，支持生态型的经济活动，减少污染和废物的生成，不鼓励危险材料的生产和使用；⑩通过各种活动和教育项目，增加人们对生态可持续发展问题的认识，加强对地方环境和生态区域的理解和认知。

三、中国低碳生态城市发展战略

1. 低碳生态城市建设是中国城镇化发展的必然选择

中国城市化是本世纪人类发展的最重要的事件之一。预计到 2030 年，中国从农村转移到城市的人口将达到 4 亿多人。城市化是推动经济增长、提高就业机会、解决温饱问题、普及文化教育和实施社会保障的主要推动力。但城市一方面是创造物质财富和精神财富的中心，另一方面也是消耗资源、排放温室气体、破坏生态等主要发源地。据联合国统计，目前全世界城市约占地表面积的 2%，占世界总人口的 50%，创造全球约 80% 的 GDP，但也消耗着全球 85% 的资源和能源，排出 85% 的废物与 CO_2。

按照城镇化发展的一般规律，城镇化水平在 30%～70% 之间时，城镇化进程将进入一个加速发展的时期，2008 年底，中国的人口城镇化水平已达到 45.7%，这预示着中国的城镇化已进入了快速发展阶段，预计 2050 年中国的人口城镇化水平将达到 70% 以上。但这种快速的城镇化进程正改变着中国的产业结构、城乡结构、资源利用结构和能源消耗结构，使中国遭遇了世界上城市化前期和后期产生的所有问题。这些问题包括城市无序蔓延扩张、空气质量恶化、水资源供应短缺、交通拥堵、环境设施落后和资源浪费等。尽管中国通过不断努力将万元 GDP 能耗从 1978 年的 15.68t 标准煤降低到了 2008 年的 0.95t 标准煤，但由于传统经济模式下的资源环境成本的迅速上升，正面临着近期发展和远期生存矛盾的巨大压力。如中国人均耕地面积仅为世界水平的 40%，人均水资源约为世界人均水平的 1/4，人均能源占有量更是严重不足，石油资源的对外依存度近 50%，空气污染严重，2005 年监测的全国 522 个城市中，只有 4.2% 的城市达到国家环境空气质量一级标准，56.1% 的城市能达到二级标准，而有 39.7% 的城市则处于中度或重度污染中。图 9-3 是 2050 年中国二氧化碳排放三种不同情景方案分析的结果：按照基准方案，我国能源需求将持续增长，这是一种无法实施的方式；而在优化方案的情景之下，CO_2 的总排放量在 2040 年之前也呈增长趋势；即使按照低碳方案，全国能源消耗需求量在未来 20 年也是一种增长趋势，需求的拐点将出现在 2035 年左右。因此，解决经济、环境和能源相协调发展的问题，走出一条资源节约和

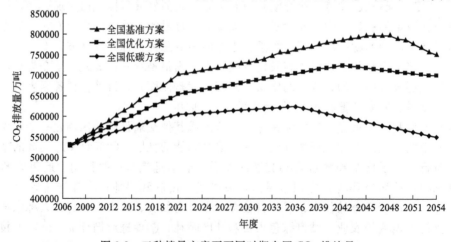

图 9-3　三种情景方案下不同时期全国 CO_2 排放量

环境友好的城市可持续发展之路，是中国城市化进程必然要求。目前中国和世界上许多国家正在示范和建设各种发展类型的城市，诸如生态城市、清洁能源城市、卫生城市、森林城市、园林城市、山水城市等。但中国的城镇化能否切实贯彻生态化发展理念和低碳发展模式，将成为中国发展能否成功转型、能否对扭转全球生态格局产生积极影响的关键。

2. 中国低碳生态城市发展战略的实施

（1）中国低碳生态城市发展的基本思路　中国低碳生态城市发展应在科学发展观指导下，既能与快速城镇化趋势要求相适应，又能最大限度地体现可持续发展要求，是一条产业支撑力强、资源集约度高、就业容纳量大、公共事业均衡发展、体现居民共享生态文明成果的可持续城镇化发展道路。

在国家战略层面，从生态环境基底条件和容量出发，确定主体功能区，分类制定区域和城市的基本发展原则，进一步明确主体功能区规划下的城市发展导向；在社区和个体层面，大力倡导生产和消费的可持续发展转型，逐步开展低碳城市发展的试点与推广。以城市密集地区和大中城市为核心，系统推进基于低碳生态理念的城市规划、产业发展、交通系统、建筑节能等核心流域的技术经济政策制定与落实。

（2）中国低碳生态城市发展的目标与实施步骤　综合考虑城镇化的发展阶段以及城镇化所面临的巨大压力和矛盾，遵循目前的发展趋势，中国城镇化的战略目标确定为：到2050年，中国的人口城镇化水平达到70%~75%，城市经济的贡献率达全国经济的90%，城市的单位能耗和资源消耗所创造的价值在2000年的基础上提高15~20倍，到2020年实现温室气体排放的缓慢增长，争取到2035年实现温室排放的"零增长"，实现联合国提出的"四倍跃进"目标（表9-2）。低碳生态城市的战略目标应与我国新型城镇化模式的战略要求相一致。低碳城市的发展同样可分为近期、中期、远期三个阶段。

表 9-2　基于低碳情景的中国城镇化战略目标设计

指标	2006 年	2020 年	2030 年	2040 年	2050 年
城市化率/%	43.9	55~60	60~65	65~70	70~75
经济增速/%	16.9	10.0	7.5	6.0	4.5
城市经济贡献率/%	63.2	75	80	85	90
市辖区能源消费量/亿吨标煤	13.67	16.15	16.74	15.94	13.90
碳排放量/万吨	291607.7	372434.8	399673.3	387500.9	362067.1
二元结构系数	2.6~3.0	2.6~3.0	2.2~2.6	1.8~2.2	1.5~1.8

近期（2007~2020年）：在城市尺度充分挖掘节能潜力，通过关、停、并、转，有效提高节能和减排效果，发展和推广节能技术，实现间接减排效果，提高综合能效；中期（2021~2035年）：以可再生能源等绿色替代能源为重点，合理调整城市能源结构，向无碳或低碳能源倾斜，优化我国城市能源结构，推进经济去碳化的配套政策；远期（2036~2050年）：通过不同规模、不同类型的低碳城市试点示范，在影响城市发展的关键领域实施和推广相关的战略、政策及技术，探索一条通向低碳城市的可持续发展模式，并在区域层面开展模式应用推广，逐步实现中国低碳城市发展之路的整体实现。

（3）中国低碳生态城市发展的政策引导

① 引导城市低碳发展的基本策略：基于主体功能区分类。在推进低碳城市发展模式过程中，各地区由于其基础地理条件、资源环境承载力和经济基础不同，城镇化发展过程和阶段也各不相同。因此，具体的低碳发展道路应随主体功能定位的差异而有所区别。要从不同类型主体功能区的生态环境基础、发展任务和功能要求出发，遵循低碳生态城市发展规律，

合理定位城市发展方向。我国推进城镇化过程中的基本宏观战略是：从主体功能区三类地区的基本特征、发展需求和限制因素出发，采用不同的发展策略分类引导使城市按照低碳生态理念发展。在优化结构、提高效益、降低消耗、保护环境的基础上，推动重点开发区域的经济较快发展，成为支撑未来全国经济持续增长的重要增长点。重点任务是：根据区域的资源环境承载能力，明确开发方式，确定经济和人口发展规模；提高公共基础设施的质量和水平，提高资源利用效率和环境保护水平；加大对传统产业的改造力度，优化产业结构，提高技术水平和工业化水平；发展循环经济，提高发展质量；调整能源结构，提高能源利用效率；利用后发优势，实现低碳经济发展。优化开发区的低碳生态城市发展，要注重优化产业结构；集约化布局，提高集聚经济效应；合理安排产业组织，优化行业内资源配置；提升产业技术水平。要强化用地标准，注重土地挖潜，结合新增用地调控，鼓励高新技术产业、自主创新产业以及现代服务业发展，推动产业结构高级化。要确立资源节约与环境友好的总体发展方向；建立政府环保投资增长机制；要大力发展循环经济。限制开发区的城市功能主要包括：集聚人口，减轻周边区域的环境生态压力；为当地居民提供公共服务；承担区域枢纽功能；发展优势产业和特色产业。统筹考虑区域资源环境的承载能力、生态保护、人口规模和经济发展，按地区适时综合治理；要合理引导人口流动，促进少数城镇适度发展，引导人口向资源环境条件相对较好的地区适当集中。

② 引导城市低碳发展的有效策略：贯彻生态城市规划理念。生态城市规划是以"人与自然、人与社会的生态和谐"为城市发展目标，在多学科参与的基础上强化生态学和生态规划的理论知识在城市规划中的应用，通过广泛的部门协商和公众参与对城市空间布局和各项建设的综合部署，以实现城市复合系统的良性运转。生态城市规划应坚持城市整体规划原则，综合平衡原则，区域协调原则，生态高效原则，因地制宜原则，参与管理原则，效益协调原则。生态城市规划的主要内容包括：a. 城市生态现状分析；b. 制定生态城市规划和专项规划；c. 建立生态城市指标体系为规划、建设、控制和评估生态城市提供重要手段和工具；d. 预测和评估。有关法规规定的城市规划指标体系是规划编制的技术指南。基于我国现有相关的法律法规，遵循低碳生态城市发展思路，从区域规划、城市总体规划和居住区规划三个层次，研究提出规划指标体系，是发挥城市规划的公共政策效用，有效引导城市按照低碳生态发展思路发展的政策手段。面对低碳生态城市发展的要求，有必要尽快对目前所执行的城市规划指标体系重新进行审视和调整，以便有效指导城市规划编制工作。

③ 城市可持续发展的保障：推行城市规划环境影响评价。城市规划环境评价是对城市规划发展的环境影响进行预评价，通过技术指标与规范性要求对规划方案进行干预，可有效预防城市发展对环境造成的负面影响。城市规划环境评价旨在强化城市未来发展中可持续思想的贯彻力度。

通过生态城市规划的指标体系、标准、技术规范和环境评价的介入与干预，无疑可有效引导和约束城市发展方向，是引导城市向低碳生态方向发展的有效策略。城市规划环境评价应突出在规划编制过程中对城市发展中环境问题的预警作用，并能够在为减缓城市发展建设的环境影响提出应对措施方面起到积极作用。

城市规划环境评价工作要遵循早期介入原则、整体性原则、互动性原则、公众参与原则和与相关规划之间的一致性原则。城市规划环境评价的基本内容应包括以下 9 个主要方面：a. 规划区域环境状况调查及评价；b. 规划的环境影响因素分析和预测；c. 规划区域资源承载能力分析；d. 规划方案的环境影响分析与评价；e. 环境容量与污染物总量控制；f. 规划的环境合理性综合分析；g. 公众参与和专家咨询；h. 规划的调整建议和环境影响减缓措施；i. 规划实施的跟踪评价。

④ 压缩城市能耗和温室气体排放的有效手段：工业节能。我国正处在工业化阶段，工业经济是国家经济的支柱，但也是能源消耗与二氧化碳排放的主要部门和环境污染的重要源头。不可否认，我国工业生产中单位增加值能耗在不断降低，但随着我国经济总量的增加，无论是在现阶段城市能源消耗与二氧化碳排放的总量构成中，还是在未来发展的能耗与排放增量中，工业都占有最重要的份额。就现阶段工业发展的单位能耗与排放量来看，在工业生产中推广节能和减排技术，是降低耗能和排放的最大潜力所在。世界许多国家的实践证明清洁能源和循环经济可有效减少能耗和排放。因此，加大清洁生产和循环经济的推广力度，是我国推进城镇化过程中压缩能耗和排放增幅的有效手段。

加快城市工业结构优化升级，增强可持续发展能力，促进城市节能减排。对于城市工业结构升级，要分类进行指导：a. 对于可持续发展水平较高的资源型城市，要调整优化产业结构，做好资源、加工类产业的调整和转型工作；b. 对于相对综合型的城市，产业结构调整政策应考虑加速农业产业化，发展资本、技术密集型农业，调整、改造传统产业；c. 对于经济基础相对较弱的资源型城市，可根据城市发展特征采用不同的方式，如处于成熟期的资源型城市，可以采用优势延伸模式，重点发展加工业主导产业；依托条件好的资源型城市，宜采用优势组合模式等。

以低碳生态化为目标，实施城市工业空间转移和布局优化。主要包括：a. 城市内部，大城市工业可在城市功能分区规划下进行合理的布局调整，可进行"三要素"（研发、制造、销售）分离布局；中小城市优化工业空间发展，可在城市某一区域重点建设工业集中区，按当地比较优势确立主导产业；b. 城市群之间的工业空间转移和优化升级要综合考虑区域经济发展，确保整体最优；c. 东、中、西部城市之间的工业空间转移，结合城市发展的实际情况和建设低碳生态型城市的发展目标，可建立一种"技术转移为主导的结合地域优势的工业空间转移模式"。

以循环经济模式引导城市工业发展，为城镇化预留空间。主要可通过市场和企业的力量改造现有的工业体系，构建清洁、循环的生态工业体系，政府要从多个角度提出合理的政策并加以实施。建设生态工业园区，构建生态工业体系，促进城市可持续发展。

（4）低碳生态城市发展的技术支撑　低碳生态城市发展需要理念的更新，也需要技术的支持。世界各国几十年来的探索和实践经验表明，绿色建筑、清洁生产、科学的规划手段、高效的交通运营方式等先进的生产、规划技术和管理手段的运用，对于实现低碳城市发展方式具有良好的效果。我国目前的任务在于研究、引介和改进低碳城市发展的技术手段，在条件成熟时提取积极推广运用低碳技术，为在城镇化进程中发展低碳生态城市提供有力的技术支撑。主要措施如下。

① 推广清洁生产技术　清洁生产是企业提高能源和资源效率，减少污染排放的重要手段。清洁生产包含的内容广泛，技术涉及多个方面、多个生产环节和多个学科领域。一方面，企业必须采用先进的节能技术、工艺及设备，对高耗能行业进行节能技术改造，加强能源和资源的循环利用，降低排放，减少资源、能源消费，构建清洁、循环的生态工业体系；另一方面，政府要从多个角度提出合理的政策并加以实施，推动企业开展节能减排、清洁生产和循环经济活动。

② 提高资源利用效率　运用绿色科技，解决水资源综合利用和能源供给两项核心问题。通过再生水利用、海水利用、雨水利用、太阳能、风能和地热等一批现代基础设施建设，实现资源梯级利用形式。构建水资源循环体系。加速水务一体化建设，加强政府对水资源利用宏观控制和引导。建立污水资源化利用体系、海水开发利用体系、城市降水水文循环的修复体系和生态水系建设体系。

③ 引导与利用清洁能源　推广使用环保汽车和燃料，同时制定控制机动车尾气污染和控制交通噪声污染的措施；采用主动式太阳能设计，优化建筑能源利用体系，建设绿色建筑，降低能源消耗。实现区域性部分自给的新型可再生能源利用。采用高效、安全的能源利用模式。

④ 实施废弃物绿色管理体系　转变固体废物管理思路。基本对策是：a. 清洁生产，避免产生（Clean）；b. 综合利用（Cycle）；c. 妥善处置（Control）。主要内容包括清洁生产、系统内的回收利用、系统外的回收利用、无害化处理、最终处置和固体废弃物资源化利用。

⑤ 大力发展绿色交通　我国城市交通能耗居高不下，且呈明显的上升趋势。这种态势除了与我国交通运输业发展迅速，城市居民生活水平提高，进而小汽车拥有量迅猛增加有关外，还与居民出行方式的选择和基础设施规划建设有关。用合理的交通方式引导城市高效节能运行，要从城市运转系统的层面出发，以全方位可持续交通系统入手，提供便捷高效的交通设施，引导居民以合理的方式出行。

根据可持续的城市交通系统战略总目标和原则，交通规划要满足以下可持续城市交通系统的基本指标要求：a. 大力发展步行、自行车和公交等高效绿色交通工具，满足城市居民、团体和社会机动性要求；b. 降低城市交通系统燃油消耗；c. 降低城市交通系统尾气排放；d. 鼓励新能源和新技术的研发和应用。引导城市高效节能运行，要采取发展城市综合交通的策略。要大力发展公共交通，构建一体化公共交通体系。在城市规划中要切实体现可持续发展交通的观念，把城市交通的系统观和可持续观念贯彻到城市规划的各个环节。在管理和引导层面，通过交通需求管理实现对交通总量、结构和分布的调控。为促进可持续交通系统的构建和运营维护，要采取相应的技术经济政策。

⑥ 强调自然生态环境修复、维护和建设　高质量公园景观的建设，带来自然生态效益同时也会带来良好社会文化效益。借鉴国内外湿地修复方面的技术和成功经验，结合农业生态学、景观生态学原理，按照自然修复和人工修复相结合原则，融生物、生态及工程技术于一体，展开自然生态环境修复、维护和建设。在生态城市建设中，注重保护原生生态，实现野生动物栖息地保护与城市美化的视觉效果相统一。

⑦ 研究与推广绿色建筑技术　目前我国城镇建筑的运行能耗约为总能耗的 $20\% \sim 22\%$，如果建筑能耗降低一半，则社会总能耗将可降低 10%。与发达国家相比，我国单位面积采暖能耗为同气候条件下发达国家的 $2 \sim 3$ 倍。可见，在我国城镇化过程中的城市建筑过程和建筑使用环节，研究并推广绿色建筑技术，实现节能降耗及减少排放，潜力巨大。

发展绿色建筑技术，应遵循"因地制宜"原则、"全生命周期分析（LCA）"原则、"权衡优化（Trade-off）"和总量控制的原则、"全过程控制"原则和"精专化"的设计原则。为促进适用技术有效发挥作用，首先要以全方位政策法规推进绿色建筑，短期内应以政府推进为主导，长期辅以市场化方式。其次要开展绿色建筑设计与施工标准规范体系研究和绿色建筑设计、施工及验收相关标准规范研究。第三，要加强对绿色建筑评价标准的科学指标的研究。包括绿色建筑评价指标体系研究、绿色建筑评价指标权重因子研究、绿色建筑评价指标相互影响因素研究、绿色建筑评价指标数据库开发，开发辅助的绿色建筑评价软件。第四，要加强产品技术创新，提升价值。低碳生态城市发展的体制创新、低碳生态城市理念的贯彻、技术的推广、策略的实施，都需要纳入城市发展的政策体系才能有效实现并发挥作用。城市规划和发展是一个复杂的过程，某项技术手段的运用和办法的实施，往往需要政策的引导和约束。要在现有城市规划编制指标体系和城市规划管理体系政策框架的基础上，结合相关法律法规要求，把有助于促进低碳生态城市发展的发展理念、产业政策、技术规范、决策方式纳入城市规划发展和管理的政策框架中，为低碳生态城市建立长效机制和体制保障。

⑧ 构建鼓励低碳生态城市发展的激励机制　现行的加快城市发展的一系列激励方式和考核制度有效促进了我国城市经济发展和城市建设。但面对低碳生态城市发展道路的要求，还必须逐步构建完善的可持续城市建设和低碳生态城市发展的激励机制。要尽快调整目前以GDP 为核心的政绩考核指标体系，引入资源、能源节约和生态环境保护的指标。政绩考核指标体系的调整应向简化指标的方向转变，为地方政府执政提供更明晰的指导方针。继续推行现在实行的节能减排任务分解和环境目标责任制，细化具体办法，形成具有可操作性的制度措施。

⑨ 建设约束行政自由裁量权制度　其本质是通过产权、立法、司法和财政等手段，明确城市公共治理各参与主体的角色、权力和责任。城市发展中的资源、能源和环境问题与城市政府对土地、空间和财政资源配置的自由裁量权有关。因此，有必要通过强化、细化程序性规定和完善制度建设压缩城市政府的行政自由裁量空间。同时加大对地方财政预算的审查、监督力度。

四、低碳生态城市建设案例

自 20 世纪 80 年代，中国就开始了探求具有中国特色的生态城市规划建设的理论与方法体系。早在 1986 年，我国的江西宜春市就提出了建设生态城市的发展目标。但是，真正的低碳生态城市不可能是一蹴而就的。低碳生态城市的建设从理论上升到实践层面，面临着巨大的困难和挑战。低碳生态城市建设涉及面极广、系统复杂，无论从目标确立到规划设计，还是从建设实施到运营管理和评估，都需要进行系统的探索和实践，需要政策、市场和技术的三方联动，既要全面推进政策突破、体制创新、技术进步和人文引导，还需要统一区域范围内全体居民的认识和行动，共同实现可持续发展。

目前，全国各地的低碳城市建设实践，在空间布局、低碳产业、绿色交通、低碳建筑、清洁能源、水资源和固体废物循环利用等各个方面做出了很多有益的探索，建成了生态小区、生态村、生态示范区、生态城、生态县、生态省等不同层次的生态建设 170 多处，从不同角度提出了建设生态或绿色城市的目标。这些探索，从内容和规模上看，可以分为新城规划、园区示范建设和专项实践等三种。

1. 新城规划型低碳生态城市建设案例——中新天津生态城

目前，西方发达国家的城市发展已趋稳定，因此，在西方通过新城规划进行低碳生态城市的实践十分困难。而我国目前的城镇化程度约为 46%，在快速的城镇化发展过程中，可以进行新建低碳城市实践。近年来，我国新建的具有代表性的低碳生态城市有中新天津生态城、唐山曹妃甸国际生态城、深圳光明新区、北川新县城、长沙大河西先导区、吐鲁番新区和株洲云龙生态城等。

中新天津生态城是我国和新加坡两国政府合作的旗舰项目，是应对全球气候变化、节约资源能源、加强环境保护、建设和谐社会、探索城市发展方式转变的重要项目。天津生态城以科学发展观为指导，将应付气候变化与实施可持续发展战略、建设节约型和环境友好型社会、构建和谐社会、建设创新型城市结合，努力构建与科学发展相适应的资源利用体系，创建人与环境和谐共生的生态环境，加强低碳产业体系建设、加强社会事业和生态文明建设，促进经济社会协调发展。具有措施如下：①坚持生态优先、构建安全健康的生态环境体系；②转变发展方式、构建集约永续的资源利用体系；③优化产业结构、构建循环低碳的生态产业体系；④坚持以人为本、构建宜居友好的人居环境体系；⑤坚持先进方向、构建和谐文明的生态文化体系；⑥坚持改革创新、构建公平高效的运营保障体系。

2. 低碳生态园区示范建设案例——上海世博会园区生态规划的理念与实践

低碳生态园区建设与新城建设相比，具有规模小、制约条件少、重点功能突出、易于在较短周期内和有限的投资下获得成效和经验等特点。在低碳生态理念的引导下，园区建设在推动低碳生态城市的进程中将起到举足轻重的作用。目前，我国低碳生态园区建设中有代表性的单位如下：上海世博园区、北京奥林匹克森林公园、北京长辛店低碳社区、东营利北海滨低碳经济园区和东莞生态园区等。

2010年上海世博会的主题是"城市，让生活更美好"。这是历史上首次以"城市"为主题的世博会。上海世博会的园区位于上海市中心边缘，规划控制范围6.66平方公里，其生态规划在"和谐城市"和"正生态"的理念下，以世博发展的未来、城市发展的未来和上海发展的未来这三条主线为起点和导向，全面思考，实验生态区，示范城市更新，建设舒适健康的园区热环境，营造浦江两岸的生态滨水空间，完善城市能级的提升与城市空间的优化，推动城市的永续发展，演绎21世纪人类城市中人与自然和谐的发展方向。其低碳生态规划设计以将短期事件转化为上海可持续发展长期效用为目标，主要针对以下3个核心问题展开：①梳理现状要素，修复并更新园区生态基底；②实验生态城区，营造会展期间健康舒适的园区环境；③示范城市更新，塑造上海未来的生态滨水空间。

具体实践叙述如下。

① 净化浦江试验水渠。提出了"保育滨江生态湿地"和"净化浦江试验水渠系统"。这是和谐城市正生态系统的重要组成部分。

② 基于舒适度的微气候模拟。对 $6.68hm^2$ 的世博规划方案进行日照模拟和风场模拟，分析数据，对园区舒适进行综合评估，局部修正并优化园区规划设计方案，达到最舒适的园区环境。

③ 多层次立体化的绿色生态。世博园的绿地生态结构体现了"都市生态"的概念，由"底、网、核、轴、环、带、块、廊、箱"九类构成。大比例的底层架空使园区大部分悬浮在绿网和绿底之间，空中建筑的外表面同样成为绿化的载体。绿核、绿轴和绿环构成了和谐正生态城市的标志性绿色空间，绿带、绿块和绿廊穿插于全园，而绿箱则体现了生态建筑的立体绿化，集中体现了采能、增绿、净水和调温的功能。

④ 控温降温技术。在对园区规划设计方案的数值环境模拟评价的基础上，提出了遮阳、材料、绿化、自然风、地道风、水体六大方面的控温降温技术和措施。

⑤ 历史保护建筑的生态更新。世博园区内有江南造船厂、上钢三厂、南市电厂等大量的工业设施和厂房，在 $5.28km^2$ 的园区红线范围内，将38万平方米的工业厂房和民宅纳入保护范围，在 $3.28km^2$ 的围栏区内，重新利用了25万平方米现有工业厂房，这在世博会历史上是破天荒的举措。其规模在旧城改造史上亦属少有。

3. 低碳生态城市专项建设案例——上海低碳城市建设探索与实践

由于低碳生态城市的系统与模式尚在探索之中，整体推进与实施有较大的难度和风险。而专项实践简单易行、实效明显、进展迅速，风险较低。因此越来越多的城市和地区开始从专项入手，逐步推进。但专项实践也存在着形式发展单一、体系缺乏整合、发展偏离均衡等缺点。

目前我国有代表性的专项实践的案例有：上海低碳城市建设实践、空间规划与低碳北京研究框架、怀来低碳城市规划实践、重庆生态城市建设实践、德州中国太阳城和"太阳谷"、保定低碳产业案例等。

上海在低碳城市建设方面已取得了一定的成就，根据国家有关的战略部署，上海市出台了多项节能和低碳减排的政策。①产业结构调整和低碳生产。出台了《上海市产业结构调整专项扶持暂行办法》，推动上海市产业结构调整，大力发展现代服务业，鼓励加大节能技术改造的投入，大力开发清洁、可再生能源，提高能源利用效率，推行清洁生产等。②低碳建筑。上海市作为中国最大的城市，也是全世界发展最快的城市之一，其城区人口密度高、建设密度大，建筑在城市运行过程中正在消耗越来越多的能源和资源。"十一五"期间，上海市提出了较高的发展目标，重点抓好建筑物增量节能控制和存量节能挖潜。通过低能耗、超低能耗和绿色建筑示范，引导建筑节能发展方向。③低碳交通。上海市长期坚持公共交通优先的理念，采取对小汽车使用适度控制的措施，在经济快速发展的情况下，依然能够保持步行、自行车和公共交通，特别是轨道公共交通在人们日常出行中的主导地位。与许多发达国家不同，在我国的城市发展过程中，必须考虑到资源和环境的客观约束。目前上海低碳城市建设非常重视技术进步的作用，此外，还必须重视规划管理和对人们生活方式的引导。

第三节　资源节约型社会建设

一、资源节约型社会发展历程

1. 我国资源约束现状

资源节约型社会建设的提出，与我国基本国情尤其是自然资源现状密不可分。我国自然资源的基本特征是总量较大，但人均占有量少。随着我国人口持续增长，经济及技术水平发展导致人均资源消耗量也呈增长趋势，土地资源、淡水资源、能源资源、矿产资源、海洋资源等都呈现资源约束，这一现状将导致经济发展与资源、环境之间的矛盾将日益突出。

（1）土地资源　土地是稀缺的、不可再生资源，是人类生存和发展的基础。按土地利用分类可分为农用土地、建设用地及未利用土地。我国陆地国土总面积960万平方公里，居世界第三位，土地利用数据显示，截至2004年底，农用地仅98.55亿亩，建设地4.73亿亩，未利用土地39.22亿亩，其中耕地18.37亿亩，人均不足1.5亩。

从我国土地自然结构和地理结构角度可知，其中65%为山地和丘陵，33%属于干旱和荒漠，35%受到土壤侵蚀或沙漠化影响，仅14%为耕地，且耕地的1/5存在不同程度的盐渍化，土地利用的生态脆弱性比较突出。

农业对于我国这样一个人口大国具有重要的基础地位，但我国农用地所占比重较小，约为土地总面积的66.7%，略低于美英等国的70%以上水平。且我国农用地后备资源缺乏，尤以耕地的情况严峻，目前我国宜耕后备土地资源只有1.2亿亩，而且其中60%分布在西北地区，土地开发在很大程度上受到生态环境的约束。

随着城镇化进程的推进，近7年来，全国耕地已减少1亿亩，600多个县市的人均耕地面积在世界公认的人均耕地警戒线0.8亩以下。森林覆盖率虽已达13.9%，但也仅为世界平均值的1/2，在世界上排名100位之后。我国拥有草场近4亿公顷，约占国土面积42%；但人均草地只有0.33hm²，为世界人均草地0.64hm²的52%，90%的草地不同程度地退化，中度退化以上的草地面积占50%，全国"三化"草地面积已达1.35亿公顷，并且每年以200万公顷的速度增加。土地资源禀赋对国民经济发展的制约作用比较突出。

（2）淡水资源　淡水资源属于可再生资源，与人类生存息息相关，其再生主要依赖于自然，地球上淡水的分布严重不均。我国年平均淡水资源总量为 28000 亿立方米，占全球水资源的 6%，仅次于巴西、俄罗斯和加拿大，居世界第四位，但人均只有 2300 立方米，属于淡水资源缺乏的国家。扣除难以利用的洪水径流和散布在偏远地区的地下水资源后，我国现实可利用的淡水资源量则更少，人均可利用水资源量约为 900m³，并且其时间和空间分布极不均衡。空间分布上南多北少，长江及其以南地区水资源约占 4/5，广大北方地区只占有水资源总量的 1/5；时间分布上受季风影响，冬少夏多，夏季降雨占全年降水量的 60%～80%，并且多水年和少水年连续出现，因此水量的季节和年际变化大。水资源这种不均衡分布，严重地制约了国民经济健康发展，调水成为经济和政治的热门话题。

（3）能源资源　经济社会的快速发展离不开有力的能源保障，当前能源结构的不可再生性将是我国快速、持续发展的重要制约因素之一，我国总体能源资源特性为总量大，人均不足。不可再生性能源——煤炭、石油、天然气等是我国最主要的能源资源。在探明储量中，煤炭占 94%、石油占 5.4%、天然气占 0.6%。据统计，全国已累计探明煤炭资源储量 9000 亿吨，约占世界已探明储量的 1/6，仅次于独联体和美国，居世界第 3 位，我国煤炭资源潜力很大。而石油资源方面，目前已累计探明储量 130 多亿吨，剩余储量还有 30 多亿吨，按年产 1 亿吨水平计算，如果不增加新的探明储量，这些储量的可采期为 30 年。我国天然气资源方面，远景储量在 40 万亿立方米左右。为缓解生态环境压力，目前世界能源发展趋势为低碳甚至无碳化、多元化，对我国的能源资源管理、相关技术发展提出了新的挑战与要求。

（4）矿产资源　矿产资源也属于不可再生资源，社会经济发展尤其是材料领域的发展加速了矿产资源的耗竭速率。我国矿产资源总量较为丰富，截至 2003 年初，我国已发现 171 种矿产，查明资源储量的矿产 158 种，其中：能源矿产 10 种、金属矿产 54 种、非金属矿产 91 种、水气矿产 3 种。已发现矿床、矿点 20 多万处，其中有查明资源储量的矿产地 1.8 万余处。我国已查明的矿产资源总量大，约占世界的 12%，居世界第三位。煤、钨、锡、钼、锑、稀土、菱镁矿、萤石、重晶石、膨润土、芒硝、石膏、滑石等矿产，在数量或质量上都具有明显的优势，有较强的国际竞争力。但是，我国矿产资源人均占有量仅为世界平均水平的 58%，居世界第 53 位。

（5）海洋资源　我国是海洋大国，漫长的海岸线长达 18000 多公里，加上岛屿岸线则达 32000 多公里。大陆沿岸的海域面积辽阔，海区面积 470 多平方公里，海洋渔场面积 42 亿亩，海水可养殖面积 73 万亩，适合发展盐业的滩涂几百万公顷。海洋资源十分丰富，自然条件优越，鱼类 5000 多种，虾、蟹、贝、藻类千余种，已有记载的生物达万余种。我国海洋资源中不仅生物资源繁多，还有大量的矿产资源、动力资源和海水资源。我国近海石油储量据估计可达 50 亿～150 亿吨，沿岸砂矿中含有锆英石等多种价值极高的原料。海水中还含有盐、溴、钾、钠、镁等多种化学资源。

资源短缺是我国经济社会发展的软肋，即使是丰富的资源储备也无法支撑粗放式经济发展的消耗，淡水和耕地紧缺是中华民族的心腹之患。这种基本国情，决定了我国必须摒弃资源效率低下的发展模式，走建设节约型社会的道路。

2. 我国向资源节约型社会转变契机

改革开放多年来，我国社会经济发展取得了令人瞩目的成绩，连续多年保持了较高的增长率，创造了发展中国家经济增长的奇迹，但也付出了沉重的资源、环境、人文代价，发展受到环境资源约束的态势越发严峻。过去，我国经济发展走的是"高能耗、高污染、低效益"的道路，因此带来了资源开发不合理、利用不充分和生态环境日益恶化等问题，无论是工业生产领域还是生活消费领域，都存在资源效率低的情况。

我国工业总体技术水平低，物料消耗高、流失大，对环境造成了相当大的压力，导致能源和原材料的过量消耗。与国外先进水平相比，企业资源利用效率和污染控制方面的差距很大，资源利用率、回收率也比较低，单位国民生产总值能耗很高。2001 年，中国终端能源用户能源消费的支出为 1.25 万亿元，占 GDP 总量的 13%，而美国仅为 7%；从能源利用效率来看，我国八个高耗行业的单位产品能耗平均比世界先进水平高 47%，而这八个行业的能源消费品占工业部门能源消费总量的 73%。据此推算，与国际先进水平相比，中国的工业部门每年多用能源约 2.3 亿吨标准煤。2003 年，我们的国民生产总值只占全球总量的 4%，但所消耗的石油、煤炭、钢铁和水泥分别占该年世界各国石油消耗总量的 7%、煤炭消耗总量的 30%、钢铁消耗总量的 20%、水泥消耗总量的 40%。

我国生活消费领域能耗浪费现象同样非常严重，由于我国的居民住宅基本上没有节能、节水功能，因此，大量消耗了电力和淡水资源。据上海九幢办公楼的调查表明，我国居民住宅平均能耗超过日本标准的 43.3%。同时，我国的污染不仅集中在工业地区和城市地区，而且也正迅速扩展到广大乡村和边远地区。

从我国短期与长期的经济、社会发展的角度，资源瓶颈已经严重地制约了我国经济、社会的健康发展。要想有效地化解资源瓶颈的严重制约，尽早实现资源浪费型社会向资源节约型社会的转变是关键。

1994 年，我国政府发表了《中国 21 世纪议程——中国 21 世纪人口、环境与发展白皮书》，提出"促进经济、社会、资源、环境以及人口、教育相互协调、可持续的发展"的总体战略和政策措施，但该白皮书重点仍然在控制人口、保护环境、发展经济上，节约资源未被纳入中心议题。2002 年，中国政府发表了《中华人民共和国可持续发展国家报告》，对经济、社会与环境的相互关系提出了系统阐述，提出了可持续发展的战略框架，但资源问题虽被列入其中，却依然未能置于重要位置。党的十六届三中全会又提出："坚持以人为本，树立全面、协调、可持续的发展观，促进经济社会和人的全面发展。"2004 年 4 月，国务院办公厅发出了《关于开展资源节约活动》的通知，指出组织开展资源节约活动的具体时间表，认为加快建设资源节约型社会，是实现国民经济持续、快速、协调、健康发展的有效途径，是转变经济增长方式、走新型工业化道路、实现全面建设小康社会目标的重要措施，是全面落实协调可持续的科学发展观、促进人与自然和谐发展的必然要求。2007 年党的十七大报告再次强调要加强能源资源节约和生态环境保护，并指出，必须把"建设资源节约型"放在工业化、现代化发展战略的突出位置。建设资源节约型社会是我国国民经济和社会发展中的一项长期战略任务。

上述一系列的政策变迁说明，我国政府的发展观由以 GDP 增长为唯一目标，逐渐转变到以人口、环境、资源、社会、经济和谐发展上，建设资源节约型社会日益受到重视。这是从我国的国情出发，实现经济社会可持续发展的必然选择。转变传统的粗放式的生产方式和消费模式，提高资源利用效率，减少污染物产生和排放，以最小的资源环境代价发展经济，实现社会和环境的有机协调发展，才能实现小康社会的目标。

3. 资源节约型社会的定义、内涵与特征

"资源节约型社会"的表述首次出现，是 2005 年 10 月 11 日通过的《中共中央关于制定国民经济和社会发展第十一个五年规划的建议》中。资源节约型社会，可定义为在全社会范围内，采用有利于资源节约的生产方式、生活方式和消费方式，强调节水、节地、节材、节能和资源的综合利用，在生产、流通、消费等三大领域采取综合性措施提高资源利用效率，

以尽可能少的资源消耗获得最大的经济效益、生态效益和社会效益，是一种可持续的社会发展模式。在这一定义中，"节约"有两层含义：一是杜绝浪费，即要求在经济运行中减少对资源浪费；二是资源效率，即在生产消费过程中，以尽可能少的资源、能源，创造相同的、甚至更多的财富。当然，建设资源节约型社会要以满足人们的生活需要为前提，否则就失去了意义。

与以往侧重消费领域节约的"勤俭节约"、"勤俭建国"相比，建设资源节约型社会的内涵更为深刻，既要求在经济的运行中对资源能源需求实行减量化，又要求保证全社会享有较高的福利水平。从资源节约型社会与发展、消费间的关系角度而言，建设节约型社会不是限制发展，而是强调全面、协调、持续地发展，只有发展，才能不断提高竞争力，才能解决发展中面临的资源约束和环境污染的矛盾；另一方面，建设节约型社会不是抑制消费，而是强调科学、有效、高质量地消费，提高公众的生活质量。

资源节约型社会涵盖社会生活的各个层次，其六大特征如下。

① 资源使用效率达到最大化，废弃物排放量减少甚至实现零排放，从而实现经济效益和社会效益最大化，具体实现途径有资源的初次使用效率最大化，综合利用各类废弃物，延伸产业链，开发利用再生资源、新能源，采用"3R"原则，即减量化、再利用、再循环来最大化减少废弃物，并对无法再次循环利用的污染物进行无害化处理，减少对环境的污染。

② 科技进步为支撑，如清洁的、可再生资源替代不可再生资源，用高新技术和先进适用技术改造传统产业，贯彻清洁生产，提高资源节约的整体技术水平。

③ 绿色消费或者称为科学消费成为主流，以资源节约型的产品满足社会公众的需要，而社会公众树立科学消费观念，崇尚自然、追求健康，在追求生活舒适的同时，注重环保、节约资源和能源，实现可持续消费。

④ 国民经济体系是节约型社会的基石，包括以节能、节材为中心的节约型工业生产体系，以节地、节水为中心的节约型农业生产体系，倡导节能、绿色消费的节约型服务业体系。

⑤ 经济运行模式是循环经济模式。循环经济模式是一种建立在物质不断循环利用基础上的经济发展模式。它要求经济运行构成一个"资源—产品—再生资源"的物质反复循环流动的过程，以减少对自然资源的开采以及废弃物的产生。

⑥ 生态环境良好。节约型社会倡导的是与自然的和谐、对环境的友好，在追求生活质量、追求生活品位的同时，节约资源就是保护人类赖以生存的环境。

二、资源节约型社会建设途径

1. 国外建设节约型社会经验

节约型社会是具有我国特色的提法，国外并没有对等的概念，但发达国家为了节约资源、提高资源能源效率、减少对环境的负面影响，在社会生活、工业生产等各个方面都有丰富的实践经验。

（1）政策引导　德国政府为节能环保型社会确立了相应的法律框架，1996年颁布了《循环经济和废物管理法》，对加强资源循环利用发挥了重要作用。1998年起就先后颁布了相关法规，如《可再生能源法》、《生物能源法规》，其中《可再生能源法》认定能源企业有责任优先推广可再生能源，政府则向开发可再生能源的企业提供相应的补贴；《可再生能源市场化促进方案》、《家庭使用可再生能源补贴计划》等多项法规进一步鼓励使用新型能源，促进可再生能源成为民众使用的主要能源。

日本在 2000 年就颁布了《推进形成循环型社会基本法》，美国早在 1976 年就制定和颁布了《固体废弃物处置法》，法国于 20 世纪 90 年代初通过《包装条例》，要求包装材料的生产和经营者回收并再利用使用过的包装品。墨西哥政府 2002 年制定了《促进能源使用效率及合理使用能源法》，旨在提高能源使用效率和合理性上，减少能源使用对环境造成的负面影响。

（2）经济扶持　从经济角度，一些国家还对节能、节水、资源循环利用项目，给予贷款优惠，鼓励其发展。德国对能减轻环境污染的环保设施给予低于市场利率的贷款，其偿还条件又优于市场条件，且借贷周期长，利率固定，前几年不需偿还，必要时还可给予补助。对节能设备投资和技术开发项目，英国推出贴息贷款或免（低）息贷款，仅在 2002 年节能基金的 2 亿英镑预算中，就拿出 25％用于贴息贷款，其中 1000 万英镑是无息贷款。日本利用非盈利性的金融机构为企业提供中长期的优惠利率贷款，并形成固定的制度。

发达国家通过减免税收，鼓励企业节能、节水，进行资源回收利用。美国对公共事业建设和公共投资项目，包括城市废物储存设施、危险废物处理设施、市政污水处理厂等，给予免税的优惠待遇。德国对排除或减少环境危害的产品，可以免交销售税，而只需缴纳所得税，而且企业还可享受折旧优惠，如环保设施可在购置或建造的财政年度内，折旧 60％，以后每年按成本的 10％折旧。日本政府在税收方面的优惠包括：加大设备折旧率，对各类不同的环保设施，在其原有的折旧率基础上，再增加约 14％～20％的特别折旧率并减免固定资产税；在《公害对策基本法》中规定，对公害防治设施可减免固定资产税，根据设施的差异，减免税率分别为原税金的 40％～70％；免征土地税。新加坡企业在用水再循环设备方面的投资，可以用其他产品的所得税予以补偿。

（3）技术支撑　先进技术是实现提高能源效率的基本保障。德国推动能源企业实行"供电供热一体化"，鼓励能源企业将发电的余热用于供暖，促进使用传统矿物能源发电的企业不断开发、使用新的技术，将传统矿物能源的平均有效利用率从 1999 年的 39％提高至目前的 45％；对市场上销售的家用电器、汽车等消费品根据节能性能实行分级制度，要求所有产品在销售时必须贴上等级标签，只有那些技术先进、特别节能的产品才可以获得全国统一的专用节能或环保标识。目前德国市场新车的油料消耗量比 1990 年时平均下降了 20％以上，而且这一趋势仍在继续；建筑节能方面通过运用计算机模拟技术等新方法，对建筑物整体实际能源消耗量进行控制，实现建设真正生态节能住宅的目标。

以色列由于缺少水资源，其研究人员研发出"土壤蓄水层处理技术"，即将经处理后的污水重新注入蓄水层，使用该技术将污水处理后，每年可生产出约 1 亿立方米净化水。因为这些措施使以色列的污水利用率达到了 90％。而以色列的滴灌和喷灌等现代节水灌溉技术在全世界都处于领先水平。

（4）宣传教育　日本做了大量宣传教育工作提倡节约，并将其形成易于实施的条款，因此更有利于公众采纳。如举办各种类型的节约宣传教育、经验交流等活动，对于热心能源资源节约宣传的人进行表彰，给予精神奖励。来源于政府机构、研究机构和社会团体的各种节约资源的宣传材料很多，对市民日常生活中如何节约资源指导很详细、要求很具体，尤其是通过学校教育向孩子们提供关于能源和环境的正确知识，达到从小树立节能意识。比利时是较早实行垃圾分类的国家，目前 90％的比利时人养成了将垃圾分类的习惯。超过 80％的废弃包装去年被回收利用，其回收规模居世界前列。相关循环利用材料的出售每年为比利时政府带来约 1 亿欧元的收入。

通过宣传教育，能使节约的概念深入到社会的各个方面，而许多细则的提出则有利于广大民众实践。

2. 我国建设资源节约型社会的途径

建设资源节约型社会是个社会系统工程，构筑节约型社会必须构筑节约型经济基础与节约型上层建筑，前者是资源节约型社会的重要特征，后者是前者的重要保障，二者相互适应、相互配合、相互促进，才能推进资源节约型社会的可持续发展。

建设资源节约型社会的根本途径就在于经济增长方式的转变，我国长期以来粗放型经济增长方式是导致资源效率低下、消耗过度以及环境问题的根源，也是阻碍经济进一步增长的决定因素。从粗放型增长模式转型为集约型增长模式，与我国的资源、环境容量相协调，提高资源效率这一核心，才能保障我国经济的可持续发展。

建设资源节约型社会，首先要解决上层建筑问题即构筑资源节约型政府、建立资源节约型体制和资源节约型机制。资源节约型体制建设包括资源节约型政治体制、经济体制、法律体制等，只有社会主义民主政治才能保证完成资源节约型体制建设顺利完成。资源节约型机制是资源节约型制度建设、体制建设在经济运行过程中形成的相互联系、相互依赖、相互作用、相互协调、相互制约、统筹运转的各种功能的总和。资源节约型机制建设就是建立一个庞大的系统，并通过科学有效的资源节约型管理具体运作这个系统；只有社会主义民主政治才能保证完成资源节约型机制建设这个庞大的系统工程的建设完成和有效运转。在资源节约型社会的创建过程中，政府的引导作用不可或缺。而政府机构本身的资源节约情况，将直接影响到相关政策的执行程度。根据北京市调查，政府机构人均耗能量、用水量和用电量分别是居民人均量的 4 倍、3 倍和 7 倍，所以在政府机构开展资源节约潜力很大。

要构筑节约型经济基础需要配制相应的经济结构。经济结构是经济增长方式的载体，调整和优化经济结构是转变经济增长方式的重要内容，具体可通过构筑相应的第一、第二和第三产业来实现。

（1）资源节约型农业　具体措施为通过"三节"（即节地、节水、节粮）实现"三增"（即增产、增收、增效），促进农业可持续发展。在我国水资源约束条件下，"三节"中应以水资源节约为重点，据统计，淡水资源的 50％～60％ 是由农业生产所消耗的。可以通过大力推广灌溉节水技术，如渠水防渗漏技术、喷灌技术、点灌技术等，积极推行农业灌溉计量工程，加快调整种植结构，因地制宜发展旱粮生产，促进节水型农业发展。

（2）资源节约型工业　构建资源节约型产业体系，加快调整产业结构、产品结构和资源消费结构，是建立节约型工业的重要途径。明确限制类和淘汰类产业项目，促进有利于资源节约的产业项目发展；淘汰技术水平低、消耗大、污染严重的产业，积极发展"无重量"和"减量化"工业经济；宏观层次应大力发展循环经济，推行清洁生产，钢铁、有色金属、电力、建材等重点耗能行业和企业的应侧重节能；中观层次应加快建设生态工业园区，合理布局，促进产业链的有效衔接与延伸。

（3）资源节约型服务业　随着产业结构的不断调整，服务业在国民经济中的比重越来越大，其中物流业和宾馆业是重点行业。对于物流行业，可以通过淘汰高油耗的运输工具，提高物流业效率，同时通过政策引导、限制大排量、耗油型私家汽车。在宾馆行业，可以通过降低单位面积能耗水平，减少"一次性服务品"的用量，提倡重复使用，努力构建适度消费、勤俭节约的资源节约型生活服务体系。

在资源节约型社会的创建过程中，针对不可再生资源和可再生资源的特点应区别对待，对不可再生资源注重回收率和利用率的提高，最大可能地保存它们的剩余数量，而对可再生资源重在开发，提高替代程度，即最大程度地实现可再生资源能够承受的经济发展速度和水平，保障人类社会的可持续发展。

三、中国资源节约型社会建设实践

近年来，我国政府和全国各地已把节约型社会建设和发展循环经济摆在重要的位置，并进行了有益的探索与实践。

1. 政策与规划引导

我国政府陆续颁布了《节约能源法》、《清洁生产促进法》等，制定了一系列促进企业节能、节材、节水和资源综合利用的政策、标准和管理制度，为资源节约型社会建设提供了有力的政策法规框架。

各地市也有相应的政策与规划积极引导资源节约型社会建设。特别是发达地区一些省市，根据相应的经济、社会、科技、文化、区域等条件，编制了建设节约型社会及符合发展循环经济要求的项目规划，加快研究资源约束条件下节约型社会建设发展的总体思路和发展目标，制订出符合不同时间段的指标体系，提出了加快节约型社会建设的发展战略和政策措施。

上海市组织编制节能、节水、资源综合利用等专项规划和《上海发展循环经济白皮书》，规划将包括评估体系、政策体系、社会支持体系和技术支持体系等，并研究促进资源综合利用的相关政策，加快推进相关法规和标准的制订。上海浦东新区提出了节约型社会建设的总体规划，构筑全方位的"资源-产品-再生资源"的循环模式，形成经济快速增长，资源消耗降低增长的发展格局，争取到2020年末，新区经济增长4倍，资源消耗增长2/3。

广东省已于2004年编制完成了《广东省全面建设小康社会总体构想》，"十一五"规划编制专题中也包括了节约型社会、发展循环经济的专题中，并将节约型社会理念和循环经济理念贯穿于"十一五"规划之中。

浙江省明确提出把加快建设节约型社会作为编制国民经济和社会发展"十一五"规划、区域规划、城市发展规划及各类专项规划的重要指导原则，编制《浙江省发展循环经济建设节约型社会规划》，并以此指导编制全省资源节约和综合利用规划、海水利用规划、节水灌溉规划、可再生能源中长期发展规划、农村沼气工程建设规划等专项规划。

2. 设立目标

节约型社会建设是实现经济社会全面协调可持续发展的长期战略性，需要分步骤的推进，可以通过设立短期、中长期目标等形式分步实施，扎实地推进节约型社会建设。

3. 由点及面

可以通过建立试点，由点到面推动节约型社会建设。包括推进清洁生产、创建环境友好企业、建立生态工业园区和环保模范城市等多种形式。如运用资源综合利用税收减免、清洁生产资金补贴、技改贴息等政策性措施，有重点地支持一批企业实现节约型循环式生产。构建一批园区工业生态链为重点，促进产业循环式组合，优先批办与上下游企业能够形成产业链的项目进区，使各类资源在精心组织的产业链中得到最大限度的利用。在上述基础上，建设一批节约型城市。如南通市以废旧轮胎为重点，形成了从原料回收、初加工到深加工的产业链，成为国内最大的废旧轮胎回收再利用集散地。

试点培育中要注重重点、开展形式的多样化。如上海浦东新区选择部分小区进行太阳能利用试点，推行建筑节能；以金桥出口加工区为重点，推进节约型工业园区试点。浙江省注重抓好节约型企业试点，尤其是重点污染企业，要有1/2实施清洁生产，"十一五"要完成600家以污染治理企业为重点的清洁生产省级试点；另一方面抓好节约型园区或区域试点。通过在市、县范围内选择2～3个作为区域节约型社会建设试点，在经济技术开发区和高新技术产业园区、资源枯竭地区和其他工业园区选择 10 个区块，完成生态化发展的规划，到"十一五"末初步完成生态化改造。

4. 制定具体措施

建设资源节约型社会实践具体措施包括规划建设资源节约型产业体系、资源回收利用体系、法律法规体系以及绿色消费体系等，扎实推进节约型社会建设。

首先是加强规划指导，推进产业结构调整。实施有利于资源节约的产业政策，明确鼓励类、限制类和淘汰类产业目录，促进产业结构调整。二是健全节约资源的法规规章制度。加快推进石油节约、墙体材料革新、建筑节能、包装物和废旧轮胎回收等资源节约与综合利用方面的规章制度建设。三是完善资源节约标准，制定有关的能效标准、节水标准、用地标准，率先试行强制性的能耗、水耗标识。四是理顺资源性产品价格。完善分类水价制度，适当拉大高耗水行业与其他行业用水的价差；认真落实高耗能行业差别电价政策，对属于国家产业政策限制类和淘汰类企业用电实行加价；实行保护和节约利用土地、矿产等资源的价格政策，促进资源的集约利用。五是完善有利于节约资源的财税政策。制定鼓励生产、使用节能节水产品的税收政策，制定鼓励发展节能省地型建筑的经济政策，完善资源综合利用和废旧物资回收利用的优惠政策。政府鼓励民营资金、社会力量从事节约型社会建设，加大公共财政对节约型社会建设的支持力度。可通过财政设立一定数额的循环经济专项资金，重点用于发展循环经济、建设节约型社会的一些重大专项工作等。

四、资源节约型社会建设案例

1. 城市规模资源节约型社会建设案例——以青岛市为例

青岛市位于山东省南端，黄海之滨，其地理位置有利于青岛发展成为我国重要的经济中心城市和沿海开放城市，目前已形成了电子通讯、信息家电、化工橡胶、饮料食品、汽车船舶、服装服饰等六大支柱产业，港口物流、旅游经济等实现较快发展。

（1）青岛市建设资源节约型社会的必要性　青岛市产业结构不够合理，其中第一产业比重偏高，第三产业比重偏低，第三产业增长缓慢，且在其内部的结构也存在进一步调理空间；资源节约观念淡薄，消费观念不够健康；在生产、建设、流通、消费等领域，资源利用效率低，资源浪费的现象依然严重；有利于资源节约的新技术新工艺得不到及时的转化和更新；部分政策法规的建立还不完全或缺乏可持续性，如对国有土地、水、有限能源的开发利用缺乏有力的保护政策和限制措施等。尤其突出的是，经济增长与资源环境的矛盾日益加剧。经济发展与资源的矛盾约束了青岛市的可持续发展。从自然条件上，青岛市资源的自给能力非常薄弱，而其经济社会持续的快速发展，加剧了资源约束困境。青岛市是全国严重缺水城市之一，淡水资源贫乏，人均占有水资源量 385.2m³，分别为全省、全国和世界人均占有水量的 84%、13.9% 和 4%，全市每亩耕地占有水资源量 336m³，为全国耕地亩占有水资源量的 18.4%。而且青岛市的能源消耗以煤、石油及其制品、电、天然气等不可再生能源为主。如 1999 年，煤、电力、成品油三者消费的比例约为 6.28∶2.92∶0.80，2001 年上半年三者消耗比例为 7.1∶2.5∶0.4。

青岛市经济发展已经进入层次更高、领域更宽的阶段，正处在工业化高速发展，能源和资源总需求将继续扩大。因此，要缓解资源约束的矛盾，就必须建设资源节约型社会。

（2）青岛市的建设实践　青岛市进行产业调整，走新型工业化道路。从循环经济的角度来看，第二产业比例过高不利于物质的减量化，而第三产业单位 GDP 对资源能源的消耗远远低于第二产业。从全球角度看，第三产业的快速发展是一些先进国家发展循环经济过程中的重要经验，如德国、日本的第三产业比重都超过了 70%。根据青岛市城市产业现状和发展方向，积极调整三次产业的投资结构，以减量化为中心目标，降低经济发展对物质和能量消耗的依赖。因此青岛市加快提高第三产业的投资比重，相应降低第二产业投资的比重，使三次产业的投资结构趋于合理。在调整三次产业比重时，还大力调整各次产业内部的结构，尽量发展附加值高，消耗资源少的产业。在第二产业内，把各种产业、各种产品资源消耗和环境影响作为重要的考虑因素，对能源消耗高、资源浪费大、污染严重的产业限制其发展，对资源密集型产业取消扶持和保护；优先发展质量效益型、科技先导型、资源节约型的产业，促进推广应用无害技术产业发展，逐步形成技术密集型和以技术进步、提高劳动者素质为依托的劳动密集型企业的产业结构。环保产业方面，注重引导和支持，加强污染防治技术研究，把环保产业列入优先发展领域。提高低能耗、低物耗、高增值的第三产业比例，实现 GDP 的轻量化。

2. 城市群规模资源节约型社会建设案例——以长株潭城市群为例

城市群是在特定的区域范围内云集相当数量的不同性质、类型和等级规模的城市，依托一定的自然环境和交通条件，城市之间内在联系紧密的城市"集合体"。城市群的特点反映在各城市之间的经济社会紧密联系上，各城市规模、类型、结构不同，从等级、分工、功能上可互补互促，从城市规划、基础设施、产业、交通、社会生活等方面互相影响。

长株潭城市群位于湖南省东北部，包括长沙、株洲、湘潭三市（不含周边的 5 城市），三大城市两两相距不到 45 公里，下辖 4 市 8 县 181 个中心镇，面积 2.8 万平方公里，人口 1300 万，经济总量 2818 亿元，三个指标分别占湖南省的 13.3%、19.2% 和 37.6%。2000 年，该城市群为世行在我国开展城市发展战略研究的两大城市群之一。

（1）长株潭城市群建设资源循环型社会的必要性　湖南省为我国的粮食大省，长株潭地区更是湖南的粮食生产重地，从土地资源来看，长株潭地区共有土地约 $2.8\times10^6\,hm^2$，其中农业用地共 $2.4\times10^6\,hm^2$，占 84.5%，但是耕地为 $0.6\times10^6\,hm^2$，仅占总量的 22.4%，由于生态退耕、灾害损毁、建设占用，耕地不断减少。随着工业化、城市化步伐的加快，用地矛盾将更加尖锐，土地资源的约束有可能危害到我国食品安全与经济的可持续发展。湖南省多年平均降雨量为 1427mm，年水资源为 1680 亿立方米，居全国第 6 位，人均年水资源量为 2600 立方米，虽然湖南省水资源是相对全国水平比较丰沛的，但是存在时空分布严重不均的问题，长株潭城市群降雨多集中在春夏两季，尤其是汛期集中了全年 70% 以上的雨量，月降水量最大值是最小值的 5～10 倍。大部分地区 4～7 月连续 4 个月径流量占全年的 65%，部分地方达到 70%。由于水资源时空分布不均，致使洪旱灾害较多。而且全省水资源利用率较低，仅为 22%，考虑到经济发展水平的提高，城市化进程导致的人口密集，必然带来水资源供求矛盾的加剧。从能源与矿产资源的角度看，长株潭地区属于缺能地区，90% 以上的能源需从外地调入，长株潭城市群地区的主要矿产资源人均量是很低的，就本地区而言很多矿产根本就没有。"川气入湘"工程的实施以及新建长沙电厂、株洲电厂 B 厂等完成后，到 2010 年长株潭城市群发电装机容量达到 410 万千瓦时，仍只能满足本地电力负荷的 55%，到 2020 年发电装机容量达 950 万千瓦时，也只能满足需求的 63%。同时，产业结构刚性，长株潭城市群工业结构以重工业为主，将来湖南省的发展还得依赖这种产业结构带动发展。由于能源消耗的快速增长导致了能源供给紧张，能源成了长株潭城市群经济社会可持续发展的瓶颈之一。

（2）长株潭城市群建设资源循环型社会的实践　首先，长株潭城市群通过提出约束性指标来制定建设资源循环性社会的战略目标，根据中部地区的经济社会发展状况、国家和湖南省中长期规划，特别是《长株潭城市群"十一五"规划经济社会发展的主要目标》，设定长株潭城市群建设资源节约型社会的战略目标。

近期目标是：到 2010 年，主要能源、资源的需求总量增长得到有效控制，主要资源节约指数要比 2005 年降低 30%，资源生产率提升 1 倍以上，能源消费总量快速增长的势头得到基本抑制，单位 GDP 能耗下降 40% 以下。实现用水总量的零增长，单位 GDP 水资源消耗减少 60%。实现水泥、钢材消耗总量的低增长，单位 GDP 水泥、钢材等下降 40%。废物循环利用率大幅提高，实现循环经济达 50% 以上。中长期目标是：到 2020 年，主要资源节约指数要比 2010 年降低 60%，实现资源生产率有 2～3 倍提升。具体提出以下几个指标：能源消费总量快速增长的势头得到基本抑制，单位 GDP 能耗下降 50% 以下；实现用水总量的零增长，单位 GDP 水资源消耗减少 80%；实现水泥、钢材消耗总量的低增长，单位 GDP 水泥、钢材等下降 40%；废物循环利用率大幅提高，实现循环经济达 40% 以上。

目前，长株潭城市群产业结构逐步优化，第一产比重持续降低，第二、第三产业共同成为拉动区域经济增长的主要动力。2006 年，长株潭城市群三次产业比例为 9.18：45.82：45.00，农业比重首次低于 10%。其中，第二、第三产业快速增长，2004 年以来平均增长速度均已经超过 20%。工业对地区生产总值贡献最大。2006 年，长株潭城市群工业增长速度达到 25%，对生产总值的贡献率达到 35%。

城市群建设资源节约型社会特色逐步凸显。能源方面，长株潭城市群加强 500 千伏受端环网、220 千伏双环网，湘潭、株洲电厂二期、三市天然气管网建成，长沙电厂、黑麋峰蓄能电站、岳阳至长株潭输油管道开工。能源点网的一体化布局日趋协调。金融方面，长株潭城市群一体化的存取款体系和同城票据交换体系投入使用。信息方面，覆盖市县、光缆为主、数字微波为辅的传输网已建成，三市移动电话按同城计费，固定电话同费正抓紧推进。环保方面，长株潭城市群出台了《环境同治规划》和配套的产业政策，组建了三市环境的专门执法支队。三市通过资源整合和产业布局，已建成 3 个国家级开发区，软件和生物 2 个国家产业基地。2006 年，三市开发园区有高新技术企业 972 家，高新技术产品增加值 295 亿元，占全省 49.4%。初步形成以长沙经济技术开发区、长沙高新技术开发区、株洲高新区等为龙头，18 个工业园区为载体，先进制造业、高新技术产业、现代服务业为主要方向，电子信息、工程机械、轨道交通、汽车、文化、生物医药等骨干的经济高地。三市产业结构由 1997 年的 17：44.6：38.4 调整为 2006 年的 9.2：45.4：45.4。资源节约型产业结构逐步提升，城市群基础平台日渐夯实。

第四节　可持续发展实验区建设

一、可持续发展实验区概述

发展观的变化，反映了时代的变迁，顺应着人们认知的发展与需求，从以满足人类基本需求的发展观，到以经济发展为核心的发展观，人类在不断探索适合文明延续的发展模式，以人为核心的发展观的指导下，各国经济都得到了显著的增长，但是也带来了一系列在全球范围内普遍存在的、影响人类生存和发展的诸如环境污染、生态失衡、人口膨胀、粮食紧缺、能源危机以及核战争威胁等重大问题，这些重大问题被称为"全球问题"。"全球问题"深刻地反映了人与自然的矛盾，究其原因，除了自然自身的因素外，主要是因为人类不合理地利用科技、盲目追求经济增长而使人类与自然发生冲突的结果。

1992 年的联合国环境与发展大会提出了可持续发展观，将人类社会的发展与环境的可持续和谐统一，可持续发展观明确了人类的发展不能以牺牲环境、消耗自然资源为代价，这一观点得到了世界上大多数国家的普遍认同，无论是发达国家还是发展中国家，都在各个层次上以多种方式积极推进可持续发展。在区域尺度上，由于城镇化、工业化的加速推进，区域环境与经济的矛盾日益凸显，生态环境问题甚至成为制约经济与社会发展的关键因素之一，改变传统的资源消耗型发展模式，以较低的资源与环境代价换取较高的经济发展速度，达到经济效益、环境效益与社会效益的统一，成为城镇乡村的可持续发展迫切要求。

围绕建设资源节约型、环境友好型社会和构建社会主义和谐社会的总体任务，我国积极探求可持续发展，在区域层次上，以可持续发展实验区（Sustainable Communities）的模式进行实践探索。可持续发展实验区是可持续发展观的实践载体，是我国为推动可持续发展战略转变的各级地方政府的具体行动，是一项有中国特色的地方可持续发展示范工程。

可持续发展实验区的发展首先由东部沿海地区开始。1986 年由国家科委会同国家体改委和国家计委等政府部门共同推动建立第一批试点，主要针对东部沿海经济较发达地区设置，提出以科技进步、机制创新和制度建设为依托，探索不同类型地区的经济、社会和资源环境协调发展的机制和模式，为不同类型地区实施可持续发展战略提供示范，二十多年来已建立了 108 个实验区，遍及全国 28 个省市，其中国家可持续发展先进示范区 13 个，形成了国家和地方两个层次对可持续发展实验区推动和建设的局面，逐步走出了一条实现区域经济、社会和人口、资源、环境协调发展的新路，取得了丰富的成效和经验。

我国幅员广阔，地区间发展条件和发展水平差异性大，地方可持续发展的制约因素和战略需求呈现多样化，因此可持续实验区的选取注重代表性和区域性，其实践经验也凸显地区差异，才能具有示范、指导和推广意义。因此可持续实验区工作的基本思想是：在不同类型地区，选择有代表性的城镇社区，通过政府机构的宏观调控与社会各界的广泛参与，深化社会领域的改革，充分运用科学技术，引导与促进各项社会事业的发展，使经济、社会与环境等方面协调发展，为经济持续增长创造条件，提高人们的综合生活质量，使人民生活更为和谐、文明和舒适。在这一指导思想下，从行政建制上，可持续实验区可分为大城市城区型（如北京廷城区和辽宁省沈阳市沈河区、山西省太原市迎泽区）、中小城市型（如陕西省榆林市）、县域型（如浙江省安吉县、安徽省毛集县）、城镇型（如广东省东莞市清溪镇、江苏省锡山市华庄镇）和跨区域型（如黄河三角洲）等五类。

可持续发展实验区的实质是以科技引导区域发展为最终目的，以科技创新，新技术、新方法的采用作为支撑点，主要任务围绕人口、资源、生态环境、城镇建设、教育文化、卫生体育、劳动就业、生活方式、社会服务、社会保障、社会安全等领域展开。通过人力资源开发，充分挖掘潜力，提高人口素质；发展城镇基础设施，改善居民的基本生活条件；发展第三产业及社会发展相关产业，促进社会事业由单纯"福利型"向"经营型"、"实业型"的转变，改革社会事业的运行机制和管理体制；与发展经济同等重要的是保护生态环境，合理开发利用各类自然资源；建立和完善社会保障体系和社会安全体系；建设物质文明的同时也要加强精神文明建设。

可持续发展实验区的基本原则有七项，包括以人为本，科技引导，纳入计划，综合协调，群众参与，示范作用与有限目标等。具体而言，以人为中心，即满足人的生存和发展等基本需求，不断提高人们的综合生活质量，同时为人的全面发展和素质的提高创造条件；科技引导，在实验区规划和项目的实施过程中，要加强科技开发和成果推广应用工作，不断地将新技术、新工艺、新材料、新设备、新产品应用于社会发展的各个领域，要特别提倡应用各种节能、降耗及对环境无害的"绿色产品";纳入计划,实验区的规划、计划应纳入实验区所在地的国民经济与社会发展计划,统筹安排,政策配套,保证实验区工作顺利实施;综合协调,在实验区协调领导小组的统一领导下,实验区内各方面工作的主管部门要积极配合,协调联动;对实验区已有的社会发展单项试点示范工作,应继续实施、使其成为综合实验区有特色的重点工作;群众参与,人民群众是社会发展的主体。一方面,充分发挥人民群众主人翁责任感,调动各方面的力量,做到社会事业社会办;另一方面,在发展项目的选择上应充分考虑群众的迫切需要,为群众着想,超前性与实用性相结合。这方面的工作,要充分发挥各类社会团体的积极作用;示范作用,实验区工作要大胆改革,努力创新,在社会领域内进行各种改革试验,为城镇发展探索经验,创出新路。实验区的选择要有代表性,要能对本地区产生示范作用;有限目标,指实验区工作要密切结合当地经济社会的实际条件,充分发挥优势,但必须坚持实事求是,量力而行,规划、计划要留有余地;突出重点,形成特色,分阶段实施,使规划落到实处。

综上,可持续发展实验区是建立在可持续发展观、循环经济理论等理论基础上的,其技术支撑是资源高效利用技术、清洁生产技术、生态建设与环境保护技术,其核心是以经济建设为中心,探索建立经济与社会协调发展、互相促进的新机制。在不断改善人与自然的关系,不断提高全体社会成员的素质的基础上,满足人民群众日益增长的物质生活和精神生活需要,促使整个社会沿着文明、公正、稳定与和谐的方向健康发展,为建设具有中国特色的社会主义,为贯彻实施科教兴国和可持续发展战略,全面建设小康社会的实验和示范基地。

二、可持续发展实验区发展历程

我国对可持续发展实验区从 20 世纪 80 年代开始研究,二十多年间经历试点、建设与发展,其发展历程可以大致分为三个阶段,即 1986～1993 年为试点阶段,1994～2002 年进入拓展建设阶段,2003 年至今为全面发展阶段。

1986～1993 年,可持续发展实验区创立试点,提出以科技引导、促进社会发展,这一阶段共设立实验区 13 个。20 世纪 80 年代中期,常州市、华庄镇苏南模式的乡镇企业发展带动了全市和全镇的经济飞跃发展,但城乡矛盾凸显,工业占用农地过多,精神文明滞后于物质文明,环境污染等问题已经初见端倪。针对这一现象,1986 年国家科委会同国家计委等国家有关部门,在江苏省常州市和锡山市华庄镇开始组织科技引导社会发展的综合试点工作。设立实验区的目的是针对我国经济发展过程中所产生的社会问题、环境问题、经济问题,依靠科学技术引导和促进社会事业的发展,使社会发展和经济发展相协调,逐步建立文明、健康、科学的生活方式,探索有中国特色的社会发展道路。

实验区试点工作的核心目标是在先进科技支撑下,科学地制订城镇社会发展总体规划,全面提高人口身体素质、思想政治素质和文化素质、实现经济、社会、生态效益的综合提高,物质文明和精神文明全面进步,第一、第二、第三产业协调发展,尤其强调第三产业的合理快速发展,进一步调整社会经济结构,还要率先建立与社会主义市场经济相适应的社会保障新体制,推动与人民生活相关的几大产业,如新型住宅产业、生活服务产业、环保产业、医药产业等的形成与发展。

1992 年,在上述工作的基础上,原国家科委与国家体改委联合组织的"社会发展科技理论与实践研讨会"召开,会议就新形势下如何更好地推动社会发展问题进行研讨。会议讨论通过了《关于建立社会发展综合实验区的若干意见》,意见中指出,实验区要"解决人口、资源、生态环境等方面的问题,搞好城镇建设、文化教育、卫生体育、劳动就业、社区建设、社会服务、社会保障、社会安全等各项工作，创造良好的生产与生活环境"。同时，由国务院有关部门和团体共同组成了实验区协调领导小组，并成立了社会发展综合实验区管理办公室。实验区工作全面启动，进入经常性、规范化发展阶段。

1994～2002 年，可持续发展实验区进入拓展内涵、稳步推进可持续发展战略阶段，到2001 年底，已设立国家级实验区 40 个，各省市区政府建立了省级实验区达 60 多个。1994年，国务院正式通过了《中国 21 世纪议程》，随着《中国 21 世纪议程》的制定和实施，可持续发展已成为国家发展的重大战略。1996 年 3 月在八届人大四次会议上通过的我国《国民经济和社会发展"九五"计划和 2010 年远景目标纲要》中提出："要建立一批科技引导社会发展的综合实验区"。实现了可持续发展思想由理论到实践的转变，成为实施《中国 21 世纪议程》的重要基地。社会发展实验区工作已经作为在地方实施可持续发展战略的重要行动，成为实施《中国 21 世纪议程》的重要基地。在实验区协调领导小组的组织领导下，开始从地方选择具有代表性和示范性的中小城市、县、镇以及大城市社区，进行全面的实验和示范，到 1996 年底，我国已建立起国家级社会发展实验区 26 个，省、市级实验区 45 个，社会发展实验区覆盖全国 23 个省、市。通过十年的探索，形成了一批各具特色，体现经济和社会协调发展，提倡科学规划与管理，注重人与自然和谐共存的城镇。并从"提高认识，形成机制，增强能力"入手，在提高人的综合素质，改善人的生活质量，创造良好的社会环境和生态环境，促进整个社会的文明进步等方面，取得了不同程度的进展，为探索不同类型的具有中国特色的社会发展模式进行了有益的尝试。

1997 年社会发展实验区正式更名为"可持续发展实验区"，可持续发展实验区自此形成。此后，在实验区协调领导小组的组织和领导下，开始从地方选择有代表性和示范性的中小城市、县、镇及大城市城区，进行全面的实验和示范。国家可持续发展实验区办公室制定了《国家可持续发展实验区管理办法》、《国家可持续发展实验区验收管理办法》，确定了实验区建设所依据的原则，构建了实验区验收考核指标体系。自此，可持续发展实验区的管理进一步规范化，全面开展了实验区的建立、验收等工作。

从 2002 年至今，在科学发展观的指导下，可持续发展实验区进入全面发展阶段，该阶段共建设实验区约 60 个，在本阶段，实验区先后实施了 6 个主题和 28 个示范项目；《可持续发展实验区系列丛书》先后出版；实验区论坛机制正式启动；实验区国际合作工作不断拓展。

2002 年 11 月，党的十六大提出了全面建设小康社会的奋斗目标，指出"我们要在本世纪头 20 年，集中力量，全面建设惠及十几亿人口的更高水平的小康社会"。2004 年，党的十六届三中全会《关于完善社会主义市场经济体制若干问题的决定》，提出要"坚持以人为本，树立全面、协调、可持续的发展观，促进经济社会和人的全面发展"。此后，围绕科学发展观，中央先后提出了构建社会主义和谐社会、建设资源节约型和环境友好型社会、推进社会主义新农村建设等一系列新的战略目标和任务。新时期，实验区建设与时俱进，根据发展的实际，继续积累经验，不断扩大实验内容，承担实验任务，通过进一步的建设，使实验区、示范区成为国家体制创新、机制创新和技术创新的实验基地，成为推广、应用可持续发展集成技术的示范基地，成为全面建设小康社会和构建和谐社会的典范。

三、可持续发展实验区评估

可持续发展实验区是探索可持续发展理论的基地，以实验区作为可持续发展战略的实施点，积累实践经验、形成示范带动效应，逐渐辐射推广到其他区域，最终使可持续发展在全国贯彻实施。经过 20 多年的探索，在实验区的发展历程、概念内涵、特色领域，实验区建设规划编制的思路与实践、实现路径与政策手段等已经取得很多成果，但评价研究仍处于探索阶段，不同类型实验区评价目标与可持续发展总体目标的关系和联系，不同类型实验区评价指标的确立、指标权重和阈值的确定仍是实验区评价的核心和难点。实验区的可持续发展评价研究是实验区建设的保证，只有了解了实验区的可持续水平，才能够因地制宜地制定建设的思路和策略，保证实验区沿着一条合理、有效的方向发展。

对可持续发展实验区的评价评估，可从定性和定量两个角度进行，可持续发展定量评价方法研究是可持续发展研究的前沿和热点，可将相关指标体系引入、借鉴到可持续发展实验区的评价中。可持续发展的评价最终归于三个维度，即经济、社会、资源与环境，这三维内容融合构筑可持续发展的指标体系。指标体系是评价的关键，构建可持续发展指标体系需要遵循科学性、全面性、动态性、可比性的原则。可持续发展指标比传统的经济指标和环境指标的内涵更加广阔，应用面更为广泛，包含有资源消费、资源禀赋、经济发展和环境影响的关系等多方面。有多种分类方法，如分为有量纲和无量纲指标、描述指标、货币指标与非货币指标。

从国家到地方，不同类型区域的可持续发展指标体系各有侧重，在国家层面上联合国可持续发展委员会（Commission on Sustainable Development，CSD）提出可持续发展指标体系是基于压力（Pressure）、状态（State）、响应（Response）概念模型（PSR 模型），压力指标表明了环境问题的原因，状态指标衡量由于人类活动导致的环境质量或者环境状态的变化，而响应指标则显示社会和所建立起来的机构为减轻环境污染和资源破坏所做的努力，该模式目的在于通过对可持续发展机理的指标研究来确定可持续发展水平，但此体系内容庞杂，指标数目庞大且不同方面指标分解程度不均。

国家统计局科研所和中国 21 世纪议程管理中心提出了基于领域维的指标体系，包括经济、社会、人口、资源、环境、科教六大领域，共参考了 83 个指标。相对于 PSR 模式，指标数目相对较少，层次清晰，可操作性强。

在地方层面上，中科院地理所毛汉英研究了山东省可持续发展指标体系，该指标体系分为经济增长、社会进步、资源环境支持、可持续发展能力四个方面，包括 4 层结构、90 个指标。对省级可持续发展指标体系提供了很好的范例。

另一方面，不同地域类型可持续发展指标体系也有所不同，我国地域广阔，由于区域的自然条件、发展历史、文化背景和地理位置等方面的差异，区域间经济发展水平差异较大，造成各区域间发展的不平衡。各实验区在实践可持续发展战略过程中遇到的问题不一样，从而区域可持续发展主要目标、评价的重点也不一样，评估的方法或指标体系以及指标体系的权重等问题也由于区域差异而不同。西北农林科技大学崔灵周等建立黄土高原地区可持续发展指标体系，指标体系由 1 个高级综合指标（黄土高原可持续发展综合指数）和 5 个基本指标（人口状况、资源利用、环境保护、经济发展、社会进步）以及 30 个要素指标等三个类型的层次性结构框架组成，此类指标体系包含指标数目适中，可操作性强，突出了黄土高原地区的特点，适合地处黄土高原的榆林市可持续发展评价。华南师范大学陈忠暖与中山大学阎小培等运用社会统计学方法，构建了港澳珠江三角洲地区可持续发展指标体系，包括垂直式和水平式两种结构，垂直式包括发展水平、发展能力、发展协调度，水平式包括经济、社会、人口、资源、环境状况，为跨区域、跨制度可持续发展评价提供了思路。对于资源型城市可持续发展指标体系亦有所研究，有学者以资源型城市平顶山为例，依据资源型城市特点，通过对资源型城市可持续发展系统要素分析，提出了对资源型城市具有实践价值的可持续发展指标体系，资源型城市可持续发展指标体系分为四个层次，包括一个目标层（资源型城市可持续发展水平），三个系统层（可持续发展现实基础、可持续发展压力、可持续发展潜力评估），十个准则层（资源环境基础、经济基础、社会基础、基础设施、环境、资源、社会、经济竞争力、创新能力、政府调控能力），以及三十六个要素层，对于同属资源性城市的榆林市提供了借鉴。

层次分析法是 20 世纪 70 年代美国运筹学家萨蒂（T. L. Saaty）提出的一种定性与定量相结合的多目标、多准则决策方法，已在社会经济研究的多个领域得到了广泛的应用。徐俊研究国家可持续发展实验区综合评价指标体系，采用建立了层次分析法（AHP）构建了近60 个具体指标的递阶层次结构模型体系，并结合实际管理工作看，任务建立的指标体系是有效的。

四、中国可持续发展实验区建设现状

研究数据表明，1993～2005 年 13 年间，抽取 39 个实验区，考察其在经济发展、社会进步、资源利用和环境保护等各个方面的情况发现，横纵向水平上，实验区的可持续发展水平都得到了明显提高。

首先是通过实验区的设立，这些区域的经济快速增长，经济发展水平迅速提高，人均GDP 年均增长 12.8％，从 1993 年的 0.68 万元，人增长到 2005 年的 2.90 万元。同时，第三产业增加值占 GDP 的比重由 20 世纪 90 年代中期的约 20％增加到 2005 年前后超过 33％，第三产业是对调整我国产业的结构，经济再上新台阶起着举足轻重的作用，第三产业比例的增加说明经济结构得以优化、经济发展质量明显提高（图 9-4）。2005 年实验区人均 GDP 分别是其所在地市、省（市、区）和全国平均水平的 1.31 倍、1.46 倍和 2.07 倍，实验区具有了比较高的经济发展水平。

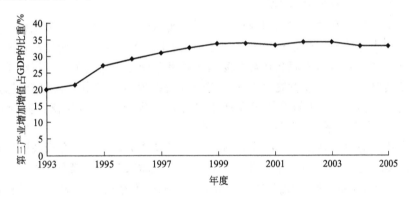

图 9-4　1993～2005 年实验区第三产业增加值占 GDP 的比重变化情况

在农村区域，居民收入增长速率更快，城乡协调发展水平明显改善，说明实验区积极探索和实验社会主义新农村建设的有效模式和途径取得显著成果。相比较而言，实验区中农村居民人均纯收入得到更快增长，1993～2005 年，城镇居民人均可支配收入平均增长 9.65％，而农村居民人均纯收入平均增长 10.55％。2005 年实验区农村居民人均纯收入分别高出所在地市、省（市、区）和全国平均水平的 12.15％、23.79％和 71.16％，城乡居民收入差距明显小于其所在地市、省（市、区）和全国的平均水平，城乡协调发展水平明显更高。

社会保障体制既是我国旧体制改革的重点又是新体制建立的难点，广大实验区通过积极探索和努力实践，大力加强社会保障能力建设。2005 年，实验区城镇职工养老保险覆盖率达到 86.08％，分别比所在地市、省（市、区）和全国平均水平高出 12 个、23 个和 38 个百分点；农民社会养老保险覆盖率达到 45.57%，分别比所在地市、省（市、区）和全国平均水平高出 12 个、32 个和 33 个百分点；城镇基本医疗保险覆盖率达到 80.18%。分别比所在地市、省（市、区）和全国平均水平高出 17 个、13 个和 55 个百分点；农村合作医疗覆盖率达到 71.53%。分别比所在地市、省（市、区）和全国平均水平高出 5 个、29 个和 48 个百分点。

13 年间，实验区的医疗卫生水平明显提高，婴儿死亡率逐年明显下降，医疗卫生事业不断发展。同时，实验区一直把通过科技支撑和引领经济社会全面协调可持续发展作为核心任务，科学技术事业也不断发展，实验区中集聚的人才越来越多，创新能力明显增强，人口素质也得以明显提高。2005 年，实验区中大专以上学历人数达到 7.67%，分别比所在地市、省（市、区）和全国平均水平高出 1.79%、2.18% 和 2.50%。

经济发展的同时，在保护环境、提高资源利用效率等方面，实验区也取得了显著成效。实验区建设过程中，一直把提升资源的有效利用水平，大力开发可再生能源作为重要的建设内容，如山东省长岛县大力实施风电工程和节水工程，江西赣州市章贡区打造农渔牧协调发展的沼气生态农业等，各方措施多管齐下，近年来，实验区中每万元产值能耗和水耗均明显下降。特别是可再生能源的利用取得很大成效，1993 年实验区可再生能源利用在能源总消耗中的仅占 11.02%，到 2005 年该比重上升到 12.06%，分别高出所在地市，省（市、区）和全国平均水平 10.14%、11.37% 和 9.06%。近年来，实验区的工业固体废物综合利用率一直高于其所在地市、省（市，区）和全国的平均水平，在纵向水平上，相比于 1993 年工业固体废物 80.08% 的利用率，2005 年利用率提高到 91.11%，从另一个角度也提高了资源效率。同时，工业废水排放达标率也明显提高，由 2003 年低于所在省（市、区）平均水平，到 2005 年明显高于其所在省（市、区）的平均水平。经济、社会、资源和环境之间的发展更加协调，可持续发展水平迅速提高。

从国家社会发展综合实验区到国家可持续发展实验区，实验区一直都把以人为本作为实验区建设的基本指导思想，注重经济发展和社会发展同步，经济社会发展与资源利用、环境保护并重。其经济、社会、资源和环境之间的协调发展能力明显增强，可持续发展水平迅速提高。近几年实验区的可持续发展水平一直高于其所在地市、省市、区和全国的平均水平。从 2005 年的情况看，实验区的可持续发展水平指数达到 0.63，分别高出其所在地市、省（市、区）和全国平均水平 28.57%、85.29% 和 75.00%。

目前，实验区的设立达到了 108 个，从其分布可以看出，基本考虑到我国区域间的差异性，如不同区域类型、城市等级等，但分布上东部、大城市等较占优势，中西部相对较少，原因一方面在于 1986 年实验区设立之初，东部沿海地区就率先积极响应，更重要的是，在我国的经济快速增长期，社会经济发展的不平衡、与环境之间的矛盾也更多在经济相对较为发达的区域出现，同时也说明，中、西部以及相对落后的地区更需要通过加强设立实验区，加快实践、积累经验，稳步走上可持续发展的道路。

国家可持续发展实验区是为探索中国的可持续发展之路而产生的。实验区从无到有，逐步走出了一条实现区域经济、社会与人口、资源、环境协调发展的新路子，在国内外产生了较大的影响，起到了良好的示范作用。

五、中国可持续发展实验区建设案例

1. 生态保护与建设实践案例

生态环境质量提升是可持续发展的核心指标之一，通过可持续发展实验区的建设，生态环境改善效果显著。

北京市怀柔县水资源丰富，年均水资源总量达到 8.6 亿立方米，占北京市区水资源的 1/5，是北京市重要水源地。怀柔县于 1999 年被国家科技部设立为国家级可持续发展实验区，围绕生态环境保护开展建设实践。作为北京市重要水源采水地和补给地，怀柔县的生态环境质量具有显著意义，但该地自然环境存在脆弱环节，如水土流失问题，全县水土流失面积达 800 余平方公里，占全县面积 37.58%；自然灾害频发，新中国成立以来共发生较大干旱 17 次，山洪泥石流灾害 32 次，为县域经济带来上亿元的经济损失；风沙侵害比例高，全县 2128.7hm² 面积，风沙土地达 19062hm²；此外，农业污染问题也严重危害了当地土壤资源、水资源和景观资源，影响农副产品质量、阻碍了农业可持续发展。

针对这一现状，怀柔县示范区开展了示范区生态环境综合治理项目，设立大沙河、农田林网、庄户沟小流域、宝山寺小流域、渤海小流域等试点，开展示范工程建设工作，搞好试点工作、以试点的宝贵经验指导全盘工作，通过三年的时间改善了该县生态环境，对全县经济、人口、社会、环境、资源的可持续发展产生了积极作用。具体实施建设工程有以下几种。

（1）水源涵养与保护工程　怀柔县针对生态脆弱的特点，采用建设高水平条田、营造水土保持林、封禁治理等措施，具体有实施绿化工程，栽种油松、毛白杨等花木约 34000 多株，完成京密引水渠两岸 12.46km 绿化、怀柔水库东溢洪道右岸宜林地绿化工程；完成了农田林网工程达 25km，加强了防风固沙作用，同时实施了密云、怀柔水库上游涵养林工程，水土涵养林通过三年建设达到 1072.9hm²。目前减少水土流失 29.5 万吨，水源涵养、防风固沙、空气净化、地区生态环境等效果显著。

（2）玉米免耕覆盖工程　购买、更新玉米免耕覆盖播种机、麦秸粉碎机等农机具，建设 18000m³ 青贮池，购入秸秆切碎机等，实施秸秆过腹还田，避免了秸秆焚烧，不仅有利于北京市大气环境质量改善，还解决了当地草食性动物养殖业的饲料问题。

（3）粪污无害化处理工程　通过建设集中处理设施，减少了粪污对地表水和地下水的污染，实现禽畜粪便的集中处理，同时年产优质有机肥 3000 多吨，降低化肥使用量，从而改善了农业污染问题。

2. 资源可持续利用案例

可持续发展实验区要满足经济、社会、环境、资源四方面效益的有机结合，提高资源利用效率是实现可持续发展的有效途径之一。

河南省林州市水资源缺乏问题存在已久，在 20 世纪 60 年代，大举修建了著名的红旗渠和 462 个库、塘等水利配套设施，虽然在一定时期内缓解了水资源短缺造成的群众生活困境，但是随着社会主义建设的深入和经济发展，水资源供给与需求的矛盾再次凸显，成为制约林州经济与社会可持续发展的首要因素。1996 年林州被批准为国家可持续发展实验区，走经济与环境资源协调可持续发展的道路，结合当地情况，如何有效提高有限的水资源利用效率成为林州的重要建设实践内容。

在林州的可持续发展建设实践中，技术起到了关键性作用。首先，林州市政府邀请来自中国农业大学及省内外的多位专家对林州市地上、地下、可资源化的废水等进行综合评价，结合林州市可持续发展总体规划，制定了到 2010 年的水资源开发、持续利用的总体规划，提出对水产业结构调整的明确思路，研制出林州市水资源管理信息系统 MIS。推广农业新技术建设农业节水示范区，以喷、管、滴、微灌等技术取代传统的漫灌技术，提高了水资源农用效率，同时降低了农业成本。推广抗旱耐旱基因型品种，实现农业产业结构调整，提高

5%～10%水利用率。林州电厂开发出粉煤灰二次浓缩技术，使粉煤灰水经过分离后可再次利用，粉煤灰也可作为建材使用，使废水循环利用率达 70%～80%，提高了水资源利用率的同时，增加了企业的经济效益。

从管理层次上，政府相继出台了《林县红旗渠灌区管理条例》、《林县政府关于水资源灌区管理的暂行办法》、《林州市喷灌节水工程技术管理办法》、《划定水土流失重点防治区通告》等一系列政策、法规，同时先后投资约 1.5 亿元用于农业节水灌溉工程、红旗渠渠底渠壁防渗硬化工程、红旗渠自动化管理建设、弓上水库防渗工程、城市生活污水分散管理工程、工业污水处理与回收利用工程、生态林绿化工程等，及时有效提供了提高水资源利用效率的政策和财政保障。

◉ 思考题

1. 资源综合利用的主要范围有哪些？
2. 请举例说明目前国内外低碳生态城市建设的模式类型。
3. 请论述资源约束与资源节约型社会建设间关系。
4. 可持续发展实验区的特点有哪些？

◉ 参考文献

[1] 蔡文胜. 基于 IPAT 模型的青岛市资源节约型社会建设研究. 青岛：青岛大学，2009.
[2] 陈忠暖，阎小培著. 区域·城市·可持续发展测评：港澳珠江三角洲可持续发展测评 [M]. 广州：中山大学出版社，2006.
[3] 崔兆杰，张凯编著. 循环经济理论与方法. 北京：科学出版社，2008.
[4] 达良俊，田志慧，陈晓双. 生态城市发展与建设模式. 现代城市研究，2009 (7)：11-17.
[5] 韩英. 可持续发展的理论与测度方法. 北京：中国建筑工业出版社，2007.
[6] 中国 21 世纪议程管理中心，中国科学院地理科学与资源研究所编译. 可持续发展指标体系的理论与实践 [M]. 北京：社会科学文献出版社，2004.
[7] 柯征. 建立社会发展综合实验区推动经济与社会协调发展. 中国人口·资源与环境，1993，3 (4)：65-68.
[8] 孔爱娟. 国家可持续发展实验区发展现状分析和水平评价研究. 南京：东南大学，2007.
[9] 李迅，刘琰. 中国低碳生态城市发展的现状、问题与对策. 城市规划学刊，2011 (4)：23-29.
[10] 李俊莉，曹明明. 国家可持续发展实验区研究状况及其展望. 人文地理，2011 (1)：66-70.
[11] 李杰兰，陈兴鹏，王雨，等. 基于系统动力学的青海省可持续发展评价. 资源科学，2009，31 (9)：1624-1631.
[12] 刘晓琼，刘彦随. 基于 AHP 的生态脆弱区可持续发展评价研究. 干旱区资源与环境. 2009，23 (5)：21-23.
[13] 陆学艺. 可持续发展实验区发展历程回顾与建议. 中国人口·资源与环境，2007 (3)：1-2.
[14] 毛汉英. 山东省可持续发展指标体系研究. 地理研究，1996，15 (4)：16-23.
[15] 宋征. 21 世纪新曙光可持续发展实验区. 中国人口·资源与环境，2002，12 (3)：108-112.
[16] 吴志强，于泓. 上海世博会园区生态规划设计的研究与实践. 城市与区域规划研究，2009 (1)：57-68.
[17] 吴志强. 上海世博会可持续规划设计. 北京：中国建筑工业出版社，2009.

[18] 吴人坚. 生态城市建设的原理和途径. 上海：复旦大学出版社，2000.

[19] 王如松. 城市生态服务. 北京：气象出版社，2004.

[20] 王江欣. 低碳生态城市发展规划初探. 中国人口·资源与环境，2009（专刊）：7-10.

[21] 徐俊. 系统工程方法及其在国家可持续发展实验区评价中的应用. 科技进步与对策，2006.1：109-110.

[22] 叶文虎，仝川. 联合国可持续发展指标体系述评. 中国人口·资源与环境，1997，7（3）：83—87.

[23] 岳思羽，王军，刘赟，韩子叻，史云娣. 北九州生态园对我国静脉产业园建设的启示. 环境科技，2009（5）：71-74.

[24] 朱启贵. 可持续发展评估. 上海：上海财经大学出版社，1999：246-31.

[25] 赵向阳. 长株潭城市群建设资源节约型社会问题研究. 大连：大连理工大学，2008.

[26] 曾珍香，培亮编著. 可持续发展的系统分析与评价. 北京：科学出版社，2000.

[27] 中国城市科学研究会主编. 中国低碳生态城市发展报告. 北京：中国建筑工业出版社，2010.

[28] http://www.acca21.org.cn/中国21世纪议程管理中心.

[29] E. Garmendia, S. Stagl. Public participation for sustainability and social learning：Concepts and lessons from three case studies in Europe. Ecological Economics，2010，69：1712-1722.

[30] G C Daily, P R Ehrlich. Population，sustainability，and earth's carrying capacity. Bioscience，1992，42：761-771.

[31] G Huppes, M Ishikawa, Eco-efficiency guiding micro-level actions towards sustainability：Ten basic steps for analysis. Ecological Economics，2009，68：1687-1700.

[32] H Aizawa, H Yoshida, S Sakai, Current results and future perspectives for Japanese recycling of home electrical appliances. Resources，Conservation and Recycling，2008，52：1399-1410.

[33] J Keirstead, N Samsatli, A M Pantaleo, N Shah. Evaluating biomass energy strategies for a UK eco-town with an MILP optimization model. Biomass and bioenergy，2012，39：306-316.

[34] J M Reilly. Green growth and the efficient use of natural resources. Energy Economics，2012，34：S85-S93.

[35] J R Rohr, L B Martin, Reduce，reuse，recycle scientific reviews. Trends in Ecology and Evolution，2012，27：192-193.

[36] L. Zhang，Z. Yuan，J. Bi，B. Zhang，B. Liu. Eco-industial parks：national pilot practices in China. J. Clean Porduct，2010，18：504-509.

[37] Y. Lu，J. Ren. An Industrial Path Study on the Development of Recycle Economy-A Case Study of Shandong Province. Energy Procedia，2011，5：90—94.

[38] M Dwivedy, R K Mittal. An investigation into e-waste flows in India. Journal of Cleaner Production，2012，37：229-242.

[39] N Y Amponsah, B Lacarrière, N. Jamali-Zghal, O. Le Corre. Impact of building material recycle or reuse on selected emergy ratios. Resources. Conservation and Recycling，2012，67：9-17.

[40] S Giljum, E Burger, F Hinterberger, S Lutter, M Bruckner. A comprehensive set of resource use indicators from the micro to the macro level. Resources，Conservation and Recycling，2011，55：300-308.

[41] S Ohnishi, T Fujita, X Chen, M Fujii. Econometric analysis of the performance of recycling projects in Japanese Eco-Towns. J Clean Product，2012，33：217-225.

[42] T M Parris, R W. Charaterizing a sustainability transition：goal，targets，trends，and driving forces [J]. Proc Natl Acad Sci USA，2003，100：8068-8073.

[43] Y F Li, Y Li, H Zhang, Y Liu, W Xu, X Zhu. Canadian experience in low carbon eco-city development and the implications for China. Energy Procedia，2011，5：1791-1795.

第十章 资源循环评价与管理

2012 年 11 月 8 日，胡锦涛总书记在十八大报告中提出，建设生态文明是关系人民福祉、关乎民族未来的长远大计。建设生态文明，实质上就是要建设以资源环境承载力为基础、以自然规律为准则、以可持续发展为目标的资源节约型、环境友好型社会。面对资源约束趋紧、环境污染严重、生态系统退化的严峻形势，围绕循环经济的建设要求，本章重点分析资源循环价值的评估体系、资源循环与社会经济发展环境的协调关系，介绍资源循环利用理论和资源循环管理模式，探索资源节约和生态环境保护的新道路，树立尊重自然、顺应自然、保护自然的生态文明理念。

第一节 资源循环价值评估

一、资源循环价值的经济学概念

1. 物质资源的基本概念

物质资源是人类社会赖以生存和发展的基础，是人类生产和生活的源泉，调节人和自然界物质和能量的交换循环，维系着自然生态系统的平衡。因而物质资源在相当程度上决定着人口的分布转移、社会生产力的布局调整和产业结构的组合变化，制约着经济与社会的进步。随着我国经济的迅速增长，各类自然资源面临着巨大消耗和生态环境保护的双重约束，这就要求我们对资源树立新的认识和观念，采用新技术和新方法进行资源的有效开发与循环利用。

物质资源是具有自然属性和社会属性的物质综合体。资源的自然属性是资源在自然界物质运动漫长过程中产生和形成的，具有自身的自然发展规律。各种物质资源的元素结构及化学组合不同，所存在的地域环境和运动规律也不同，从而形成了不同的性质、特点和功能。多样性的物质资源相互渗透和相互依存，按照各自的特殊运动形式和规律进行物质和能量的交换、循环和转化，从而发挥着资源的不同功能和用途。资源的社会属性是资源在人类社会经济发展过程中形成和出现的，有其自身的经济发展规律。人类在发展社会经济、从事物质再生产的过程中，依靠科学技术的进步，逐步加深对资源内在规律本质的认识和掌握，探索资源的性能、特点、运动形式、功能用途及其所依存的地域环境条件，进行开发利用，调整资源利用的产业结构，并不断探索扩展资源的新领域、新品种和新功能，扩大资源开发利用的规模、广度、深度和强度，更多更好地将其转化成满足社会需要的物资产品。

2. 资源循环利用的基本概念

资源循环利用是指根据资源的成分、特性和赋存形式对自然资源综合开发、能源原材料充分加工利用和废弃物回收再生利用，通过各环节的反复回用，发挥资源的多种功能，使其转化为社会所需物品的生产经营行为（图10-1）。对此应当有两个基本认识：首先，资源短缺和市场需求是资源综合利用的根本引导力量；其次，资源循环利用的根本推动力是科技进步。每当新技术出现总会开拓出新的资源领域及新的使用方式，推动资源综合利用不断向广度和深度发展。

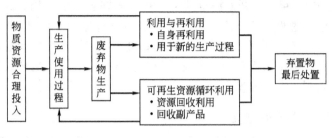

图 10-1　资源循环利用示意

3. 资源循环利用的经济价值

资源循环利用的经济价值表现在以下几方面：①废弃物被资源化，其直接经济价值增加；②向自然界排放的废弃物减少，减少了生态环境恶化的可能性，间接增加资源化的生态效益；③减少了对自然资源的直接耗用，为人类的持续发展保有大量的存量资源，增加人类可持续发展的可能性，间接增加资源化的社会收益。

从直接成本收益来看，产品在经过消费过程或直接报废，其经济价值减少为零，甚至有时为了消除废弃物对自然界的影响不得不花费一定成本处理后再排放。如果这些废弃物能被资源化再次进入生产领域，其价值必然增加。这个过程的经济利润表现为废弃物资源化后的价值扣除该过程发生的成本。当资源化后的价值大于其成本时，这种行为是有利可图的。在传统的"资源—产品—污染排放"单向流动的线性经济下，生产的末端过程和消费后，根本不重视废弃物资源化的价值，将一些有再利用价值的"废弃物"被一并抛弃。废弃物资源化后的经济价值等同于一次利用资源的价值，其成本主要表现为收集成本、分类成本以及转化成本等。在循环经济理念深入民心，大众环保意识普遍形成后，废弃物的收集成本和分类成本将大大降低。因此，废弃物资源化的成本主要集中于其转化成本，它又取决于转化的技术可行性和低成本性。当一项先进的废弃物转化技术出现和推广后，将有大量的废弃物转化为资源，资源循环的效率也将大大提高，其经济价值是巨大的。因此，发展循环经济，则全社会必须营造积极的技术创新环境和技术转化环境。

从间接成本收益来看，废弃物资源化的经济价值远远大于其直接经济价值。废弃物资源化的间接价值取决于废弃物的社会成本和资源化的社会收益。废弃物的社会成本主要是废弃物排放到自然界后，对自然生态系统的生态影响，造成生态恶化，而由此导致的社会经济损失。其资源化的社会收益表现为资源化后减少了对自然资源的直接耗费，为人类的持续发展节约了大量存量资源，增加了人类可持续发展的可能性。通常这两项受主观因素影响很大，难以精确量化。但可以确定的是废弃物资源化的社会收益大于其私人收益，废弃物的社会成本远远大于私人成本。因此，废弃物资源化对社会的净收益是远远大于私人收益的。正因为如此，废弃物资源化存在严重经济负外部性，企业废弃物资源化的积极性较低。所以政府必须采用税收、补贴等政策消除其外部性，鼓励企业或私人将废弃物资源化，对废弃物资源化的企业实行减税或直接的经费补贴。

二、资源循环价值与经济发展的互动关系

资源循环利用概念是在我国经济发展过程中，探求新的经济增长方式和可持续发展途径的思想产物。新中国成立以来，与我国经济发展阶段相对应，资源循环利用在控制污染、保护环境、资源利用方式等方面的实践经历了如下阶段：20 世纪 50 年代，主要是开展废弃物资回收利用；20 世纪 60 年代，开始注重共生、伴生矿综合开发利用；20 世纪 70 年代，治理污染，开展工业生产过程中"三废"的综合利用；20 世纪 80 年代以来，资源环境意识进一步确立，确立了资源综合利用的经济技术政策；进入 20 世纪 90 年代后，随着可持续发展思想得到广泛的认可，提出的循环经济理念并得到实践推广，资源循环利用被提出，对资源利用方式的研究进入到一个新的发展阶段。

1. 资源循环利用的价值意义

① 对资源的多种物质和能量功能的不断深入发掘和全面充分、合理利用，以求达到物尽其用的目的。资源的循环利用具有节约、保护资源，开拓、扩展资源来源，增值资源功能价值的多种意义。

② 从社会物质再生产全过程看，资源循环利用力求把资源的多种物质和能量全面充分、合理地转化成多种社会综合产品。资源循环利用具有扩大再生产、提高资源综合利用价值和增强经济价值的意义。现在，国家提出了要建立资源节约型、环境友好型的国民经济体系，就是要在尽可能少地投入的基础上，获得最多的经济效益，创造最多的社会物质财富。大力开展资源的循环利用，全面充分和经济、合理地开发利用资源，是建立资源节约型、环境友好型国民经济体系的一条有效途径。

③ 从资源的多功能性和再生性出发，多方位、多层次、多环节的全面充分、合理利用资源的多种物质和能量功能，大力开展资源循环利用，可以合理开发利用自然资源，维护自然生态平衡。

2. 发展循环经济、推行资源循环利用对社会经济发展的作用

（1）是建设"两型"社会，实现可持续发展的重要途径和方式　生态环境与经济的协调发展，是建设"两型"社会的核心，发展循环经济、推行资源循环利用的目的与建设"两型"社会的目标是完全一致的。我国是一个人口密度高、人均资源贫乏的国家，长期以来，资源过度开采，生态遭到破坏，环境污染严重。如果仍以传统粗放型高消耗、低产出、高污染的生产方式来维持经济的高速增长，将会使环境状况进一步恶化，也会使有限的资源加速耗竭，环境和资源所承受的超常压力反过来对社会经济的发展也会产生严重的制约作用。所以必须转变传统的经济增长模式，以发展循环经济来保证资源环境对经济发展的持续支撑力。在未来新的一轮开发建设过程中，只有运用循环经济理论，促进物质流和能量流的循环传递，实现产业组合的最优化，才能防止生态环境的恶性循环，形成节约资源、保护环境的生产方式和消费模式，实现建设"两型"社会的目标。

（2）是以人为本，促进人与自然和谐的本质要求　大力倡导发展循环经济，实现资源的循环、合理利用，能够突破传统经济对人与自然的和谐的最大壁垒，能有利于统筹人与自然的和谐，充分体现了以人为本，全面协调可持续发展现的本质要求。发展循环经济、推行资源循环利用，是检验我们是否真正落实科学发展观、实现发展模式真正转变的重要标准和标杆。传统粗放型生产方式所造成的环境污染和生态破坏已造成对人体健康的危害和威胁。

（3）是市场经济条件下资源优化配置的必然　就目前而言，企业走资源循环利用、发展

循环经济发展之路，除了党和国家确立了建设"两型"社会的战略性决策，在全社会形成一种节约资源、保护环境的氛围外，更多的是来自市场的无形推力。近年来，由于能源、稀缺性资源原材料价格大幅上涨，环境准入门槛的提高，引发生产成本提高，挤压了企业的利润空间。面对如影随形的高消耗、高投入、低产出和资源环境的约束问题，为求生存，企业必须寻求经济增长模式的全面转变，重构节约型和高效率的循环经济体系，想方设法化解成本上升的压力，走节约型发展之路。循环经济模式作为一种有效的资源配置方式，从政府倡导、推动到各个利益主体自觉执行，既需要来自外界的机制动力，也离不开市场机制的自我调节，迫使企业由资源消耗型和投资推动型向创新推动型转变，实现从量的扩张到质的提高转变，优化了资源配置方式，促进了经济、社会和环境协调发展。

（4）符合我国建立现代企业与世界经济接轨的要求 在西方国家，发展循环经济、推行资源循环利用已经成为趋势和潮流，有的国家甚至以立法的方式加以推进。绿色食品、绿色消费、绿色环境不仅是当今的时尚，而且是企业长期、牢固地占领市场并向国际市场拓展的有力措施和发展战略目标。在我国加入WTO后，市场的国际化要求使我们在考虑经济效益的同时，还要重视社会效益和生态效益。我们的企业只有顺应世界经济发展潮流，发展循环经济，才能立于不败之地。

三、资源循环价值评估的基本内容

循环经济在国外的实践主要有三个模式：企业层面的"小循环"、产业层面的"中循环"、面向社会的"大循环"模式。国内对循环经济的研究也主要是从三个层面展开的。而资源循环利用作为循环经济核心内涵，为研究口径的统一，对资源循环利用的研究也从三个层面，即企业层面、区域层面和全社会层面展开。

1. 企业层面的资源循环利用

企业是社会经济的细胞，资源的首要消耗者。在传统经济结构下的资源利用存在着诸多弊端，从开采中存在着浪费、投入的不合理，到生产环节中的不合理带来大量生产废弃物，乃至消费后大量垃圾的产生，不仅对生存环境带来严重危害，也存在着较大的浪费。而资源的循环利用，则充分考虑以上各个环节资源的合理科学投入使用及回收再利用问题，节约了资源、提高了资源利用效率，带来了巨大的经济利益，同时也在一定程度上减轻了环境问题对人类的困扰。

传统经济模式下企业层面的资源利用方式可以用图 10-2 简要表示。为了研究的需要，有必要对社会经济中各式各类、不计其数的企业进行简单的分类。这里主要是根据企业所处的资源加工环节，将其分为资源上游企业、中游企业和下游企业。所谓资源上游企业，是指矿产、森林、土地等自然资源的开采、开发企业，如各类矿产的开采企业。而中游企业则主要是指利用开采出来的原材料、能源等进行生产加工，生产出各类生产、生活用品的企业，如炼钢等。下游企业则主要是对产品消费后的废旧物资进行回收、分类、循环再利用或最终处理的企业。

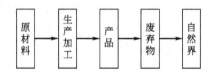

图 10-2 企业层面传统的资源利用方式

对于资源上游企业而言，传统经济形式下的主要问题在于开采率低下，对伴生矿浪费严重，对贫矿的开采利用率低。当然这一方面是由于技术水平的局限所导致，另一方面也不能忽视其与资源利用方式不科学之间的重要联系。

对于资源中游企业而言，其资源利用方式的弊端是显而易见的。投入的质和量存在问题，直接的后果便是产生的大量废弃物和资源的大量浪费。所谓资源投入的"质"的问题，是指资源的不合理投入，如生产冰箱用的氟利昂，一旦泄漏将带来臭氧层的破坏。而投入的"量"的问题，则是指企业追求数量型扩张，与大量投入大量产出的发展模型相伴的便是大量浪费和大量废弃物。

资源中游企业的资源循环利用，就是从资源投入至最终产品的产出各个环节控制可能产生浪费、使资源的利用科学化、合理化，可用图 10-3 表示。

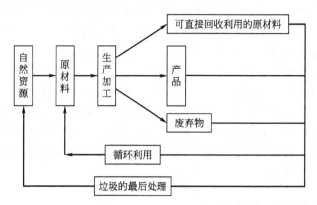

图 10-3　资源中游企业的资源循环利用示意

资源下游企业的大规模兴起，可以说是资源循环利用的产物。在我国 20 世纪 50～60 年

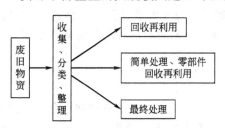

图 10-4　下游企业资源循环利用示意

代就存在着废旧物资回收公司，但那仅是对提高资源利用的细枝末节的修补措施，相对现在红火的、不同行业的资源回收利用企业而言，似乎微不足道。资源下游企业是资源循环利用、提高资源利用效率、降低资源的浪费的重要力量。其资源循环利用可以用图 10-4 来表示。

2. 区域层面（工业园区）的资源循环利用

区域层面的资源循环利用是以企业层面的资源循环利用为基础的。它的一种重要的形式便是同一产业内上中下游企业资源循环利用的整合，或资源的投入产出上关联性很强，甚至互补的企业的集中。另外，区域内根据物质交换、共生的需要，围绕一个物质交换的核心企业，而形成的虚拟工业园区也是资源循环利用的一种重要形式。区域层面资源循环利用可用图 10-5 表示。

3. 全社会层面的资源循环利用构想

企业经济是社会经济的细胞，区域经济是整个国民经济的组成部分，因此，全社会的资源循环利用是建立在企业和区域的资源循环利用基础之上。全社会的资源循环利用是资源循环利用在全社会范围内的整合，是资源配置向最优化靠近和科学规划的必然结果。

当实现全社会的资源循环利用时，将会出现如下状况：对农业而言，将在地理条件和气候条件适宜的地方形成片区式大农场，或国家级农业基地，替代一家一户、靠天吃饭的家庭作业式农业经济；形成标准

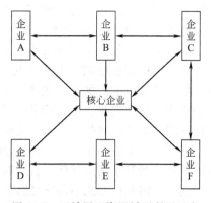

图 10-5　区域层面资源循环利用示意

化、自动或智能化高科技作业水平的现代农业，实现机械化播种、施肥、集中灌溉、联合收割、绿色加工处理等，从而达到提高水资源、土地资源利用率，减少环境污染的目的。对工业而言，将产生大大小小、各具特色的工业园区内，囊括众多关系国计民生的工业行业，实现多行业相互依存、和谐共处，在产业链的衔接上天衣无缝，在资源的投入产出、回收利用上环环相扣，并且不同园区之间依靠高度发达的交通、通信设备实现资源的交换。最后，高度发达的服务业将坐落在人居环境优良的生活区。如此，全社会便出现了如图 10-6 所示的资源循环利用格局。

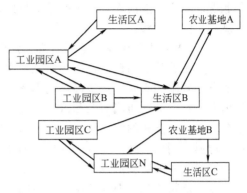

图 10-6　全社会层面的资源循环利用示意

四、资源循环价值的核算方法及指标体系

本节着眼于引入和改进资源、环境经济效益评价的思路与方法，来进行资源循环利用的效益评价。主要包括物质流分析法、生命周期评价法和技术经济分析法。

1. 物质流分析法

（1）概述　物质流分析（Material Flow Analysis，MFA）这一概念，是 Ayres 于 1978 年提出来的，最初是一种用于材料和能量平衡的分析工具。它可以计算一个国家经济活动的物质投入，经过开采、加工、制造、消费、再利用直至变成废弃物的全过程中各个环节物资的流向和流量；切实追踪物质从自然界开采进入人类经济系统中，并经过经济活动在各种人类社会阶段中移动，最后回到自然环境中的情形；可运用于分析、估算国内外、国际间对自然资源的使用情况。对任何一个层面的资源循环利用经济效益进行评价，都必须以对物质流的流向和流量清楚地把握为基础，这是本章将物质流分析法作为研究基础的原因所在。

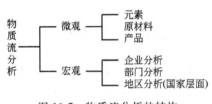

图 10-7　物质流分析的结构

根据研究尺度不同，MFA 分为微观物质流平衡分析和宏观物质流总量分析两大类（见图 10-7）。根据研究物质的不同，微观物质流分析可以分别对元素、原材料和产品进行分析。其中，元素分析又称为"实物流分析"（Substance Flow Analysis，SFA）。主要分析特定元素在使用过程中不同阶段的流向和地理分布，以及在不同时间、地点，不同形态对环境的潜在影响。目前，世界各国主要关注的是砷、汞等对环境有较大危害的有毒有害重金属的物质流（Loebenstein，1994；Szonpek 和 Goonan，2000），铁、铜、锌等对国民经济有着重要意义的物质流（Van Dalen，等，1997）以及氮、磷、碳、氯等元素的物质流。原材料分析主要是分析原料在开采、使用、再利用和最终处置等一系列环节中的不同阶段的流向和流量。主要关注的原料有能源、金属、木材、塑料等。产品分析主要采用生命周期法。

根据研究范围不同，宏观物质流分析分为企业分析、部门分析和地区分析三类。在给定的研究范围内，可以针对不同实物流向和流量进行分析，并分析该范围内物质使用总量对环境的影响。

物质流分析法适用于考察企业、区域（工业园区）和社会层面（国民经济）的资源循环利用状况。对企业层面而言，主要是对特定元素物质流的考察，而对区域和社会层面则主要是宏观物质流的考察。

（2）MFA 应用于企业　运用物质流分析法来研究资源循环利用的经济效益，其思路是通过对比资源循环利用前后，作为研究对象的物质流流向和流量改变的状况及这一改变带来的资源利用效率的提高、资源循环利用率的提高。换言之，即运用物质流分析法表示出企业中作为研究对象的物质流流向和流量；在此基础上，刻画出其循环利用状况，包括循环利用的主要方面、各步骤的物质流；在对现状进行描述的基础上，构建科学的指标体系，并据此评价资源循环利用的经济效益。评价中的关键环节有二个：第一是运用物质流分析法来描述企业经济活动中的物质流及其循环利用状况；第二是构建评价指标体系。

企业特定物质流的循环利用可以用图 10-8 来表示。

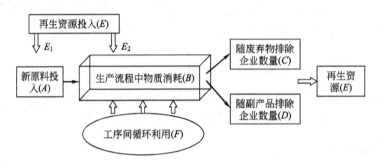

图 10-8　企业特定物质流循环利用示意

图 10-8 中，实心箭头指线性资源利用方式下，物质流的流向；而空心箭头表示的是资源循环利用下，物质流循环途径。用字母 A，B，…，F，表示各环节的物质流量。其中，新原料投入是指不含从下游工序中回收利用的原料，而是直接从自然环境中采取的初次投入该生产工序的原料。图中个各流量间满足如下关系式。

① $F < B$。F 是指生产过程中产生的可投入上一个或上几个工序重新利用的废弃物。如果 F 远小于 B，那么可循环利用的潜力不大。但如果 F 很接近 B，则说明生产工艺存在系统问题。

② $C + D > E$。这表明废弃物的回收利用不可能达到百分之百。这有可能是回收工艺的原因，也可能是人为选择的结果。

分析图 10-8，可以发现资源循环利用的经济效益来源于工序间该物质的循环利用及回收再利用。可以用绝对数指标、相对数指标和价值指标来衡量循环利用的经济效益。

（1）绝对数指标　主要是物质循环使用量，由两部分组成：一是再生资源投入量；二是工序间循环利用量。即 $E + F$。

（2）相对数指标　主要有：①资源循环率，即资源循环率＝（回收利用量＋工序间回收利用量）/生产过程中耗费量＝$(E + F)/B$；②资源利用效率，即资源利用效率＝生产过程中耗费/随企业废弃物排除量＋随副产品排除量＝$B/(C + D)$。

（3）价值指标　价值指标用"循环使用量×单价"来表示。单价可以是当时市价，也可以是影子价格。

显然，资源的循环利用会大大提高资源的利用效率。

2. 生命周期评价法

（1）概述　生命周期评价（Life Cycle Assessment）是一种评价产品、工艺过程或活动从原材料的采集和加工到生产、运输、销售、使用、回收、养护、循环利用和最终处理整个生命周期系统有关的环境负荷的过程。LCA 突出强调产品的"生命周期"，早期曾被形象地称为"从摇篮到坟墓"的评价。它通过对整个生命周期内能量和物质的使用及释放的辨识和定量，评价其对环境的影响，同时通过分析，寻求改善环境的机会。LCA 注重研究系统对资源能源消耗、人类健康和生态环境的影响，一般不考虑经济和社会方面的影响。

（2）LCA 的内容及框架

① 目标和范围的界定（Goal and Scope）。目标和范围界定是 LCA 研究中的第一步，也是最关键的部分。它一般先确定 LCA 的评价目的，然后按评价目的确定研究范围。目标确定即要清楚地说明开展此项生命周期评价的目的和意图，以及研究结果的预计使用目的。如提高系统本身的环境性能，用于环境声明或获得环境标志。范围确定的深度和广度受目标控制，一般包括功能单位、系统边界、时间范围、影响评价范围、数据质量要求等的确定。

② 数据清单分析（Inventory Analysis）。清单分析是针对产品生命周期的各个阶段列出其资源、能源消耗以及各种废料排放的清单数据。在 LCA 中是继目标和范围界定后的一步操作，也是 LCA 整个操作工作中工作量最大的一部分。清单分析涉及产品整个生命周期，一个完整的清单分析能为所有与系统相关的投入产出提供一个总的概况。这部分工作重点通过对产品生命周期中物流能流的调查分析，建立与环境相关的数据矩阵。

③ 影响力分析（Impact Analysis）。影响力分析是对清单分析中所辨出来的环境影响做定量或定性的描述和评价。它目前正在发展中，还没有一个达成共识的方法。而 ISO、SETAC 和美国 EPA 都倾向于把影响评价作为一个"三步走"的模型，即分类、特征化和量化评价。影响分类主要考虑的问题是清单分析中得来的数据归到哪类环境影响。特征化主要考虑的问题是谁对影响有贡献。量化评价是确定不同影响类型的贡献大小，即确定权重以便得到一个数字化的可供比较的单一指标。

④ 解释（Interpretation）。解释是用影响力分析所得到的结果来回答在目标和范围界定时提出的问题。如果说系统边界设定、排放物计量是 LCA 中比较明确和技术性强的部分，那么从影响力分析开始到解释部分，LCA 的技术性成分开始加大，难度也变大。为了简化分析并得到更为精确的答案，往往需要在影响力分析完成时根据其结果重新调整目标和范围界定。

（3）LCA 应用于废弃物资源化决策　废弃物资源化的生命周期评价是对固体废物资源化的整个过程，包括从废弃物的产生、废物收集回收、加工制造、流通使用及最终处理，物质能源输入输出以及相应环境排放物进行识别和量化，评估各个阶段物质、能源利用效率以及最终处理的环境影响，从而设计出对环境友好的产品。

整个生命周期循环如图 10-9 所示。

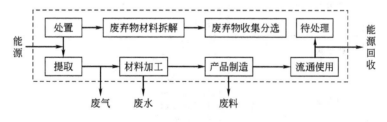

图 10-9　废弃物资源化生命周期循环示意

生命周期影响评价是将各种关系进行量化或建立关系模型。解释和结论主要是提出废弃物资源化产品设计、工艺路线的改进方案，以便更好地实现减污、节能、增效的目标。下面以建筑废弃物资源化应用的生命周期评价来作为实例说明。

建筑废弃物中含有大量的混凝土、木材、金属、塑料等成分的建筑副产品，建筑废物所

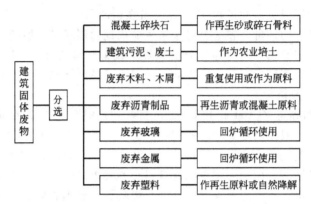

图 10-10　建筑固体废物的再生循环示意

占工业废物的比例高达 40％左右。一方面传统建筑材料能耗大、污染高；另一方面，建筑材料的大量废弃，严重制约着建材的可持续发展。因此完善生命周期评价 LCA 过程，对于建筑固体废物的再生循环途径见图 10-10。

各类工业废渣如粉煤灰、煤矸石、矿渣、炉渣、页岩等废弃物均可作为基料，制造空心砖、实心砖、砌块等产品以取代黏土砖，或采取不同的处理方式制造生态水泥。这两种方式可以大量消耗固体废物，且技术易于掌握，造价较低，有利于大规模推广应用。当然在固体废物的处置上增加技术含量，提高产品价值，提高性能是发展的重要方向。

3. 技术经济分析法

（1）技术经济分析法概述　技术经济分析就是对技术政策、措施或方案等进行经济效益评价，其中最常采用的分析模式为成本-收益分析。在技术经济分析中，对经济效益的评价比较系统，通常将经济效益定义为经济方面的有效成果，并从社会需要、劳动消耗和资源的合理利用三个方面对经济效益进行评价；同时，技术经济分析构建了相对完善的经济效益评价指标，包括收益类指标、耗费类指标和经济效益的综合类指标，具体如表 10-1 所列。

表 10-1　技术经济分析指标体系

收益类指标	—	产品数量（商品产值、总产值、净产值等） 产品品种 产品质量
消耗类指标	成本费用标准	生产成本（原材料、劳动工资和其他直接支出及制造用） 管理费用 财务费用 销售费用
	投资指标	投资总额 单位产品投资额
	时间指标	产品研制周期 项目寿命周期 工程建设周期 产品生产周期
综合类指标	绝对经济效益指标	劳动生产率 材料利用率 设备利用率 资金盈利率 固定资产盈利率
	相对经济效益指标	静态差额投资收益率 静态差额投资回收期

（2）基本程序　技术经济分析应遵循一定的基本程序，具体内容如下。

① 确定目标。目标是指在一定环境条件下，希望达到的某种结果。确定目标是技术经济分析的首要问题之一，目标选择失误会导致整个工作的失败。

② 调查研究，趋势分析。就是要对技术分析课题所涉及的各方面情况进行调查，总结过去、分析现状、预测未来。分析今后 10～15 年的动向，以便寻求可行方案，这是非常关键的一步。因为建立在错误预测基础上的方案，即使方案本身非常理想，也要导致错误的决策。

③ 建立各种可能的技术方案。要实现某一目标，往往会有许多种可能的方案，但要寻找出各个备选方案也是不容易的。分析人员要有良好的素质，在调查预测的基础上，对潜在的可能方案要敏感，具有一定洞察力，列出各种可能的技术方案。当然，也不要把实际不可能的技术方案收集罗列，以免使方案在比较时缺乏真实性。

④ 建立技术经济分析的指标体系。为了选择最优方案，列出的所有技术方案需要互相比较，所以方案间要有共同的比较基础，这个共同的基础就是指标体系。由于分析的对象不同，指标体系也会不同。但是，为了实现同一经济目标的多个技术方案，则应有相同的指标体系。

⑤ 经济评价。就是对不同技术方案的经济效益进行计算、分析、比较和优选。为了客观、全面、准确地反映方案的经济效益水平，必须做到定量分析与定性分析相结合，而尽量争取定量分析，设法建立经济指标与其他参、变数之间的函数关系，列出相应的经济数学模型。

⑥ 提出技术经济分析报告。经过以上诸项分析评价，即可依据选取的最优方案，提出技术经济分析报告。在报告中，除需明确最后情况外，还需简要描述各项分析论证的根据和结论，这一点对于技术方案的实施效果承担经济和法律责任的决策者是非常重要的。

（3）技术经济分析法应用于区域资源循环利用　区域层面的资源循环利用，主要表现在园区内各成员之间的物质交换、资源的集约化使用，如集中供热、基础设施的共享、废弃物的集中处理等。因此，考察区域层面的资源循环利用经济效益，应主要考虑以下两个因素：一是园区内的物质交流量；二是资源的集约化使用。

① 工业生态园区内的物质交流量。在对工业生态园区进行经济效益分析时，需要掌握的最重要的信息便是工业生态园区内的物质交流量。根据这一信息，可以计算出工业生态园区内成员企业的净收益变量和年固定成本节省量，还可以计算在工业园区内通过资源的循环利用所带来的利润率、年经济净效益、投资回报率、投资回收期等指标的变化以及废弃物填埋和资源使用的减少量。

② 资源的集约化使用。资源的集约化使用可以用"三废"综合利用率、基础设施的共享度、信息系统建设的完善度等指标来衡量。

③ 除了以上两个评价因素外，还可以用综合指标来反映资源循环利用的经济效益。主要有投入产出比、能耗系数、物耗系数、清洁水耗系数等指标。

综合考虑上述因素，可以得出区域层面资源循环利用的经济效益评价指标体系，见图 10-11。

其中，基础设施的共享度分为 5 级，其中 1 表示最差，5 表示最好；信息系统建设的完善度分为 5 级，其中 1 表示最差，5 表示最好；"三废"排放达标率＝全年"三废"的排放无害化总量/全年"三废"的排放总量；投入产出比＝投入/产出；能耗系数＝万元产值水资

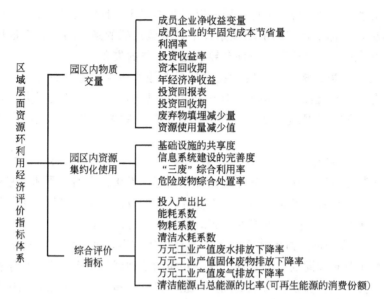

图 10-11　区域层面资源循环利用的经济效益评价指标体系

源消耗＝全年消耗的新鲜水量（不含回用水）/年工业总产值；物耗系数＝万元产值物耗系数＝全年物耗的主要原材料的总和/年工业总产值。

第二节　资源循环与社会经济环境的协调性

一、资源循环与社会经济环境的关系

由于人们开发利用物质资源功能的广度、深度和有效程度，始终受着以科学技术进步状况和生产经营管理水平为主要标志的社会生产力发展水平的制约，因而人们在开发利用物质资源进行生产过程中，不可能一蹴而就地深入揭示物质资源的本质规律，及对其采取充分合理开发利用的最佳手段和方法，也就不可能一蹴而就地深入穷尽其可开发利用的多种物质和能量功能。在生产和消费过程中，在开发利用的各个环节，必然会有大量未被完全合理利用而存在着剩余使用价值功能的物质资源，以废弃物和废旧物资的形式弃置在环境中。出于物质资源在自然界中储存量的有限件和社会经济发展对物质资源需求量的无限性，这就形成了物质资源与社会经济发展之间的供需矛盾，这种供需矛盾也将随着人口的增多，社会经济的进一步发展而日益尖锐起来。然而物质资源所具有的物质和能量是不灭的，并且是可以转换的，因而通过对废弃物资源进行加工改造，是可以促使其更新再生进行再利用的。随着科学技术的进步，生产劳动手段的改善和生产经营管理水平的提高，以及社会生产力的发展，人们采用循环利用的合理手段，进行废弃物质资源的再生，开发利用废弃物质资源中未穷尽的物质和能量功能的可行性，也日益增强而成为现实，并深入广泛地开展起来。资源循环利用成为解决人与自然矛盾不断激化的最佳理想模式。

然而研究资源循环利用，需要对诸多相关概念进行辨析。这些概念主要包括循环经济、清洁生产、可持续发展及资源节约型、环境友好型社会。

循环经济是可持续发展的一个重要途径。循环经济的中心涵义是"循环"，强调资源在利用过程中的循环，其目的是既实现环境友好与资源节约，也保证了经济的良性循环与发展。"循环"的直义不是指经济循环，而是指经济赖以存在的物质基础——资源在国民经济再生产体系中各个环节的不断循环利用（包括消费与使用）。因此，我们认为循环经济的核心内涵就是资源循环利用。

清洁生产是指将综合预防的环境保护策略持续应用于生产过程和产品中，以期减少对人类和环境的风险。内涵清洁生产从本质上来说，就是对生产过程与产品采取整体预防的环境策略，减少或者消除它们对人类及环境的可能危害，同时充分满足人类需要，使社会效益、经济效益最大化的一种生产模式。

可持续发展是既满足当代人的需求，又不对后代人满足其需求的能力构成危害的发展。它们是一个密不可分的系统，既要达到发展经济的目的，又要保护好人类赖以生存的大气、淡水、海洋、土地和森林等自然资源和环境，使子孙后代能够永续发展和安居乐业。可持续发展与环境保护既有联系又不等同。环境保护是可持续发展的重要方面。可持续发展的核心是发展，但要求在严格控制人口、提高人口素质和保护环境、资源永续利用的前提下进行经济和社会的发展。发展是可持续发展的前提；人是可持续发展的中心体；可持续长久的发展才是真正的发展。

建设资源节约型社会，就是要在社会生产、建设、流通、消费的各个领域，在经济和社会发展的各个方面，通过采取法律、经济和行政等综合性措施，切实保护和合理利用各种资源，提高资源利用效率，以尽可能少的资源消耗获得最大的经济效益和社会效益，保障经济社会可持续发展的社会。

环境友好型社会是一种新型的社会发展状态，从政府层面来讲，要用科学发展观统领经济社会发展全局，确立正确的政绩观和建立健全有利于环境友好的决策保障体系，包括政绩考核制度、绿色国民经济核算制度、战略环境评价制度和公众参与制度等，将发展过程中的资源消耗、环境损失和环境效益纳入经济发展的评价体系，支持和引导合法的民间环保组织成为建设环境友好型社会的重要力量，特有利于环境的经济发展模式、社会行为、政治制度、科技支撑和文化纳入有机统一的科学发展框架下，是有利于生态环境保护理论与实践的集合。

在对资源循环利用研究中，这些的关系可用图 10-12 来表示。从图中可以看出：循环经济是可持续发展的重要途径，资源循环利用是循环经济的核心内涵，清洁生产和废弃物的综合处理是循环经济的重要内容，而这一切最终的落脚点在于实现经济、生态环境和社会系统的协调。

二、资源承载力评估

资源承载力是指我们所生存的环境，当人类的活动在一定的范围内时，其可以通过自我调节和完善来不断满足人的需求。但当超过一定的限度时，其整个系统就会出现崩溃，这个最大限度就是资源承载力。具体是指一个国家或一个地区资源的数量和质量，对该空间内人口的基本生存和发展的支撑力，是可持续发展的重要体现。当前主要开展的评估内容主要为土地资源承载力评估、水资源承载力评估、能源承载力评估和生态承载力分析四项内容。

1. 土地资源承载力评估

中国科学院自然资源综合考察委员会（1986）将土地资源人口承载力定义为：在可预见

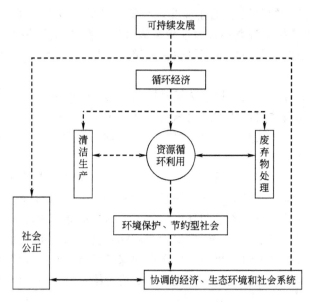

图 10-12 资源循环利用的辩证关系

的技术、经济和社会发展水平及与此相适应的物质生活水准情况下，一个国家或地区利用其自身的土地资源所能持续稳定供养的人口数量。这一阶段土地资源承载力研究实质上是围绕耕地—粮食—人口而展开的，以耕地为基础，以粮食为中介，以人口容量的最终测算为目标，即将土地局限于耕地，将生产潜力局限于粮食生产潜力。

但是，基于人粮关系对土地资源承载力的研究往往将区域土地承载力系统作为一个孤立、封闭的系统，强调其空间的限制性而忽视其开放性，既忽视了区域贸易可换回粮食的影响，也将土地资源限制在耕地这一种土地利用方式上。随着研究的深入，土地资源承载力的测算呈现从静止分析走向动态预测，从粮食单一指标走向综合指标体系研究的趋势。土地资源承载力的定义发展为：在一定时期，一定空间区域，一定的社会、经济、生态环境条件下，土地资源所能承载的人类各种活动的规模和强度的阈值。

基于近年的研究，当前常用的土地资源承载力的定量测算方法为土地生产力法。土地生产力法是指在环境因子影响下对生物生产潜力的研究。土地生产力法对应于土地资源承载力基于人粮关系的定义，适用于区域以上的大范围土地承载力的测算，评估区域粮食生产能力对人口的承载能力。对土地生产潜力的估算，联合国粮农组织已经制定了"农业生态区域法"。

对土地生产力的测算还可以通过遥感手段获得对植物生产有影响的因子，如面积指数、叶重、叶群数量、生物量、叶绿素含量及植物对光辐射的截留能力等的植物生长信息，找出生物量与生产量之间的参数，从而进行作物的估产。但是，通过遥感手段获得的是作物的生产量信息，对其经济产量的潜力难以估算。目前，通常采用联合国粮农组织所建立的农业生态区域法，同时结合迈阿密方法、对太阳辐射产量的修正等来计算作物的气候生产力。

（1）土地生产潜力计算 由于各环境因子对作物生产潜力的降解，作物生产潜力由光合潜力→光温潜力→光温水潜力→光温水土潜力逐级衰减，它们共同构成作物生产潜力系统，因此作物生产潜力公式可总结为：

$$Y = YQf(t)f(w)f(s) \tag{10-1}$$

式中，Y 为一定投入水平的作物生产潜力；YQ 为光合生产潜力；$f(t)$、$f(w)$、$f(s)$ 分别为温度、水分、土壤订正系数。首先用模型计算各地区的光合生产潜力 YQ，单位是 kg/亩，在此基础上利用光温因子、气候因子、土地质量因子进行修正得到。

$$YQ = KA \int_{t_1}^{t_2} \frac{QP(t)F(t)}{C(1-B)(1-H)} dt \tag{10-2}$$

$$YQ = 666.7 \times 10^4 / C \times 1000 \times F \times Q \tag{10-3}$$

式中，K 为单位换算系数；A 为经济系数；QP 为光合有效辐射；B 为植物体含水率；H 为含灰分率；666.7×10^4 为亩与平方厘米的换算系数；C 为干物质发热量，即能量转换系数，用 1g 干物质所结合的化学能来表示，多数作物的平均值为 4.25kC/g；F 为光能利用率（最大理论值为 15.68%，在此取 3.92%）；Q 为太阳总辐射，J/（cm² · a）；1000 为千克与克的换算系数。将以上数值代入得：

$$YQ = 62.748Q \tag{10-4}$$

黄秉维修正后的公式为：

$$YQ = 61.5Q \tag{10-5}$$

光温因子 $f(t)$ 可以通过查表结合计算所得。水因子则是通过迈阿密模型计算得来，具体公式如下：

$$Y_w = Y(Q, T)(1 - e - 0.065r) \tag{10-6}$$

式中，Y_w 为气候生产力；r 为降雨量。

土壤肥力订正系数取决于某一地区耕地质量的等级构成以及各种质量耕地在一般条件下的平均产量，其公式如下：

$$K_s = \sum f_i K_{si} \tag{10-7}$$

式中，f_i 为第 i 级耕地占总耕地比例；K_{si} 为第 i 级耕地土壤肥力订正系数，依据土壤质量、适应性等由专家评分得到。一级土壤可得到气候潜在生产力的 60%，二级土壤可得到 30%，三级土壤可得到 15%。

根据上述测算方法，可计算出单位土地生产潜力。

（2）土地资源承载力计算　土地资源承载力（LCC）主要反映区域土地、粮食与人口的关系，可以用一定粮食消费水平下，区域土地生产力所能持续供养的人口规模（万人）或承载密度（人/km²）来度量。以公式表示为：

$$LCC = G / G_{pc} \tag{10-8}$$

式中，LCC 为土地资源现实承载力；G 为土地生产力，kg；G_{pc} 为人均粮食消费标准。国内众多专家根据联合国粮农组织公布的人均营养热值标准，结合中国国情计算并提出中国人均粮食消费 400kg 即可达到营养安全的要求。

土地资源承载指数（LCCI）表征实际人口与承载能力的相互关系，LCCI 及其相关指数的计算公式如下：

$$LCCI = P_a / LCC \tag{10-9}$$

$$R_p = (P_a - LCC) / LCC \times 100\% = (LCC - 1) \times 100\% \tag{10-10}$$

$$R_g = (LCC - P_a) / LCC \times 100\% = (1 - LCC) \times 100\% \tag{10-11}$$

式中，LCCI 为土地资源承载力指数；LCC 为土地资源承载力；P_a 为现实或预期人口数量；R_p 为人口超载率；R_g 为粮食盈余率。基于 LCCI 的土地资源承载力分级评价标准如表 10-2 所列。

表 10-2　基于 LCCI 的土地资源承载力分级评价标准

土地资源承载力		指数		人均粮食/kg
类别	级别	LCCI	R_g、R_p	
粮食盈余	富富有余	LCCI≤0.5	R_g≥50%	≥800
	富裕	0.5<LCCI≤0.75	25%≤R_g<50%	533~800
	盈余	0.75<LCCI≤0.875	12.5%≤R_g<25%	457~533
人粮平衡	平衡有余	0.875<LCCI≤1	0≤R_g<12.5%	400~457
	临界超载	1<LCCI≤1.125	0<R_p<12.5%	356~400
人口超载	超载	1.125<LCCI≤1.25	12.5%<R_p≤25%	320~356
	过载	1.25<LCCI≤1.5	25%<R_p≤50%	267~320
	严重超载	LCCI>1.5	R_p>50%	<267

2. 水资源承载力评估

水资源承载力是指某一地区的水资源在一定的技术经济水平和社会生产条件下，以维护生态环境和水环境良性发展为前提，通过对水资源合理优化配置，对该地区社会经济发展的最大支撑能力。可持续发展是水源承载力研究的指导思想，水循环—生态环境—社会经济发展理论是水资源承载力研究的支撑框架，系统理论方法是水资源承载力的研究依据。它们组成一个完整的理论体系共同支持水资源承载力的综合动态平衡研究。

水资源承载能力的计算根据度量指标的不同，相应的计算方法也不同。一般有常规趋势法、系统动力学法和多目标分析法等。

（1）常规趋势法　是以可开采水量为基本依据，在满足维持生态环境的起码要求以及合理分配国民经济各部门的用水比例的基础上，计算水资源所承载的工、农业及人口量。由于度量指标单一，相应的计算方法也比较简单。

（2）系统动力学方法和多目标分析方法　这两种方法主要用于能反映水资源承载力的社会经济—人口—环境多指标度量时的承载力计算。系统动力学模型可以用来模拟整个水资源可持续利用系统的发展变化行为，但是对于水资源可持续利用这样一个复杂的巨系统，又很难用一些方程来有效地模拟，导致其可靠性有时不能保证，这也在一定程度上限制了该方法的应用。

多目标分析方法理论和技术已比较成熟，可采用交互式决策支持技术求得模型最优解，实现人为地对水资源合理配置进行控制；也可以采用 TOPSIS 法求监测目标与理想值之间的距离，通过指标的贴近度排序获得最优解；或采用多目标规划的优化函数，获取最优解。该方法在水资源承载力的计算中得到广泛应用。

3. 能源承载力评估

能源与其他环境因子不同，其他环境因子对某一地区而言属于固定而有限的资源，具有能够承载地区经济社会人口发展的最大限度。为了满足地区的稳定发展，能源可以由本地生产或从区域外调入，能源需求决定其对地区经济、社会的支持能力，能源消费结构影响地区的污染物排放、大气环境。因此，能源承载力评估重点分析能源需求对经济、社会、环境的长期可持续性的影响。

对能源需求进行预测的常用方法可分为两类：一是趋势外推法，采用部门分析法、能源消费弹性系数法、能源强度法等，从现状出发，根据对较长一段时期能源需求规律的分析，预测未来时期的能源需求；二是情景分析法，从未来经济社会发展的目标情景设想出发，构想未来能源需求，寻求最优能源发展战略。这种构想多采用横向对比的方式，首先考虑未来希望达到的目标，然后分析达到这一目标所采取的措施及其可行性。由于情景分析考虑了政策等不可量化因素对未来能源消耗的影响，较之趋势外推法对能源需求的长期预测具有更好的效果。

4. 生态承载力分析

与资源短缺和环境污染不可分割的另一问题是生态破坏，如水土流失、荒漠化、生物多样性丧失等。这些变化引起了人们对资源消耗与供给能力、生态破坏与可持续问题的思考。为此，许多学者从系统的整体性出发，提出了生态承载力概念和研究方法。

高吉喜将生态承载力定义为：生态系统的自我维持、自我调节能力，资源与环境子系统的供容能力及其可维系的社会经济活动强度和具有一定生活水平的人口数量。对于某一区域，生态承载力强调的是系统的承载功能，而突出的是对人类活动的承载能力，其内容包括资源子系统、环境子系统和社会子系统，因而生态承载力取决于资源承载力、环境承载力和生态弹性能力。其中资源承载力、环境承载力和生态弹性能力分别为基础条件、约束条件和支持条件。

目前常用的定量研究生态承载力的方法包括自然植被净第一性生产力测算法、资源与需求的差量法、状态空间法、综合评价法、生态足迹分析法等。

自然植被净第一性生产力测算法是通过对自然植被净第一性生产力的估测确定该区域生态承载力的指示值，而通过实测，判定现状生态环境质量偏离本底数据的程度，以此作为自然体系生态承载力的指示值，并据此确定区域的开发类型和强度。

资源与需求的差量法是通过计算区域现有的各种资源量与当前发展模式下社会经济对各种资源的需求量之间的差量关系，以及区域现有的生态环境质量与当前人们所需求的生态环境质量之间的差量关系，判断生态承载力是否在可承载范围内。

状态空间法是欧氏几何空间用于定量描述系统状态的一种有效方法。通常由表示系统各要素状态向量的三维状态空间轴组成，利用状态空间法中的承载状态点，可表示一定时间尺度内区域的不同承载状况。

综合评价法是通过承载指数、压力指数、承载压力度来描述特定生态系统的承载状况。建立综合评价指标体系，对多个指标赋值，进行定量评价。

生态足迹分析法从需求面计算生态足迹的大小，从供给面计算生态承载力的大小，经对二者的比较，评价研究对象的可持续发展状况。

表 10-3 为各量化研究方法的优缺点比较。

表 10-3　各量化研究方法的优缺点

方法	优点	缺点
自然植被净第一性生产力测算法	准确反映自然体系受干扰的状况；研究历史长，操作性强	局限在对植被的研究上；不考虑社会经济因素
资源与需求差量法	思路清晰，方法简便；可操作性强	瞬时的评价；不能反映区域内社会经济状况及人民生活水平
状态空间法	较准确判断某区域某时间段的承载力状况	定量计算及构建承载力曲面都较困难
综合评价法	结果明了；准确性强且具有针对性	需要的资料较多；对数据的处理要求较高；分值和权重的确定有随意性和主观性
生态足迹法	应用范围广；具有区域对比性	存在生态偏向性；计算结果偏小

新方法、新技术手段将应用于生态承载力研究。生态系统的复杂性决定了其承载力研究方法和手段的复杂性。除了系统动力学（SD）外多因子分析、投入-产出分析、资金劳动力生产函数、人口迁移矩阵及马尔可夫过程等计量分析手段，现代技术如遥感（RS）、地理信息系统（GIS）等必将应用到承载力的研究领域中。

5. 资源综合承载力评估

资源综合承载力研究主要通过加权平均综合法和状态空间法对资源承载力进行评价，而且评价指标的选取和综合评价模型的构建等尚处于探索阶段。加权平均综合法的模型为：

$$I = \sum_{i=1}^{n} W_i I_i \tag{10-12}$$

式中，I_i 为单要素资源承载力；W_i 为相应要素的权重。

区域环境承载力是指在某一时期，某种状态或条件下，某地区的环境所能承受的人类活动作用的阈值。区域环境承载力相对剩余率是指在一定区域范围内，在某一时期区域环境承载力指标体系中各项指标所代表的在该状态下的取值与各项指标理想状态下阈值的差值与其阈值的比值。

对于发展类指标：

$$P_i = (X_i - X_{io}) / X_{io} \tag{10-13}$$

对于限制类指标：

$$P_i = (X_{io} - X_i) / X_{io} \tag{10-14}$$

式中，P_i 为区域环境承载力指标体系中某一指标的相对剩余率；X_i 为指标体系中的变量（发展变量和限制变量）的实际承载量 ECQ；X_{io} 为指标体系中的变量（发展变量和限制变量）的阈值 ECC。

为了从区域环境系统的整体性来分析区域环境承载力的大小变化情况，还必须求取区域综合环境承载力相对剩余率：

$$P = \sum_{i=1}^{m} P_i \cdot W_i \tag{10-15}$$

式中，P 为区域综合环境承载力剩余率；P_i 为区域环境承载力指标体系中某一指标的相对剩余率；W_i 为指标权重。

区域环境承载力相对剩余率反映了区域实际环境承载量与其理论上的环境承载力之间的量值关系。当某一环境要素的相对剩余率大于 0 时，说明该要素的承载量尚未超过其可容纳的承载力范围；反之，则说明该要素的实际承载量已超过其允许的承载力限度，有可能引发相关的环境问题。而区域的综合环境承载力相对剩余率则从区域人-地系统的整体性角度出发，衡量了区域内多要素综合环境承载量与综合环境承载力之间的大小关系，当区域综合环境承载力相对剩余率小于 0 时，说明区域环境承载力已超载，需采取措施降低区域的环境承载量或提高区域的环境承载力，否则将导致区域的发展趋向不可持续。因此通过环境承载力相对剩余率的计算，可以判断出区域环境承载量和环境承载力的匹配程度，有助于弄清区域社会经济活动与区域环境整体的协调程度。

建立区域环境承载力指标体系的目的在于反映或者说表征出区域环境、经济、社会系统相互间协调程度，因此，环境承载力的指标体系应该从环境与社会经济系统间的物质、能量和信息的交换入手。图 10-13 所示的四级指标体系结构将区域环境承载力（目标层）分解为区域自然环境承载力和人文环境承载力两个二级层次；在二级层次下又分解出自然资源总量、环境容量指数、经济发展状况、生活质量、基础设施承载状况五个指标构成的三级层

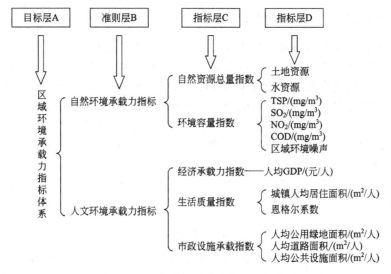

图 10-13 区域环境承载力评估指标体系

次；最后在三级层次之下选择若干个量化的具体指标构成区域环境承载力评价指标体系的第四级指标层。

三、资源生产力评估

通常资源生产力的定义包含了可更新和不可更新的资源输入。不可更新资源包括矿物质、土地和作为能源使用的化石燃料等。可更新资源包括水和生物资源等。如何提高这些资源的生产力，最基本的问题是：我们如何使用更少的资源获得更多的产出？通过提高资源生产力，可以降低成本，并且可以通过有限的不可再生资源的投入产出更多的价值。

英国政府在"2000 年年报"中将资源生产力定义为："摆脱有限资源的束缚，使可再生资源的利用最大化，并使废弃物排放最小化。"

资源生产力是经济社会发展的价值量（即总量）和自然资源（包括能量物质资源与生态环境资源）消耗的实物量比值，它可以表示经济增长与环境压力之间的关系，是一个国家或地区绿色竞争力的重要体现。资源生产力的公式如下：

$$e=\frac{GDP}{N} \tag{10-16}$$

式中，e 表示资源生产力；GDP 表示社会经济发展；N 表示资源。公式的含义为单位资源所产生的经济社会发展量（用 GDP 表示）。根据公式，可以进一步给出以下指标。

① 能量及物质资源生产力相关指标：单位能耗的 GDP（能源资源生产力）、单位土地的 GDP（土地资源生产力）、单位水耗的 GDP（水资源生产力）和单位物耗的 GDP（物质资源生产力）。

② 生态环境资源生产力相关指标：单位废水的 GDP（废水排放生产力）、单位废气的 GDP（废气排放生产力）和单位固体废物的 GDP（固体废物排放生产力）。

通过上述指标可具体计算出一个国家或地区的资源生产力。这些指标比用货币衡量的指标更能科学地衡量资源对经济增长和生态系统的作用，能更好地体现资源的价值。更高的资源生产力意味着每单位的投入得到更多的产出，同时对环境、生态系统的影响不变；或者相同的产出需要较少的投入，对环境和生态系统的破坏也变小。在资源越来越少的情况下，提高资源生产力是经济增长的持续动力，也是经济增长与自然环境和谐发展的关键因素。

四、资源循环利用经济效益评估

资源循环利用的经济效益是指与传统资源利用方式相比较而言的经济优势，包括通过投入的减少、生产过程中资源循环利用以及对废弃物的回收再利用带来成本节约，通过采用新技术改变投入资源的种类及数量引起废弃物产生种类及数量的减少，进而带来处理废弃物成本的降低以及通过新的工艺设计带来的投资回收期的缩短、投资回报率的提高等。因此，对资源循环利用经济效益评价模式研究的主要思路是：在构建相应的经济效益评价指标及指标体系的基础上运用特定的数量方法来比较资源循环利用与传统资源利用模式之间存在的差异，从而计算出前者带来的额外经济效益，并挖掘资源循环利用过程中的潜在经济效益。可运用的数量方法主要有物质流分析法、投入产出法和技术经济分析法。针对不同层面的资源循环利用，使用的方法也不尽相同。

1. 企业层面资源循环利用的经济效益评估

（1）物质流分析法对企业层面资源循环利用的经济效益评估　运用物质流分析法来研究资源循环利用的经济效益，其思路是通过对比资源循环利用前后，作为研究对象的物质流流向和流量改变的状况及这一改变带来的资源利用效率的提高、资源循环利用率的提高。换言之，即运用物质流分析法表示出企业中作为研究对象的物质流流向和流量；在此基础上，刻画出其循环利用状况，包括循环利用的主要方面、各步骤的物质流；在对现状进行描述的基础上，构建科学的指标体系，并据此评价资源循环利用的经济效益。评价中的关键环节有二：第一是运用物质流分析法来描述企业经济活动中的物质流及其循环利用状况；第二是构建评价指标体系。

（2）投入产出法对企业层面资源循环利用的经济效益评估　企业资源循环利用包含的内容是：投入上的减量化，生产环节中资源化，以及产品的无害化和使用后的再利用等。这将对投入产出项带来如下的变化：资源循环利用前后，投入的种类和数量改变；产出方面，由于新工艺的引进，产品品质提高、产量增加，污染物和废弃物减少，同时，这些减少的数量会成为投入减少的来源。这在投入产出表中表现为投入栏中各象限指标值的减少，而产出栏中，产品数量增加、废弃物污染物数量减少。

（3）技术经济分析对企业层面资源循环利用的经济效益评估　运用技术经济分析来评价企业资源循环利用的经济效益，主要是通过相关技术经济指标比较传统的资源利用方式与资源循环利用在成本和收益上的差异，并对如何衡量这一经济效益进行探索。这一过程中，建立评价资源循环利用的经济效益评价指标体系是关键环节。在一般的技术经济分析中，主要的分析要素是：投资（包括固定资产投资、流动资金）、产品成本（经营成本、平均成本和机会成本、固定成本和变动成本、沉淀成本等）、销售收入、利润和税金等。再根据这些因素构建诸如生产成本（原材料、劳动工资和其他直接支出及制造费用）、管理费用、财务费用、销售费用、产品研制周期、项目寿命周期、工程建设周期、静态差额投资收益率、静态差额投资回收期、产品生产周期等技术经济评价指标。

2. 区域层面资源循环利用经济效益评估

区域层面资源循环利用的主要载体为各具特色的工业园区。因此，对区域层面的资源循环利用经济效益评价，主要的评价对象是工业园区的资源循环利用。运用投入产出法对工业园区的资源循环利用经济效益评价与企业层面的资源循环利用情况类似。这部分的研究主要运用技术经济评价的方法，因为工业园区的资源循环利用经济效益评价与企业的情况相比，评价的因素有较大差异。

区域层面的资源循环利用，主要表现在园区内各成员之间的物质交换、资源的集约化使用，如集中供热、基础设施的共享、废弃物的集中处理等。因此，考察区域层面的资源循环利用经济效益，应主要考虑以下两个因素：一是园区内的物质交换；二是资源的集约化使用。

3. 全社会层面资源循环利用的经济效益评估

从上面的指标体系可以看出，全社会层面的资源循环，其经济效益主要来源于直接投入的减少程度、隐性物质流的减少量和过程产出的综合利用。因而，对全社会层面资源循环利用的经济效益评价，可根据国家统计局提供的关于国民经济的数据或行业经济数据，从下面三个方面来考察。

(1) 直接物质投入中的资源循环利用　计算出单位国民生产总值的资源耗费量，这里的资源主要是关系国计民生、经济运转的原材料，能源、水资源等。但同时，由于单位国民生产总值资源耗费的变化并不只是由资源的循环利用引起的，还有可能是因为技术进步的推动、经济环境的优化等因素带来的。因此，可借用 K-B 生产函数，将其他诸如因素的影响剥离开来。就可以得到全社会层面资源循环利用中，直接物质投入中的资源循环利用带来的经济效益。值得一提的是，单位国民生产总值能源耗费的主要指标有，能源弹性系数（能源消费增长系数）、电力弹性系数、单位产值能耗、单位国民收入能耗等。并且：能源弹性系数（能源消费增长系数）=能源消费年平均增长率/国民生产总值年平均增长率；电力弹性系数=电能消费年平均增长率/国民生产总值年平均增长率；单位产值能耗=能源消费量（吨标准煤）/国民生产总值（万元）；单位国民收入能耗=能源消费量（吨标准煤）/国民收入（万元）。

(2) 隐性物质流　隐性物质流作为经济活动中不直接产生效益的物质流，其资源循环利用内涵为：产出一定的情况下，隐性物质流尽可能的少。因而，其资源循环利用经济效益内涵便是单位国民生产总值对应的隐性物质流的减少量以及隐性物质流的开发利用带来的经济收益，如对共生、伴生矿的综合利用，农业秸秆和森林残留物的回收利用带来的经济效益。对这一效益的评价，需要建立在对隐性物质流分门别类、进行全国范围内统计的基础上。相当部分隐性物质流的资源循环利用是缺乏技术上的可行性和经济上的合理性的。对矿产资源开采中的共生、伴生矿而言，资源循环利用的经济效益是非常可观的。有的稀有矿物质所具有的市场价值，足以抵消资源循环利用带来的成本的。

(3) 国内过程产出　国内过程产出主要是"三废"。对于国内过程产出而言，其循环利用，相似于再生资源的综合利用。关于再生资源的研究由来已久，其经济效益是不言而喻的，所谓"变废为宝"、"垃圾是放错了地方的资源"等说法，都已简明而直接地说明了它的经济效益。对于国内过程产出，其循环利用经济效益评价的基本思想是：再生资源的市场价值减去其循环利用成本，主要是回收、分类、整理、流通的成本，便得到其经济效益。

第三节　资源循环利用理论

一、循环经济的内涵与特征

1. 循环经济的内涵

循环经济的思想萌芽可以追溯到环境保护兴起的 20 世纪 60 年代。"循环经济"一词，首先由美国经济学家 K·波尔丁提出，其"宇宙飞船理论"可以作为循环经济的早期代表。大致内容是：地球就像在太空中飞行的宇宙飞船，要靠不断消耗自身有限的资源而生存，如果不合理开发资源、破坏环境，就会像宇宙飞船那样走向毁灭。因此，宇宙飞船经济要求一种新的发展观：①必须改变过去那种"增长型"经济为"储备型"经济；②要改变传统的"消耗型经济"，而代之以休养生息的经济；③实行福利量的经济，摒弃只看重生产量的经济；④建立既不会使资源枯竭，又不会造成环境污染和生态破坏，能循环使用各种物资的"循环式"经济，以代替过去的"单程式"经济。

20 世纪 90 年代之后，循环经济迅速兴起，并为国际社会广泛认同，在瑞典、德国、日本以及美国等发达国家迅速应用于经济实践。瑞典形成"生产者责任"模式，日本形成"立法"模式，建立"循环型"社会等。

1998 年我国引入德国循环经济概念，确立"3R"原则的中心地位；1999 年从可持续发展的角度对循环经济发展模式进行整合；2002 年从新型工业化的角度认识循环经济的发展意义；2003 年将循环经济纳入科学发展观，确立物质减量化的发展战略；2004 年，提出从不同的空间规模：城市、区域、国家层面大力发展循环经济。

循环经济是一种以资源的高效利用和循环利用为核心，以"减量化、再利用、资源化"为原则，以低消耗、低排放、高效率为特征的可持续经济增长模式。即在经济发展中，遵循生态学规律，将清洁生产、资源综合利用、生态设计和可持续消费等融为一体，实现废物减量化、资源化和无害化，使经济系统和自然生态系统的物质和谐循环，维护自然生态平衡。

循环经济的本质是生态经济，它要求运用生态学规律而不是机械论规律来指导人类社会的经济活动。与传统经济相比，循环经济的不同之处在于：传统经济是一种由"资源—产品—污染排放"单向流动的线性经济，其特征是高开采、低利用、高排放。在这种经济中，人们高强度地把地球上的物质和能源提取出来，然后又把污染和废物大量地排放到水系、空气和土壤中，对资源的利用是粗放型的和一次性的，通过把资源持续不断地变成为废物来实现经济的数量型增长。而循环经济倡导的是一种与环境和谐的经济发展模式。它要求把经济活动组织成一个"资源—产品—再生资源"的反馈式流程，其特征是低开采、高利用、低排放。所有的物质和能源要能在这个不断进行的经济循环中得到合理和持久的利用，把经济活动对自然环境的影响降低到尽可能小的程度。循环经济为工业化以来的传统经济转向可持续发展的经济提供了战略性的理论范式，从根本上消解长期以来环境与发展之间的尖锐冲突。

2. 循环经济的原则

循环经济要求以"3R"原则为经济活动的行为准则。

（1）减量化原则（Reduce） 要求用较少的原料和能源投入来达到既定的生产目的或消费目的，进而到从经济活动的源头就注意节约资源和减少污染。减量化有几种不同的表现，如在生产中减量化原则常表现为要求产品小型化和轻型化。此外，减量化原则要求产品的包装应该追求简单朴实而不是豪华浪费，从而达到减少废物排放的目的。

（2）再使用原则（Reuse） 要求制造产品和包装容器能够以初始的形式被反复使用。再使用原则要求抵制当今世界一次性用品的泛滥，生产者应该将制品及其包装当作一种日常生活器具来设计，使其像餐具和背包一样可以被再三使用。再使用原则还要求制造商应该尽量延长产品的使用期，而不是非常快地更新换代。

（3）再循环原则（Recycle） 要求生产出来的物品在完成其使用功能后能重新变成可以利用的资源，而不是不可恢复的垃圾。按照循环经济的思想，再循环有两种情况：一种是原级再循环，即废品被循环用来产生同种类型的新产品，例如报纸再生报纸、易拉罐再生易拉罐等；另一种是次级再循环，即将废物资源转化成其他产品的原料。原级再循环在减少原材料消耗上面达到的效率要比次级再循环高得多，是循环经济追求的理想境界。

3. 循环经济的特征

循环经济理念是在全球人口剧增、资源短缺、环境污染和生态蜕变的严峻形势下，人类重新认识自然界、尊重客观规律、探索经济规律的产物，其主要特征如下。

（1）新的系统观 循环经济系统是由人、自然资源和科学技术等要素构成的大系统。循环经济观要求人在考虑生产和消费时不要置身于这一大系统之外，而是将自己作为这个大系统的一部分来研究符合客观规律的经济原则，将"退田还湖"、"退耕还林"、"退牧还草"等生态系统建设作为维持大系统可持续发展的基础性工作来抓。

（2）新的经济观 在传统工业经济的各要素中，资本在循环，劳动力在循环，而唯独自然资源没有形成循环。循环经济观要求运用生态学规律，而不是仅仅沿用19世纪以来机械工程学的规律来指导经济活动。不仅要考虑工程承载能力，还要考虑生态承载能力。在生态系统中，经济活动越过资源承载能力的循环是恶性循环，会造成生态系统退化；只有在资源承载能力之内的良性循环，才能使生态系统平衡地发展。

（3）新的价值观 循环经济在考虑自然时，不再像传统工业经济那样将其作为"取料场"和"垃圾场"，也不仅仅视其为可利用的资源，而是将其作为人类赖以生存的基础，是需要维持良性循环的生态系统；在考虑科学技术时，不仅考虑其对自然的开发能力，而且要充分考虑到它对生态系统的修复能力，使之成为有益于环境的技术；在考虑人自身的发展时，不仅考虑人对自然的征服能力，而且更重视人与自然和谐相处的能力，促进人的全面发展。

（4）新的生产观 传统工业经济的生产观念是最大限度地开发利用自然资源，最大限度地创造社会财富，最大限度地获取利润。而循环经济的生产观念是要充分考虑自然生态系统的承载能力，尽可能地节约自然资源，不断提高自然资源的利用效率，循环使用资源，创造良好的社会财富。在生产过程中，循环经济观要求遵循"3R"原则，同时，在生产中还要求尽可能地利用可循环再生的资源替代不可再生资源，如利用太阳能、风能和农家肥等，使生产合理地依托在自然生态循环之上；尽可能地利用高科技；尽可能地以知识投入来替代物质投入，以达到经济、社会与生态的和谐统一，使人类在良好的环境中生产生活，真正全面提高人民生活质量。

（5）新的消费观 循环经济观要求走出传统工业经济"拼命生产、拼命消费"的误区，提倡物质的适度消费、层次消费。在消费的同时就考虑到废弃物的资源化，建立循环生产和消费的观念。同时，循环经济观要求通过税收和行政等手段，限制以不可再生资源为原料的一次性产品的生产与消费，如宾馆的一次性用品、餐馆的一次性餐具和豪华包装等。

二、资源循环利用途径

1. 源头上——合理开发与资源优化配置

实行严格的资源保护制度，强化对资源开发总量的控制，加强资源开发利用的调控。以矿产资源为例，特别是要认真执行矿产资源规划，加大管理力度，防止大矿小开和布局不合理的问题，对优势矿产和战略性矿产资源实行保护性开采，以确保资源保护方针从源头上得到切实贯彻。同时，要充分利用国际国内两种资源、两个市场，在资源全球化的基础上实施全球配置，从全球资源配置的高度研究资源战略问题。

2. 生产中——实施清洁生产

清洁生产充分体现着资源的循环利用原则，是一种使资源利用合理化、经济效益最大化、对人类和环境的危害最小化的生产方式。这种生产方式能够通过资源的综合利用、短缺资源的利用、二次能源的利用，以及各种节能、降耗措施，合理利用自然资源，减缓资源的耗竭。同时，还减少废料与污染物的生成和排放，促进工业产品的生成、消费过程与环境相容，降低整个工业活动对人类和环境的风险。在实际的生产过程中，清洁生产主要体现在以下几个方面：①尽量使用低污染、无污染的原料，替代有毒有害的原料。②采用清洁高效的生产工艺，使物料能源高效地转化成产品，减少有害于环境的废物量生成；对生产过程中排放的废物实行再利用，做到变废为宝、化害为利。③向社会提供清洁的产品，这种产品从原材料提炼到产品最终处置的整个生命周期过程中，要求对人体和环境不产生污染危害或将有害影响减少到最低限度。④在商品使用寿命终结后，能够便于回收利用，不对环境造成污染或潜在威胁。

3. 消费后——建设再生资源回收体系

全社会进行全面回收资源循环利用是一项社会性极强的工作，涉及全社会的每个成员。公众环保意识的觉醒，新型消费观的形成，全社会都重视和参与资源循环利用工作，将是解决我国资源与环境问题的根本保证。为此，应积极引导各地建立以居民区设立回收网点为基础的点多面广和服务功能齐全的回收网络，形成回收和集中加工预处理为主体、为工业生产提供合格再生原料的再生资源回收体系。同时推动建立设施先进、管理手段现代化、具有储存和预处理功能的再生资源交易市场，科学先进的再生资源综合利用处理中心等组成的系统工程，促进再生资源"回收—加工—预处理—再利用"的良性循环。

三、循环型社会建设

建立循环型社会，形成物质资源的良性循环，从根本上解决环境与发展的长期矛盾，已经成为追求与自然和谐统一，实现发展经济不以破坏后代人赖以生存的环境为代价的一条颇为引人注目的可持续发展之路。

1. 循环型社会的概念

循环型社会本质上是一种生态社会，是以可持续发展为目标，实现人类经济、社会、环境全面持续发展的新型社会形态，是人类对人与自然关系的再认识，是对传统价值观念、生产方式、生活方式和消费模式的根本变革，是对传统工业社会发展模式的反思和超越（图10-14）。循环型社会不仅包括经济发展、社会生活领域，同时包括政府政策导向的转变、企业社会义务的承担和社会公众的积极参与等多个方面。建立循环型社会是实现可持续发展最可行的重要路径，是人类社会必然选择的社会发展模式。

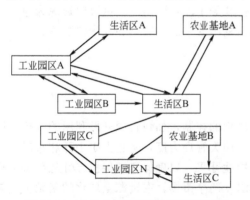

图 10-14　全社会层面资源循环利用示意

2. 循环型社会建设

（1）循环型经济社会的技术支撑体系　建立循环型经济社会，构筑循环型经济社会所需要的技术支撑体系，包括以下 4 类循环技术。

① 尽可能减少资源和能源投入量的技术，如利用新能源、节约能源和资源的技术，应用微生物等生物功能的资源再生技术等。

② 延长产品使用寿命的技术，如预测产品寿命的技术，有助于降低维修成本的技术，更新产品功能进一步延长产品寿命的技术，高性能、长寿命材料的制造技术等。

③ 有效的循环利用技术，如用易降解材料制造高质量产品的技术，易于循环利用的材料制造技术，分离和提取有用物质的技术，提高热循环效率的技术等。

④ 尽可能减少废物的技术，如有害物质分解技术，使用替代物以减少温室气体排放量的技术，应用生态系统的物质循环及净化作用的处理技术和生产技术等。

（2）向循环型社会转变实施的路径

① 从区域经济结构分析入手，完成经济系统转变。首先，研究区域产业结构及其调整以及合理建立产业链的方法、途径和可行性，并分析主要产业、行业的生态经济效益及绿色投入产出情况。其次，对资源浪费、生态环境破坏、污染严重的产业进行排序，并通过分析得出产业结构调整方案，同时对形成产业链（网）和建立生态工业园区的方案进行论证。再次，各产业内部通过从资源投入、生产过程到产品生命周期的评价分析，对资源减量化、再利用、再循环潜力、方法、途径进行论证，从而建立循环型社会指标体系，进行区域循环型社会的规划，并纳入区域社会发展总体规划。最后，通过制定政策、立法，确定各主体责任分工落实规划措施。

② 从社会消费结构分析入手，建立回收、循环路径。一般地，社会主导消费品为公共设施、各种包装、食品、家电、汽车、纺织品、家具等。这些消费品应作为再回收的重点。政府应重点对其立法，进行市场调控，制定回收政策，并在其产品生命的整个周期，遵循"3R"原则进行控制和管理。

第一，设计生产阶段：产品寿命长、体积小、产品和零件通用性好、标准化程度高、清洁、能耗少。

第二，消费阶段：引导消费者转变观念，节约资源、能源，倡导绿色消费，消费过程中注重垃圾处置。

第三，回收阶段：明确回收责任单位，并合理地确定回收费用。如包装、家电、汽车、家具等可以令生产厂家为责任单位，公共设施可将资产所有者定为回收单位，食品等可将社会回收机构作为回收单位。

③ 从社会废物分析入手，完成废物再资源化。对于各种废物，以再资源化为目的，重点考虑：a. 废物产生量、成分、去向和处理处置现状；b. 污染状况及再利用、再循环的潜力；c. 回收机构现状；d. 资源回收体系和资源信息网络情况。

总之，实现整个社会向循环型社会的转变是大势所趋，是实现可持续发展战略的客观需要。实现这个转变，首先要实现全社会思想观念的转变，建立起一种绿色文化氛围，再者就是要加紧对循环经济社会的全方位、多角度的研究；逐步建立起循环型社会的社会和经济运行机制，并通过分步骤的实践，不断总结、调整发展战略，包括社会、经济、科技、环境发展战略调整方案，并划分出社会各层次主体的责任分担与现行政策的衔接。这样才能推动循环型社会的实践不断走向成熟和深入。

3. 建设资源节约型、环境友好型社会

建设资源节约型、环境友好型社会作为我国一项重要的战略决策，被确定为国民经济与社会发展中长期规划的一项战略任务，也是循环经济在我国经济增长方式转变的战略选择过程中实践的必然结果。坚持节约资源的基本国策，加快建设资源节约型、环境友好型社会，促进经济发展与人口、资源、环境相协调，是贯彻落实可持续发展、走新型工业化道路的必

然要求，是实现可持续发展、保障经济安全和国家安全的必然要求。

建设资源节约型社会，就是要在社会生产、建设、流通、消费的各个领域，在经济和社会发展的各个方面，实现各种资源的合理利用和有效保护，提高资源、能源的利用效率。建设环境友好型社会，就是要以环境承载力为基础，以遵循自然规律为核心，以绿色科技为动力，倡导生态文明，构建经济、社会、环境协调可持续发展的社会体系。

四、循环型工业园建设

工业园区是现代工业经济模式的主要取向，发展和推广工业园区是我国实现工业化的必由之路。然而，由于长期以来工业园区的建设与发展基本上采用的是"资源—产品—污染物排放"的传统经济发展模式，在工业增长的同时，我国付出了资源高消耗和生态环境破坏严重的惨痛代价：在资源和生态环境承载力接近临界状态，粗放型经济增长方式难以为继的情形下，以"减量化、再利用和资源化"原则为指导，根据资源条件和产业特点，运用循环经济发展力式建设生态工业园区便成为我国经济可持续发展的必然选择。

1. 生态工业园区的概念

原国家环保总局（现为国家环保部）在《生态工业示范围区规划指南（试行）》中，对生态工业示范园区做了如下定义：生态工业示范园区是依据清洁难产要求、循环经济理念和工业生态学原理而设计建立的一种新型工业园区。它通过物流或能流传递等方式把不同工厂或企业连接起来，形成共享资源和互换副产品的产业共生组合，使一家工厂的废弃物或副产品成为另一家工厂的原料或能源，模拟自然系统，在产业系统中建立"生产者—消费者—分解者"的循环途径、寻求物质闭环循环、量多级利用和废物产生最小化：也就是说，生态工业园区要求一定地域内的不同企业间以及企业、居民和生态系统之间形成物流和能流的优化，实现内部资源、能源高效利用、外部废物最小化排放的目的。

2. 生态工业园区的特点

（1）网络化 网络化指园区内企业之间的凝聚与交换。作为工业系统的子系统，企业是开放的，即要与外界进行原材料、能源、信息、技术、人员或资本交换。生态工业系统与传统工业系统虽然都追求网络化，但它们有一个重大差别：生态工业系统强调企业之间必须存在建立原料或能源的交换关系，传统工业系统只强调企业之间存在某种交换关系，而不考虑交换关系的具体内容。

（2）复杂化 复杂化指园区和园区企业的结构、体制与运行机制的复杂性。和自然生态系统一样，其具有的复杂生态工业系统结构，易于抵御来自外部环境与系统对本系统的干扰，保持系统的稳定有序。影响园区复杂化的因素有企业的数量、企业规模的多样性、企业之间相互作用的内容及强度等。

（3）生态化 生态化指园区与园区企业具有的功能。企业通过内部的清洁生产减少废弃物排放，甚至达到"零排放"。通过原料链把非产品输出转化为原料输入，从而实现资源的充分利用。生态化还要求企业之间的空间距离尽量小，以减少原料运输过程中的能量消耗。

3. 生态工业园区建设的基础条件

生态工业园的建立与发展并不只是立足于单一的工业企业或产业的发展，而是建立在多个企业或产业的相互关联、互动发展基础上。建立生态工业园区必须早备以下基础条件：有相对集中可供开发工业用途的场地相完善的交通、通信等基础设施和管理机构；建立较完善的生态产业孵化中心；有配套的地方性法规、政策，使其在税收、融资、知识产权、土地使用等要素方面得到支持；建立起清洁生产中心和能帮助企业提高环境和经济绩效的咨询服务公司，实现物质集成、能量集成、水资源集成和信息共享，开展 ISO 14000 环境管理体系认证。

除了具备以上的基础条件外，建立生态工业园区还要考虑几个问题：利用不同产业或企业间的物质和能量的关联和互动关系，使之建立起工业生态链或生态网络，从而能够形成生态工业体系；在工业生产过程和流程中，经过一定的技术处理，使物质和能量逐级传递，并实现闭路循环，不向体系外排出废物；区域内资源、信息共享，克服线性经济发展模式中企业生产各自为政、信息不畅的弊端；实现区域性的清洁生产和区域性的经济规模化发展，形成整体效益；生态工业区不单纯着眼于短期经济的发展，而是着眼于长远工业生态关系的链接，从而实现环境与经济的统一和协调发展。

4. 生态工业园区的系统集成

（1）物质集成　物质集成主要是根据园区产业性质，确定成员间上下游关系，并根据物质供需方的要求，运用过程集成技术，调整物质流动的方向、数量和质量，完成生态工业网络的构建。尽可能考虑资源回收和梯级利用，最大限度地降低对物质资源的消耗。

（2）能源集成　能源集成不仅要求各企业能源使用效率最大化，而且园区要实现总能源结构的优化利用，最大限度地使用可再生资源。在园区内根据不同行业、产品、工艺的用能质量，规划和设计能源梯级利用流程，使能源在产业链中得到充分利用。

（3）水资源集成　水资源集成的目标是节水，可考虑采用水的多用途使用策略。在生态工业园区中，可将水细分为更多的等级，例如超纯水、去离子水、饮用水、清洗水和灌溉水等。由于下一级使用的水质要求较低，因而可完全采用上一统使用后的出水。

（4）信息集成　共享配备完善的信息交换系统或建立信息交换中心，是保持园区活力和不断发展的重要条件。园区内各企业间有效的物质循环和能量集成，必须以了解彼此供求信息为前提，同时生态工业园区的建设是一个逐步发展和完善的过程，需要大量的信息支持。这些信息包括园区有害及无害废物的组成、流向和相关信息，相关生态链的产业生产信息、市场发展信息、技术信息、法律法规信息、相关生态工业信息及其他领域的信息等。

（5）技术集成　关键种类技术的长期发展进步，是园区可持续发展的一个决定性因素。在园区内推行清洁生产、实施绿色管理是实现园区可持续发展的具体途径。为此，在园区的规划和建设中，从产品设计开始，按照产品生命周期的原则，依据生态设计的理论，引进和改进现有企业的生产工艺、高新技术、抗市场风险技术、园区内废物使用和交换技术、信息技术、管理技术，以满足生态工业的要求，建立资源消耗最小化、极少生产废物和污染物的高新技术系统。

五、循环型企业建设

国内外循环经济实践研究表明，企业作为社会经济系统中的基本单元，对于推动循环经济发展有着十分重要的作用。只有将循环经济运行落实到企业，才能最有效地节约和循环利用资源，最大限度地减少废弃物排放，逐步使生态步入良性循环。

1. 企业循环经济运行意义

（1）树立企业良好声誉　目前，绿色环保意识深入人心，人们越来越重视对环境的保护，也更关注绿色产品。如果企业在整个生产过程中能运用循环经济理念发展企业，生产可再循环使用、无污染的产品，肯定会得到全社会的关注和支持，也大大提升企业的形象和声誉，使企业取得更好的效益。

（2）节约生产成本　降低企业生产成本、提高效益是企业增加利润的根本途径，循环经济可以为企业节约成本提供一种新的思路。近几年国家环境保护政策日益严格，排污费收取日益规范，对高污染排放型企业形成的成本压力日益加大。企业为了确保利润，必然寻求从废弃物中提取有用物质和循环利用资源，替代原始资源进行生产，以便减少污染排放费用支出。

（3）保持国际竞争力　企业发展循环经济，一方面可以减少资源的利用，另一方面使资源能循环利用起来，最大限度地为企业做到可持续发展。同时，未来国际竞争的一个重要方面是资源之争，而拥有优质资源有利于提升一个国家的综合竞争力。

（4）应对新贸易保护主义　在经济全球化的发展过程中，关税壁垒作用日趋削弱，"绿色壁垒"的非关税壁垒日益凸显。近几年，一些发达国家在资源环境方面，不仅要求末端产品符合环保要求，并且规定从产品的研制、开发、生产到包装、运输、使用、循环利用等各环节都要符合环保要求，这对我国对外贸易产生了日益严重的影响。对此我们要高度重视，积极应对，全面促进清洁生产，大力发展循环经济，逐步使我国产品符合资源、环保等方面的国际标准。

2. 循环型企业构建

循环型企业的构建体现出"从摇篮到摇篮"的循环经济理念，即从生态设计、绿色采购、清洁生产、绿色包装到废料循环利用、产品回收和再制造（图10-15）。

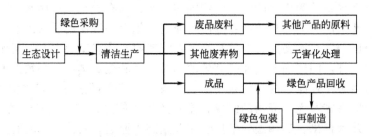

图 10-15　企业循环经济流程

（1）资源节约型、环境友好型技术研发和设计　首先在起点上，进行资源节约型、环境友好型技术研发和设计，包括绿色研发和生态设计。其中，生态设计是关键，是指把环境因素纳入设计之中，考虑到产品整个生命周期减少对环境的影响，最终引导产生一个可持续的生产和消费系统。产品的生态设计包括材料的生态设计、可循环再生设计以及产品的可拆卸设计。材料的生态设计要求对材料整个生命周期进行综合考虑，减少原料使用量，尽可能使用可再生原料和再生原料，使生产和使用过程能耗低，使用后易于回收、再利用，使用安全、寿命长。发达国家的实践经验表明，生态设计可减少30％～50％的环境负荷。

（2）资源投入减量化　资源投入减量化是指在生产投入阶段，尽可能少地使用原料和能源，并在加工过程中探索可再生、可再用资源。改善能源利用的方式方法，提高能源利用率，引入生态工艺，并逐步减少含碳较多的能源物质，改用非矿物燃料，更多地使用太阳能、风能、生物能等清洁能源，引入并严格执行 ISO 14000 环境标准体系，使企业本身实现资源和能源的循环利用，最终达到零污染排放的理想状态。

（3）清洁生产　清洁生产是企业推行循环经济的主体部分，它包括清洁的资源能源利用、清洁的生产过程和清洁的产品。它要求在实施生产活动之前制定科学完备的方案，生产过程中根据规定的程序进行操作，对生产工艺和技术进行清洁化改造，采用绿色制造工艺。清洁生产的主要内容包括以下 4 个方面。

① 清洁的能源。在清洁生产中使用的能源物质尽量是可再生能源，如太阳能、水能、风能、生物质能、地热能等；或者在清洁生产过程中对于不可再生能源的使用也要做到清洁利用，例如对煤的清洁开发、开采及使用。

② 清洁的原材料。在清洁生产过程中提倡使用无毒、低毒原材料。清洁生产的主要活动之一就是削减有毒物品的使用，这也是目前清洁生产的重要部分。

③ 清洁的生产过程。在清洁生产过程中要尽量减少使用或者不用有毒有害的原料；采用无毒、无害的中间产品；选用少废、无废工艺和高效设备；尽量减少生产过程中的各种危险性因素，如高温、高压等；采用可靠和简单的生产操作和控制方法；对物料尽量内部循环利用；完善生产管理，不断提高科学管理水平。

④ 清洁的产品。在清洁生产中产品的设计应充分考虑节约原材料和能源，尽量减少使用昂贵和稀缺的原料；产品在使用过程中以及使用后不含危害人体健康和破坏生态环境的因素；产品的包装合理；产品使用后易于回收、重复使用和再生；使用寿命和使用功能合理。

（4）绿色采购　绿色采购要求选择购买绿色材料。绿色材料选择要求在产品设计中尽可能选用对生态环境影响小的材料，即选用绿色材料（Green Material，GM）。绿色材料是指具有良好的使用性能，并在制备、加工、使用乃至报废后回收处理的全生命周期过程中能耗少、资源利用率高，对环境无污染且易回收处理的材料。所谓"再循环材料"，ISO 14021—1999 环境标志和环境宣言的定义为："通过一个制造过程由回收的材料加工而成并制成最终产品或构成一种产品的一部分材料。"

（5）绿色包装　绿色包装是对生态环境和人体健康无害，能循环复用和再生利用，可促进国民经济持续发展的包装。对于企业来说，就是从包装原材料选择、制造、使用、回收和废弃的整个过程均应符合生态环境保护的要求。

（6）绿色产品回收　绿色产品回收就是考虑产品及零部件的回收处理成本与回收价值，对各种方案进行分析与评估，确定出最佳的回收处理方案，从而以最少的成本代价获得最高的回收价值。

六、循环经济水平评估

发展循环经济是一项涉及面广、综合性很强的系统工程。为了科学地评价循环经济的发展状况，利用相应的数据信息资料，建立一套设计合理、操作性较强的循环经济评价指标体系，为循环经济管理及决策提供数据支持是十分必要的。循环经济评价指标既是国家建立循环经济统计制度的基础，又是政府、园区、企业制定循环经济发展规划和加强管理的依据。

根据目前我国推进循环经济发展和开展循环经济试点工作的要求，主要从宏观层面和工业园区分别建立循环经济评价指标体系（表 10-4），宏观层面建立一套科学的、具有可操作性的循环经济评价指标体系，用于对全社会和各地发展循环经济状况进行总体的定量判断，为循环经济管理及决策提供依据。工业园区指标主要用于定量评价和描述园区内循环经济发展状况（表 10-5），为工业园区发展循环经济提供指导。

根据循环经济"减量化、再利用、资源化"原则，结合我国国民经济和工业园区的运行特点，宏观评价指标由资源产出指标、资源消耗指标、资源综合利用指标、再生资源回收利用指标和废物排放降低指标五大部分构成；工业园区指标由资源产出指标、资源消耗指标、资源综合利用指标、废物排放降低指标四大部分构成。

表 10-4　循环经济评价指标体系（宏观）

项　　目	指　　标
资源产出指标	资源产出率
资源消耗指标	万元国内生产总值能耗 万元工业增加值能耗 重点行业单位产品能耗 万元国内生产总值水耗 重点行业单位产品水耗 农业灌溉水有效利用系数
资源综合利用指标	工业固体废物综合利用率 工业用水循环利用率 城市生活污水再生率 城市生活垃圾资源化率 农业秸秆综合利用率
再生资源回收利用指标	废钢铁回收利用率 废有色金属回收利用率 废纸回收利用率 废玻璃回收利用率 废塑料回收利用率 废橡胶回收利用率
废物排放降低指标	工业固体废物排放(含处置)降低率 工业废水排放降低率

注：目前统计制度还不能满足循环经济指标体系的要求，需进一步完善。

表 10-5　循环经济评价指标体系（工业园区）

项　　目	指　　标
资源产出指标	主要矿产资源产出率 土地产出率 能源产出率 水资源产出率
资源消耗指标	万元生产总值能耗 重点产品单位能耗 万元生产总值水耗 重点产品单位水耗
资源综合利用指标	工业固体废物综合利用率 工业用水循环利用率 工业废水再生率
废物排放降低指标	工业固体废物排放(含处置)降低率 工业废水排放降低率

注：目前统计制度还不能满足循环经济指标体系的要求，需进一步完善。

（1）资源产出率指标　主要是指消耗一次资源（包括煤、石油、铁矿石、十种有色金属矿、稀土矿、磷矿、硫矿、石灰石、砂石等）所产出的国内生产总值（按不变价计算）。该项指标的比率越高，表明自然资源利用效益越好。

（2）资源消耗率指标　主要描述单位产品或创造单位 GDP 所消耗的资源，该类指标反映了节约降耗，推进"减量化"，从源头上降低资源消耗的情况。

（3）资源综合利用指标　主要反映工业固体废物、工业废水、城市生活垃圾、农业秸秆等废物的资源化利用程度，体现了废物转化为资源，即"资源化"的成效。

（4）再生资源回收利用指标　主要反映传统的六大类废旧物资的回收利用状况，体现了节约使用资源、循环利用资源的要求。

（5）废物排放（含处置，下同）降低指标　主要用于描述工业固体废物、工业废水最终排放量减少的程度，该类指标反映了通过减量化、再利用和资源化，从源头上减少资源消耗和废物产生，降低废物最终排放量、减轻环境污染的成果。

第四节　资源循环管理

一、资源循环型管理模式

资源的循环利用应当贯穿于资源开发、资源投入、资源回收的各个方面，必须从源头开发、生产加工、消费后回收利用等途径进行规划调控，做到合理开发利用资源、实施清洁生产、改变传统消费方式，多渠道综合提高资源利用效率，保障资源循环利用链的紧密衔接，实现资源的永续利用。资源循环型管理模式主要包括以下几个方面。

1. 制定和完善有利于资源循环利用的法律体系

建立促进资源循环利用的法律法规是进行资源循环型管理的当务之急。有了法律法规对资源循环利用和循环经济加以规范，人们在经济活动中才能有法可依、有章可循。通过制定相关的政策形成有效的激励机制，引导循环经济的健康快速发展，是各级政府或部门必须承担的紧迫课题。政府要与时俱进地研究并制定适应新形势的政策体系，如财政、税收、金融、产业等政策，引导企业注重资源利用效率的提高和环境的保护，促进循环经济体系的形成和发展。发达国家如日本，在这方面的法律法规体系比较健全，逐步建立了基本法，如《促进建立循环社会基本法》，综合性的法律，如《固体废物管理和公共清洁法》和《促进资源有效利用法》；以及一些具体的法律法规，如《促进容器与包装分类回收法》、《家用电器回收法》、《建筑及材料回收法》、《食品回收法》及《绿色采购法》。此外，美国、德国、法国等国家的法律也较为健全，如美国在1976年制定了《固体废物处置法》，后又经过多次修改，自20世纪80年代中期以来，先后制定了不同形式的促进资源再生循环的法规。

2. 制定优惠的资源再生和回收利用经济政策

政府可以设立一些具体的奖励政策和制度，重视和支持那些具有基础性和创新性，并对企业有实用价值的资源开发利用的新工艺、新方法，通过减少资源消耗来实现对污染的防治。如美国1995年设立的"总统绿色化学挑战奖"，英国2000年开始颁发的Jerwood-Salters环境奖。日本政府在许多城市设立了资源回收奖励制度，目的是要鼓励市民回收有用资源的积极性。

政府还可以制订出特别的税费政策。如美国的税收减免政策、日本的特别退税政策，以及荷兰利用税法条款来推动清洁生产技术的开发和应用，对采用革新性技术的企业投资，实行快速折旧政策。此外，发达国家还普遍采取了其他一些税收政策，如征收生态税、填埋和焚烧税、新鲜材料税。对于废弃物的资源化采取收费政策。日本法规中规定，废弃者应该支付与废旧家电收集、再商品化等有关的费用。根据倾倒的垃圾数量对人们进行征收垃圾处理费或预交金，用于废弃物回收处理和回收新技术的研究与开发。从居民水费中征收一定的污水治理费，污水治理没达到要求的企业要承担巨额罚款。

政府优先购买资源再生产品。通过干预各级政府的购买行为，促进资源再生产品在政府采购中占据优先地位。美国几乎所有的州都有对使用再生材料的产品实行政府优先购买的相关政策或法规。联邦审计人员有权对各联邦代理机构的再生产品购买进行检查，对未能按规定购买的行为将处以罚金。

3. 充分发挥社会中介组织在资源循环利用方面的积极作用

发达国家的社会中介组织在促进资源循环利用中可以发挥政府和企业不能发挥的作用。如德国建立了专门处理包装废弃物的非盈利社会回收中介组织，由产品生产厂家、包装物生产厂家、商业企业以及垃圾回收部门联合组成，内部实行少数服从多数的表决机制，政府除对它规定回收利用任务指标以及对它进行法律监控外，其他方面均按市场机制进行。日本在大阪有关部门建立起了一个畅通的废品回收情报网络，专门发行旧货信息报《大阪资源循环利用》，介绍各类废旧物的有关资料，使市民、企业、政府形成一体，通过沟通信息、调剂余缺，推动垃圾减量运动的发展。加拿大蒙特利尔政府，一方面注意加强与准政府机构、环境网、大学的联系，引导他们参与政策的研究、法规的制定、理论的探讨和工作的推行；另一方面注意发挥社区组织的作用，协助政府贯彻实施经济政策。美国实行会员制的中介组织代表政府与厂矿企业及社区联系，他们采取多种方式加强废弃物的回收处理、污染源的治理，使废弃物的回收和排放逐步走上规范有序的轨道。

4. 鼓励社会公众广泛参与并以实际行动加入到资源循环利用活动中来

鼓励资源循环利用和实施循环经济，不仅需要政府的倡导和企业的自律，更需要提高广大社会公众的参与意识和参与能力。发达国家非常重视运用各种手段和舆论传媒加强对资源循环利用的社会宣传，以提高公民对实现零排放或低排放社会的意识。例如，日本大阪市结合城市美化宣传活动，每年9月发动市民开展公共垃圾收集活动，并向100万户家庭发放介绍垃圾处理知识和再生利用的宣传小册子，鼓励市民积极参与废旧资源回收和垃圾减量工作。加拿大蒙特利尔还特别注意公众宣传的基础性、针对性、趣味性和持久性。鼓励公众参与资源循环利用和发展循环经济，可以重点从以下三个方面着手：一是尽量减少废弃物的产生，其内容包括防止过量包装，尽可能减少包装垃圾，引导市民正确购物和环境友好或环境健全地消费；二是教育市民和机关团体尽可能减少垃圾的排放，如市民应该购买净菜，饭菜不要做得太多，把所有能吃的食物都吃完，不要浪费；三是增强资源循环利用意识，即要求全社会对购买的一次性消耗品，应加强循环使用和多次利用，对生活耐用品如衣服、旧家电、家具等自己不用的产品，可以送给别人使用，不要随意丢弃。

二、国际资源循环管理制度

日本、德国、美国是循环经济发展较早并且循环经济发展较为显著的三个国家，这些发达国家在特定阶段采取了符合其国情的循环经济发展模式，并制定了配套的循环经济发展政策，对中国依据本国国情，确定中国循环经济发展模式和配套措施具有借鉴意义。

1. 日本的循环经济发展模式及配套措施

日本作为世界上较早发展循环经济的国家，日本的循环经济发展模式已经相当成熟，并且循环经济相关产业已经成为日本国家经济的重要组成部分，其确立循环经济发展模式和配套措施的成功经验可以为中国提供一定的借鉴。日本循环经济发展模式的配套措施可以集中概括为：以多层次的法律体系为保障、以完善细致的制度体系为支撑、以完善合理的财税政策为杠杆。

（1）以多层次的法律体系为保障　日本政府建立了涵盖基础层次、产业层次、产品层次的三层次法律体系，为日本循环经济的发展提供了法律保障。

在基础层次上，日本政府于2000年颁布《推进循环型社会形成基本法》，从国家层面规定了日本发展循环经济的大方向，提出在日本社会建立循环型社会的诸多根本原则，同时规定了国家、地方政府、企业和普通民众在发展循环经济上的责任。

在产业层次上，《固体废物处理和公共清洁法》（2000年）和《促进资源有效利用法》（2001年）奠定了日本循环经济法律体系的第二层次。这两部法律充分地体现了循环经济产业的基本特点和发展要求，《促进资源有效利用法》规定要在产品设计、生产、加工、销售、维修、报废等各个阶段全面实施循环经济3R原则，以便达到资源节约有效利用的目的。《固体废物管理和公共清洁法》通过立法手段促使日本全社会减少废弃物排放，并在生活中建立垃圾分类、垃圾回收再利用等具体措施，同时要求减少有毒固体废物的排放，通过在日本全国范围内建立垃圾处理系统，将责任分摊到每一个普通民众，全面实施垃圾管理，推动日本循环经济的发展。

在产品层次，日本根据各种产品的不同性质制定符合其自身特点的法律法规，例如日本政府先后出台的《日本家用电器回收法》、《日本促进容器与包装分类回收法》、《日本建筑及材料回收法》、《日本食品回收法》、《日本绿色采购法》等。

三个不同层次的法律构成日本完整的、配套的、具有极强可执行性的循环经济相关法律体系，日本由此成为发达国家中采用法律政策发展循环经济最好的国家。

（2）以完善细致的制度体系为支撑　为了使诸多循环经济法律落到实处，日本在循环经济发展的诸多方面，都建立与其法律相配套的制度，形成了完善细致的制度体系，对循环经济法律的落实、循环经济的发展起到了良好的制度支撑。资源有效利用制度、废弃物处理制度、公害防止管理者制度、绿色采购返还制度等极具代表性的制度，构成了日本循环经济制度的主体。

日本的资源有效利用制度主要包括《关于促进资源有效利用的法律》、《关于促进资源有效利用的基本方针》，明确提出了关于原材料利用、再生资源及再生零部件利用等目标，并对这些目标进行了分解。

日本的废弃物处理制度主要包括《家用电器回收利用制度》、《容器及包装物的回收与再利用制度》、《食品循环资源再生利用促进制度》、《报废汽车的回收利用制度》、《产业废弃物处理制度》等制度。

日本的公害防止管理者制度主要包括《公害对策基本法》、《在指定工厂建立污染防治组织的法律》等制度。

日本的绿色采购返还制度主要包括《绿色采购法》、带有强制性《绿色采购调查共同化协议》。日本政府与各产业团体联合成立了绿色采购网络，标志着自主性的绿色采购活动在全国范围展开。

（3）以完善合理的财税政策为杠杆　一方面建立法律、制度体系强制政府、企业、民众实施循环经济，另一方面政府还采用高额补助金制度、贷款优惠制度、专项预算制度、消费保证金制度、优惠税收制度等制度对发展循环经济的企业给予贷款、补助、税收方面的政策优惠，建立起完善合理的财税政策，并以财税为杠杆推动日本循环经济发展。

① 高额补助金制度。一是建立工试装置补助金制度。在废物再资源化领域，对工装试制进行补助，每年选择重大资源再生利用工装试制项目，对日本全社会进行公开招标，并给

予中标者补助工装试制费用的 1/2。二是创新技术研发补助金制度。对中小企业在再生利用技术和废物处理的大规模研发上，政府补助企业 1/2 到 2/3 不等建设、开发费，每件专利补助金额为 500 万～3500 万日元等。三是建立能源使用合理化事业者补助金制度。对于企业在能源综合利用过程中发明的先进节能技术，凡是有推广价值的、可以在短期内完成的，补助该企业全部工程款的二分之一，但上限不超过 2 亿日元。四是设立政府环保援助金。日本政府通过政府环保援助金，每年都对福利设施、防止大气污染、减轻温室效应等建设事业进行援助。例如日本政府设立"地球环境基金"，对日本的民间团体的相关环境保护活动进行经济援助。

② 优惠贷款制度。在日本，政府通过法律规定，银行对实施循环经济的企业，尤其是节能环保、再生资源利用、废旧物资回收利用等企业，在购置设备的时候可以使用低息优惠贷款，一次可以直接贷款 7.2 亿日元，并且利率仅为 1.8%～1.9%，对于中小企业，贷款比例可以占总投资的 40%，并且利率最高为 1.85%，最低仅为 1.75%。

③ 专项预算制度。日本议会在《日本推进循环型社会形成基本法》中，对日本政府的环境保护、推动循环经济发展的责任做出了明文规定，设立用于发展循环经济的专项财政预算。

④ 消费保证金制度。保证金制度是指在消费领域，消费者购买饮料等消费品时必须额外交付消费保证金，在消费者喝完饮料时返还商店瓶子、包装后，零售商返还消费者消费保证金，以确保瓶子和包装物能够得到再循环利用，减少生活垃圾的排放。

⑤ 优惠税收制度。在日本，政府通过税收优惠鼓励企业发展循环经济，例如对于再生资源利用设备可以提取特别折旧。不同的行业有不同的折旧率，玻璃生产行业特别折旧率为 25%，再生纸行业特别折旧率为 18%，再生金属行业、再生家电行业特别折旧率为 14%。

日本政府的另一项税收鼓励措施是减少固定资产税，对于再生处理设备、饮料容器回收设备、汽车回收、打印机、复印机回收等在循环利用设备，在三年内减少三分之一的固定资产税。

2. 德国的循环经济发展模式及配套措施

德国是世界上循环经济实施最早、发展水平最高的国家之一。由于受西方环保主义思潮影响较早，德国的循环经济起源于工业领域环境污染的末端治理，成熟于全面循环型社会的废弃物处理，并最终发展成为独具德国特色的循环经济管理体系。在发展循环经济的过程中，德国同样经历了二战后重工业化所导致的生态环境遭到严重破坏的惨痛经历，德国政府在完成工业化转型后，率先在国际上采取循环经济发展模式，使得整个德国逐步从工业化的过度消费型社会全面向循环生态型社会转型。

在循环经济的发展上，首先，在循环经济的引导方式上，德国政府注重以消费促生产，推动循环型社会的循环经济发展模式发展。德国政府通过对产品消费过程的市场监管和消费监管，有效地反作用于企业，通过约束消费者的行为，引导企业开展循环经济、改良生产工艺、降低资源消耗。其次，在循化经济的发展起点上，德国政府从小、易处着手运作，逐步推广循环经济发展。在建立循环型社会的过程中，以占生活垃圾中 90% 以上的包装垃圾为重点，选择包装垃圾分类回收为循环经济切入点，再逐步向其他领域和行业推广。最后，在循环经济的实施组织上，德国政府注重创新组织模式，绿点系统和双轨制回收系统是德国在发展循环经济上最显著的组织创新。在德国通过公共废弃物收集系统，倾倒生活垃圾需要付费，而双轨制回收系企业成员产品的垃圾有专门人员免费定期上门回收，由于绿点标志使用费与包装材料的用量挂钩，企业就会想尽办法简化产品包装，并使包装材料方便回收和循环再生，降低成本。这就从消费者和企业双重约束了包装用量增长。

目前德国成功地完成了从消费型社会向循环经济社会的转变，形成"以较低能耗的生产、适度消费的生活、循环利用的资源、稳定高效的经济和持续创新的技术"为特征的可持续发展综合体系，为中国政府发展循环经济提供了很好的借鉴。

（1）德国的循环经济法律体系　在立法理念上实现了从末端治理到源头治理的理念转变（表10-6）。德国早在1972年就制订了《废弃物处理法》，但当时的立法理念仍是强调废弃物排放后的末端处理。直到1986年，德国对此法进行了修正，并改名为《限制废弃物处理法》，由废弃物的末端治理发展到源头治理。1991年，德国首次颁布《包装废弃物处理法》，对于包装物，德国法律要求产品生产商、产品零售商要尽力避免产生包装废弃物，同时要求对包装废弃物进行回收利用，以减少商品包装废弃物的填埋和焚烧的数量，从而最终实现了立法理念上的根本转变。

表 10-6　德国循环经济法律情况

法律	循环经济与废弃物管理法	1996 年
	可再生能源法	2000 年
	可再生能源修订法案	2004 年
条例	生物废弃物条例	1998 年
	废弃电池条例	2001 年
	废弃木材处置条例	2002 年
指南	废弃物管理技术指南	2003 年
	城市固体废物管理技术指南	2004 年

在制度构建上，德国制定了循环经济法律、条例和指南三个不同层面的法律，主要是制定具体领域的法规，对生活和生产的废弃物进行管理。

（2）德国的循环经济财税政策　德国的循环经济财税政策主要包括废物收费政策、生态税政策、押金抵押返还政策、废物处理产业化政策、生产者责任扩大制度等，这些政策构成了完备的支撑体系，确保德国循环经济发展得以获得成功。

① 废物收费政策。垃圾处理费的征收主要有两类：一类是向生产商收费（又称产品费）；另一类是向城市居民收费。在企业收费方面，德国按照"污染者付费"原则，对产品征收产品费，要求产品生产商对本企业所生产的产品在全部产品生命周期内负责。征收产品费一方面使生产商减少了原材料的使用，同时也为政府处理垃圾问题筹集了足够的资金。在居民收费方面，德国基本上采用以家庭为单位，按户征收垃圾处理费。德国等国对垃圾等废弃物实施垃圾收费政策，强制本国居民和企业增加对废弃物的回收、处理投入再循环利用，解决了循环经济发展的资金瓶颈，推动了垃圾的减量化和资源化。

② 押金抵押返还政策。德国政府是欧洲大陆首个制定、颁发押金抵押返还政策的国家，德国《饮料容器实施强制押金制度》规定在德国境内，任何人购买饮料时必须多付0.5马克包装物容器回收押金，以促进包装物的循环利用，只有当容器按照《包装条例》的要求返还商店时，押金才能够退换消费者。同时德国政府还在条例中进一步明确规定，如果某一液体饮料的容器是不可回收利用的，购买者必须为每个容器至少多支付0.25欧元的处理费用，如果当饮料容器的容量超过1.5L时，消费者需要至少多付0.5欧元包装物处理费。

③ 废物处理产业化。德国政府通过广泛吸引私人资金参与循环经济，推动垃圾处理的

市场化、产业化运作。德国的包装废弃物处置双向回收系统就是废物处理产业化的典型案例。德国绿点公司是专项从事废弃物回收的公司，采用生产者付费原则，德国所有包装材料的生产及经营企业均需要到"德国二元体系"协会注册，并交纳"绿点标志使用费"，获得在其生产产品上标注"绿点"标志的权利。协会则利用企业交纳的"绿点"费，负责收集包裹垃圾，然后进行清理、分拣和循环再生利用。

④ 生态税政策。德国于 1998 年制定"绿色规划"，将生态税引进产品税制改革中。德国生态税是针对使用环境有害材料、消耗不可再生资源产品，对于这些产品德国予以征收生态税。

⑤ 产品责任制。产品责任制是指在德国谁研发、生产、经营产品，谁就要承担产品的环境保护责任。产品责任制还特别包括：产品包括多次利用的、技术寿命长的产品开发、生产和使用，按规定无害化利用后，采取对环境有利的处置；含有有害物质的产品要有标志，以确保产品使用后产生的废物能够采取有利于环境保护的方式利用或处置；在产品生产过程中优先采用可利用的废物或二级原材料；产品和产品使用后产生的废物的回收，以及以后的利用和处置；产品标志上要标有回收、再利用的可能性和义务的说明，以及抵押规定。

3. 美国的循环经济发展模式及配套措施

美国是开始循环经济实践和探索最早的国家之一。早在 20 世纪 70 年代，美国就开始推行循环经济概念，制定了一系列以资源循环为目标的能源政策。

（1）法律体系　由于美国联邦政府对经济活动干预多通过市场机制自发进行，目前美国仍然没有全国性的循环经济法律。不过自 20 世纪 80 年代中期新泽西、俄勒冈、罗德岛等州制定旨在促进资源再生循环的相关法规，目前已有半数美国州政府制定了循环经济相关法规，例如加利福尼亚州政府 1989 年通过的《综合废弃物管理法令》，使得加利福尼亚州目前50％的废弃物垃圾通过源头削减、再循环利用方式得到处理。美国大部分州规定本州内40％～50％的新闻纸必须使用由废纸制成的再生材料。威斯康星州规定必须使用 10％～25％的再生原料制成的塑料容器。加利福尼亚州规定必须使用 15％～65％的再生材料制成的玻璃容器，必须使用 30％的再生材料制成的塑料垃圾袋。

（2）财税体系　在财税政策上，美国各州也是有不同的财税政策，联邦政府并无统一的规定，但联邦政府通过设立总统绿色化学挑战奖、优先购买等财税政策支持循环经济发展。

一是设立税收优惠政策。例如在美国亚利桑那州，州政府对于分期付款购买回用再生资源及污染控制型设备的企业可减少 10％的产品销售税。

二是实施政府奖励政策。从 2000 年开始，美国政府设立"总统绿色化学挑战奖"，用于资助在循环经济领域有所建树的年轻研究学者。

三是政府优先购买。在美国，各州州政府对于使用再生材料的商品均需要优先购买，并且在此方面进行立法控制。

四是收费政策。例如美国征收废旧物资商品化收费，根据人们产生的垃圾数量对其本人进行收费，从而控制垃圾的产生。与德国、日本产品保证金不同，美国的一些州对于饮料包装实施垃圾处理预交制，在产品销售之前就需要企业交纳相关的费用。

五是征税政策。例如美国政府征收新鲜材料税，促使资源循环利用；征收生态税，除可再生能源外，其他能源都要收取生态税；征收垃圾填埋和焚烧税。通过多种多样的财税政策保证了美国循环经济的顺利实施。

三、中国资源循环管理制度

1. 中国循环经济的发展阶段

中国循环经济的发展阶段可以集中概括为理念倡导阶段、国家决策阶段、全面试点示范阶段三个阶段。

（1）理念倡导阶段（1987～2001 年）　从 20 世纪 90 年代开始一直到 2002 年，中国政府出于循环经济理念的倡导阶段，在这一阶段随着经济的发展，环境污染问题日益严重，中国政府和理论界逐步意识环境保护的重要性，开始通过多种方式宣传循环经济相关理念，并出台了一些具有循环经济萌芽的综合性产业政策。

在循环经济综合产业政策上，中国政府先后出台了《关于开展资源综合利用若干问题的暂行规定》（国发［1985］117 号）、《关于促进环境保护产业发展若干措施的通知》（国环［1992］024 号）、《关于贯彻信贷政策与加强环境保护工作有关问题的通知》（银行［1995］24 号）、《关于进一步开展资源综合利用意见的通知》（国发［1996］36 号）、《国务院关于印发＜水利建设基金筹集和使用管理暂行办法＞的通知》（国发［1997］7 号）、《淘汰落后生产能力、工艺和产品的目录（第一批）》（国家经贸委员第 6 号令）等文件。

在循环经济技术开发政策上，中国政府出台了《关于推行清洁生产的若干意见》（环控［1997］0232 号），《关于实施清洁生产示范试点计划的通知》（国经贸资源［1999］402 号）、《国家重点行业清洁生产技术导向目录》（第一批）、《关于开展清洁生产审计机构试点工作的通知》（环发［2001］154 号）、《中华人民共和国清洁生产促进法》、《国家重点行业清洁生产技术导向目录》（第二批）等文件。

在资源税与资源价格政策上，中国政府出台了《中华人民共和国资源税暂行条例》（1993 年 12 月 25 日国务院令第 139 号发布）、《矿产资源补偿费征收管理规定》、《国务院关于修改＜矿产资源补偿费征收管理规定＞的决定》（修改）、《城市供水价格管理办法》（计价格［1998］1810 号）、《探矿权采矿权使用费和价款管理办法》（财综字［1999］74 号）、《探矿权采矿权使用费减免办法》（国土资发［2000］174 号）、《国务院办公厅转发国土资源部等部门关于进一步鼓励外商投资勘查开采非油气矿产资源若干意见的通知》等文件。

在促进废弃物资源化和再利用的政策方面，中国政府出台了《国家税务总局、国家计委关于印发固定资产投资方向调节税资源综合利用、仓储设施税目税率注释的通知》（国税发［1994］008 号）、《国家税务总局、国家计委关于下发固定资产投资方向调节税城市建设类税目注释的通知》（国税［1994］021 号）、《财政部、国家税务总局关于对废旧物资回收经营企业增值税先征后返的通知》（财税字［1995］24 号）、《财政部、国家税务总局关于对部分资源综合利用产品免征增值税的通知》（财税字［1995］44 号）、《财政部、国家税务总局关于继续对部分资源综合利用产品免征增值税的通知》（财税字［1996］20 号）、《煤炭工业粉煤灰综合利用管理办法实施细则》的通知（煤经字［1996］第 461 号）、《中华人民共和国节约能源法》、《财政部、国家税务总局关于继续对废旧物资回收经营企业等实行增值税优惠政策的通知》、《国家计委、科技部关于进一步支持可再生能源发展有关问题的通知》（计基础［1999］44 号）、《财政部、国家税务总局关于香皂和汽车轮胎消费税政策的通知》（财税［2000］145 号）、《关于以三剩物和次小薪材为原料生产加工的综合利用产品增值税优惠政策的通知》（财税 2001 年 72 号文件）、《财政部、国家税务总局关于污水处理有关增值税政策的通知》（财税［2001］97 号）、《财政部、国家税务总局关于部分资源综合利用及其他产品增值税政策问题的通知》（财税〔2001〕198 号）等文件。

在推行清洁生产政策方面，中国政府先后出台了国家环保局《关于推行清洁生产的若干意见》（环控〔1997〕0232 号）、《关于实施清洁生产示范试点计划的通知》（国经贸资源〔1999〕402 号）、国家经贸委《国家重点行业清洁生产技术导向目录》（第一批）、《关于开展清洁生产审计机构试点工作的通知》（环发〔2001〕154 号）、《中华人民共和国清洁生产促进法》。

在末端及产品管理政策方面，中国政府先后出台了《财政部、国家税务总局关于出口煤炭有关退（免）税问题的通知》、《国家计委、财政部、交通部关于对出口外贸煤炭免征港口建设费适当调整港口收费有关问题的通知》（计价格〔1999〕 757 号）、《国务院关于开发"绿色食品"有关问题的批复》、《关于开展全国生态示范区建设试点工作的通知》、《全国生态示范区建设规划纲要》（环然〔1995〕444 号）、《绿色食品标志实施》、《绿色食品标志管理办法》等文件。

（2）政府推进阶段（2002～2004 年） 在这一时期，中国政府通过国家决策，开始决定推进循环经济发展模式，并在技术开发、资源税与资源价格、废弃物再利用、清洁生产、末端治理等方面出台决策性的政策和规定。

在循环经济技术开发政策上，中国政府出台了《国家税务总局关于水煤浆产品适用增值税税率的批复》（国税函〔2003〕第 1144 号），自 2003 年 10 月 1 日开始，对水煤浆产品可比照煤炭按 13％的税率征收增值税。

在资源税与资源价格政策上，中国政府出台了《关于推进水价改革促进节约用水保护水资源的通知》、《财政部、国家税务总局关于调整陕西省部分地区煤炭企业资源税税额的通知》（财税〔2004〕128 号）开始调整水、煤炭等资源性产品的价格。

在促进废弃物资源化和再利用的政策方面，中国国家发改委、财政部、国家税务总局印发《资源综合利用目录（2003 年修订）》。

在推行清洁生产政策方面，中国国家环保总局公布关于贯彻落实《清洁生产促进法》的若干意见（环发〔2003〕60 号），主要对环保部门的工作做出了要求，并要求加强企业生产过程的环境监督管理、建立激励机制等方面的内容。

在末端及产品管理政策方面，中国政府先后出台了《财政部国家税务总局关于停止焦炭和炼焦煤出口退税的紧急通知》（财税明电〔2004〕3 号），规定对出口焦炭、炼焦煤停止出口退税。《国家环境保护总局关于开展创建国家环境友好企业活动的通知》开展此活动目的是促进企业开展清洁生产，深化工业污染防治，走新型工业化道路。环保总局关于印发《生态省、生态市规划建设编制大纲（试行）》及实施意见的通知中对生态省、生态市建设提出了具体的操作指标。

（3）全面试点示范阶段（2005 年至今） 2005 年以后，中国政府决定全面开展循环经济试点工作，开始在全国范围内开展循环经济，并在政策上出台了很多具有根本性指导意义的法律和政策，有效地促进了循环经济的发展。2009 年出台的《循环经济促进法》是中国政府出台的最根本的一部促进循环经济发展的法律。

在循环经济综合产业政策上，先后出台了《促进产业结构调整暂行规定》，其第二章第九条提出：大力发展循环经济，建设资源节约型和环境友好型社会，实现经济增长与人口资源环境相协调。国务院关于加快发展循环经济的若干意见。在这一时期，国家发展和改革委员会、国家环境保护总局、科学技术部、财政部、商务部、国家统计局联合发文，发布《循环经济试点工作方案》和《国家循环经济试点单位（第一批）》（发改环资〔2005〕2199 号）是中国循环经济发展的里程碑事件。随后国家环保总局出台《关于推进循环经济发展的指导意见》全面推动了循环经的发展。此外国家发展改革委等部门下发通知建立 GDP 能耗指标公报制度，建设部印发《中国城乡环境卫生体系建设》等配套措施。

在循环经济技术开发政策上，出台了《国家中长期科学和技术发展规划纲要》（2006～2020 年），在纲要中提出如下内容。①大力开发重污染行业清洁生产集成技术，强化废弃物减量化、资源化利用与安全处置，加强发展循环经济的共性技术研究。②实施区域环境综合治理。开展流域水环境和区域大气环境污染的综合治理、典型生态功能退化区综合整治的技术集成与示范，开发饮用水安全保障技术以及生态和环境监测与预警技术，大幅度提高改善环境质量的科技支撑能力。③促进环保产业发展。重点研究适合中国国情的重大环保装备及仪器设备，加大国产环保产品市场占有率，提高环保装备技术水平。④积极参与国际环境合作。加强全球环境公约履约对策与气候变化科学不确定性及其影响研究，开发全球环境变化监测和温室气体减排技术，提升应对环境变化及履约能力。

在促进废弃物资源化和再利用的政策方面，2005 年出台了《中华人民共和国可再生能源法》，对可再生能源的利用提出了管理办法、法律责任和制度安排。

在推行清洁生产政策方面，《国家发改委关于加快火电厂烟气脱硫产业化发展的若干意见》为从根本上解决火电厂二氧化硫污染问题，促进火电厂烟气脱硫产业健康发展，对火电厂烟气脱硫产业化发展提出实施办法。

在产品生产及管理方面，积极推行面向环境的产品设计。国家发展和改革委员会、工业和信息化部等部门先后发布了《印染行业准入条件》、《铁合金行业准入条件》、《合成氨行业准入条件》等十余个工业类别的行业准入条件，强制要求"两高一资"型企业进行环境设计。同时，国家环境保护行政主管部门先后发布《关于落实环境保护政策法规防范信贷风险的意见》、《关于环境污染责任保险的指导意见》及《关于加强上市公司环境保护监督管理工作的指导意见》三项环境经济政策，鼓励各类工业企业从原材料获取、生产、运输、使用到产品报废/回收等整个产品生命周期内开展面向环境的设计，确保产品生产过程中不产生或少产生不良环境影响。

在产业生态化发展及建设方面，积极推行产业集群发展和生态工业示范园区建设等重要举措。2007 年，国家发展和改革委员会发布《关于促进产业集群发展的若干意见》，促进产业集群又好又快发展。国家环境保护行政主管部门针对产业集群过程中形成的各类工业园区，自 2003 年后先后发布《生态工业示范园区规划指南（试行）》、《国家生态工业示范园区管理办法（试行）》、《关于开展国家生态工业示范园区建设工作的通知》及《关于加强国家生态工业示范园区建设的指导意见》等，鼓励工业园区通过规划循环经济产业链、培育生态产业网络体系，实现资源共享和产业共生、提高资源能源利用效率和产出率、推动经济发展方式由粗放型向集约型转变，不断提高园区经济发展质量、推动园区发展的生态化转型、促进区域资源环境与经济协调发展，在区域层面和工业领域深入贯彻落实科学发展观和建设生态文明。

2. 中国资源循环利用的基本实现方式

资源循环利用的实现方式应当包括宏观调控、产业重构、社会认同三个层面，这三者相互作用、相互促进，是一个有机的整体（图 10-16）。

（1）宏观调控层面：税收、政府采购、法律规制

① 税收。是指通过对环境破坏性行为（包括化石燃料的使用、废弃物的抛弃、森林采伐等）所带来的污染、气候变化及健康损害等社会成本的税金化，使之进入行为者的行为（生产）成本之中，并以产品市场价格反映出来，从而促使消费者和市场选择循环经济及其

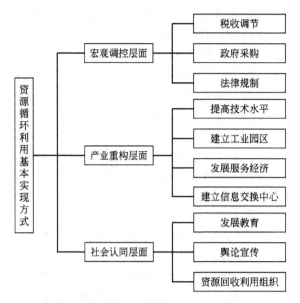

图 10-16　实现资源循环利用的基本方式

产品。

② 政府采购。可以此来引导循环利用及其产品的市场运作。例如，西方许多发达国家政府都规定了其所使用纸张中再生纸浆的最低含量，以此推动纸制品的循环利用。

③ 法律规制。循环经济小的法律规则主要包括以下 3 个方面：a. 用于控制废弃物排放；b. 从责任和义务上规定少产者对产品的回收责任，以促进产品的循环利用；c. 将环境生态标准通过法律及行业标准的形式作用于生产过程中，以保障物质循环利用的标准化运作。

（2）产业重构层面：提高技术水平、组建工业园区、发展服务经济、建立废弃物信息交流中心

① 提高技术水平。包括以下 3 个方面：a. 设计制造更易于拆解及循环利用的产品；b. 重构工业生产流程以减少废弃物的产生；c. 提高 3R（Reduce、Reuse、Recycle）水平。

② 组建工业园区。通过产业间的组合与协作，改变过去物质的直线流动模式（原料—产品＋废弃物—废弃物）。使得这一工业流程的废弃物成为另一工业流程的原料，从而实现清洁生产和废弃物减量排放。

③ 发展服务经济。通过以劳动与智力对物质的替代来减少参与流通的物质总量。公司以提供服务的方式来满足消费需求，同时负责其所使用的产品的循环利用，以此提高物质的循环利用效率。

④ 建立废弃物信息交换中心。促进循环利用的流通速度，提高效率。

（3）社会认同层面：发展教育、舆论宣传、成立民间资源回收利用组织等方式

① 发展教育。资源的循环利用需要全社会每个公民的参与，提高全民文化、卫生教育素质是实现全社会资源循环利用的关键。

② 舆论宣传。舆论对人们的思想起着重要的引导作用，加强对资源循环利用的宣传力度，有助于形成全社会对资源循环利用的共识。

③ 成立民间资源回收利用组织。非政府性民间资源回收利用组织的存在既有助于推进循环利用的研究和探讨，又有助于对可再生资源回收利用的社会监督。

3. 我国资源循环利用的具体实施方法

具体来说，资源循环利用的实施方法主要有以下几种。

（1）从点到区域　即从企业到地区、产业群推进资源的循环利用。

（2）从设计—编号—回收　在工艺和产品设计时，充分考虑资源的有效利用和环境保护，生产的产品不危害人体健康，不对环境造成危害，能够回收的产品要易于回收；使用清洁的能源，并尽可能采用无毒、无害或低毒、低害原料替代毒性大、危害严重的原料，并对该产品进行编号，以便回收再利用。

（3）产品目录—技术规范—技术标注—市场准入　依据国家资源综合利用的产品目录，制定相应的技术规范和技术标准，在相关规范和标准的基础上推动相关产品的市场准入。

（4）创建健康文明的绿色消费模式　绿色消费首先倡导消费未被污染或者有助于公众健康的绿色产品；其次在消费过程中注重对垃圾的处置，不造成环境污染。而绿色消费对于资源综合利用的意义就在于以节约资源的绿色健康理念经营个人的消费行为，设计生活方式，在消费活动中，不仅要保证我们这一代人的消费需求和安全、健康，还要满足以后人们的消费需求利安全、健康。在追求舒适生活的同时，注重环保，节约资源、实现可持续消费；绿色消费理念下的市场主体必将采取节约的行为，谁没有节约成本，谁浪费了资源，谁的福利就会降低，谁就会遭受效率损失，就会在竞争中处于不利位置。

◉ 思考题

1. 简述资源循环利用的经济价值及核算方法。
2. 结合《中华人民共和国循环经济促进法》的要求，分析建设循环型社会的基本途径。
3. 生态工业示范园区是资源循环利用的基本载体之一，分析生态工业园区在我国循环经济发展中的作用及发展循环经济的对策。
4. 简述日本资源循环管理的基本模式及特征。
5. 结合国际资源循环管理的主要经验，分析我国开展资源循环管理的主要对策。

◉ 参考文献

[1] 陈德敏. 资源循环利用论. 重庆：重庆大学，2004.
[2] 冯之浚主编. 循环经济导论. 北京：人民出版社，2004.
[3] 高鹭，张宏业. 生态承载力的国内外研究进展. 中国人口·资源与环境，2007，(02).
[4] 高吉喜. 可持续发展理论探索——生态承载力理论、方法与应用. 北京：中国环境科学出版社，2001.
[5] 何凯. 资源循环利用的应用模型及政策研究. 重庆：重庆大学，2006.
[6] 贾国华，羊志洪. 资源循环利用法律制度构建相关问题研究. 天津商学院学报，2006，(06).
[7] 雷学勤，袁九毅，潘峰，全纪龙. 我国区域循环经济评价指标体系研究进展. 环境与可持续发展，2008，(01).
[8] 刘滨，王苏亮，吴宗鑫. 试论以物质流分析方法为基础建立我国循环经济指标体系. 中国人口·资源与环境，2005，(04).
[9] 刘强，崔燕，矫旭东. 大力发展循环经济加快资源再生利用. 中国资源综合利用，2009，(05).
[10] 刘维平. 资源循环利用. 北京：化学工业出版社，2009.
[11] 孟帮燕. 资源循环利用经济效益评价模式研究. 重庆：重庆大学，2006.
[12] 石芝玲. 清洁生产理论与实践研究. 天津：河北工业大学，2005.
[13] 尚艳红，刘妍，李庆华. 试论清洁生产在循环经济发展中的地位和作用. 环境科学与管理，2007，(03).
[14] 彭凤琼. 两广土地承载力对比分析及对策研究. 广西民族学院学报（哲学社会科学版），2004，(06).
[15] 王晶. 资源循环利用的经济效应分析. 经济经纬，2007，(05).
[16] 王波，施国庆，王均奇. 关于生态工业及其园区运行机制的研究. 商场现代化，2006，(27).
[17] 吴健. 环境和自然资源的价值评估与价值实现. 中国人口·资源与环境. 2007，(06).
[18] 谢高地，周海林，鲁春霞，甄霖. 我国自然资源的承载力分析. 中国人口·资源与环境，2005，(05).
[19] 谢家平，孔令丞. 基于循环经济的工业园区生态化研究. 中国工业经济，2005，(04).

［20］ 杨志峰，隋欣．基于生态系统健康的生态承载力评价．环境科学学报，2005，（05）．

［21］ 于波，张峰，陆文彬．对于环境资源价值评估方法——条件价值评估法的综述．科技信息，2010，（01）．

［22］ 张天柱．从清洁生产到循环经济．中国人口·资源与环境，2006，（06）．

［23］ 赵文秀．资源节约型、环境友好型社会建设研究．重庆：重庆大学，2009．

［24］ 张扬．循环经济概论．长沙：湖南人民出版社，2005．

［25］ 张一．基于 RS/GIS 的鄂西山区土地综合承载力评价．北京：中国地质大学，2011．

［26］ 张永勇，夏军，王中根．区域水资源承载力理论与方法探讨．地理科学进展，2007，（02）．

［27］ Bouman M，Heijungs R，van der Voet E，et al. Material flows and economic models：An analytical comparison of SFA，LCA and partial equilibrium models. Ecological Economics，2000，32（2）：195-216.

［28］ Emily Matthews. Resource Flows. Washington D C：World Resource Institute，2000.

［29］ International Institute for Monitoring and Management of Environment and Resources . http：// www. unido-imr. org/eng/index. html.

［30］ McDoagall F. Life Cycle Inventory Tools：Supporting the Development of Sustainable Solid Waste Management Systems. Corporate Environmental Strategy ，2001，8（2）：142-147.

［31］ Paul H，Helmut R. Practical Handbook of Material Flow Analysis. Boca Raton London New York Washington D C：Lewis Publishers，2004. 1-318.

［32］ Sakai S. Municipal solid waste management in Japan. Waste management，1996，16：395-405.

［33］ Sawell S，Hetherington S，Chandler A. An overview of municipal solid waste management in Canada. Waste management，1996，16：351-359.

［34］ Vehlow J. Municipal solid waste management in Germany. Waste Management，1996，16：367-374.